中华钢结构论坛精华集系列丛书（2）

轻钢结构设计

中华钢结构论坛·机械工业第四设计研究院　编著

内 容 提 要

本书为中华钢结构论坛精华集系列丛书之一。

本书按照工程设计的习惯，依据《门式刚架轻型房屋钢结构技术规程》(CECS 102:2002)，将中华钢结构论坛(www.okok.org)上的有关内容精选归类，并深入整理后编写而成。本书汇聚了大量轻钢结构的实例及设计中的常见问题，从设计入门到设计要点，着重介绍主体设计、吊车梁系统、支撑结构、围护结构及防腐防火等问题，涵盖了轻钢结构中绝大多数工程问题，并重点收集整理了轻钢围护结构的相关文章及工程实例，体现了轻钢结构的特点。

本书面向钢结构设计、施工和管理人员，相关专业的教师和学生，以及本领域科研人员，供大家参考和使用。

图书在版编目(CIP)数据

轻钢结构设计/中华钢结构论坛、机械工业第四设计研究院编著．--北京：人民交通出版社，2008.8

ISBN 978-7-114-07311-3

Ⅰ.轻…　Ⅱ.中…　Ⅲ.轻型钢结构－结构设计　Ⅳ.TU392.504

中国版本图书馆 CIP 数据核字(2008)第 117082 号

书　　名：轻钢结构设计
著 作 者：中华钢结构论坛、机械工业第四设计研究院
责任编辑：陈志敏
出版发行：人民交通出版社
地　　址：(100011) 北京市朝阳区安定门外外馆斜街 3 号
网　　址：http://www.ccpress.com.cn
销售电话：(010) 59757969，59757973
总 经 销：人民交通出版社发行部
印　　刷：北京市密东印刷有限公司
开　　本：787×1092　1/16
印　　张：23.75
字　　数：567 千
版　　次：2008 年 8 月　第 1 版
印　　次：2012 年 6 月　第 2 次印刷
书　　号：ISBN 978-7-114-07311-3
印　　数：3001－4500 册
定　　价：65.00 元

中华钢结构论坛精华集系列丛书(2)

轻钢结构设计

前言

Qianyan

中华钢结构论坛(www.okok.org)自创立以来，在广大会员的支持和全体管理人员的共同努力下，一直坚持公益、追求专业，逐步发展成为全球最优秀的结构专业网站之一。论坛上发帖讨论的问题涉及面非常广泛，几乎涵盖了建筑结构专业中的所有内容，既有工程中的实际问题，也有研究和教学中的理论分析；既有结构设计方法的讨论，也有技术、工艺的探究，或实验方法和数据，论坛中还包含大量的工程软件开发和应用问题，专业资源积累非常丰厚。

学无先后，术有专攻。在论坛上，会员的来源比较广泛，话题的发问和解答也时常会有落差，但大都是从各自不同的角度提出了具体的问题。既有入门的知识，也有难度较大的疑问，也产生了较为激烈的讨论。由于广大工程技术人员、科研人员和学者的共同积极参与，论坛上也积聚了大量理论与实践紧密结合的工程案例。因此，论坛适合于各种层次专业人员阅读和参考。

为了充分发掘中华钢结构论坛上的宝贵资源，更好地服务于社会，推动结构专业领域的发展，2004 年论坛组织编辑编写了论坛的第一本精华集《结构理论与工程实践》，然而由于篇幅有限，论坛上的许多重要内容没能收录进去，使得读者感到意犹未尽。出于存广求专的目的，我们针对具体栏目，根据不同的结构类型和技术门类编辑整理成更加细化了的“精华集系列丛书”。2007 年基于论坛上“S1. 普钢厂房结构”专栏上的文章，整理编写出了精华集系列的第一本——《普钢厂房结构设计》。精华集(1)的出版受到广大读者的欢迎，同时由于出版形式的新颖，也在出版业引起较大的反响。

本书作为系列丛书的第二本，是以论坛的“S2. 轻钢厂房结构”专栏中的话题为基础整理得来的，主要是大量轻钢结构中的实际工程问题及其处理方法，并以大量的篇幅收集了轻钢围护结构方面的内容，体现了轻钢围护结构的特点，这些内容在一般专业技术图书和建筑结构教科书中是无法见到的。因此，本书具有非常高的实用价值。

在整个整理过程中，保留了每个话题的 id 号和首帖发布日期，便于读者在论坛上查找，进而参与话题、延伸讨论。编者还在许多话题讨论的结尾给出了适当的"点评"，试图为读者，特别是入门人员提供正确的引导。同时也在一些点评中介绍了相关的工程经验，以便于读者对书中内容的阅读和理解。

全书分成八个部分，各个部分的整理编写人分别为：

第一部分"设计入门"（整理：袁琪；审核：万叶青）；

第二部分"设计要点"（整理：袁琪；审核：万叶青）；

第三部分"主结构设计"（整理：袁琪；审核：万叶青）；

第四部分"吊车梁系统"（整理：袁琪；审核：万叶青）；

第五部分"支撑系统"（整理：齐煜；审核：崔江梅）；

第六部分"次结构设计"（整理：袁琪；审核：崔江梅）；

第七部分"围护结构设计"（整理：万叶青；审核：崔江梅）；

第八部分"防腐与防火设计"（整理：徐文雷；审核：崔江梅）。

在中华钢结构论坛精华集的整理过程中，曾多次受到一些专家学者的鼓励和关怀。人民交通出版社的陈志敏编辑，从中华钢结构论坛精华集系列丛书的策划到图书的出版，都给予了许多帮助。在精华集的组织、编写和出版过程中，还得到了上海市徐汇区钢结构学会的大力支持和帮助，在此一并表示感谢。

在本书的编写过程中，整理和审核人员尽最大的努力确保内容的专业性和准确性，但限于自身水平，必定存在不足，也请读者指正，并展开热烈的讨论。

中华钢结构论坛

本书编委会

2008. 5

目录 Mulu

第一部分 设计入门

- 了解轻钢结构
- 轻钢结构在厂房建筑中的应用

第一部分　设 计 入 门

整 理	袁　琪
审 核	万叶青

一　了解轻钢结构

1　此建筑是否为轻钢结构？(id=5044,2002-01-24)

【lyman_ccl】：设计一全钢厂房，建筑面积 2 万多平方米，单层 5 连跨，跨度为 90m，长 250m，每跨都有吊车，屋面及墙面均采用轻质混凝土板(6.5kN/m^3)。审图和监理认为该板无法与钢构协同工作，无蒙皮效应，故不能依据《门式刚架轻型房屋钢结构技术规程》(CECS 102:2002)进行设计，而应按《钢结构设计规范》(GB 50017—2003)设计。请问这是轻钢结构吗？

【hhh】：《门式刚架轻型房屋钢结构技术规程》4.1.1 条规定："屋盖应采用压型屋面板……"。我想这主要是出于重量和屋面刚度考虑，实际设计中大多数并未考虑蒙皮效应，采用轻质混凝土板的重量应该可以接受，而且屋面刚度没有问题，与钢构连接也不会有问题。我认为套用《门式刚架轻型房屋钢结构技术规程》是可以的。

【computer】：《门式刚架轻型房屋钢结构技术规程》5.1.2 条这样写道："由于有关屋面板抗剪性能和板与构件螺栓连接性能的资料尚不充分，因此目前设计中不宜考虑应力蒙皮效应……"。《门式刚架轻型房屋钢结构技术规程》提供的基本计算公式也没有考虑应力蒙皮效应。因此，该项目套用《门式刚架轻型房屋钢结构技术规程》应该没有什么问题。

【peterman722】：我认为适用《门式刚架轻型房屋钢结构技术规程》，没有问题。应当灵活应用规范的条文，不采用压型钢板，但荷载在适度的范围内，应该可以视为轻钢结构。

【wghsts】：《门式刚架轻型房屋钢结构技术规程》中的条文解释里说得很清楚，不考虑蒙皮效应，仅作为安全储备。

【hare】：不宜按《门式刚架轻型房屋钢结构技术规程》设计，这与是否考虑蒙皮效应无关。《门式刚架轻型房屋钢结构技术规程》对变形的限制太宽松，不适合轻质混凝土板；否则，屋面使用会因变形过大而开裂。自重 6.5kN/m^3 是 ALC 板吧？这种板配合门式刚架应用经验少，不宜贸然在这么大面积的建筑中采用。而且吊车多，ALC 板节点处可能因为冲击而易碎。即使按《钢结构设计规范》(GB 50017—2003)设计，也要慎重对待 ALC 板的连接节点。

【无需冷藏】:我认为用 ALC 板的问题不大。手头的厂家样本介绍了他们做的相关试验表明:平面内在 1/150 位移的情况下没有多大问题。根据我的经验,门式刚架纵向位移一般在 1/400 以下,所以对 ALC 板使用没有影响。问题主要在横向,但这时板的平面外刚度比平面内要小得多,故允许位移也要大许多。

【浙大校友】:我认为参考《门式刚架轻型房屋钢结构技术规程》是可以的,不过设计时应适当偏安全些,挠度控制严一点。**hare** 认为不行,可是上面很多人认为可以。

【ABCFRAME】:①《门式刚架轻型房屋钢结构技术规程》中没有说过一定要有蒙皮效应才是轻钢建筑。

②只要有完善的体系,为何不可用?

③变形控制要严些,防止墙体开裂、屋面变形开裂。

【hare】:①请问:是哪家的样本?在什么条件下进行的试验?试验连接的条件是什么?

②不同意门式刚架纵向位移一般在 1/400 以下的说法。

【无需冷藏】:①南京旭建的样本,试验了 3 种连接条件,即钢筋插接、滑动及螺栓连接,并列举了在层间位移分别为 1/150 和 1/100 的破坏情况。因为是样本,所以并未介绍很多。

②对于有吊车的门式刚架,纵向支撑一般用角钢,30m 左右就有一道,通常工业厂房一个伸缩缝 100m 左右才一道,所以纵向刚度不差,我说 1/400 实际上是很保守的了。

【hare】:①旭建的 3 种连接条件下的破坏试验参数是层间变形角。"配合钢结构,ALC 板使用螺栓连接,1/150 层间角,横接缝轻微裂缝。"在旭建的样本、规程和通用图集中都没发现以"位移"为参数的破坏试验数据。

②ALC 板的耐磨性极差,门式刚架在常遇风荷载反复作用下的宽松变形,足以在较短的时间内造成螺栓相连部位的磨损破坏。同样的理由,门式刚架梁上翼缘外边对搁置其上的 ALC 板的磨损也是必须做合适处理的。

③ALC 板在钢结构中的应用,有其苛刻的要求,用好了才可能协同工作。

④门式刚架的支撑拉杆通常使用圆钢或钢丝绳,使用角钢的比较少。支撑间距 30m 一道是下限,规范允许 60m。加上不一定在端跨,实际纵向刚度可能更小,且尚未考虑规范对安装操作中支撑紧固的含糊要求而带来的问题。轻钢厂房对纵向刚度要求并不高,1/400 似乎很难保证,还请使用 ALC 板的同仁们计算一下。

【无需冷藏】:我算了一个:40m 跨,6m 柱距,8m 高,支撑为 ϕ20 圆钢,设计风荷载为 1kN 的纵向位移为 1/500,按纵向有两个柱间支撑算的,所以柱顶集中力为 40kN。

1/400 是高层的允许层间位移,ALC 板能在高层上应用就能在刚架上应用。

柱间支撑用钢丝绳,有应力松弛问题,不能用!无吊车刚架可用圆钢拉条,对于有吊车柱间支撑,我在论坛上已经建议大家重视轻钢结构的支撑问题,改为角钢,否则刚架自身就会动。一个成熟的设计师是不会因小失大的。相关论述参见:

http://bbs.okok.org/cgi-bin/ut/topic_show.cgi?id=3769&h=1#18896

对于支撑间距,规范是允许 60m 设一道,但考虑温度应力的问题,大多按 5 个柱距设一道,故通常为 30m 间距设一道。

【tennisman】:根据我的施工经验,绝对是轻钢结构。只是有人从设计的角度看,有人从施工的角度看。

【hare】:①风力够大的。由于柱顶刚性杆的轴向变形,两个柱间支撑变形不是同步的。计算强度时可以由两个支撑来分担,但计算变形恐怕不能如此简化。不过,纵向变形比我认为的要小。谢谢无需冷藏兄的数据。

②ALC 板在高层中用作墙面与此刚架工程中用作屋面,力的方向不同。

③柱间支撑用钢丝绳,有应力松弛问题,更不能用 ALC 板。绳索在门式刚架中可以用作柱间支撑。用作重要结构的绳索,有低松弛绞索,还有平行索。

④不认为 60m 支撑间距的门式刚架需要考虑温度应力,而只有在温度缝间距过大时才需要考虑。

对于 40m 跨的门架,即使按柱顶纵向位移 1/500 计算,屋脊处的纵向位移也会超过 1/200。

【even】:同意 hare 的看法,我个人认为也不能套用《门式刚架轻型房屋钢结构技术规程》,主要因为屋面材料不是压型钢板等柔性材料(蒙皮效应还是其次)。不知道你设计吊车的起重量和工作制,但是这么大的跨度,我相信竣工后,吊车在里面运行时听听厂房发出的巨大声响,你就能感觉到挠度有多大了。我觉得按照《门式刚架轻型房屋钢结构技术规程》的挠度控制不能保证屋面 ALC 板的稳定性和安全性,因此我也建议按照《钢结构设计规范》(GB 50017—2003)进行设计。

【flysky001】:轻钢结构中的“轻”有两个含义:一是指结构自重轻;二是指经济效益好。判断和衡量是否为轻型钢结构的两个重要因素:一是屋盖系统是否采用轻型屋面材料;二是结构体系每单位面积的用钢量,一般 23～40kg/m^2 为轻钢结构。

【yongzx】:建筑是否是轻钢结构,我想应该从结构工作机理和设计计算原理的角度考虑。按照某经典教材的说法,是指“结构构件采用较薄板件,设计时考虑板件局部失稳后的屈曲后强度的钢结构体系”。

【herman】:首先要搞清楚何谓轻钢,何谓普钢。我国的《门式刚架轻型房屋钢结构技术规程》是有限定条件的,本人认为最重要的一点是其荷载较小,其构件受力性能的主要相关参数是跨度,而有无蒙皮效应不是轻钢和普钢的区别。

本人认为,该结构可按轻钢来计算和构造(构造方面应适当加强)。说白了它就是一个排架结构,再无其他,如连接可靠其蒙皮效应远大于彩钢板。

【思凡 315】:我认为还是不宜采用《门式刚架轻型房屋钢结构技术规程》(CECS 102:2002),但蒙皮效应不是问题,理由如下。

①轻钢结构与普钢结构的区别之一是宽厚比和高厚比构造要求不一样。普钢结构因为受荷载较大,宽厚比和高厚比的控制要求都较高。而轻钢结构因为采用压型钢板,荷载很小,所以宽厚比和高厚比的控制要求都较低。

②风荷载体型系数不一样。轻钢结构的屋面风吸力较普钢结构大,而柱上的水平力都比普钢结构小。考虑柱顶的水平位移可能才是控制因素,所以不应该采用《门式刚架轻型房屋钢结构技术规程》中的风载体型系数。因此,我建议采用《钢结构设计规范》(GB 50017—2003)进行设计,而且对柱顶位移、温度变形、屋面材料及钢结构的连接等问题都要考虑周到。

2 什么样的钢结构属于轻钢结构？(id＝155190,2006-12-30)

【penggs2001】:初搞设计,对这个问题一直困惑:门刚是轻钢结构,除了门刚以外还有哪些属于轻钢？轻钢的定义与高度、荷载等有没有关系？

【fengzwf0224】:轻钢结构与普钢结构并无明确的分界线和设计上的差异。早在20世纪70年代,我国《钢结构设计规范》首次将圆钢、小角钢的轻钢结构列为专门一章,对推广轻钢结构起了很大作用。但人们易片面地认为轻钢结构只是指"跨度不超过18m且起重量不大于5t的轻、中级工作制桥式吊车的房屋中采用有圆钢或小角钢(小于∟45×4或∟56×36×4)的钢结构",而忽视了大量应用的其他截面尺寸较小、壁厚较薄的轻钢结构。因此,轻钢结构的范畴应包括所有轻型屋面下采用的钢结构。

近年来,随着轻钢结构的发展,其应用范围将不局限于具有小跨度、小吊车的房屋,而已逐渐扩展甚至可以取代部分普钢结构的应用。

单层轻型房屋一般采用门式刚架、屋架及网架为其主要承重结构。其上设檩条、屋面板(或板檩合为一体的太空轻质大型屋面板),其下设柱(对刚架则梁柱合一)、基础,柱外侧有轻质墙架,柱的内侧可设吊车梁。

3 "轻钢结构"与"钢结构"的区别。(id＝170443,2007-07-24)

【diyanbin】:做一个两层钢框架结构工程。一层楼面为钢承板,屋面及外墙为复合彩钢板,在检测单位进行焊缝检测时,给甲方、监理出具资质复印件,在计量认证产品名称上写"轻钢结构",监理认为本工程为钢结构,不是轻钢结构,所以检测单位资质不合格。请问怎么区分"轻钢结构"与"钢结构"？

【stillxt】:钢框架结构确实不属于轻钢结构,"当多层建筑的顶层为门式刚架轻型房屋钢结构时,其设计、制作和安装可参照本规程执行"。这是《门式刚架轻型房屋钢结构技术规程》中的原话。至于门式刚架轻型房屋钢结构的定义是:具有轻型屋盖和轻型外墙(也可以有条件的采用砌体外墙)的单层实腹门式刚架结构,这里的轻型主要是指围护是用轻质材料。如果你工程中的结构形式是门架的话,二层可以看作门架带夹层,可以视为轻钢结构。

【nvslch】:注意原话题的概念,问的是轻钢结构和钢结构的区别,而不是指门刚结构。

采用轻型围护结构的框架是轻钢结构,轻钢结构也是钢结构的一种而已,就像轻钢屋架也是钢屋架的一种一样,仅名称略有区别,但同样遵循《钢结构设计规范》(GB 50017—2003)。

【stillxt】:根据我国现行规范,轻钢结构指的就是门式刚架,轻钢与钢结构依据的规范是不一样的,轻钢依据《门式刚架轻型房屋钢结构技术规程》,而框架等其他钢结构都依据《钢结构设计规范》(GB 50017—2003),两规范间还是有很多区别的,比如长细比的要求、挠度的限值等都是不同的。

【nvslch】:《门式刚架轻型房屋钢结构技术规程》是用于设计门式刚架轻型房屋的,但轻型钢结构不一定都是门式刚架。反过来说,设计一个大于20t吊车的厂房还采用门式刚架形式,但其适用规范应该为《钢结构设计规范》(GB 50017—2003)。

【STEEL · DESIGN】:轻钢结构和钢结构的本质区别为轻钢结构充分利用了构件的屈曲后强度的弹性设计,并且仅构造考虑抗震措施,因此轻钢结构的局部稳定要求较松。我认为

《门式刚架轻型房屋钢结构技术规程》中所说"当多层建筑的顶层为门式刚架轻型房屋钢结构时，其设计、制作和安装可参照本规程执行"的内容仅指顶层结构适用于《门式刚架轻型房屋钢结构技术规程》，因此可以用两个规范分别验算。

【zuamanda】：所谓轻钢结构通常是指由下列钢材所构成的结构：①冷弯薄壁型钢结构；②热轧轻型钢结构；③焊接或高频焊接轻型型钢结构；④轻型钢管结构；⑤由板壁较薄的焊接组合梁及焊接组合柱构成的结构。

这种结构由于用途广，优势明显，已大量应用于单层工业厂房、多层工业厂房、办公楼及高层建筑中的非承重构件。对单层工业厂房而言，通常以H型钢，采用焊接连接做梁柱，以C型或Z型薄壁钢板做檩条，屋盖系统或楼面系统用压型彩色钢板做面层，上面可浇混凝土，压型钢板既可做钢筋用，必要时也可以再配钢筋。墙面围护也可采用单层或夹层压型钢板，夹层板内部可充填各种保温层。

点评：关于"轻钢结构"与"普钢结构"的定义讨论还将继续，随着结构新形式、新材料的不断应用，两者之间的区别和界定也将会发生变化。但是作为一个设计者，我们始终应该清楚的是不同结构形式的特点、不同材料应用之间的区别等内在的东西，明白什么样的结构需要遵循什么样的规范，以及不同规范之间的灵活应用。了解这些对于指导设计更有意义。

二 轻钢结构在厂房建筑中的应用

1 请问轻钢结构是否适合有净化要求的医药工业厂房？(id=3570，2001-12-18)

【ljhzh】：请问轻钢结构是否适合有净化要求的医药工业厂房？

【pplbb】：应该没问题。我做过类似的设计，可以通过增加除尘设备（刚架下吊通风管道，设置除尘装置）来处理。具体来说，你应该与暖通或者工艺专业技术人员协商。这跟房屋的结构形式没有太大关系。

【flywalker】：一般由钢结构厂家做结构设计，然后由专业厂家做净化。

【abiao】：我觉得轻钢结构适合做有洁净度要求厂房的外围护结构及承担吊顶、管道荷载，但必须做房中房，并且由具有专业施工资质的厂家来完成内部密封车间的设计施工。

【even】：可以按轻钢结构来设计，这种技术在国外已经很成熟了。结构形式在洁净厂房中不是最关键的，内部的装修比较重要。所以如果你只是做结构设计，那这方面的顾虑就不要有了，但是要和业主商量好，内部装修方面的投入可是省不得的。

【hsdlthgjg】：采用轻钢结构没有问题，仅在主结构（风管系统荷载、吊顶荷载）和围护结构设计（内墙板采用50厚净化板）上考虑工艺要求即可，注意密封。

在结构处理上，应根据净化要求视荷载大小，屋面檩条截面可以加大，也可以加次梁。另外，建筑高度要留够，因为风管系统要设在吊顶上面。

【zzr】：用轻钢结构做洁净厂房，从建筑构造上讲，要采取哪些措施保证洁净度要求？为什么屋面做成单层钢板+保温棉的形式？风管是外露的吗？

【xuhan】：因为洁净厂房要二次装修，一定要做吊顶。我做过一个药剂车间，房间的每个角都要做成弧角，非常讲究，对结构形式没有特殊要求。不过屋面板一定要用好的，以免漏水。

洁净厂房要内装修，而且标准比较高。地面要“自流平”，不能起灰；墙体要用专门材料；屋顶也一样，不能起灰，不能易积灰。踢脚线要弧角，墙体相交处要弧角，吊顶与墙体相交处要弧角，都是专用材料。

吊顶上还有许多空调管道。洁净厂房的要求很多，内装修的造价有时超过了结构的造价。

【华山】：①钢结构，包括轻钢结构，用作医药厂房是可行的，目前国内已有大量此类建筑。

②医药厂房根据不同洁净度要求，有着不同的工艺要求。

③洁净度要求高的生产厂房采用轻钢结构，生产线必须在所谓的“房中房”。因为不但洁净度要求很高，而且工艺可能要求恒温恒湿等。生产线所在地方必须有大于室外的压力，保证污染物不能因气流等传入生产车间。

④目前的医药建筑生产线部分与仓储部分基本在同一厂房内，但因功能不同，所以经常采用“房中房”。

⑤在设计中要充分考虑生产线部分大量吊挂所产生的荷载。

⑥防火涂料必须喷涂（规范要求），但只在洁净区对外露钢构进行处理即可。这样的处理是必要的，因为洁净的认证才是关键，并且毕竟是生产药品，投资者投资此部分钱是必要的。

2 对轻钢结构纺织车间有哪些要求？（id＝35911，2003-08-18）

【sunbow】：关于对某轻钢结构纺织车间几点建议如下。

①车间的通风采光问题

因纺织车间面积一般较大（大部分大于 6 000m^2），但车间高度要求不高（一般柱高在 6m 左右），这些自身条件造就了车间的通风、采光性能都不好，但纺织车间一般做吊顶处理，采光就只能依靠室内电力照明，如不采用吊顶，可以通过屋面设采光带来解决采光问题。通风有两种简单方案，一是在屋脊增设天窗，但该做法增加施工难度且工程造价高，所以现已经不大使用。第二种方案是在屋面增设一定数量的自然通风器，它能通过室内外的温差，引起空气对流而达到通风的目的，该方案简单易行，造价又低，所以现在的轻钢厂房大部分通过它来解决通风问题。

②车间室内屋面的滴水问题

纺织车间内部一般湿度大、温度高，以前屋面采用彩钢板时，由于室内外的温差大，室内的热气会在屋面下层彩钢板上凝结许多水珠，并不时下滴，对使用造成不好的影响。根据我们的经验，可通过以下方法解决此问题：首先采用良好的保温材料，并增加保温材料的厚度；其次可以采用钢结构专用防潮贴面代替传统的屋面底层钢板，同时还可以考虑增加屋面坡度和设置导水槽。这里我们推荐使用带防潮贴面的 100mm 厚欧文斯科宁钢结构用离心玻璃棉毡，此材料渗透度高、防潮性能优良、保温性能好，而且贴面的抗拉强度高，不易起皱。

③车间的防火问题

纺织车间内工人多，而且堆积大量棉纺织品，所以纺织车间的防火问题非常重要。这方面除了通常的防火措施，如涂刷防火涂料、设置防火系统外，上面提到的自然通风器和欧文斯科宁钢结构用离心玻璃棉毡对防火也有很大的帮助。因为据调查，死于火灾的人大多不是被火烧死，而是因起火产生的烟雾和有害气体窒息而死，所以考虑火灾发生时的排烟非常重要。而玻

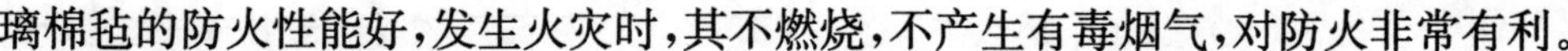

璃棉毡的防火性能好，发生火灾时，其不燃烧，不产生有毒烟气，对防火非常有利。

④车间的屋面板型及材料

现在我们这的轻钢厂房屋面板大部分采用的是760型镀锌彩钢板或950型瓦楞板，在这里，推荐使用360°咬合的镀铝锌彩涂板，板与檩条的连接采用隐藏式的，其防水性能要优越许多。虽然镀铝锌板的价格要比镀锌板高一些，但其使用寿命却要比镀锌板高出3～6倍。所以综合来讲，镀铝锌彩涂板是非常不错的选择。

【sunbow】：现在纺织车间最大的问题就是冷凝现象了，上面所说的办法我觉得只能降低，若车间不吊顶的话，有什么彻底解决的好办法吗？

【mgxmmm】：一个月前，我刚设计了一个后纺车间，对除湿、降温方面设备厂方提出如下意见。

①增加屋顶高度来增加空间体积，安装排气扇。

②地面放小坡、设排水沟，定期定时洒水降温。

【sunbow】：现在要做车间的施工图了，两个车间要有3万多平方米，现在他们提出了有种叫聚氨酯的材料，能解决滴水问题。

【huangjunhai】：用厚棉布吊顶，利用自然通风干燥也可。

3　一种轻钢结构系统。（id＝5503，2002-02-10）

【hare】：轻钢结构系统采用将熔融镀锌钢薄板（厚度1.5～3.0mm）冷轧成C字形的材料，组合成连续梁系统的建筑方式。按照完整的结构设计，通过自动化生产线制造，现场施工时只要组装即可。整体结构为连续梁（Partal Frame）系统，最大柱距20m，檐高10m。

目前，该种轻钢结构系统不仅用于建筑仓库、车间等产业设施，也用于农具仓库、蘑菇栽培、养猪、养鸡、养鱼池等牧农业设施，以及施工现场临时事务所、屋顶层结构物等各种建筑物。其主要结构形式如图1-1所示。

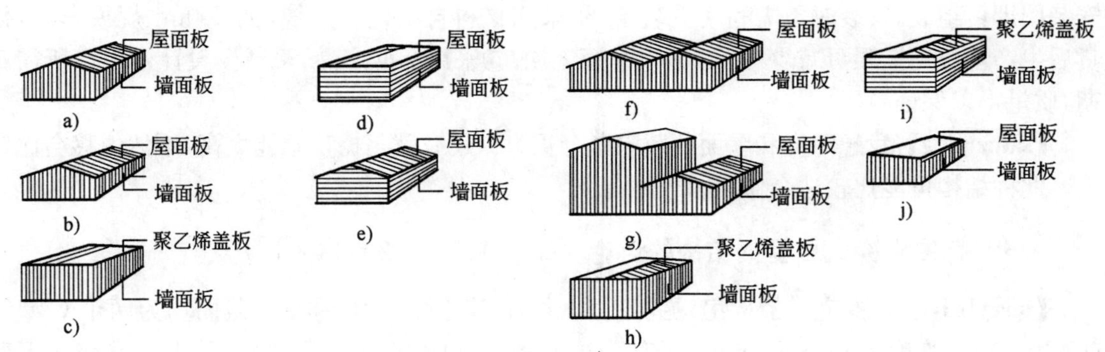

图1-1　轻钢结构的基本形式

主材料有支柱、椽及带子等，见图1-2。轻型钢结构主材料的主要特点为将屈服强度295N/mm^{2}以上的熔融镀锌钢板冷轧成形。

断面两端63mm宽的翼缘有腹板长度220mm、300mm两种，如图1-3所示。腹板的长度方向有两个槽，防止卷材弯曲，并加强结合部分的连接。翼缘末端带有C形弯曲，有助于提高翼缘强度，防止翼缘受荷载作用时发生扭曲。

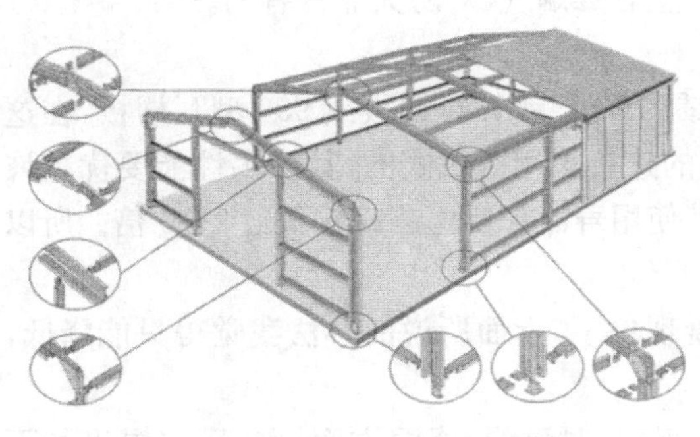
图 1-2

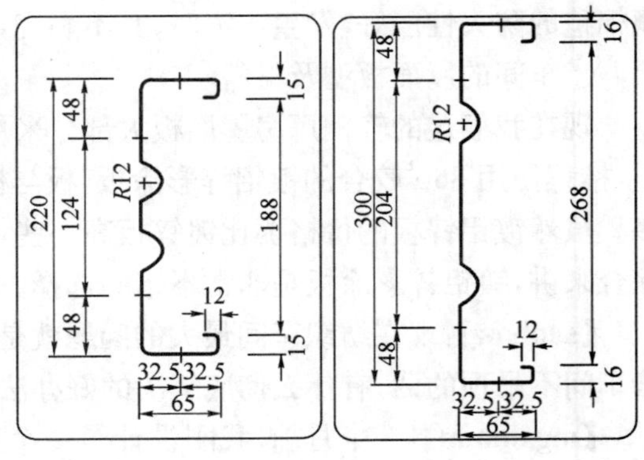

图 1-3

配件:结合钢材有托架、角钢及基板等。

托架:有檐口托架和隆起托架两种,前者用于支柱与椽的连接,后者用于两椽的连接,一般由两个托架对着拼装,如图 1-4 所示。

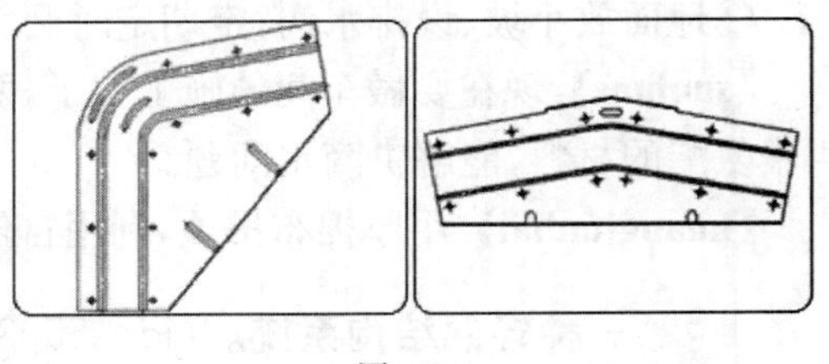
图 1-4

角钢:用于将配件之间的两个腹板组装成垂直形,还用于将檩条、带子连接于支柱或椽。

基板:用于将支柱与地基结合,以锚栓把支柱固定在地基上,然后对焊接完的基板加以熔融镀锌处理。

支撑:为了提高建筑物的稳定性,沿着建筑物纵向安装在天花板及墙体上。

连接螺栓:M16 螺栓。

主要特点:①是组装式材料,不需现场焊接,只以螺栓拼装即可,易于拆除及移动,可再利用;②以熔融镀锌钢板(HGI)为材料,不需加以防腐涂装处理,耐久性强、外观优美;③只通过安装图即可组装,安装时不需利用重装备;④采用材料自动化生产线,如 200m^2 规模车间,订货后生产至施工期限可减少 7～10d,以缩短工期;⑤采用标准产品,可减少设计及生产所需日期,质量得以保证。

【samzhang】:我想跨度和屋面荷载限制会很大。还有就是檐口不能太高,不然位移会比较大。此种结构可能比较适合做简易仓库。

4 有关格构式 C 型钢结构的讨论。(id=123833,2006-02-15)

【jerrylz】:刚去鉴定一个厂房,见图 1-5～图 1-7,柱梁均为格构式,截面均为两个 C 型钢(C120×50),跨度 17m,柱距 6m。全部为单面焊接,已经投入使用 3 年了,大家发表一下看法,讨论一下这种结构形式。

【刚石】:这种结构形式确实有别于常规门刚,但是只要焊缝质量好,而且本地区的风荷载和雪荷载不大,应该不会有太大的问题,该结构形式不是已经投入使用 3 年了吗?我们确实应该在优化设计上多开动脑筋,但应该规范化,经过计算和事实证实的优化设计应该推广。

【jerrylz】:可是计算通不过,包括檩条也不够。檩条采用 C100×50,间距 1.05m,屋面荷载不大,50mm 泡沫板,上面为 0.5mm 厚彩钢板,活荷载 0.3,雪荷载 0.35,风荷载 0.35,柱高

4m，中间屋脊处高 6m。梁无隅撑系杆等支撑结构，檩条间也无拉条。

图　1-5

图　1-6

图　1-7

【yxygyl】：单面焊缝在美国和澳大利亚的运用已经很多了，而且在中国的运用也已经在同济大学做过试验评估验证了，没有问题的。

【114462157】：数据表明，格构式结构相比实腹式结构在台风或地震作用下更易破坏，有台风侵袭并出现过破坏现象的地区对这一点可能比较了解，但是却不能不承认其经济指标高出门刚好多，鱼和熊掌不可兼得。

【maoshanhao】：楼主贴的这种结构，确实省料，不过这些结构没有可行的规范可供依照，实际应用中会有很大的经验在里面。

【andysion27】：这个厂房结构体系应该没什么问题，关键是节点连接要牢靠。

点评：薄壁型钢结构的研究处于一个发展阶段，加上结构本身对于缺陷敏感、设计工作烦琐等原因造成了应用上的限制。但是由于施工速度更快、经济指标更好等突出优势，其应用前景必将越来越广阔。

第二部分 设计要点

- 结构选型
- 结构荷载及组合
- 轻钢厂房的用钢量
- 常见问题讨论

第二部分　设 计 要 点

整 理	袁 琪
审 核	万叶青

一 结构选型

1 关于一个 12m 柱距的仓库方案。(id=104386,2005-08-01)

【fywangqx】:我现在遇到一个 2×24m,12m 柱距,檐口标高 9.0m 的仓库,A 类粗糙度,风压 0.55,坡度 1/20。由于刚入门,不知如何下手,请指点。

【阿芒】:这种结构可以采用桁架式檩条屋面,柱距到 12m 甚至更大都可以。

【hunter124】:可以用桁架式檩条,因为一般规格的 C 型或者 Z 型檩条都不能做到 12m 柱距,我刚做过一个工程,也是 12m 的柱距,采用了桁架式檩条,现在桁架式檩条不少加工厂都可以加工。

【wxfwj】:可以在 12m 柱距的柱顶通长设置一道托梁,将刚架梁直接搁置在托梁顶,同时额外添加隅撑为托梁下翼缘提供面外的支撑。托梁与钢柱最好是铰接,托梁按跨中受集中荷载的简支梁计算。这时檩条跨度就减少成 6m,用普通 C 型檩条就绰绰有余了。

【yang000nan】:刚架的梁与托梁做铰接(平接),刚架柱做成刚接,等截面,刚架柱与梁也是刚接。设计中需注意的是托梁挠度的控制问题。

另外,因为此建筑作仓库使用,主要是风荷载控制刚架截面,在风荷载体型系数的选取上应注意《门式刚架轻型房屋钢结构技术规程》(CECS 102:2002)和《建筑结构荷载规范》(GB 50009—2001)的差异,由于两者控制的截面位置不同,建议按《门式刚架轻型房屋钢结构技术规程》(CECS 102:2002)计算后用《建筑结构荷载规范》(GB 50009—2001)再计算一次,保证结构安全。

【pope】:建议做成抽柱式的,可以简化结构。但若雪荷载、风荷载不是很大,也可以不做抽柱,檩条用连续式的檩条,用 Q345 钢的檩条应该能满足要求。

【fywangqx】:我们总工提出了这样一个方案:用 12m 一榀的刚架,檩条采用桁架式檩条,边柱 12m 跨间 6m 处做一抗风柱,以设置墙面檩条。只是柱间支撑该如何设置?此外,因为 5m 以下部分不能设置柱间支撑,故需将柱间支撑做成桁架式的,不知可否?

【LZB8310】:可以用高频焊 H 型钢做屋面檩条,肯定没问题!柱间支撑可以用角钢做成桁架式的。

【xxxc0504】:可以考虑采用伸臂式檩条,C 型钢就可以了,檩条截面小而且安装也不像连续檩条那样麻烦,但同时檩条支撑一定要做好。

【浙大校友】:建议用桁架檩条。

2 轻钢厂房坡度多大合适?(id=102256,2005-07-12)

【rybin0691】:轻钢厂房坡度一般为 1/10~1/20,但有时多连跨内天沟防水效果不好,前几天遇到一个北京的总工,他说他在广东的工程屋面坡度已经做到了 1/35,100 多米的车间只有一个屋脊。

【wanyeqing2003】:《门式刚架轻型房屋钢结构技术规程》(CECS 102:2002)4.1.5 条规定屋面坡度宜取 1/8~1/20。我们公司做的厂房,屋面坡度多数为 5%(1/20);也有个别的厂房,由于宽度太大,起坡高度受限,所以做到 3%。

【rybin0691】:坡度做到 3%可能会节省一定的钢材和板材,但不知图纸审查时能否通过?工程有没有经过实践的检验?

【wanyeqing2003】:在《民用建筑设计通则》(GB 50352—2005)6.13.2 条中有这样的规定:"平屋面采用结构找坡不应小于 3%,采用材料找坡宜为 2%。"

【星星汗】:坡度大小的选取考虑最多的是屋面板的排水性能,屋面板采用螺钉固定的,坡度不能太小;板肋较低的,坡度不能太小;屋面板在长度方向有搭接的,坡度也不能小。坡度小到 1/35,我觉得有些不可思议了,不知道用的是什么板型?屋面是否是整板?要知道广东地区的降雨强度不小的。

【hbhkl】:比较赞同**星星汗**的说法。屋面坡度太小,特别是对于跨度较大的建筑,按《门式刚架轻型房屋钢结构技术规程》(CECS 102:2002)规定的挠度要求,那就很有可能因为正常的挠度而导致屋面中部积水,更容易导致漏水。《门式刚架轻型房屋钢结构技术规程》(CECS 102:2002)3.4 条中也规定了"挠度产生的屋面坡度改变值,不应大于坡度的 1/3",屋面坡度越小,这条就越是不容易满足。

【一心向钢】:我觉得这不是一个固定的模式。如果所在地区雪荷载比较大,做 1/15 比较合适;若是雪荷载很小,1/20 比较节省钢材。这样的坡度只要檩条强度够了,屋面挠度不大。

【baizhen】:坡度不宜太小,考虑到屋面的挠度,应大于 1/20,否则可能引起屋面漏水。

【stayinpast】:关于坡度问题的帖子:

①单层彩钢板排水坡度 id=375668;

②关于门式刚架的坡度 id=381302;

③门式刚架的排水坡度问题 id=50008;

④钢结构屋面坡度 id=59374;

⑤60m 跨的屋面坡度选用 1/10 是否够 id=148178。

【hai】:轻钢厂房坡度小于 5%有如下两个问题。

①不容易满足由于柱顶位移和构件挠度产生的屋面坡度改变值,不应大于坡度设计值的 1/3 的要求。为满足此条件,主钢结构用量需增大。

②屋面的污染物和灰尘不容易被雨水冲走,屋面的使用年限缩短。

【liujianlong2000】:我们做的厂房,坡度都取1/10。

【王一】:《门式刚架轻型房屋钢结构技术规程》(CECS 102:2002)规定坡度为1/8～1/20,在雨水较多的地区宜取其中的较大值。我觉得雨水还是影响比较小的,雪荷载影响才是较大的,特别是雪比较大且天气寒冷的地区,雪在屋面结成了冰,接着下雪,这样才最危险呢!此外,不同的厂房还有积灰的问题。坡度还是要控制一下,不要小于1/20。

另外,屋面要有采光带的话,坡度小了漏水问题会很麻烦。首先是封板胶的质量问题,就算胶是好的,但在风力作用下的振动也会在屋面板上出现缝隙,造成隐患。

【凌云】:王一考虑的雨、雪较好,但是在遇到雪的情况下,他的提法值得商榷。一般来说,雪对防水的要求很高,下雪和雪冻成冰不会发生严重的漏水,而严重的漏水是发生在北方的春天。在屋面的积雪融化时,如果防水做不好,室内就会严重漏水。这时屋面的雪表面并没有融化,但雪的底层已经在融化,而融化的雪水不会快速随着坡度向下流,会有积水的现象发生。

【刘星语】:我公司做过1/35的坡度,并且横向很长。只是要做屋面板排水验算,要求高肋板型。框架计算注意坡度改变率。对抗侧移刚度不大的厂房的用钢量确实不利。有多跨大吊车的厂房柱子往往比较大,坡度改变率不起控制作用时,坡度有些变化也不会有太大影响。

【rybin0691】:最近了解到国内出现一种名称为霍高文屋面系统的做法,允许屋面最小坡度为1.5°,即屋面坡度可以做到1/40,大家做过此类的工程吗?

【山东老王】:这很正常,我曾做过122m宽屋脊与屋檐的高差为1.3m(准确地说,屋脊与屋檐的高差应为1.6m,因为不只屋脊至屋檐有坡度,在屋檐处每隔25m设一落水口,在屋檐落水口处又有0.30m高差)的仓库。关键是屋面防水材料要好。在这个工程中,用的主梁跨度为9.9m,间距为20.3m;次梁跨度为20.3m,间距为1.65m;屋面为0.749mm厚、38mm高的压型钢板用自攻螺钉固定于次梁的角钢上弦,上铺50mm厚现场发泡保温层,其上铺卷材防水层。这种做法造价略高一些。

【rybin0691】:许多板型的介绍并没有说明此种板型适用于屋面坡度为多大的屋面,而在霍高文屋面系统的介绍中明确说明此种板型可用于屋面坡度为1.5°的屋面,做设计还是应该大胆创新、小心求证为好。

【草寒】:比较常规的屋面坡度应该是1/20和1/10。

【steel8348】:对于轻钢结构门式刚架屋面的坡度问题,在各规范及规程中都有基本规定,一般应在其标准范围内,再根据建筑本身所在地的年降雨情况及其他因素综合考虑而定,但仅靠屋面材料防水以致做小坡度屋面,并不是很好的处理方式。

【ccdotcom】:我做过的一个工程,跨度3×28m,坡度5%。与此相关的一个问题是,84m的宽度虽不算很大,但屋脊与檐口的高差也有42×5%=2.1m,而该工程又有女儿墙,因此屋脊附近的女儿墙小柱还是比较高的。如果厂房的宽度、坡度再大一点,建筑立面让女儿墙把屋脊遮住,就需要把女儿墙做得很高才行。

【jiaqing188】:从省钢、合理的角度出发,5%应该是比较好的,而且较容易调整刚架,有时跨度很大,出于考虑女儿墙高度的因素,个人认为3%已经是最小了,再小的话排水不好,用钢量也会增大太多,得不偿失。

点评:屋面坡度的确定应该考虑的因素有:①排水需要;②造型要求;③结构需要。

《门式刚架轻型房屋钢结构技术规程》(CECS 102:2002)4.1.5条中规定了轻钢结构屋面常用的屋面坡度区间,一般设计中按规范的要求确定合适的坡度即可。在特殊情况下,当必须采用小坡度(低于5%)时,设计中应该对以下因素引起足够的重视。

①屋面结构下挠所引起的设计坡度改变值是否会影响屋面的排水路线,一旦出现这个问题,应该及时调整结构刚度或其他构造措施。

②考虑屋面材料的选择,彩钢板是刚性的防水材料,很多连接处都是漏水的隐患点,包括螺钉固定处、包边泛水构造处等,只有保证排水顺畅,才能最大限度地降低漏水的可能性。另外一种选择是采用柔性的防水材料,如PVC防水材料在轻钢结构上的应用也越来越多,卷材之间采用热风焊接,保证了整个屋面的一体化,应用于小坡度的屋面能够起到很好的防水效果,只是价格较普通彩钢板屋面稍高。

③轻钢结构的很多造型设计时也应该充分考虑排水要求,特别是对于如挑棚类的建筑造型,防止屋面积水是首先要考虑的问题。

④外部因素如暴雨、冰雪等也是重要的影响因素,特别是北方地区,也应该在设计时考虑。

3 关于柱距15m、跨度60m、坡度1/36的钢结构厂房 。(id=160884,2007-03-24)

【033594】:正在做的一个毕业设计课题,为柱距12～15m、跨度36～90m、坡度1/24～1/48的4跨钢结构厂房,试问是否在《门式刚架轻型房屋钢结构技术规程》(CECS 102:2002)的应用范围之内?是否要采取特殊的构造措施?

【tank_helicopter】:坡度小于1/20需要验算因制作、安装等引起的屋面梁下挠而可能导致的屋面排水是否通畅的问题。

【～中华～】:个人感觉**033594**的方案布置很不合理。下面根据个人经验发表一些看法。

①柱距过大。将来檩条和墙梁找不到合适的冷弯薄壁钢来配套,恐怕要使用工字钢才可以,这样经济性就非常差了。

②跨度过大。中间是否设置摇摆柱还不能确定,如果不设置摇摆柱,估计90m计算很难满足。《门式刚架轻型房屋钢结构技术规程》(CECS 102:2002)规定的合理跨度是9～36m。

③屋面坡度过小。以国内的施工工艺和建筑板材为例,低于5%坡度时,下暴雨就容易漏水和积水。坡度过大,本身挠度就很大;坡度过小,必然这种漏水的几率更大些。

【033594】:补充一下已知条件和我做的准备:

①每榀分别为3×36m+1×60m,60m跨的中间有一摇摆柱;

②抗震设防烈度7度,设计年限50年,基本风压0.55kN/m^2;

③在跨与跨之间设天沟,内排水;

④屋面、墙面都采用夹芯板。

另外,我也查询了各种相关手册,但发现像这样规模的钢结构厂房真的很难进行结构选型。至于屋面坡度,我们老师说这样的坡度是可以的,只要验算一下变形就行了。通过收集的相关资料,有人建议较大柱距的可采用桁架式檩条或高频焊H型钢,不知是否可行?另外,柱脚是否一定设计成刚接?柱采用等截面和变截面哪种更好?还有像60m跨的最好分几段?

【nxfll2002】:①屋面坡度最小可以做到3%;

②12～15m 柱距除了采用高频焊接 H 型钢及桁架式檩条，还可以采用高强镀铝锌檩条。

③柱脚可以做成刚接也可以做成铰接，采用铰接，36m 跨度梁端部的高度在 1m 左右，相应的柱顶截面也比较大，还要注意控制柱子的斜率。

④梁分段的长度尽量不要超过 13m，超过 13m 运输成本要增加，而且吊装也比较麻烦，60m 跨建议分 5～6 段。

⑤如果允许，本工程也可以采用排架结构，屋面采用管桁架，初步算了一下，桁架端部高度应该能控制在 1.5m 以下，柱截面高度不会超过 700。

【～中华～】：①门式刚架做好很难，需要知道的东西很多，力学概念要相当清晰；

②3%容易漏雨，钢结构屋面结构找坡最好考虑 5%以上的坡度；

③12～15m 的檩条应该采用其他形式的檩条，但肯定要比冷弯薄壁檩条用量多；

④36m 跨度的柱脚做成铰接一点问题都没有，但是由于中柱较多，建议将中柱上端做成固接，从而减少两端柱上端的弯矩；

⑤60m 跨的中间有一摇摆柱，这个我们习惯叫 2×30m 跨双坡屋面；

⑥梁柱截面的变化率都不要超过 60mm/m，否则会提示超限。

【033594】：根据讨论和梳理，又发现了几个新的问题：

①像这样跨度（36m 和 60m）和规模的厂房在 7 度区要不要考虑抗震？

②本工程的梁的竖向位移（挠度）限制要取到 1/400 吗？

③抗风柱取变截面还是等截面好？

④我把摇摆柱柱顶铰接和柱顶刚接分别进行计算，结果差不多，那是不是铰接好？另外，我把所有柱的柱脚都设成铰接是否可行？

⑤经过初步计算，梁的最大截面取到 H900～1100×300×14×16。

⑥单根梁最长可做到 15m 吗？因为我是按照弯矩包络图把 30m 梁分成 0.25：0.5：0.25，这样中间的梁就有 15m 了。

⑦多跨（4 跨）的屋面风荷载体型系数如何取？好像规范里没有相关的资料。

⑧三段梁的平均惯性矩怎么算？《门式刚架轻型房屋钢结构技术规程》（CECS 102：2002）5.2.2 条只有两段的。另外，此梁的平面内换算长度系数（附录 D）怎么取？可否用近似的取为两段进行计算？

⑨规范规定厂房横向的最大温度区段为 150m，而该厂房的横向长度为 168m（稍大了点），要不要设温度缝？还是可以不设温度缝，只要在设计时考虑温度应力即可？

【liuxn0821】：个人觉得可以按照《门式刚架轻型房屋钢结构技术规程》（CECS 102：2002）计算，只是坡度的确是有点小，排水需要慎重考虑。对于以上的问题：

①对于单层轻型钢结构，6 度、7 度区一般地震作用不起控制。

②对于挠度，因为你设计的厂房跨度大了一点，考虑排水因素应稍微控制严格一些。关于挠度的控制应该很多规范和书上都说了，无吊顶的可以控制在 1/180，有吊顶的 1/240，悬挂吊车 1/400。至于实际工程需要自己去把握。

③柱底可以设计成铰接。关于抗风柱，我个人意见，厂房不是太高的话可以考虑上下铰接，等截面。

④我没有计算，无法确定截面是否满足。

⑤你可以考虑把梁中间分拼接点，因为15m的梁不利于运输。另外，15m的梁中间断开对模型是没有影响的。

⑥因为该厂房风荷载是0.55kN/m²，风荷载起主导作用了，建议按照《门式刚架轻型房屋钢结构技术规程》(CECS 102:2002)附录A取，再用《建筑结构荷载规范》(GB 50009—2001)验算一下，这样对屋面梁安全。

⑦变通才是关键，不能说公式只给你两段就不知道算三段的了。

⑧这个可以通过檩条开长圆孔及屋面板容许胀缩等措施解决。

另外，60m跨中间不应该设计成摇摆柱，其他3×36m的地方的中柱也不宜设计成摇摆柱。柱底铰接、柱顶刚接是比较好的。

【西部牛仔】:没有绝对的对与错，结构只有更合理，没有最合理。如果15m柱距、60m跨做成门式刚架，先不看屋面坡度，看一看用钢量，你会发现大得惊人。如果想做更合理的结构，不如做成桁架或网架，用钢量将大幅度下降。所以当跨度大于36m时，门式刚架已经不再是经济的结构形式了；如果跨度大于90m，基本不可能是门式刚架，应该用桁架或网架；跨度更大时，大型格构桁架、悬索更适合。做结构应拓宽思路，学习新技术、新方法。

4 L形屋面的(中间无柱)的拐角处理。(id=102256,2005-07-12)

【johnmine】:采用门式刚架形式的L字形屋面(中间无柱)的拐角如何处理？如图2-1所示。

【zc1985】:两个角柱用圆管柱，用屋面梁连接，檩托成90°，算准标高即可。

【wallman】:①两个拐角处采用圆柱，也可以采用H型钢柱，不过应该沿着拐角的对角线方向放置，这好像多少有点儿影响下部的视觉效果。

②屋面梁沿着对角线方向放置，由于其负荷面积和跨度都较大，因此可能截面要大一些。此斜梁的坡度要根据屋脊和檐口的标高重新确定。

③在水平和竖直方向上(拐角外侧)还是按照原来的柱网布置柱子。在相应的柱子和上述对角线斜梁之间安装不规则(不对称)的小斜梁，此小斜梁在形式上相当于非拐角处的标准刚架梁被截去一部分。

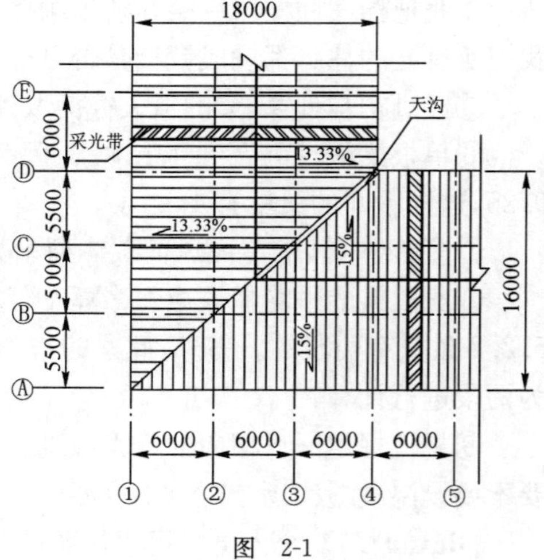

图 2-1

④当然如果从经济的角度和减轻自重的角度出发，这里长短不一的小斜梁应该重新设计，因为它们的跨度小了，截面也应该相应减小。

⑤没有程序能完成上述过程，可以考虑手算，或采用简化的方法用程序近似计算。当然也可以采用一些有限元程序计算内力，然后人工验算稳定问题。

【加速度】:本人认为拐角的柱还是用圆管比较好，要是用H型钢的话影响视觉，或者角柱用方管。

可以用PKPM中的STS整体建模建成框架的形式，小斜梁当作次梁输入，但要手动导荷载，其他部位依旧按平面建模。

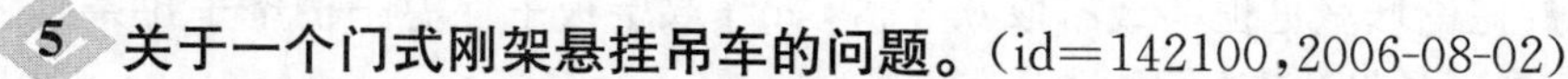

5　关于一个门式刚架悬挂吊车的问题。(id=142100,2006-08-02)

【william_800】:现有一厂房,甲方要求做15t悬挂吊车,轨道沿纵向布置。现有以下疑问:

①此结构采用门式刚架是否合理?

②若采用门刚,规范应该选择《钢结构设计规范》(GB 50017—2003)还是《门式刚架轻型房屋钢结构设计规程》(CECS 102:2002)进行验算?

③悬挂吊车轨道的节点设计应该注意什么?是否需要考虑其他构造措施?

【臭手】:其实《门式刚架轻型房屋钢结构技术规程》(CECS 102:2002)与《钢结构设计规范》(GB 50017—2003)并无本质区别,只是有些指标《门式刚架轻型房屋钢结构技术规程》(CECS 102:2002)要求比较宽松些。15t的悬挂吊车应该不算小了,建议按《钢结构设计规范》(GB 50017—2003)控制。节点没有什么特殊的东西,无非是4个螺栓悬吊一工字钢轨道。值得注意的是,屋面水平支撑应该设在屋面梁的下翼缘,相应抗风柱也与下翼缘连接。

【william_800】:比较了一下,主要是《门式刚架轻型房屋钢结构技术规程》(CECS 102:2002)考虑屈曲后强度,所以比较宽松。但是15t悬挂吊车确实很大,是不是应该采用吊架比较合适呢?

【myorinkan】:15t吊车为什么非要用悬吊式的呢?用一般吊车要经济得多。是不是提升高度有要求?《钢结构技术规范》(GB 50017—2003)要求:吊车梁和吊车桁架挠度$L/500$,屋面主梁或桁架挠度$L/400$。悬挂吊车由于基础下沉,大跨梁或桁架及柱子变形,常常使轨道的各项误差超过允许值,运行故障比普通吊车多得多。

悬挂吊车一般做到3t以下,最多5t。另外,可以参考网架悬挂吊车照片及评论:id=599547。

【msf】:15t悬挂吊,应该是不小。《网架结构设计与施工规程》(JGJ 7—91)要求悬挂不大于3t,我们做到8t时到处调研、咨询,最后还是自己决定。《门式刚架轻型房屋钢结构技术规程》(CECS 102:2002)也是要求不大于3t,我们做到10t,体会是:最好吨位不要太大,即使是检修吊车,也不要采用悬挂的方式。

二　结构荷载及组合

(一)恒荷载

1　轻钢厂房恒荷载取值。(id=130318,2006-04-10)

【struc_1999】:屋面为双层彩钢板(钢板厚1mm),100mm厚岩棉保温,加上檩条、拉条、支撑后的恒荷载应该取多少?

【luwm】:屋面为双层彩钢板(每层为1mm):15.7kg/m^2。

屋面檩条:5kg/m^2。

屋面拉条支撑:1kg/m^2。

100mm厚岩棉:10kg/m^2(岩棉密度40～150kg/m^3,密度不一样质量也不一样)。

合计:31.7kg/m^2(0.317kN/m^2)。

【struc_1999】:在论坛里见恒荷载有取 0.2 kN/m²(双层板+保温+檩条+拉条),怎么也计算不出来,感觉是不是做法有所不同?

【luwm】:有取 0.2 kN/m²,那是泡沫夹芯板、上下层彩钢板厚度是 0.5mm 的情况。

【hai】:因为你用岩棉作保温层,如果用玻璃丝棉,恒荷载就可以取 0.2 kN/m²,因为玻璃丝棉密度约为 16kg/m³。

【arcoolwang】:根据所用的屋面材料按实际计算,然后放大 0.2 倍。

【雪龙】:①彩钢板 0.001×7 850×2=15.7kg/m²。

②岩棉密度一般为 100~150kg/m³,看你用哪种规格了,折中取 120kg/m³ 的话,岩棉质量为 0.1×120=12kg/m²。

③檩条,如果活荷载取 30kg/m² 的话,采用 6m×1.5m 布置檩条 C180×60×20×2.0 应该够了,如此檩条质量为 5.08/1.5=3.4kg/ m²。

④拉条用 ϕ12 的,0.15kg/m²,加上檩托板取 0.3kg/m²。

⑤屋面水平支撑如果用 20 圆钢的话,算一下布置区段的总重除以区段面积,一般是 1.5~2kg/m²。

⑥如果是门式刚架,规范要求 3 道刚性系杆,一般用 120×4~5 的钢管。如果是算刚架,那么就算中间的一道系杆质量就可以了,而两边系杆是直接连在柱子上的。

⑦再考虑考虑顶棚的灯具、电线之类的,这需要看布置密度了。

如果还有其他的荷载就按照实际来考虑了。

2 有关 PKPM 中吊挂荷载的输入。(id=138258,2006-06-23)

【nic18】:PKPM 中吊挂荷载以何种形式输入,恒荷载还是活荷载?

比如说屋面恒荷载 0.2kg/m²,活荷载 0.3kg/m²,吊挂荷载 0.4kg/m²,PKPM 建模恒荷载取 0.2kg/m²,活荷载取 0.7kg/m²? 还是恒荷载取 0.6kg/m²,活荷载取 0.3kg/m²? 这两种输入差别是很大的。我们总工要求用活荷载输入,可我今天在论坛上看到有用恒荷载输入的,不知哪种方式合适?

【lf136】:①严格说,吊挂荷载应按节点荷载的方式输入,当其作用位置不能明确时,可按等效的均布荷载方式输入。

②是否作为恒荷载输入,要看吊挂性质而定。如吊顶类,可以按恒荷载输入;如果其位置在使用过程中发生变动,按活荷载好些。一般情况下,按活荷载输入安全度高。

3 墙面恒荷载。(id=101281,2005-07-03)

【SUNYADONG】:计算门式刚架结构时,墙面采用彩钢板围护系统,墙面恒荷载一般输入多少?

【wanyeqing2003】:单层板质量约为 6.5kg/m²。双层板及带保温材料的要更重一些,另外还要考虑拉条和撑杆的一些荷载在里面。

【清水】:墙面还需要输入恒荷载吗? 我们设计时一般都不要墙面的恒、活荷载,只考虑风荷载便可,不知是否正确?

【happy630】:墙面恒荷载,我考虑墙板+檩条+附件。

单板　0.05+0.05+0.05=0.15kN/m²

复合板　0.10+0.05+0.05=0.20kN/m²

【ymg11】:墙面板的荷载是否计算,要看板是怎样安装的,如果板不是用墙檩承重,墙檩只是起到一个侧向支撑作用,则可以不考虑。如果墙板是支撑在墙檩上的,则要考虑其荷载,如单侧板 5kg/m²,双侧板 10kg/m²,保温棉 6kg/m² 即可。

(二) 雪荷载

1　轻钢厂房的雪飘移作用。(id=68730,2004-08-31)

【nxfll2002】:现在手里有个轻钢厂房,施工招标后,中标单位优化设计结果时提出是否考虑雪飘移对屋面檩条的影响。工程具体情况如下:雪荷载 0.45kN/m²,外墙采用加气混凝土砌块,女儿墙高 1m。听对方说《建筑结构荷载规范》(GB 5009—2001)有规定,但是我没找到。我想问的是:在什么情况下考虑雪飘移,该怎么考虑?

【uddjatpgf】:没有听说过这个问题,《建筑结构荷载规范》(GB 50009—2001)上也没见过明确的规定。

【nxfll2002】:雪飘移是指在雪降落的时候,由于受到风的作用而产生的局部堆积。通常情况下,堆积产生在女儿墙及局部屋面凸起处,如屋面天窗下,此处积雪的厚度比屋面正常积雪厚度要大许多,积雪表面近似双曲面,因此,此处的雪荷载要比正常屋面堆积的雪荷载要大许多。施工方给我的意见是,如果考虑雪飘移,需进行计算,实际结果是靠近女儿墙附近的檩条要局部加密。

【butter】:关于屋面的雪荷载计算,《建筑结构荷载规范》(GB 50009—2001)里有体型系数计算,已经考虑这个问题了。山东又不是飘雪绵绵的地方,新雪堆起来并没有这么重,何况结构的边角处所需要的各种构造要求,还能有一些安全储备。

【nxfll2002】:《建筑结构荷载规范》(GB 50009—2001)6.2.1 条屋面积雪分布系数第 8 项次(高低屋面)中对此有明确规定(女儿墙处与此类似)。

点评:我国的规范中,屋面雪荷载分布系数表示的是地面基本雪压换算为屋面雪荷载的换算系数,屋面形式、朝向及风向等诸多影响因素均在这个系数里面综合考虑。至于雪飘移现象,其实是指在风作用下所引起的屋面积雪的不均匀分布,这在其他国家的规范里面有比较详细的规定,而在我国规范里面比较简单。

轻钢结构对于雪荷载的选取要注意的是:①由于轻钢结构结构安全储备低,在雪荷载较大的地区,应该给予重视,如采取对基本雪压的适当提高或增加结构的安全储备等措施,这也是《建筑结构荷载规范》(GB 50009—2001)6.1.1 条特别提出的强制性条文中的要求。②《建筑结构荷载规范》(GB 50009—2001)中的积雪分布系数中的均匀分布情况和不均匀分布情况的取用,理论上来说应该分别计算这两种情况后取最不利的内力组合。同时,还可以发现《建筑结构荷载规范》(GB 50009—2001)中给出了这两种情况的一个取用原则。但是作为设计者,应该明白这只是一种常用结构设计经验的总结,是一种简化的设计方法,实际设计中还需要设计人员的正确判断和取舍。这一点在网壳和穹顶等结构的设计中尤其突出,应该引起重视。③关于檐口处局部雪荷载的增大问题其实是实际存在的，也是要考虑的。有关增大系数的取值，《建筑结构荷载规范》(GB 50009—2001)有个建议值是1.4，长度取女儿墙高度的1.2～2倍。

2 单跨双坡屋面雪荷载的不均匀分布问题。(id＝122637,2006-01-21)

【hai】：根据《建筑结构荷载设计规范》(GB 50009—2001)6.2.2条，屋面板和檩条按积雪不均匀分布的最不利情况采用。根据6.2.1条的第2项，单跨双坡屋面雪荷载不均匀分布时，一坡的不均匀分布系数是1.25μ_r，对于一般的轻钢结构坡度很小，μ_r＝1.0，所以雪荷载相当于标准雪荷载的1.25倍。我看很多人没有考虑此问题，不知是否需要考虑？

【miaoliuhua】：《建筑结构荷载规范》(GB 50009—2001)6.2.1条第2项确实说明了**hai**的问题。但是请注意该条的适用条件：仅仅当屋面坡度为20°～30°时，可采用不均匀分布情况。

（三）活荷载

1 屋面活荷载取值的老问题。(id＝86334,2005-03-06)

【YESGUY】：根据许多规程和教材的推荐及设计经验，对于屋面活荷载计算，刚架时一般取0.3 kN/m²，檩条时一般取0.5kN/m²。但有观点认为，无论如何活荷载都应该取0.5kN/m²，因为《钢结构设计规范》(GB 50017—2003)的注中规定："对支承轻屋面的构件或结构(檩条、屋架、框架等)，当仅有一个可变荷载且受荷水平投影面积超过60m²时，屋面均布活荷载标准值应为0.3 kN/m²"。

【wanyeqing2003】：考虑雪荷载时，活荷载一般要大于或等于0.5kN/m²。轻钢结构对雪荷载比较敏感。实际中，大雪压垮轻钢厂房的例子很多。

【战场狼】：我们是这样计算的：若某地的雪荷载小于0.3kN/m²，则按0.3kN/m²计算；若雪荷载大于0.3kN/m²，则取雪荷载值作为活荷载值计算。

【3776】：我们一般把雪荷载作为单一活荷载考虑，投影面积大于60m²时，取活荷载为0.3kN/m²，门刚一般均能满足。但为了安全起见，考虑雪荷载对刚架的不利作用，如果雪荷载大于0.3 kN/m²，还是应该取雪荷载值作为活荷载值来计算。

【zweih】：我对该注有4点理解：

①该注仅针对支撑轻屋面的构件或结构，且受荷水平投影面积超过60m²；

②满足①条时，仅当屋面荷载仅为恒荷载＋活荷载时，活荷载取0.3kN/m²；

③当屋面荷载为恒荷载＋活荷载＋其他可变荷载(楼面活荷载、积灰荷载、吊车荷载、风荷载)，活荷载取0.5kN/m²(不上人)；

④满足①条时，如雪荷载不小于0.3kN/m²，屋面活荷载取荷雪载与恒荷载或其他可变荷载组合。

【小李就行】：在这里，如果把风荷载也包括在"可变荷载"里面，那设计规范的这条说明就真的没有任何意义了，活荷载和雪荷载中取较大值，而不应把风荷载包括在这里，当雪荷载小于0.3kN/m²时，活荷载才有取0.3kN/m²的可能。

【xxxc0504】：以上活荷载考虑0.3kN/m²，实际上是活荷载折减0.6，这与MBMA相同，但是雪荷载不能折减，所以活荷载折减后的值不得低于雪荷载。

【sunny8448】:关于屋面活荷载的取值,《门式刚架轻型房屋钢结构技术规程》(CECS 102:2002)3.2.2条注释只强调受荷水平投影面积大于60m²,活荷载标准值可取0.3kN/m²,但是2003年的《全国民用建筑工程设计技术措施》结构篇中关于门刚活荷载的取值要求与现行《钢结构设计规范》(GB 50017—2003)一致,即取0.3kN/m²有两个前提:①受荷水平投影面积大于60m²;②仅有一个可变荷载。

查看现行《钢结构设计规范》(GB 50017—2003)3.2.1条的条文说明,可知屋面活荷载的取值参考美国的荷载规范ASCE 7—95,并且指出当两个及以上可变荷载考虑荷载组合值系数参与组合时(如尚有积灰荷载),屋面活荷载仍取0.5kN/m²。可见只有恒荷载+活荷载组合时,屋面活荷载可取0.3kN/m²(受荷水平投影面积大于60m²)。查看PKPM计算书可知,其控制作用的组合方式都有风荷载或吊车荷载的参与,所以一般情况下,我认为应取0.5kN/m²。

【浮在空中的鱼】:如为"恒荷载+活荷载+风荷载",我认为应取0.5kN/m²;但若为"恒荷载+活荷载+吊车荷载",则仍应取0.3kN/m²。我认为该可变荷载为直接作用在支承轻屋面的结构或构件上的,而"恒荷载+活荷载+地震作用"时也应取0.3kN/m²,因为根据《建筑结构荷载规范》(GB 50009—2001)1.0.4条,地震为"间接作用",而非可变荷载。

【思辩】:活荷载应该是指施工荷载,或是可能情况下人或可能搬动物体的质量(对于不上人的屋面,一般为屋面检修时的荷载)。很明显,在计算轻型门式刚架时,考虑的荷载面积越大,平均的荷载值应该越小,因此规定轻型门式刚架的活荷载可以取0.3kN/m²。计算檩条时,因局部可能会集中一些物体,所以规定活荷载取0.5 kN/m²。这是经验数据的总结,特别是对轻钢结构。

【我主沉浮2005】:轻钢结构屋面活荷载宜取0.5kN/m²,因为屋面并不单一承受某种可变荷载,还有雪荷载、风荷载、积灰荷载等,尤其是雪荷载,经常出现因大雪导致厂房坍塌的情况,所以从安全的角度考虑考虑,取大一些比较好。

【孤叶知秋】:《轻型钢结构设计指南(事例与图集)》对荷载取值及荷载组合均有介绍。

①荷载取值的问题

不上人屋面:当采用压型钢板等轻型屋面时,《门式刚架轻型房屋钢结构技术规程》(CECS 102:2002)中屋面均布活荷载标准值(按投影面积计算)为0.3kN/m²。

②荷载组合的问题

屋面均布活荷载与雪荷载不同时考虑,设计时取两者中较大值。《门式刚架轻型房屋钢结构技术规程》(CECS 102:2002)条文说明:"门式刚架轻型房屋钢结构的屋面一般采用压型钢板,其自重很轻,故活荷载标准值应取0.5kN/m²,以确保结构安全。对于受荷水平投影面积较大的刚架构件,则可取活荷载标准值为0.3kN/m²。"

我认为在可变荷载取值的问题上可以取均布活荷载考虑折减后与雪荷载两者的较大者,再与其他荷载(恒荷载、积灰荷载、风荷载、地震作用等)效应组合,以确定最不利组合(这个工作一般是由软件完成的)。当然均布活荷载是否折减,我认为还应该根据工程的实际情况来考虑。

【钢】:一般轻钢屋面不上人,活荷载就是雪荷载,若取0.3kN/m²则说明很少下雪,因此取0.3kN/m²问题也不大。但是计算时如果过于追求节省钢材,把所有的系数都取极限就不行了。有的人把自重分项系数和钢材净截面系数都取1.0,然后应力也达到1.0,梁的挠度也不考虑,这样就比较危险了。省钢材应该从合理调整钢材的受力性能来考虑,而不是单纯的把荷载取小来考虑。

【shuyusun】:①屋面活荷载是一个竖向荷载,如果用风荷载和地震作用来定其大小是不妥的,它们的效应应体现在组合上;

②仅有"一个可变荷载",我认为应是在"雪荷载、上人荷载、积灰荷载等"直接或间接的竖向荷载中选取,以判断其唯一性;

③"屋面均布活荷载与雪荷载不同时考虑,设计时取两者中较大值"是不用争论的,如果盲目地取 0.5kN/m²,有些武断;

④当积灰荷载出现时要与屋面均布活荷载和雪荷载中的较大值同时考虑,这个考虑是组合中的考虑,不是简单的叠加,这时活荷载一定不小于 0.5kN/m²。

【hjfirst168】:受荷面积超 60m² 的荷载可以降低 0.2kN/m²,也就是平常所说的活荷载取 0.3kN/m²,但是不要忘记"屋面均布活荷载与雪荷载不同时考虑,设计时取两者中较大值"。同时,我们在计算檩条考虑活荷载时仍应取 0.5kN/m²(雪荷载和活荷载仍应取其中的最大值),这是为了考虑屋面活荷载分布的不均匀性。

【刘星语】:《建筑结构荷载规范》(GB 50009—2001)条文说明中明确提出:"在不同材料的结构设计规范中,当出于设计方面的历史经验而必要改变屋面荷载的取值时,可由该结构设计规范自行规定。但幅度为±0.2kN/m²"。0.5kN/m² 是对重型(以恒荷载控制)屋面而言,分项系数为 1.35 的组合起控制作用。所以取消附加的荷载值 0.2 kN/m²(相对老规范),老规范屋面活荷载要小些。

至于那些被大雪压倒的厂房,只要仔细检查都不难发现一些致命错误。比如说有未计入雪荷载不利布置的,也有在高低跨雪荷载没有加大的,还有在高山冷空气迎风坡建厂房引用背风坡雪压资料的,甚至犯结构概念错误的,计算模型和受力模式严重背离的……

2 关于活荷载的不利布置。(id=173893,2007-09-20)

【windy19820822】:用程序计算时是否需要选取活荷载的不利布置?有些审图人员要求选取。

【ynz】:应该选,这在实际受力情况下是很容易出现的,如屋面检修或验收时。特别是轻钢结构对荷载的变化较敏感。

【轻钢 sts】:我是东北的,我们肯定要选的,雪荷载本身就要求有不均匀分布,但我觉得如果没有雪荷载,应该就不需要考虑活荷载的不利布置。

【xieguo11】:不需要,当有移动的悬挂荷载时可以考虑,处于北方也建议选上。荷载不利布置对结构影响还是比较大的,可以用 PKPM 试着做个比较。

【wenner4.1】:我看应视具体情况而定:

①如果是北方地区,还是考虑比较好;

②其他地区一般不需要考虑,但雪荷载小于 0.3kN/m² 时就要考虑了;

③中部地区一般考虑雪荷载的不均匀分布就可以了,多跨单脊厂房最好再把活荷载按不利布置复核一下;

④碰到多跨多脊厂房还是考虑好,毕竟有可能出现某一朝向的雪化了,而另一朝向的雪还没化的情况。

【qxz01】:个人认为应该考虑活荷载的不利布置,如果是活荷载起控制作用,其不利布置时对结构的影响还是很大的。检修荷载也很容易出现不利布置的情况。

点评:门式刚架轻型房屋设计时是否考虑活荷载的不利布置,这在规范中没有明确的规定,为什么要考虑活荷载的不利布置呢?活荷载的不确定性是主要原因,由于轻钢结构中,荷载相对比较单一,所以很多时候一提活荷载总是与雪荷载发生关系,其实雪荷载的不均匀分布与活荷载的不均匀分布是二个不同的概念。雪荷载的不均匀分布是雪荷载本身因为建筑各种因素影响下所产生的自然现象,具有一定规律和确定性。而活荷载的不均匀分布是一种分析方法,用于连续梁的内力计算中,以求得梁中最不利的内力。所以在单跨门式刚架计算中,是否考虑结果都是一样,但在多跨门式刚架计算中,考虑活荷载最不利分布影响很大。轻钢厂房中,荷载的取值小,结构本身又对荷载敏感,加上设计时的简化处理(如一般对于雪荷载均不考虑其不均匀分布,这点是有别于国外规范的)等原因,对多跨门式刚架考虑不利分布是很有必要的。

3 车间楼面活荷载取值。(id=126267,2006-04-25)

【SUNYADONG】:现有一个二层制酒车间,在二层楼面上设有14个圆形酒灌,每个重5t、直径2m,间距0.75m,见图2-2。请问这种楼面活荷载怎么取?如果按楼面均布活荷载计算,圆形可以按正方形计算吗?另外,《建筑结构荷载规范》(GB 50009—2001)附录B中的b_{tx}与b_{cx}有什么区别?公式$b_{cx}=b_{tx}+2s+h$如何理解?

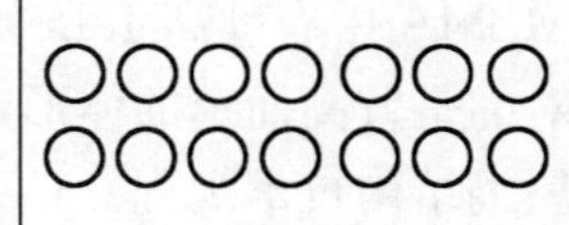

图 2-2

【crazysuper】:楼主可以按活荷载考虑,按均布荷载布就行了,不过这样对结构保守,或许可以问一下业主酒灌是不是固定在一个点,这样我们就可以视其为集中荷载。

【steely】:怎么计入荷载并无定数,只要所得内力等效就可以了。简化成均布、集中都可以,简化成恒荷载、活荷载都行。但是需要注意的两个问题是:①罐重5t是指满罐吗?②如果简化成活荷载,地震作用就比实际情况算小了一些,应注意补偿(静力组合大了一点点无所谓)。

【crazysuper】:①要是按均布荷载布的话就显得保守一点,毕竟不是整个空间都要布酒灌,而要按集中荷载布的话,就要知道酒灌具体位置,才能使结构安全。②“简化成恒荷载、活荷载都行”,个人不赞同此观点,因为软件是自动荷载组合,恒荷载和活荷载组合的结果肯定不是一样的,最起码荷载的分项系数不一样。

【crazysuper】:对SUNYADONG提到的问题:

①“如果按楼面均布活荷载计算,圆形可以按正方形计算吗”,我认为是可以采用正方形来布活荷载的,这样还保守;

②对于“《建筑结构荷载规范》(GB 50009—2001)附录B中的b_{tx}与b_{cx}有什么区别”的理解是这样的:首先我们要理解单向板的概念。随长跨比$N=L_2/L_1$的增大,短跨L_1方向弯矩M_1增大,长跨L_2方向弯矩M_2减少,当N超过一定数值时,可近似认为全部荷载通过短跨方向传递至长边支座,计算上又忽略长跨方向的弯矩,这种板在受力体系上称为单向板。对于b_{tx}与b_{cx}只是荷载在板上实际宽度与计算宽度的不同。

(四) 风荷载

1 两种规范的风荷载 。(id=120538,2005-12-30)

【computer】:前不久做了一个钢结构厂房,单坡,跨度 2×18m,檐口高度 12.5m,屋面坡度 5%,计算时风荷载体型系数依据《门式刚架轻型房屋钢结构技术规程》(CECS 102:2002)取值,柱 0.25、0.55,梁-1.0、-0.65,所有梁柱均通过(因房屋较高,中柱平面外应力比较大)。但是看到一些参考书指出当跨高比小于 4 时,应按《建筑结构荷载规范》(GB 50009—2001)的体型系数取。我又试着按《建筑结构荷载规范》(GB 50009—2001)的体型系数算了一次,结果钢柱平面外应力比达到了 1.3,所以现在很担心这个工程的安全性了。有谁能给我一个明确的答案吗?风载体型系数按《门式刚架轻型房屋钢结构技术规程》(CECS 102:2002)偏于不安全到底到什么程度?

【iloveabit】:《门式刚架轻型房屋钢结构技术规程》(CECS 102:2002)的风荷载体型系数是针对低矮房屋的,特点是梁的风荷载敏感性较大,借鉴了美国金属房屋制造商协会 MBMA《低层房屋体系手册》(1996),这些系数来源于加拿大风洞试验室做的试验,是比较详尽的,而且在 MBMA 中有檐高 18m 的算例。而《建筑结构荷载规范》(GB 50009—2001)中的体型系数针对的是较高而窄的体形,这种体形柱的风荷载敏感性更大,个人认为应该取《门式刚架轻型房屋钢结构技术规程》(CECS 102:2002),但若檐高大于 18m,则应采用《建筑结构荷载规范》(GB 50009—2001)。并没有安全不安全,只是适用的结构体形不一样而已。

【西部牛仔】:①采用哪种风荷载必须考虑整体厂房的形状,跨高比尤为重要。

②当跨高比大于 3 时采用《门式刚架轻型房屋钢结构技术规程》(CECS 102:2002)没有问题,但应注意按附录计算风吸力,应防止檩条下翼缘破坏。

③当跨高比小于 2 时必须采用《建筑结构荷载规范》(GB 50009—2001)。

④跨高比为 2~3 时可适当调整比例。

⑤其实《门式刚架轻型房屋钢结构技术规程》(CECS 102:2002)中风荷载考虑的就是低矮房屋,所以它和吊车吨位没有关系。不论是轻钢还是重钢,是低矮房屋时仍可按《门式刚架轻型房屋钢结构技术规程》(CECS 102:2002)取风荷载体型系数。

⑥同时屋面坡度最好不大于 1∶10。

⑦基本风压大于 0.8 时,最好将梁腹板加厚一点。

【jingh】:《门式刚架轻型房屋钢结构技术规程》(CECS 102:2002)附录 A 表 A.0.2-1 系根据 MBMA《底层房屋体系手册》(1996)中有关小坡度房屋的规定,分别给出房屋端区和中间区的不同风荷载体型系数 μ_s。尽管它是根据风洞试验得出的,是专门针对低层钢结构房屋的,内容详尽,已为多数国家采用,但它与我国已沿用 50 多年的《建筑结构荷载规范》(GB 50009—2001)第 7.3 节中的体型系数 μ_s 算得的风荷载组合弯矩设计值相比,在多数情况下偏小甚多。

①《建筑结构荷载规范》(GB 50009—2001)第 7.3 节表 7.3.1 项次 2 体型系数取值。

柱:迎风面 $\mu_s=+0.8$;背风面 $\mu_s=-0.5$。

梁:迎风面 $\mu_s=-0.6$;背风面 $\mu_s=-0.5$ 。

②《门式刚架轻型房屋钢结构技术规程》(CECS 102:2002)附录 A 表 A.0.2-1 中间区体型系数取值。

柱：迎风面 $\mu_s=+0.25$；背风面 $\mu_s=-0.55$。

梁：迎风面 $\mu_s=-1.0$；背风面 $\mu_s=-0.65$ 。

③GB 50009—2001 与 CECS 102:2002 的体型系数和内力比较。

柱面风荷载计算所需的 μ_s 之和，GB 50009—2001 比 CECS 102:2002 大，其比值为 1.63，相应弯矩计算值的比值接近 1.63。梁面风荷载计算所需的 μ_s 之和，CECS 102:2002 比 GB 50009—2001 大，其比值为 1.5，相应弯矩计算值的比值接近 1.63。

④初步分析。

a. 对柱面的 μ_s，GB 50009—2001 是 CECS 102:2002 的 1.63 倍，前者安全；

b. 对梁面的 μ_s，CECS 102:2002 是 GB 50009—2001 的 1.50 倍，前者安全。

这反映出两个问题：一是应考虑柱高和梁跨两个重要参数，即刚架跨长 L 与柱高 h 的比值 L/h；二是梁面风荷载均为风吸力(负值)与刚架竖向恒荷载和活荷载起相互抵消作用，因此不能单纯从 GB 50009—2001 与 CECS 102:2002 两者风荷载引起的弯矩绝对值的大小来判别何者安全，而应对两者的弯矩组合值进行综合比较。

2 较高门式刚架的风荷载体型系数。(id=150400，2006-11-02)

【bigbird117】：在《门式刚架轻型房屋钢结构技术规程》(CECS 102:2002)中提到，屋面高度大于 18m 时风荷载体型系数须依据《建筑结构荷载规范》(GB 50009—2001)选用。按《建筑结构荷载规范》(GB 50009—2001)取值后，刚架是否还按《门式刚架轻型房屋钢结构技术规程》(CECS 102:2002)计算？还是直接按《建筑结构荷载规范》(GB 50009—2001)来计算？

而《门式刚架轻型房屋钢结构技术规程》(CECS 102:2002)里并没找到关于门刚屋面高度的限制问题。

【山西洪洞人】：《门式刚架轻型房屋钢结构技术规程》(CECS 102:2002)中风荷载体型系数取值适用范围：屋面坡度不大于 10°，屋面平均高度不大于 18m，檐口高度不大于房屋的最小水平尺寸。而《门式刚架轻型房屋钢结构技术规程》(CECS 102:2002)的适用范围：承重结构为单跨或多跨实腹门式刚架，具有轻型屋盖和轻型外墙，无桥吊或起重量不大于 20t，A1～A5 工作级别或 3t 悬挂吊的单层钢结构房屋。所以我认为，风荷载体型系数按《建筑结构荷载规范》(GB 50009—2001)取，但还是可以按《门式刚架轻型房屋钢结构技术规程》(CECS 102:2002)计算结构的。

【dwp-007】：这样的结构，风荷载宜按《建筑结构荷载规范》(GB 50009—2001)计算，其计算长度及构件验算都按《门式刚架轻型房屋钢结构技术规程》(CECS 102:2002)控制。

【qylyhn】：中国建筑标准设计研究院钢结构设计研究所在 2006 年 8 月 3 号发布了《关于轻钢结构设计问题的回复》的通知，其第 7 条专门提到楼主的问题：高度大于 18m 的单层门式刚架轻型房屋钢结构，其风荷载体型系数应按《建筑结构荷载规范》(GB 50009—2001)选取，刚架结构的构造措施可按《门式刚架轻型房屋钢结构技术规程》(GECS 102:2002)的规定采用。

【stairman】:柱脚刚接时,从控制刚架柱顶位移的角度讲,采用荷载规范是安全的,在跨高比较大时,梁端控制点内力受梁上荷载变化的影响将较为显著,此时可按《门式刚架轻型房屋钢结构技术规程》(CECS 102:2002)中屋面体型系数对梁及屋面檩条等构件进行适当加强。

3 对于下部普钢上部轻钢的,风荷载如何取?(id=123236,2006-02-08)

【hai】:50t 吊车厂房,下部采用格构柱,上部为轻钢结构,计算时风荷载如何取?以及风荷载的取值与采用《建筑结构荷载规范》(GB 50009—2001)或《门式刚架轻型房屋钢结构技术规程》(CECS 102:2002)的对应关系?

【yugle】:风荷载的取值与结构体系没有多大关系。可以这样区分,《门式刚架轻型房屋钢结构技术规程》(CECS 102:2002)中的风荷载体型系数主要适用于低矮房屋,《建筑结构荷载规范》(GB 50009—2001)主要适用于比较高大的房屋。对于柱脚铰接且刚架 L/h 大于 2.3 和柱脚刚接且 L/h 大于 3.0 时,风荷载应按《门式刚架轻型房屋钢结构技术规程》(CECS 102:2002)取用,其中 h 为檐口高度,L 为刚架跨度,具体可参考《门式刚架轻型房屋钢结构技术规程》(CECS 102:2002)附录 A 的条文说明。

【miaoliuhua】:认同 yugle 的观点,不过补充一点:《门式刚架轻型房屋钢结构技术规程》(CECS 102:2002)附录 A 条文说明只是指出在"柱脚铰接且刚架 L/h 小于 2.3 和柱脚刚接且 L/h 小于 3.0"的情况下,《建筑结构荷载规范》(GB 50009—2001)偏于安全,而没有说《门式刚架轻型房屋钢结构技术规程》(CECS 102:2002)附录 A 不安全。所以我认为在那样的条件下,仍旧可以依据《门式刚架轻型房屋钢结构技术规程》(CECS 102:2002)附录 A 的风荷载规定。

(五) 吊车荷载

1 有吊车的门式结构怎么输入牛腿的恒荷载与活荷载?(id=168275,2007-06-22)

【爱心男孩】:一单层门式刚架厂房,设置吊车,用 STS 软件计算时,如何输入吊车梁的恒荷载与活荷载?

【ljbwhu】:在牛腿处定义节点,在节点处定义吊车荷载。

【翱翔天空】:**爱心男孩**的意思应该是如何输入吊车梁和轨道的重量,因为查牛腿计算书只有吊车荷载,而没有吊车梁和轨道荷载。我按照使用说明书操作也不行,不知道软件是怎么考虑的。我看光盘例题也是没有这样的荷载,是不是不需要输入?那么就和说明书的内容不一样了。我试着在节点修改文件里面增加这样的荷载,计算结果就变了。

【dongheart198222】:吊车是根据各个吊车生产厂家提供的数据确定的,吊车梁和轨道的重量可查阅相关的资料输入,STS 里面可以输入吊车梁和轨道的重量,直接导入吊车数据进行计算。

点评:STS 软件中,吊车梁与主刚架的计算是分两部分进行的,吊车梁计算后的结果需要设计人员自己导入到主刚架的模型中(当然,主刚架模块中也有直接导入的快捷方式),但是不管采用何种方式,吊车梁、轨道及附件等的重量均无法由程序自动考虑,而是需要手工输入到计算模型的节点上。具体操作是将荷载转化为一个恒荷载 P_D(标准值)和一个力矩 $M=P_D\cdot e$,然后在程序中选择相应的荷载方式添加到节点上即可。如果还有活荷载,处理方式同此。

2 吊车梁的横向荷载该如何确定?(id=171768,2007-08-12)

【xiaodengz】:《钢结构设计规范》(GB 50017—2003)3.2.2条中关于重级工作制吊车梁及其制动结构的强度、稳定计算规定:作用于每个轮压处由吊车摆动引起的横向水平力的标准值计算式为吊车的最大轮压乘以相应的系数。而《建筑结构荷载规范》(GB 50009—2001)5.1.2条规定吊车横向水平荷载标准值应取横行小车重量与额定起重量之和的百分数,并乘以重力加速度。请问到底该以哪个规定来计算吊车的横向水平荷载?

【YAJP】:按《钢结构设计规范》(GB 50017—2003)计算吊车梁及其制动结构的强度稳定,按《建筑结构荷载规范》(GB 50009—2001)计算框架。

【zflzhlhy】:分别按《钢结构设计规范》(GB 50017—2003)与《建筑结构荷载规范》(GB 50009—2001)计算后取大值。

点评:《钢结构设计规范》(GB 50017—2003)与《建筑结构荷载规范》(GB 50009—2001)都有关于吊车横向水平荷载的相关规定,但是只要仔细读一下《钢结构设计规范》(GB 50017—2003)3.2.2条及其条文说明可以发现:①两个规范的针对点有所不同,《建筑结构荷载规范》(GB 50009—2001)中的横向水平荷载是考虑吊车起吊过程中,由于小车制动所产生的水平力,所以规范的计算式为 $F=\eta\frac{g+G_n}{2n}$。其中,F 为每个轮子的水平力,η 为系数,g 为小车重量,G_n 为额定起重量,n 为吊车一侧轮子数。《钢结构设计规范》(GB 50017—2003)中的水平力是考虑大车运行过程中产生的卡轨力。②《钢结构设计规范》(GB 50017—2003)中的水平力只在有重级工作制时考虑,且只在计算吊车梁(或吊车桁架)、制动结构及连接时用,不用于计算刚架计算中。③两个水平力不同时考虑。

3 多跨厂房吊车组合台数。(id=140921,2006-07-21)

【beixi】:《建筑结构荷载规范》(GB 50009—2001)5.2.1条计算排架考虑多台吊车竖向荷载时:

①对一层吊车单跨厂房的每个排架,参与组合的吊车台数不宜多于2台(该条很容易理解)。

②对一层吊车的多跨厂房的每个排架,不宜多于4台。(疑问:一个4连跨的工程,每跨有2台行车,总共8台该如何组合?我感觉取8台肯定太多了,取4台每跨一台的情况感觉边跨受力考虑不充分,结构是否安全?)

③考虑多台吊车水平荷载时,对单跨或多跨厂房的每个排架,参与组合的吊车台数不应多于2台。(疑问:一个4连跨的工程,每跨有2台行车,假如按4台进行竖向荷载组合,按规范只需考虑2台水平荷载,其他2台水平荷载可以记为0,这样理解正确吗?)

【steely】:"竖向荷载时,一层吊车的多跨厂房的每个排架,不宜多余4台。"按你的例子,4跨8台,给这8台分别取名为A、B、C、D、E、F、G、H,意思是取ABCD或BCDE或CDGH…分别组合一次,取最不利情况。"水平荷载时,单跨或多跨厂房的每个排架,吊车台数不应多于2

台。"意思是取 AB 或 CD 或 DH…分别组合一次，取最不利情况。可以这样取值的道理是：实际运行中 8 台吊车出现在同一柱距间的几率很小，同时往同一个方向刹车的可能性就更小了。所以可以分别取 4 台和 2 台计算。

【crazysuper】：是取 4 台和 2 台计算还是取 2 台和 4 台计算，这二种组合有什么区别？

其实多跨厂房每跨都有好多台吊车，若某些跨有 2 台或 2 台以上的吊车，而某些跨仅有一台吊车，这时，对于有 2 台或 2 台以上的吊车跨，吊车荷载输入时，根据影响线求出的最大轮压、最小轮压对柱子的作用力应乘以 0.95(A1～A8)。在软件"参数输入"栏中，2 台吊车组合时，荷载折减系数为 1.0；4 台吊车组合时，荷载折减系数为 0.90(A1～A5)、0.95(A6～A8)。

【ILOVEJUAN2006】：我的理解是这样的：首先这两者(单跨 2 台和多跨 4 台)不冲突，意思就是在单跨时对单柱牛腿受力只考虑 2 台吊车最不利组合的叠加力，而多跨时中柱则需要考虑两边都是 2 台吊车最不利组合(就是 4 台)的叠加力，边柱同单跨(2 台)。

点评：在应用《建筑结构荷载规范》(GB 50009—2001)5.2.1 条时应该注意：①5.2.1 条文下有个注，即"当情况特殊时，应按实际情况考虑"。这要求我们首先要注重工程的实际情况，以确保结构安全为前提。比如对于大跨度吊车梁，当某跨吊车台数多于 2 台时就应该考虑有无可能有多于 2 台的吊车同时行驶在这根大跨度吊车梁上，如果还是按常规考虑 2 台吊车进行组合，将有可能造成这根吊车梁的超载；还有一种情况是有多层吊车的工业建筑，规范没有详细规定，实际工程遇到时，更应该充分考虑工程的实际情况。②对于多台吊车的组合，应该充分了解使用的软件是否有自动考虑及组合的功能，如果没有，则需要设计者提取几种不利的组合，分别输入模型中进行分析计算。

(六) 地震作用

1 轻钢厂房是否需要考虑地震作用？(id=10400，2002-06-16)

【小眼镜】：轻钢结构相比其他传统结构有很好的抗震性能，因此，在许多钢结构设计中，一般都不考虑抗震设计，这种做法有没有依据？或者说，这种提法本身对不对？

【forest】：单层门式刚架轻型房屋钢结构的自重小，其承载力一般不受地震作用效应组合控制，通常可不进行抗震计算。但对中间有大量摇摆柱的宽阔刚架，或高度很大的刚架，或很长的纵向刚架，或有夹层、吊重、桥式吊车等情况，则需进行地震作用效应组合验算。

《建筑抗震设计规范》(GB 50011—2001)考虑轻型房屋钢结构的特点，在 9.2.1 条中指出，一般单层厂房钢结构的抗震规定"不适用于单层轻型钢结构厂房"。轻型房屋钢结构抗震设计可按底部剪力法计算，当地震作用效应组合控制设计时，尚应针对轻型钢结构的特点采取相应的抗震构造措施。例如，构件之间的连接应尽量采用螺栓连接；斜梁下翼缘与刚架柱的连接处宜加腋，该处附近翼缘受压区的宽厚比宜适当减小；柱脚的抗剪抗拔承载力宜适当提高，柱脚底板宜设抗剪键，并采取提高锚栓抗拔力的相应构造措施；支撑的连接应按支撑屈服承载力的 1.2 倍设计等。

【JDY】：我对比了一下 7～9 度地震作用下，单跨 9m 高、27m 跨的门式刚架 PKPM 的计算结果，发现地震作用根本不起控制作用，柱子主要受构造控制（平面外计算长度）。我的看法是：这正是轻钢结构的优点之一，受地震影响小，抗震性能好。

【张晋元】：影响很小，7 度时不必考虑，8 度、9 度带吊车时要注意，最好算一下。

【peterman722】：《门式刚架轻型房屋钢结构技术规程》（CECS 102：2002）3.2.4 条规定：地震作用应按现行国家标准《建筑抗震设计规范》（GB 50011—2001）的规定计算。另外，有专家在论及门式刚架轻型屋面地震作用时说："由于门式刚架轻型房屋屋盖的自重较轻，地震作用组合不起控制作用，故一般可不考虑地震作用；但当双坡刚架的宽度很大，中间有多个摇摆柱时，应考虑地震作用……此外，当厂房较高时，应考虑地震作用；当厂房较长时，纵向刚架的地震作用效应依然不容忽视；当单层房屋局部有夹层时，其楼面重力荷载代表值可能较大，这种情况也应考虑地震作用。"

2 厂房纵向地震作用如何计算？(id＝137833，2006-06-19)

【蓬勃钢结构】：通过手算要完成一个厂房纵向刚架柱间支撑的结构分析，首先要知道作用在纵向刚架上的节点的风荷载和地震作用，其中风荷载取一半山墙作用风荷载，地震作用按单质点计算，各柱列的地震作用应按柱列承受的重力荷载代表值的比例分配。只是有点不太明白，得出各柱列的重力荷载代表值之后按照底部剪力法计算合适吗？还是把整个结构看成一个质点，算出重力荷载代表值，按照底部剪力法求值，将算出的剪力加在纵向刚架上。另外，还有一个问题，按照底部剪力法计算横向和纵向的地震力总和是不是相同？因为我觉得结构总重力荷载代表值一样，水平地震影响系数值相同。

【ButlerBldg】：可以这样理解：

横向——厂房按单质点计算底部剪力，各门式刚架的地震作用应按门式刚架承受的重力荷载代表值的比例分配原则分配。

纵向——厂房按单质点计算底部剪力，各纵向柱间支撑的地震作用应按纵向柱间支撑承受的重力荷载代表值的比例分配原则分配。

横向是门式刚架，纵向是中心支撑，水平地震影响系数值应该不相同。

（七）荷载组合

1 为什么门刚中风荷载不与地震作用同时考虑？(id＝123414，2006-02-10)

【tfsjwzg】：我用 PS 计算工程的时候给了 5 个组合：

①$1.2S_G+0.6S_Q+0.0S_W+1.3S_E$；

②$1.2S_G+1.4S_Q$；

③$1.2S_G+1.26S_Q+1.26S_W$；

④$1.0S_G+0.0S_Q+1.4S_W$；

⑤$1.35S_G+0.98S_Q$。

其中，S_G 为恒荷载，S_Q 为活荷载，S_W 为风荷载，S_E 为地震作用。

为什么风荷载与地震作用不同时考虑呢？

【hai】：应该是根据概率理论得出的。一般的结构风荷载都不与地震作用同时考虑，但在很多较高的高层中风荷载起控制作用,因此应该考虑风荷载与地震的同时作用。

【tfsjwzg】:《建筑抗震设计规范》(GB 50011—2001)5.4 节中有风荷载组合系数的规定,一般结构 0.0,高层风荷载起控制作用的时候是 0.2,跟 **hai** 的说法一样。但是根据我以前算的一个门刚厂房工程,风荷载对位移起控制作用,水平位移 83mm,Y 向超过 40mm,而恒荷载的 X、Y 向分别约为 20mm、30mm,在地震作用下 X 向仅为 15mm,此时是否为规范上说的风荷载起控制作用?或者如前所述,该工程仅仅是风荷载对位移起控制作用,而不对结构整体起控制作用?若是对整体起控制作用,那《门式刚架轻型房屋钢结构技术规程》(CECS 102:2002)上的荷载规定就不准确了。

【hai】:一般的门刚地震作用都不起控制作用,见《门式刚架轻型房屋钢结构技术规程》(CECS 102:2002)3.1.4 条:由于单层门式刚架轻型房屋钢结构屋盖的自重较小,设计经验表明,当抗震设防烈度为 7 度时,一般不需做抗震验算;当为 8 度及以上时,横向刚架和纵向框架均需做抗震验算。当设有多于一层并与门式刚架相连接的附属建筑时,应进行抗震验算。

【miaoliuhua】:风荷载和地震作用不同时考虑,组合时地震或风工况的组合系数取 0。高层结构有所不同。荷载组合系数和分项系数、结构的可靠度可依据《建筑结构可靠度设计统一标准》(GB 50068—2001)确定。当然 GB 50068—2001 说的不是很详细,具体可以参考陈绍蕃等编的《现代钢结构设计师手册》(上篇)。

2 有关荷载组合问题。(id=53704,2004-04-06)

【Jan】:在门式刚架计算中,荷载是怎么组合的?按照什么原则?各自计算的主要参数是什么?

【w_shiqi】:门式刚架的荷载组合参考《门式刚架轻型房屋钢结构技术规程》(CECS 102:2002),计算参数参考《门式刚架轻型房屋钢结构技术规程》(CECS 102:2002)和《钢结构设计规范》(GB 50009—2001)。下面是《门式刚架轻型房屋钢结构技术规程》(CECS 102:2002)规定的内容。

荷载效应组合应符合下列原则:

①屋面均布活荷载不与雪荷载同时考虑,应取两者中的较大值;

②积灰荷载与雪荷载或屋面均布活荷载中的较大值同时考虑;

③施工或检修集中荷载不与屋面材料或檩条自重以外的其他荷载同时考虑;

④多台吊车的组合应符合现行国家标准《建筑结构荷载规范》(GB 50009—2001)的规定;

⑤风荷载不与地震作用同时考虑。

【golf2001】:几种主要荷载效应组合如下:

1.2×恒荷载效应标准值+1.4×活荷载效应标准值

1.2×恒荷载效应标准值+1.4×风荷载效应标准值

1.2×恒荷载效应标准值+0.9×1.4×(风荷载+吊车荷载)效应标准值

1.2×恒荷载效应标准值+0.9×1.4×(活荷载+风荷载)效应标准值

1.2×恒荷载效应标准值+0.9×1.4×(活荷载+吊车荷载)效应标准值

【miaoliuhua】:①荷载

a. 恒荷载(G)。

b. 活荷载。包括屋面均布活荷载、检修集中荷载(M)、积灰荷载(D)及雪荷载等。积灰荷载与雪荷载按现行《建筑结构荷载规范》(GB 50009—2001)的规定采用。均布活荷载与雪荷载不同时考虑,取其中较大值(记为L)计算;积灰荷载与雪荷载和均布活荷载中的较大值同时考虑;检修荷载只与结构自重荷载同时考虑。

c. 风荷载(W)。现行《门式刚架轻型房屋钢结构技术规程》(CECS 102:2002)对于风荷载的取用是以 GB 50009—2001 为基础的,关于风荷载体型系数是按照美国金属房屋制造商协会 MBMA《低层房屋体系手册》(1996)中有关小坡度房屋的规定取用的。

d. 温度作用(T)。按实际环境温差考虑。

e. 吊车荷载(C)。按 GB 50009—2001 的规定取用,但吊车的组合一般不超过 2 台。

f. 地震作用(E)。按 GB 50009—2001 的规定取用,不与风荷载作用同时考虑。

②荷载组合

计算结构承载能力极限状态时,对于轻钢结构可取下述荷载组合,G 、L 、D、M 、W 等表示相应荷载或作用的标准值。

a. $1.2G+1.4L$;

b. $1.2G+1.4M$;

c. $1.2G+1.4C$;

d. $1.2G+1.4W$;

e. $1.2G+0.9(1.4L+1.4D)$;

f. $1.2G+0.9(1.4L+1.4W)$;

g. $1.2G+0.9(1.4C+1.4W)$;

h. $1.2G+0.9(1.4L+1.4T)$;

i. $1.2G+0.9(1.4W+1.4T)$;

j. $1.2G+1.4L+1.4E$。

计算结构正常使用极限状态时,对于轻钢结构可取下述荷载组合:

a. $G+L$;

b. $G+M$;

c. $G+C$;

d. $G+W$;

e. $G+L+0.9D$;

f. $G+L+0.6W$;

g. $G+W+0.7L$;

h. $G+C+0.6W$;

i. $G+W+0.7C$;

j. $G+L+0.6T$;

k. $G+W+0.6T$;

l. $G+L+E$。

三 轻钢厂房的用钢量

1 门式刚架柱距定多少最合理、经济？（id＝100136，2005-06-22）

【清水】：门式刚架结构，有人认为6m柱距经济，也有人认为7～8m最经济，那如果两种柱距都比较适合的话，一般情况下应该选择哪一种呢？

【viki202】：《门式刚架轻型房屋钢结构技术规程》（CECS 102：2002）规定，门式刚架跨度宜采用9～36m，间距宜采用6～9m。

【王一】：刚架的间距与刚架的跨度、屋面荷载、檩条形式等因素有关，当刚架跨度较小时，选用较大的间距，会增加檩条的用钢量，不经济。《门式刚架轻型房屋钢结构技术规程》（CECS 102：2002）规定，刚架柱距宜为6m、7.5m、9m，最大可采用12m。经过大量计算发现，随着柱距的增大，刚架的用钢量是逐渐下降的，但当柱距增大到一定数值后，刚架用钢量随着柱距的增大下降的幅度较为平缓，而其他如檩条、吊车梁、墙梁的用钢量则会随着柱距的增大而增大，就房屋的总用钢量而言，随着柱距的增大先下降而后又上升。因此，在一定条件下，门式刚架存在着最优间距，表2-1列出在一般情况下不同跨度所对应的最优柱距。

不同跨度对应的最优柱距（单位：m）　　表2-1

跨　度	最优柱距	跨　度	最优柱距
9～12	5.5	36～45	7.5～9
12～18	6	＞45	9
18～36	6～7.5		

综上所述，一般情况下，门式刚架的间距应在6～9m之间，超过9m时，屋面檩条与墙架体系的用钢量增加太多，综合造价并不经济。

【雪嫣】：我个人的经验：一般情况下，没有吊车梁的单层门式刚架，柱距取7.5m应该最经济。但如果有吊车梁，柱距取6m更经济。因为檩条和拉条等用钢的增加量，相对于刚架减少的量来说，并不大。但如果有吊车的话，吊车梁截面加大之后用钢量就大了很多，这样6m柱距应该是最经济的了。

【danielle0215】：荷载是影响经济柱距的主要因素，当荷载较大时，柱距宜取小一些，建议取6～7m，荷载小时柱距宜取8～9m。此外，取柱距时也要考虑跨度。

【shanbo999】：不同的生产工艺流程和使用功能在很大程度上决定着厂房跨度，有的业主甚至要求轻钢生产厂家根据自己的使用功能确定跨度，这是很不经济的选择。当柱高、荷载一定时，适当加大跨度，刚架的用钢量增加不太明显，但节省空间，基础造价低，综合效益较为可观。通过大量计算发现，当檐高6m，柱距7.5m，荷载情况完全一致的情况下，跨度30～35m之间的刚架单位用钢量（Q345B）为11～13kg/m^2，跨度在24～30m之间的刚架单位用钢量为10～11kg/m^2，跨度在18～24m之间的刚架单位用钢量为11kg/m^2。当跨度大于35m时用钢量将大于13kg/m^2，明显不经济。所以对于一般工艺流程，跨度应尽可能控制在35m以内，如果确实需要大于35m的跨度，则中间应增加摇摆柱，从而可使单跨刚架节约8%左右的用钢量。如果跨度小于 18m，单位用钢量没有很明显的变化甚至还有逐渐增加的趋势。因此设计门式刚架时应根据具体要求选择较为经济的跨度，不宜盲目追求大跨度或采用过小跨度。

2 门式刚架中柱做成摇摆柱肯定比柱顶刚接用钢量少吗？(id=151395，2006-11-14)

【jianfeng】：①门式刚架中柱做成摇摆柱肯定比柱顶刚接用钢量少吗？

②能否从受力的角度分析，什么情况下中柱设为摇摆柱比较合理？

【dwp-007】：中柱是否做成刚接要综合考虑厂房的功能、有无吊车等确定。做成刚接时，可以提供较大的侧向刚度，而摇摆柱对侧向刚度没有贡献，在水平力较大时，要保证侧向稳定，柱需要做得很大，此时采用刚接就比较好。一般情况下，还是优选摇摆柱的，以简化节点的构造。

3 12m 柱距 5×24m 跨刚架的合理用钢量 。(id=140216，2006-07-13)

【zzk】：5×24m 跨，柱距 12m，风荷载 0.45kN/m²，雪荷载 0.40kN/m²，屋面聚苯乙烯夹芯板，檐口高 6m，屋面坡度 1/20，地震设防烈度为 7 度，无吊车。合理的用钢量应该为多少？

【jackni】：涉及的柱距为 12m，檩条需要用高频焊接 H 型钢，这样的话，次结构的用钢量会比较大。我最近碰到一个类似的柱距，据估计，主钢用钢量在 22kg/m²，而檩条部分将要达到 30kg/m² 左右。

【姚辰】：根据经验，梁柱用钢量约为 35kg/m²，12m 跨檩条用高频焊接 H 型钢，估计屋面系统用钢量为 25kg/m²，则总用钢量约为 60kg/m²。

【liuyuan】：若要降低檩条的用钢量，12m 的檩条可采用桁架式。

【wangyang613】：可在柱间加一榀钢梁，檩条跨度采用 6m。

【成金】：对于刚架来说，柱距大了点。我以前做过一个改造的厂房，跟这个类似，12m 柱距，跨度 9×18m，0.8kN/m² 的风压。主刚架因为是改造，用钢量没有统计，根据原设计(20 世纪 90 年代初)刚架用钢量约为 70kg/m²，檩条采用澳洲强度 450MPa 的工字钢。所以上述工程估计总用钢量为 60～70kg/m²。

刚架柱距若能减小，则建议改成 9m；还有屋面的坡度，1/20 的坡度值得再考虑，单面排水是 60m，有些偏大，容易漏水，改成 1/15 的坡度比较好。

【qylyhn】：这样的厂房，可以采用边柱 6m 柱距，中柱 12m 柱距。在中柱顶做托梁，钢梁做成每 6m 一榀。如此下来，屋面檩条和墙面檩条的用钢量可降低很多，最后大概在 5～8kg/m²。钢构的用钢量一般也不会超过 25kg/m²。

【刘星语】：把握技巧的话，可以做到 25～35kg/m²，毕竟檐口比较低。

【jimmy75】：这样的厂房，主结构用钢量差别不大，但次结构会有较大的差别。如果是 6m 柱距，仅檩条一项就可以减少 15kg/m²，用钢量当然可以减少很多；12m 柱距采用桁架式檩条用钢量是比较少的。但我不太主张过分强调厂房的用钢量，这样会影响工程质量，而且也未必能降低造价。要知道桁架式檩条比传统的 C、Z 型檩条贵很多。

【好小子！～】：因为太麻烦，工厂制作人员很不愿意做格构式的，建议最好还是采用托架，檩条改为 6m 跨的。

【swq102050】：不知是否有吊挂荷载？如果无吊挂荷载，5×24m 跨、12m 的柱距，檐高较低，荷载也不大，就梁、柱用钢量可以控制在 15kg/m² 左右，但是次结构用钢量将会较大，为了省钢，7～9m 柱距较为经济。12m 的桁架式檩条因为制作、施工都较麻烦，还因此延长工期，造价也较普通檩条高，不建议做桁架式檩条。

点评：影响用钢量的因素非常多，脱离具体设计条件来谈用钢量是毫无意义的。对于一个具体的工程而言，在确定了平面尺寸、建筑高度、荷载等因素以外，结构形式及布置将对用钢量有很大的影响。所以应该多比较几种结构方案后，最终确定的用钢量才是合理的。

四 常见问题讨论

1 不符合规范但常见的设计，如何解释？（id=10804，2002-06-27）

【江海】：我在钢结构厂工作，以下是我常用的做法，但我知道有问题，不知有没有最简单、经济、方便的办法解决？

①PKPM 计算的柱脚需要 8 个锚栓（注：CECS 102：98 中为 8 个锚栓，CECS 102：2002 已改为 6 个），而我常用 4 个，然后埋入地坪 300mm，以上浇地坪，以此作为刚接，刚度够吗？

②柱脚从来不设抗剪键，行吗？

③PKPM 计算时平面外计算长度只要有檩条就取 3m，不管檩条是否刚性连接。那么，檩条间距可以作为平面外计算长度的取值吗？

④檩条用 12mm 圆钢只设置直拉条，端头从来不设置斜拉条和压杆。此时，不符合《门式刚架轻型房屋钢结构技术规程》（CECS 102：2002），怎么办？

⑤只要不是混凝土柱钢梁连接形式的结构，并且跨度不大于 18m，通常只设置水平支撑和柱间支撑，而从来不设置钢梁间系杆。此时，刚架稳定性够吗？是不是有檩条就可以了？

【WoodAnts】：①有一种柱脚刚接的做法就是直接埋入地坪的。如果地坪混凝土的厚度有保证，刚度应该没问题。问题是柱脚锚栓受拉的时候，锚栓数目减少可能就有问题了。

②抗剪键，如果混凝土地坪厚度够大，范围够广，不设没有问题，而且不设也很有道理。石油化工的卧式容器基础的计算，规范中有详细规定，设置刚性地坪的可以不计算推力。这个推力比一般的轻钢门架的柱脚剪力大多了。埋深 300mm，个人见解（一般轻型厂房水平力不大）可不设抗剪键。

③有点疑惑。

④设计问题。

⑤倘若有吊车，柱中可不设，柱顶应设。

【kcl8888】：①视厂方的实际情况而定，一般厂房应该没问题。

②剪力大于 0.4 倍轴力时要设抗剪键。

③一般来说，檩条间距是不应该作为平面外支撑长度来取值的：a. 檩条要有足够的刚度；b. 檩条与钢梁要有可靠的连接。现实中很难满足要求，而又都是这么做的，这是错误的。

④一定要遵循《门式刚架轻型房屋钢结构技术规程》（CECS 102：2002）。

⑤混凝土柱钢梁组合结构，柱头可以不设压杆，混凝土的刚度比压杆大多了，但屋面变化处一定要设。

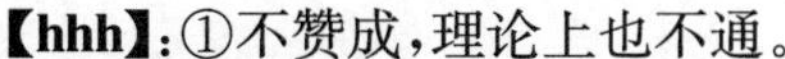

【hhh】:①不赞成,理论上也不通。

②计算需要时必须设。

③PKPM 计算时平面外计算长度应是可改的,但注意构造与假定相符。

④错误。

⑤系杆如此重要,没道理不设。

【zhaoyu】:①不可以,受风荷载时柱底锚栓受拉,如果是刚性柱脚就更危险了。

②增加抗剪键施工时无难度,从理论上来说,是否一定要设置抗剪键值得探讨。

③平面外计算长度保守的话应该按照实际取值,但彩钢板有蒙皮效应,对平面外稳定有利,刚架的侧向刚度可由檩条的隅撑保证。

④遵循《门式刚架轻型房屋钢结构技术规程》(CECS 102:2002)。

【hare】:①不可以。

②规范用 0.4N 作为抗剪力,忽略了锚栓拉力的作用。事实上,柱脚的摩擦力是由摩擦面上的法向力决定的,它等于 N 与锚栓拉力的代数和乘以 0.4。实际上,摩擦力常远远大于规范计算所得的摩擦力。对于固接柱脚,尤其明显。随着风力增加,弯矩增大,压区的合力也就越大,相应的抗剪能力越大,甚至有自锁的作用。

③不要滥用程序。若要考虑檩条的作用,需按压弯设计檩条。如 **hhh** 所言,应根据实际情况,修正 PKPM 计算时的平面外计算长度,并应注意构造与假定相符。

④蒙皮效应。施工阶段,无蒙皮作用,易出事。同时,产生蒙皮效应是有苛刻构造要求的,不能在设计中想当然。

⑤檩条需按压弯验算,同③。

【江海】:①待钢柱立好后,在−0.3 标高往上用混凝土浇筑应该是可以解决刚度问题的。减少锚栓数目可以采取加粗预埋锚栓的措施,并且安装方便。

②若剪力只在地坪面,而没到标高−0.3 的柱脚位置,则在钢柱的底脚板周围用膨胀螺栓固定,不知是否起到抗剪作用?

【gjg】:不可以用膨胀螺栓,因为膨胀螺栓在反复力作用下很容易失效。

【木头】:①计算中需要 8 根,实际配 4 根,以地坪来嵌固的做法行不通。不知这个地坪是怎么来的,如需要这么厚,则地面堆载应很大,需计算基础的偏差沉降;如果厂房较矮,室内外地坪等高,或许可以考虑,但实际工程中不太可能满足防水要求。如果是埋入式做法,则是有严格要求的,同时也绝不是埋在一般性的地坪里。

②抗剪键要通过计算确定。地坪、摩擦、埋入式都可以抗剪。

③平面外计算长度取值,目前国内软件似乎还没有能计算门式刚架的空间结构的。

④檩条按压弯计算满足即可。

⑤如果不设梁间系杆,必然是檩条承担,如果能满足计算则应该可以。

【刘欣】:①没有碰到过有 8 个锚栓的,一般为 6 个。

②抗剪键,我没有设过,不过刚接柱脚都埋入地下 300mm 以上。

③梁平面外计算长度一般是按隅撑取,好像大于 15m 跨的我都设了隅撑,檩条用 C 型钢一般按简支梁计算,不设隅撑没道理,当然如果柱间距实在太小,不设应该没有问题。

④斜拉条应该是需要的,特别是有天窗的,一定要做,檐沟处压杆也有必要设,仅靠 12mm

拉条达不到可靠连接。

⑤柱顶有檐沟应当可以不设压杆，但梁中一定要设，这种结构如果跨度大于 20m，梁中截面高度就比较大了，应当设压杆，而且隅撑我是每根檩条都设了，有利于梁的整体稳定。

【fredzhu29】：①考虑地坪嵌固作用因难以定量不太安全，还是不建议如此设计。

②可以不设抗剪键，但应该核算锚栓的拉剪组合。

③严格地说，上翼缘的平面外计算长度应为檩条间距，下翼缘应为隅撑间距，但现在国产的商业软件都不能分开定义。

④如果考虑屋面板的蒙皮效应，不设斜撑也说得过去，但需有效的防檩条倾覆的构造。

⑤刚性系杆的设置应根据屋面抗风支撑系统（相当于一个水平桁架，檩条可视为直杆，拉条为斜杆）的内力确定，如檩条强度不足（包括檩条本身的强度及稳定和连接节点的强度），则需要设置系杆。

⑥檩条作为系杆强度约为 50kN，因为弱轴方向有屋面板约束，只需考虑强轴方向的稳定即可，节点强度倒是需要注意，强度不足可采用高强螺栓代替普通螺栓或增加连接片。

【ABCFRAME】：①规范中没有说 4 个锚栓不可以固接，要看你的 4 个锚栓怎么放，只要计算能够抵抗柱的弯矩就可以。

②规范规定地脚锚栓不应抗剪，但并没有规定所有柱脚必须设抗剪键。a. 如果剪力不大，柱脚摩擦力可以抵抗时可以不设；b. 埋入地面下一定的深度，能够靠混凝土抵抗剪力时也可以不设；c. 国外规范中地脚锚栓是可以抗剪的，所以经过严格计算后满足时也应该可以不设。

③对于与檩条连接的一侧当然可以（如果不考虑蒙皮也可以通过特殊的拉条来满足这个要求）；对于另一侧，则需用隅撑解决。

④这是个别公司的问题了。

⑤这个问题主要是看檩条如何设计，如果檩条按压弯杆计算那就没有问题，如果檩条按纯弯杆计算就有问题了。所以并不在于跨度而在于檩条设计。

【lyzher】①设 4 个锚栓时，300mm 的浇筑层，应该将基础短柱内的纵向受力筋或构造配筋延伸上来，并且验算柱脚做刚接时承受的剪力和弯矩，钢筋面积是否满足，基础短柱截面是否满足，柱脚与短柱内钢筋连接是否牢固等。

②柱脚可以不设抗剪键。抗剪键的主要作用是承担水平力，如果在柱底部位的混凝土短柱和钢筋在受此水平力及其他组合力的情况下强度满足的话，抗剪键可以不设。

③该计算长度不应取檩条的距离，因为檩条铰接时，不能有效地阻止刚架横梁受压区的平面外失稳。

④应该按《门式刚架轻型房屋钢结构技术规程》(CECS 102:2002)来设计，除非你的檩条计算不用设拉条时也能满足，这样的话，可以不设。

⑤最好设。因为檩条与水平支撑的受力作用线不在同一平面内，起的作用较小。

【mdjzl】：在工程界，一般认为加隅撑的檩条可以作为门式刚架斜梁的侧向支承，因此门式刚架中斜梁的无支承长度可以认为是有隅撑的檩条间距。在《门式刚架轻型房屋钢结构技术规程》(CECS 102:2002)中有如下规定："实腹式刚架斜梁的出平面计算长度，应取侧向支承点间的距离；当斜梁两翼缘侧向支承点的距离不等时，应取最大受压翼缘侧向支承点的间距。"

【理想化】：以前对平面外计算长度有点共识：檩条可以一定程度地减少梁的上翼缘失稳，

隅撑可以减少梁的下翼缘扭转失稳，所以一般取平面外计算长度为隅撑间距(檩条与隅撑视作共同对梁作用)。但是现在有的设计院在设隅撑时把它设在刚架应力大的地方，比如屋脊、檐口处，而在应力较小的部位，往往间距很大才设一根，甚至不设隅撑，这种方法得到了一些设计人员的认可，那么在这样的设置方法下，平面外计算长度该如何选取？

对于屋脊处的系杆，《门式刚架轻型房屋钢结构技术规程》(CECS 102:2002)规定："刚性系杆可由檩条兼作，此时檩条应满足对压弯构件的刚度和承载力的要求"。以前有人提出过理论上的计算方法，以验算屋脊处两根檩条共同作用能否满足刚性系杆的要求，但是我们在设计时往往没有验算，直接加了系杆了事。现在做了一个四面砖墙围护的钢构厂房，监理提出：因为砖墙围护有可靠的整体稳定性，混凝土抗风柱按照悬臂结构计算，柱顶位移在限值之内，这样传到钢构上的风荷载被大大减小，屋脊处两根檩条受到的力也大大减小，假如开间不大的话，那么这两根檩条应该能兼作系杆。听起来有点道理，但因为没有算过，所以不能确定。

至于斜拉条的问题，我认为非常重要。从受力上来看，刚性直拉杆(圆钢加套管或角钢)与斜拉条构成了一个类似桁架体系，共同承受沿檩条方向的力的作用，直拉杆受压，斜拉条受拉，这样就形成了一个稳定的体系；从实际来看，在以往工程中，没有加斜拉杆的墙面，假如开间较大的话，纯用直拉杆对墙梁C型钢的下挠控制不是很理想，在有天窗的屋面上天窗架两侧未加斜拉条或者直拉杆未加套管的情况下，檩条被拉弯的现象尤其明显。建议大家不要等闲视之。

另外一个问题，在很多图纸上都看到将檐沟兼作系杆的做法(檐沟下焊接角钢，既减少檐沟下挠，又增加了檐沟作为系杆的刚度)，暂且不谈檐沟本身作为系杆的可行性，檐沟在柱顶，此处的系杆并不在受力的最佳位置，所以除了经济性考虑之外，作为刚架的平面外支撑的作用应该会大打折扣。

有人提出吊车梁也可看作系杆，假如单从受力的性质来看，它对柱平面外支撑的确能起到作用，但是它本身也是刚架平面内和平面外不稳定的重要因素，所以这也有疑问。

【aoxianglong】：现在是有很多施工单位大胆的施工，而没有出现问题，因为一般设计使用年限都是50年，可以说绝大部分工程都没有遇到最不利条件。因为它们才建设完，也许20年后会有很多问题出现。

【runningman】：檩条作为压杆，应该按照压弯构件计算其稳定性。如果计算没问题，就可以；如果不够，就需要采用刚性系杆了。

【yugle】：《冷弯薄壁型钢结构技术规范》(GB 50018—2002)10.1.4条提到实腹式刚架梁和柱在刚架平面外的计算长度，应取侧向支承点间的距离，侧向支承点间可取设置隅撑处及柱间支撑连接点。其条文说明提到作为侧向支承点的檩条、墙梁必须与水平支撑、柱间支撑或其他刚性杆件相连；否则，一般不能作为侧向支承点。但当屋面板、墙面板采用压型钢板、夹芯板等板材，而板与檩条、墙梁有可靠连接时，檩条、墙梁可作为侧向支承点。我认为檩条作为侧向支承点与檩条与刚架的连接方式无关(铰接或者刚接)，主要看檩条是否按压杆来设计。

【wjq-1980】：针对相应问题，个人理解如下。

①柱脚抗剪键的设置应该根据水平风荷载的大小来确定，我国规范规定锚栓是不参与抗剪的，只承受风荷载产生的上拔力，水平剪力完全由柱底与承台面的摩擦力来承担，当摩擦力小于水平剪力时，必须设置抗剪键。

②对门刚来讲，檩条能否作为钢梁平面外支承要看钢梁具体的受力情况，门刚钢梁的危险截面一般在梁柱连接(考虑刚接)或跨中，梁柱连接处一般出现比较大的负弯矩，所以梁下翼缘受压，容易出现平面外失稳，而该处檩条支撑在上翼缘，所以不能作为平面外的支承点，应该以隅撑的间距作为平面外的计算长度；对于正弯矩处，梁受压区在上翼缘，所以该处檩条应该可以作为平面外的支承点。而一般设计人员习惯每隔一个檩条设置一道隅撑，所以都习惯性地把两根檩条的间距作为平面外的计算长度。

③屋面拉条的设置应该根据檩条验算时的计算模型吻合程度及围护结构的情况而定，如屋面外板是否能约束檩条上翼缘，屋面是否有内衬板约束檩条下翼缘。拉条的设置应该在檐口及屋脊处加设斜拉条和刚性撑杆，让整个屋面形成一个几何不变的桁架体系。

④檩条一般是不考虑用来传递山墙面的风荷载，常规采用单独设置压杆来承担，若考虑采用檩条作压杆，应该考虑檩条轴力按压弯构件验算檩条强度和稳定，且须验算支座处螺栓的抗剪强度。

【kingthunder】：兼作纵向传力杆件的檩条，可以采用加厚檩条的办法，也可采用双檩条的办法，如纵向荷载很大，则需考虑另设系杆作纵向传力构件。双檩条的构造方式可采用如图 2-3 所示的方式，其中仅主檩条按嵌套搭接连续檩条的方式处理，辅檩条为简支型，可用冷弯薄壁型钢缀件与主檩条相连，辅檩条不与屋盖板相连，以统一构造、方便安装。

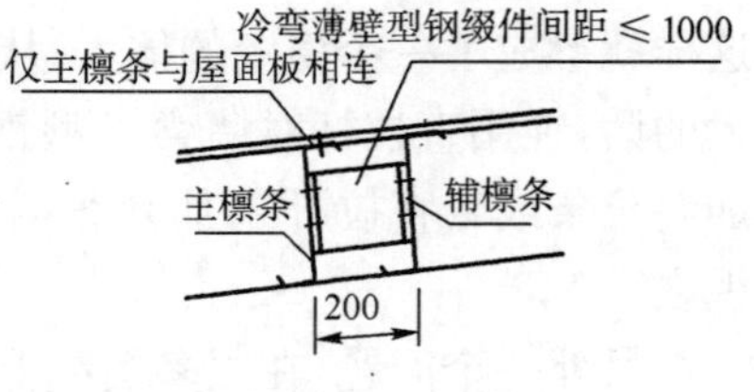

图 2-3 双檩条的构造方式(尺寸单位：mm)

【ncdlgz】：尽可能的不要省次构件，因为次构件对于保证结构的整体性是很重要的，次构件用钢量不大，单价比主构件还低，为什么不用呢？如果省掉次构件的话，那么主构件就必然会加大，就有些舍本逐末了。比如，不用隅撑时，梁柱平面外稳定就需要梁柱增大自身截面来保证了，比较一下用钢量，你会怎么做呢？又比如，不设通长系杆，那么檩条就需要按压弯构件来计算，设了系杆，纵向水平力就可以有系杆来承受，那么檩条只需要按纯弯构件来计算，比较一下用钢量你又会如何做呢？

【flying1983】：①通常我们用露出式刚接柱脚，8 个锚栓一个也不能少；但对于埋入式柱脚，从理论上说可以不用设置。以插入式为例，在钢柱插入基础杯口一定深度后，如果混凝土和钢柱连接可靠，则可以依靠整个基础来承受荷载。但个人认为 300mm 的厚度太小，刚度肯定不够。

②根据规范，不设抗剪键是有前提的，尽管柱脚锚栓某种程度上能抗剪，但既然规范这么规定，肯定还是有依据。

③平面外计算长度取 3m，不是由檩条决定，而是通常由隅撑的间距长度决定。因为檩条只影响梁上翼缘的计算长度，下翼缘一般通过设置隅撑来考虑。

【tank_helicopter】：对于隅撑的设置，我记得上学时教材上的意思是屋面上的隅撑应布置在钢梁的下翼缘受压区，根据弯矩图我们知道，绝大多数情况下都是梁柱节点处，钢梁下翼缘受压，所以我通常只在距梁柱节点 1/3～1/4 的范围内设置隅撑，而梁的跨中则很少设置。而在弯矩包络图中跨中部分存在负弯矩的情况，因为该部位弯矩值相比端部小很多而不予考虑。

【思凡 315】：①刚接柱脚一般都设置 8 个锚栓，如果吊车吨位大、柱截面大，则还需要设置构造的锚栓以保证柱脚的刚性。如果用插入式的柱脚，300mm 是不够的。你的做法刚度当然

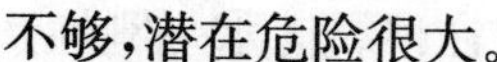

不够，潜在危险很大。

②规范中不允许锚栓作抗剪用，实际上我认为锚栓也能起到一定的抗剪作用。如果柱脚埋入地坪 300mm，地坪刚度大，就完全可以不设抗剪键。

③从设计的角度考虑，平面外计算长度是不能用檩条间距来考虑的，而是应该按隅撑的间距来考虑。实际上，如果开间小，跨度也不大，檩条可以起到一定的压杆作用。另外，屋面蒙皮效应对梁的稳定性起了很大的作用。

点评：在探讨这个话题的时候，钢结构的一系列新规范还没有颁布。但即使颁布了新规范，这样的讨论还将持续。设计是控制钢结构工程投资的最重要环节之一，也是最有效的环节。但是设计的合格与否，并不能以最少的用钢量来衡量。设计中一味地考虑种种有利因素将会使结构实际的承载能力达到破坏的极限边缘，可以想象，没有一定安全储备的结构能否在整个合理使用年限里正常服役。

对于蒙皮效应，虽然存在，但是目前还处在研究阶段，很多结果还无法直接用于实际的工程中；考虑蒙皮效应，对结构件也有非常苛刻的要求，并不是所有的轻钢结构房屋都有很好的蒙皮效应。

2　轻型钢结构房屋的设计问题。(id=95150，2005-05-14)

【jbr1314】：①支撑系统布置不当。有的设计者不明白某些支撑构件在整体结构中所起的作用。

a. 某双跨厂房工程，屋盖横向水平支撑设在端部第一跨，而柱间支撑设在端部第二跨，与“在设置支撑的开间，宜同时设置屋盖横向水平支撑，以组成几何不变体系”的原则不符，不能起到应有的作用。

b. 某建筑物全长 110m，宽度 82m(3 跨)，檐口高 10m，8 度抗震设防烈度区，边柱共设 4 组柱间支撑，满足规程要求，因要求使用中柱只有两端跨各设一组柱间支撑，相距 95m，而中间没有任何形式的柱间支撑，与“当无吊车梁时，柱间支撑的间距宜取 30～45m”的条文规定相差甚远，难以将纵向力从建筑物一端传向另一端；更不符合“当建筑物宽度大于 60m 时，在内柱列适当增加柱间支撑”的条文规定。实际工程中，当因使用要求不允许在中间设柱间支撑时可适当设置纵向刚架，将纵向力分段通过纵向刚架传至基础顶面，保证结构的纵向稳定。

c. 某汽车库，承重结构为柱脚铰接的单层单跨刚架，8 度抗震设防烈度区，后排柱列可在两端边跨内设柱间支撑，是稳定结构。而前排柱列因考虑车辆出入功能的要求，不能设置柱间支撑，柱顶只设两端铰接的水平系杆，这是不稳定的危险结构，不能承受包括端墙风压在内的纵向水平力。实际工程中，前排柱列的柱顶应设有足够刚度的水平构件，且与柱顶刚接，形成纵向稳定刚架，在形成稳定结构的同时也满足功能要求。

d. 抗风柱的布置应尽量保证抗风柱上支点和横向水平支撑在刚架梁上的连接点在同一处，以保证由抗风柱传来的风力集中荷载直接传到屋面横向水平支撑上，而不要传到端跨刚架梁上再由刚架梁分配到横向水平支撑上。如果不一致，最好调整抗风柱的位置或调整水平支撑的间距。

e. 某火车站台罩棚，全长200m，柱距6m，因柱顶有天沟及落水管，将柱顶纵向水平刚性系杆移到悬臂梁的端部，与"单跨房屋边柱柱顶和屋脊应沿房屋全长设置刚性系杆"不符。这样布置纵向水平刚性系杆是不妥的，天沟与柱顶的连接只是一般定位焊接，不能起到纵向刚性系杆的作用。

②连接构造不当。认识不到构造的重要性，连接不当可能会给整体结构带来安全隐患。

a. 某厂房刚架梁和柱的刚性节点连接板厚度为14mm，个别仅为8mm，与《门式刚架轻型房屋钢结构技术规程》(CECS 102:2002)的强制性条文"刚性连接端板厚度不应小于16mm"的规定相差甚远。在刚架设计时，刚架的关键节点即梁柱连接刚性节点应给予足够的重视，严格遵守规程的强制性条文规定，暂不论连接板在加劲后按几边支承设计及高强螺栓承受的拉力数值，其构造会给整体结构留有安全隐患。

b. 抗风柱的传力系统出现构造不当的工程实例很多。当建筑物地处基本风压很大的地区，且建筑物很高时，抗风柱传来的风力集中荷载数值很大，此风力集中荷载应直接传到边跨刚架上翼缘，通过端跨横向水平支撑传到柱间支撑直到基础顶面。但有些工程将抗风柱上端传来的集中荷载传到边跨刚架梁的下翼缘板上，其理由是传到上翼缘板可能与檩条产生安装位置上的矛盾。这种只考虑安装的方便，而将集中力传到刚架梁下翼缘的做法会给结构稳定带来安全隐患。轻钢结构刚架梁的腹板和翼缘板都很薄，侧向刚度很差，容易造成失稳甚至破坏，应当引起足够的重视。

③屋面荷载取值不当。在规范和规程中都对屋面荷载有明确规定，只是在设计中没有正确理解或未加重视。

a.《建筑结构荷载规范》(GB 50009—2001)指出，在屋面高低处，低跨一侧一定范围内其雪荷载分布系数为2。有的建筑物是单脊双坡屋面，没有高低跨，然而建筑要求檐口有高达1.0～1.5m的女儿墙，在计算靠近檐口的屋面板和檩条时，没有考虑积雪的可能，致使檐口处檩条在雪压下变形过大造成屋面积水。

b.《门式刚架轻型房屋钢结构技术规程》(CECS 102:2002)强制性条文规定，采用压型钢板轻屋面时，屋面竖向均布活荷载应取0.5kN/m^2，而在附注中又说明受荷面积大于60m^{2}的刚架构件竖向均布活荷载可取不小于0.3kN/m^{2}的值。有的设计者就搞不清了，其实这是考虑大面积屋面荷载同时出现满载的几率问题，既保证结构安全又降低钢柱和钢梁的用钢量，与《建筑结构荷载规范》(GB 50009—2001)在设计楼面梁、柱、基础时，根据不同情况乘以规定的折减系数，其原理是一样的。

3 与钢结构有关的几个比较实用的问题。(id=128570，2006-03-27)

【原梦雨涵】:在以前的工程中遇到以下几个问题。

①钢结构厂房屋面Z型连续檩条的计算及搭接所需长度的问题。

②吊车梁牛腿弹簧垫板怎样与牛腿焊接？

③当地基持力层较深时有什么处理方法？

④门式刚架中夹层的设计：

a. 用PKPM软件计算时，如何建模计算？

b. 其计算结果中为什么有时会出现"柱超筋"？

c. 楼板配筋计算中，有压型钢板与无压型钢板时计算的区别及构造要求有哪些？

d. 组合梁中剪力钉是否可以由与栓钉直径等同的短钢筋来代替？若可，是用圆钢还是用螺纹钢？若用弯筋，其弯起方向和构造有何要求？

e. 简支钢梁的设计是否考虑剪力钉的作用（无压型钢板时）？

⑤钢结构厂房中防火墙的设计问题。防火墙是否可以用压型钢板墙体？在钢结构厂房中常用何种防火墙（砖墙、砌块墙、压型板轻质墙体）？防火墙是否需要出屋面？若出，有何要求？其与屋面的节点做法如何？

⑥若设计抗震缝或沉降缝的两边柱为双柱式，请问其柱的基础如何设计？

⑦墙面隅撑的设置是否能有效减少柱的平面外计算长度？墙面隅撑需要满足哪些要求？其设置间距以多少为宜？减少柱的平面外计算长度常用的方法有哪些？钢结构厂房设计时，结构安全是以平面内控还是平面外控？

⑧多高层框架结构设计及三维建模应注意哪些问题？

⑨门式刚架支撑系统：柱间支撑（有吊车、无吊车），门式支撑，屋面水平支撑，系杆（刚性、柔性），墙架的计算要点（即荷载的统计、内力的分配及路径等）有哪些？

⑩吊车梁制动板在构造上是否有宽度要求？

⑪门式刚架无法设计柱间支撑时，如何处理，其计算过程如何？

⑫天沟排水的计算，落水管直径如何选用？

⑬抗风柱的刚接、铰接分别适用于什么场合？

⑭吊车及吊车梁部分：

a. 进行疲劳计算时，怎样计算应力循环次数？

b. 桥式吊车和梁式吊车式是怎样定义的？A1～A8 工作制级别是否针对桥式吊车而言？单梁吊车是否可用于重级工作制级别中？

⑮厂房通风、采光要求及满足其要求而采取的措施有哪些？

⑯车间厂房保温要求的取值，采用多厚的玻璃丝棉或聚苯板可满足其要求？

⑰与吊车梁有关的螺栓用高强螺栓还是用普通螺栓？这与吊车的吨位有关系，还是与工作制的级别有关系？

⑱带有天窗的刚架用 PKPM 建模时，天窗架是否同时建模？如果是，则输入风荷载时如果按照《门式刚架轻型房屋钢结构技术规程》（CECS 102：2002）选取风荷载体型系数，则此系数应如何选取？

【rybin0691】：我对相应问题的理解如下。

①吊车梁牛腿弹簧垫板在安装柱间支撑的柱子上与牛腿焊接。

②当地基持力层较深时可以采用端承桩或摩擦桩基础。

③建模。a. 有两种建模方法：其一是先计算二层的门刚架，然后按三维建立一层的钢框架，最后把门式刚架柱底控制内力按节点荷载加在一层的柱头上；其二是先按三维建立一层的钢框架，然后抽取一榀框架再转到门刚里面建立整个平面门式刚架。在门刚里面可以随意画线建立模型，建议门刚架（包括一层钢柱和柱脚）和一层的平台结构分开出图，这样工作量会要少很多。

b. “柱超筋”可能是总信息中框架选项你没有选成钢框架。

c. 压型钢板既可以作楼板的正筋使用，厚度应该在 1.0mm 以上，这样楼板底部的配筋就少些，也可以只作模板使用，厚度的选择满足构造即可。楼板配筋和不使用楼承板是一样的，只是加快了施工速度。

d. 组合梁中剪力钉不可以用与栓钉直径等同的短钢筋来代替，但可以用槽钢和弯起钢筋代替，在《钢结构设计手册》的组合结构章节中有详细的介绍。

e. 简支钢梁的设计可以考虑剪力钉的作用，可作为组合结构来计算，计算方法参见《钢结构设计手册》中的组合结构，但两端固接的框架梁按组合结构来分析十分困难，所以我是一般不考虑。

⑤钢结构厂房中防火墙用耐火砖砌成即可，防火等级较高的厂房[关于厂房防火等级的分类可参见《建筑设计防火规范》(GB 50016—2006)]需要出屋面，并且还要出墙体，两边窗户的间距也有严格要求，防火等级较低厂房的防火墙可以用防火卷帘。

⑥如果两边的地耐力差别不是太大，两个钢柱的基础可以设计成一体的；差别太大的话，两个基础应该分开，主要是为了避免基础不均匀沉降。基础不均匀沉降对轻钢结构的影响不是很大，可以把两个钢柱之间的距离设的大一点，以使两个基础不重叠。

⑦墙面隅撑能有效减少柱的平面外计算长度，钢柱设置隅撑，两个隅撑、隅撑与柱底或柱顶之间的距离就是柱的平面外计算长度；设置间距与檩条的设置有关；减少柱的平面外计算长度，常用的方法我只知道用隅撑。

⑧多高层框架结构设计主要看整个结构的平面是不是规整，节点是否满足，钢柱的长细比和钢梁的挠度及层间位移等。

⑨门式刚架支撑系统基本上是固定不变的，柱间支撑有吊车时采用角钢或方管做，且组成支撑的角钢或方管按压弯构件设计，柱间支撑和屋面水平支撑应该布置在同一位置，以便传递水平力到基础和组成几何不变体系，两个柱间支撑的间距有严格的要求，建议多看一些相关的专业书，系杆一般都是刚性的。

⑩制动板的宽度根据实际情况确定，由于要承受水平力，所以必须保证一定的刚度，可以采取板下焊接加劲肋的方式。制动板的厚度选用可以参考《钢结构设计手册》。

⑪当无法设置交叉支撑时可以做门式支撑，如果连门式支撑都不能设置，则可以在两个刚架间设置纵向刚架，见《门式刚架轻型房屋钢结构技术规程》(CECS 102:2002)。

⑫天沟排水量可按公式计算，但一般情况下仅计算满足是不够的，在北方，排水管经常被冰或树叶杂物堵住，应及时清理天沟，有条件的话可以在天沟下设一暖水管以便天沟里的冰雪融化。

⑬抗风柱柱脚可以刚接也可以铰接，铰接时基础较小，但柱顶与钢梁连接最好是铰接。

⑭在吊车使用频率不高的情况下，1～10t 吊车可以做成单梁式的，10～25t 吊车可以做成双梁式的，再大些的一般都是桥式的，可参见吊车生产厂家的样本。梁式吊车自重轻，轮压小，刚架节省材料；桥式吊车自重大，轮压大，刚架的用钢量很大，并且吊车要采用制动板等一些构造措施。A1～A8 工作制级别应该是按工作频率来划分的，梁式一般为 A3～A5，重级工作制的吊车应该有特殊的要求。

⑮厂房通风一般是含有有害气体的车间要求多长时间把厂房内的空气换一遍，可采用自然通风器或动力通风器，产品说明中有每小时的换风量，计算出厂房的体积相除就可以得出；

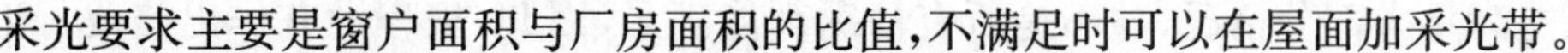

采光要求主要是窗户面积与厂房面积的比值，不满足时可以在屋面加采光带。

⑯这是热工计算的问题，搞水暖的应该都会计算。

⑰与吊车梁有关的螺栓一般采用普通螺栓，因为吊车梁要承受动力荷载，但制动板和吊车梁连接采用高强螺栓。

⑱带有天窗的刚架用 PKPM 建模时可同时考虑，风荷载体型系数应该按《建筑结构荷载规范》(GB 50009—2001)取值，也可以把天窗的柱底反力按节点荷载加在刚架上，风荷载体型系数就好取值了。

【crazysuper】：①檩条的计算如下。

a. 内力计算：取跨中最大弯矩 $M_x=\frac{1}{8}ql^2$。

b. 强度计算：$\sigma=\frac{M_x}{W_{ex}}+\frac{M_y}{W_{ey}}\leqslant f$。

c. 稳定计算：按《门式刚架轻型房屋钢结构技术规程》(CECS 102：2002)附录 E 的公式验算 $\sigma_w=\frac{1}{\chi}\left(\frac{M_x}{W_{ex}}+\frac{N}{A_e}\right)+\frac{M'_y}{W_{fly}}\leqslant f$。

d. 挠度验算：$\upsilon=\frac{5q_kl^4}{384EI_x}\leqslant[\upsilon]$。

檩条的搭接长度，端跨檩条取该檩条跨度的 15%，中跨檩条取该檩条跨度的 5%。

⑦柱设置隅撑在计算长度时(出平面)折减，不能完全取出平面计算长度 0.5 计算，还要给出平面计算长度乘以一个系数才安全。

⑨支撑遇有大吊车吨位的要注意，仅中间设下支撑，两端的支撑仅设置上支撑，不需设下支撑。《门式刚架轻型房屋钢结构技术规程》(CECS 102：2002)对此规定，即在温度区段端吊车梁以下不宜设置柱间刚性支撑。另外，设有驾驶室且起重量大于 15t 桥式吊车的跨间，应在屋盖边缘设置纵向支撑桁架，以增强纵向刚度。支撑计算可以按受拉、压构件的长细比来计算。

⑬一般抗风柱仅承受山墙面的风压，可以按受弯构件来计算，若无特殊用途柱脚可以做成铰接，柱上端也做成铰接，这样可以节省用钢量。

⑱天窗架是否同时建模与你设计的天窗宽度有关，要是不大的话就可以不用建模，因为对模型没有什么影响，要是大的话就应考虑是否建模还是直接输入荷载。

【myx963】：柱间下柱支撑用角钢或方钢，我认为应该通过计算由荷载来确定，尤其是在地震作用起控制的情况下，一般吨位比较小时才选用角钢，而吨位比较大时就无法满足了，可以选用槽钢格构组合或工字钢等，而方钢因其造价比较高，我不提倡使用。

4　有吊车的门式刚架，山墙是否设 600 插入距？(id=140114，2006-07-13)

【lul】：排架结构一般设 600 插入距，那么有吊车的门式刚架，是否要设 600 插入距？(国家标准图集中设了 600 的插入距)。

【半支烟】：插入距是根据构造确定的一个尺寸，在 87 规范前是 500，87 规范改为 600，以符合 3m 的模数。这主要是针对钢筋混凝土工业厂房来定义的，因为钢筋混凝土构件的尺寸一般比较大，因此 2000 年前后，针对门式刚架有人认为钢结构构件截面尺寸较小，建议改为

300,但是300只能满足大部分情况,并不是所有情况都能满足,因此,规程没有作出修改。近几年,对于插入距是300还是600没有再听到争议。不过我个人觉得600或300不是主要问题,关键是要把结构概念弄明白,设计时才不会出错。

【ljbwhu】:插入距的多少或者设与不设都可以根据实际情况来考虑。抗风柱与刚架梁采用弹簧片连接时有插入距要方便些。如果是选用国家标准图集的吊车梁,插入距最好按600来取,这样可以很方便地利用标准图。

【moviegirl】:如果插入距过小,在设置车挡时要注意不能让吊车在其运行范围内与山墙的抗风柱碰撞。

第三部分 主结构设计

- 门式刚架
- 钢屋架
- 空间结构

第三部分　主结构设计

整 理	袁 琪
审 核	万叶青

 门式刚架

(一) 门式刚架的设计方法

1 门式刚架的设计步骤。(id=31829,2003-06-29)

【djg】:在做门式刚架设计时需要经过哪几个步骤?具体都是什么?应该注意什么?

【profhxf】:推荐一本书——《门式刚架轻钢结构设计与施工》(山东科学技术出版社)。

【yh】:《轻型刚结构设计指南》(实例与图集)这本书挺不错的,里面有对门式刚架整体结构的详细分析,还有好多实例。

【jiangshenhoo】:《冷弯薄壁型钢结构设计手册》(中国建筑工业出版社)也有相关的内容。

【呆呆虫】:设计步骤如下。

①确定结构体系布置,进行主结构计算。一般上机计算。

②檩条、墙梁及支撑系统、刚性系杆计算。不同软件先后顺序有所不同。

③绘制施工图。注意不要忘了结构设计总说明,交代荷载情况、结构安全等级、材料,以及对制作、安装的要求。

【山西洪洞人】:我设计门式刚架的步骤如下。

①根据设计要求,确定檐高、脊高、坡度、窗尺寸、门尺寸等。特别需要注意的是有吊车的情况,如吊车上需要的高度、吊车与柱之间的净距离、屋面和墙面板材的用法、采用的板型。

②根据建筑或工艺情况确定门式刚架的荷载取值。

③进行围护构件的设计,如墙檩、屋檩、吊车梁等构件的截面确定。

④根据围护构件的设计再进行主刚架的验算,并进行优化。

⑤设计其他结构,如基础等。

⑥整理结构的截面及其他信息,准备出图工作。

⑦图纸绘制。

⑧图纸审查。

2 门式刚架控制刚架强度(稳定)应力比在什么值最佳?(id=162563,2007-04-11)

【lql9706100】:设计门式刚架时,控制刚架强度(稳定)应力比在什么值最佳? 即用STS对刚架进行截面优化时,控制刚架强度(稳定)应力比在什么值最佳?

最佳指的是经济性和安全性最好的契合。

【孤鸿影】:具体工程有具体情况存在,对于一个工程来讲,跟你设计参数和条件的选择都有关系,如果各项都取了规范的极限值,那就更难确定了。

【西部牛仔】:这要看你设计时考虑的因素是否齐全,齐全、准确的可将应力比做到0.95～1,考虑不全的要按实际情况减少。我做普通门刚设计时,一般无吊车为0.9～0.95,有吊车为0.85～0.9;超出《门式刚架轻型房屋钢结构技术规程》(CECS 102:2002)范围的20～50t吊车做到0.75～0.85,50～100t吊车做到0.65～0.75,100～200t吊车做到0.55～0.65,200t以上吊车做到0.55以下。

点评:理论上,满足规范的一系列规定得出的结果是下限值,能满足结构的安全。但是实际工程中由于建筑实际情况比较复杂,外部环境的变化、内部使用要求的改变、结构超载的可能,为了提高结构的安全储备、给建筑物的使用提供必要的灵活度,应力值取小于1.0是必要的,关键在于这个数值的取法。

刚架设计时需要综合考虑各方面的因素,除了应力比(包括稳定应力)外,还需要考虑结构体系的选择、荷载取值、变形控制、连接与空间要求、外观及经济性指标等问题。

一般而言,对重要的、特殊的或无应用经验的结构,这个数值可取小些,一般常见的、有经验的结构可取大些。

3 对变截面梁、柱腹板高度变化超过60mm/m的疑问。(id=100416,2005-06-24)

【steeliness】:刚做了个工程,审图认为变截面梁、柱腹板高度变化超过60mm/m不行,那么对《门式刚架轻型房屋钢结构技术规程》(CECS 102:2002)中"变截面梁、柱腹板高度变化不超过60mm/m时可考虑屈曲后强度……"如何理解呢? 若超过60mm/m应该如何处理?

【jame-pon】:变截面门式刚架构件,当截面高度变化率超过60mm/m时,根据《门式刚架轻型房屋钢结构技术规程》(CECS 102:2002)6.1.1条第6项,按不考虑截面抗剪屈曲后强度来控制截面的高厚比。当由于这个条件出现高厚比不满足的情况时,可以通过以下任一种方式来进行调整:

①调整截面高度变化(如调整梁构件节点位置,增长变化区段),使截面高度变化率尽量满足不大于60mm/m的要求;

②加大腹板厚度,满足程序不考虑屈曲后强度对腹板高厚比限值的要求;

③设置横向加劲肋,用工具箱中的基本构件计算来确定满足高厚比要求的情况下,需要设置加劲肋的间距。

【雪嫣】:可以在3D3S计算软件的设计参数中选择"不考虑腹板屈曲后强度"这个选项,再把你的截面验算一遍,如果能计算通过就可以了。如果不行的话,就只能采用**jame-pon**说的处理方法了。

【racepigeon】：请问如果使用 STS 计算怎么处理？是否变化超过 60mm/m 后，STS 就自动按照不考虑屈曲后的强度进行计算呢？

【vesa】：利用腹板的屈曲后强度，有个前提就是腹板在外力作用下屈曲。根据弹性理论，考虑几何缺陷和残余应力的影响，规范以腹板弯曲正应力 $\sigma_{cr} > f$ 时腹板屈曲，并采用腹板受弯的通用高厚比 λ_b 计算 σ_{cr}。对于纯弯梁，当梁受压翼缘受到约束时，腹板不发生屈曲的 $h_0/t_w \leqslant 150.45\sqrt{235/f_y}$（Q345 钢 $h_0/t_w \leqslant 124.17$）；一般的门式刚架斜梁，作为压弯构件，在轴力作用下与纯弯构件相比腹板发生屈曲的高厚比还会低一些。

【TIANTANG】：《STS 技术条件》(2005.4)中有如下说明，即若腹板高度变化超过 60mm/m，程序按不考虑屈曲强度控制腹板高厚比，其限值是不一样的。

【xzwxq】：刚架的斜梁轴力较小，引起腹板屈曲的主要是弯矩，腹板的屈曲主要发生在受压区域，此时腹板的受拉区域不发生屈曲，此部分腹板可承受相当大的剪力，剪力单独作用下腹板发生屈曲的高厚比一般大于 176，规范规定的是腹板高度变化超过 60mm/m 不考虑利用其屈曲后抗剪承载力，那没有屈曲的腹板还是可以用的吧？个人认为此处腹板高厚比取 120～150 还是可以的，没有必要控制在 80。

【bluebone】：①腹板高度变化不超过 60mm/m 时，高厚比可按《门式刚架轻型房屋钢结构技术规程》(CECS 102:2002)6.1.1 条第 1 款规定计算。

②腹板高度变化超过 60mm/m 时，根据《门式刚架轻型房屋钢结构技术规程》(CECS 102:2002)6.1.1 条第 6 款，已经超出了规程规定的考虑腹板屈曲后强度计算适用范围，这时程序按不考虑利用腹板屈曲后强度来控制腹板高厚比。高厚比容许值，由下面公式推导得出（注：公式引自《STS 技术条件》）。

$\lambda_w \leqslant 0.8$ 时 $f'_v = f_v$，由 $\lambda_w = \dfrac{h_w/t_w}{37\sqrt{\kappa_\tau}\sqrt{235/f_y}}$ 可得：

$$\left[\frac{h_w}{t_w}\right] = 0.8 \times 37\sqrt{\kappa_\tau}\sqrt{\frac{235}{f_y}}$$

【kingthunder】：不认同 STS 对腹板容许高厚比的推导，当 κ_τ 取 5.34，f_y 取 345 时，按此公式计算得出的容许腹板高厚比为 56.45（＊＊PKPM 计算结果常常出现此数值）。而轻型门式刚架跨度一般较大，腹板的高度一般也较大，采用较薄的腹板并利用其屈曲后强度可以获得较好的经济效果。如果用 5 厚的腹板按此公式推导，腹板高度只能做到 282，那用钢量将很大，所以设计人员可以不必在意 PKPM 结果中带＊＊的标志，因为注里面也说明，那我们就不用考虑屈曲后强度的利用，只要屈曲前的剪应力满足临界剪应力可以了。

腹板高厚比 $h_0/t_w = 109.17 > [h_0/t_w] = 56.45$ (CECS 102:2002) *****

（注：腹板高度变化＝62.1mm/m ＞ 60 mm/m，按不考虑腹板屈曲后强度控制）

关于腹板屈曲后强度的利用，以下文字有助于理解：

工字形截面构件腹板屈曲后强度：当腹板高度变化不超过 60mm/m 时可考虑屈曲后强度（拉力场），腹板在剪力作用下的行为可分为 3 个阶段，如图 3-1 所示。第一阶段是屈服前阶段，腹板只在剪应力 τ 小于临界剪应力 τ_{cr} 的剪力场工作，腹板在剪应力作用下出现主拉应力和主压应力，其作用方向与梁轴成 45°；第二阶段是屈曲后阶段，此时板的压应力虽不再增加，但拉应力随荷载的增加而增加（其方向与屈曲前的主拉应力略有差异），与屈曲前的主拉应力一起形成腹板屈曲后的拉力场，拉力场锚固于上、下翼缘和两旁的加劲肋和腹板，因此利用腹板拉力场时，必须设置腹板横向加劲肋；第三阶段是形成机构而破坏的阶段，屈曲后随着荷载的增加，不仅腹板有一部分受拉屈服，梁的翼缘中还出现塑性铰，使整个梁成为可随时变形的机构。

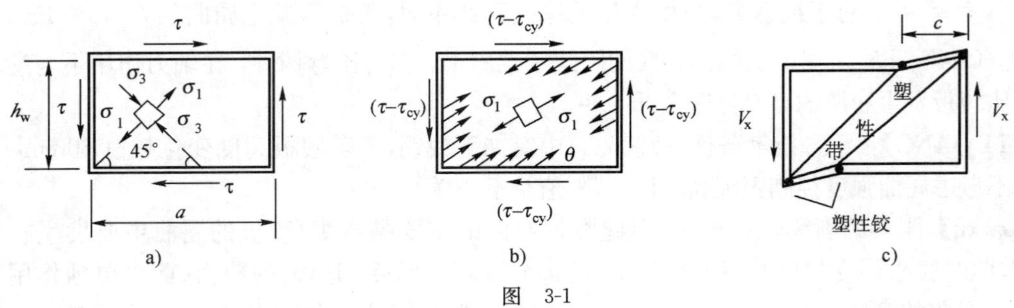

图 3-1

【winterdragon】：加横向加劲肋是最好的方法。

【hanjiajian2008】：当腹板高度变化超过 60mm/m 时，按不考虑腹板屈曲后强度控制，κ_τ 为受剪腹板的凸曲系数，不设横向加劲肋时，取 $\kappa_\tau=5.34$，$\lambda_w=0.8$，Q345 钢，$h_w/t_w=37\lambda_w=56.45$(同 PKPM 计算结构)。那么不考虑腹板屈曲后强度控制时，PKPM 计算时 λ_w 取 0.8 的依据是什么？《门式刚架轻型房屋钢结构技术规程》(CECS 102：2002)中未作说明。

【whitebai】：如果不考虑腹板屈曲后强度控制，那就希望受剪强度破坏起控制作用，也就是说受剪板局部屈曲发生在受剪强度破坏之后，因此如果控制受剪屈曲临界应力大于等于强度极限 f_v 就万无一失了，而 λ_w 取 0.8 正好满足这一点，是一种偏于安全的考虑。在这里如果剪应力远远小于 f_v，比如接近纯弯梁，自然也就不会发生局部屈曲，可以不受此限，但这种做法是不经济的，只是目前规范未对此作规范解释。

【浮萍】：①在 PKPM 中，计算考虑腹板屈曲后强度时，横向加劲肋间距如何取？可以不设加劲肋吗？在《门式刚架轻型房屋钢结构技术规程》(CECS 102：2002)中有"当利用腹板屈曲后抗剪强度时，横向加劲肋间距 a 宜取 $h_w\sim2h_w$"；在《钢结构设计手册》中有"当仅配置支承加劲肋，不满足式(3-31)要求时，应在腹板两侧成对设置中间横向加劲肋，其间距 $a=(1\sim2)h_0$"。由公式可以看出腹板屈曲后抗剪强度设计值与横向加劲肋间距有关，那么在 PKPM 中是以横向加劲肋间距多少计算呢？

②在不考虑腹板屈曲后强度时，$h_0/t_w\leqslant80\sqrt{235/f_y}$；在考虑腹板屈曲后强度，而不利用腹板屈曲后强度时，$h_0/t_w\leqslant68.4\sqrt{235/f_y}$。《门式刚架轻型房屋钢结构技术规程》(CECS 102：2002)公式中不配横向加劲肋，$\kappa_\tau=5.34$，$\lambda_w=0.8$。既然 $h_0/t_w\leqslant80\sqrt{235/f_y}$ 时不会产生腹板屈曲，又何必 $h_0/t_w\leqslant68.4\sqrt{235/f_y}$ 呢？

【miaoliuhua】：按《门式刚架轻型房屋钢结构技术规程》(CECS 102：2002)6.1.1.7 条，可以不设置横向加劲肋，κ_τ 取 5.34 即可。PKPM 也是这样考虑的，《门式刚架轻型房屋钢结构技术规程》(CECS 102：2002)和《钢结构设计规范》(GB 50017—2003)的规定不要相互混淆。在考虑腹板屈曲后强度，而不利用腹板屈曲后强度时，则 $h_0/t_w\leqslant68.4\sqrt{235/f_y}$。

点评：腹板的受力状态分为两个阶段：其一是屈曲前，通过对板件宽厚比的限制，使板件不在构件整体稳定失效之前屈曲；二是屈曲后，利用屈曲后的强度，构件的承载能力由局部屈曲后的有效截面确定。但是无论哪个阶段，板件的局部稳定承载力不低于构件的整体稳定承载力是原则。

屈曲前，板件的屈曲承载力由弹性理论的计算公式确定。承载力与荷载类型、板件的边界条件等有关。非均匀受压板件的临界应力为：$\sigma_{cr}=\frac{\chi\kappa_b\pi^2E}{12(1-\nu^2)}(\frac{t_w}{h_0})^2$。其中，$\chi$ 为嵌固系数；E 为材料的弹性模量，当板件在非弹性范围屈曲时，E 需要修正；κ_b 为屈曲系数，单向受弯时最小值为 23.9。规范中用通用高厚比（亦称正则化高厚比，类似于压杆稳定计算中的通用长细比）表示临界力的关系：$\lambda_b=\sqrt{\frac{f_y}{\sigma_{cr}}}=\frac{h_0/t_w}{28.1\sqrt{\chi\kappa_b}}\sqrt{\frac{f_y}{235}}$。当腹板只受到翼缘板约束时，$\chi=1.23$，$\lambda_b=\frac{h_0/t_w}{153}\sqrt{\frac{f_y}{235}}$；当受压翼缘扭转受到约束时，$\chi=1.66$，$\lambda_b=\frac{h_0/t_w}{177}\sqrt{\frac{f_y}{235}}$。当 $\lambda_b\leqslant 0.85$ 时，$\sigma_{cr}=f_y$，此时取 $\lambda_b=0.85$ 最为经济，可得 $\frac{h_0}{t_w}=130\sqrt{\frac{235}{f_y}}$（梁受压翼缘扭转未受约束）和 $\frac{h_0}{t_w}=150\sqrt{\frac{235}{f_y}}$（梁受压翼缘扭转受约束）。规范考虑有利因素，对限值作了适当放宽，分别为 $150\sqrt{\frac{235}{f_y}}$ 和 $170\sqrt{\frac{235}{f_y}}$。

同理，受剪板件的通用高厚比为：$\lambda_s=\frac{h_0/t_w}{37\sqrt{\chi\kappa_s}}\sqrt{\frac{f_y}{235}}$。当 $a/h\leqslant 1.0$ 时，$\kappa_s=4+5.34(h_0/a)^2$；当 $a/h>1.0$ 时，$\kappa_s=5.34+4.0(h_0/a)^2$。由于《钢结构设计规范》(GB 50017—2003)是以简支梁作为研究对象，而对于简支梁来说，梁端剪力最大而弯矩很小，翼缘应力很小，所以翼缘对腹板的屈曲提供约束，取 $\chi=1.23$。当为刚架梁时，由于梁端弯矩也很大，所以取 $\chi=1.0$，此时，当 $\lambda_s\leqslant 0.8$ 时，$\tau_{cr}=f_v$，取 $\lambda_s=0.8$ 最为经济。当不设加劲肋时，$\kappa_s=5.34$，所以可得 $\frac{h_0}{t_w}=68.4\sqrt{\frac{235}{f_y}}$。PKPM 软件也是根据这个公式得出 Q345 钢 56.45 的数值。

总之，在门式刚架结构设计中，《门式刚架轻型房屋钢结构技术规程》(CECS 102:2002)规定“变截面梁、柱腹板高度变化不超过 60mm/m 时可考虑屈曲后强度……”，在设计中应该尽量通过调整变截面梁的高度变化率使之满足规范的要求，这样可以充分利用腹板屈曲后强度达到经济效果。当条件所限，无法满足这个条件时，设置加劲肋要比单纯地调整腹板高厚比经济。此时，可根据上述公式对高厚比限值作自行调整即可。

4 18m 跨门式刚架梁做等截面是否合理？(id=99362，2005-06-16)

【jake】：最近做一个 18m 跨度、柱高 8.1m 的门式刚架，雪荷载 0.35kN/m²，基本风压 0.4kN/m²，计算了一下，发现用 360×200×6×8 的 H 型钢就可以满足要求，觉得做变截面没什么意义，但不知道这样做是否合理？

【战场狼】：还是做成变截面的好，这样受力合理，用钢量也省。

【wanyeqing2003】:截面不算大,做成等截面应该是可以的。梁截面再减小的话,施工安装时变形会比较大。

【jake】:如果做成变截面的,如图 3-2 所示,感觉跨中浪费比较多。

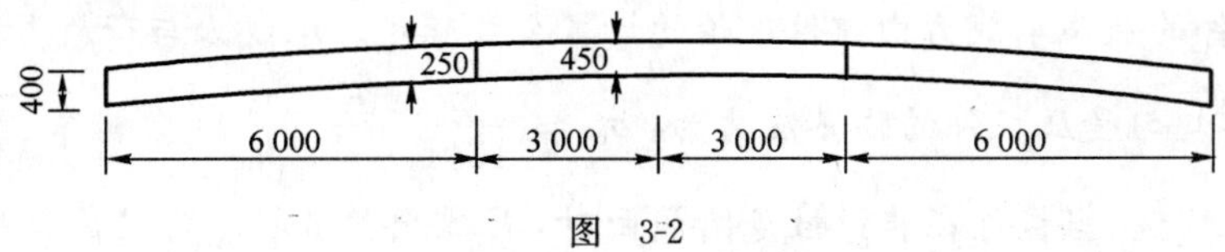

图 3-2

【wanyeqing2003】:等截面梁加工比较方便,变截面梁受力均衡,各有利弊。另外,雪荷载还需要考虑积雪分布系数。

【pingp2000】:我觉得做成等截面和做成变截面用钢量差别不大,因为变截面还多了两块连接板和几个螺栓,而 18m 跨的梁的腹板厚度不大,变截面也省不了多少用钢量。

【战场狼】:根据你提供的数据,我算出的刚架梁柱截面如下(图 3-3)。

柱:H250～500×150×6×8;

楔形梁:H(500～300)×150×6×8;

等截面梁:H300×150×6×8

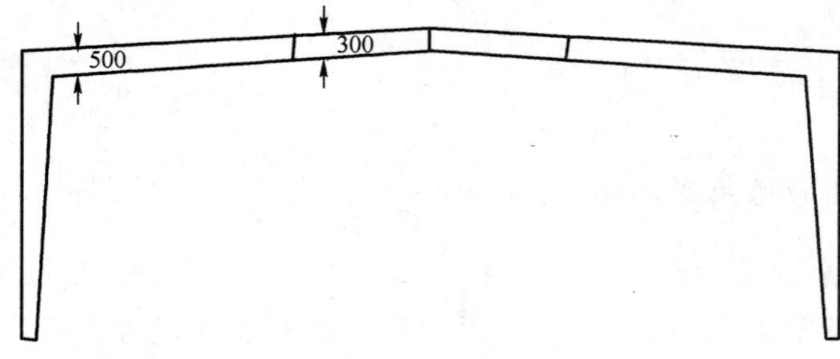

图 3-3

【dingding】:其实做成变截面,如果与板材的宽度配合不好的话,其用钢量会增加很多,这里必须考虑制作过程的材料损耗,像这种 18m 跨的小结构,荷载也不是很大,做成等截面是可以的。

【gufeng09】:24m 跨以下的最好用等截面,施工方便,用钢量也差不多。另外,18m 跨 H300×150×6×8 计算通过吗? 我算了一下,差了很多。H350×150×6×8的截面都不够。

【hehongshengabc】:用 H 型钢最经济,目前 H 型钢的价格比钢板价格还低,而且还可以省很多加工费,用 H346×174×6×9(Q235B)这个规格的最合适。另外,每两根檩条设一道隅撑,H 型钢是 9m 一根,不会造成浪费。

【～中华～】:如果用钢量差不多肯定选择等截面,原因如下。

①施工方便。不用焊接钢梁,必然速度快。

②质量可靠。一般来说,成品钢材的质量在焊接成的钢梁质量之上。

③经济实惠。不用焊接钢梁,加工费省了(加工时也会浪费部分钢材),且型钢的价格比焊接所用钢板的价格便宜。

但是对上面 **gufeng09** 所说的 24m 跨度以下的都可以做等截面的观点不认同,具体情况应该具体分析。

5 60m 跨门式刚架怎么做？(id=138170,2006-06-22)

【sxyhfaf】：60m 单跨双坡，无中柱，风荷载为 0.45kN/m²，抗震设防烈度等级为 8 度，檐口高度 11m，无吊车，部分封闭，STS 计算，柱距 9m，梁应该怎么分段，分几段？钢材是不是用 Q345 钢即可？柱底铰接还是刚接好？钢柱平面外计算长度是否可以取 3m(加隅撑)？位移即挠度需要注意什么？初步算下来翼缘较厚(22mm)，合理不？钢梁绝对挠度不满足，且跨度比《门式刚架轻型房屋钢结构技术规程》(CECS 102:2002)要求的大，需要注意什么呢？

【刘星语】：单跨 60m，你计算的只是正常使用阶段，安装阶段也要考虑，要通过计算给出合理的安装措施，否则容易出问题。另外，这样的结构用门刚不太合适吧，也许用网架或者空间桁架比较合适。

【rybin0691】：挠度不满足，也许是自重太大，把梁给压弯了，怎么不采用桁架梁，柱子用钢管混凝土呢？60m 的跨度，钢的热胀冷缩比较大，可以做成排架，柱子是固接的，柱顶放弹性支座怎么样？

【whbtim】：截面尺寸如图 3-4 所示，分段为 9m、9m、12m。

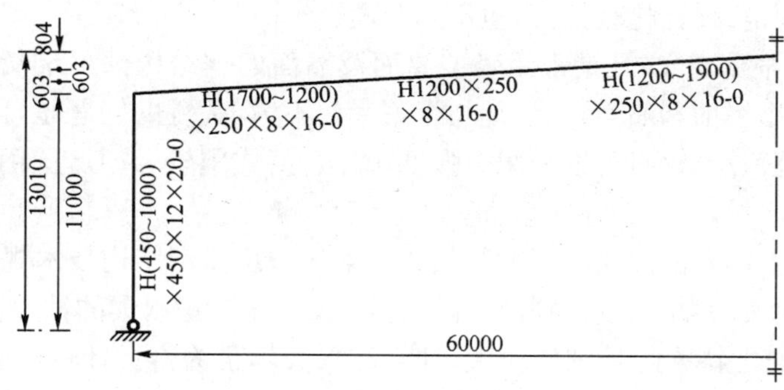

图 3-4 框架立面图

【68gsz】：济南有一 60m 的项目，由美国设计，上海绿地施工，梁分 6 段，安装时每 30m 用 2 台吊车同时起吊。

【DYGANGJIEGOU】：以前我设计的一个纺织车间，60m 跨，考虑跨度大屋面梁下垂，初步思路想做个类似拱形的门架，后因屋面梁不好制作及结构对柱(柱脚)水平推力比较大等问题而做成折线形门架结构(图 3-5)。后来审图没通过，转而做成弧形网架结构。

60m 跨如果采用实腹式钢梁在控制刚度和强度的条件下，我感觉比较浪费，可以考虑采用桁架，而且最好是空间的。如果一定要采用实腹钢梁，那就要看你设计的屋盖采用什么材料了，如果轻质也可以采用《门式刚架轻型房屋钢结构技术规程》(CECS 102:2002)计算，不过高厚比和宽厚比要控制严一些，另外支撑间距要小些，最好不要采用隅撑间距为梁平面外计算长度，因为檩条不一定是刚性的，采用支撑点距离为计算长度，屋面水平支撑最好采用型钢。

6 有关单层轻钢厂房采用不同的规范，计算结果反常的讨论。(id=16136,2002-10-18)

【jlj】：三连跨单层轻钢厂房，主刚架采用 Q345 钢，用 STS-2 计算。计算时选用同样结构形式、同样荷载、同样截面的情况下，依据《钢结构设计规范》和《门式刚架轻型房屋钢结构技术规程》分别计算，应力相差 260，依据《钢结构设计规范》满足，而依据《门式刚架轻型房屋钢结

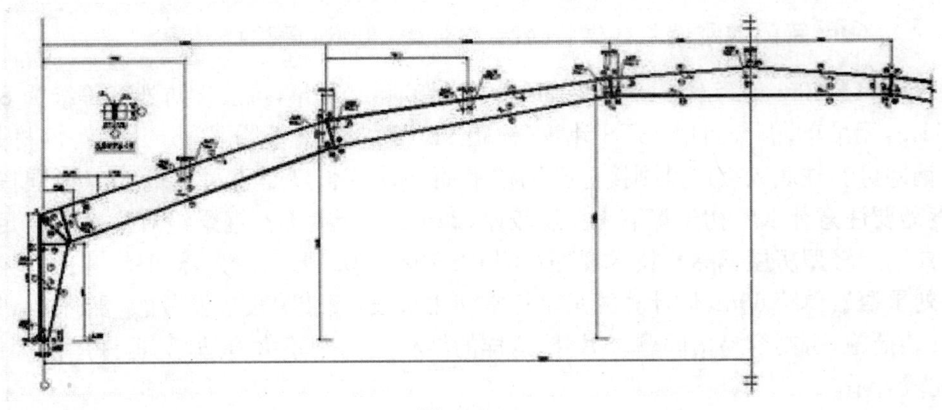

图 3-5

构技术规程》则远远不满足，按理《门式刚架轻型房屋钢结构技术规程》应遵循《钢结构设计规范》，按《钢结构设计规范》设计能满足，按《门式刚架轻型房屋钢结构技术规程》岂有不满足的道理？我该采用哪种规范？工程概况：3×27m 三连跨，10t 吊车单层工业厂房，无特殊要求。采用《钢结构设计规范》设计比较经济，但不知合理否？

【denghai-sjz】：根据定义，凡是采用轻型屋面及墙面的钢结构都可定义为轻钢结构，你采用的不知是否是轻型屋面和墙面，无论是与否关系都不大，关键的问题是，同是钢结构为什么按《钢结构设计规范》计算钢材可以采用高强度，而按《门式刚架轻型房屋钢结构技术规程》计算则采用低强度？

【27182818284】：问题的症结在于：按《门式刚架轻型房屋钢结构技术规程》计算时，STS-2 考虑斜梁的轴力，而按《钢结构设计规范》计算时，STS-2 不考虑斜梁的轴力。连跨结构斜梁轴力本来就比较大，加之斜梁的长细比较大，计算结果大不足为奇。计算中必须考虑斜梁的轴力，所以我认为宜尽量按《门式刚架轻型房屋钢结构技术规程》计算。

【wghsts】：STS 按《门式刚架轻型房屋钢结构技术规程》计算，引入了有效截面的概念，而《钢结构设计规范》采用的是全截面有效，因此，采用《门式刚架轻型房屋钢结构技术规程》计算时，应力会比按《钢结构设计规范》计算的结构应力高，如果构造上和厂房容许变形适合于《门式刚架轻型房屋钢结构技术规程》的要求，按照《门式刚架轻型房屋钢结构技术规程》进行设计，是正确的。

【刘欣】：我用 3D3S 计算时选一阶分析法，就不会有这种问题，而且《钢结构设计规范》在长细比稳定性方面的要求要高得多，考虑一下平面内的计算长度取值。

【wangshi】：①对于 Q235 钢的强度设计值是相同的；

②斜梁的轴力也是一样的；

③对于《门式刚架轻型房屋钢结构技术规程》中的有效截面我是这样理解的，从工字形截面的应力分布图可以看出，当腹板高厚比较大时，腹板在靠近翼板处与腹板中央处的应力相差太远，所以此时引入有效截面的计算方法，而在《钢结构设计规范》中，对腹板的高厚比有了很严格的要求，此时按全截面有效计算，我认为二者在算法上是统一的。

④采用《门式刚架轻型房屋钢结构技术规程》和《钢结构设计规范》计算时，柱子在面外计算长度上有着很大的差别。

所以我认为③、④两点是导致计算结果差别较大的主要原因。

【法师】：上面所说的原因，包括有效截面等都不是产生这个问题的原因。这个问题往往发生在柱的平面外稳定的计算上。对于这个问题，我的分析是这样的，首先分析采用两种规范计算后的 pk11.out 文件，会发现平面外稳定计算时的控制荷载组合不一样，尽管这些荷载组合的内力值是一样的。比如，在按《钢结构设计规范》计算时，其控制荷载组合是恒荷载＋活荷载，而在按《门式刚架轻型房屋钢结构技术规程》计算时，控制作用为恒荷载＋地震作用，尽管此时的恒荷载＋活荷载的内力值与按《钢结构设计规范》时是一样的。

那么，为什么荷载、内力、计算长度等都一样，而根据两种规范计算出的平面外稳定应力却不一样呢？分析发现，如果平面内计算长度差不多的话，两种规范的平面内稳定和强度的计算结果是差不多的。问题出在二者的平面外稳定计算公式中的"等效弯矩系数"上，根据二者的公式，其等效弯矩可能会差 3 倍以上，而稳定计算中弯矩产生的应力与等效弯矩系数是成正比的，从而造成应力差别很大。我以前也没想到小小一个等效弯矩系数会造成这么大的影响，因为我手算时往往就取 1。这个问题曾与 STS 的人分析过，其回答与我上面的分析基本一样，各位也可通过手算验证。

所以，这个问题不是 STS 的问题，而是规范的问题。如果是单层厂房，当然采用《门式刚架轻型房屋钢结构技术规程》，但如果碰到两层的建筑，按理该选《钢结构设计规范》，可按《门式刚架轻型房屋钢结构技术规程》算其应力又偏大，这时就不好判断了。作为程序，当然只能死套规范，但这样往往会发生让人琢磨不透的问题。比如，曾用 STS 算一个 3 跨的厂房，每跨都有吊车，计算通过。后来，同样的厂房，同样的截面，只输了其中一跨的吊车，计算就显示有柱子长细比超了，尽管应力小了。分析其原因，与 STS 计算柱子的计算长度增大系数时采用的荷载组合有关。所以说程序是死的，人是活的，需要工程师自己作出决断。

【allan】：这个是规范之间相互矛盾的问题，在我用过的这么多做厂房的计算软件中（PKPM、3D3S、SSDD、MTS、PS20006.0），对这个问题我曾进行过比较，PKPM 是对规范运用得最透彻的一个。一个很简单的带夹层的厂房，同样的截面和荷载，某些构件，采用《钢结构设计规范》计算通过，采用《门式刚架轻型房屋钢结构技术规程》通不过，正如**法师**所说的那样。PKPM 采用了 160 多种荷载组合来验算，这个是任何其他国内软件无法比拟的。所以，对于带夹层的轻钢厂房，我的看法是分两次验算，夹层部分梁柱采用《钢结构设计规范》验算（这时其他部分不满足没关系），其他部分用《门式刚架轻型房屋钢结构技术规程》验算（这时夹层部分不满足也没关系）。当然，目前 STS 还不能对同一结构的不同部分分别验算，在这一点上，3D3S 和 MTS 都可以做到，而计算书方面，现在很多审图单位基本上已经认可这样的方式。

对 3 连跨单层厂房，虽然有吊车，但如果不超过 20t，还是建议采用《门式刚架轻型房屋钢结构技术规程》计算。当然，在设置参数时，我的看法是不考虑地震作用[《建筑抗震设计规范》(GB 50011—2001)上有明确规定]，这样，平面外稳定就不会出现如**法师**所说的由恒荷载＋地震作用为控制组合的情况。

【yewuqiang】：我想原因可能在于《门式刚架轻型房屋钢结构技术规程》中的构件设计与《钢结构设计规范》有差别，《门式刚架轻型房屋钢结构技术规程》中的轻钢利用了屈曲后强度即允许局部失稳，而《钢结构设计规范》则不允许，所以应该有较大差别。

【刘星语】：一般情况下，按《钢结构设计规范》比按《门式刚架轻型房屋钢结构技术规程》算的截面大些,因为《钢结构设计规范》中容许构件截面塑性发挥一部分,所以对梁柱宽厚比、高厚比要求更高,钢柱长细比限制更严。你如果按《钢结构设计规范》验算超出这些前提要求就不要比较,每一种规范都有其假设和前提条件,如塑性设计比普通钢结构一般设计对局部稳定性要求更严。轻钢是弹性设计,宽厚比(高厚比)要求低得多,也不是全截面有效。你检查一下你的变截面梁腹板,如果满足《钢结构设计规范》规定的高厚比,则其厚度恐怕要比翼缘还大。

【liuyg2008】:法师的解释有道理,但《门式刚架轻型房屋钢结构技术规程》中对斜梁计算并没有给出公式,只是说按压弯构件计算,是否还是用《钢结构设计规范》中的公式呢?

【思凡315】:①《门式刚架轻型房屋钢结构技术规程》是按弹性屈服来设计的,《钢结构设计规范》则是考虑构件的塑性发展,即有个塑性发展系数的问题;

②门式刚架梁采用《门式刚架轻型房屋钢结构技术规程》验算是按压弯构件计算的,采用《钢结构设计规范》验算则是按纯弯构件计算的。

这两点可能是引起计算结果差别较大的因素。

【ILOVEJUAN2006】:应力计算结果有差异是肯定的,但是差异这么大似乎有问题。参照《门式刚架轻型房屋钢结构技术规程》和《钢结构设计规范》中对钢梁的强度计算公式,就会发现《门式刚架轻型房屋钢结构技术规程》考虑了轴力影响,所以建议计算采用《门式刚架轻型房屋钢结构技术规程》。

【ljs1】:这个话题的讨论比较早,但直到现在还在延续,说明这个问题带有普遍性,有必要说明几点。

①两者的结果不一样是因为规范要求的不一样(如风荷载取值、是否考虑屈曲、允许位移及长细比要求等,以上已讨论的很清楚了),但一般是按《门式刚架轻型房屋钢结构技术规程》计算满足而按《钢结构设计规范》计算不满足,如果同时满足则应再进行优化设计,使用钢量最少。

②同时使用PKPM-STS按《门式刚架轻型房屋钢结构技术规程》计算和按《钢结构设计规范》计算是有条件的:梁柱均为等截面,梁轴力可以忽略。

③按《钢结构设计规范》计算变截面梁,结果失真,主要原因是《钢结构设计规范》没有提供变截面梁稳定系数计算公式。

点评:这个话题的探讨时间跨度比较大,所以以上讨论中的规范、软件还指的是旧版本,随着新规范的陆续发布,软件版本的不断更新,很多问题已经改善和解决,如PKPM-STS对于同一模型中的不同构件可以采用不同的规范进行验算,使不同规范计算结果的差异得以明显改善。但是对于一个设计者,了解软件计算结果的差异,分析产生差异的原因还是非常必要的。

7 超高门式刚架基础设计难点。(id=163549,2007-04-23)

【yongerxu】:檐口高度为18.5m的门式刚架结构,无吊车,压型钢板墙面和屋面,柱脚轴力很小,而且在弯矩很大,仅竖向力很容易满足,而且在弯矩作用下基础几乎全部翘起,基底出现大面积负应力,对于该种情况大家有什么好的处理方法?有人说加大基础面积,但这样做,一是不经济,二是易受空间影响不可行。

【山西洪洞人】：我现在能想到的办法有以下两个：

①将柱底铰接，用梁柱的刚度去抵抗水平力；

②将基础做成刚度很好的筏板，当然在地基情况较好的情况下，筏板是不经济的。

【大水牛】：对于这个问题我谈两点看法。

①对于18.5m高的门式刚架厂房，不能采用《门式刚架轻型房屋钢结构技术规范》(CECS 102:2002)进行设计。《门式刚架轻型房屋钢结构技术规范》(CECS 102:2002)中明确规定檐口标高不得大于18m，这牵涉房屋在风荷载作用下体型系数变化的问题。

②一般的情况下，高度超过15m的轻型门式刚架厂房假如柱脚是刚接的话，一般都是由弯矩过大导致基础的抗倾覆不能满足，在**山西洪洞人**的第①条不能实现的情况下采用深埋基础的方式是最节约的，独立基础上面的覆土重量加大，用土的自重来抵消弯矩的影响。

【Flonggen】：①比较赞成**大水牛**的第②点，加大基础的埋置深度就可以抵消柱脚弯矩产生的影响；

②如果结构的跨高比较大，也可以考虑将柱脚做成铰接，但如果跨高比不大就不能，否则整个结构的刚度将不够。

【YESGUY】：启发很大，不过基础上覆土影响的计算有什么具体的计算方法吗？

【钢的意志】："独立基础上面的覆土重量加大，用土的自重来抵消弯矩的影响"，如果此法难以实施，我觉得设基础拉梁比较合理。

（二）工程应用

1　140m门式刚架，梁加工短了60mm，如何处理？(id=157433,2007-01-26)

【zhiqiang811】：由于加工失误，在加工放样时没有留余量，每一段梁不同程度的短了6～11mm，导致每一榀梁综合短了50～60mm，为了保持柱垂直，我想在边柱各加一块25mm的钢板固定，不知是否可行？

【kalapilolk】：这样做高强度螺栓不行，因为连接厚度增加了。

【jianfeng】：①连接端板中间衬一块25mm厚的钢板，相当于3块钢板用高强螺栓连接，虽然想出不允许的理由，但总觉得这样不太正规，也不美观；

②选择弯矩较小的一段梁增加一个高强螺栓连接节点，通过节点板的厚度来增长梁；

③接梁，按规范做，最小拼接长度要满足规范要求。

需要提醒的是，以后在进行钢结构制作时，一定要先做一榀，进行预拼装合格后再进行大批量生产。

【喘气的鱼】：我是这样考虑的，如果你的连接板没有焊的话，可以改变连接板角度，把坡度减小，那么梁的长度就够了。

【benbenboy2002】：在每一个节点板位置加一块垫板，同时增加高强螺栓长度。我觉得这是最简单可行的方法。

【hefeililin】：这个节点的螺栓要通过可靠的计算，不是单独加长就行了，计算螺栓抗剪是主要的，还要保证垫板和原连接板的可靠连接。

【西部牛仔】：①从施工角度来看，总体偏差60mm，结构构件能够顺利安装。

②从设计角度出发,梁总体短了,不是相差太大的情况下,边柱内倾,受力更接近拱,结构整体稳定、强度,局部稳定、强度应该都能满足。外围护墙的竖直可采用柱檩托高度变化进行处理,外立面可以保证。

③如果要更改的话,不建议增加垫板,对于高强螺栓,即使是摩擦型的,增加 25mm 长对总体受力还是有影响的。如果必须增加垫板,则应该用 10 厚的,每跨增加,垫板与端板边缘焊接,让其受力状态接近一块端板。或者将边跨中间等截面梁弯矩较小的位置截断后接长。

【xiaoyudaren】:按照图纸加工的梁留什么余量?余量如何控制?

【sharptoday】:一般情况下是这样的:

①如果详图和工艺分开做,详图完全是按照图纸尺寸进行拆图,然后转到工艺技术部门。比如说焊缝长度是多少,可能会收缩多少,下料之前需要在详图上注明加多少余量。当然焊接收缩也可以用一些类似的经验公式求出,这就牵涉不同公司、不同焊接工艺有不同的焊接参数选择。

②如果工艺和详图一起做,详图会直接把收缩余量加上去,然后再按照实际尺寸或者是某些工程现场要求的尺寸出构件装配图。如大跨度桁架最好是正偏差等,进行二次切割(矫正完焊接收缩之后进行的),这样构件经检验合格就可以出厂了。

2 钢梁长度不够或者角度不对的处理方法。(id=153517,2006-12-08)

【adw99】:如果钢梁的长度不够或者角度不对,有什么处理方法?是否可以在梁柱的节点处加楔形铁(表面喷砂、抛丸处理的与摩擦面效果一样),使其长度和角度正确。规范是否有规定?

【stephen2115】:可以,但注意高强螺栓也要适当加长,也可以对柱脚底板向跨中扩孔,然后处理柱脚的连接,刚架调整好后再复核一次。

【xiaotiantian】:①钢梁长度不够,可将端板割下,加长梁腹板、翼板,梁加长时注意翼板拼接长度不小于 2 倍的翼板宽度,腹板长度不小于腹板宽度,且翼板拼接焊缝错开 200mm 以上。

②端板角度不对,也要把端板割下进行调整。

③在整改时,最好重新制作端板(原割下的钢板不再使用)。

④在节点处加楔形铁,这种方法不可取。加楔形铁,影响梁端板接触面积,连接面不能形成有效的整体。

⑤关于 **stephen2115** 的调整柱子角度与梁吻合的建议也不可取,因为这样可能会造成此榀跨度与其他榀跨度不一致,影响系杆、檩条等的安装。

【钢构小子】:如果短得比较多,比如 150mm 以上,是否可以加短接?即采用双面连接板通过高强螺栓分别与原来的柱子、钢梁的连接板相连。

【voky】:这种做法在构件制作上是错误的,这样处理就是把制作的问题变为节点连接的问题。不过如果计算上能够满足要求的话,也是可以的,但需要设计确认。150mm 不是短得多,而是短少了,应该再割掉一些,短到 600mm 左右比较合适。

【jianfeng】:①我认为,如果梁仅短 150mm 采用增加一节钢梁的做法不可取。因为 150mm 的空间里有两个端板及诸多三角加劲肋、高强螺栓等,施工空间不够。最好是将端板割下按规范将梁接长。

②如果梁短超过 500mm,应当能采用增加一节钢梁的做法。增加梁会增加节点,每个节点成本不小,不比割端板省工。

③也可将端板割下，采用短焊接H型钢与梁翼板直接对接，对接时翼板切45°，以增加焊缝长度。还可以继续在腹板、翼板焊缝处上下贴钢板来增加角焊缝进行补强，虽然会影响美观，但计算上应当能通过。

【钢构小子】：本工程最终处理是截去600mm后重新焊接。

3 一个门式刚架工程实例。（id＝173524，2007-09-14）

【W1】：工程概况：柱距6m，跨度15m，高度9m，5t吊车。钢柱截面：H500×300×8×10，钢梁截面：H600×200×8×12。

《门式刚架轻型房屋钢结构技术规程》（CECS 102：2002）4.2.2条规定："门式刚架的单跨跨度宜采用9～36m。当边柱宽度不等时，其外侧应对齐。门式刚架的平均高度宜采用4.5～9.0m；当有桥式吊车时不宜大于12m。门式刚架的间距，即柱网轴线间的纵向距离宜采用6～9m。"见图3-6。

图 3-6

《门式刚架轻型房屋钢结构技术规程》（CECS 102：2002）4.5.1条规定："在设置柱间支撑的开间，宜同时设置屋盖横向支撑，以组成几何不变体系。"4.5.2条规定："屋盖横向支撑宜设在温度区间端部的第一个或第二个开间。当端部支撑设在第二个开间时，在第一个开间的相应位置应设置刚性系杆。"见图3-7和图3-8。

图 3-7

图 3-8

《门式刚架轻型房屋钢结构技术规程》(CECS 102:2002)6.1.2条规定:“梁腹板应在与中柱连接处、较大集中荷载作用处和翼缘转折处设置横向加劲肋。”4.5.2条规定:“在刚架转折处(单跨房屋边柱柱顶和屋脊,以及多跨房屋某些中间柱柱顶和屋脊)应沿房屋全长设置刚性系杆。”见图3-9和图3-10。

柱顶端刚性系杆

图 3-9

厂房钢梁中间贯通(柱端接头)

图 3-10

《门式刚架轻型房屋钢结构技术规程》(CECS 102:2002)4.1.4条规定:“门式刚架的柱脚多按铰接支承设计,通常为平板支座,设一对或两对地脚螺栓。当用于工业厂房且有5t以上桥式吊车时,宜将柱脚设计成刚接。”见图3-11和图3-12。

厂房钢柱柱脚-1(刚接)

图 3-11

厂房钢柱柱脚(带柱间支撑)

图 3-12

《门式刚架轻型房屋钢结构技术规程》(CECS 102:2002)4.5.5条规定:“当设有起重量不小于5t的桥式吊车时,柱间宜采用型钢支撑。在温度区段端部吊车梁以下不宜设置柱间刚性支撑。”见图3-13和图3-14。

柱间支撑交叉处连接板

图 3-13

柱间支撑双角钢(缀板)

图 3-14

《门式刚架轻型房屋钢结构技术规程》(CECS 102:2002)6.4.1 条规定:“轻型墙体结构的墙梁宜采用卷边槽形或斜卷边 Z 形的冷弯薄壁型钢。”6.4.2 条规定:“墙梁可设计成简支或连续构件,两端支承在刚架柱上……”。见图 3-15 和图 3-16。

图 3-15

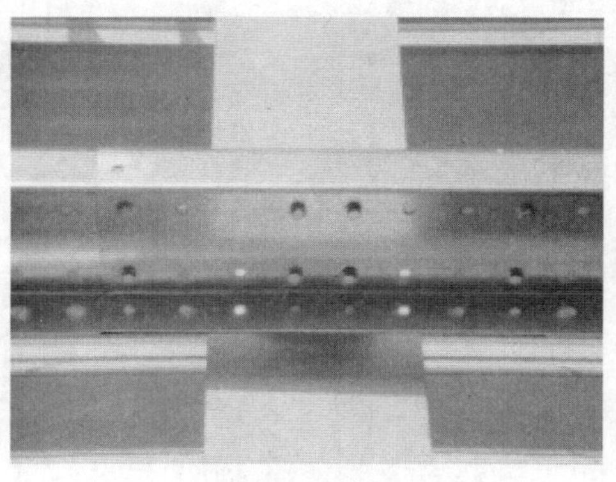
图 3-16

《门式刚架轻型房屋钢结构技术规程》(CECS 102:2002)6.3.5 条规定:“当檩条跨度大于 4m 时,宜在檩条间跨中位置设置拉条或撑杆。当檩条跨度大于 6m 时,应在檩条跨度三分点处各设一道拉条或撑杆。斜拉条应与刚性檩条连接。”见图 3-17～图 3-22。工程部分内景见图 3-23～图 3-26。

图 3-17

图 3-18

图 3-19

图 3-20

图 3-21

图 3-22

图 3-23

图 3-24

图 3-25

图 3-26

二 钢屋架

1 50t 中级工作制吊车能用轻型钢屋架吗?(id=103162,2005-07-20)

【huyuan】:27m 跨的厂房,50t 中级工作制吊车用轻型钢屋架有何要求?

【zc1985】:这已不属轻钢结构,应采用《钢结构设计规范》(GB 50017—2003)。需重视对支撑系统的设计:应设置上弦横向水平支撑、下弦横向水平支撑、下弦纵向水平支撑、垂直支撑、上下弦刚性系杆。

【huyuan】:我暂选的是轻型梯形钢屋架,荷载为1.2kN/m^2。

【lh77126】:选好计算模型,按照《钢结构设计规范》(GB 50017—2003)验算,有理论根据后不要拘泥于常规。

【wanyeqing2003】:①钢柱要满足《钢结构设计规范》(GB 50017—2003)的要求;

②屋架要适当增加刚度以保证排架计算时的简化;

③屋架和柱的连接要加强,不能照搬轻钢屋架的做法;

④屋架的支撑体系也要适当增强。

【zhy98】:若采用压型钢板轻型围护系统,可考虑将屋盖系统按《门式刚架轻型房屋钢结构技术规程》(CECS 102:2002)设计,刚架柱和柱间支撑则按《钢结构设计规范》(GB 50017—2003)和《建筑抗震设计规范》(GB 50011—2001)设计。

【ILOVEJUAN2006】:我认为是完全可以的。可以把它们分成两个受力体系,将钢屋架受到的力传给柱,但柱受到的侧向力不要传给钢屋架,计算时柱按照《钢结构设计规范》(GB 50017—2003)计算,并在柱顶用连系梁连接。梁柱连接不能全部按照轻型屋架图集,而要把连接板开成长圆孔(大小参考柱顶在风荷载或地震作用时的位移),以使柱依靠自身抵抗侧向力,且屋架纵向联系宜适当加强。

点评:由于屋面轻型材料(如压型彩钢板)的应用,屋面荷载较以前采用的重屋面(如大型屋面板)减轻很多,使得钢屋架的杆件截面减小很多,于是便成了轻型钢屋架,以示与普通钢屋架的区别,但其理论基础等并没有改变。不过轻型钢屋架也有其本身的一些不足,由于采用了轻型材料,屋面的整体刚度大大不如采用重屋面时,所以对于有振动、重级工作制吊车、大吨位(>50t)轻中级工作制吊车厂房,采用轻型钢屋架时,需要采取必要措施以加强整个结构的刚度。此时,支撑的作用就变得非常重要,设计时需要重视。而无论是采用轻型钢屋架还是普通钢屋架,其设计方法是相通的。

2 请教24m跨屋架可以用三角形屋架做吗?(id=164507,2007-05-08)

【学者168】:一24m工程,甲方要求做三角形屋架,请问有没有三角形屋架的标准图集?

【nies117】:24m跨屋架可以用三角形屋架,我以前设计过。

【flywalker】:如果是轻钢屋架,荷载一般比较小,使用三角形屋架也是合适的。以前屋架标准图一般需要适合多种荷载的要求,24m屋架采用梯形比较经济。

【nies117】:三角形屋架一般用于石棉瓦、玻璃钢瓦、预应力混凝土单槽瓦等自重较轻、自防水性能较差、造价较低的瓦屋面。

【学者168】:再请教以下几个问题。

①屋架焊缝一般为几级焊缝[《轻型屋面梯形屋架》(05SG515)总说明7.2条规定不低于三级]?如果是三级还用不用做探伤?

②《轻型屋面梯形屋架》(05SG515)SC、XG详图中都标有"对于7、8、9度抗震区,角钢两端与节点板改用三面围焊",而屋架详图中没有此说明。请问对于7、8、9度抗震区角钢两端与节点板还用三面围焊吗?

【Black Toby】:将屋架比拟成梁,跨度到一定程度,上弦受压,下弦受拉,三角形屋架弯矩不够。

【john4】:我想标准图集里之所以没有18m以上的三角形屋架是因为尺寸,而不是受力。

【bigben137】:三角形屋架受力不如梯形屋架合理,一般是满足了一部分截面后另一部分截面就不能充分利用,不经济。

3 某5连跨钢屋盖,混凝土柱柱顶水平力太大的解决方法。(id=6518,2002-03-15)

【haha】:有一工程,宁波地区。30m+30m+24m+24m+18m五连跨钢屋盖,混凝土柱,砖墙围护,柱顶标高5.2m,柱距6m,坡度1∶15;恒荷载0.45kN/m²(考虑通风管道重量),活荷载0.3kN/m²,柱梁铰接。经STS计算发现柱顶水平推力很大,依次为175kN、27kN、-11kN、-36kN、-68kN、-91kN。现欲降低柱顶水平推力,考虑用以下几种方法:

①减小坡度;

②柱顶加橡胶垫,做法参考网架橡胶垫支座;

③减小边柱截面尺寸,由500×700减小到500×500。

【wolf_sy】:柱顶水平推力比柱顶垂直荷载还大,不知是双坡还是多坡?若双坡应没那么大的推力。柱顶加橡胶垫容许变形太小,解决不了问题。

【haha】:本工程为多坡,共5个屋脊。

【x5】:不太清楚你的工程情况,提供一些思路供你参考。其一是在梁下设水平拉杆以抵消柱顶水平推力,重新计算试试。其二是梁柱采用长圆孔连接,施工阶段不拧紧,待上完屋面结构后,再拧紧。这样可以通过位移减小柱顶水平推力。但必须计算施工阶段的柱顶水平位移和使用阶段的水平推力。另外,如果是基础设计有困难,可采用偏心基础。

【haha】:我将坡度改为1∶20后计算得到柱顶水平推力有一定减小,左右柱由175kN减小到143kN、-91kN减小为-74kN。我的想法是加拉杆,因为有风管,不会影响到美观,但预拉力较难确定,我用的是STS,不支持梁柱节点相对滑动模型,计算所得剪力比实际做长圆孔支座情况下的剪力要大。我不同意**x5**先加载后加拉力的说法。荷载都上来了、变位都有了,再加拉力,是否妥当?预加力值的确定,是用圆钢好还是用钢绞线好?如何连接?施工过程中应该注意些什么?

【3d】:因不知你设计的屋架是何形式,在此仅简单谈谈想法供参考。

①人字形屋架支座位移一般由两部分组成。一是拱的作用,屋面坡度越大,水平变位越大;二是弦杆的变形,变形的方向取决于屋架支座的支撑形式。根据屋架端部斜杆倾斜方向,其支撑方式一般有上承式和下承式。上承式屋架上弦的压缩变形与拱作用方向相反,能抵消一部分拱产生的位移,而下承式下弦的拉伸变形与拱作用方向相同。故一般人字形屋架的支承方式宜采用上承式,其对柱顶水平推力较小,甚至可忽略不计。

②梯形屋架的支承处没有拱的作用,水平位移仅由弦杆轴向变形产生,也分上承式和下承式,效果同上分析。规范规定:屋架跨度L大于36m时才考虑下弦伸长所产生的水平推力对支承构件的影响。

③水平推力不但对支承构件有影响,而且对屋架本身也有影响,有时还会对屋架不利。根据上面分析,下承式屋架对柱产生向外推力,柱的反弹力使屋架下弦受压,再加上风荷载传来

的柱顶集中力，有可能使屋架下弦受压，应引起重视。

④**x5** 的做法是一般常用处理方法，比较妥当，一般是在屋面安装完成后再焊接屋架支座。实际上，变位没有想象中的那么严重，以前工业厂房均是这样做的，但柱顶箍筋要加密。即使采用拉杆也没必要全部消除推力(有时反而会带来负面影响)。

关于梁方案，即建筑纵向柱顶布置 4 根 20m 跨托梁，托梁中间再搁置一根主梁。现发生如下问题：在安装过程中，托梁上的主梁下挠的幅度，远大于其他常规刚架(两侧均有钢柱)的主梁。不知是何原因？

【allan】：①这是因设计托梁时经验不足，托梁的挠度控制不够所造成的，此种情况已经不能简单地按照主梁的 1/400 来控制托梁挠度，而应该按照 1/180 来控制托梁上屋面梁的挠度。

②一般来说，这个需要空间分析才能得到准确的挠度，而实际却是按照平面模型来计算的，计算时模型的简化很关键，要理清楚挠度的主次关系。

③一般屋面梁的挠度主要是由恒荷载＋活荷载或者恒荷载＋风荷载来控制，对于正常的有柱子的门钢，柱子作为屋面梁的支承点，由柱子的轴向变形及柱顶受弯矩作用引起的屋面梁挠度变化很小。

④当屋面梁搭在托梁上时，托梁就成了屋面梁的支承点，从而托梁的挠度就直接影响到屋面梁的挠度，如果不能空间分析，那么可以简单地按照线性叠加的方法来处理挠度问题。

⑤像这种情况，用 4 道托梁，会造成该部分屋面整体下陷，屋面防水自然又是一个问题；如果是局部的托梁(同一榀刚架还有部分柱子)，同样会造成局部屋面梁节点实际受力比计算的要大。如果是这种情况，节点设计时，可在程序计算后的基础上加大螺栓直径。

⑥整体分析是比较好的办法，在 PKPM 和 3D3S 中都是可以实现的。

【DYGANGJIEGOU】：同意 **allan** 的意见。主要是托梁变形引起的挠度下垂。

我刚做了个 3×6m＝18m 的托梁门架(带行车)结构，刚开始把托梁做成鱼腹式梁，后来发现需要做柱撑，也就在托梁(挠跨比控制在 1/650 左右)下面做了个门形撑。现在工程做完了，基本没有出现屋面梁下垂的现象。托梁一般不建议起拱，所以托梁及其上的屋面梁的挠跨比应控制得严格一些。我一般在柱距超过 15m 时才做抽柱托梁结构，15m 以下柱距直接做桁架檩条或者高频焊檩条。

4 三角形屋架的计算假定问题。(id＝682582，2007-01-16)

【wuxu19810927】：三角形屋架计算模型怎样取符合实际？全部铰接还是上下弦连续，腹杆铰接？STS 里面成的图形为什么节点板很大，如何调整？

【雨】：全部铰接。

【wuxu19810927】：我觉得全部铰接不合理，上弦是连续的，与实际受力不符，特别是在荷载不作用于节点时。

【fengzwf0224】：屋架计算时采用了桁架的一系列假设，比如：①节点均为铰接；②杆件轴线平直且都在同一平面内，相交于节点中心；③荷载作用线均在桁架平面内，且通过桁架的节点。但是实际上，桁架节点处相交的杆件无论是采用直接连接方式还是采用节点板连接方式，都难以实现纯粹的“铰”，杆件端部或多或少都有一定的转动约束。当杆件比较柔细时，这种约束作用较弱，杆件内力以轴力为主；当杆件较粗短时，则产生一定程度的弯矩，但这种弯矩引起的应力相对于轴力引起的应力在数值上较小，分别称之为次弯矩与次应力。为了在桁架模型中考虑次应力和次弯矩的影响，在钢屋架设计时通过计算长度系数来弥补。所以你上述的疑虑其实在考虑刚架杆件时已经通过计算长度系数来弥补了。

【kolapyka】：理想的设计理论上是铰接。

【suwuqin】：用 PKPM 建模，屋架的所有节点都是铰节点，杆件的输入全部按照柱构件输入，因为铰接的杆件只受拉力或压力。柱顶是铰接，柱底是刚接。

【stillxt（虎刺）】：不管用哪个软件建模，上下弦在与腹杆连接处都必须断开，但上下弦节点处没有将转动释放，而腹杆须将转动释放（也就是改为铰接）。

【vilive】：桁架节点理论是铰接。“在钢屋架设计时通过计算长度系数来弥补”，但这只能弥补平面外的计算长度，请问平面内的计算长度呢？我以为应该还是构件本来的长度。

【jjyx】：有书中这样写：“对于屋架，当角钢截面高度小于其节点中心距的 1/15（腹杆）和 1/10（弦杆）、钢管截面高度（或直径）小于其节点中心距的 1/24（支管）和 1/12（主管）时，由弯矩引起的次应力相对于轴力引起的次应力很小，可以忽略不计，一般可按照铰接屋架计算轴心内力。”实际上，不仅上下弦因不中断而有一定的刚性，腹杆也因节点的焊接而有一定的刚性。

【行云流水】：理想的桁架节点是铰接的，但这种屋架上下弦不中断，节点为焊接，具有一定的刚性。如按刚接节点分析，各杆件截面既有轴心力 N，又有弯矩 M 作用。当角钢截面高度小于其节点中心间距离的 1/15（腹杆）和 1/10（弦杆）、钢管杆件截面高度（或直径）小于其节点中心距的 1/24（支管）和 1/12（主管）时，由弯矩引起的次应力相对于轴心力引起的主应力很小，可以忽略不计，可按铰接屋架计算杆件的轴心力，即假定屋架所有杆件都位于同一平面内，且杆件重心线汇交于节点中心，所有荷载均作用在屋架节点上（节间荷载可换算为节点荷载），屋架各杆件的轴心力可采用结构力学方法计算，当有节间荷载作用于上弦杆时，则应考虑节间局部弯矩的影响。

【jjyx】：我有以下两点不清楚。

①对于采用铰接来计算，认为节点不存在弯矩，但是由于实际上节点处是有一定的刚性的，可否这样理解？采用铰接，对节点（准确地说是节点处弦杆截面）来说偏不安全，因为设计是按照该处不受弯矩来考虑的。

②分别采用铰接、刚接，腹杆算出的内力（轴力）哪种情况更大呢？

a. 我认为对腹杆计算长度取杆件长乘以小于 1 的系数会使设计时（当然我知道这是为了考虑实际的刚接），在同样的荷载作用下选用的截面偏小。

b. 若是铰接情况算得的腹杆轴力比刚接小，也会有在同样的荷载作用下选用的截面偏小的趋势。

a、b 两种因素是不是有重复的嫌疑呢？

点评：钢桁架的节点刚性问题是引起次应力的主要原因（另外，还有由杆件轴线未重合、作用有非节点荷载等因素引起的），由于实际结构中节点处或多或少的存在节点刚度，限制与之相连的杆件的夹角变化，造成杆件的弯曲，由此产生了杆弯矩，其具有二阶效应的性质。所以从理论上来说，很强的节点和很弱的节点都可以忽略次应力的影响。因为当节点很强，比杆件强得多时，可以实现力矩的重分布。同理，节点很弱，但是有很好的延性时，也能实现重分布。重分布后的次应力都能得到很好的缓解。但要注意的是，这两种情况都需要节点或杆件具有比较好的延性以能实现内力的重分布。

《钢结构设计规范》(GB 500017—2003)8.4.5条规定："分析桁架杆件内力时，可将节点视为铰接。对用节点板连接的桁架，当杆件为H形、箱形等刚度较大的截面，且在桁架平面内的杆件截面高度与其几何长度(节点中心间的距离)之比大于1/10(对弦杆)或大于1/15(对腹杆)时，应考虑节点刚性所引起的次弯矩。"

10.1.4条规定："在满足下列条件下，分析桁架杆件内力时可将节点视为铰接：2 在桁架平面内杆件的节间长度或杆件长度与截面高度(或直径)之比不小于12(主管)和24(支管)时。"

规范的8.4.5条是针对H形、箱形等刚度较大的截面，而10.1.4条是针对钢管结构。其中，规范条文说明中指出规范条文规定的依据是限制次应力不超过主应力的20%。

实际桁架中次应力总是存在的，设计时，需要注意的是：

①坡度较小的梯形桁架次应力较小，坡度较大的梯形桁架、拱形桁架和三角形桁架的次应力均较大；

②次应力普遍存在于桁架杆件中，但分布比较复杂，且其影响在很多时候均超过了主应力的20%；

③条件许可的情况下，应按实际模型进行计算，特别对于承担大型屋面板及其他重载的桁架，按铰接模型进行计算是不安全的，应引起重视。

三　空间结构

(一) 网架(壳)结构

1　如何识别螺栓球图？(id=152344，2006-11-24)

【xiaotiantian】：如图3-27所示的螺栓球图，如何识别？

①图下方标明有10个孔，为何在图上只能查到9个？

②图中有的孔标明螺栓孔大小，有的却未注明，未注明的代表螺栓孔多大？

③水平线右端部，有一个小红圈，代表什么？

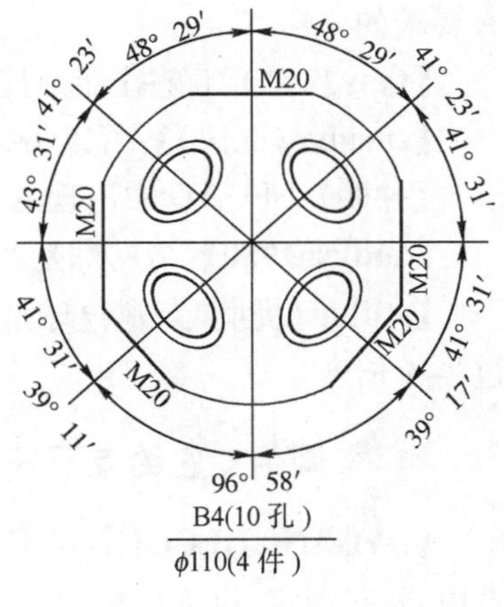

图　3-27

④图中螺栓孔角度表示方式有两种，其中一种所有的标注都在封闭的圆上，如41°31′、48°29′；另一种，在与球心相连的绿线端部，如41°23′、39°11′。这些数值代表谁和谁的夹角？

【smomo(北风)】：①另一个孔为球的加工工艺孔，在纸面的下方，看不到，所以加工图上省略了。

②对于单纯的图纸来说，这个属于表达不全，应该是M20。该图为SFCAD软件出图，出图时有选项：腹杆孔默认M20不标。但出图时应加以说明，这个毛病我也总犯，使不清楚的人看不明白。

③小红圈为加工球的起始孔，原则上起始孔可以是任何一个，但图纸上指明了，更便于查

图和安装定孔，建议加工厂家将起始孔打上标记（同时建议将球号打在基准孔上，这样有两个标记，安装时比较好定位）。

④封闭圆上的角度为各孔水平夹角，绿线端部的角度为该孔与图纸面的夹角。

【lwx】：再请教一个问题：工艺孔的大小为多少？一般依据什么定义？

【smomo（北风）】：工艺孔一般取 M20，是根据工装和装夹需要选用的，一般 M16、M22、M24 等也是可以的，特殊需要时可单独加工，没有限制。

【happyfish】：请问仰角正值是不是在图纸上方？

【smomo（北风）】：径向线外的角度值是相对于球心平面说的，在平面以上的为正值，在平面以下的为负值，同时默认基准孔在球心平面以下。

【kolapyka】：有的腹杆孔是虚线的为我们看不到的孔，孔标出来的角度为负角度。看图时首先要确定是从哪个角度来看的，从安装图上球所在的位置再结合球图很快就能看懂了，多看看就差不多了，设计的时候如果球图看不懂的话会很麻烦的。

【zhouji96】：对加工工艺孔还有一个疑问：如果这个工艺孔没有实际用处（比如上弦节点立小柱子，下弦有悬挂荷载），那螺栓球是不是要带着这个多余的孔工作，还是要把这个孔再填上？

【smomo（北风）】：工艺孔要求满足夹角计算的要求，与主要螺栓孔的夹角不能太小；没用的工艺孔，网架安装完毕要用油腻子填上，然后油漆，《网架结构设计与施工规程》（JGJ 7—91）有要求的。

【tany】：加工工艺孔能吊挂东西吗？比如说加吊顶的吊杆之类的东西。

【smomo（北风）】：可以吊挂，吊挂荷载按计算荷载核算，节点构造按螺孔计算。

【井明】：SFCAD 中出现的工艺孔必须要进行吊挂荷载的计算。

【andyxu1980】：请问球是实心球吗？如果不是，壁厚是多少？如果是实心球，孔深是多少？

【stillxt（虎刺）】：螺栓球是实心球，45 号钢，孔深随螺栓直径调整，一般小直径球孔深都超过半径长度一点。

2 网架支座约束不好确定时，可否这样分析？（id＝120704，2006-01-01）

【DYGANGJIEGOU】：网架支座约束不好确定时，可否这样假设：支座约束先设为 X、Y 向自由，Z 向固定，接着作内力分析；随后调整网架支座约束设为 X、Y、Z 三向均固定，加大超应力杆件截面并分析；最后调整支座约束设为 X、Y 向弹性约束，Z 向固定，这样固定的杆件截面验算肯定没有超应力杆件了。

【allan】：①这样设置应该说没什么意义。这样一来，网架本身就是一个几何可变的东西，再分析有什么意义？不单单是网架，所有的结构首先要保证模型是几何不变的，这样进行下一步工作才有意义。不宜片面相信某些软件在这种情况下能分析下去，程序是要在正确的假设和操作下才会有接近正确的结果的。

②支座约束的强弱对网架的影响，不同的支座位置、不同的网架形状是很不一样的，有时会造成跨中薄弱，有时会造成支座边缘薄弱，并不是片面加强约束条件就是安全的，因为网架作为多自由度空间结构，其内力变化在某些情况下是有点规律的，但大多数是复杂的。

③不知道支座约束条件下做网架设计（简单的例外，经验丰富的某些情况下也可例外），其

实际意义,我个人认为不大。所以说,做网架设计,不但要懂得网架本身,也要懂得其他相关的结构构件。

【qifx】:对于“支座约束先设为 X、Y 向自由,Z 向固定,接着作内力分析”,在不考虑地震作用,仅有恒荷载、活荷载等垂直荷载作用的平板网架,支座选用平板压力支座,这样分析是可行的,符合设计假定。

【allan】:有些软件分析可行并不代表就很有实际工程意义,平板网架在竖向荷载作用下,在产生挠度的同时,也伴随着水平支座反力的产生;反过来说,由于没有水平方向的约束,网架的挠度要大一些。

现在的讨论是,分析上先自由再固定的结果与网架实际情况是否接近?满应力优化的结果下,一点内力的改变就会出现超应力杆件。当然,对网架的某些部位而言,几根杆件超应力屈服,网架会内力重分布,但是对某些部位而言,几根杆件的屈服也可能造成坍塌。

不好确定时,建议还是假设一个弹性约束,这样相差不会太大,不宜走两个极端。

【IBM】:按照水平约束释放的假设计算出的水平位移若较大,则应通过橡胶垫支座加以调整,将经橡胶垫支座调整后并计算出的弹性刚度与下部结构的弹性刚度共同叠加成一整体弹性刚度,应该是比较接近于实际受力状态的支座弹性刚度。

【西部牛仔】:不应该这样分析。实际设计中考虑支座约束是根据支座所处的位置。

①为楼板时:全固定。

②柱顶时:一般 X、Y 向弹性,Z 向固定。

③滑移支座时:X、Y 向自由,Z 向固定。

总之,支座必须与现场实际情况相符合或接近,在确定支座形式后才能进行下一步设计。

【DYGANGJIEGOU】:对于网架支座下部的梁、柱,当为独立柱时,计算弹性刚度比较容易,但是当柱子高度范围内有梁或者能作为柱子平面(内)外的支撑构件时,程序能不能按照实际情况计算网架支座弹性刚度?还有就是类似在一般框架结构上的网架,程序能不能比较准确地计算网架支座弹性刚度?此外,网架支座位于梁上,程序能不能比较准确地考虑梁的挠度对网架支座的影响?因为一般网架的支座 Z 向设为固定,虽然可以预先假定节点强制位移,但是由于无法事先知道网架支座的反力,而且支座条件的假定对最终支座反力有直接影响,网架支座 Z 向反力对梁的挠度也会有一定影响,最终使最初假定的节点强制位移不正确。

以上都是网架支座条件设定上的一些模糊的地方。大家都想知道支座弹性刚度的真实数值,但有时计算出的数值与真实数值差距有多少?说不清。不知道大家在遇到独立柱以外的情况时,支座弹性刚度是怎么取的?

【smomo(北风)】:①首先应该说明的是,**DYGANGJIEGOU** 的做法,如果采用螺栓球网架,按内力配置螺栓时,即使杆件安全了,螺栓也是不安全的;对于焊接球网架,如果结构比较简单,焊接球种类较少时,可能是安全的,焊接球种类如果较多,也是不安全的。

②网架结构设计时,应首先清楚下部结构的大体布局,尽量走在下部施工图设计的前面,与下部结构设计多反馈几次,效果会好一些。

③对于下部结构布局较复杂的结构,可以按弹性考虑,根据自己的经验对弹性刚度进行增大或折减处理,如梁中支座这种情况,竖向刚度可以考虑与柱一致,实际梁的挠度会进行控制,与柱的刚度出入不会太大,且一般平板网架边缘竖向刚度较小,对小的竖向变形不敏感,内力

重分配后一般可以接受。对于下部有框架的阶形柱,可以按自己估算的弹性刚度计算后,将位移结果反馈给设计院,与下部结构水平计算位移比较,如果出入不大,应该可以使用,如果出入较大,就进行调整。

【ppoo520】:我倒认为球壳网架在无水平力的条件下可以这样分析,先是 X、Y 向自由,把水平位移释放掉;然后 X、Y 向弹性,跟实际情况基本一致;最后 X、Y 向固定,且固定截面只是验算结构安全。不知是否正确?

【xuzhiyi】:我认为可以,这是两个极限状态,只是浪费材料。

【smomo(北风)】:楼上所说的两个极限状态,是指水平自由和水平固定的两个状态吧?说说我的观点:水平自由,对于球壳网架,可以在仅有恒荷载的情况下进行验算,以保证安装过程的安全,使用状态没有必要;固定状态,一般对于球壳网架,不会增加其安全度,其计算结果,仅可以用来参考对柱的极限推力。

【xuzhiyi】:顺便提个问题:一般支座都有一块过渡板,且过渡板与底板靠摩擦力来传递水平力,这时怎样计算弹性刚度?

【yefan-888】:为什么都要设计网架了还不知道下部支撑条件?建议没有下部支撑条件还是不要设计,就算设计了肯定与实际情况相差很大。

点评:通过以上的探讨,大家得出了一个比较一致的意见:上部网架的结构设计应该考虑下部结构的刚度和约束情况,这样计算出来的上部结构才能比较好地符合实际的受力情况。结构设计应该有一个整体的思路,而对于无法进一步得知下部结构的情况时,笔者认为 **DYGANGJIEGOU** 提出的处理办法也可作为一种权宜之计,用于前期方案也是可行的。

3 螺栓球是否可以焊接?(id=147924,2006-10-09)

【qqsteel】:最近有个工程,因加工厂的失误,螺栓球少开了孔,但结构部分杆件已经安装完毕,工期已不能延期了,螺栓球是否可以和杆直接焊接,有没有什么规定和工艺要求?

【goodidea】:螺栓球是 45 号钢,焊的话要预热。重新做个球最好。

【IBM】:建议你尽快请加工厂重新加工一个球,派专人以最快速度送至安装现场。工期事情再大也大不过工程质量,除非有人愿意给工程增加隐患并承担责任;或者等以后某个时间来更换这个球,不过那样难度可就更大了。

【ruralboy】:这样焊接是不允许的,但若必须焊的话估计问题也不大。实际中,依据杆截面大小、杆是受压还是受拉起控制作用来确定,若杆截面较大且受拉,则需重新开孔。焊接要注意质量,把锥头或封板去掉,按照焊接球网架节点焊接要求处理,焊条最好用 E50 以上的,但螺栓球一般比较小,焊接的可能性较小。

【斯巴达克】:关于螺栓球网架是否可以焊接,在规范中并无明确的规定;实际工程中,由于加工的误差或是错误对球少开孔或孔偏位是常有的现象,而且施工现场的安装误差也存在,由此经常会遇到上述问题,根据不同情况可以采取不同处理办法。

①如果材料进场分料检查时发现了少孔或偏差,最好联系加工厂尽快重新加工。

②如果已经开始安装并施工到该球位置,且时间又紧迫,那只能进行焊接,但要做好不同材质钢材的焊接措施,因为螺栓球为 45 号锻造钢,焊接易产生裂纹,在与杆 Q235 钢焊接时应

做好焊前预热和焊后保温。其实螺栓球网架支座位置就是 Q235 钢和螺栓球进行焊接。至于要施工现场人员先区分杆件为拉杆还是压杆后再决定是否可焊接是不现实的。一是现场施工人员不具备这种能力;二是很多网架杆件在不同荷载作用下会有个内力变号的问题。

另外,很多加工厂应进行设备更新。实际中多因螺栓孔攻丝不到位,现场螺栓拧不进去,这说明加工厂的丝锥太老了,二道丝攻的不到位,如果是小的丝锥施工现场可以买,可以现场再过一遍,但 M42 以上的丝锥很难买到,而且多是机用丝锥,如此给现场安装带来很多不便。

【三古】:应该不能焊,一般螺栓球比较小,杆件焊上去空间不够。建议查一下螺栓球的材质,看是不是可以焊接,如果可以,就找相应的焊条。

【主博】:**斯巴达克**所讲的“很多网架杆件在不同荷载作用下会有个内力变号的问题”值得推敲。如果是设计的因素,那么在设计时已经考虑到了。当然如果在施工中另外施加一个或者多个荷载,杆件内力肯定会变化,甚至会发生变号。如果杆件内力发生变化或者发生变号,那么螺栓球焊接就要多多考虑了。

【qifx】:规范无禁止性规定,就可以焊接。但要注意:①合理选择焊接材料。杆为 Q235 钢,球为 45 号钢,可选用 E43 系列焊条。②采取预热与保温措施。③球不够大时,增加节点板,保证节点与杆件等强。

【tengyuehua】:不要焊接,想想内蒙古网架倒塌的原因,其中之一就是螺栓拧不上采用焊接,此时焊接所能承受的力远远低于高强螺栓所能承受的力,致使网架出现连锁反应。许多事故就在那一点疏忽。

【stillxt(虎刺)】:首先明确肯定螺栓球是可以焊接的,因为一些螺栓球网架支座都是焊接的。螺栓球的材质一般为 45 号钢,与 Q235 的材质相差不是太大,焊接时焊条要选用 E43XX 低氢焊条,焊条使用前要烘干、使用时要保温,焊件焊接前要预热、焊接后要保温。只要工艺正确,焊接本身不是问题。但由于焊接会引起一系列的问题制约焊接的可行性,如:

①螺栓球是实心球,即使预热,温度也与焊接时的温度相差很多(何况预热温度也不能太高),局部受热的应力可能使螺栓球锻造过程中形成的裂缝进一步扩展,对受力与防腐产生不利影响;

②螺栓球网架用球比焊接球网架的球小很多,为满足杆件间不相互影响,较粗的杆件都设锥头通过螺栓与球连接,如果改成焊接的话难免会影响到其他杆件的连接;

③螺栓球网架杆件理论上只受轴力,焊接后的杆件与螺栓球之间允许一定的弯矩存在,这样在整体结构受力产生位移或加工、安装有偏差时,整个网架内力会重新分布,也许会牵一发而动全身;

④受焊接条件、工艺影响,角焊缝能否达到等强度连接,尤其是在受拉杆件中,焊缝直接受拉,受力形式很不好。

个人建议还是重新加工一个球或者打一个孔,这样问题就少多了。如果这个球已经安装,无论焊接还是换球,都必须拆下来,如果不拆下来焊接,首先预热和保温不容易做到,其次还会影响到连接到这个球的其他高强螺栓。

【tiandijituan@hf】:焊接与否,没有明确规定,但要在现场让工人严格按照焊接工艺规程去焊接,估计很难做到,监管也不严格,所以建议最好当地找厂家从新加工一个最好。工程质量是第一位的。

【smomo（北风）】:这种情况最好首先设计核算,如果去掉该杆,其他杆不出现超应力,则把此杆件去掉即可。如果是压杆,可以考虑焊接;如果是拉杆,而且受力较大的话,还是将球换掉的好。

4 网架支座设在上、下弦的区别。(id=167243,2007-06-09)

【生命之.舟】:如果建筑允许,网架支座设在上、下弦都可以,请问从结构上看,哪种方案更合适?

【smomo（北风）】:一般情况下,采用四角锥时设在上弦就可以了,这样传力的结构形式比较简单。

【生命之.舟】:如果还有悬挑部分,是不是应该放在下弦?

【vilive】:有悬挑部分,采用四角锥时也可以设在上弦,荷载传递简单明了。

【tdsjb】:对于内部柱点支承的网架,支座设在上弦还是下弦,区别不大。但如果是周圈柱点支承的网架,下弦支承由于多了一圈上弦封檐杆,用钢量会加大,面积较小的网架更明显。

【liuchen】:支座设在上弦有可能发生支座腹杆和柱头相碰的问题,尤其对于大面积网架,柱截面一般较大。个人倾向于将支座设在网架下弦。

【carpinty】:我认为在柱头与腹杆不相碰的情况下应当多考虑上弦支承,因为上弦支承时腹杆多为拉杆,腹杆尺寸不会太大,网架也不会太厚,对结构有利;但是如果采用下弦支承,除了楼上所说有经济性原因外,还有就是腹杆多为压杆,会使腹杆截面偏大,而且编号也特别多,不便于现场施工安装,所以我建议采用上弦支承。

【stillxt（虎刺）】:支座在上弦和下弦对大部分腹杆的轴力是正或负的影响不是很大,只对支座附近的少数杆件产生影响。我认为支座设在上下弦对于一般形式的网架来说都比较容易实现,所以还是建筑上的要求决定性大一些。

【the great wall】:我的经验是在没有特别规定的情况下,根据主要荷载的位置来定。如果屋面很重,支座放在上弦;反之,如果悬挂荷载很大,就采用下弦支承。

【康萝卜】:我的经验与大家完全相反。

①如果是30m左右跨度、荷载很小的小网架,若上弦支承时腹杆不碰柱头,则上下弦支承没什么区别。有人说上弦支承用钢量略省一点,没错,上弦支承受拉腹杆多一些,比受压时截面小一点,但差别我试算过大约在0.2%,意义不大。

②大家可能忽略了螺栓球网架的关键,就是螺栓受拉有一定限制,规范最大用到M64。支座处腹杆是受力最大的地方,如果大到一定程度,上弦支承时螺栓球网架就做不下来了。而下弦支承时腹杆受压就没问题,螺母可以用一些非标准的做法。我们在某机库中压力400t时仍用螺栓球节点,当然受拉杆件就用焊接球了。

③螺栓受拉不仅是有一定限制,更重要的是在支座处这么重要的地方让螺栓受拉对网架本身不利,因为高强螺栓的淬透性很难保证,内部容易有缺陷,这样就会延迟断裂。螺栓断裂发生在网架中部一般整体不会倒塌,但支座处就不一样了。

④焊接球节点也是这样,焊缝受压比受拉要看有利得多,如果考虑焊接球受压承载力绝对值小于受拉,那压力大时可以用板节点,机库的柱帽我们常这样做。

【zoujq1108】:网架支座设在上弦还是下弦,首先要看是否有吊车,如果有悬挂吊车,设下弦支承就意味着吊车服务范围要减小半个格，工艺上一般不允许；其次要考虑周边围护墙，如果下弦支承意味着柱顶以上的围护墙悬臂高度要加大，则下部结构设计应该考虑；再次应平衡柱子大小与网架用钢量的关系，下弦支承网架柱短，有时可以做小些，但网架用钢量会增加。

【lyj1976】：网架上下弦支承主要考虑以下因素。

①建筑造型需要。我觉得这是最主要的。

②受力需要。一般大跨度的网架最好用下弦支承，这样受力均匀一点，如果能用柱帽更好。

③用钢量考虑。一般上弦支承因少了部分杆件和节点球，用钢量相对省一些；如果跨度大了，螺栓承载力不足就另当别论了。

【huido】：在网架跨度为中小跨度的情况下，也就是民用建筑常见的情况下，网架上弦支承时建筑好处理一点。否则，网架的周边围护结构与原建筑的结合要仔细考虑。至于经济性的细微差别要全盘综合考虑。

5　空间单层网壳的问题。(id=174344，2007-09-28)

【zhec1111】：设计一个空间网壳结构，一个单层网壳通过 18 个支座与一个直径为 40m 的环梁连接，环梁再通过 4 根 10m 的柱子与地面连接。由于 18 个支座的不均匀沉降差，导致上部单层网壳弯矩很大，从而应力也大，请教各位这个问题如何解决，怎样将应力降下来？见图 3-28。

图　3-28

【stillxt（虎刺）】：直径 40m 做单层网壳，跨度是有些大，而且网壳杆件的节点应该是铰接，你把杆件转动释放后再试试，估计杆件截面会很大。此外，支座位置的环梁感觉不太好，柱太少了，环梁即使是连续梁，截面也应该非常大。

【zhec1111】：做的是单层网壳，全部是梁单元 ，支座必须为刚接吧？环梁考虑用 1.5m 的箱梁，但沉降差还是控制不住，大家有没有好的办法？

【stillxt（虎刺）】：环肋的单层网壳结构形式本身构件分布密度不均匀，在追求经济的前提下，梁截面选择会很复杂，给加工和安装带来困难。既然是网壳，就最好选用三向网格型或凯威特型球面网架，这样型材基本不用拉弯，又能比较好地模拟出球面的效果。转贴一张图片(图 3-29)供你参考一下。

环梁用截面 1.5m 的箱梁？无论加工后拉弯还是直接加工成弧形，都有相当大的加工难度，这个建筑的荷载取多少？这个设计给人的感觉很不舒服，有点儿头重脚轻的感觉。

【zhec1111】：我想知道图 3-29 中该工程的支座是怎样设计的？直接用 6 根混凝土梁吗？每根梁下有 3 根柱子，因梁的跨度不大，应该是比较好做出来。还有，我觉得图中这个工程的矢高不是很高，所以弯矩不是很大。而我手头上的设计业主方有采光要求，所以设计成肋环状。

【stillxt（虎刺）】：采光用什么材料？采光板还是玻璃？若用玻璃的话，环肋的更不容易做；若用采光瓦或采光板且是局部采光的话，用环肋的还行。

【zhec1111】：用玻璃的，这是建筑要求，觉得最难的是柱子太少，40m 的跨度只有 4 个柱子，而且柱子的位置不能动，上部结构沉降差太大。

【stillxt（虎刺）】：我现在才明白你说的沉降是什么意思，应该是说结构在受荷状态下支座的位移，沉降是地基与基础的专用术语，别搞错了。

【smomo（北风）】：建议底部网格增加斜杆，效果要好一些。设置成拉杆可以使斜杆小一点。如图 3-30 所示。

图 3-29

图 3-30

【zhec1111】：如 smomo（北风）所说，处理后确实很有效。

【gaohengzmd】：可把圈梁那块改成桁架结构。如果实在解决不了，可以在下部加上一圈索杆体系，把该结构改成弦支穹顶结构。上部节点按照现有刚接，下面的节点改为铰接，比较复杂 一点，可以参考相关文献。

（二）空间桁架结构

1 空间钢桁架（倒三角形）上弦杆间需设斜杆吗？（id＝77828，2004-12-01）

【zweih】：近几年相贯焊接节点的空间钢管桁架在大跨度结构中应用很多，关于上弦杆间是否加斜杆有以下观点：

①桁架节点均按铰接考虑时，上弦杆间仅设横杆为可变体系，所以应设上弦杆间的斜杆；

②空间桁架计算时上下弦杆均按连续梁元考虑，腹杆两端按铰接考虑，为超静定结构，所以不必设上弦杆间的斜杆。

我做的一个工程甲方和审图中心都要求加斜杆，但是我认为不需要。

【boy3】：你的计算模型若是按照节点铰接进行的话，就应该设置斜杆。而这种管桁架的受力主要是杆件轴向受力，用铰接来模拟节点符合实际受力状况。按照规范要求，需要符合一定的条件才能按照刚性节点来算。当然，实际上都是半刚性的东西。

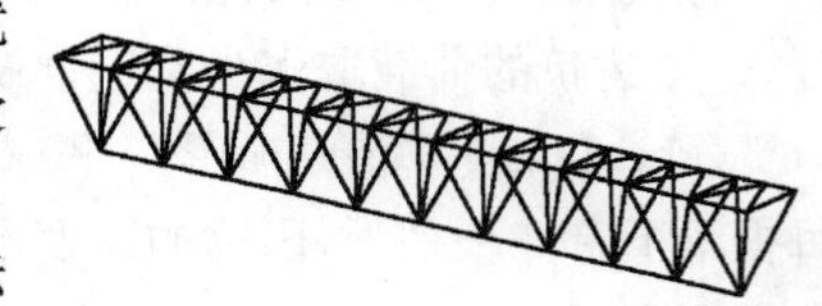

图 3-31

【李晓德】：桁架节点都是铰接节点，这不容置疑。倒三角形桁架每一片都是桁架。上弦为平面桁架，需要设斜腹杆。见图 3-31。

【kkgg】：我做过一个倒三角形的拱形桁架，用 SAP2000 计算的，上弦必须加斜杆，若不加，软件认为是不稳定体系，根本不给计算，所以（倒三角形）上弦必须加斜杆。

【yyc5795y】：本人刚开始学习钢结构，看同济大学 3D3S 钢空间钢桁架（倒三角形）程序演示中，上弦杆间没有设斜杆，仅腹杆两端节点铰接。不知道上下弦杆两端节点铰接或固接，对内力及用钢量有多大影响？

【高老头】：依据结构力学知识我们知道，能被用来作为结构的计算模型最主要的是静定结构，作为空间桁架体系本身就比平面桁架结构在平面外的稳定要有保证，一般均为超静定结构。并且在桁架或屋架结构的计算简图中假定节点都为铰接点（除支座处的），是基于按照铰接点可以简单而清晰地计算结构中每个单元的内力，这不太符合实际中结构的节点做法，但这样假设计算出的主内力基本与实际相符，因此实际刚接形成的次内力就不需要考虑了。

所以这种倒三角形结构在完全建模支座处节点约束定义后是不需要在上弦杆间用斜杆的。

【祥子】：①我用同济大学 3D3S 钢空间钢桁架（倒三角形）做过一个工程，节点按铰接假定，上弦不需要加斜杆；用浙江大学 MST2004 计算同一个工程，也不需要加。

②我看好多桁架图纸，有的就没有加。

③对于桁架，我做的很少，没有多少经验，具体要不要加是否与使用程序有关系？

【racepigeon】：在计算这种桁架的时候，依据桁架理论，所有节点均为铰接，需要在上弦加斜杆，否则节点就是几何可变的。但是实际中弦杆都是通长的，因此可以认为杆件不是完全铰接，而是半刚接的节点，所以计算时，可以在节点释放的时候，只释放上弦杆的平面内转动，而平面外的转动可以不释放，这样计算时上弦层就不需要加斜杆了。

【ICANPLAY】：铰接节点的三角形桁架是几何不变结构，当然可以不加斜杆。另外，弦杆贯通其上节点连接认为刚接，腹杆由于本身截面较小且较长（比较弦杆而言），刚度分配也就小，故在 3D3S 中仅释放腹杆的杆端弯距。MST 则不能较好地解决该问题，用它来计算该种结构是一种冒险（MST 计算出的弦层杆件不等，人为调成一致是常用的方法）。

【netsnowing】：感觉大家都在讨论加或不加斜杆是否能通过计算的问题，但是实际上当弦杆长细比较大时（规范有规定），弦杆也应按照铰接来考虑，这样的话，如果没有斜杆，上弦和横杆就成了四边形，是几何可变的。因此，在长细比较大时，应该增设斜杆。

相贯焊接空间桁架在计算时，腹杆取何种单元也是值得讨论的问题。按照铰接计算未考虑次弯矩，偏不安全，但在极限荷载作用下，腹杆两端成塑性铰，杆端弯矩释放，所以按照铰接、刚接计算都可以，有时为了计算简便，规范建议取铰接，只是现在都用计算程序，就无所谓简单不简单了。胆子不大的话，可以按刚接考虑，这样结构有较大的安全性。

【kawakuki】：设置斜杆可以使整个桁架更好地协同工作，提高平面外的稳定性。如果通过增加系杆等措施保证整体稳定性了，就没有必要设斜杆。总的来说，我们应发挥材料的最大效能，从整体上去保证稳定性，加斜杆是不经济的。

【bill-shu】：上弦加不加斜杆程序都可以计算，关键在于你是怎么假定节点形式的。如果上、下弦都是连续的（当然支座处要有约束了），那就不需要有腹杆。桁架节点并非都假定是铰，主要看节间长度、管截面大小（《钢结构设计手册》上有说明），但在局部弯矩的影响不能忽略的情况下，桁架节点就不能看成是铰。

【wsm341】:计算倒三角桁架时是按铰接结构规定的,所以必须在上弦格加斜杆以保结构的几何不变(不论用什么程序计算)。如果计算类似网架形式的整体式空间桁架,那就可以将中间部分节点定义为刚性节点,周边节点定义为铰接节点,并在上弦网格加斜杆。

【lovefuture】:如果按铰接算,就要设置撑杆,否则就是几何可变结构。

【yxs_li】:刚接和铰接首先应区分一个概念问题,并不是指弦杆与弦杆之间的连接或者是弦杆与腹杆之间的连接,而是指弦杆或者腹杆的自由度是否释放。也就是说,在有限元的层面上,指杆端的转动位移是否与节点保持相同,还是自由发展。所以从理论上讲,应以刚接为宜。如果弦杆是连续的(一般都是连续的),毫无疑问是刚接,也就是说弦杆两端并不需要释放自由度。这与弦杆的长细比并没有必然的联系(这是个概念问题)。至于说加一斜杆,当然好,增加了超静定次数,增加了结构的整体刚度(尤其是侧向刚度)和安全性。上述一贴中说SAP2000计算如不增加斜杆就认为是变动机构,这是因为计算时把弦杆两端自由度释放了,与是否需要斜杆没有必然联系。跨度大而重要的工程还是应增加斜杆,并应用SAP2000的BUCKLING分析来看一下是否存在局部的刚度薄弱问题。

【beginer】:由于没有作量化分析,在此仅从定性的角度谈谈个人感受。之所以要采用两根上弦,是为了使整个桁架系统具有更好的面外稳定性。上弦两杆相距越远,则整个上弦系统(两根上弦和其间的联系杆件)在上弦平面内的抗弯刚度越大,从而整个桁架系统的面外稳定性越好。

上弦的两根杆均为轴压杆,且轴力基本相同。联系两上弦的是直杆也好,是斜杆也好,作用均是保证两杆共同工作。联系杆真正发生作用的时候,是在上弦系统(由于失稳、制造误差或其他原因)发生桁架平面外弯曲的时候,此时可把上弦系统类比为框架体系。是有斜撑的框架体系抗侧好还是纯框架体系抗侧好,答案不言而喻。但在侧向作用不大或框架梁跨度不大的情况下,加斜撑杆完全是一种浪费;反之,加斜撑是必须的。至于这两者之间的界限则需要具体问题具体分析了。

【hai】:加与不加斜杆,计算模型是不一样。确切来说是弦杆的平面外计算长度不一样。如果加斜杆,平面外计算长度为节间距离;如果不加,平面外计算长度为支撑距离。如果两上弦上的荷载不均衡,则一定要加斜杆,否则会发生扭转。

【wisdomlyx】:是否需要加斜杆,不是根据你用什么程序来定,而是要看你是怎么假定你的桁架节点。另外,还要考虑你的整体结构形式。

【duxingke】:曾经看到过讨论的这种结构,上弦没有加支撑,觉得也很稳当,上弦加斜撑确实也没必要。作为荷载形式相对固定单一、桁架内力几乎不变化的结构,上弦平面内的所有腹杆仅起联系两肢、减少其计算长度的作用,不论用哪种程序计算,因没有输入上弦平面内的作用力或虽然输入但作用力过小,或是又考虑多榀桁架共同分担所输入的荷载,计算通过都没有问题。唯一需要注意的是,这样的桁架无论在制作、安装或使用时都应保证受力单一。

【IBM】:事实上,广州国际会议展览中心(琶洲馆)所有的空间钢桁架(倒三角形)上弦杆间都设置了斜杆。

【jimxu】:因倒三角形的稳定性比平面桁架高,所以应该考虑用柔性拉索。施工时由于上下弦杆贯通,计算时应设置弦杆的节点为刚接。

【TOMYI-2008】:yxs_li说得对,弦杆若是贯通的则为刚接,但腹杆一般相对弦杆较小,即

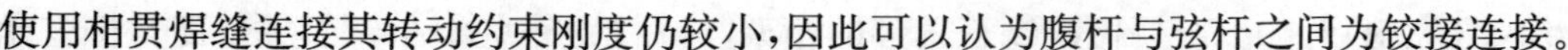

使用相贯焊缝连接其转动约束刚度仍较小，因此可以认为腹杆与弦杆之间为铰接连接。

【jgwyd】：简单点说，就是四连杆与三角形的问题，尽管四连杆是刚性连接，但终究不如三角形受力合理。

【bc476david】：正在做一弧形屋架项目，对于此问题看法如下。

①弦杆通长，腹杆贯通节点满焊于主管，如果按等强度连接考虑（对角焊缝高度和施工质量做足够要求），我认为应当按刚接考虑，这样设计可以充分考虑实际情况，充分利用材料。个人觉得计算挠度时（正常使用极限状态）按此种连接考虑为好。

②考虑极限情况，腹杆在极限荷载作用下如按刚接考虑则肯定会进入塑性，此时宜按塑性铰考虑，即按弦杆通长、腹杆铰于其上来建模分析。当然规范是完全按铰接处理，我认为是偏于保守了。其实腹杆挠曲变形或局部屈曲后依然有很大强度，不信的话就拿根铁丝试试看，把它弯曲变形（塑性）后，弯回来依然要用一样的力（来回疲劳试验除外）。

③不论是刚接还是铰接，上下弦杆都是通长的，这是原则，如果弦杆也打断，那就太劳民伤财了，也不符合设计。上弦两根杆由与其垂直的腹杆相连，个人认为满焊连接已经可以足够保证弦杆的平面外稳定，而且也是超静定不变体系，故按刚接考虑，所以加斜杆有点浪费。但考虑用钢量也不大，重要建筑加斜杆作为安全储备也无可厚非。

【南华人】：①加不加斜杆或是否是全铰接模型，结构都是几何不变的，因为三角形空间桁架其实是可看作四角锥平板网架的一个条带，它是由锥形单元加一条下弦组成的（对倒三角形），当然几何不变。至于程序问题，关键在于不同的程序对绕支座连线的转动和支座的侧向平动约束处理方式不同，有的程序即使你不加，也默认加了约束，有些程序则必须自己加。

②加不加斜杆对空间钢桁架的整体稳定影响很大，对于大跨度的结构，建议设置斜杆，而且加不加斜杆最好都作整体稳定分析，特别是对于大跨度的结构。

【bill-shu】：加不加斜杆并不是原则问题，只要结构整体是稳定的，计算满足要求就可以了。至于是否几何可变则，与结构整体布置、约束有关，单拿一榀讨论没什么意义。

【ruralboy】：我认为，即使不按铰接考虑（当然，不加斜杆的话肯定不能按完全铰接考虑），不加斜杆的桁架与加了斜杆的桁架的侧向刚度也是相差很大的，桁架的整体稳定则应该相差更大。对于计算模型，我认为把弦杆作为连续梁考虑，支管铰接于弦杆之上比较合理。

【linxi3568】：谈点个人意见：倒三角形桁架两侧面应为平面内的不变体系，两个平面刚体用一个铰连接（把下弦当作连接两平面刚体的铰），上弦只要有不平行于上弦杆的约束就是不变体系。所以个人认为不加斜杆完全可以，但为了增加刚度设斜杆就另当别论了。另外，各节点均按铰接考虑，如果按刚接考虑则超静定次数就越多了。

2　40m 跨管桁架选型问题。（id=9789，2007-08-21）

【iamlrs_steel】：现在做一管桁架结构，跨度 40m，柱距 6m，是做平面桁架好还是做倒三角形桁架好？如果做拱形，矢跨比多少比较合适？桁架下端支承在混凝土柱上，混凝土柱需要多大呢？如果用空间管桁架（倒三角形），上弦杆还需要侧向支撑吗？

【llzw】：个人认为倒三角形较好，上弦支撑必不可少。另外，还需加上弦、下弦系杆及边桁架，以保证形成屋盖体系。至于高度，在 2.2～2.5m 之间比较合适，且应注意挠度。

【stillxt（虎刺）】:40m 跨要做成倒三角形的桁架,6m 柱距有些偏小,不经济,而且倒三角形桁架加工比较复杂,如果柱距已确定的话,建议选用平面桁架,如柱距可调整的话,适当增大柱距选用倒三角形截面的空间桁架也可以,柱距至少要调到 7.5m,或者再大些才比较合适。另外,需注意的是空间桁架的屋面系统施工多比平面桁架的复杂。

【xiangxiang911】:40m 跨做平面桁架钢管不小,如果是现场制作,难度较大。

【wolf_sy】:倒三角形空间桁架用 6m 的柱网是有点浪费,柱子大小跟你选择的矢跨比和层高有关,水平推力大柱子肯定大,如果桁架没有能够传递柱顶剪力的水平弦杆,柱子要按全悬臂结构计算,这么大的跨度是很不经济的,建议改为门架。

【午夜的风】:倒三角可以,我 2004 年施工的工程有 38m 跨的,弦杆采用 2C220×70×20×3支撑,矢高在 3~4.5m,混凝土柱 800×800mm,标高 22m。

【天大李小庄】:我觉得还是采用倒三角形空间桁架比较好,如果做成平面桁架,以经验来说,会不经济的。这么大的跨度,要考虑加次桁架了,再加上封边桁架,应该没问题。交接处处理麻烦点,其余支撑系统按规定加上就行了。

【bill-shu】:40m 做平面桁架可以,设计制作都相对容易,如果不是建筑要求,最好不要设计成拱形,因为拱形的支座推力不好处理。最好设计成梯形桁架,如果是轻屋面,上弦管 200 左右应该可以,桁架高可取 2~3m。

【zdx65】:40m 跨度,估计净高不会低,满堂安装脚手架不经济,应该同时考虑施工方案,整体提升或者分榀吊装平移就位。不同的方案受力验算模型有所不同。

【qqsteel】:①40m 跨的桁架最好采用空间桁架,因为平面桁架在吊装过程中容易扭转,就位很难控制。若防止扭转就得加附加的杆件了,安装完毕后,还要把附属杆件去掉,与其那样,还不如采用空间桁架,可增加刚度。另外,采用空间桁架,还可以减小檩条的跨度,继而减小檩条用钢量。

②同意 **bill-shu** 的观点,桁架最好不要做成拱形的,结构有水平推力,对下部结构不利。若下部柱为独立柱,那就更要谨慎,最好两部分一起验算一下整体模型。

3 有关钢管相贯节点的优缺点问题。(id=9789,2002-06-01)

【yhthy】:在空间结构中,节点的处理是一个复杂的问题。常用的节点主要是螺栓节点、球节点及铸钢节点等,而比较少用的形式应该是钢管直接相贯的节点形式了(就是次要的钢管直接焊接在主要的钢管上),但是这种节点连接形式非常的简洁、经济。

在湖南新建的大型体育馆中就大量采用了这种钢管直接相贯的连接形式,两根甚至是多根钢管直接相贯连接。有关单位也正做这方面的试验研究。

我想请大家从受力方面讨论一下这种连接形式的优缺点。

【活到老学到老】:相贯节点虽然经济,但有施工难度大、螺栓球大的缺点,请问从大趋势来看,它是否能代替球节点?

【students】:这种节点的优势在于省料,在国外用得较广,主要用于桁架类结构,在我国也有不少的应用。圆管相贯节点主要存在支杆杆端的切割问题,需要专门的设备。方管相贯节点则不存在这个问题,具有更大的优势。在《钢结构设计规范》(GB 50017—2003)中给出了这种节点的设计公式,但仅仅为平面节点。

【朱正荣】:圆管相贯节点比较美观,而且承载力比较大,计算公式也比较成熟。如新加坡218m跨樟宜机库网架采用相贯节点,杆件受力达1500t,整个经济指标也比较好。

根据实践,采用相贯节点必须具备一定条件才能充分发挥其优越性。从设计上,认为空间桁架尤其是变高度的空间桁架比较适合采用相贯节点。两个方向受力均大的空间结构,最好避免采用相贯节点。相贯节点最关键的是相贯线的焊接。

【whd0929】:我认为相贯节点是一种比较理想的节点形式。首先,该节点较传统的带连接板或球节点更美观,在一些大的会展中心、机场等公共场所比较适用。其次,可以做出更优美的曲线,采用这种节点形式,许多地方更容易处理。现在存在的问题:一是设计中多根管件相贯时节点的验算公式还不是很成熟;二是加工需要专门的相贯线数控设备。还有许多地方都是现场焊接,质量不容易保证。

【xiaomai9】:根据本人所知,说明以下几点。

①在海洋钢结构中,所有节点都是相贯节点(在海上,条件是相当恶劣的)。

②计算和有关研究,在国外已搞了几十年了,并制定了相应的规范,计算主要考虑冲剪破坏。

③相贯时,弦杆不需要任何加工,只需要加工撑杆。

④在施工、切割方面,的确需要专门的设备切割相交处(称为马鞍口),即使没有专用设备,也可以通过样板切割(有专门的放样软件)。焊接质量相当重要,焊接难度也是相当大的,属于6G(全方位)焊接,焊工需要专门的培训。

节点加强方面,主要有两点:

①加内环加强节点能力;

②主杆局部加厚(在相交处壁厚加大,称为加厚段)。

【独孤雪】:如果在CAD中已经得到相贯圆管的实体(此实体已经布尔差运算),那么如何将其表面展开以得到相贯线的展开图呢?

【Sibo】:①展开线XSteel可以直接出,而且精度很高,完全可以用于加工,我已经做过;

②切割可以由专门的加工机械切割相贯线;

③我看过一个资料介绍说,相贯处的焊缝宜采用角焊缝,焊脚高度可取构件厚度的1.1倍(此为欧洲标准,且取值于保守)。

【yuanda2】:数控切割机是很需要的,图3-32是一张汕头市游泳跳水馆的照片(2001年),该工程采用日本的数控切割机。

【gewind】:展开线XSteel可以直接出,如没有数控机床,打出来放在硬纸上包在管子上,手工切割就行。

【funchampion】:钢管相贯节点在正建中的苏州国际博览中心工程中广泛使用。这其中有一关于搭接管间内部焊缝是否须加焊的问题,现国内外对此要求似乎均未提出具体规定。此外,为加强节点强度,可在主管处加内隔板。

【ycrzy】:钢管相贯节点的杆件加工最好采用专用管相贯线切割机,无论如何手工切割都无法保证节点强度。

【TOMYI-2008】:现在国外大多数采用相贯节点,球节点又重又不好看,国内也有这个趋势,新规范已有一章钢管结构就是专门针对这种结构的。

图 3-32

【chengziboy】:在理想状态下,相贯线结构应该是受力比较合理、结构比较简单的结构。现在相贯线结构的主要问题不是在设计上,而是在施工上。首先所有管件都应该用相贯线切割机来进行切割,而国内早期在这方面的施工都是由有经验的老工人通过投影在平面上画出相贯线,然后将画有1∶1相贯线的图纸包在管件上进行切割,现在国内引进了数控相贯线切割机,比较好地解决了这个问题,但是一些大于500mm 直径的管件还是需要特殊的机器才能切割(一般相贯线切割机最大只能切割 500mm 直径的圆管);再就是焊接问题,相贯线的焊接工人要通过管-管焊接考试的最高级别6GR 的考试(具体见 JGJ 81—2002),这个考试不是很容易通过的。但国内现在相贯线网架还是有很多的,前景应该非常好。

【wanghj】:手工割的话,可以用相关的软件(如 MSteel)直接在 AutoCAD 中画出相贯线的展开线,打印出 1∶1 的大样,割成模板,再割管子。若用相贯线数控机床加工,只要在机床上输入管子的中心长度、两头相贯的平面角度及空间扭转角就可以了。

【我主沉浮 2005】:钢管相贯节点采用的比较多,不过对焊接的工艺要求较高。

【silence】:在《钢结构设计规范》(GB 50017—2003)中,提到了典型节点的计算方式,而且在各种几何参数的保证下才能采用公式计算,并且只能承受静力荷载,原因是相贯节点的动力性能没有相关的研究。研究的重点也侧重于典型的 X、Y、T、K、TT、KK 等节点的性能。因此对于相贯节点的研究前景还是很广阔的,统一的设计计算方法还需各位同仁努力。如果能推导出和焊接球一样的承载力验算公式,不管是什么形式的相贯都能适用就理想了,可是这也存在很大的问题,典型圆管节点的失效模式在规范中都是局限于局部塑性铰线。比较欣慰的是,统一规定的极限承载力和正常使用承载力指的是节点局部位移为管径或高度的 3%和 1%。如同铸钢节点的壁厚选择一样,相贯节点的计算和承载力不够需采用什么补强方式还要具体情况具体分析。

【myldg】:图 3-33、图 3-34 为重庆某工地的施工照片。

【goodstugy】:就本人工作以来在海洋工程方面见到的,现在海洋工程这方面管节点的连接基本上都是相贯节点。**xiaomai9** 已经说到,国外已经搞了几十年了,在这方面的技术已经相当成熟,接近 100m 水深的导管架全是管材结构,而且都是相贯节点,直接支撑的主管也是直接相贯连接,在节点位置考虑冲剪问题而加厚管壁和提高强度。

【草寒】:上面很多朋友在担心节点焊缝强度的问题,大家可以计算一下,也可以从概念上认识一下,桁架上下弦是贯通的,对接也是等强对接,主要焊缝就是腹杆与主管的搭接了,而通常我们会把腹杆考虑为铰接,受力看成二力杆的话,焊缝就不容易破坏了。而且现在的相贯线切割精度相当高,节点制作也基本上为工厂制作,大家可以试算一个节点,看看安全系数高不高,要关心节点,就关心一下工艺。

图 3-33

图 3-34

4 可移动支座的问题。(id=173621,2007-09-16)

【iamlrs_steel】:40m 跨管桁架,采用一端铰支、一端可移动,柱距 6m,由于下面柱子已经出了图正在施工,而桁架上端采用两端铰支的话,端部对柱子水平推力太大,柱子根本承受不了;采用一端铰支、一端可移动,则释放掉了水平推力。问题是,要求这个可移动必须是理想的可移动,如果节点不理想,产生了端部的较大水平推力,则可能对下部主体造成危险。请问如何处理此节点?

【smomo(北风)】:可以采用橡胶垫板支座,或采用聚四氟乙烯作为结合层的滑动支座,但不管采用哪种支座,实际上不是单单解决了静力下的水平推力就万事大吉,当结构存在其他动荷载(比如地震作用时),柱子依然要承受水平推力,特别是结构跨度较大从而竖向反力较大时,这时反力只能传到一个柱子上,应该是更不利,从这个意义上来说,纯理想的滑动支座就不可取。

【iamlrs_steel】:橡胶垫板支座是不是需要在支座底板上开长椭圆形孔?而这个长度需要开多少才算合适?如果按这处理了,那么是否需要考虑柱子承担水平推力?如果需要,则考虑多大呢?现在的问题是水平推力如果不释放掉,将对下面柱子配筋造成极大影响。而水平地震作用引起的水平推力我认为不会太大,即使只用一侧的柱子应该也是能够承受的。而对于柱子来说,因柱子轴压比很小,竖向反力的影响也是很小的。

【smomo(北风)】:当然需要开长椭圆形孔,孔的长度根据计算结果确定,如果考虑施工时释放自重下的位移,孔的长度则可以小一些。使用橡胶垫板支座后柱子还是有水平力的,力的大小在橡胶垫板验算时可以体现出来,它与橡胶垫板的刚度有关。如果找不到相关资料,可以参考《网架结构设计与施工规程》(JGJ 7—91)附录中关于橡胶垫板计算的内容。

【iamlrs_steel】:我在管桁架计算时,是按一端铰支、一端可移动计算的,管桁架的截面也是按这个计算模型确定的。而按这个模型确定的管截面要比两端铰支的管截面大一些。我想该桁架应该就是1榀一榀的曲梁,然后把这个曲梁搁置在两端的柱子上。在我的整体计算中,并未考虑橡胶支座,是否可以?计算中,可移动一侧水平位移 40mm,那么是否只在一侧设长椭圆孔?且长椭圆孔长度至少为锚栓直径+2×40mm(锚栓内外两侧均留有 40mm 的移动余地)。还是实际节点构造处理中,两端均设长椭圆孔?长椭圆孔长度至少为锚栓直径+2×20mm(锚栓内外两侧均留有 20mm 的移动余地),亦即使桁架的水平位移在两端同时释放。

如果这个水平位移能够释放得足够充足的话，推力就可以认为很小了。同时应特别加强一下下面柱子的配筋，这样整个结构就比较安全了。不知我的理解对不对？

【smomo（北风）】：这样计算应该是可以的，可以两侧支座全部长圆孔，然后按结构长度＋50 以外的位置两侧都设置限位挡板。

【Zamil】：长椭圆孔开多长不知有没有规范约束，但我个人认为假如在一侧开的话，那么不如把一端的支座定为支座位移，直接输入位移值，即算起来应该接近事实。当然还应该限位，不清楚限位装置怎么弄。无论如何，我认为做到纯平动释放是很难的，像这种情况倒不如在支座间加水平拉杆方便。

【李晓德】：限位挡板的作用是什么？当考虑结构长度＋50，用以考虑变形的位移量时，那么支座应该不会掉下来，那限位挡板的作用体现在哪里呢？

【smomo（北风）】：两侧限位的滑动支座就是对单侧固定铰支、单侧滑动支座的粗略实现，限位的作用是向下部结构传递结构的水平外力。

【bill-shu】：采用单向球铰支座应该是最理想的，不过制作麻烦，价位高。40m 的管桁架，荷载不大的话，采用橡胶支座也可以。不过橡胶支座实际上是弹性支座，水平力还是有的，可以输入弹簧刚度。实际上独立柱承担的桁架结构，也应该是弹性支座，柱顶的刚度是做不到嵌固的，可以用软件计算出弹性支座时柱的水平推力。如果采用摩擦系数很小的材料，如聚四氟乙烯，应该考虑它的强度。另外，只要摩擦系数不是 0，水平力总是有的，柱的设计不能完全按轴心受压柱考虑。有条件时可以输入下部结构柱整体计算，实际上柱的水平力没那么大。

第四部分 吊车梁系统

- 吊车梁设计
- 连接与节点

第四部分　吊车梁系统

整 理	袁　琪
审 核	万叶青

一 吊车梁设计

1 吊车梁截面如何确定？(id=98922,2005-06-12)

【yyyaaannn】:第一次设计有吊车的厂房,请问吊车梁截面如何确定？是否与轨道的宽度有关？我看的图纸都是上翼缘宽、下翼缘窄,请问为什么这样做？

【wanyeqing2003】:上翼缘较宽是因为：

①上翼缘受压,容易失稳；

②上翼缘要有开孔,截面有削弱；

③与轨道连接,需要足够的位置。

【yyyaaannn】:请问上翼缘的宽度如何确定？

【flyingpig】:这个是需要验算的。

①通过计算看能否保证强度、稳定、变形等要求；

②视构造要求,能否放得下轨道。

不过一般来说,第一条满足了,第二条也就够了。

【wanyeqing2003】:确定上翼缘宽度没有什么定数,这与吊车吨位和吊车梁跨度有关。对于吨位较小、跨度不大的吊车梁,可以按轨道安装和连接要求确定其宽度,最小可以做到300mm,而较大的吊车梁上翼缘宽度可以做到450mm以上。在确定其宽度时需要通过计算来调整。

【jekin】:一般在计算确定满足强度、整体稳定得到上翼缘最小宽度后,根据吊车轨道的型号、连接方式(轨道压板、高强螺栓固定……)来确定所需吊车翼缘最小宽度。

【hehongshengabc】:根据经验,上翼缘宽最小在270以上,计算方法为:轨道最底部宽度+2个螺栓孔离轨道边的宽度+2个螺栓孔边距的宽度。螺栓孔边距的宽度一般为2倍螺栓孔直径。例如,轨道最底部宽度为80,螺栓孔离轨道边的宽度为40,螺栓孔边距的宽度为2.5×22=55,则上翼缘宽度为80+2×40+2×55=270。

【lpg200044】:构造上的宽度包括轨道宽、压轨器宽、制动板伸入翼缘宽度(或者是支座处板铰伸入宽度)，再加一点富余量。可以做成左右不一样宽。

2 柱距 24m 的吊车梁方案探讨。(id=172640，2007-08-27)

【islander】:如图 4-1 所示，本工程双跨四坡，8m 柱距，两跨分别为 8m 和 24m，24m 跨内都有吊车，5t 电动单梁。由于厂房内的大操作区域有设备，有 3 榀中间柱必须抽掉，这样造成的后果就是有根吊车梁跨度达到了 24m，而其余的都是 8m。

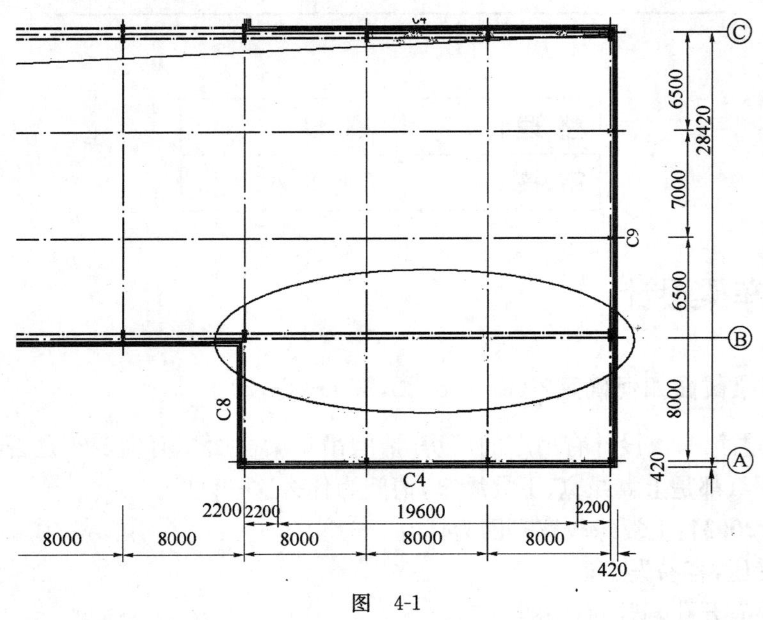

图 4-1

8m 吊车梁都是上翼缘加宽的 H 型钢，不知这个 24m 跨的吊车梁如何处理？总工让我在梁下截面加桁架控制挠度，上翼缘侧面也加桁架控制侧向挠度。最主要的是要证明这个体系的合理性，写明计算过程。我现在都没有搞清楚上翼缘上的桁架在什么地方连接？是否还有更好的方案？

【flywalker】:5t 单梁吊做鱼腹式的吊车梁应该能满足要求，加上制动桁架结构也可以满足水平方向的受力要求。做吊车桁架似乎有些过于复杂，必要性值得探讨。

【孤尘浪】:①如果必须要做，则采用桁架式吊车梁可以满足挠度要求，但是做起来非常麻烦。

②感觉现在不是讨论吊车梁怎么做的问题，而是应该讨论一下方案，有明确的方案后，再讨论做法不迟。我认为不应该选择此种做法，麻烦且浪费。

【msf】:我认为工艺不能调整的话，就做个变截面吊车梁，加制动桁架就可以解决问题。

【_VG_风影子】:建议直接使用 24m 跨的行车梁，我按 24m 跨，相邻跨为 8m，5t 单梁吊，吊车的跨度为 22.5m，最大轮压 4.5t，最小轮压 1.34t，暂时估计你 8m 跨吊车梁 600 高，得出 24m 跨吊车梁截面为 H600～1000×12/300×20/250×14，材质为 Q345 钢。其中变截面长度为 600mm，梯形结构，加劲肋间距为 1000，能满足要求。不过以上某些条件都是我自己设定的，你自己需根据实际情况再进行相应调整。

【islander】:按你给出的截面我也试算了一下，在挠跨比一项无法通过计算，而且截面怎么

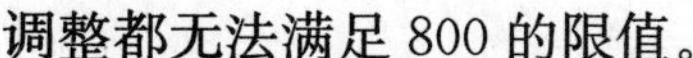

调整都无法满足 800 的限值。

我用 STS 工具箱计算吊车梁，吊车参数大致取为：5t 电动单梁吊车，最大轮压 3.93t，最小轮压 1.07t，小车重 1.7t，吊车跨度为 18.5m，吊车梁跨度为 24m，邻跨吊车梁跨度为 8m，吊车梁材质为 Q345 钢，采用制动桁架，距离 1m，吊车梁采用**_VG_风影子**提供的截面 H600～1000×12/300×20/250×14。

跨挠比大于 670，无法满足要求，请问是不是还有什么需要调整的地方？

【shijie172】：5t 电动单梁的小车重不需要那么大吧？我平时都是按 0.3t 设置的。

【liguangrong】：我试算的数据如下：

5t 电动单梁吊车，最大轮压 3.93t，最小轮压 1.07t，小车重 1.7t，吊车跨度为 18.5m，吊车梁跨度为 24m，邻跨吊车梁跨度为 8m，吊车梁材质为 Q345 钢，采用制动桁架，距离 1m，制动桁架上弦采用[25a，截面面积 34.9，吊车梁截面为 H500～1200×8/300×14/220×10。

挠度为 1/661，计算书如下：

吊车数据：(重量单位为 t；长度单位为 m)

序号	起重量	工作级别	一侧轮数	Pmax	Pmin	小车重	吊车宽度	轨道高度
1	5.0	电动单梁	2	3.93	1.07	1.00	3.000	0.110

卡轨力系数α： 0.00

轮距：2.500

===== 输入数据 =====

Lo	Lo2	SDCH	DCH1	DCH2	KIND	IG1	IZXJM
24.000	8.000	2	1	1	2	16	0
H	DB	B	TT	B1	T1	D1	D2
1.200	0.008	0.300	0.014	0.220	0.010	0.025	0.022
E1	E2	A	C	HA			
0.080	0.040	1.000	1.000	0.340E−02			

===== 计算结果 =====

===== 吊车梁上翼缘宽厚比计算 =====

Bf/Tf：吊车梁上翼缘自由外伸宽度与其厚度的比值

Bf/Tf =10.429<=[Bf/Tf]=12.380

===== 梁截面应力、局部挤压应力计算 =====

CM:上翼缘最大应力

DM:下翼缘最大应力

TU:平板支座时的剪应力

TU1:凸缘支座时的剪应力

JBJYYL:吊车最大轮压作用下的局部挤压应力

CMZJ:吊车横向荷载作用下的制动梁(或桁架)边梁的应力

CM	DM	TU	TU1	JBJYYL	CMZJ
274.273	288.946	81.924	91.612	20.829	15.266

CM =274.273<=[CM] =310.000

DM =288.946<=[DM] =310.000

TU =81.924< =[TU] =180.000

TU1=91.612< =[TU1] =180.000

JBJYYL =20.829< =[CJ] =310.000

CMZJ =15.266< =[CMZJ]=310.000

===== 梁竖向挠度计算 =====

注:吊车荷载按起重量最大的一台吊车确定,采用标准值

MPN:最大一台吊车竖向荷载标准值作用下的最大弯矩

MKadd:考虑其他荷载作用时绝对最大竖向弯矩标准值增大

L/F:吊车梁跨度与竖向挠度之比

MPN	MKadd	L/F
452.978	0.000	616.693

L/F=616.693>=[L/F]=500.000

=====梁截面加劲肋计算=====

梁腹板高厚比 h0/tw=147.000

计算需要同时配横向、纵向加劲肋

A1:横向加劲肋的最大容许间距

H1:纵向加劲肋到腹板计算高度受压边缘的距离

BP,TP:横向加劲肋的宽度、厚度

BPZ,TPZ:纵向加劲肋的宽度、厚度

A1 H1 BP TP BPZ TPZ

2.350　0.210　0.090　0.006　0.090　0.008

计算结果：　0.655≤1,受压翼缘与纵向加劲肋之间的区格验算满足

计算结果：　0.750≤1,受拉翼缘与纵向加劲肋之间的区格验算满足

=====变截面梁端部变截面位置强度计算=====

Mxmax:变截面位置最大竖向弯矩设计值

Vxmax：变截面位置最大剪力设计值

Sgm:变截面位置折算应力,按下式计算：

Sgm $=\sigma_x/2 + \mathrm{sqrt}(\sigma_x * \sigma_x/4 + \tau x * \tau x)$

Mxmax	Vxmax	Sgm
127.524	212.540	223.594

Sgm=223.594<=[Sgm]*1.1=341.000

=====吊车轮压传至柱牛腿的反力计算=====

(结果为标准值,单位 kN,用于计算排架)

RMAX:吊车最大轮压传至柱牛腿的反力

RMIN：吊车最小轮压传至柱牛腿的反力

TMAX：吊车横向荷载传至两侧柱上的总水平力

WT:最大的一台吊车桥架重量

WT=吊车总重-额定起重量(硬钩吊车-0.7*额定起重量)

MM1:产生最大反力时压在支座上的轮子的序号

RMAX	RMIN	TMAX	WT	MM1
136.501	37.164	12.504	49.035	1

=====制动桁架与柱的连接计算=====

TQmaxK:吊车横向荷载产生的最大水平剪力标准值

TQmax:吊车横向荷载产生的最大水平剪力设计值

NHSBolt:制动桁架与柱的连接需要高强度螺栓个数

(摩擦型高强度螺栓 d=20 10.9 级 钢丝刷除锈表面处理)

TQmaxK	TQmax	NHSBolt
6.252	9.190	1

=====设计满足=====

=====计算结束=====

【yang000nan】:24m 跨度还是做吊车桁架吧,挠度、强度都好控制,虽然制作安装麻烦点,但是用钢量一定会让甲方满意。吊车桁架下弦、制动桁架外侧弦之间再形成一榀桁架,剖面上看就是一个直角三角形。

【wenner4.1】:如果直接采用行车梁,挠度将很难控制,这么长的吊车梁挠跨比控制多少合适?恐怕不是简单的按 500 或者 800 就可以的吧?另外,做这么长的一根吊车梁,怎么运输到现场?安装也不会那么简单。

【wind21st】:我做过 24m 的吊车梁,50t 吊车,做实腹式的,梁高 3500,设置制动桁架,目前使用状况良好。其实实腹式的梁在高架上应用也很多,当遇到河流或者大的道路时,高架的跨度往往会比较大,很多实际工程都是用实腹钢梁过渡的。

【栋梁】:做箱形梁的结构形式处理就很简单了,比如上面说的吊车梁。在这种情况下,那两个支撑的柱子要加大才行,还要加一个制动桁架。如果是箱形梁的截面,那么截面的大小肯定还可以优化。

【wildhawk】:做成实腹式没有任何问题,一般抽柱的常规做法都是这样的,8m 跨度变成 24m,挠度不能满足的话,直接加高梁截面,端部的高度比 8m 的吊车梁高也没有关系,牛腿降低点,做个板凳支座就可以了。

【Singerhowe】:建议使用实腹式,端部 550～600,中间 1000～1150,Q345 钢即可,使用制动板。如果是使用桁架式的吊车梁或者制动桁架,绘图和制造都比较麻烦。

3 吊车梁下翼缘可以不控制宽厚比吗?(id=179838,2007-12-14)

【liguangrong】:在 STS 的吊车梁计算工具箱里,计算吊车时,计算书里没有控制吊车梁下翼缘的宽厚比,只要求强度满足要求。Q345 钢,6mm 厚可以做到 160mm 宽。但《建筑抗震设计规范》(GB 50019—2001)里就没有区分是受压还是受拉,而且控制的又比较严格。此外,吊车梁不应该按《门式刚架轻型房屋钢结构技术规程》(CECS 102:2002)来控制,《钢结构设计规范》(GB 50017—2003)里也没有对受拉翼缘的宽厚比作要求。请问应该如何考虑?

【flywalker】:受压板件有失稳问题,受拉没有,吊车梁下翼缘没有要求是因为此处是受拉的。而一般梁、柱两个翼缘都有可能受压,所以都要控制,而控制严格是塑性发展的需要。

4 吊车梁受压翼缘宽厚比超限,如何处理?(id=156028,2007-01-10)

【mulichun】:一个正在使用的工程,10t 电动单梁吊车,6m 跨度,每跨内只有 1 台吊车,后来进行施工图审查提出吊车梁受压翼缘宽厚比超限,其他方面均匀能满足规范要求,材料选用的是 Q345 钢,而实际计算中,同截面的 Q235 钢就能满足规范要求。我想在上翼缘下腹板两侧各加设一道平行于腹板的加劲肋,截面尺寸 80×8,请帮忙看一下行不行?

【wanyeqing2003】:关于吊车梁翼缘宽厚比的问题,当计算满足要求后,由于构造或安装的需要,经常会遇到翼缘宽度不够的情况。此时会有这样的处理方法,即把翼缘适当加宽,而不考虑宽厚比的问题。有人认为这是奉送的部分,也可以看作是强度的储备。在现行的一些吊车梁标准图集中也有翼缘宽厚比超限的现象。翼缘宽厚比是一个构造要求,应该是等强度设计的要求。如果完全按照这些条文执行,有时会比较浪费。我认为设计时有些条文可以根据具体情况灵活掌握,但要先与审图人员沟通一下。

【jianfeng】:谈谈我的看法。

①受弯构件翼板宽厚比的限制,是根据三边支撑的翼板在屈服前不失稳得出的。楼主想通过加劲肋来提高翼板稳定能力,根据矩形薄板弹性理论,这样做几乎没有效果。

②行车梁的设计,有时整体稳定会起控制作用。如果把超出限制的翼缘说成多余截面,宽厚比超限时,多余截面仍参与整体稳定计算(能提高整体稳定);如果把多余截面去掉,强度可能没有问题,但整体稳定有可能无法通过。

③如果考虑安装空间的需要,则在一开始设计时按计算截面输入,然后在施工图中加上安装所需增加宽度,也就是说多余截面不能参与计算。

④针对话题中提及的设计,最好是在宽厚比限制内再验算一下梁的整体稳定,如果能通过计算,梁就没有什么问题。

5　吊车梁允许接长吗?(id=165902,2007-05-25)

【bcxf669】:我看到一个车间的吊车梁采用型材制作的,吊车梁跨度 7.5m,由于型材长度一般为 12m,他把剩余的 4.5m 接长使用的,而且是焊接,现在暂且不考虑焊接质量如何,试问这种做法可以吗?

好像规范规定吊车梁下翼缘是不允许电焊的。

【myorinkan】:不知你看到的吊车梁是何等级?参照《钢结构设计规范》(GB 50017—2003)6.2.3 条“重级工作制吊车梁和重级、中级工作制吊车桁架要做疲劳计算。中级工作制吊车梁可不必做疲劳计算。”考虑吊车梁因疲劳而损坏的很多,即使规范不要求,验算一下比较好。

另外,《钢结构设计规范》(GB 50017—2003)并没有规定吊车梁下翼缘不允许电焊。该规范 8.5.6 条:“当吊车梁受拉翼缘(或吊车桁架下弦)与支撑相连时,不宜采用焊接。”吊车梁翼缘板或腹板的焊接拼接是允许的,但是“应采用加引弧板和引出板,焊透对接,引弧板和引出板割去处应打磨平整”[详见《钢结构设计规范》(GB 50017—2003)8.5.4 条]。

还有一点,型钢吊车梁对接时,翼缘对接焊缝和腹板对接焊缝能否位于同一截面的问题,钢板焊接吊车梁是不允许位于同一截面的,翼缘对接焊缝和腹板对接焊缝大概要求错开 200mm。型钢的情况,我看可以不错开,但腹板开洞处要打磨圆滑,必要时可对腹板补强。

【bcxf669】:既然这样,我还有一个疑问:梁是受弯构件,应该是下翼缘受拉,可是为什么要对腹板加强呢?我认为受拉力最大的点应该在下翼缘,受压最大的在上翼缘。为什么不对上下翼缘加强呢?

【myorinkan】:我的上一个帖子提到必要时进行腹板补强。因为上下翼缘坡口对焊,根据翼缘板厚,确定离缝大小。当离缝较大时,下面要加垫板,为此腹板的上下侧需要开扇形缺口以便让垫板通过,因而造成腹板削弱。

如果计算吊车轮压传给腹板的压应力超过允许值,则需要对腹板补强。

【20070327】:“根据翼缘板厚,确定离缝大小。当离缝较大时,下面要加垫板……”我有个疑问,这样的连接应该算几类(GB 50017—2003 附录 E)?

【20070327】:翼缘的焊接通常打内坡口,从靠近腹板侧施焊,外侧清根焊接,不宜留焊接垫板。

【myorinkan】：图 4-2 为美国 AISC 1994 型钢梁拼接的有关规定，其中的中文说明是我加的，仅供参考。你问及的 GB 50017—2003 附录 E，我不熟悉。

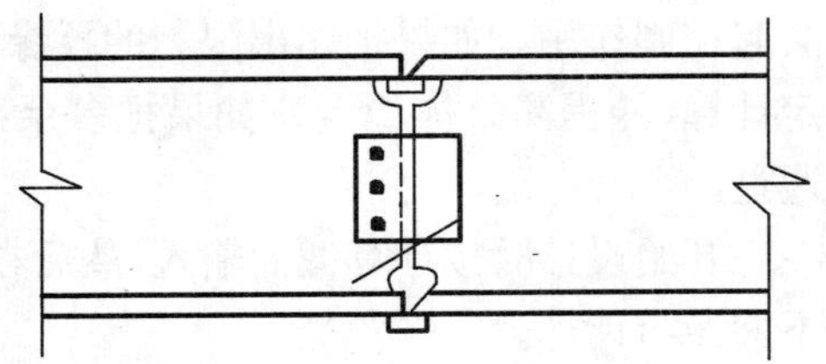

此图可用于现场焊，也可用于工厂焊。因为工厂焊可以将梁翻转，所以还有一种做法是将下翼缘破口方向与上翼缘一样，向外。即从翼缘向腹板方向施焊……

承受动力荷载和反复荷载的对接连接，应去除垫板并打磨平整

The groove (butt) welded splice preparation shown in Figure may be used foreither shop or field welding.Altermatively for shop welding where the beam may beturned over ,the joint preparation of the bottom flange could be inverted.

In splices subjected to dynamic or fatigue loading,the backing bar should be removed and the weld should be ground flush when it is normal to the applied stress(AISC-1977).

The access holes should be free of notches and should provide a smooth transition at the juncture of the web and flange

图 4-2 型钢梁的拼接(AISC 1994)

【20070327】："承受动力荷载和反复荷载的对接连接，应去除垫板并打磨平整"，如果不是吊车梁，保留垫板通常是可以的。GB 50017—2003 附录 E 是疲劳计算的分类，我没有找到有垫板的情况，如果是有垫板的连接，我不知道应该怎样计算疲劳。

【computer】：为什么不能接长？重型工业厂房吊车梁基本上都是 12m、15m、18m 及以上的，现在的板与型材哪有那么长的，不都是接长的吗？只不过一个是焊接 H 型钢，一个是轧制 H 型钢而已，但这两个并没有实质区别。前提是要保证焊缝质量。

【fanyong】：我个人认为只要能达到等强连接，并在保证焊接质量的情况下，焊接是允许的。

【zorrows】：**myorinkan** 的回复很全面，再补充些。《钢吊车梁图集》有要求吊车梁上、下翼缘板在跨中 1/3 跨长范围内，应尽量避免拼接。另吊车梁疲劳验算有 4 处：①下翼缘与腹板的连接角焊缝；②横向加劲肋下端主体金属；③下翼缘连接焊缝处的主体金属；④下翼缘螺栓孔处的主体金属。

6 吊车梁翼缘能否拼接？(id=110124，2005-09-25)

【喘气的鱼】：我做了一个 50t 桥式吊车的吊车梁，截面为 900×520/280×12×20，长度为 6m，我们的采购人员竟然进了 9m 的板，请问吊车梁上下翼缘能否进行对接，有什么具体要求吗？如果能接，焊缝等级为多少？

【hai】：吊车梁上下翼缘能进行对接，焊缝等级要求比较高，具体看《钢结构设计规范》(GB 50017—2003)7.1.1 条。你这种情况，下翼缘为一级焊缝，上翼缘为二级焊缝。

【倩萍】：别抱怨采购人员，你是否已在采购清单上注明：20mm 厚的钢板定尺长度为 12m？吊车梁上下翼缘板是可以拼接的，但注意定尺是可以省时省料的。

吊车梁上翼缘板的拼接应尽量避开跨中 1/4 的跨度范围，下翼缘板应尽量避开跨中 1/3

的跨度范围,腹板应避开跨中1/5的跨度范围。拼接处应采用加引弧板(其厚度和坡口与母材相同)的对接焊缝并保证焊透。三者的对接焊缝不应设置在同一截面上,而应相互错开200mm以上,与加劲肋亦应错开200mm以上。

根据你提供的设计图纸的技术要求:①不需计算疲劳的构件,上下翼缘板的对接焊缝质量等级为二级。②需要进行疲劳计算的构件,上翼缘板的对接焊缝质量等级应为二级,下翼缘板应为一级。

一级焊缝100%超声波探伤,II级合格;二级焊缝20%超声波探伤,III级合格。

引弧板气割去除后,用砂轮机打磨平整。

7 吊车梁走道板设与不设有哪些优缺点?(id=99320,2005-06-15)

【xiaobai】:按道理只要带操作室的吊车都应有走道板,但现在做的钢结构厂房大多省略了走道板,而且很多甲方也都提出不要走道板,甚至连制动桁架也没有,不知道维修人员是如何上下的,规范也没有对此作强制性规定,不知各位做设计的是如何看待此问题的?

【subrual】:制动板一般是兼作走道板的,对一些吨位较小的吊车,其上翼缘和整体稳定很容易满足,不需设置制动结构,然而对一些吨位较大或跨度较大的吊车,为保证其稳定性则必需设制动结构。

【PG77】:吊车维修时不一定需要走道板,制动桁架和制动板属于吊车梁制动体系的两种情况。

【wanyeqing2003】:吊车走道板除了作维修人员的通道外,还可以兼作吊车梁的制动边梁。如果吊车轨顶标高较低,且吊车梁的稳定性满足,就可以不设吊车走道板。有这样的规定:一般工业厂房吊车轨顶标高超过8.0m应在一侧或两侧设置走道[具体内容详见《机械工厂建筑设计规范》(JBJ 7—96)7.4条]。

【rybin0691】:我是一般20t以下的吊车不设置走道板,20t以上的吊车走道板和制动板一起考虑(无驾驶室的)。前几天做了一个10t吊车的,轨顶8.5m,审查中心非要设走道板和爬梯,结果1m^2 增加了5~6kg钢。其实吊车坏了,搬个梯子爬上去就完了,还用这么费事吗?不适合设计原则中的经济原则。

【wanyeqing2003】:我认为轨顶标高超过8.5m,最好设置吊车走道板和上人梯。因为这么高的梯子不好找,也不好太搬运;再加上爬梯超过4m就需要设平台,一般的梯子满足不了这个要求。规范中的绝大多数条文还是合理的,考虑了实际使用的条件,应当遵守。

二 连接与节点

1 吊车梁翼缘板与腹板拼接焊缝有什么要求?(id=172982,2007-09-01)

【yyzk】:我们现在施工的炼钢厂房大型吊车梁,长28m,高3.8m。施工时未进行钢板的定轧,因而出现了吊车梁腹板和翼缘板的拼接焊缝,请问吊车梁腹板和翼缘板拼接焊缝时有什么特殊要求?比如说跨中1/3处不能出现焊缝等。

【萧萌】:我也想知道这个问题,上次做了一个工程,工厂将吊车梁进行了焊接,结果甲方提出:吊车梁 1/3 处不能焊接。现在请问,所有的吊车梁都有这样的规定吗?再有,1/3 处是指整个吊车梁长度的 1/3 位置往中部还是往端部不能焊接?我知道一般翼缘板和腹板之间的焊缝要有 200mm 以上的间距。

【3.14】:吊车梁上、下翼缘板在整个吊车梁跨中 1/3 位置往中部不允许有焊缝。

①腹板,上、下翼缘板三者的焊缝位置彼此错开≥200mm;与劲板错开≥200mm。

②腹板纵向拼接应根据设计总说明,一般腹板宽度>2m 允许纵向拼接,拼接宽度>300mm,纵、横两条焊缝不得十字交叉,可以采用 T 形交叉。T 形交叉的两个接头间的距离不得小于 200mm。

【yyzk】:请问楼上,腹板在吊车梁跨中 1/3 处允许有横向拼接焊缝吗?

【3.14】:应该是不允许的,下料时你可以在 1/3 处往端部多留出几个毫米。万一甲方说不合格你可以量给他看嘛。

【benzhang2185853】:我们正在做的工程有一个 300t 的吊车梁,规定是这样的:

①下翼缘板拼接焊缝质量等级为一级,上翼缘板和腹板拼接焊缝质量等级为二级;

②翼缘板拼接缝和腹板拼接缝的间距不应小于 200mm,与加劲肋亦应错开 200mm 以上;

③在跨中 1/3 跨长范围内,应尽量避免拼接。

【longge0301】:除了上面 **3.14** 及 **benzhang2185853** 说的,再加上点我的意见:腹板的纵向拼接焊缝应避开截面中心,因为那个部位的剪力是最大的;同时避免通缝,即纵向拼接焊缝一段靠上,另一段靠下;上下盖板的拼接应避开螺栓孔和加劲板。上面说的都不是强制性条文,只是从结构的概念上出发这样做比较好。

【fi0g】:这个在相关的设计规范和国家标准中都有明确要求。要求的核心内容就是焊缝避开受力最大区域。然后又附带说明这个受力最大区域就是跨中弯矩最大,反映到上下翼缘板就是压力和拉力最大区域,也就是构件上直线中部的 1/3。另外,在焊后探伤时对这部分敏感区域的探伤也相对其他较高。

2 吊车梁凸缘式与平板式支座比较。(id=1358,2001-10-10)

【sonny】:电动单梁吊车梁做成平板式好,还是凸缘式好?

若做成平板式,制作安装相对简单,但受力不明确;若做成凸缘式,制作安装比较复杂,但受力明确。

不知各位对此有何高见?

【无需冷藏】:凸缘式与平板式支座很难说谁好谁坏。

实际中,凸缘式用的较多,标准图就采用这种,现在钢柱中有较多采用。平板式支座合力点不在腹板位置,柱牛腿要增加加劲肋;吊车吨位大的话,还须考虑一个柱距有吊车、一个柱距无吊车情况下,平板式支座合力点偏心产生沿厂房纵向弯矩对柱的影响。

【老虎】如果吨位大的话,用凸缘支座比较好,吨位小则用平板支座就行。

【DYGANGJIEGOU】:一般端跨吊车梁采用平板式支座,中跨吊车梁采用凸缘式支座。凸缘板与牛腿上的支座板刨平顶紧,不与支座板相焊,目的是为了实现铰接,避免出现梁端弯矩,竖向荷载通过凸缘板直接传给牛腿和柱子。严格按吊车吨位分,32t 以上用凸缘式,32t 以下用平板式支座。不过现在很多图集 5t 的也用凸缘式支座。

【doubt】:我们以前对 5 吨以下吊车的吊车梁直接用高强螺栓固定于牛腿,依据的是国外图纸的做法,但因以前单位有设计资质,现在换了单位,还这么做甲方不同意了。实际上,图集中的做法感觉太复杂了,现场施工质量很难保证,对小吨位吊车还不如简化一下。

【xylcj】: DYGANGJIEGOU 说的端跨与中间跨的吊车梁形式不一致,等于说这两跨的梁高不一样?那么过渡的那个支座怎样处理呢?另外,doubt 兄说的直接固定的方法是不是不用支座垫板?那平板式支座有没有垫板呢?如果有,它的作用是不是与凸缘式支座的垫板一样呢?

模仿图集设计了一些吊车厂房,没想到这里的门道还不少。

【xieguo11】:《钢结构设计手册》中对两者比较有说明,其实最大的区别就是偏心作用。凸缘式支座可减少偏心,对柱子的受力是有利的。其实我觉得只要算的过去,两者都可行,没有太大的问题。

3 一张比较特别的吊车梁连接图。(id＝138779,2006-06-29)

【刘星语】:如图 4-3 所示做法与我们的常规做法大大不同,大家讨论讨论!

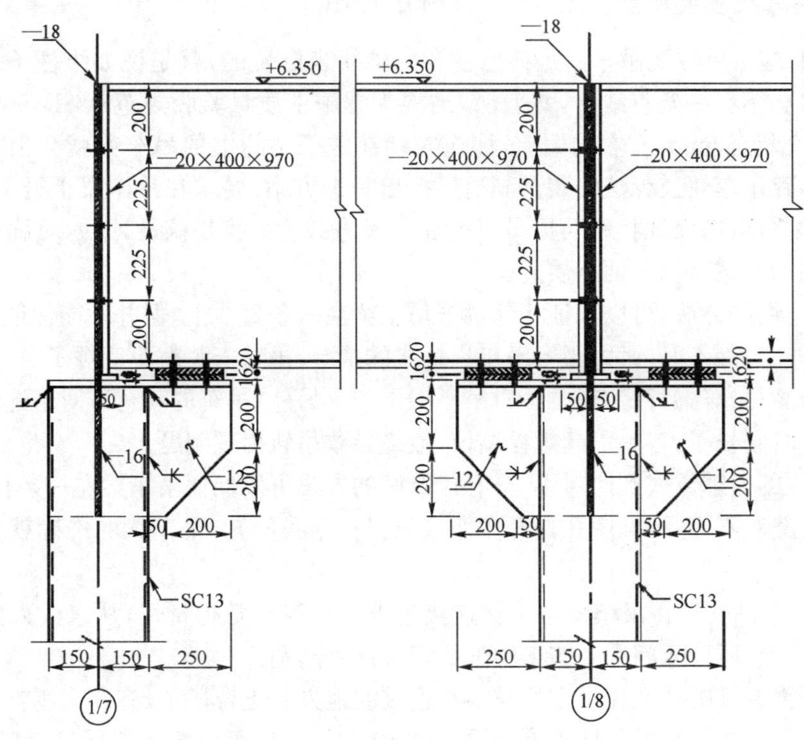

图　4-3

【zhukay】:这应该是个露天的结构吧,吊车梁放在柱头上的,不设置牛腿。

【阿芒】:我感觉这种结构不好,焊缝受剪来承受大部分的动荷载,容易发生破坏,的确没有考虑凸缘连接的受力特点,弹簧板变成了传力构件,吊车梁间的夹板看不清,好像也是有问题,这结构不好!

【山西洪洞人】:我个人认为对于简支梁模型的吊车梁,这种节点做法不能算是一棍子打死的结构。

其实这个结构最有意思的就是中间那块插入腹板的连接板,这块板是连接、固定吊车梁的重要构件,可能设计者的本意也是通过这块连接板的设置来约束吊车梁的扭转。从整体上看,还是符合简支梁模型的,梁端不承担什么弯矩。

【ZHOUCY888】:对于这种连接方式,个人认为与把吊车梁按简支梁来计算的计算模型要求是不符的,插入腹板的连接板本来作用是什么,怎么来保证梁端不承担弯矩呢?不知设计者是不是把吊车梁按连续梁来计算的,若如此先不论计算是否合理,做凸缘式支座本身也无实际意义。

【思凡315】:这个做法是不好。传力体系不明确,除了凸缘式支座没意义以外,至少还应该在螺栓连接处的吊车腹板设加劲肋。

【山西洪洞人】:我又仔细看了一下图纸,发现之前忽略了一个问题,就是本来应该是弹簧板的地方,用具有相当刚度的牛腿代替了。这一点上确实与简支梁模型有较大出入,是简支梁模型不可取的。

4 吊车梁安装问题。(id=3181,2001-12-10)

【pplbb】:施工单位说吊车梁是根据柱子的轴线来定位的,就是说如果柱子的定位出现问题,吊车梁将会不在一条直线上,然而《钢结构工程施工质量验收规范》(GB 50205—2001)上允许柱子的安装有5mm左右的偏差,那么安装在柱子牛腿上的吊车梁就会出现很大的累计偏差,最终导致吊车轨道无法安装。制造厂提出一个方案,要求在吊车梁上开椭圆孔,在与牛腿连接的时候就可以保证相邻两根吊车梁在一条直线上。我是搞设计的,对施工的了解不太多,我对他们的方案有以下两点质疑。

①按照他们的方法,可以保证相邻两根吊车梁在一条直线上,但并不能保证所有的吊车梁都在一条直线上,弄不好的话,很容易出现折线的情况,吊轨安装就更麻烦了。

②椭圆孔对吊车梁肯定有削弱,对吊车梁不利。另外,吊车的动荷载对于这种螺栓连接势必造成冲击,时间长了,容易引起螺栓离位,最终导致吊轨出现问题。

请问这样的处理方式到底对不对,有什么好的方法可以保证吊车梁在一条直线上?

【无需冷藏】:不懂,那椭圆孔是开在什么位置?据我所知,吊车梁的准确就位似乎与柱子关系不大。

【pplbb】:椭圆孔开在吊车梁与牛腿连接的地方。我也觉得奇怪,从来没人向我反映吊车梁无法准确定位,所以才问大家施工中怎么解决这个问题。

【无需冷藏】:椭圆孔开在吊车梁与牛腿连接的地方就更奇怪了,有什么用?

【刘欣】:我觉得吊车梁与柱子连接用焊接比较好一点,可以解决折线这一问题,但是焊接刚度太大,效果可能不太好,所以建议用以下方法。

①在吊车梁下翼板距牛腿相近一角一定距离的位置开孔,约200mm,吊车梁端板不要采用平板式,而采用凸缘式,凸缘长20mm。

②牛腿上焊一20厚钢板,保证牛腿面水平。

③吊车梁下翼缘板连接两块10mm厚钢板,中间一块夹板,夹板不能太长,最多250mm,

下面一块板伸至牛腿中心，理论上，下面一块板的长度应该与凸缘板平齐（下面一块板最好用12mm）。

④将下面一块板焊接在牛腿面上，使该板起弹簧板的作用，焊好后凸缘应该刚好顶在牛腿面上。这种做法安装比较麻烦，但可以对钢板轴线不对时进行调整。

【3d】：**pplbb** 多虑了。为了便于吊车梁的安装与调整，吊车梁下翼缘的螺栓孔径应比螺栓直径大 10mm 左右，垫板上的螺栓孔径应比螺栓直径大 1.0～1.5mm，待吊车梁安装调整后垫板与下翼缘焊牢，焊缝不小于 8mm。但当吊车纵向水平荷载较大时，应由计算确定。

①吊车梁下翼缘与牛腿连接，一般用 2M22 或 4M22 普通螺栓，垫板厚不小于 16mm。

②上翼缘与柱连接有 3 种：a. 高强螺栓，用于重级工作制，且梁端转角不大；b. 焊接连接，用于轻中级工作制情况；c. 板铰连接，用于重级工作制及梁端转角大的情况。

【张晋元】：你所说的吊车梁安装后为一只直线，依我看没必要，因为吊车轨道与钢吊车梁连接时可通过轨道夹具去调直，可以去咨询一下起重设备生产及安装厂家。

【huang. jc】：如果吊车吨位小于 20t，可采用在钢轨上钻孔的方法连接轨道，问题很容易解决（详见《钢结构设计手册》）

【刘欣】：楼上的兄弟你是不是搞错了，应该是吊车梁上开孔啊，具体我也不太清楚，反正吊车梁上要开孔，不过这孔是吊车安装时才开的，为了调整轨道直线度。

【pplbb】：我想了一个办法，就是在吊车梁吊装以后，再在牛腿的上翼缘开孔，这样就可以保证梁在一条直线上了，但制造厂说他们在高空无法开孔打眼，真要开只能采取气焊开眼。我总觉得气焊开眼对牛腿影响不好，不知道这样做可不可以？

【north】：楼上两位老兄说得都对，因为你们说的不是一回事！轨道安装时，轨道与轨道之间直接焊接也可，但吨位大的最好不要刚性连接，而用鱼尾板、轨道夹板等连接。而轨道与吊车梁之间，一般而言，是应该打孔的。一方面是连接作用；另一方面也可调整直线度。

【3d】：一般气割仅适用于直径大于 60mm 的孔，而且气焊开孔对牛腿的翼缘及腹板处焊接肯定有影响，慎之。为何不在地面把吊车梁下翼缘孔钻大点？

【pplbb】：现在问题不是在什么地方开多大的孔，我感觉是他们没有一个施工技术手段来保证吊车梁正确安装，而将制作上无法解决的问题推给设计方。

【jasonchang】：《钢结构设计手册》中有具体做法，正如 **3d** 所述。并且钢轨调整后并不要求在吊车梁的正中间，我认为，通过上述两方面调整，可以抵消安装误差。

【jsjs】：我做的吊车梁与牛腿连接节点（图 4-4），现已投用，效果不错。轨道安装调直后，轨道压板与吊车梁为焊接。

【刘欣】：其实是真的不必有这方面的顾虑，因为装行车轨道的时候，都会在行车梁上翼板上钻孔，稍有偏，关系不大，不过最好不要超过 20，一般厂家在装行车时都用螺栓连接，所以不需要顾虑太多。

【hsdlthgjg】：请参考如图 4-5 所示节点。

【hn301】：现在钢结构的安装质量不讲究，特别是轻钢厂房。如果安装从基础画线开始认真的话，行车梁安装将不存在大的问题。

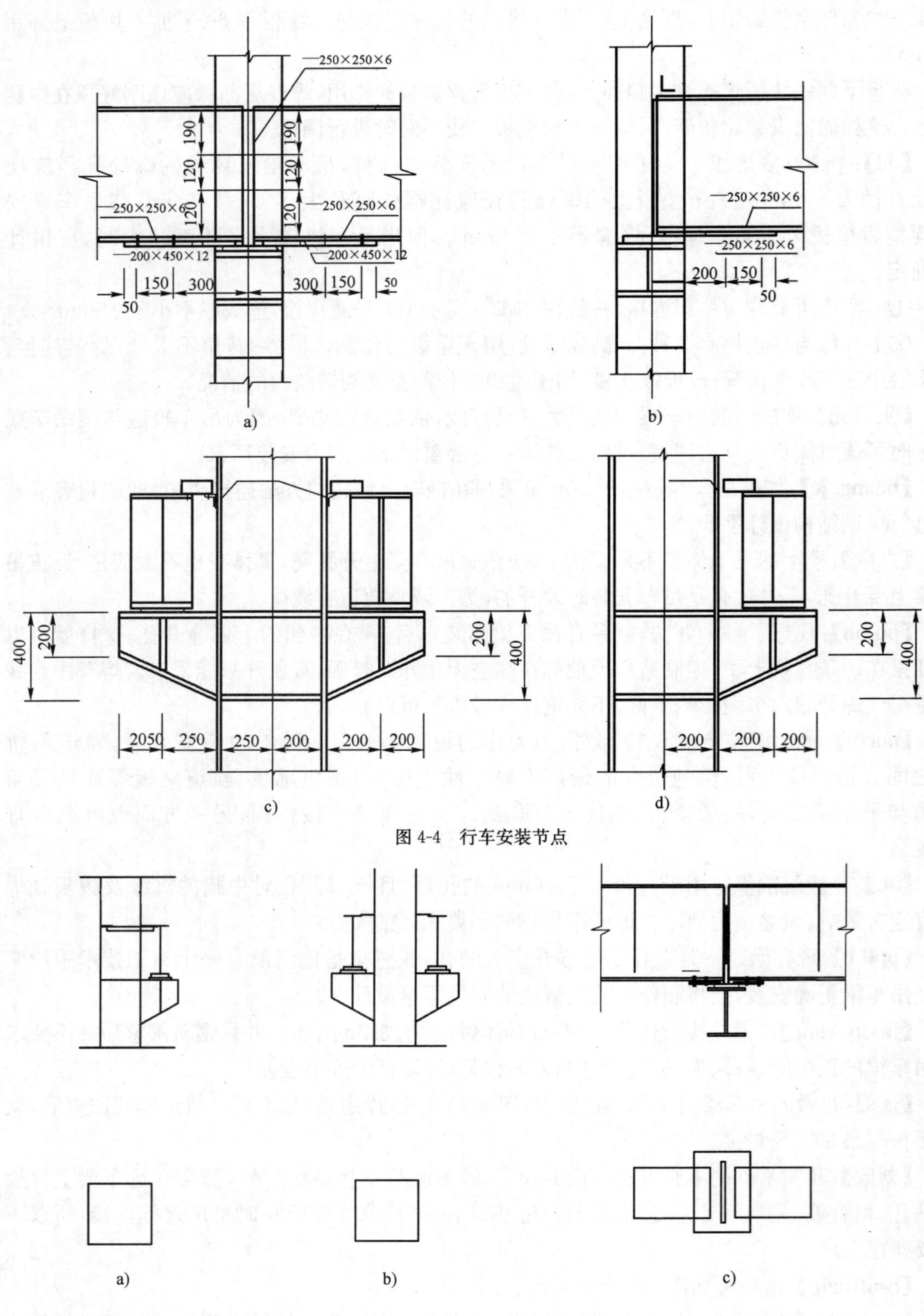

图 4-4　行车安装节点

图　4-5

【mryu111】:我给大家提点建议:我们可以把吊车梁的孔开大一些,就像柱脚螺栓孔一样,然后在上面加一方垫板,调好吊车梁以后把垫板焊接牢固。

【小黑马】:吊车梁的安装要尽量在一条直线,同时要保证其与柱子的牛腿中心偏差在规范允许范围之内。其实要保证在一条直线上并不难实现,如提前根据跨度放好两条平行线,挨个调整。

【sunsany】:保证吊车梁在一条直线上,应从柱子安装着手。先在基础上画一道内翼缘位置线,保证内翼缘在一条直线上,且两边翼缘线平行。如果锚栓位置偏差较大,可以将柱底板锚栓孔扩大点。垫块要与柱底板同厚,安装后要与柱底板焊牢(很多都不焊,这样不对)。这样才能保证吊车梁在一条直线上,而且牛腿劲板对着吊车梁中心,轨道也在吊车梁中心上。

如果柱子偏位较大,不论上面如何调整,结果不是牛腿与吊车梁错位,就是轨道不对中。这样受力很不合理,安装时如处理不好将导致截面承载能力下降。

【phoenix】:大家讨论的是不在一条直线的情况,还有因安装钢柱时,标高控制有问题或制作中柱牛腿标高有问题,造成安装吊车梁后高度差超过规范,不知各位就该种问题的整改有何良策?对于平板式支座,我的办法是统计所有高度差,取调整位置数量最小值为安装标准高度,对于标高不足的部分加垫板补高。因是后调整,垫板厚度根据需要在10~16min之间,开马蹄形孔,自侧面塞入,更换安装螺栓,垫板与原支座板三面围焊。具体开孔大小,目前未找到合适依据,望有处理经验者赐教。

【nqdvik】:我想吊车梁安装在一条直线上的说法不是很准确,安装上国家应该有允许偏差的,绝对准确无偏差是很难的。我比较认同楼上**张晋元**兄的观点,在吊车梁安装允许偏差的情况下,轨道通过轨道夹具调整为一条直线就行了,并不影响行车的行走。另外,还有一个问题,就是柱子安装定位偏差较大,也不应该由于施工的安装偏差,设计跟着去调整吊车梁的孔位,这样不是走错了路吗?

【tennisman】:还有一点,就是一般情况下行车梁都采用焊接H型钢,在这里,如果要保证平直度,在H型钢焊接完拼装前必须矫正到《钢结构工程施工质量验收规范》(GB 50205—2001)"焊接实腹钢梁外形尺寸的允许偏差"的要求范围内,很多施工单位就是在制作时没有达到要求,等到安装时出现问题了,就开始找借口。还有一点,弹簧板不能先焊接在钢柱的牛腿上,而应待安装完毕,最重要的是直线都调整好以后,再把弹簧板与钢柱的牛腿焊接,这样可能在安装时麻烦一点,因为弹簧板焊接比较麻烦,但是这样做肯定能保证吊车梁的直线度。图4-6节点供各位借鉴。

【duxienxi】:我们这的一般做法就是用钢板做个卡具,先卡上然后焊接上去。

【yxjf5】:吊车梁安装允许有一定误差,但不能太大,而吊车轨道则一定要直,这个在安装轨道时可以调整。

【lee. jengru】:吊车梁与轨道偏心的问题应该加以考虑,美国AISE(Association of Iron and Steel Engineers)*Guide for the Design and Construction of Mill Buildings*有提到,详见图4-7,轨道偏心不能超过吊车梁腹板厚的3/4。

5 吊车梁与牛腿的连接问题。(id=137035,2006-06-11)

【guangtaohe】:吊车梁与牛腿连接可以用普通螺栓吗?我做了一个10t吊车的,梁柱用普通螺栓再焊接上可以吗?

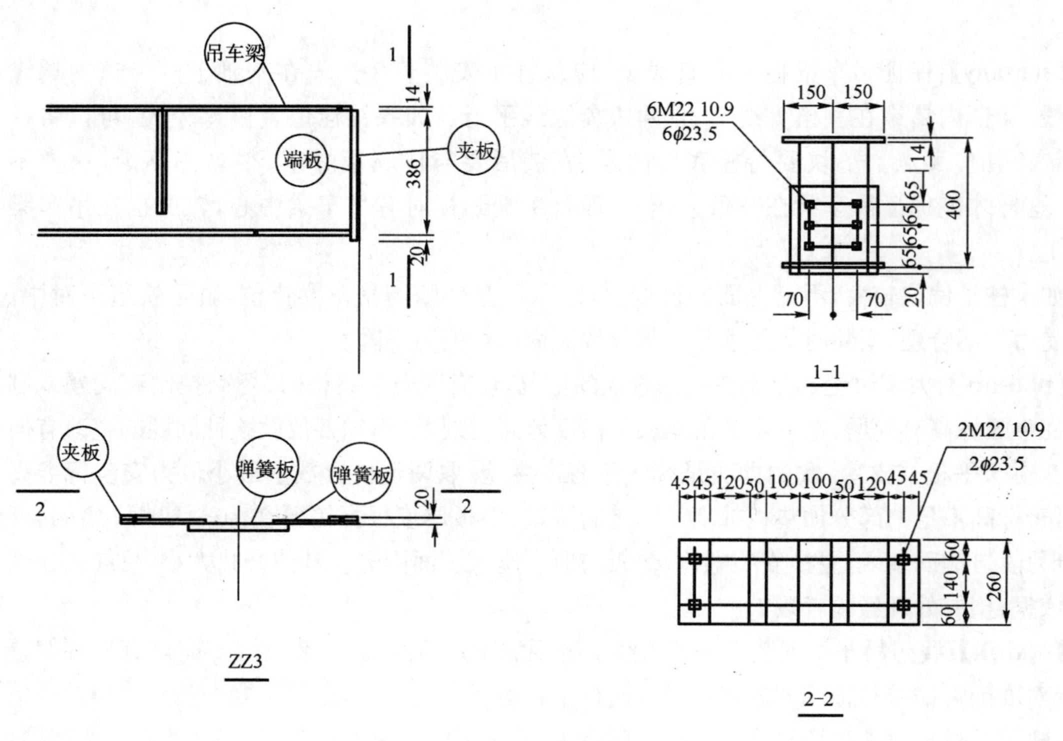

图 4-6

5.18.7 Eccentricity. Crane rails shall be centered on crane girders wherever possible. In no case shall the rail eccentricity be greater than three-fourths of the thickness of the girder webs.

图 4-7

【步行者】:凸缘式吊车梁与牛腿的连接在有柱间支撑处采用高强螺栓或普通螺栓加焊接,无柱间支撑处采用普通螺栓连接。吊车梁上翼缘与柱的连接一般采用高强螺栓或普通螺栓加焊接,具体做法可参见国家标准图集。

【guangtaohe】:我设计的吊车梁是平板式的,用普通螺栓加焊接。

6 关于吊车梁的车挡。(id=123 331,2006-02-09)

【心星】:刚接触钢结构,想请教各位吊车梁上用H型钢做车挡可行吗?相对于橡胶垫板车挡呢?

【hai】:桥式吊车和梁式吊车一般用H型钢加橡胶垫做车挡,葫芦用木块和角钢做车挡,不用木块和橡胶缓冲,因吊车对吊车梁和厂房有很大的冲击力。

【战场狼】:用H型钢做车挡是可以的,为减小缓冲,可在受磁一面加上橡胶垫板。

【心星】:谢谢！不过我还想请教的是,针对不同截面尺寸的吊车梁,如何选用车挡H型钢尺寸,有通用尺寸吗?

【hai】:建议你详细看一下吊车轨道联结型号,参见《吊车轨道联结及车挡》(00G514-6)。

【bzc121】:H型钢做吊车挡肯定可以。吊车挡根据吊车种类、配套设施不同,有些情况还是要特别注意的(吊车挡与梁连接可以焊接、栓接)。

①吊车自身有缓冲装置,吊车挡和缓冲装置有能够传递力的接触即可。

②吊车自身无缓冲装置,吊车挡可以设置胶垫或安装缓冲装置(市场有标准备件)。

7 吊车梁腹板分几段需要探伤吗?(id=112 899,2005-10-22)

【独孤求学】:我在工地做钢结构管理,有以下两个问题请教大家。

①15m跨1800×350/250×12×16吊车梁腹板被分成3段需要探伤吗?

②在施工中,设计说不允许在钢梁下翼缘焊接电气管道用的角钢,但是我看翼缘上焊的隅撑连接板对截面削弱更严重。怎么解释?

【bzc121】:①肯定需要探伤。吊车梁对接焊缝不会小于二级,《钢结构工程施工质量验收规范》(GB 50205—2001)规定二级焊缝探伤不少于20%,一级焊缝全部探伤。②吊车梁腹板受拉面不宜现场施焊,否则会产生集中应力而削弱拉力。按《门式刚架轻型房屋钢结构技术规程》(CECS 102:2002)规定,隅撑两种连接方式均为栓接,不需现场焊接。

【独孤求学】:①吊车梁腹板分段有限制吗?或者说一段必须有多长?若是施工单位把一个14m的吊车梁分成6段,合适吗?我没有找到相关的资料说不行。假如说分6段也行,根据二级焊缝20%探伤一段,还是全部探伤?

②还有一个问题是,吊车梁上翼缘板由于对接焊缝产生不平整,吊车厂家来现场说要把焊缝用砂轮打平,施工单位说不用,根据是焊缝产生的不平整在规范容许的误差范围内,而且磨平焊缝对结构有影响。大家可以给个说法吗?

最后说明一下,我说的第②点是指屋面梁,因为吊车梁下翼缘是不容许焊接的。

【babulu】:规范对钢板最多可以对接几道焊缝没有硬性规定,只规定对接钢板的宽度和长度不能小于多少(具体数值忘了),但腹板对接焊缝与翼缘板对接焊缝和加劲板的距离不能小于200mm,并且不宜设在跨中1/3处。吊车厂家要求把上翼缘板对接焊缝磨平是有道理的,因为吊车梁上面还要铺轨道,否则轨道铺设将不平。实际中,一般只把上翼缘板对接焊缝中心100mm的焊缝磨平就可以了。对接焊缝20%探伤是指每道对接焊缝最少抽查长度的20%进行探伤。

【潇洒大灰狼】:①一般来说,吊车梁分段除设计要求以外,是没有限制的,但一般不宜超过3段。焊缝一级或设计要求全部探伤则全部探伤,二级焊缝要求的20%是指焊缝长度的20%,而不是条数的20%。

②一般吊车轨道下都需设置垫板,对接焊缝对其影响有限;若要求把焊缝整个磨平,是肯定不允许的,因为这样焊缝堆高就达不到设计要求,肯定对结构有影响。

【bzc121】:①吊车梁腹板分几段没有规定,《门式刚架轻型房屋钢结构技术规程》(CECS 102:2002)规定腹板分段长度不能小于宽度的2倍。

②如果设计为一级焊缝就必须全部探伤，二级焊缝要探伤检测焊缝总长度的 20%。

③吊车梁上翼缘上平面应该磨平，不然轨道不好安装。

④屋面梁下翼缘受压处焊接吊具应该没问题，受拉面不宜在安装后焊接（设计允许除外）。

【wqllisa】：对于吊车梁受弯构件，规范规定：吊车梁腹板对接接口，不允许在 1/3 跨度内对接，且对接时，翼缘板对接焊缝与腹板对接焊缝错开≥200mm。吊车梁受弯时，其弯矩图是向下抛物线形状，在吊车梁跨度 1/3 内受到的弯矩比两端大，我想应该是这个道理吧！关于吊车梁的分段，一般不超过 3 段。

第五部分 支撑系统

- 一般问题讨论
- 屋面支撑
- 柱间支撑
- 支撑计算
- 支撑连接

第五部分 支撑系统

整理	齐煜
审核	万叶青

一 一般问题讨论

（一）支撑设置

1 屋面支撑必须在抗风柱处断开吗？（id＝35834，2003-8-25）

【wzq0349】：门式刚架结构中的屋面支撑是和柱间支撑等共同组成空间不变体系的，它同时也起着传递风载的作用。今天看到一套门式刚架图纸，端跨屋面支撑在抗风柱处没有断开，我觉得应该断开，但同事说不一定非要断开，请大家讨论。

【zhjun2002】：抗风柱顶点应该与支撑点在平面位置上重叠，这样才能确保纵向水平力直接传递给支撑，再由支撑传递到屋面。所以从结构合理性考虑，屋面支撑在抗风柱处应断开。如果没有断开，那么就要对端部屋面梁的平面外强度及稳定进行验算。或者抗风柱做成独立悬臂柱，端部纵向水平力全部由抗风柱承担。

【huangjunhai】：关键在于受力与消化。

①没有断开，抗风柱与梁刚接，抗风柱受到的风力由梁和柱脚消化，梁柱节点处由于梁的侧移产生应力集中，或使梁扭曲失稳，且使各榀梁上下位移不一致，破坏屋面结构。

②没有断开，抗风柱与梁不连接，抗风柱与基础刚接，风力由抗风柱和柱脚消化，使墙面与边柱因变形不一致错位，对墙面不利。

因此，如果断开，抗风柱与梁最好采用弹簧板连接。

【摘星手】：同意 **huangjunhai** 的观点。抗风柱与梁用弹簧板连接的好处主要体现在以下方面：

①屋面竖向荷载（梁的荷载）不会传递到抗风柱；

②纵向风力可以正常地传到屋面支撑系统。

【xiaoxiaoxiao】：个人认为断开好一些，特别是在风压大的地区。如果断开，则抗风柱和支撑体系可以相互传递水平荷载；山墙传来的风荷载通过抗风柱、支撑系统传到柱底，再传到基础。如果不断开，则水平作用力传递路径不明确，若由抗风柱自身承受山墙面的风荷载，则很不经济。

【khan】:我的观点是:断开,固然好,传力明确,抗风柱顶的风力直接传到支撑上;不断开,由于抗风柱与支撑不是正好对着的,这样屋面钢梁在纵向也要有弯矩,在风不大或厂房不高时也未尝不可。

【HXQ200X】:应该断开,这样山墙传来的风荷载通过抗风柱、支撑系统传到柱底,再传到基础,受力明确;如果不断开,刚架梁处受到抗风柱传来的水平集中力,导致此处刚架梁双向受弯。

2 设柱间支撑的开间一定要设屋盖横向支撑吗?(id=41314,2003-11-4)

【youyou】:有一厂房,90m 长,按《门式刚架轻型房屋钢结构技术规程》(CECS 102:2002),设 3 道柱间支撑,规程同时又规定"纵向温度区段长度不大于 300m,可在两端设屋盖支撑",这样厂房中部设柱间支撑的开间不设屋盖支撑行吗?但似乎又与"柱间支撑的开间应同时设屋盖横向支撑"的要求相矛盾。

【杨晓晓】:应该在设柱间支撑的地方,同时设屋面水平支撑,这样才能形成一个完整的结构体系。

【fmma】:当然不可以了,什么叫封闭的体系?如果你不设置的话,屋面传来的力怎么传到柱子上呢?设置支撑的目的就是将各个平面结构连接成为整体,提高骨架的空间工作,保证主结构具有足够的强度、刚度及稳定性,保证结构的正常使用。

【wwyymm】:我有一个问题,规范中说:"屋盖横向支撑宜设在温度区间端部的第一个或第二个开间";规范中又说:"柱间支撑的间距应根据房屋纵向柱距、受力情况及安装条件确定。当有吊车时宜设在温度区段中部,或当温度区段较长时宜设在三分点处,且间距不宜大于 60m"。可否理解为设屋盖横向支撑位置处可不设柱间支撑?

【rxliu6969】:常规做法是:当有吊车时,在建筑中部设上下柱支撑,同时配合设置屋面水平支撑,车间两端部设上柱支撑,配合设置屋面水平支撑。当无吊车时,仅在建筑端部设支撑,配合设置屋面水平支撑。

【lizh】:《门式刚架轻型房屋钢结构技术规程》(CECS 102:2002)4.5.1 条:"在设置柱间支撑的开间,宜同时设置屋盖横向支撑,以组成几何不变体系。"个人认为一般还是要在设柱间支撑的同跨设置屋面横向支撑,让纵向力通过屋面和柱间支撑可靠地传递到基础。特殊情况下,设置刚性系杆也应该可以,设计好传力路径,只要能保证水平力有效传递到基础就是了。

3 请教有关系杆的问题。(id=18283,2002-11-21)

【童童】:钢结构有了柱间支撑、屋面支撑,还需要系杆来保证结构的稳定性吗?

【josephone】:如果水平支撑和柱间支撑全部为圆钢柔性支撑,在不设刚性系杆时,安装过程中梁往往会产生很大的扭转变形,而且整个支撑体系并不完整。如果确实要省略系杆,建议用檩条兼作,而且还要看檩条长细比是否满足要求等。

【钢】:具体问题要具体分析,结构合理,受力明确,便于施工很重要。设不设系杆要看你的檩条能不能保证纵向的稳定,看有没有抗震的需要,有没有吊车。不是说可以不设系杆,而是有时候系杆由檩条、天沟、吊车梁等代替了。

【mingtian06】:对于门式刚架,我认为在转角处一定要用系杆来保证其平面外结构稳定。我通常采用圆管来做,这样用钢量不大,系杆和支撑共同作用保证结构稳定、可靠。

【刘欣】:屋面水平支撑间要加系杆,保证梁不至于因支撑张紧而侧向变形,而且也是一个完整体系。

【hndkwze】:我认为应因情况而异,如果除了系杆以外,别的构件能够保证刚架的侧向稳定的话,也可以不用系杆。我们曾经做过几个工程(包括单跨和多跨),就是靠天沟来满足刚架的侧向稳定的。

【zhou-xr】:关于钢结构有了柱间支撑,屋面支撑还是否需要系杆来保证结构的稳定性这个问题,可以从以下两点来说明。

①《钢结构设计规范》(GB 50017—2003)8.1.4 条(强制性条文)规定:"结构应根据其形式、组成和荷载的不同情况,设置可靠的支撑系统。在建筑物每一个温度区段或分期建设的区段中,应分别设置独立的空间稳定的支撑系统。"即在设计中必须使结构具有独立的空间稳定支撑系统。所以屋面支撑是否还需要设置系杆并不是由结构高度、结构形式、抗震等级来决定。

②《门式刚架轻型房屋钢结构技术规程》(CECS 102:2002)4.5.2 条规定,支撑和刚性系杆的布置应符合下列规定:在刚架转折处(单跨房屋边柱柱顶和屋脊,以及多跨房屋某些中间柱柱顶和屋脊)应沿房屋全长设置刚性系杆。所以设计中,在设计了屋面支撑的同时也需设置相应的刚性系杆。当然刚性系杆可以由檩条兼作,此时檩条应满足对压弯杆件的刚度和承载力要求。

【慧智】:《门式刚架轻型房屋钢结构技术规程》(CECS 102:2002)明确规定应在檐口及屋脊处设置系杆,系杆无论是采用钢管、天沟、双檩,还是什么蒙皮效应,总之应和支撑组成几何不变体系,形成稳定结构。提醒一下,天沟代替支撑,天沟能用 50 年吗?还有屋面板,板的寿命只有 15 年啊!

4　支撑系统的布置问题。(id=13268,2002-8-23)

【zhengl128】:一工程设计中,我根据《门式刚架轻型房屋钢结构技术规程》(CECS 102:2002)将支撑设在第二开间,图纸审查时,一老先生硬是将门和支撑换了一个位置。我想问支撑放在第一开间和第二开间有什么差别?

【lizhouxian】:设在第二跨也可以,第一跨相应位置设刚性支撑。

【费费】:我认为支撑设在端部第一开间或是在端部第二开间,这两种形式原则上并没有什么大的区别,唯一的区别就是设在第二开间时增加刚性系杆,要多用点钢材,另外还有美观的原因。

【木头】:设在第一开间和第二开间均可,一般放在第一开间。如果是因为物流原因,门不开在山墙而是开在第一开间,那么此时一般是将支撑放在第二开间来提高建筑空间的利用率。

【chenming】:支撑一般放在第一开间,这样传递纵向力更直接。若第一开间要开门就设在第二开间,第一开间设刚性系杆。

5　天窗是否需要支撑?(id=91478,2005-4-15)

【subrual】:7 度抗震地区,宽 2.5m、高 1.5m 的天窗,是否需要设置支撑?

【**wanyeqing2003**】:如果天窗架与屋架为铰接,天窗架应当设置独立的天窗支撑体系,以确保结构为几何不变体系。

【**zhukay**】:可以用檩条来代替天窗的系杆,但是在设置屋面水平支撑的地方,对应于天窗也要设置水平支撑。

【**DYGANGJIEGOU**】:可以参见图集《轻型屋面钢天窗架》(01SG516)。天窗部分受力要通过支撑与天窗立柱传递到主体结构上,其自身需要稳定可靠的传力体系(对于风荷载等水平荷载,它同样需要承受),而且它的支撑布置应该同主体结构在相同或相对应的位置上,以构成合理的传力体系。当然它的支撑不需要太大的刚性,一般情况下,柔性支撑就可以。

(二) 支撑性质

1 型钢支撑就是刚性支撑吗?(id=34105,2003-7-31)

【**happysmile**】:我知道圆钢支撑是柔性支撑,但型钢支撑就是刚性支撑吗?据我所知,型钢支撑有两种形式:一种是单片支撑(单个角钢或两个角钢组成的T形截面);另一种是双片支撑(采用不等边角钢以长边与柱翼缘相连,两片支撑之间以附加系杆相连,也可以是两个槽钢)。

【**vesa**】:刚性是相对压杆而言的。换言之,刚性是构件刚度的一个度量,由构件的计算长度和截面特性决定。

【**老刀**】:①柔性支撑和刚性支撑就概念上来讲,柔性支撑只能传递拉力,刚性支撑能传递拉力也能传递压力,因此规范上对其长细比的限值就不一样。

②各规范(CECS 102:2002、GB 50018—2002、GBJ 17—88)对受拉、受压构件的容许长细比要求不尽一样,设计时应根据所属的规范满足各自要求。

③张紧的圆钢作为柔性支撑时,其长细比不受限。但圆钢并不仅能作为柔性支撑,当其长细比能满足受压构件的长细比限值时(如CECS 102:2002中≤220),是可以传递压力的。例如,厂房中做一跨度为6000mm的小吊架(下吊风管),其腹杆和下弦就可用圆钢。

④同理,型钢支撑是柔性支撑还是刚性支撑,也是以长细比来判断,而不是以单片或双片来判断。当为刚性支撑时,其长细比限值应≤220(CECS 102:2002);当为柔性支撑时,其长细比限值应≤300(吊车梁或吊车桁架以下的柱间支撑)或400(其他支撑)。应注意受拉构件在永久荷载和风荷载组合作用下受压时,其长细比应≤250;受拉构件在吊车荷载组合作用下受压时,其长细比宜≤200。

【**happysmile**】:谢谢上面两位的指点。从两位的回复中我总结如下:只能受拉的支撑是柔性支撑,能受压的支撑是刚性支撑。

现提出以下疑点:《门式刚架轻型房屋钢结构技术规程》(CECS 102:2002)4.5.5条指出:"当设有起重量不小于5t的桥式吊车时,柱间宜采用型钢支撑。在温度区段端部吊车梁以下不宜设置柱间刚性支撑。"也就是在温度区段端部吊车梁以下设置的柱间支撑只能受拉吗?

【**老刀**】:①《门式刚架轻型房屋钢结构技术规程》(CECS 102:2002)4.5.5条规定:"当设有起重量不小于5t的桥式吊车时,柱间宜采用型钢支撑。"其理由是:当设有起重量≥5t的桥式吊车时,吊车的纵向水平刹车力将较大,如仍采用圆钢支撑(张紧的圆钢支撑,变形较大)将影响吊车运行，如采用型钢支撑(能有效控制变形)将能保证吊车的正常运行。设计中，当设有小于5t的吊车时可考虑张紧的圆钢支撑(柔性支撑)；当设有5～10t的吊车时可考虑型钢支撑受拉(即柔性支撑)；当设有10t以上的吊车时应考虑型钢支撑受压(即刚性支撑)。

②《门式刚架轻型房屋钢结构技术规程》(CECS 102:2002)4.5.5条规定："在温度区段端部吊车梁以下不宜设置柱间刚性支撑。"其理由是：《建筑抗震设计规范》(GB 50011—2001)9.1.26条："有吊车或8度和9度时，宜在厂房单元两端增设上柱支撑"。该条的条文解释为"但应注意：两道下柱支撑宜设在厂房单元中间1/3区段内，不宜设置在厂房单元的两端，以避免温度应力过大"。在厂房单元两端不设下柱支撑的目的，就是解决温度应力的传递途径，可避免温度应力过大。一般情况下，有吊车且吨位较大(≥5t或10t)时，在厂房单元两端可只设置上柱支撑，在厂房单元中部或1/3处设置上、下柱间支撑。

二　屋面支撑

(一) 屋面支撑的布置

1　9m柱距，屋面支撑怎么布置？(id=80518,2004-12-23)

【xiaoxiaoxiao】：一工程长度108m，宽度3×27m，柱距及抗风柱距均为9m，有10t中级工作制吊车。屋面支撑用25号圆钢(9m×9m)，审图时要我改为两道(9m×4.5m+9m×4.5m)，这合理吗？

9m×9m的支撑有12.7m长，夹角正好为45°，是水平支撑受力的最好角度，且《门式刚架轻型房屋钢结构技术规程》(CECS 102:2002)中注明张紧的圆钢长细比不受限制。但施工中这样长的圆钢不易张紧，安装后下垂很大，像挂电线似的，削弱了支撑的作用。

9m×4.5m的支撑只有10m长，相对来说易张紧且下垂不是很大，但其支撑夹角只有26.6°，不满足《门式刚架轻型房屋钢结构技术规程》(CECS 102:2002)中"圆钢与构件的夹角应在30°～60°范围内"，受力肯定成问题。

请问我按9m×9m布置合理一些吗？还是应该用刚性支撑？

【flywalker】：用角钢要比圆钢好，角钢选择可按受拉长细比控制，肢宽应该在100mm以上，用钢量有所增大。如果要用圆钢，用花篮螺栓张紧可能效果会好些。

【wbzr】：《门式刚架轻型房屋钢结构技术规程》(CECS 102:2002)4.5.4条："门式刚架轻型房屋钢结构的支撑，可采用带张紧装置的十字交叉圆钢支撑。圆钢与构件的夹角应在30°～60°范围内，宜接近45°。"

我是这样理解的，圆钢支撑夹角必须在30°～60°范围内，如用圆钢支撑必须用张紧器，若花篮螺栓。若施工中有下挠的感觉，我认为用角钢支撑比较好。不管怎样，图纸还是要符合现行国家规范的。

2　请问各位哪一种屋面支撑布置最合理？(id=76387,2004-11-16)

【ss007】：关于屋面水平支撑布置经常遇到如图5-1所示的这种问题，不知道哪位能给出一个合理的答案？

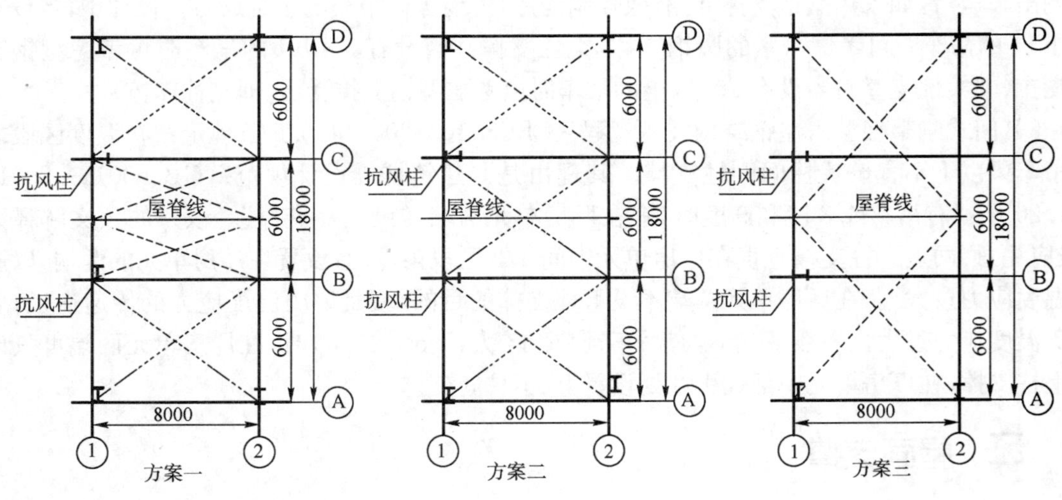

图 5-1

【flywalker】:这种问题在设计轻钢厂房屋面圆钢支撑的时候遇到比较多,方案一支撑夹角不合适;方案二传力直接,但是如果屋面坡度比较大的话就不太合适;方案三抗风柱的受力需要通过钢梁传到支撑,钢梁平面外受力,所以钢梁需要一定的平面外刚度。

【hai】:采用方案二不太好,因为《门式刚架轻型房屋钢结构技术规程》(CECS 102:2002)要求屋脊处有撑杆。

【xiaoxiaoxiao】:个人认为方案一更合理。

①方案一:传力路径明确。屋面支撑和系杆组成一个完整的体系,支撑受拉,系杆受压。水平力通过山墙面抗风柱一部分传递给支撑结构,一部分传递给刚架。再由支撑结构、刚架通过柱和柱间支撑传递给基础。此方案支撑夹角虽不太合适,但对刚架的平面外稳定更有利。

②方案二:一般轻钢结构中,其屋脊处均应设置刚性系杆(或用双檩条加缀板代替系杆),用以承受压力和传递水平力。

③方案三:增加了钢梁平面外受力。虽然轻钢结构屋面荷载小,但山墙传来的水平风荷载不一定小,如果由此增大截面显然不经济。且此方案支撑太长,大概有 12m,柔性的圆钢支撑不易张紧,中间下垂太大。

【老虎】:我也认为方案一合理,虽然夹角小,但受力明确,这是主要的。

【DYGANGJIEGOU】:方案三可以说是支撑系统布置不当。抗风柱的布置尽量保证抗风柱支点和横向水平支撑的连接点在同一处,保证抗风柱传来的风力集中荷载直接传到屋面横向水平支撑上,而方案三不能使抗风柱传来的风力集中荷载直接传到屋面横向水平支撑。遇到这种情况,可与工艺人员研究能否调整抗风柱的位置。

方案二,其夹角比较合适,考虑屋脊系杆,可以使用檩条兼作系杆,这样水平撑与系杆位置就错开了。

方案一属于不等间距布置,但中间的水平撑夹角不合理。

3 屋面支撑的布置。(id=21354,2003-1-15)

【zhsg_200】:最近做了一个工程,6m 柱距,2×30m 跨度,每跨一台 15t+5t 吊车,牛腿标高 9.8m，檐口高 13.4m，车间总长 6×17=102m，基本风压 0.4kN/m²。我分别在中间开间及两端第二开间共设 3 道刚性柱间支撑，间距约 42m。屋面采用圆钢做柔性斜支撑加刚性系杆。审图的提出柱间支撑间距不超过 5 个开间(30m)，且屋面要做刚性斜支撑。那么这个工程是否属轻钢范畴？支撑间距多少比较合适(轻钢 30～40m，不大于 60m)？屋面有没有必要做刚性支撑？

【南华人】：结构倒是轻钢结构，屋面采用柔性支撑不是不可以，但根据你现有设计的间距，按我的经验，你的支撑计算过不了。

【waterdrop】：我觉得你的这个工程应该按《钢结构设计规范》(GB 50017—2003)来做，安全一点，而且 20t 的吊车做轻钢门式刚架最好还是把柱间支撑加大一点，该工程的高度可是很高的了。

【交流】：我同意楼上两位的看法，对于有 20t 吊车厂房的柱间支撑间距，按你的设计肯定不够，《门式刚架轻型房屋钢结构技术规程》(CECS 102:2002)中的"30～40m，不大于 60m"是一般规定，就你的厂房看应经过计算确定，不能按构造取。另外，柱间支撑不宜采用圆钢，而宜采用单片型钢支撑或双片型钢支撑，其中间交叉节点板及两端节点板都应牢固焊接。

【一般不回家】：①属于轻钢范畴无疑，屋面支撑体系用圆钢也正常。间距 42m 很正常。

②要注意的是柱间支撑体系。

③审图提出的 5 个开间没有依据，屋面刚性支撑也没有道理。

④你需要计算一下屋面只拉支撑的应力。

【lijingas】：大部分同意**一般不回家**的观点，只是补充以下两点。

①支撑间距最多不要超过 7 根柱距，也就是不要同时支撑 8 根柱，这在陈绍蕃老先生编写的《钢结构稳定与理论》中有介绍。

②其实交叉支撑都可以用只拉单元，但由于吊车吨位比较大，为了防止在吊车的动荷载作用下只拉单元松弛，我认为吊车上支撑及屋面水平支撑最好用角钢，而不要用圆钢。圆钢即使用花篮螺栓，在吊车荷载作用下也容易松弛。

4 圆钢支撑间是否设刚性系杆？(id=118203，2005-12-8)

【kingmh】：同一跨内的两个交叉的圆钢支撑间设不设刚性系杆？

【wxfwj】：当檩条的长细比≥1/150，即满足对压弯构件的刚度和承载力要求时，可以由檩条兼作刚性系杆；当不满足时，设置刚性系杆。

【whz958307984】：应该设，这样才组成一个完整的传力体系。如果用檩条兼作系杆，还要考虑连接等一大堆问题，我觉得不如直接用系杆简单，也未必浪费。

【stayinpast】：应该设刚性系杆，这样才能组成类似于桁架的传力系统，保证横向水平力有效传递。

【雪龙】：这个位置如果采用双 C 型檩条，再设置隅撑，应该可以代替刚性系杆，且比较节省钢材。

【一心向钢】：楼上说的很正确，用双 C 型檩条，再加隅撑，比纯粹用刚性系杆节省钢材。仔细想想：大家在算刚架的时候往往都是细细地选择截面，力求做到最省，但在设支撑的时候，对刚性系杆的用钢量却并不怎么细抠，最终用钢量还是下不来。

（二）屋面支撑的形式

1 屋面圆钢支撑。(id=114827 2005-11-8)

【zhangyanping60】:对于支撑都要有长细比控制吗？那对于一个直径为25mm的圆钢做屋面支撑，它是不是还要长细比来控制呢？如果要用长细比控制，那长细比是多少？

【kswu】:张紧的圆钢做支撑，不受长细比控制，它只承受拉力，同时还需要满足强度要求。

【stayinpast】:张紧的圆钢做屋面支撑，只适用于7度抗震及以下地区，对于8度抗震及以上地区，是不应采用的，而是要采用角钢支撑。

【山西洪洞人】:首先应该明白为什么有长细比的概念，长细比主要是针对构件的稳定问题而提出的概念。而圆钢在张紧状态下受拉，没有失稳的问题，已经不再适于长细比的概念。

【lf1361】:①长细比概念的产生主要是解决稳定问题的需要，不过对于轴心拉杆来说，是没有稳定问题的。

②拉杆规定容许长细比，主要是防止其柔度太大，自身变形加大等，与稳定没有关系。

③圆钢支撑是按轴心拉杆来设计的，由于一般在圆钢端部都设有张紧装置，圆钢自身重力产生的挠度和变形很小，所以就不用限制其长细比了。

【谨慎】:这让我想起了一个问题，现在屋面支撑很多都是用圆钢做的，而圆钢正如上面所说，不承受压力，只受拉，这样的话，圆钢连接的两榀屋架怎么形成空间不变体系呢？

【wxy_dltop】:张紧的屋面圆钢支撑只受拉，应有与之配套的受压构件，比如刚性系杆。

三 柱间支撑

（一）柱间支撑的布置

1 有关系杆及柱间支撑的设置。(id=85785,2005-3-1)

【liu5620194】:①在门式刚架中，当有吊车时，抗风柱是否还需要设置柱间支撑和系杆？

②在设置屋面水平支撑时，边跨水平支撑设置在什么地方受力才是最好的？

③钢系杆除了屋脊处，其他设置的地方是否有必要通长设置？

【renyanhui6688】:抗风柱间不设柱间支撑。屋面支撑除按《门式刚架轻型房屋钢结构技术规程》(CECS 102:2002)设置外，还应按《全国民用建筑工程设计技术措施》结构分册中门式刚架轻型房屋钢结构的要求进行设计。抗风柱处应设置纵向系杆，以便水平力传至屋盖。

【李晓德】:从作用上来讲，抗风柱用于山墙是为了分块传递纵向风荷载，其柱间不设柱间支撑。因在沿厂房横向抗风柱工作面的风荷载。主要由门式刚架承受，抗风柱不参与这个方向风荷载的受力。

【DYGANGJIEGOU】:对于高度或宽度比较大的门式刚架建筑系统，在抗风柱之间加设支撑还是比较好的。由于抗风柱之间间距不会太大，一般能符合支撑夹角设计，设置支撑后，既有利于减少端刚架的用钢量，又增加了整体结构的抗侧力效果。

【allan】:原则上抗风柱与抗风柱之间没必要设置柱间支撑。

①抗风柱柱间支撑与山墙面垂直，对纵向抗风基本没什么作用。

②计算端榀刚架时，主要靠刚架自身抗风，一般不考虑抗风柱的作用。

③当把抗风柱一起建模计算时，一般抗风柱上下设为铰接，对减小刚架柱顶位移基本没有什么作用；相反，在跨度内增加了摇摆柱，反而加大了边柱的计算长度，得不偿失。除非把抗风柱的柱间支撑也一起建模计算，整体分析，那样对端榀刚架有一定的作用，实际上一般不会像这样把模型复杂化。

④加了柱间支撑，对结构来说当然是好事，但是建筑上会影响山墙门窗的布置。

【DYGANGJIEGOU】：在《门式刚架轻型房屋钢结构技术规程》(CECS 102:2002)规定范畴内的门架抗风柱，一般不需要设置支撑和系杆。因为《门式刚架轻型房屋钢结构技术规程》(CECS 102:2002)限定的荷载小，吊车吨位小，厂房跨度和高度数值也不大。但当厂房较高或吊车吨位较大时(厂房属于普钢或重钢范畴)，为了保证山墙的刚度，在抗风柱之间宜设置柱间支撑。对单跨厂房一般设置一道支撑，当厂房高度与跨度之比较大时，宜设置两道支撑。对等高的多跨厂房，可以仅在两侧跨的山墙设置柱间支撑；对不等高的多跨厂房，应在高跨和低跨分别设置支撑。在支撑的节点处，宜设置通长的水平系杆作为未与支撑相连的抗风柱的侧向支撑点。

【yxs_li】：除非规范上有硬性规定，否则一切应由计算确定。抗风柱主要承担把山墙面上的风力传递到屋面支承上，只要抗风柱本身的平面外稳定计算通得过，就没有必要设置支撑，其侧向力由刚架承担。

2　门式刚架中柱(摇摆柱)一定要加柱间支撑吗？(id=17878,2002-11-15)

【stevenjin】：设中间摇摆柱的门式刚架，如果边柱柱间支撑、屋面支撑等均齐备，需设中间摇摆柱的柱间支撑吗？比如总跨度为50m(摇摆柱两侧各25m)，柱距9.0m，共20个开间的厂房。

【tjgjs】：当然要设柱间支撑了，因为摇摆柱也要传递水平力。

【dyd771】：设与不设要看梁与柱及支撑组成的平面桁架的刚度。

【josephone】：为了保证厂房的整体稳定性，无论是否是摇摆柱，柱间支撑均不宜省略。

【stevenjin】：我比较赞同**dyd771**的说法："设与不设要看梁与柱及支撑组成的平面桁架的刚度。"我想两榀刚架柱之间通过柱间支撑、屋面支撑形成一个空间桁架体系，如果这个桁架体系能够抵抗整个厂房的纵向水平力，中柱不设柱间支撑也应该能够保证安全。

【hhh】：50m荷载传递路径太长，如果有可能，中柱列应设柱间支撑。

【pine】：中柱必须设柱间支撑，可参考《钢结构》杂志2002年第5期48页蔡益燕老师的文章。

【木头】：如果工艺允许，同边柱一样设置中间柱的柱间支撑当然更好，但说一定要设却也太绝对，**stevenjin**讲的很有道理，通过屋面水平支撑与边柱柱间支撑也可达到传递水平力的效果，也可以起到中柱柱间支撑的作用。

【wzb98303】：没有必要设中间柱间支撑，边柱和屋面支撑已形成一个空间体系，《门式刚架轻型房屋钢结构技术规程》(CECS 102:2002)4.5.2.3条："当建筑物宽度大于60m时，在内柱列宜适当增加柱间支撑。"

【bill-shu】:设不设中柱支撑从理论上来说不是绝对的,只要边柱、屋面有支撑,形成一个空间体系,只要此体系的平面刚度、侧向刚度足够,能保证中柱的平面外稳定,中柱当然可以不设支撑。支撑的广义是能提供一个平面外支点(结构类型不限),此支点有一定的刚度和承载力(见《钢结构稳定设计指南》)就可以。

【dw1976】:根据 **stevenjin** 提供的柱距、跨度及厂房高度,我认为可以不设。去年我做过一个哈尔滨的项目(2×36m 跨,长 54m,哈尔滨与上海风压一样,均为 0.55kN/m^2,高度也和 **stevenjin** 提供的差不多),就没做中柱柱间支撑,不过中柱上柱连接做成了刚接。

【南华人】:本人认为,若无可靠经验,中间的摇摆柱还是要加柱间支撑,或者在摇摆柱顶部设置纵向桁架以传递水平力。

【SUPPERTIMES】:轻钢结构自身平面外的刚度是较差的,主要靠支撑体系来传递侧向风力及其他水平力,中柱不管是否为摇摆柱,其柱列在顶部即使有压杆,由于没有支撑,它也只是一个几何可变体系,根本不能传递水平力,因此只要不是双向框架,其支撑是不能取消的。

【zhjun2002】:我认为设不设中柱支撑应结合实际情况考虑,如果风荷载较大和抗震设防烈度大于 7 度,当只设边柱柱间支撑时,支撑受力较大,这时要对柱间支撑(按单拉杆)进行验算。如果验算满足,就可以不设中柱柱间支撑;反之,应增加中柱柱间支撑。我不久前做的一个宽度 48m 的钢结构厂房,中间设摇摆柱,就没有设中间柱间支撑,该工程基本风压 0.4kN/m^2,抗震 6 度设防。

【strugu】:请注意一点,在纵向抗侧移计算上,可通过加大边柱柱间支撑截面来抵抗中柱不设柱间支撑带来的影响。但要知道中柱不设柱间支撑,在纵向水平力作用下,中柱柱顶必定有一个较大的与边柱柱顶的相对位移,这会不会对横梁的稳定性造成影响?可以肯定地说,有不利影响,关键是这个不利影响能否忽略?最后我的观点是在没有可靠的理论与实践基础的情况下,还请慎重待之,最好设置中柱柱间支撑。

【zhaiym】:宜设支撑。如工艺要求不能设,在厂房跨度较大时,应考虑其他有效构造措施来抵抗水平力。如将中柱顶平面外做成刚架或将中柱间柱顶部位做成桁架,还可以增加厂房边柱及屋面支撑的数量。

【sundegang】:中间柱列的抗风柱如果不设,在纵向荷载作用下边柱列与中柱列的纵向位移不协调,会带来附加应力,因此最好不取消。去年 14 号台风"杜鹃"袭击广东时,虽造成东莞诺基亚保税仓库总柱列侧向位移 7cm,但整体结构稳定,因为边柱、中柱列均设有支撑。

【xyz-steel】:看了以上各位的见解,感觉有的没有把厂房受力传递路径搞清楚。支撑主要是传递水平力,纵向风力首先通过墙面传给抗风柱,然后经抗风柱传给屋顶平面支撑桁架(当在第二开间时,还要先通过刚性系杆),这个屋顶平面支撑的力传给其支座,这个支座就是有柱间支撑的那列柱子。因此计算中,平面桁架在房屋的整个跨度内能承受水平纵向力(包括位移),中间柱列不必设支撑,否则需设。但是在此柱列上一定要加刚性系杆,以保证摇摆柱的平面外稳定。

【火狐狸】:当由于建筑或工艺上的原因不能在中间柱列设置柱间交叉支撑时,《门式刚架轻型房屋钢结构技术规程》(CECS 102:2002)建议可设置其他形式的支撑,如人字形支撑等。当不能设置任何形式的支撑时,建议采用纵向刚架。因为对结构纵向的柱顶位移未作规定,纵向支撑的布置往往被忽视,此情况带有普遍性,值得注意。

【HXQ200X】:中间的摇摆柱还是要加柱间支撑,否则摇摆柱顶部需设置桁架、托梁或托架，纵向设置成类似框架的结构形式来取消支撑，不过需要作空间分析。我做了好几个项目，都是托梁结构形成的框架按照《钢结构设计规范》(GB 50017—2003)设计纵向结构，柱间支撑都取消了。

【刘星语】：如果不设中间摇摆柱的柱间支撑，至少需要做一下处理和验算。

①抗风柱可以做悬臂柱，下端刚接。

②中间柱在平面外(纵向)柱底刚接，平面外相当于排架。

③中间摇摆柱在平面外(纵向)柱底铰接，上部做门式支撑(和门式刚架一样，并到底)。或者用桁架，与柱在平面外形成一个刚性角，但是会给摇摆柱带来比较大的局部弯矩(桁架上下弦产生的力偶局部作用)。

④跨度不大的话，加强屋面水平支撑，形成刚度很大的桁架，相当于给摇摆柱提供一个上端铰支座。

无论怎么做，都不能使纵向抗侧移刚度相差太大，也不能使实际受力与计算模型相差太远。

3 此柱间支撑如何布置？(id=36895，2003-9-8)

【qczl_2003】：一轻钢厂房，12m(长)×6.3m(宽)，高 10m，在 6m 处设二层楼，但长度方向每个开间均有 5m×5m 的大门，请问如何布置柱间支撑？

【flywalker】：如果都不能设置一般支撑的话，考虑设置门式支撑。

【3d (朱立刚)】：规范允许设置纵向刚架。

【TdDesign】：可在原来准备设置柱间支撑的地方设置纵向框架。

【lijingas】：如果设置纵向框架，就不能按平面排架计算，因为有双向应力，最好按空间模型进行计算。

4 这样的门式刚架结构设支撑系统吗？(id=36344，2003-8-31)

【yh】：一工程跨度 12m，柱距 6m，总长 12m，檐口高 7.6m。像这样的门式刚架，仅 3 榀、2 个柱距，还设柱间支撑、水平支撑吗？

【msf】：这种情况更要设置支撑系统，规范有规定的。

【呆呆虫】：柱间支撑及屋面支撑都应设，无论是从用钢量还是施工方面都无必要省这几根圆钢。

【bxz】：支撑系统必须设置。一个柱距内设置屋面支撑、柱间支撑，另一柱距内在屋面梁对应抗风柱位置及边柱柱顶设刚性系杆。

5 没有设柱间支撑的位置怎么办？(id=11798，2002-7-22)

【my71327】：在门式刚架中，若每个开间都设有卷帘门，即没有地方设柱间支撑，难道只能把结构做成双向框架结构吗？是否有其他办法来解决设支撑的问题？

【xuhan】：在需设柱间支撑的地方设门式刚架，承受纵向荷载。纵向需计算，因为计算结果较大。

【TdDesign】：在需设置支撑的开间设置八字支撑即可。

【wghsts】：本人做过这样的工程，跨度 18m，柱距 6m，中间局部抽柱，16t 吊车，轨顶标高 9.0m。由于在每个柱距中(吊车梁下部)都有设备，因此不能设下柱支撑，采用的方法是在应设下柱柱间支撑的位置，做成一个纵向刚架。现在厂房已经投入使用，未发现问题。

6 30m跨度、檐口高10m的门式刚架，柱间支撑如何设置？(id=7882,2002-4-17)

【北极熊】：近来做一工程设计，为30m跨度、檐口高10m的门式刚架，没有吊车。由于柱较高，我打算在6.5m高处设置一通长刚性系杆，系杆上下设置柔性交叉柱间支撑。这样柱平面外计算长度就降低到6.5+0.25(基础顶至车间地面高度)=6.75m。目的是为了降低柱的用钢量(之所以在6.5m处，是因为要求门高6m的原因)，不知各位认为如何？我本人也没有进行比较，不知用钢量是否真能降下来。

【刘欣】：如果你的计算是柱平面外控制，用钢量是肯定可以降的。设置了通长系杆，柱的平面外计算长度减小，所以柱截面可以减小。

【HYNN】：一般墙面板均为V820-900板，有较强的蒙皮效应，可设墙檩隅撑，视作平面外支撑。

【steeler】：可以设置隅撑，与钢梁的设置方法一样。

【mrlee】：我前段时间刚做完一个钢结构厂房的加固设计。原设计厂房檐口高18m，吊车20t+32t，多跨。当时我去看现场，车间主任说："这么高的房子，柱是不是太细？"刚好这时候吊车启动，我发现柱间支撑摆动厉害，目测摆幅5cm。原来为迁就工艺，柱间支撑(交叉撑)根部设在距地坪3m以上的地方，而且是双角钢单片支撑。

回去一验算，吓了我一身冷汗：平面外稳定严重超标！后来我给边柱加了隅撑，中柱加了一道通长水平压杆，同时把柱间支撑改造成双片的。现在已施工完毕，我去看过一次，效果非常好。

7 柱间支撑要尽量对称吗？(id=10424,2002-6-16)

【assing】：厂房一跨有吊车，一跨无吊车。无吊车的一侧柱间支撑要和另一侧尽量对称吗？

【flywalker】：有吊车的一跨应加强支撑，用刚性支撑比较合适，而无吊车的一侧可以考虑用柔性支撑。

【玻璃】：支撑的作用主要是传递纵向水平力，有吊车时，因为吊车梁传来的纵向水平荷载在柱中间，支撑要上下分开。无吊车的一侧因为柱中部没有水平荷载，支撑可以不分开。如果分开为上下柱支撑，反倒让人觉得别扭。

【cherrypellet】：柱间支撑的一个重要作用是保证厂房骨架的整体稳定和纵向刚度，从整体稳定上讲一般都和屋面水平支撑做在同一跨上，所以没吊车跨的柱间支撑也不能减少。有吊车的应设上下层柱间支撑，没吊车的就直接做成一个"X"形的好了。

8 门式刚架中柱列是否需设柱间支撑？(id=5324,2002-2-4)

【sonny】：最近见一些设计院的图纸，中间柱均未设十字形支撑，以前一些甲方为了使用空间，要求我不设中柱支撑，通常我以门式支撑代替，请问各位高手，中柱支撑可否不设？

【okok】：若水平力有其他可靠途径传到基础，如通过屋面水平支撑传到两侧去，则不必设柱间X形支撑。

9 中柱列的柱间支撑可否与边柱列的不在同一开间？(id=181102,2007-12-30)

【flyingpig】：本来中柱列的柱间支撑与边柱列的在同一开间，后来甲方说需要跑叉车，能否将原位于第一柱间的柱间支撑移到第二柱间，而边柱的柱间支撑及屋面水平支撑不动？

【lijingas】:当然可以,我设计的厂房,工艺比较复杂,局部柱间支撑经常要移位,而且有时候要错位好几个柱网,没有问题。

10 请教抽柱结构的厂房柱间支撑设计问题。(id=111089,2005-10-7)

【lqy】:目前在做一抽柱结构厂房,3×24m 跨,檐口高 9.5m,柱距 9m×12 间,抽中柱设托架,抽柱后中柱的柱间支撑应如何设置(18m 柱距)?

【wanyeqing2003】:我想有以下两种方法可以解决该问题。

①设置支撑。采用门形支撑或八字形支撑。

②建立纵向框架体系,中柱采用箱形柱或米字形柱。

11 有吊车厂房的柱间支撑布置。(id=110940,2005-10-5)

【tzpllf】:《门式刚架轻型房屋钢结构技术规程》(CECS 102:2002)4.5.5 条:"当设有起重量不少于 5t 的桥式吊车时,柱间宜采用型钢支撑。在温度区段端部吊车梁以下不宜设置柱间刚性支撑。"这是为什么呢?

①按理说,有吊车厂房侧向力更大,吊车梁以下更应当设刚性支撑,以有效传递厂房侧向力和增加其侧向刚度。

②从规程中可以看出,只有温度区段端部吊车梁以下不宜设置柱间刚性支撑,那为什么中间的吊车梁以下就"宜"设刚性支撑了呢?

③在 03G520-1 第 4 页的图 1 中,为什么温度区段端部吊车梁以下连柔性支撑都没有设了呢?

【hai】:此种情况,我的做法是中间设刚性支撑,其余的为柔性支撑,别人也有按普通钢结构方式设支撑的,如果是 5~10t 吊车,在 20m~30m 间距内全部设角钢的柔性支撑。

【justidea】:如果在温度区段两端设置吊车梁下刚性支撑,纵向的温度应力很难释放,可能造成很大的温度应力,因此一般将刚性支撑设置在温度区段中部。而吊车梁以上部分因温度应力影响较小,所以可以设置支撑。

【wanyeqing2003】:风荷载和纵向吊车制动力是可以由设在柱列上的系杆,经过柱间支撑传到基础上。

但是温度应力的产生和传递关系与前面两种荷载有所不同。柱间支撑(特别是下柱刚性支撑)对纵向柱列来说是起约束作用的,温度应力随着柱间支撑间距的增加而加大,如果在较大温度区段的两端布置这样的柱间支撑就会引起较大的温度应力,这种做法对结构安全不利,所以温度区端两端一般不布置下柱刚性支撑。

(二) 柱间支撑的形式

1 柱间支撑采用什么样的形式比较好?(id=19165,2002-12-6)

【郑海峰】:设计时,柱间支撑有采用圆钢、钢管或角钢的,用角钢做柱间支撑还有单面和双面,请教各位,你们设计时如何选取支撑的形式?

【冷风月】:柱间支撑要看情况,如无吊车,柱子受力不大,柱不高,可用圆钢支撑;如有吊车,用角钢支撑比较好,柱截面小于 1m 可用单片角钢,大于 1m 可用双角钢。

【李淑云】:应该具体情况具体处理。

①普通的厂房(5t 以下吊车)、仓库之类的简单结构,柱间支撑只用圆钢(弹性构件,仅承受拉力)即可,圆钢的大小由支撑承受的平面内荷载决定。

②对于有吊车(20t 以下)及支撑平面方向有一定刚度要求的厂房、仓库,柱间支撑一般要用单角钢或圆钢管等刚性支撑(截面大小由支撑承受的平面内荷载决定)。

③对于有吊车(20t 以上)及支撑平面方向刚度要求较高(如框架结构)的厂房、仓库,柱间支撑一般要用双角钢(或圆钢管等)组成格构式刚性支撑(截面大小由支撑承受的平面内荷载决定)。

2 请问柱间支撑的形式有哪些?(id=121103,2006-1-5)

【**bmwforpig**】:支撑用得最多的就是十字交叉式,但在有些工程中这样处理会导致厂房内的叉车无法通过,有没有别的形式可以借鉴以满足一定的净空要求?

【**flywalker**】:可以考虑人字形或门形,造价要高一些,按压杆设计。

【**kanjd**】:①十字交叉支撑;②空腹式门形支撑;③八字形支撑;④人字形支撑。详见《钢结构设计手册》相关内容。

点评:只要能够保证厂房的纵向稳定和空间刚度,保证山墙风力、吊车纵向刹车力、温度荷载、地震等水平力的有效传递,满足厂房的使用功能要求,支撑的形式可以多种多样,如图 5-2 所示的几种支撑也是比较常用的形式。

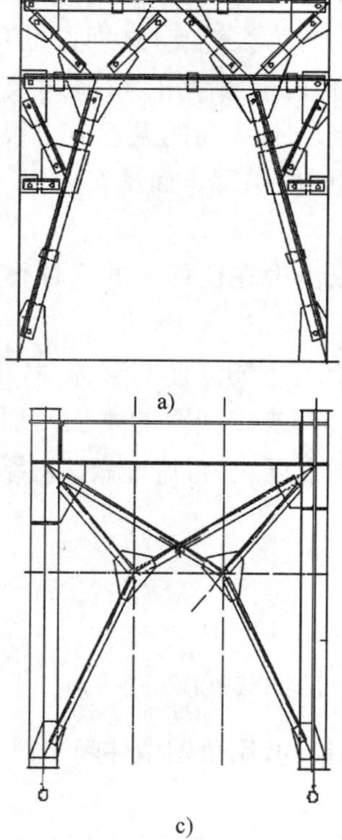

a)

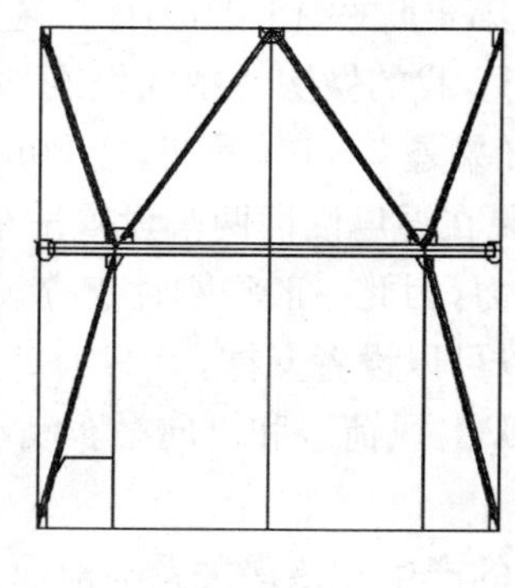

b)

c)

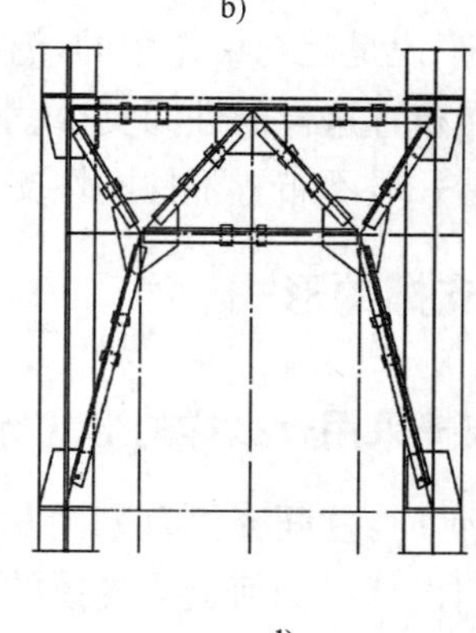

d)

图 5-2

3 有吊车的轻型厂房柱间支撑能否采用张紧的圆钢支撑？(id=952,2001-9-18)

【AQ】:在《门式刚架轻型房屋钢结构技术规程》(CECS 102:2002)中支撑宜用张紧的圆钢制作,对于此条我理解的比较模糊,在《钢结构设计手册》或其他钢结构书上,柱间支撑一般要考虑强度和刚度(长细比)均满足要求。请问,在有吊车,但吨位不大的情况下,是否可以采用张紧的圆钢支撑？布置位置该如何确定？

【flywalker】:在《门式刚架轻型房屋钢结构技术规程》(CECS 102:2002)适用范围内,可以用张紧的圆钢支撑。

【ashi】:如果有吊车,我优先采用角钢拉杆支撑,但要具体工程判断一下。

【wyd】:我认为吊车吨位在15t以下时,用圆钢做柱间支撑没有问题,再大时应慎重,否则容易引起太大变形,使吊车运行不稳。

【MBSC】:建议带有驾驶室吊车的厂房采用刚度较大的支撑,如果采用刚度较小的圆钢支撑,驾驶员的安全是没有保证的。布置柱间支撑时,可在厂房端部布置吊车梁上部支撑,只要受力满足要求可以采用圆钢,在中间部分同时布置吊车梁上下部支撑。以减小温度应力影响。

【lijingas】:曾经就这个问题请教过有关专家,其实最主要的问题是:由于吊车荷载是动载,而圆钢必须是张紧才能起到支撑作用,但吊车吨位较大的时候,由于圆钢容易松弛,即使加了花篮螺栓也无法保证在动荷载情况下维持张紧状态。

但由于缺乏相关理论数据,因此缺乏量的定义！一般来讲,个人愚见:5t吊车以下的轻钢厂房,其下柱交叉支撑可以采用圆钢(柔性);5～20t轻、中级吊车的厂房,其下柱支撑可以采用双角钢(按受拉设计),上柱、屋面可以采用圆钢支撑;20～50t轻、中级吊车的厂房,其下柱支撑采用双角钢(按受拉设计),上柱、屋面可以采用单角钢(按受拉设计);50t以上或重级工作制吊车的厂房则下柱最好采用刚性支撑(按受压设计),采用双肢角钢,用缀条连接,上柱、屋面可以采用单角钢(按受拉设计)。

当然具体问题具体分析,据我所知,没有明确的分界线。不过如果不分场合,只要是符合轻钢,就按圆钢支撑设计肯定是不行的。轻钢也有角钢支撑的定义,没有哪一条说明是只要符合《门式刚架轻型房屋钢结构技术规程》(CECS 102:2002),就可以用圆钢支撑。

【zhsg_2001】:一般5t吊车以下的厂房,本人认为可考虑用圆钢做支撑,吊车吨位大的厂房最好用角钢、圆管、双角钢加缀条。

【刘欣】:我正在做一项目,10t吊车,上面用圆钢,吊车梁下面为角钢,因为有12m,所以加设一系杆。

【木头】:有吊车厂房用圆钢支撑在老的《钢结构设计规范》中是允许的,这并不是《门式刚架轻型房屋钢结构技术规程》(CECS 102:2002)的新发明。但就本人的设计经验和现场经验,大于5t的吊车厂房最好用角钢支撑或钢管支撑。一个原因在于MBSC谈的驾驶员的安全感问题;另一个在于张紧限制问题,张得过紧需在柱腹板处加强处理(详见《建筑结构》2002年第5期汤征先生的研究成果)。实际工程中支撑松弛情况时有发生,因此建议大于5t吊车厂房采用角钢或钢管支撑。常规厂房一般长度不超过200m或300m,因此轻钢厂房在长度不大的情况下支撑一般设在厂房端部。

【AQ】:我有一工程,纵向长度150m,跨度24m,有两台5t吊车,牛腿高7.2m,柱顶高10m。

请教各位:①若采用张紧的圆钢做柱间支撑,那么上、下柱间支撑交接处是否需设置水平压杆?②柱距 7.5m,若采用张紧的圆钢做柱间支撑,除端部第二开间布置外,再布置几道较为合适?

【ashi】:轻钢建筑的柱间支撑间距不要超过 40m,因此这个工程可按照 30m 设一道支撑;吊车梁刚度很大,可以作为纵向的水平系杆,加上墙檩系统,上、下柱间支撑交接处可以不再设压杆。

【AQ】:我还有一个问题,本工程在山东烟台,温差较大,柱间支撑布置较多,那么设计时在构造上是否需要考虑温度应力的影响?若需要,采用何种措施更合适一些?

【temp】:主要看最大温度区段长度,《钢结构设计手册》中可以查到限值。满足时,一般不用计算。

【flywalker】:150m 可以不设。构造上满足就可以了,把檩条孔做成长圆孔即可。

【AQ】:长圆孔的大小是否是根据檩条的长度、温差的变化及材料的线膨胀系数计算出来的?

【蓝色星辰】:长圆孔大小可不用计算,一般长轴取短轴的 1.5 倍即可。

【lijingas】:其实规范也没有明确规定必须设温度缝,只是说设温度缝可以不考虑温度应力而已。我做过一个长 150m 的钢框架,规范规定刚接 120m 需设置温度缝,出于建筑造型及经济上的考虑,我最后只是在计算中考虑了温度应力而已。

4 20m 高的门式刚架的支撑用圆钢还是角钢?(id=58565 2004-5-18)

【flywalker】:20m 高、20.5m 跨度的门式刚架,按柱高分为 3 段设置支撑,用张紧的圆钢交叉支撑能不能满足要求?屋面支撑可否用圆钢交叉支撑?

【steely】:柱间支撑建议用型钢,屋面支撑建议用圆钢。毕竟计算模型和现场情况还是有区别的。墙面刚系杆要特别注意。

【ynz】:建议柱支撑采用型钢,屋面支撑可采用圆钢。个人认为你的刚架太高了,而柱间支撑有一个很大的作用是保证纵向刚度,且支撑的用钢量在结构中所占比例很小,但作用却很大。

5 市场钢棚柱间支撑怎么设置?(id=53684,2004-4-6)

【学无止境】:由于市场要全面开敞,所以不能设置十字圆钢支撑,请问应怎么解决此问题?

【wallman】:柱间支撑的形式很多,见图 5-3。甚至可以使用框架梁,使结构纵向形成一个钢框架结构,可以不设柱间支撑,当然这时柱脚最好做成刚接,但应注意这时柱子的平面外计算长度系数。

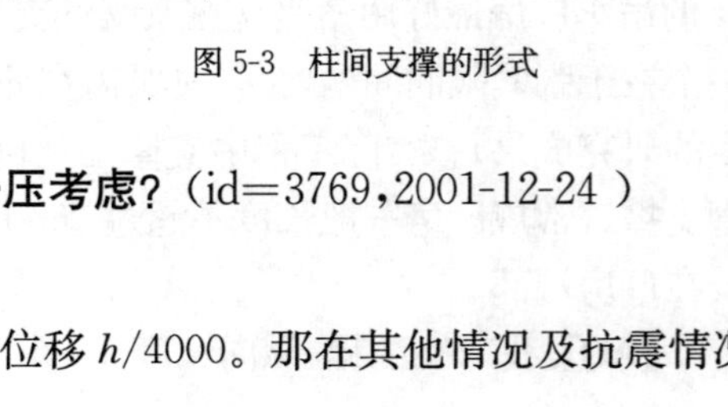

图 5-3 柱间支撑的形式

四 支撑计算

1 柱间十字交叉支撑什么情况下应按一拉一压考虑?(id=3769,2001-12-24)

【3d】:有以下几个问题不明。

①普钢在重级工作制下要验算纵向刚度,控制柱顶位移 $h/4000$。那在其他情况及抗震情况

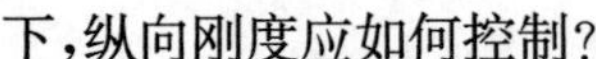

下，纵向刚度应如何控制？

②一般计算纵向变形时，十字交叉支撑仅考虑拉杆受力而压杆不受力，那么我按压杆支撑设计对我计算纵向变形又有何意义？

③轻型门刚变形规定并没提横向和纵向，是否柱顶位移限值是对两个方向，或者纵向就不需考虑？

④混凝土厂房对压杆倒考虑其对拉杆卸载的有利一面，在计算拉杆拉力时，有个压杆卸载系数，不知可否用在钢结构厂房中？

⑤我是设计院的，设计支撑时，在有吊车或厂房较高大时，多按压杆设计，不过我看好多厂家设计多是圆钢支撑，有时审图我也感到很为难，规范上没有明确的依据，若按压杆，用钢肯定增加，甲方又说不过去，希望将来规范能明确一下。

【无需冷藏】：①厂房纵向刚度通过支撑的强度及长细比来控制。

②从整个厂房体系包括屋盖、吊车、柱子有关重级工作制要求的构造规定来看，无不与加强刚度有关，故对于重级工作制厂房要求柱间支撑按压杆设计的意图肯定也是与刚度有关，很明显可以有效地减小纵向位移。

③轻型门式刚架只适用于中轻级工作制吊车，而且吊车吨位有限制，与普钢不同的是它对横向柱顶位移做了限制，从目前使用情况来看，这个规定过于宽松，要改进。它同样与普钢一样未对纵向变形做限制，故而现在支撑设计的很随意，这有问题，个人看法是支撑要加强，有吊车就不能用拉条支撑，要用角钢或钢管，最好是按压杆设计。

④我想混凝土的算法是一种简化计算。

⑤现在做轻钢都很抠，刚架没得抠了就抠支撑，实际上它占的用钢量很小，但作用却很大，特别是轻钢结构从构件到体系刚度都很差，故而更要加强，有时甚至比普钢还要强。

2　柱间支撑如何手算？（id=116562，2005-11-24）

【死坏】：哪位可否赐教柱间支撑手算方法？

【stayinpast】：《钢结构设计手册》中有一个带吊车梁的柱间支撑的例题。

【zhujingming】：这本书全称就是《钢结构设计手册》（第3版），是建筑结构设计系列手册中的一本，分为上下册，中国建筑工业出版社出版。

3　支撑内力计算。（id=51789，2004-3-15）

【Jan】：在计算柱间支撑内力时，风荷载是取整面山墙上的风荷载吗？

【小黑马】：有一个问题不能忽略，即是在考虑一侧山墙的风压力时还要考虑另一侧山墙的风吸力。

【khan】：我觉得这个问题有个根本的原则：风力先传到彩钢板上，再由彩钢板传到檩条上，再由檩条传到抗风柱或刚架柱上。而彩钢板和檩条都是单向导力，再根据抗风柱或刚架柱与基础的连接形式分配力，其下端力传至基础，上部力通过屋架梁及屋面支撑传至柱间支撑。

【wzh9918】：刚架柱间支撑，在同一柱列设有多道柱间支撑时，纵向力在支撑间可按均匀分布考虑。就是两面山墙一压一吸的力总和除以柱间支撑的数量，得到每榀柱间支撑的内力。如果抗风柱两端铰接，则山墙的力应该一半传给水平支撑，一半直接传给基础。

4 纵向力在柱间支撑中的分配。(id＝45571，2003-12-17)

【denhere】:在一本书上看到这么一段话:“当一列柱设有多道柱间支撑时，纵向力在支撑间按均匀分布考虑。”这是什么意思，是指每道支撑承担的水平力相等吗?

【mart2001】:应该是这样的，我们计算时按平均力计算的，即各个柱间支撑受力相等。

【ruralboy】:可以这样理解，如图 5-4 所示。

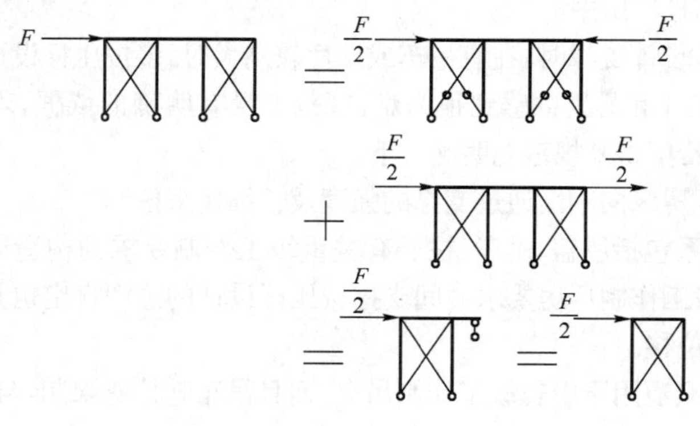

图 5-4

5 计算柱间支撑时，山墙受风面积如何计算?(id＝73067，2004-10-18)

【wzg】:假设一门式刚架，跨度 12m，檐高 5m，屋脊高 5.6m，请问受风面积如何计算?我认为应该是:(5m/2＋0.6m)×12m，不知对不对?

【steely】:如果设一根抗风柱，$A=(12/2)\times5.45$。注意是山墙面的面积。

【wzg】:①请问 5.45 是如何算的?我认为应该是 5.3。

②和抗风柱数量有关吗?

【zcj001】:我认为这样计算的风力偏大，应该要考虑部分风力通过抗风柱脚传到地面的因素。我认为当有一根抗风柱时，$A=(5.3\times12-5.45\times6/2)/2$。

【wzg】:如果是两个跨度(均为 12m)，计算柱间支撑的受力时，边柱的柱间支撑和中柱的柱间支撑受风面积是按平均分布，还是中间的大、边上的为中间的一半呢?

【建武】:《钢结构设计手册》(第 3 版)中有一道一模一样的例题，它的高度也是取 5.45m，不知道这个数据是怎样得来的。还有，它是按一半山墙面作用风荷载的 1/3 考虑节点荷载标准值，为什么?

【李晓德】:对于柱间支撑受力 $F_k=W_0U_sU_z(L/2)(H/2)$/柱间支撑个数，$L\times H$ 为山墙面积，认为山墙面积的风荷载由纵向支撑及柱脚承受，所以为 $L\times H/(2\times2)$的负荷面积。另外，楼上说 1/3 的由来，事实上是纵向支撑有 3 个。

有规定要求柱间支撑的间距不得大于 60m，这是考虑了温度应力的影响。若拿一个 64m 的厂房来说，柱间支撑就要设 3 道，使得相邻支撑的间距为 32m(小于 60m)。

所以我想楼上所说的习题中厂房的长度，不会超过 120m。

【13983977058lhx】:柱间支撑就在中间设 1 道或设 2 道都不行吗?间距不也小于 60m 吗?我碰到过一个 60 多米的，下柱支撑就在中间设 1 道，上柱支撑倒是设了 3 道。

【李晓德】:我在书中也看到过如此构造,我认为在两边跨处设上柱支撑,共设 3 道,为的是与屋面边跨处水平支撑共同传递风荷载。对纵向刚度要求较低时,柱下支撑可以设 1 道。

【doubt】:我查了书中例题,受风面积是根据横向系杆分层算的(考虑不同高度的风荷载不同),最后算出的结果中最下面一道系杆与柱脚间底部的一半没有计算在内,这样还是比较合理的。

6 吊车梁下柱可以不设支撑吗?(id=150493,2006-11-3)

【zh_hw2002】:3 跨厂房,跨度 25m,一台 10t 吊车,中柱吊车梁下部柱不设支撑,只设上柱支撑(间距 18m),可以吗?因为下柱支撑太碍事,很多甲方不想要。

【qylyhn】:不行,至少有一个柱距内设置下柱支撑,否则要验算纵向排架。

【zh_hw2002】:纵向排架怎么验算?

【qylyhn】:厂房纵向的水平力(包括山墙风荷载、吊车纵向水平刹车力及纵向地震作用等)一般是通过下述途径传递的:

风荷载→山墙抗风柱→屋面水平支撑→厂房柱顶→厂房柱顶系杆→柱间支撑→基础;

吊车纵向水平刹车力→吊车梁→柱间支撑→基础;

如果没有下柱支撑,这些荷载将由厂房柱来承受。

计算时,可取厂房纵向柱列(如果柱很多,可取至少 5 跨)+柱顶系杆+吊车梁形成计算简图,将风荷载加于柱顶位置,吊车荷载加于牛腿位置,屋面梁传来的轴力加于柱顶,地震信息输入,用 STS 可以计算。

五 支撑连接

1 支撑的拉紧装置。(id=131166,2006-4-18)

【咖啡因】:规范对支撑有一规定,当支撑采用圆钢时,必须具有拉紧装置。请问这里的拉紧装置是指的元宝垫吗?还是必须设置花篮螺栓。

【hai】:你再详细读一下《门式刚架轻型房屋钢结构技术规程》(CECS 102:2002)中该部分内容,应该是花篮螺栓或类似的套筒。

2 请教支撑问题。(id=128017,2006-3-22)

【lyper622】:请各位指点:圆钢支撑是否允许在车间内焊接?

【山西洪洞人】:有下面几种情况。

①如果是圆钢的对接,一般在花篮螺栓位置肯定是有一个对接焊的(因为花篮螺栓处的钢筋比支撑钢筋大 2mm)。

②如果是圆钢与柱子或梁或节点板焊接,一般不用焊接的连接方式。

③还有一种就是钢筋的搭接焊,我个人认为可以搭接焊。

3 软支撑能否用多股钢绞线?(id=124561,2006-2-22)

【dingrenzhen】:能否用多股钢绞线代替圆钢做软支撑?

【lijingas】:不可以,《门式刚架轻型房屋钢结构技术规程》(CECS 102:2002)7.2.15 条文说明提到，钢绞线可能松弛。

4 刚性柱间支撑的支撑点位置有什么讲究？(id=84062，2005-1-27)

【utemhome】：请教一个问题，刚性柱间支撑的支撑点位置有什么讲究？

【hare】：主结构、水平构件和支撑构件的形心线应尽量交于一点，以避免偏心带来的附加弯矩。

5 柱间支撑的连接板几何尺寸如何确定？(id=73566，2004-10-22)

【wzg】：柱间支撑与柱连接板的几何尺寸具体如何确定？

【wanyeqing2003】：柱间支撑节点板的尺寸，首先要满足焊缝强度的要求，然后根据支撑杆件边缘至节点板边缘或柱边 15～20mm 的距离放样确定。

6 轻钢支撑疑问。(id=13087，2002-8-20)

【木头】：《门式刚架轻型房屋钢结构技术规程》(CECS 102：2002)6.5 条支撑设计，交叉支撑按拉杆设计，承受某某力，虽然在其他一些规定上讲用花篮螺栓张紧，使支撑拉紧来受力，但怎样算张紧，是人拧不动就可以吗？另外，拉杆的延伸率有什么要求没有？

【丹海】：有介绍说，圆钢支撑拧紧以相连构件不出现变形为好。

【hhh】：如丹海所说，圆钢支撑拧紧以相连构件不出现变形为好。跨度大时，要对支撑、花篮螺栓、腹板变形进行计算。采用圆钢，一般可认为达到延伸率要求。

7 柱间支撑圆钢的搭接。(id=98117，2005-06-06)

【muzh2000】：柱间支撑用圆钢，因长度不够需要搭接，其搭接长度是否有据可寻，如何定？

【flywalker】：我觉得以下两种方法可以达到接长圆钢的目的。

①将要搭接的圆钢端部车丝，使用花篮螺栓连接起来。

②将圆钢搭接焊接起来，搭接长度应该满足焊缝的承载力大于圆钢的受拉承载力要求。两圆钢搭接焊缝的计算可以参考《钢结构连接节点计算手册》。

【黑胡子海盗王】：这是个很实际的问题，用花篮螺栓很好的，但是就生产厂家来说更喜欢用焊接，一般简单的就是搭接焊接(断面形状为○○)，从工程实际出发搭接有 150mm 就足够了，但是这样有个弊端，就是产生偏心，且不好看，要是改为轴心对接，在两侧加两段 150mm 长的钢筋焊接会更好，这样一则美观，再者避免了偏心(断面形状为○○○)。

【hehongshengabc】：《钢筋焊接及验收规程》(JGJ 18—2003)规定了如图 5-5 所示的两种方式。

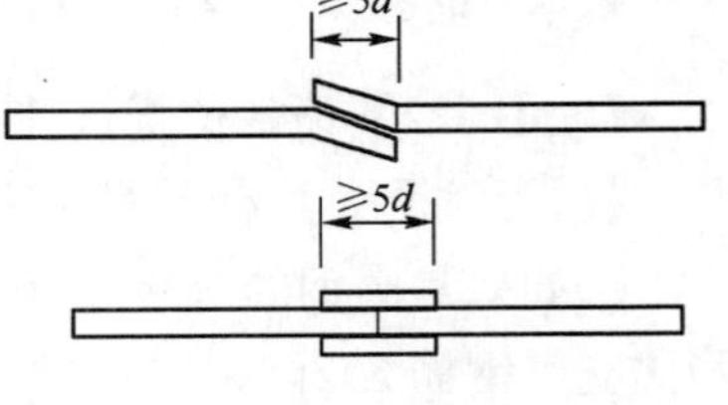

图 5-5 钢筋焊接方式

8 门式刚架圆钢支撑细部问题。(id=118806，2005-12-14)

【lzfflx】：门式刚架的圆钢支撑(柱间、屋面)出腹板的外露长度应为多少？依据是什么？

【爱好钢结构】：我接触的工程基本上在 50～100mm 之间，具体原因我也说不上来，只是

经验值而已。

【雪龙】:梁腹板开孔做圆钢支撑,个人感觉不好,原因如下。

①要求开孔定位要准,虽然交给钢厂加工,可是万一错了装不上,到头来还是自己麻烦。

②半圆加强板制作很烦琐,有时还要加设垫板。

③这样做,正规要求肯定要在圆钢支撑外伸侧加设加肋板(不加的都是在钻空子,自己给自己找说法而已),所以每个孔洞处都要加一块。

本人习惯上还是倾向于老做法:在梁端板处加焊圆钢支撑,开孔支座板用高强螺栓固定。

【gcl1558】:如果是本人设计的项目,本人还是倾向于使用加一块开孔的圆钢支撑连接板,车间制作起来比较方便。我觉得楔形垫块(腹板太薄,还要加垫板)太麻烦了。具体可见图 5-6。

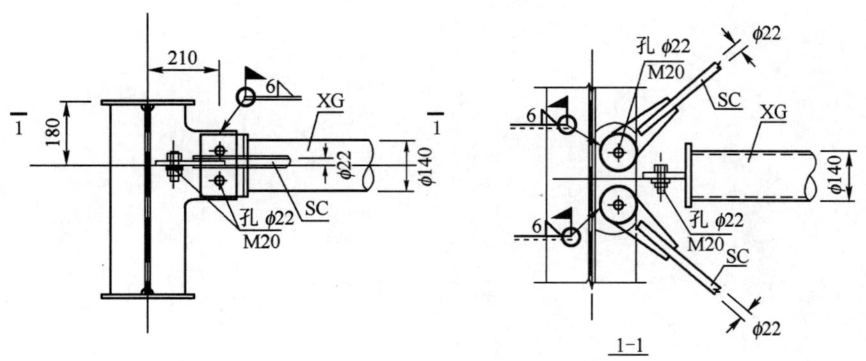

图　5-6

【crazysuper】:做 100mm 左右就是为了安装方便,且圆钢在安装时支撑本身也会下挠,我们都要考虑这些长度。

【jiang yu】:以前设计的圆钢支撑都是加耳朵板,用花篮螺栓,如图 5-7a)所示,但是现场反映并不是很好。现在改为刚架腹板开孔,加楔形垫块,如图 5-7b)所示,这样施工和制作都很方便,还可以省掉花篮螺栓的费用,现场反映较好。

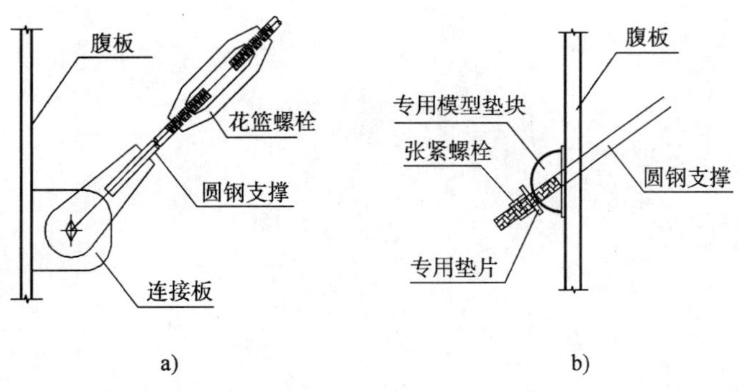

图　5-7

【crazysuper】:一般来说,都不采用图 5-7a)的做法,而更多地采用图 5-7b)的做法,因为这种施工方便,好调节,节省材料。腹板开孔处,当腹板薄而圆钢直径又很大时,若支撑拉力很大,则薄腹板易发生较大变形,所以腹板要加强,如在其腹板开孔周围加焊补强板。

第六部分 次结构设计

- 檩条及拉条设计
- 隅撑设计
- 系杆设计
- 抗风柱设计

第六部分　次结构设计

整 理	袁　琪
审 核	崔江梅

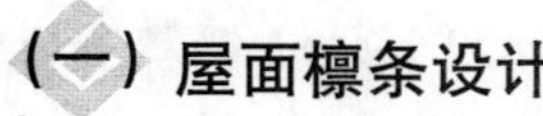

一　檩条及拉条设计

（一）屋面檩条设计

1　屋面檩条能否兼作屋架上弦系杆？（id=156213，2007-01-11）

【data_1982】：一重型钢结构炼钢厂房，屋面采用梯形钢屋架、冷弯薄壁型钢檩条，请问：

①对屋架上弦来说，平面外计算长度取多少？是按檩条间距还是支撑距离取？

②屋面檩条是否可以兼作上弦系杆？需要怎样考虑？

③为什么屋面檩条下翼缘与钢梁离开 10mm？

【wonderful_wan】：我也遇到了同样的问题，我们这边原来的一些工程都是这么做的，但是最近看图集檩条都是开长圆孔，这样岂不是起不到系杆的作用？

【data_1982】：为了方便安装，冷弯檩条一般端部开 $\phi16\times22$ 的长圆孔。但有些图集上檩条或者墙梁距梁或柱翼缘 10mm，不清楚是什么原因，我们以前的工程都是紧贴的。

【fengzwf0224】：单独设计系杆，而不需要檩条兼作系杆的结构，常常在檩条上开长圆孔，这样施工方便，也能起到减小屋架温度效应（热胀冷缩）的作用；如果要檩条兼作系杆，则檩条开孔要做成圆孔。

【刘星语】：作压杆就要开圆孔，否则要用摩擦型高强螺栓。只要图纸表达详尽准确，加工的好，安装基本不成问题。

【CARL315602】：平面外计算长度应当取水平支撑节间距离。当檩条按压弯构件计算时，可以兼作上弦系杆。檩条经过压弯计算，就是把水平纵向力与檩条竖向力组合后计算得到的檩条截面才可以兼作系杆。如果开长圆孔，则是不考虑檩条兼作系杆的（现在 STS 和 MTS 工具箱里都有这种计算模块）。屋面檩条下翼缘与梁离开 10mm，我认为是考虑檩托板焊缝的缘故。

【刘星语】：檩条的角是圆弧倒角，大多满足焊缝要求。不过薄壁型钢轧制后的尺寸偏差要求安装间隙不得小于 5mm。

【花满楼】:檩条按压弯构件计算,请问压力从何而来?单拿屋架来看,似乎都是竖向荷载。如果说是屋架发生扭转产生的力,还真是不太好算。如果是风荷载,那就有以下问题了。

①风荷载的确传到屋架上,但是间距 1～1.5m 的檩条,每根檩条的压力是多少?总不会是平均分配吧?

②风荷载这种横向荷载和以竖向荷载为依据计算的上弦杆联系不大。当然檩条是连在上弦杆上的,荷载传递路径为:横向荷载—上弦杆—檩条—另一屋架上弦杆。但我认为只要确保上弦杆和檩条可靠连接就能满足要求。

如我所说,只要在上弦杆和檩条上加隅撑就可以了,当然隅撑点不可能都在上弦系杆的连接点上,但我想一个上弦杆上有超过两个以上的隅撑点,简化成隅撑点和上弦系杆的连接点重合应该没问题。

【刘星语】:梯形或者三角形屋架搞隅撑那一套方式显然没有跳出实腹门式刚架思维。只要檩条作屋架平面外支撑,就必须满足 3 个条件:①长细比;②压弯承载计算;③连接孔不可以滑移。而轴力大小是次要的。另外,山墙抗风柱的上端集中力是导向下弦还是上弦?如果导到上弦,檩条显然较难满足。

点评:①严格意义上,屋架上弦平面外计算长度应该按照支撑间距考虑,如果檩条按照系杆要求设计,也可以按照这些檩条的间距考虑。

②如果想让檩条兼作系杆,则该檩条需要满足压杆的长细比要求。必要时,檩条还需按压弯构件设计,并且节点需考虑足够的强度。

③檩条与钢梁的间隙(一般≥10mm)是为了留出檩托焊缝的距离,以确保安装方便。

2 檩条下翼缘的稳定问题。(id=50954,2004-03-02)

【beixi】:我用 PKPM-STS 工具箱计算檩条时,按照《门式刚架轻型房屋钢结构技术规程》(CECS 102:2002)附表 A 中表 A.0.2-2 檩条和墙梁的风荷载体型系数的规定取值,结果檩条截面需要很大,主要原因就是风的吸力下,下翼缘失稳破坏。发现以前很多工程檩条理论上不满足,可实际中没有出现什么问题,不知原因何在?

【see me fly】:那是没遇到台风,平时的风荷载没有达到檩条的极限承载力。我建议还是按照规范要求设计为好。造成檩条截面很大的原因,也有可能是拉条没设或者少设的缘故。

【josephone】:我认为,在设计过程中如果考虑在檩条上下翼缘附近均设置拉条,或者采用角钢代替拉条是解决檩条下翼缘容易失稳的比较实际可行的方法。这样不仅能够极大地增强檩条下翼缘的稳定性,也能很好地提高屋面的整体刚度,对屋面板的安装和正常使用都有很好的作用。我在实际工程中曾经使用过,效果非常好。

【beixi】:拉条肯定是加了,不知道大家有没留意《门式刚架轻型房屋钢结构技术规程》(CECS 102:2002),我疑惑于理论上计算出来的檩条截面太大了,而实际却不可能那么大,否则造价太高了。

【shaochengming】:由于檩条拉条设在上翼缘附近和设在下翼缘附近区别很大,所以设计人员应比较恒荷载与风荷载,进而定拉条的位置。如果风荷载实在太大,则最好是上下都加。

【xxxc0504】:根据钢梁的稳定计算公式,钢梁的侧向支承点既要有一定的侧向刚度又要有一定的抗扭刚度,所以拉条设在受压翼缘防止梁侧向扭转。如果有可靠的抗扭措施保证檩条不发生扭转,则拉条可只设一道,可设上翼缘也可设下翼缘。

【zyr】:见过很多工程中为了工厂加工方便把拉条设置在檩条正中间,不知这样做是能防止檩条上翼缘失稳还是下翼缘失稳?当然只要屋面板不采用隐藏式彩板,在自攻螺钉的紧固下,檩条上翼缘是肯定不会失稳的。

【xuhan】:我们这的基本风压为 0.7kN/m^2,按《门式刚架轻型房屋钢结构技术规程》(CECS 102:2002)计算檩条要用到 C200×75×20×2.0,而该规程出来前都只用 C150×50×20×2.0,间距甚至还大,也经历了大台风(如"飞燕")的考验。

【brd0068】:《门式刚架轻型房屋钢结构技术规程》(CECS 102:2002)中关于檩条设计有这么一句话:"斜拉条应与刚性檩条连接",是否屋面的屋脊、檐口,墙面最上端的檩条都属于刚性檩条?

【zhumeiz2000】:就我所见,檩条拉条多是设在檩条中间的。上翼缘与彩板连接不存在失稳的问题,下翼缘失稳倒有可能,下翼缘主要是受拉的。至于风吸力的问题,屋面板的自重可以抵消一部分。但是大家想象一下:风吸力让檩条下翼缘失稳是一种什么情况?风力本身是间歇性的,即使失稳也是短暂的(除非风力把盖子掀掉),在有屋面自重的情况下很快就会恢复平衡。所以,我认为檩条设计以强度控制为主。

【jiantai】:我也遇到过同样的问题,我们这里的风压为 0.6kN/m^2,如果要用 STS 计算,通过的檩条太大了,很不经济。我是想把拉条靠下翼缘设置,上翼缘靠屋面板来支撑受扭,但是不知审图能不能通过。

【子瑛】:《门式刚架轻型房屋钢结构技术规程》(CECS 102:2002)6.3.6 条规定:当采用圆钢做拉条时,圆钢直径不宜小于 10mm,圆钢拉条可设在距檩条上翼缘 1/3 腹板高度的范围内,当在风吸力作用下檩条下翼缘受压时,拉条宜在檩条上下翼缘附近适当布置。当采用扣合式屋面板时,拉条的设置应根据檩条的稳定计算确定。

由此可知,拉条的设置要根据实际的工作情况来定,和屋面板有很大的关系。我们要明确拉条的作用:拉条作为檩条的侧向支承点,减小檩条的计算平面外计算长度。

【不服不行】:说了半天,感觉还是一个问题:把拉条设置在下翼缘 1/3 腹板高度范围内是否可以认为构造上防止了檩条的下翼缘失稳?如果是肯定看法,能否给出相关依据及出处?如果是半肯定看法(即要根据风荷载、跨距来计算确定),能否给出相关的计算公式及依据、出处?如果是否定看法,能否给出能防止下翼缘失稳的正确构造做法?个人觉得,不论是什么观点都要给出相关依据。

【不过如此】:关于檩条翼缘失稳的计算理论模型,国外主要有两种:一种是有限元法;另一种是将屋面板和受拉翼缘及部分腹板简化为弹性地基,剩余的檩条腹板及受压翼缘则被简化为支撑在弹性地基上的压弯构件。国内《门式刚架轻型房屋钢结构技术规程》(CECS 102:2002)也是采用欧洲规范 EC3-ENV-996 规定的弹性地基的经典模型。目前,考虑风的吸力作用,檩条下翼缘稳定设计的方法有以下 4 种。

①按照《冷弯薄壁型钢结构技术规范》(GB 50018—2002)计算,由于该规范未考虑屋面蒙皮作用,因此计算结果很保守,不适用。

②参考 BHP、奥多、Strimat 公司的檩条设计手册，这些手册基本一样，承载力用 W_{01} 表达，其中下角 0 表示风向上，1 是中间一个支点，二个支点即以 W_{02} 表达，承载力为标准荷载，考虑了屋面蒙皮作用。这些澳大利亚设计手册均是计算与试验的结果，又经国外工程应用，我认为是可以参考的。

③按澳大利亚 AS/NZS 4600：1996 规范计算，由于本规范在国内无法律效应，很不普及，也难以应用。

④《门式刚架轻型房屋钢结构技术规程》(CECS 102：2002)是按照欧洲规范 EC3-ENV 1996 规定的，也考虑了屋面蒙皮作用，假定为弹性地基的典型模型，又具有法律效应，比较合理，应该采用。

根据以上 4 种设计方法进行计算对比，选用 C254×76×20.6×2.4，跨度 4.75m，间距 2.5m的简支檩条(中间加拉杆)，钢材屈服应力 450MPa，设计屈服应力 0.9×450MPa，反算檩条标准线荷载 q。

BHP、奥多、Stramit 公司的檩条设计手册中选用 C250×2.4，按 $l=4.8$m 查得：单跨 $q=5.07$kN/m，双跨 $q=5.09$kN/m。按《门式刚架轻型房屋钢结构技术规程》(CECS 102：2002)计算得：$q=4.18$kN/m。澳大利亚规范计算得：$q=4.21$kN/m。而按《冷弯薄壁型钢结构技术规范》(GB 50018—2002)计算所得结果较为保守。

以上计算结果说明，按《门式刚架轻型房屋钢结构技术规程》(CECS 102：2002)计算或选用设计手册数据均是可以的，但希望尽快做足尺整体试验，不断积累数据，进一步提出合理公式。对于跨度较大的檩条，选用上海大通钢结构有限公司生产的高频焊接轻型 H 型钢来解决下翼缘失稳，也是经济合理的。

【山西洪洞人】：一些国外的设计，拉条很多都是刚性的，如小带钢、角钢之类，而一根 $\phi12$ 的钢筋对檩条的贡献确实难以估计。我现在的做法是，尽量从构造上限制檩条上下翼缘，比如采用双层拉条等措施。

【默扬】：通常檩条通过檩托与屋面钢梁连接，而屋面彩板再通过自攻螺钉与之固定。那么如果我们把檩条上翼缘与屋面钢梁上翼缘平接，使檩条自动成为钢梁的侧向约束，请问这样做的话，对于屋面彩板与檩条的连接有影响吗？对钢梁稳定更有利吗？还有，隅撑是否也可不设了？

【lf136】：①檩条可以和钢梁实现平接连接，采用桁架式檩条时一般就是采用这种连接方法。

②平接时，檩条可以作为钢梁上翼缘的侧向支撑。如果是钢梁上翼缘受压的话，当然这个可以保证钢梁上翼缘的稳定。

③平时采用的隅撑一般都是设在钢梁下翼缘的，保证下翼缘稳定，所以说，隅撑并不能因为檩条和钢梁平接而不设置。

④采用平接后，屋面板和檩条的连接可照常，可以认为无影响。

【飘】：下翼缘容易失稳，我在计算的时候，选用双拉条很容易就能通过了，不知这样可否？

【ajong】：采用构造保证失稳当然是可以的，且不用做失稳验算。但是，你必须真的采取构造措施来保证失稳，否则计算截面会很大。以前的设计没有出问题不能证明其设计是合理的。另外，经常看到有人在做风吸力下的稳定计算时，将恒荷载取的偏大，这是偏于不安全的。

【**liguangrong**】:檩条下翼缘失稳是因为在风吸力作用下下翼缘受压超过了稳定应力而失稳。至于为什么你没有按设计要求做的那么小而没有出事故，那是因为平时的风荷载没有达到按50年一遇到的风压值那么大。此外，设计的强度控制指标和设计理论规定的设计公式也都有一定的安全系数。我认为还是应该按规范要求来设计，保证必要的安全性。

至于拉条设置在靠近檩条下翼缘的位置能否保证檩条在风吸力作用下的下翼缘稳定性，我认为可以把拉条作为檩条平面外的弹性支座(或者作为一个定向支座)来计算，看是否满足要求。

【**江湖漂**】:减小檩条的侧向变形和扭转，提高檩条承载力。轻钢屋面布置拉条的作用，我认为有两个:①抵抗垂直于屋脊的水平力;②减小檩条平面外计算长度，防止平面外扭转和失稳。

【**bill-shu**】:下翼缘失稳是因为风吸力的作用，你在计算的时候，檩条上翼缘的计算长度按拉条间距或者不考虑稳定(上面刚性铺板并可靠连接)，但风比较大，在上吸力作用下，下翼缘无支撑点，计算长度是全长，很难满足。针对此种情况，可以设置双层拉条，或者修改截面。拉条作檩条面外支撑点的条件是，屋脊和檐口都应该有斜拉条，檩条端部最好设双螺母，檩条腹板里外各一个。

点评:由于规范中对于檩条的连接构造等规定涉及不深，细节做法要求不明确，会造成檩条实际承载力的降低，而且对于国内的施工现状来说，每个公司所采用的构造做法也不尽相同，这也势必会造成檩条实际承载力的差别。而实际情况是，不同的构造做法(屋面板、拉条、撑杆等的材料及与檩条的连接方式)直接影响着檩条的实际承载力，但是檩条的失稳问题在国内的试验研究并不多，再加上为了能与国外的相关试验研究数据作对比，很多试验的构造做法是参照国外公司的成熟构造方法而进行的，应用于国内的一些常规做法时并不一定合适。总之，虽然计算檩条的方法有很多种，但是了解每种方法的适用条件却是非常重要的，也应该引起足够重视。

3　设有喷淋或风管的屋面檩条如何设计?(id=177434,2007-11-14)

【**lul**】:有一厂房，屋面下设喷淋或风管，但风管的吊点布置有些地方有，有些地方没有，这种檩条如何设计?如果全按有风管的荷载设计，则比较浪费钢材。如果是局部按有风管的荷载设计，单出现不同规格的檩条，屋面高差如何处理?

【**abd99999**】:可以和公用专业的设计人员商量一下。对于比较大的荷载，可以让他们的吊挂荷载不通过檩条来传递，而是通过其他途径传到刚架上。而较小的荷载，可以让它直接作用在檩条上，比如说喷淋的支管。

【**刘星语**】:空调管道一般不重，且大多纵向布置，尽量吊挂在梁上，如果要减少檩条用钢量，把设备布置图要到手，连续檩条调厚度，简支檩条调高度或者厚度，相差不大时，从下方看上去不太明显。喷淋系统主管道都比较大，且大多垂直梁方向，可以用梁支承;支管道大多垂直檩条，分布均匀，可以当成均布荷载。

4　Z型檩条与C型檩条相比各有什么优缺点?(id=75223,2004-11-05)

【**红顶**】:Z型钢与C型钢相比有什么优点?什么情况下用Z型钢?Z型檩条是否比C型檩条截面小一些?

【dzwxw1011】:Z 型檩条一般是按连续梁设计的,C 型檩条是按简支梁设计的,同等柱距采用 Z 型檩条的断面要小,可以节约材料,降低造价。

【子叶】:Z 型檩条适用于柱距较大(≥8m)的情况。此时用 Z 型连续檩条,能够节省用钢量,但安装时搭接施工较麻烦;C 型檩条只适用于柱距较小时,用钢量相对于 Z 型檩条(对柱距较大来说)较大,但施工较方便。

【even】:第一个问题,Z 型檩条相比 C 型檩条,有如下优点:

①便于运输,在相同容积的情况下,Z 型檩条运输的更多,这样单位檩条的运输成本下降;

②受力性能更好;

③可以做成连续檩条,从而降低檩条截面高度,达到节省材料的目的。

第二个问题,除了檐口位置外,其他用 C 型檩条和 Z 型檩条的区别不大,但是目前可以加工 Z 型檩条的厂家不是很多,在设计时也要考虑施工方的采购问题。

第三个问题,如果是简支受力,两种檩条的截面相差不大。C 型檩条不能做连续檩条。

【liwei2003】:补充一点:当屋面坡度较大时,选用 Z 型檩条比较好。

【李晓德】:碰巧今天看了一份资料《建筑钢结构进展》,介绍如下。

C 型檩条的截面在强轴上不对称,中心轴的位置偏心,屋面板的搭接一般不在 C 型檩条中心轴的位置上,其受力状态不理想。因此,C 型檩条一般适宜于坡度平缓的屋面。

Z 型檩条,其主轴倾角多为 14°～20°。用作檩条时,屋面荷载作用线与 Z 型檩条截面主轴方向相当接近,弱轴方向的力分量很小,双力矩对强度的计算影响小。因此,Z 型檩条适宜于坡度大于 1/4 的屋面。

【鹰式轻钢结构】:总体来说,Z 型钢的使用正在成上升的趋势,大家在设计图纸或者为业主提供意见时,完全可以放心大胆的推荐 Z 型檩条。

大家可以看一看图 6-1,同样的数量,C 型钢打包要比 Z 型钢高得多,Z 型钢不仅同样的车运输重量多,而且容易装车,方便运输。如果说 Z 型钢容易在运输途中折弯,其原因之一我认为可能是生产厂家没有做好防护措施。

【lijingas】:看了图 6-2,想请教一个问题:

图 6-2 中连续檩条搭接,仅在腹板处连接 2 个螺栓,而在翼缘部分没有做连接,这样能否算是连续檩条? 个人觉得不妥。我做连续檩条时,一般在上下翼缘再连接一个螺栓。其中,上翼缘采用平头螺栓,下翼缘采用普通螺栓,这样的连续性要更好。

图 6-1

图 6-2

因此个人认为，既然设计中是考虑连续檩条，那么节点也应该处理成能够连续。

【rybin0691】：①Z型檩条可以搭接，因此是按连续梁设计的，C型檩条是按简支梁设计的，这样跨中的最大弯矩Z型檩条要比C型檩条小20%左右，同等柱距采用Z型檩条的截面要小，钢板要薄，可以节约材料，降低造价；②Z型檩条作为屋面檩条十分好用，但作为墙面檩条不能做窗框，所以墙面有窗户的厂房最好屋面采用Z型檩条，墙面采用C型檩条。

【dofrn】：请教一下，为什么C型钢不能做成连续梁？连续梁主要是在节点部位保持刚接，能传力也能传弯矩，那么我在檩条连接部位焊接，再加檩托板，不也能算刚接吗？

【wzj】：C型钢是薄壁型钢，一般2～3mm厚，很难焊接，还是尽量采用螺栓连接好。

【刘星语】：翼缘一般靠机械咬合，加螺栓固然连续性很好，但对受拉翼缘削弱较多。我想，连续檩条计算公式是这种连接模式下的试验结论，采用这种连接是可靠的。如果削弱过多，必然考虑截面利用率，用钢量会上升很多，反倒不好。

【xieli8288】：个人认为C型钢做成连续梁的形式不可行。一是因为如上所述，若在檩托板上施焊，那么就只能在工地现场操作，这样的话现场的工作量就太大了；二是因为C型钢的厚度都很薄，很容易烧穿，还有就是这样的焊接并不能认为可构成刚接节点。

【a7d78f】：Z型檩条搭接时应考虑钳套松动问题，根据杭萧委托浙江大学所做的研究报告：由于嵌套连接支座处螺栓孔是椭圆且存在搭接缝隙，故Z型连续嵌套搭接檩条达不到等截面连续梁的效果，挠度也会大于等截面连续梁，又考虑到实际工程中的蒙皮作用，故支座处的弯矩有10%释放。

5　Z型钢连续檩条搭接时孔无法对齐，怎么处理？(id=109279，2005-09-16)

【鹰式轻钢结构】：Z型钢搭接，厂家无法做竖向长圆孔，因壁厚3.0mm，大小头搭接后可能出现搭接处孔不对孔的现象，请问怎么解决？

【jym】：对于以上问题，我公司也曾经遇到过，理论上把孔朝着“小头”处偏移1/2壁厚，但是由于加工精度不够，所以还是有部分孔对不上；现在我们的处理方法是，在加工时尽量让孔偏移，并加大孔径。

【鹰式轻钢结构】：我们想了一个办法，把檩条分两部分做，其中一部分做两端孔距是50mm的，另一部分做成孔距分别是47mm和53mm的，这样两部分混和使用，搭接之后基本上能使孔冲齐。而且生产时只需调整一下机器孔距，没有产生其他费用。

【dongqing】：楼上所说对生产当然可行，但是给安装带来很大不便，种类太多，还得考虑檩条方向，现场施工比较难区分，最好是在高度方向打长圆孔，问题应该不大。

【鹰式轻钢结构】：其实用我们的方法安装也不麻烦，当时我们先做了一批，底漆用的是中灰防修锈，之后的第二批用的是铁红防锈，这样到了施工现场就很容易处理了。

【equan2008】：如果实在因为别的原因无法打钉(比如正好有电气吊支的角钢设在那里)，可以考虑用自攻螺钉连接。

【xiaocad】：我认为还是开大一点的孔，再配上适用的垫圈处理较妥。

【鹰式轻钢结构】：根据我们行业内部的统计，Z型钢一般搭接使用时由于厂家打孔设备的误差加上现场安装的误差，可能会在安装时出现螺栓口不对位的问题，作为生产厂家，建议设计及拆图人员在分析材料时尽量采用两种打孔图，即搭接部分大小头孔距相差一个壁厚左右。图 6-3 是在地面可以对齐的檩条，而图 6-4 是孔距会出现误差，螺栓穿不上的情况。

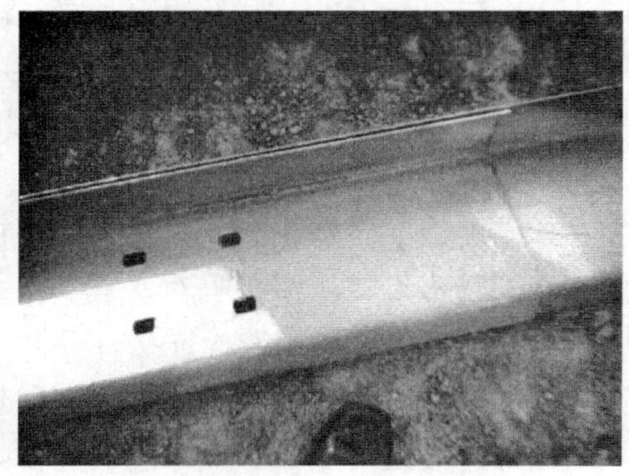

图 6-3

图 6-4

（二）墙面檩条设计

1 墙面檩条设计问题。(id=158316,2007-02-08)

【caihao1】：6m 跨，墙檩间距 1.5m，风压 0.6，墙面单层板。我设计用 C180×70×20×2.0 的檩条怎么计算都通不过，而在实际施工中看到的设计院出的图纸一般都是用这么大的墙梁，以下是我的计算书，是不是有什么地方参数输的不对？

冷弯薄壁型钢墙梁设计输出文件
输入数据文件：　QL1
输出结果文件：　ql
设计时间：　2/8/2007

=====设计依据======

建筑结构荷载规范(GB 50009—2001)

冷弯薄壁型钢结构技术规范(GB 50018—2002)

=====设计数据======

墙梁跨度(m)：6.000

墙梁间距(m)：1.500

墙梁形式：卷边槽形冷弯型钢 C180×70×2.0

墙梁布置方式：口朝上

钢材钢号：Q235 钢

设置一道拉条

墙梁支承压型钢板墙，水平挠度限值为 1/150

墙板能阻止墙梁侧向失稳

计算双力矩的影响

墙梁支撑墙板重量

单侧挂墙板

　墙梁上方一侧板重(kN/m)：0.100

　墙板厚度(mm)：1.000

　每米宽度墙板的惯性矩(m^4)：0.200000E－06

建筑类型：封闭式建筑

分区：中间区

　　　　基本风压：0.600

　　风荷载高度变化系数：1.000

　　迎风风荷载体型系数：1.000

　　背风风荷载体型系数：－1.100

迎风风荷载标准值(kN/m^2)：0.600

背风风荷载标准值(kN/m^2)：－0.660

＝＝＝＝＝截面及材料特性＝＝＝＝＝＝

墙梁形式：卷边槽形冷弯型钢 C180×70×2.0

b＝70.000　h＝180.000　c＝20.000　t＝2.000

A＝0.6870E－03　Ix＝0.3439E－05　Iy＝0.4518E－06

Ix1＝0.7080E－01　Iy1＝0.2570E－01　θ＝0.0000E＋00

Wx1＝0.3821E－04　Wx2＝0.3821E－04　Wy1＝0.2137E－04　Wy2＝0.9250E－05

Ww1＝0.1095E－05　Ww2＝0.9522E－06　k＝0.3500E＋00　Uy＝0.0000E＋00

钢材钢号：Q235 钢

fy＝235.000　f＝205.000　ff＝215.695

＝＝＝＝＝设计内力＝＝＝＝＝＝

|1.2 恒载＋1.4 风压力组合|

绕主惯性轴强轴弯矩设计值(kN·m)：Mx＝5.670

绕主惯性轴弱轴弯矩设计值(kN·m)：My＝0.208

最大双弯矩设计值($kN \cdot m^2$)：Bm＝－0.167

水平剪力设计值(kN)：Vx＝3.780

竖向剪力设计值(kN)：Vy＝0.693

|1.35 恒载　　|

绕主惯性轴强轴弯矩设计值(kN·m)：Mx1＝0.000

绕主惯性轴弱轴弯矩设计值(kN·m)：My1＝0.234

最大双弯矩设计值($kN \cdot m^2$)：Bm1＝0.038

水平剪力设计值(kN)：Vx1＝0.000

竖向剪力设计值(kN)：Vy1＝0.779

|1.2 恒载+1.4 风吸力组合|

绕主惯性轴强轴弯矩设计值(kN·m):Mx2=-6.237

绕主惯性轴弱轴弯矩设计值(kN·m):My2=0.173

最大双弯矩设计值(kN·m²):Bm2=0.254

=====抗弯强度验算======

控制组合:1.2 恒载+1.4 风压力组合

有效截面特性计算结果:

全截面有效。

截面强度(N/mm²):Sgmmax=310.466>215.695

截面抗弯强度不满足! * * * * * *

=====抗剪强度验算======

控制组合:1.2 恒载+1.4 风压力组合

截面最大剪应力(N/mm²):tao=16.108<=120.000

=====风吸力内翼缘受压稳定验算======

组合:1.2 恒载+1.4 风吸力

有效截面特性计算结果:

Ae=0.6818E-03　θe=0.0000E+00　Iex=0.3397E-05　Iey=0.4518E-06

Wex1=0.3747E-04　Wex2=0.3747E-04　Wex3=0.3804E-04　Wex4=0.3804E-04

Wey1=0.2143E-04　Wey2=0.9236E-05　Wey3=0.2143E-04　Wey4=0.9236E-05

基于有效截面主惯性轴弯矩设计值:

绕主惯性轴强轴弯矩设计值(kN·m):Mx1=-6.237

绕主惯性轴弱轴弯矩设计值(kN·m):My1=0.173

最大双弯矩设计值(kN·m²):Bm1=0.254

整体稳定系数:Faib=0.898

整体稳定应力(N/mm²):fstabw=422.353>205.000

整体稳定不满足! * * * * * *

=====荷载标准值作用下,挠度验算======

竖向挠度(mm):fy=0.698

水平挠度(mm):fx=21.436<=40.000

---

* * * * *计算不满足* * * * * *

=====计算结束======

【ljbwhu】:风压这么大,檩条这么小,应该不够。这么大的风压,我们单位一般都是用C200 以上的檩条。略看了一下,弯矩计算是对的。

【siho1979】:还有一个要注意的:现在一般檩条的厚度都要在 2mm 以上。

【dofrn】:帮你算了一下,最小要用 C200×70×20×2.5 才能满足要求,因为你的风压太大了,达到了 0.6,如果你的风压在 0.3~0.5,你说的截面应该就能满足了。

【山西洪洞人】:建议:将拉条设置在无墙板一侧,或者设置双层拉条来保证风吸力作用下的内翼缘侧向稳定性,此时,檩条计算应该容易通过。

【xiao00hua】:我的理解:最好是设置两道拉条,主要是比较经济;再就是增加檩条的厚度;最后再选择增加檩条的高度。

【ozxm0004】:我也碰到过这个情况,刚刚做了一个台州地区的工程,风压取 0.6,开间 7m,我怎么算 C180×70×20×2.5 的檩条都不够,但现在设计院出图后是 C180×70×20×2.5,不知该采取什么措施可以保证计算满足?

【xenium9】:计算轻钢结构时,基本风压还应乘 1.05 的放大系数。

【crazysuper】:按构造保证可以通过,但问题在于因风压太大而风由外朝里墙梁外翼缘受压,风吸力作用下墙梁内翼缘受压,稳定起决定作用,后者因墙梁强度不够而导致破坏。

【xiangxiang911】:采用 C180×20 的檩条,如果采取措施能够保证檩条内翼缘的侧向稳定性,那么计算基本可以通过。

2　关于连续墙梁的问题。(id=85793,2005-03-01)

【hnwjg】:设计一钢结构厂房,12m 柱距,无扶墙柱。也就是要采用 12m 的墙面檩条(墙梁),且采用实腹式冷弯型钢。若按简支,算不下来,要采用连续的做法,不知施工时是否有困难。现想请教两个问题:①连续墙梁的计算方法;②连续墙梁的构造做法。

【hehongshengabc】:①连续墙梁的节点做法在《门式刚架轻型房屋钢结构技术规程》(CECS 102:2002)上有。②连续墙梁一般为 Z 型钢,12m 的最好用 Q345B 钢。③可以考虑双檩条。④计算方法:PS2000,STS 软件都能计算。⑤加 3 道拉条比较经济。

【liu5620194】:Q345B 钢的 Z 型檩条应该是提前向厂家预定吧?还有 Z 型檩条怎么样才能制作成双的,是不是不好加工啊?

【hmimys】:可用 STS 计算,不过墙梁一般不做成连续的,可考虑采用双 C 型钢。

【蓬勃钢结构】:《门式刚架轻型房屋钢结构技术规程》(CECS 102:2002)7.2.13 条说明:"当采用连续搭接时,檩条的搭接长度 $2a$ 及其螺栓的直径,应按连续檩条支座处承受的弯矩确定。"请问这句话怎样理解?是不是根据支座处弯矩包络部分的长度确定?

【hehongshengabc】:①是的,连续的按刚接计算,简支的按铰接计算,也就是弯矩包络图 $1/8ql^2$ 与 $1/2ql^2$ 的区别,根据弯矩来计算檩条的截面尺寸。②对连续檩条来说,中间部分属中间跨,两端属端跨。所以两端即两山开间的檩条应适当加大。③从静力手册里可很容易查到各跨中的内力。

【yuhl555】:墙面用连续檩条时,最好在有窗户的地方不要用,改成方管或双拼简支 C 型钢。

3　墙面檩条的朝向问题。(id=40178、58775,2003-10-22)

【yutou1978】:请问墙面檩条的开口向上好,还是向下好?

【allan2614544】:①从受力来说,向上向下没什么区别。②从施工来讲,开口向下较好,方便上螺栓,扳手可以转 360°。③上窗顶开口向上,下窗台开口向下。

【csw0025】:屋面 C、Z 型檩条开口应向上,受力合理,减小屋面荷载偏心而引起的扭矩;墙面檩条开口常规做法是向下,不容易积水、积灰。

【FLYYU828】:我做的项目都倾向朝下,除了钢窗顶和地面矮墙顶朝上。另外,如果墙面檩条计算采用连续檩,是不是有窗的地方必须改为 C 型,因为有人说 Z 檩窗口做不了。

【老刀】:如果墙面檩条计算采用连续檩(Z 型),有窗的地方宜改为 C 型檩条,如仍用 Z 型檩条也可,但要注意 Z 型檩条将有一部分会挡住窗口,如业主没有意见,当然可以。

【理想化】:窗下檩条口向下已是共识(为了保证不漏水,也为了安装方便),但是在有上部固定通窗时,我们遇到过一个问题,窗下泛水边的内卷边高度不够,经常会发生水漏进房内的情况。我们采用了 Z 型墙梁,下部直接焊在墙托上,内卷边向上,防水效果还不错,业主对外观也没有过意见(毕竟是上部固定窗,不会难看),但就是现场要焊接,而且 Z 型墙梁做的有点麻烦,萧山也没现货,但这是一种成功的处理方法,有条件的可以采用,这比漏水以后改泛水要简单。

【小黑马】:如果是双板,在没有特别要求的情况下,墙面檩条开口就请向下,有以下几种原因:①现场凡是口向下的檩条在没有安装拉条和墙板之前,与向上的檩条相比挠度大很多;②施工中如遇下雨雪天,向上的檩条不可避免的要积水、积雪、积灰;③在现场安装阶段,檩条向下的受力要比向上好许多。但如果是单板,由于从下边看效果太差,建议口向上。

【brd0068】:墙面檩条开口的朝向很主要的一点是考虑墙面建筑的要求。横檩如果遇门窗,则檩条的开口背向门窗。门框有时候用双 C 檩条,是口对口焊接而成的。门窗竖框也同理。

4 檩条与檩条的连接可以用自攻螺钉吗?(id=172686,2007-08-28)

【noned】:檩条与檩条的连接可以用自攻螺钉吗?尤其是洞口的立檩与横檩的连接,一般都是用 M12 的螺栓,如果改用自攻螺钉可以吗?

【aijianbo】:我以前曾经这样做过,但是由于自攻螺钉强度不够,效果不好。

【liwenbin】:自攻螺钉还是有些缺陷的,没有用螺栓连接看着直观。

【谨慎】:一般不行,自攻螺钉的穿透能力有限,如用于收边等彩板固定的钉子穿透能力不会超过 2mm(具体值可查看产品说明)。穿透能力大的钉子是有,但工地上用钉子很乱,这种钉子就算设计上提到,实际工程中也不一定用,就算勉强连接其强度也难以保证。安装或是详图公司做详细的安装图不是把构件拼起来就好,还应力求结实、美观、方便及实用。

【beststeel_zyh】:通常情况下,檩条和檩条的固定极少用自攻螺钉,可以说这只是到了现场的权宜之计(譬如檩条没有开孔,又不能动火,无法用螺栓连接时)。

自攻螺钉按照自钻能力分以下几种:①结构钉,用于檩条与檩条、彩板与檩条等连接,自钻能力从 4.5~12mm 都有,其单价也有所不同;②缝合钉,主要用于彩板和彩板的连接及收边的固定等。有一点值得注意的是,一旦用到檩条和檩条连接,一定要由工程师计算受力是否满足,或者需要几颗螺钉固定才够。

【谨慎】:以前做详图时,好像彩板和檩条连接的钉子的自钻能力不会超过 6mm,就算有能力强的自攻螺钉应用于抗剪连接也不合适，因为自攻螺钉一般都是用作抗拉连接件，它能有多大直径？而且我见到的钉子(不包括 20 的尖头钉，也就是缝合钉)都有一段光杆长度即没有螺纹，以前设计时都要根据连接的板型来确定钉子长度，保证板件连接都在螺纹处，钉头伸出板件 2～3 个螺纹等。

【yuxiong】：现在出现一种薄壁轻型钢结构房屋，大部分材质都是用檩条连接或者双拼，用自攻螺栓连接，我认为问题不是很大，可以参考。

点评：《冷弯薄壁型钢结构技术规范》(GB 50018—2002)6.1.7 条已经对用于压型钢板之间和压型钢板与冷弯型钢构件之间紧密连接的抽芯铆钉(拉铆钉)、自攻螺钉及射钉连接的强度计算做出了具体的规定。从设计上来说，只要通过计算能够满足受力要求，檩条之间采用自攻螺钉连接也是可以的。

而实际工程中，除了一些厂家的特殊薄壁型钢外，檩条之间的设计中很少采用这种连接，其原因可能是：①不同生产厂家的产品型号、性能其实际承载力可能不同，这种差异有时并不为设计人员所熟知。《冷弯薄壁型钢结构技术规范》(GB 50018—2002)6.1.7 条的条文说明也指出，用于压型钢板之间和压型钢板与冷弯型钢等支承构件之间的紧固件连接的承载力设计值，一般应由生产厂家通过试验确定。②目前的工程施工中，如果用于檩条连接处的自攻螺钉用量不是很大时，容易与其他部位的材料发生混淆。考虑目前施工中，对于自攻螺钉的监查并不是很到位，还不能引起足够的重视，所以对于重要连接部位使用自攻螺钉连接的方式还是慎重为好。而对于有一套成熟、完善应用经验的公司来说，运用自攻螺钉来连接构件能够起到快速、经济的使用效果。

(三) 檩条拉条设计

1 拉条在檩条上的位置讨论。(id=30080,2003-06-07)

【agd】：在屋面拉条设计图中，常将拉条孔做在离檩条上翼缘 1/3 处，但是这样的话，两坡的檩条镜像，就会有一定的方向性，不便施工。请问各位，能否安排在檩条中间，以减少安装带来的麻烦?

【徜徉】：我觉得檩条间可以采用撑拉杆相间布置，固定在檩条中部，这样受力性能较好，不管屋面是承受向上还是向下的力，都能起到很大的作用。

【hndkwze】：个人理解如下：在施工过程中，由于存在施工节点荷载加上檩条自身的挠度等各种因素，檩条上翼缘受压，给安装带来很多不便，更有甚者可能引起檩条上翼缘侧向失稳，因此拉条布置在靠近上翼缘处比较合适。施工完毕后，在风的吸力下(风荷载大于屋面恒荷载、活荷载的情况)，檩条的下翼缘受压，而屋面压型钢板能够阻止檩条上翼缘侧向失稳，此时拉条宜布置在靠近下翼缘处。权衡利弊，在实际工程中我的做法是布置在靠近下翼缘 1/3 处。

【nix】：偏上还是偏下尚有争议。规范及书籍中多为偏上，专业杂志上也看到有文章提出应改为偏下。个人赞同偏上布置，同时加强檩条两端与刚架的连接。对于风吸力下檩条下翼缘失稳问题，通常规范是简单的不允许失稳。其实檩条下翼缘失稳后，由受弯构件逐渐发展成受拉构件，吸力持续加大的话会全截面受拉，檩条从梁的行为变成了拉杆的行为。支座加强后，檩条并不会破坏。檩条下翼缘失稳侧移后，若仍处于弹性阶段，瞬时大风过后，会恢复原位。

【stevens】：不同意此观点，檩条失稳会是弯扭失稳，截面形式受到破坏。

【josephone】：规范中拉条设置在檩条靠上翼缘处，原因在于规范编写时，压型彩钢板还不是很普及，当时屋面基本上是采用石棉瓦等比较重的围护，且一般坡度比较大，此时拉条设置在檩条靠上翼缘处是比较合理的。但现在屋面围护基本上都采用比较轻的材料，檩条和屋面的稳定常常是由风吸力控制的，且屋面板与檩条间可以通过自攻螺钉可靠连接，屋面板在某种意义上已经起到了拉条的作用，所以我认为在单层板的情况下将拉条设置在靠檩条下翼缘1/3处是比较合理的。另外，考虑到施工过程中檩条的扭曲，为了便于调整，将檩条做成双螺母上下拉也是比较常见的做法。

【decker】：我觉得偏上是考虑到檩条上翼缘倾覆失稳。但是我认为，普通柱距檩条可以开在中间。

【lvjun777】：我认为拉条孔开在下翼缘比较合理，因为檩条上翼缘的稳定可由压型钢板来保证。

【sunny8448】：若只在下翼缘附近设置拉条，施工过程中檩条容易侧向扭曲，并且当屋面活荷载（或雪荷载）较大时，檩条容易侧向失稳。美国的做法是用 30×30 小角钢代替拉杆，布置在上下翼缘，在屋脊和檐口处布置交叉剪刀撑。

【V6】：拉条设置在偏上的位置不只是考虑到在自重下的檩条的侧向稳定问题，拉条还起到传递平行屋面的分力的作用，这个方向的分力通过拉条来传递。如果只在偏下的位置设置拉条，当屋面坡度比较大时，檩条会在平行于屋面分力的作用下有倾覆的趋势。

【brd0068】：《门式刚架轻型房屋钢结构技术规程》（CECS 102：2002）6.3.6 条对此有规定："当采用圆钢做拉条时，圆钢直径不宜小于 10mm。圆钢拉条可设在距檩条上翼缘 1/3 腹板高度的范围内。当在风吸力作用下檩条下翼缘受压时，拉条宜在檩条上下翼缘附近适当布置。当采用扣合式屋面板时，拉条的设置应根据檩条的稳定计算确定。"

【Anly】：我认为，当为单层板时，考虑到风吸力的影响，拉条布置在靠近下翼缘处（一般 1/3 处）比较合理；当有内衬板时，考虑到内层板对檩条的约束，可布置在中间。

【lanf】：可否这么认为：如果屋面是压型钢板且直接用自攻螺钉固定在檩条上，屋面板能更有效地阻止檩条的侧向失稳，提供了侧向约束，可以考虑蒙皮效应的作用；如果压型钢板是扣合板或是暗扣板，对檩条的约束作用较差，则蒙皮效应较差。另外，如果有屋面内板（一般内板直接由自攻螺钉固定），此时对檩条的下翼缘失稳起作用，如此考虑布置拉条在檩条上的位置。

【brd0068】：如果屋面是压型钢板且直接用自攻螺钉固定在檩条上，屋面板能更有效地阻止檩条的侧向失稳，这个时候拉条可不必设置在屋面檩条靠近上翼缘 1/3 处。如果有内衬板，拉条布置在檩条中间；如果无内衬板，在风吸力作用下，檩条下翼缘受压，稳定性需要计算（可以按照《门式刚架轻型房屋钢结构技术规程》（CECS 102：2002）附录 E 的规定计算），然后得出拉条的数量和直径，将其布置在靠近下翼缘处 1/3 处。《门式刚架轻型房屋钢结构技术规程》（CECS 102：2002）中也有一个规定："当面板的基板厚度小于 0.66mm 时，附录 E 不适用。"是否说明只要屋面板的基板厚度小于 0.66mm，而且屋面板直接用自攻螺钉固定在檩条上，檩条的整体稳定性就不必计算了？无论是上翼缘还是下翼缘。

【zcj001】：其实不然，《门式刚架轻型房屋钢结构技术规程》(CECS 102:2002)所说的并非是当面板的基板厚度小于0.66mm时，附录E不适用，而是指应该选用哪种计算公式计算面板与檩条连接的抗扭刚度C_{t1}。当面板的基板厚度不大于0.66mm时，用式(E.0.4-2)计算；当面板的基板厚度大于0.66mm时，用式(E.0.4-3)计算。

【大头盛】：檩条冲孔一般是上下的，我认为拉条在檩条上可以一上一下地穿过，拉条和板不平行，加上斜面上的自重和屋脊的短拉条作用，形成的三角形产生的稳定性可能更好。至于施工时，只要扳手有足够的旋转空间，施工难度不会有变化。

【DYGANGJIEGOU】：截面小于C180的檩条可以开孔在腹板中心，等于或大于C180的檩条开孔可在距上翼缘1/3腹板处。正常情况下，可仅在檩条的上翼缘附近(1/3处)设置拉条，即使当檩条在风吸力组合作用下下翼缘受压时，若可通过其稳定计算满足也可。如不满足，宜在檩条的上下翼缘附近(1/3处)设置双拉条。

【axb780828】：一般情况下，檩条上翼缘受压，所以拉条设置在檩条上翼缘1/3高的腹板范围内。由于需要考虑檩条在风吸力作用下的翼缘受压，需要把拉条设置在下翼缘附近。考虑到蒙皮效应，可以考虑上翼缘的侧向稳定性由自攻螺钉连接的屋面板提供，而只在下翼缘附近设置拉条；但对于非自攻螺钉连接的屋面板，则需要在檩条上下翼缘附近设置双拉条。对于带卷边的C型截面檩条，因在风吸力作用下自由翼缘将向屋脊变形，因此宜采用角钢截面或方管截面。

【yugle】：可以参考《轻钢结构设计中几个常见错误分析》(《建筑结构》2004.7)。拉条设在檩条中部肯定是不好的，不能发挥其有效的抗扭能力。而拉条设在上部还是下部1/3处，由屋面板的情况决定，如果屋面板在檩条上翼缘可靠连接，能阻止上翼缘受压失稳，则拉条设置在下部，反之则相反。拉条和檩条一上一下的连接要慎用，因为拉条对檩条会产生顺时针或者逆时针的扭矩，设计时须注意。

【ivy-w】：通常，在恒荷载、活荷载作用下，檩条上翼缘受压，且现在常用的屋面板是咬合或暗扣的，不能起到阻止檩条上翼缘失稳的作用，故应在檩条的上翼缘附近(1/3处)设置拉条，拉条还起到承担沿屋面坡度方向的分力的作用(尤其是在屋面坡度较大的情况下)，所以是必设的。当檩条在风吸力组合作用下，下翼缘受压时，需要进行稳定验算。如满足稳定要求，则可以不做处理；如不满足稳定要求，应根据计算结果在檩条的下翼缘附近(1/3处)增设拉条，即设双拉条。

【zxinqi】：个人认为，对于檩条或墙梁而言它们均属于冷弯薄壁构件，其极限承载力及稳定分析与其他结构还是存在一定的区别。首先，薄柔截面构件存在一个有效截面问题，也就是说它不是全截面均匀受力构件；其次，它还存在一个开口薄壁构件的约束扭转问题，即檩托板作为檩条的支座刚性约束，载荷与剪心不重合时产生的扭矩带来的扭转失稳。这两项问题在规范中体现较少。也就是说，冷弯薄壁构件的使用还是存在一定的范围的。《低层房屋系统手册》提出薄壁型钢檩条跨度不宜超过30in(1in=0.0254m)。至于其原理可参阅郭彦林及张其林的论文，他们用有限条分法或壳元理论做了详细的分析及研究。

在合理跨度且不考虑这两种情况下，对拉条应该这样解释：拉条布置的第一个作用是减少弱轴方向支撑点之间的距离，使得弱轴的弯矩值减小，这对两个主轴方向惯性矩和截面模量相差较大的构件来说是重要的；第二个作用是有助于提高檩条整体稳定性，提高构件抗扭刚度。

因此，对于跨度较大的檩条，规范有明确的拉条布置要求。

轻钢结构屋面大多采用压型钢板作围护，采用间距较密的自攻螺钉或其他紧固件与檩条上翼缘连接，可视为上翼缘有密布的面外支撑，从而防止檩条构件面外的整体失稳。但由于屋面较轻，风荷载吸力作用下存在下翼缘受压失稳状况及连续檩条支座附近也存在这种问题。为保证下翼缘不至于失稳，应在下翼缘 1/4～1/3 腹板处设置拉条，在满足 1.5m 间距要求下可不计算其稳定性。如果屋面板采用暗扣或锁边连接不能作为上翼缘的支撑构件，在跨度较大的情况下，我建议上下翼缘均设拉条。同时在拉条平面内设交叉支撑，以确保檩条的稳定性，并防止在屋面板较长时由于温度收缩拉力作用导致的檩条倾倒。对于两侧均采用屋面板固定的情况，理论上可不设拉条。此外，为了加工及安装方便，檩条采用上下开孔，便于统一构件，减少现场工人挑选构件的时间及错误。

参照美国的金属建筑系统，他们的檩条全是采用薄壁角钢作为刚性拉条，并且在屋脊处拉条平面内采用交叉拉条也是有道理的。毕竟这点拉条对建筑物本身不会增加太多用钢量，用于墙梁亦然。

【czf723】：在跨度比较大时，可在檩条处设置双拉条，檩条计算下来断面比较小。而在跨度比较小时，可设置一个拉条，拉在上翼缘（角弛 III 型屋面板）。

【doubt】：没想到这个问题还有这么多人在讨论，也没想到我在新的公司也遇到了这样的问题，但对于这个问题几年前已形成了统一的意见。规范条文是指导性的，设计者应该根据实际来做，计算假定条件首先需要理解正确。以 STS 檩条计算为例：若打钉屋面可选构造保证上翼缘稳定，计算主要考虑施工荷载，对于滑动支座屋面肯定不能对檩条上翼缘提供侧向支撑，所以多数计算时稳定不满足就需要在偏上加支撑系统，风吸力导致檩条下翼缘受压时（有内板则构造保证下翼缘稳定），按实际经验若计算后应力比不超出太大可以不加（要根据工程所在实际环境取舍），否则应做双层。对于在檩条中部打孔，我不知道能起什么作用。

【刘星语】：不仅要考虑上下翼缘在各种工况下的最不利情况，还要考虑板型的影响。对于墙面板，无论内板还是外板都是自攻螺钉固定，所以：

①有内外墙板时，拉条居中；

②只有外板时，照顾内侧，拉条偏内侧。

屋面檩条则稍有不同，因为目前的屋面板有以下 3 种固定方式。

①自攻螺钉固定，对檩条支持效果比较好。

②暗扣，效果次之。

③冷断桥固定，上侧可以转动，对檩条的支持效果最差。此时，可以考虑有益因素影响（有限支撑）。

故：①檩条双侧有板时，都为螺钉固定，拉条居中。

②下层板螺钉固定，上侧暗扣或者冷断桥时，照顾上侧。

③当双层板都在檩条上侧时，内层板往往螺钉固定（冷断桥连接的比较少），视同单层板螺钉固定。

④单层屋面板螺钉固定时，“恒荷载＋风荷载”作用不及“恒荷载＋活荷载”影响时，拉条孔居中不如偏下。但跨度太大，安装时容易扭曲时，拉条孔最好居中。

⑤单层屋面板暗扣或者冷断桥固定时，“恒荷载＋风荷载”影响大于“恒荷载＋活荷载”时，

拉条孔居中不如偏下。“恒荷载＋风荷载”影响不及“恒荷载＋活荷载”时，拉条孔最好偏上或者居中，不可以偏下。

双层造价高、安装不方便，一般公司不愿意这么做。有在下翼缘用自攻螺钉固定槽形彩板条，间距 1.5m，所有檩条下拉通的做法，不过这只是檩条加固时不想增加造价的一种替代方法。

2　屋面檩条体系中是否必须设置斜拉条？(id＝38968，2003-10-08)

【fqbnbm】：屋面檩条体系中是否必须设置斜拉条？

假设檩条跨度 6m、檩距 1.5m 的一般情况下，按规范是否必须在靠近屋脊的节间和靠近梁柱连接处的节间设置斜拉条？如果设置，则会给施工图设计和施工带来很多麻烦。设斜拉条后，能保证拉条的拉力都传到主刚架上吗？

【dingding】：是的，必须设置斜拉条，否则荷载无法传递到刚架上。其实，用 STS 布置檩条、拉条及隅撑都很方便，就是用 CAD 也不是很麻烦(可用复制和镜像功能)。

【qczl_2003】：应该设斜拉条，当主刚架对称时，我一般设在檐口处，不对称时设在屋脊处。需注意的是，斜拉条应与刚性檩条连接，所以有斜拉条的地方，檩条之间我会设上直拉条加套管或撑杆，来保证拉力有效地传递给刚架。

【lijingas】：当屋面对称时，可以不设置屋脊处斜拉条，因为两坡的分力基本平衡。至于墙梁，只要采用的墙板能够自承重，也可以不设置斜拉条，但由于国内大部分厂房都有上排窗，有的还是通窗，所以最好设置斜拉条。当然如果采用双层墙板且采用自攻螺钉连接的话，可考虑彩板的蒙皮效应。

由于国内屋面板大部分采用的是单层板，且非自攻螺钉类固定，且屋面活荷载不一定均布，最好还是在屋脊处设置斜拉条。同时，规范提到当檩条有可能向屋脊处倾倒时，还要在檐口处设置斜拉条。

墙梁，规程规定，当墙板的竖向荷载有可靠途径直接传至地面或托梁时，不设置拉条。不设斜拉条，那么直拉条也没有什么用，总不能靠最上面的一根檩条来承受吧？除非你把最上面的那个檩条设置得足够强。

如果檩条足够，且采用内外双层板，均用自攻螺钉连接，如果屋面板强度足够，我也可以不用斜拉条，甚至直拉条都可以不用。如果屋面对称，且跨度不是太长，我也不设置斜拉条。

不要总是认为实际没有事，就要求改规范。提高安全度，是一个国家综合实力提高的表现。你总不能认为按旧规范做的工程没有出事，就不要求修改规范吧？

【yang000nan】：我认为斜拉条、拉条与刚性拉条共同组成的体系是用来保证檩条的稳定。当然对于有坡度屋面，屋脊处的斜拉条也用于承担顺坡方向的荷载。通俗一点来说，檩条平面外失稳有两个方向，故斜拉条要上下都布置，让檩条向两个方向都动不了，这才能保证它的整体稳定性。至于斜拉条开孔的位置，可以直接在檩条上做，没有必要在刚架上开洞设置。

【huangaiguo1965】：一般来说，在屋脊和檐口处设置斜拉条和撑杆形成刚性桁架是设计构造要求，这样一来结构就更安全，传力也明确，其对结构造价的影响极小。为什么不做？

【hendy7922】：斜拉条的设置与檩条的倾倒方向有很大关系，什么地方该设斜拉条，什么地方可以不设，就我个人理解在这里分析一下：斜拉条、直拉条及撑杆组成了稳定的结构传力体系，主要承受拉条产生的拉力。对 C 型拉条、开口向上布置的情况，在竖向恒荷载及活荷载作用下，由于存在平行屋面向下的分力，所以拉条承受了平行屋面向下的拉力。此时，只在屋脊处设置拉条即可；在风吸力作用下，风力是垂直屋面作用的，此时的拉条不能提供侧向支撑，不承受拉力，所以可以不需布置斜拉条；当在檩条下部1/3高度处也布置拉条以防止檩条在风吸力作用下失稳，此时的拉条是承受檩条失稳所产生的次拉力，由于拉力方向不定，所以需在屋脊及檐口处布置斜拉条。由此，对C型檩条，在风吸力不大的情况下，可以只在屋脊处布置斜拉条。对Z型檩条，由于其形心主轴与屋面有一定角度，所以拉条在恒荷载及活荷载作用下承受向下的拉力，在风吸力作用下产生向上的拉力，所以Z型檩条在屋脊及屋缘处一定要布置斜拉条。

3 墙面也要设斜拉条吗？(id=85182,2005-02-21)

【hhgg】:墙面也要设斜拉条吗？

斜拉条主要是为了限制边檐檩、各天窗缺口处边檩向上向下两个方向的侧向弯曲。墙面檩条如果加上立撑，斜拉条还用加吗？或者是墙檩截面比较大的情况下，是否也可以省去斜拉条？

【书女】:Z型和C型墙梁垂直于地面方向的刚度较弱，因此当梁跨在4～6m时，在跨中设置一道拉条，超过6m(包括6m)时设两道拉条，这时在垂直方向可按两跨或三跨连续梁计算。拉条承担的墙体竖向荷载通过斜拉条传到柱上，一般每隔5根墙梁设一对斜拉条，以分段传递墙体自重。撑杆的作用主要是限制檐檩和天窗缺口处边檩向上向下两个方向的侧向弯曲。撑杆处应同时设置斜拉条。

【suwuqin】:墙面不一定要设置斜拉条，只有在布置天窗时，窗下面一定要设置斜拉条，主要是为了更好地将窗的自重传到柱子上。

【821022】:对于一般的厂房檐口处或女儿墙顶应加斜拉条，以便力能够有效地传递到柱上，还能防止檩条的侧向扭转。对于墙面，如果有通长窗，则更应该加斜拉条且中间直拉条应加套管(起到撑杆的作用)，防止因窗子自重使檩条下挠变形。

【3776】:斜拉条应该是必须设的，加立撑和设斜拉条是两个概念，设置斜拉条是为了将力传至柱身，撑杆是为了防止檩条的扭曲破坏，是一个从属关系。

【hehongshengabc】:①斜拉条的主要作用是减少檩条的侧向跨度，从而减少檩条在使用和施工过程中产生的侧向挠度和扭转变形。

②当檩条跨度大于4m时，可设置檩条和撑杆，其布置原则为：跨度为6m的实腹式檩条，当荷载和檩距较小时，可仅在跨中设置一道拉条；当荷载和檩距较大时，可在跨中三分点处设置两道拉条；在檐口、屋脊、天窗两侧檩条间应设置撑杆和斜拉条。

【zhouyuling_518】:必须要加的，特别注意的是，门、窗处的上框一般都用檩条，长度在6～9m之间，有一定的下挠度，且在此檩条上都要加设斜拉条以防下垂，否则在安装门、窗的时候很难施工。

【谨慎】:有关拉条及斜拉条的讨论，论坛上有很多，同屋面的布置原理大致相同。首先，拉条的作用是为了减少竖直方向的挠度，使向下的力通过直拉条传递后由斜拉条传至刚架，因此在檐口处设置一道即可；其次，在风力及安装荷载作用下的檩条稳定，一般情况下拉条安装在靠近外墙板处，这时应保证风吸力作用下的内翼缘稳定，所以风压大时要增大檩条截面，或是设置双层拉条，这时内部斜拉条就有上部和下部同时设置的必要了。但这种情况我没见过，是否比增大檩条的截面更为节省也没进行过比较。

【刘星语】:补充一点,如果墙面大量断开(比如设置通长窗)时,断开部位下一个墙梁之间也设斜拉条,道理相同。

4 墙面窗户间斜拉条设置。(id=42573,2003-11-18)

【liwei】:当墙面设置双排窗时,除墙檐需设斜拉条外,下层窗上弦是否应设置斜拉条,窗立柱可否代替?

【noned】:可不做斜拉条,参见《门式刚架轻型房屋钢结构技术规程》(CECS 102:2002)第34页图,斜拉条位置规定的很明确。拉条可以用窗立檩代替,虽然没有明文规定,但是效果一样。

【happysmile】:我不赞成设置斜拉条,因为是通窗,如果要做斜拉条必然有丝头伸出的麻烦,影响窗户的安装。斜拉条的作用无非就是控制檩条的挠度,尤其是在檩条上加上窗户的荷载之后。我的意思是,在窗户的下层檩条和再下一层檩条之间设置檩条或角钢立柱,焊接。这样两层檩条实际上组成了一个小型的桁架,强度足以保证托住窗户,而不至于产生很大的挠度变形。

【happysmile】:设置斜拉条并不会影响窗户的安装,只是窗户处的檩条在有拉条处焊块板,这样就不存在丝头伸出的麻烦,何况在通窗下面设斜拉条就可以把墙上的竖向力通过斜拉条直接传给柱子,这样此处的檩条就不会产生较大的变形。若不设,则变形会较大,大家有机会可以去现场看看。

【rxliu6969】:同意楼上说法,即使是通长窗,同样可以处理。在柱节点檩托下设一块立板,打两个孔,作为斜拉条支撑孔。无柱处在檩条上焊一块立板,打孔即可。

5 墙面檩条下垂挠度过大,如何处理?(id=45489,2003-12-16)

【chuhaifeng】:我公司施工的门式刚架墙面檩条,因为上下均布带形窗,其中间又无斜拉条(仅有直拉条),女儿墙上的斜拉条无法起到作用,经常有下垂挠度过大现象,请问如何处理?

【xj234】:①施工时可用木方或角钢作临时支撑,待墙面钢板安装完毕后,再将这些临时支撑去掉,因为已安装的钢板会有一定的蒙皮作用,因此可控制檩条的过大挠度。

②以前在工地看到过将檩条旋转90°放置,也可减少檩条的挠度。

③增大檩条规格。

【rxliu6969】:我曾见过一个工地采用上述方法,效果不太好。后来我仔细想了想,认为上部采用斜拉条加撑杆,并在另一工程中实施,效果很好。一般来讲,墙外彩板会有一部分力传到地梁(或是窗下砖墙上),墙檩条竖向力很好控制的,但施工过程中自重会使檩条下垂,有些变形在完工后很不好调整,所以设计时要充分考虑墙面檩条的竖向变形。个人认为加拉条和撑杆是一个好办法。

【li_qing13】:xj234的第二条我不太赞成,因为墙梁的主要荷载是风。还是加斜拉条、直拉条和压杆比较合适。

【flywalker】:可在窗口下的檩条处设撑杆及斜拉条或在有能力时做异形檩条。

【登登】:在通窗设计中应考虑到通窗的重量,如果你的墙梁在计算时挠度就不满足,我想还是应以调整墙梁的型号为主。如果下窗以下为墙板,可将下窗下的拉条改为角钢支撑,上窗增设斜拉条,这样可以很有效地控制墙梁挠度;下窗以下为砖墙时,只需上窗增设斜拉条即可。

【hai】:ABC公司一般不设墙面拉条,对于有窗的地方,在窗上方设一个卷边角钢,水平和竖直方向刚度很大,下垂挠度很小。

6 圆钢拉条是否用圆钢加圆管的撑杆代替更好?(id=72037,2004-10-08)

【红顶】:①圆钢拉条是否用圆钢加圆管的撑杆代替更好?

②圆钢斜拉条应怎样做才能在安装完成后拉得更紧一些?我看过很多工程,斜拉条都拉不直。

③屋面水平撑靠近檐口处的一组是不是应该拉到柱顶位置?拉到梁上可以吗?

【zcj001】:①一般在设置斜拉条处采用圆钢加圆管的撑杆,其他位置只用圆钢拉条。当然用了更好,但会增加成本。

②圆钢斜拉条可做成直拉条,斜拉条孔设置成长圆孔,在节点处加一块角钢制成的垫块。这样效果不错,制作、安装都很方便。

③最好拉到柱顶,这样受力合理,拉到梁上会使钢梁平面外受扭。

【朱大龙】:一般在屋脊处和檐口处的拉条设置成圆钢加钢管的撑杆的形式,其他屋面部位可以不考虑。墙面的拉条最好采用圆钢加钢管的撑杆形式,对墙面檩条的调平有好处,也便于下一步的施工。

【even】:就红顶的问题,我个人认为:

①拉条全部用撑杆代替的话,我个人认为不妥,除了不经济以外,还有因为撑杆的受力模式和拉条不同,撑杆在受压方向也有约束,这样不方便檩条的调直和拉条的张紧协同受力。

②我想你说的可能是斜拉条吧?最好的方法就是在斜拉条的中部安装法兰螺栓,还有就是在斜拉条的一个端部安装楔形垫块,这两种方法都比较麻烦,成本也较高,国内采用的都不多。

③拉到柱顶是因为在檐口位置往往都会有天沟板,装到梁上会和天沟碰撞。

二 隅撑设计

1 一种隅撑打遍天下。(id=32975,2003-07-16)

【法师】:其实这个问题是关于隅撑的计算,我一般都用∟50×4的角钢做隅撑。根据我的计算,按以前的公式,对于一般的厂房,即便按轴压计算隅撑,这个截面也是够的。但《门式刚架轻型房屋钢结构技术规程》(CECS 102:2002)提高了隅撑的计算轴力,把分母上的85改成60了,这使隅撑的设计又得小心了,可能原来的经验截面不够。但该规程规定的按轴压构件来计算隅撑是否存在不妥?因为我们在布置隅撑时一般都是对称布置的,这种情况下,是否能像柔性交叉支撑一样,只考虑受拉的一根隅撑受力?

《门式刚架轻型房屋钢结构技术规程》(CECS 102:2002)规定:隅撑对称布置时,单个隅撑的轴压力取公式计算的一半。问题是,隅撑是用来保证梁柱内翼缘平面外失稳的,对称布置的隅撑,可能两个都同时受压吗?我觉得应该是一个受压一个受拉。

对于某些门式刚架大截面,隅撑较长,稳定系数非常小,可能只有0.2左右。如果考虑隅撑受压,则隅撑的截面有可能会用得较大。如果只考虑隅撑受拉,尽管其轴力翻倍,但无稳定系数之扰，L 50×4 的角钢用在所有的厂房里都够了。

【呆呆虫】：我们的做法是按受压计算，放单根隅撑。

【wrhchina】：《门式刚架轻型房屋钢结构技术规程》(CECS 102:2002)这么规定的原因可能是：如果布置隅撑，就保证拉、压杆都不要破坏。而压杆的破坏起控制，所以计算压杆足矣。

【sdsd】：隅撑对称布置时，如果要发挥作用，显然是一个受压一个受拉，只是数值上是个叠加关系，因此取一半；事实上在边跨刚架，只能布置一个隅撑，隅撑发挥作用，可能受压也可能受拉。我觉得《门式刚架轻型房屋钢结构技术规程》(CECS 102:2002)之所以按受压杆件考虑，主要还是因为刚度，就像柱间支撑，当刚架较高时或跨度较大或吊车吨位较大时，按压杆设计。如果单纯从静力学角度考虑，按拉杆也没问题，但刚度显然较按压杆设计时差，有吊车时也容易晃动。小小的隅撑作用如此之大，很多人都用隅撑来作为平面外支点以减小计算长度，考虑到隅撑与梁柱连接的部位及方式要求已经是很宽松，这里按压杆还是合理的。

【wallman】：隅撑的作用是防止受压翼缘平面外失稳，其实发生失稳时的变形并不大。如果隅撑按拉杆设计，它的轴向刚度可能较弱，不能有效地限制受压翼缘出现平面外变形，因此隅撑是应该按压杆设计，并提高其刚度的。"一种隅撑打遍天下"恐怕不行。

【法师】：提到刚度问题，我们可以算算只考虑单根受拉隅撑受力时的变形。取 Q235 的角钢做隅撑，我们考虑钢梁较大的情况，取其截面高度 $H=1300\text{mm}$，隅撑的角度为 45°，则隅撑的长度 $L=1300/\cos45°=1838\text{mm}$。只考虑一根单拉隅撑，其内应力达到设计强度，即取 $\sigma=215\text{N/mm}^2$，钢材的弹性模量 $E=206000\text{N/mm}^2$，所以在隅撑的内应力达到设计强度时，其应变为 $\varepsilon 215/206000=0.00104$。隅撑的轴向变形为 $\varepsilon L=0.00104\times1838=1.92\text{mm}$，其水平分量，即被支撑的梁内翼缘水平位移为 $1.92\times\cos45°=1.36\text{mm}$(不到 2mm)。钢结构的螺栓孔比螺栓大多少？我没有研究过梁平面外失稳时的位移会有多大，但要说梁的受压翼缘平面外位移在 1.5mm 时会发生失稳破坏，是不可能的。

【sdsd】：首先，如果按拉杆设计，只能假设受力时一根有效，一根无效，这点我想不会有异议。当受压翼缘侧平面外失稳，除了平面外变位，还必然伴随着扭转，当按拉杆设计时，可以制止的是前者，对后者是无能为力的。对比一下按压杆设计时，隅撑一拉一压，形成力偶，可有效地防止扭转；即使边跨只有一根隅撑，如果按压杆设计，此隅撑与檩条和梁柱腹板形成三角形几何不变体，仍然可以防止扭转。如果受压翼缘的变形无法约束，则平面外稳定无法保证，又怎能说刚度没问题。一个体系的刚度如何，并不是简单的看某根杆件在内力下的变形，分析彼此之间的约束情况是很重要的。

【法师】：隅撑虽是一拉一压，但仅靠隅撑是没法防止梁的扭转的。防止梁扭转的力偶是由檩条和隅撑共同提供的，而且根据檩条及隅撑的受拉受压情况来形成不同方向的力偶。

对于边跨，只有一个隅撑，能防止梁的扭转。为什么对于中间跨，我只考虑受拉的一根隅撑，反而又不能防止梁的扭转？要知道，对于边跨的梁，别看隅撑是按受压设计，可当梁的翼缘是向端跨以外的方向失稳时，这唯一的隅撑正是受拉的。

综上所述，对于梁的下翼缘平面外失稳，由隅撑来限制翼缘的平面外位移，由隅撑和檩条共同来限制梁的整体扭转，而且根据我前面帖子中的计算，在隅撑满足强度的情况下，其变形是非常小的，刚度没有问题。

【msf】：关于隅撑设计，我没有一个隅撑打天下，屋面梁用L 50×4，而框架柱一般用L 70×5，不知是否大了？我是按压杆考虑，但能否按拉杆计算？

【scalewing】：①sdsd 认为隅撑形成的力偶对梁下翼缘上下方向变形均有约束，我认为非常有道理，但是诚如**法师**所说，量上确实少了一点，是否这样做就看设计师了。假定截面为800×200，且隅撑顶在翼缘的 1/4 处，则檩条和隅撑形成的整体力偶（控制截面侧向变形及扭转）比隅撑形成的力偶（控制下翼缘上下方向变形）大 7 倍，在概念设计上我认为有道理。

②**法师**说能否按照受拉设计。对于双边隅撑，实际受力模型是一边拉一边压，正好形成整体约束。如果隅撑受压失稳了，这时候只有一边受拉。对于单边隅撑，实际受力模型是拉或者压。我认为只按照受拉设计不太妥当，还是应该考虑受压作用。

总之，按照受压设计比较可靠。我想《门式刚架轻型房屋钢结构技术规程》（CECS 102：2002）按照受压设计，可能就是这个道理。

【sdsd】：单纯从力学角度考虑，按单拉也可以成立，正如前面所讨论，边隅撑事实上已存在这种模型。但成立不意味着合理，或者说付出较小经济代价而取得更大的安全度是否值得？隅撑作为平面外支点来减小计算长度，是利用了屋面蒙皮作用，事实上对梁翼缘也仅可视为弹性支撑，当前计算长度取 2 倍隅撑间距的做法也仅可视为经验做法，这种情况下再放松对隅撑的要求是不合适的。

【sepcixia】：《门式刚架轻型房屋钢结构技术规程》（CECS 102：2002）认为隅撑可以防止刚架下翼缘受压时的平面外失稳，而且隅撑要按轴心受压杆验算。如果不按压杆考虑，就前功尽弃了。刚架之所以会平面外失稳，一个很重要的因素就是腹板提供的约束不足，因此，在失稳的瞬间，斜梁的下翼缘与腹板间的一部分会"发软"，此时腹板对翼缘失去刚性，三角形稳定随即失效，而且如果采用双拉杆设计，檩条在外荷载作用下本身也会发生位移，会消耗隅撑的作用。所以结论是，必须按压杆设计。

【法师】：或许通过类比的方法可多想想：如果 **sdsd** 和 **specixia** 的理由成立，使得对称布置的隅撑不能按单拉来设计，那隅撑就根本不能按单侧布置，尽管你这时候是按受压设计隅撑。规程就得改了，得改为隅撑必须对称布置了，好像有关规程里连"宜对称布置"都没提到。

看图 6-5，图 6-5a）为单侧布置按受压设计（其实这时隅撑也可能受拉），图 6-5b）为双侧布置按单拉设计。我不知二者对于防止梁下翼缘平面外失稳时的受力模式有何不同，所以在驳斥右边的方案时请先想想左边的方案是否存在同样的问题。

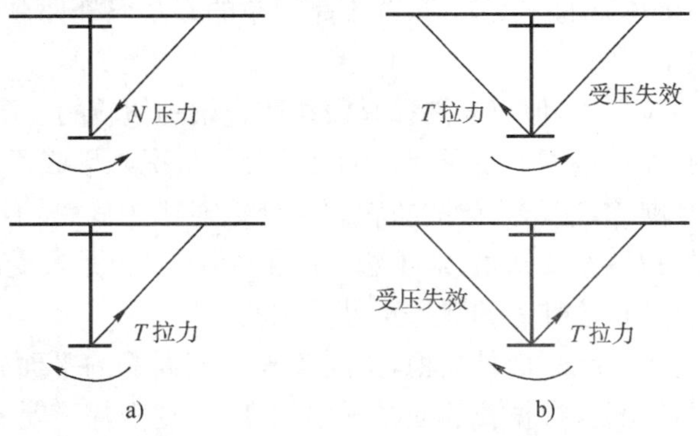

图 6-5 隅撑的布置形式及设计方法

a）单侧布置按受压设计；b）双侧布置按单拉设计；

【sdsd】:事实上,我更希望从下面两个方面来展开探讨:

①下翼缘受压失稳时,腹板的受力状态及其可提供约束的能力;

②从试验的角度考虑,按压杆模型设计比单拉模型设计的稳定应力提高幅度有多大?

【matthew】:全用压杆也不一定更安全吧?打个通俗的比喻,一般人力拉车或拉船总比推车或推船省力吧?而且接触过塔桅结构的人都知道,细长桅杆的纤绳是桅杆平面外稳定的支点,所以不能下"拉杆无法做平面外支撑"的结论。再举个简单的例子,如果拉杆无法做支撑(隅撑就是支撑,英文叫 Flange Brace,只不过结构的支撑支撑结构,隅撑支撑受压翼缘),那以后所有的柱间支撑、屋面支撑都不可以做十字拉杆的形式了。

【sepcixia】:关于梁的整体稳定,规范及相关书籍中明确指出是刚性铺板或有效阻止受压翼缘侧向变形的支撑点,难道对此也有异议?

厂房端跨设单侧隅撑是因为条件的限制,但是考虑山墙的横向刚度及山墙柱的影响,刚架下翼缘的受力情况在风荷载作用下与中间跨有所不同。此外,结构的稳定可按侧移、挠度等使用要求加以控制,而判断构件是否开始整体失稳的临界变形难以量化,在这种情况下,有效支撑的刚度应该严格控制。

【3d】:考虑梁的整体稳定的计算模型,侧向支承点对于梁来说是个平面外的固定铰支座,只拉隅撑,没有足够的刚度,能作为梁平面外的侧向支承点吗?充其量是个弹性支座。规范从严控制是综合考虑的,是有道理的,除非规范修订一下梁的整体稳定计算公式。

【zhjun2002】:隅撑如果考虑受压,那么有什么必要做对称的?既然做对称隅撑就不必考虑受压。实际上,我经常做单边隅撑,审图办也曾提出异议,但审图办却拿不出确切证据推翻这种设计,最后只好在审图意见上写建议改成对称隅撑。还有就是,隅撑只在下翼缘受压区段设置,下翼缘受拉区段视情况可设可不设。

【木头】:参照强支撑的理论,通过柱子无侧移失稳和有侧移失稳的承载力之差可以判定对支撑的刚度要求。两个承载力之差相差不大时,对支撑刚度要求也不大。《门式刚架轻型房屋钢结构技术规程》(CECS 102:2002)对变形的要求很宽松,相应的绝对变形值比较大,二阶效应不会小,提高对支撑的要求是必要的。但同意**法师**的见解,即使只用拉杆,同样可以满足有效支撑的作用,控制其变形即可,单隅撑除外(要使用压杆)。

【陌上尘 64】:实际受力是一根受拉一根受压。压杆失效之后,即使拉杆能承受 2 倍的轴力,设想一下会是什么情形?而且反向荷载作用的时候,压坏的隅撑还能承受 2 倍的轴向拉力吗?除非采用柔性结构,恐怕不能允许压杆失去承载力吧?

【WoodAnts】:注意,只要拉杆不坏,压杆就不会坏到不能受拉的程度。

【riwave】:我们的规范是尽量对称设隅撑,而一些国外的公司则经常做成单侧隅撑,这样就只能按受压杆考虑了。《门式刚架轻型房屋钢结构技术规程》(CECS 102:2002)中隅撑两侧布置,受力按压杆一半设计,我认为是为了保证一定的刚度,防止其失稳。

【bigdragon】:从受力方面来看,是可以设计成拉杆的。某些情况下柱间支撑都可按拉杆考虑,何况隅撑。若想降低用钢量,设计为单隅撑是可行的。

【Black Toby】:隅撑应该根据梁和柱的内翼缘的平面外稳定计算设置,如果不满足则该位置应设置隅撑,用于降低平面外计算长度。另外,隅撑也能够降低檩条的平面内计算长度,如果不是所有的墙(屋)面檩条均设置隅撑,可以不考虑其有利作用。定性分析第一,定量分析应建立在定性分析的基础上。

【hhh】:早先的设计手册,隅撑是支在两侧翼缘上的,但《门式刚架轻型房屋钢结构技术规程》(CECS 102:2002)允许隅撑连在腹板下部,此时不再有力偶的作用,这样做是基于一个理论:只要支撑刚度够,下翼缘平面外位移很小,就可保证平面外稳定。

可以对比一下柱间支撑,十字交叉支撑可以按受拉杆件考虑,在地震区按一拉一压考虑;人字形支撑按一压一拉受力,都按压杆设计。如果不考虑梁腹板对下翼缘支承,此处隅撑类似于人字形支撑,应按压杆设计。边隅撑保证平面外稳定是利用了腹板的弹性支承作用。

与**法师**所说隅撑采用对称受拉支撑最为相似的是广州新体育馆,屋面桁架之间采用了垂直交叉拉索,作用是保证桁架下翼缘的平面外稳定,不同的是索施加了预应力以保证始终在弹性状态,并在同济大学做了足尺试验。但我认为该试验只能说明该工程有足够的设计余量,拉索起到了应有的作用,并不能下结论说拉索起到了与完全刚性支撑相同的作用。

在对称布置隅撑时,隅撑受力是一拉一压,压力是事实存在的,并不会因为我们的假设而消失,这样按压杆设计实际是合理的。当然也存在一个问题:为什么十字交叉支撑可以按拉杆设计?压力不也是客观存在吗?

【蒙南】:我认为隅撑的作用:①对刚架梁起侧向支撑作用,减小钢梁的平面外计算长度,控制钢梁的整体变形;②局部起调整钢梁的垂直度和侧向稳定作用,在钢梁愈高时尤为明显。当屋面受力不均时,钢梁局部发生变形,这时对称隅撑的受力可能是一边受拉、一边受压,同时变形方向不确定性,受力可能会相反,变为此压彼拉;当钢梁整体侧向变形时,恐怕受力就不同了。因此说《门式刚架轻型房屋钢结构技术规程》(CECS 102:2002)规定按受压构件计算取较大者,争议应该不大。

【精典王】:有个问题不明白:隅撑的连接一般都是螺栓连接,那在连接处的计算是否满足?檩条的厚度应该很薄(2~3mm),如果把钢梁隅撑及和它们连接的那部分檩条作为一个整体,发生侧移时隅撑和檩条连接处是否会破坏呢?破坏了还能有稳定可言吗?

【flywalker】:以下为隅撑的计算过程。

已知梁高 800,宽 250,翼缘厚度 10,Q345 钢。隅撑为∟50×4,成对布置,角度为 45°,Q235 钢。

隅撑所受的轴力 $$N=\frac{0.5\times250\times10\times310}{60\times\cos45^{\circ}}\times\sqrt{\frac{345}{235}}=11066.5\text{N}$$

隅撑计算长度 $$L_{0x}=L_{0y}=\frac{800}{\cos45^{\circ}}=1131.37\text{mm}$$

∟50×4 角钢的截面特性:$A=390\text{mm}^2$,$A_n=40\times4=160\text{mm}^2$,$i_x=9.9\text{mm}$(非对称轴),$i_y=19.4\text{mm}$(对称轴)。

$\lambda_x=\dfrac{L_{0x}}{i_x}=114.3$,$\lambda_y$ 须采用换算长细比[可见《钢结构设计规范》(GB 50017—2003)]。

$\lambda_y=4.78\dfrac{b}{t}\left(\dfrac{1+L_{0y}^2t^2}{13.5b^4}\right)=74.3$,可查得稳定系数 $\varphi=0.468$

$\dfrac{N}{\varphi A}=60.6\text{N/mm}^2<\xi f=159\text{N/mm}^2$($\xi$ 为单角钢连接稳定折减系数)

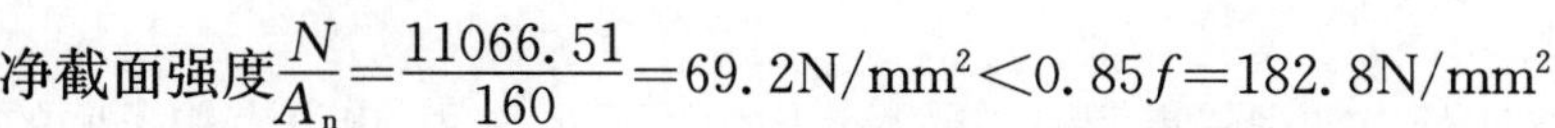

净截面强度$\frac{N}{A_n}=\frac{11066.51}{160}=69.2\text{N/mm}^2<0.85f=182.8\text{N/mm}^2$

如果采用 M12 的螺栓连接，2.5mm 厚的檩条，螺栓的抗剪承载力 $N_{vb}=\frac{1}{4}\pi d^2 f_{vb}=$ 14300N，考虑 0.85 的单角钢连接折减系数，$N_{vb}=12155\text{N}$。

$N_{cb}=d\sum tf_{cb}=9150\text{N}$，考虑 0.85 的单角钢连接折减系数，$N_{cb}=7778\text{N}<11066.5\text{N}$。

得出几点结论：

①成对布置隅撑中受压和受拉是同时存在的，那为什么不能考虑受拉模型？我认为是隅撑的长细比决定的，$\lambda_x=114.3$ 造成隅撑中压力的存在不能忽略，所以只能按一拉一压的模型计算。

②经过比较计算，我认为隅撑的长细比还是起控制作用。

③发现主梁为 Q345 钢时，轴力比较大，檩条比较薄，螺栓的端部承压强度无法满足要求，而对螺栓的讨论比较少，应该引起重视。

【lvdan00】：①隅撑的设置是为了保证梁受压翼缘的稳定，而为了保证翼缘的稳定则必须提供侧向约束。

②隅撑在端跨只能单侧布置，就只能按照压杆来计算（压杆需考虑自身的稳定性）；若在中间跨，你同样也单侧布置，当然是可行的。在跨中间对称布置后，若隅撑的内力取一半，那么就按一拉一压考虑，起控制作用的还是压杆。

③当然还有压杆退出工作、拉杆单独作用的情况，此时拉杆内力不需减半，按照拉杆计算即可，然后对称布置。

但实际上，一些规范把隅撑限制在压杆范围内进行计算，就把第③种情况完全抹杀掉了。

2 隅撑的设置范围。（id=9737，2002-05-31）

【lul】：请问隅撑设置的位置如何确定？是全梁均设，还是根据弯矩包络图仅在梁的下翼缘受压处才设？

【wxg】：一般是每隔一根檩条设一个，但要保证每根檩条有一个隅撑，必要的时候墙梁也设置隅撑。隅撑的设置主要是看檩条（墙梁）的受力状态，绝大部分是构造设置。

【header】：隅撑的设置是看檩条的受力状态还是看屋面梁的受力状态？隅撑的设置应该与梁的平面外计算长度有关，檩条间距不是每个工程都一样的，统统隔跨设置是不是在概念上有点模糊？

【alafair】：全梁均设，因为风荷载可能使跨中的梁下翼缘受压。

【even】：建议全梁均设，因为和柱一样，梁的隅撑间距也是梁平面外计算长度的依据，所以不能简单地只是根据弯矩包络图。

【lijingas】：一般来说，我在支座范围（即反弯矩范围）每根檩条都布置隅撑，在中间范围每 2 根檩条布置一道隅撑。

【jan5671】：我认为应该在支座范围内每根檩条均设置，其余的地方根据你设定的平面外计算长度来定。

【dj-9】：我们公司的习惯做法是沿全梁隔一檩条设一道，不过我倾向于按弯矩包络图设置，下翼缘受拉时可不设。

【ABCFRAME】：在支座处应加密隅撑。但如果不考虑屋面板的作用，也没有檩条间的水平斜拉条，屋面梁的平面外侧向支撑间距，应为屋面水平支撑间的距离，只要在此节点设隅撑即可。

【rejoice】：隅撑的设置要看你取的屋面梁平面外计算长度，一般 3m，即隔一根檩条设一个，在支座处可以加密作为安全储备。

【luzhigang】：关于屋面隅撑的设置，我是先初步排一下檩条间距，再根据该间距进行隅撑设置，确定梁的平面外计算长度。

【haolijun】：《门式刚架轻型房屋钢结构技术规程》(CECS 102:2002)规定要在受压翼缘设置，但见有人是全梁均设的，到底怎么设是正确的呢？

【刘星语】：现在比较普遍的做法是：在梁柱刚接节点弯矩大、下翼缘受压应力比较大的地方满布；等截面段通过计算，如果可以不设就不设，因为对下层板铺设不利。当然，如果没有下层板，又没有提供单独计算书的话，隔檩设一个，不用自找麻烦，也增加不了多少用钢量。从好钢用到刀刃上的思路来说，不用加的地方加了也浪费，加到重要部位可以提高承载力储备。

【黑胡子海盗王】：这个问题我做了详细的研究，包括从最初为什么设置隅撑。实际上，隅撑的作用不是对檩条怎么样，而是控制梁的下翼缘或者柱子的内翼缘平面外失稳的。也许有人会提出这样的问题：

①为什么只在梁的下翼缘设置(或柱子的内翼缘)？

②梁的受压下翼缘位于哪个区域，或者柱子的受压内翼缘位于哪个区域？

③为什么一般要隔檩设置？

那我们现在来回答这 3 个问题：

①实际上，梁的上下翼缘都存在平面外失稳的问题，但是梁的上翼缘有檩条提供平面外的约束。而梁的下翼缘没有檩条，所以我们要设置隅撑。

②那么梁的受压翼缘位于哪个区域呢？可以这样说，梁的下翼缘的每个部位都有可能受压，在正常荷载作用时，梁的两端是受压的，就是我们说的负弯矩；但是在风吸力作用时，可以让梁的中间部位也受压。在各种情况都考虑的情况下，梁的下翼缘需要通长设置。

③为什么 3m(一般是两个檩条的距离)设置一道隅撑？我们在做结构设计时，梁的计算长度取 3m，就是用隅撑来保证的。当然，如果把梁的计算长度按实际长度计算，那么你也可以不设置隅撑。柱子和梁的情况是一样的。

最后提个问题：隅撑和刚性系杆都可以改变平面外的计算长度，但它们有什么区别呢？

【zhujingming】：很多人只知道隅撑可以减小平面外计算长度，实际上这种理解方法不确切。

考虑计算长度是为了考虑构件的稳定性，而验算稳定需要我们分别考虑平面内和平面外，因为有可能平面内失稳，也有可能平面外失稳。而根据计算稳定的公式，就需要计算平面内计算长度和平面外计算长度两个内容。对应的平面外计算长度我们又要分成两个部分，即上翼缘和下翼缘。也就是说，当我们考虑风压的时候，对屋面梁来说上翼缘受压会失稳，这时候用到的平面外计算长度是上翼缘的平面外计算长度，由于屋面板＋檩条的蒙皮作用，屋面梁的上翼缘的稳定性能够得到一定的保证，这也是我们为什么不用去考虑风压的荷载组合。实际情况是，轻钢结构在风吸力作用下更为不利，其屋面梁的下翼缘没有任何的保障，此时也就是我们经常需要考虑的屋面梁下翼缘的失稳情况。对于屋面梁的下翼缘受压平面外失稳，其平面外的计算长度怎么办？这就用到了隅撑，为什么我们要设置隅撑？正如**黑胡子海盗王**说的，是为了减小屋面梁最不利的情况——风吸力作用下的下翼缘受压失稳的问题。所以隅撑都是支撑在屋面梁的下翼缘，也是作为屋面梁下翼缘的平面外计算长度的支撑点。至于为什么要用3m，距离大了梁截面未免要做大，小了也没必要，所以根据以往的经验，隔一根檩条布置1个隅撑。这只是个经验数据而已，柱子也是一样的道理。

至于**黑胡子海盗王**所说的刚性系杆，其布置的原因与隅撑完全不一样，不能一概而论。而且刚性系杆支撑在截面腹板中间，请问是对上翼缘受压失稳有效还是对下翼缘受压失稳有效呢？所以单纯的刚性系杆并不能作为侧向支撑。

我们再回到隅撑的问题上来，隅撑不是万能的。一般认为，当梁截面高度不是很大的时候，也就是跨度不大时，可以认为隅撑是可以起到下翼缘平面外侧向支撑的作用，以3m作为平面外计算长度来计算屋面梁的平面外稳定，但是当梁截面高度很大，对应的结构跨度很大时，隅撑长度也相应加大了，自己都不能保证自己的稳定性了，还怎么限制下翼缘的平面外变形？此时平面外计算长度不能用3m来计算。所以当截面高度很大时，我们一定要把梁的翼缘宽度做得比较大，一方面是为了美观，梁不会显得太窄；另一方面就是为了解决隅撑的问题。

再来看一个实际的情况，平面桁架，下弦杆要比上弦杆截面大，为什么？最主要就是平面外稳定不容易保证，特别是风吸力作用下靠近跨中部位的下弦杆。对此，隅撑是不能用了，那么参照实腹梁的解决办法(隅撑)，我们可以在下弦杆布置纵向系杆，或者布置纵向平面桁架，都可以对下弦杆的平面外稳定起到帮助，如果我们把纵向系杆布置在上下弦杆的中间腹杆上，大家认为有意义吗？

再来想想隅撑和梁连接的做法，为什么连接在梁腹板上不如连接在梁下翼缘上好呢？我想大家应该都有答案了。

3 有关隅撑间距的问题。(id=48804，2004-02-09)

【computer】：《门式刚架轻型房屋钢结构技术规程》(CECS 102：2002)7.2.14条提到：隅撑间距不得大于相应受压翼缘宽度的$16\sqrt{\frac{235}{f_y}}$倍。可假设当翼缘宽度为200mm(Q345钢)，那么隅撑最大间距应为2641mm，通常在风荷载作用下，梁总会有负弯矩的，如果我们把檩条间距做成1500mm，那么我们每根檩条上就都得做隅撑了。在这种情况下，当门式刚架跨度很小时(不大于18m)，梁翼缘宽度按计算不会超过150mm，也就是隅撑间距须做到1900mm了。不知设计时是如何考虑的？全做隅撑的做法，我认为不可取。

【duangwenping】：建议每隔1500mm(每一道檩条设计一道)单边设置隅撑，这样隅撑数量不增加受力也能满足要求，很多外资企业就是这样做的。

【tommyliuztk】：我认为《门式刚架轻型房屋钢结构技术规程》(CECS 102：2002)7.2.14条指的是满足该条件不需计算整体稳定，实际上斜梁我一般是取侧向支撑点间距为3000mm，即每隔一道檩条设一道隅撑，平面外稳定计算还是很好通过的，当然不用每根檩条都做隅撑了。

【火狐狸】：若翼缘宽度较窄，理所当然地应使隅撑间距减小。还特别规定，当斜梁下翼缘不设隅撑时，应采取保证刚架稳定的可靠措施，如设置刚性撑杆或加大截面等。

【bl】:《门式刚架轻型房屋钢结构技术规程》(CECS 102:2002)7.2.14条提到的规定,后面明确指出了如果侧向支撑间距满足翼缘宽度的16$\sqrt{\frac{235}{f_y}}$倍,可不计算整体稳定性。如果我们用的支撑间距不满足要求,则进行整体稳定性计算(主要是平面外的稳定性),如果整体稳定性能通过,那就没有必要加那么多的隅撑了。

【qiuyacheng】:其实这个问题我也想过,规范上说应在下翼缘受压区设置,通过STS建模计算后发现在各种力作用下,下翼缘必定受压的,我们公司一般也是3m设一道隅撑,但发现有设计人员只有在靠近梁端和屋脊处才设置2~3道,不知作何解释?

【woodmen】:比较同意bl的观点。如果侧向支撑间距满足规范要求,则可不计算整体稳定性。如同框架结构中的两种情况:①有铺板(各种钢筋混凝土板和钢板)密铺在梁的受压翼缘上,并与其牢固相连,能阻止梁受压翼缘的侧向位移时;②工字形截面简支梁受压翼缘的自由长度与其宽度之比不超过定值时。而当不满足上述条件时,要严格计算构件的稳定性是否满足。

【wuengang】:①《门式刚架轻型房屋钢结构技术规程》(CECS 102:2002)6.1.6条第3款:当实腹式刚架斜梁的下翼缘受压时,必须在受压翼缘侧面布置隅撑作为斜梁的侧向支撑。

②《门式刚架轻型房屋钢结构技术规程》(CECS 102:2002)7.2.14条:“在檐口位置,刚架斜梁与柱内翼缘交接点附近的檩条和墙梁处,应各设置一道隅撑。在斜梁下翼缘受压区应设置隅撑,其间距不得大于受压翼缘宽度的16$\sqrt{\frac{235}{f_y}}$倍。如斜梁下翼缘受压区因故不设置隅撑,则必须采取保证刚架稳定的可靠措施。”

所以我认为:斜梁在支座附近$L/4$范围内(弯矩图中负弯矩区,下翼缘受压),应在每根檩条对应处成对设置隅撑(间距约1500mm)。斜梁中间$L/2$范围内(正弯矩区)可隔根檩条(间距约3000mm)设置隅撑(在风荷载较大的地区,梁跨中段可能下翼缘受压),也可不设置隅撑(在各种荷载组合情况下,梁跨中段下翼缘均不会受压)。

【feicaihj】:隅撑起到的是提高平面外稳定的作用,可根据弯矩图来进行布置。实际结构中对隅撑的刚度要求很小,满足整体稳定的要求应该就可以了。

4 关于隅撑冲长孔的问题。(id=31614、19889,2003-06-26)

【laohuang】:在今年的两个工程中,有监理和质检开始对隅撑连接处的长圆孔(14×40)问题提出疑问(以前没有)。除了安装方便,我还真不知道有别的理由能说服他们。

【msf】:不仅是隅撑,还有檩条、系杆等。长圆孔安装方便,但是从设计上讲,有些孔是不能用长圆孔的,个人理解,凡是安装用螺栓,不是永久螺栓,安装后还要加焊的,可以用长圆孔。隅撑用长圆孔还能起到撑的作用吗?因此,监理和质检可能还是对的。

【flywalker】:如果受力方向与长圆孔的长边方向垂直,对承载力影响不大,而对安装非常有利;如果受力方向与长圆孔的长边方向平行,结构构件的受力性能就值得怀疑,就像檩条,如果不兼作系杆,属于受弯构件,长圆孔的不利影响不大,但是如果还要受纵向力,长圆孔肯定是不利的。而隅撑等构件用长圆孔的受力同样应该受到怀疑。提高加工及现场施工精度,在某些程度上可以缓解这个矛盾。

【峒峒】:檩条主要以受弯为主,长圆孔对计算模型无影响,隅撑就不一样了,需要按轴心受力杆件来考虑,如果连接处出现松动,就会与计算假定不符。可以加节点板后一端焊接,另一端为螺栓连接(比较麻烦)。隅撑与檩条和刚架连接时一般都采用C级螺栓,刚架檩条以薄壁Z、C型居多,用高强螺栓连接不太适合,操作也困难。

我和**msf**并没有提及高强螺栓是否可以采用长圆孔,我认为如果只是为了安装考虑,一般工厂制作的精度还是可以信赖的,个别情况现场处理一下基本可以解决,而且中国的设计、施工验收规范里对高强螺栓孔径的要求很严格。

【沪京】:关于高强螺栓开大孔,陈绍蕃教授的书中有些论述,归纳如下。

①对于一般的高强螺栓,孔径一般比螺栓大1～2mm,为安装方便,可采用加大孔,但孔径的增大,对螺栓的承载力有如下影响。

a.最大的影响是降低了连接的夹紧力(也就是螺栓的预拉力),所以孔径的放大有一个限度,一般为:

$d \leqslant 22$mm　　径差≤4mm

$d = 24$mm　　径差≤6mm

$d \geqslant 27$mm　　径差≤8mm

而且在螺栓头和螺母处都需配硬质垫圈。

b.放大孔径可能使摩擦面的抗滑摩擦系数降低。

c.摩擦被克服后连接的滑动加大,当然螺栓的极限承载力并不降低。

②加大孔可分为放大孔(两边都加大)和槽孔(只有一个方向加大,短槽孔的长度为上述放大孔的限值加2mm,长槽孔的长度大于短槽孔,但不得超过螺栓直径的2.5倍)。

③对于承压型高强螺栓,只能用槽孔,而且槽孔的长边方向需垂直受力方向。

④对于摩擦型连接,可采用两种加大孔,槽孔的方向可任意,有文献建议如下折减:对于短槽孔和放大孔,折减系数0.85,对长槽孔取0.7。

对于首帖中隅撑采用14×40的孔,用的是普通螺栓,没有预压力要求,还想让它受长度方向的轴力,我认为不可行。

【lijingas】:长圆孔为14×40,我认为偏大,作用不是很明显,一般我开14×18的孔,这样隅撑的效应应该打一个折扣。不过我在布置隅撑时就已经考虑了隅撑的各种不利因素,在稳定应力较大的区域,我会加密隅撑布置。我不赞同不分场合的都把隅撑设置为两个檩距,其实应该根据受力情况来设置。所以我会很放心地设置长圆孔。

【hbhkl】:我认为隅撑不适于开长圆孔,如上述所述,长圆孔只是为了解决安装方便的问题,只适用于非孔平面内受力的构件。隅撑的作用是为了解决梁受压区的平面外稳定性问题,是一个比较重要的受力构件,所以规范上有计算要求,如果连接孔用长圆孔代替,肯定会对受力有影响,也违背了设隅撑的初衷。

【cheops】:根据**沪京**对陈绍蕃教授论点的描述,看来国内规范对加长孔的规定和北美还是基本一致的。

5　隅撑用自攻螺钉与檩条连接,能否作为有效支撑?(id=19931,2002-12-19)

【flywalker】:现在很多施工单位为了施工方便,屋面梁或钢柱的隅撑直接用自攻螺钉与屋檩或墙檩连接,如此的连接方式能不能满足设计的要求?

【lijingas】:我想从结构受力上来说应该是没有问题,因为隅撑受力很小,自攻螺钉应该能承受,但可能存在一个弊病就是它的可靠性,时间长了它有可能脱落,因此我觉得不能用自攻螺钉代替普通螺栓。

【flywalker】:屋面为反打板(底板位于檩条下)或墙面为双板时,隅撑如何与檩条连接?

【HGUOYU】:巴特勒的做法是把底板割洞(墙面亦如此),角隅撑与檩条还是用普通螺栓连接,施工有点难度,我在宁波工地上看到过,还有照片,施工应该没问题。

【lijingas】:除了巴特勒外,杭萧公司也是采用割孔的方法,虽然比较麻烦,但似乎没有其他更好的办法了。

【yl1869】:回答这个问题前,首先要明白什么是有效连接,结构的使用状况如何,使用年限如何。永久结构和临时结构的处理方法自然不同。上面的办法都见过,好坏不想评论,其实是经济杠杆在作用,不是学术问题。甚至见过有用烧焊机水平烧焊剪力钉或钢筋头的。

【etang】:曾经有人向我提出用螺栓连接在檩条的下翼缘,说这样施工比较简单,我也就同意了。因为我觉得离檩条端约 1m 处开孔对檩条的强度没有多大影响,但在屋面不对称荷载下是否对钢梁不利我就不知道了。

【liushan】:我认为隅撑直接焊接连接就可以了,实际中的很多工程也是这么做的。因为对于普通轻钢厂房的安装不是做手表,打孔小了很多是安装不上的,此时就得再次扩孔,大了对截面的削弱也是很大的。对于角钢隅撑采用三面围焊,强度还是应该满足的。

【poullam】:自攻螺钉是在没办法时的一种选择。还有就是采用开孔器打孔,这样原来的螺栓自然可以用上了,虽然孔洞多了,但是这些孔洞不在弯矩最大的中间处,所以对截面的削弱并不影响其抗弯性能。楼上说的用焊接其实不怎么妥当,因为焊接是一种类似刚接的做法,使得檩条本身没有伸缩调节,会产生变形。

6 关于隅撑和柱计算长度。(id=20427,2002-12-19)

【hhh】:大家普遍认为隅撑可作为柱平面外支点,即可减小柱平面外计算长度,是否妥当?对檩条无考虑,对檩条与斜撑的关系无考虑,我觉得不合适。隅撑的作用是提供柱受压翼缘的平面外稳定约束,是参照受弯构件,属构造。减小柱平面外计算长度的任务应由刚性水平系杆来承担。

【crazy199771】:我们一般的做法是用刚性细杆作为柱的平面外支撑,当然用隅撑也可以,这一点原理与梁相同。事实上,隅撑的施工比较复杂,又影响建筑美观,所以一般不那样做。

【ykd】:我想柱子的平面外变形有两种:柱身侧向屈曲,这个应该是由柱间支撑来限制;再就是柱身侧向翻转或翘曲,这个应该是由隅撑来限制。所以柱子的平面外计算长度应该是剪刀撑的高度。如果墙板能够保证柱子的侧向变形,那么平面外计算长度就是隅撑间距。

【engy1979】:计算长度是指构件所在平面内支撑点处对它的约束能力有多少,如果约束大(比如刚接点),它的计算长度系数就小于 1。对于隅撑对柱子的约束到底有多大,个人认为应根据柱子和隅撑的刚度比来分析。

【木头】:根据刚架支撑体系构成:一是水平支撑;二是柱间支撑;三是水平系杆;四是隅撑。柱的失稳根据受力大致可分为弯曲屈曲、扭转屈曲、弯扭屈曲 3 种。柱的屈曲根据表现形式分成整体失稳和局部失稳。目前,国内《钢结构设计规范》(GB 50017—2003)对支撑多根柱的撑杆计算尚未明确规定,但澳大利亚规范 AS 4100—1990 中规定,单根柱的支撑按柱最大压力的 2.5%计算,柱列中除第一根外,其余柱都取其最大压力的 1.25%,并全部叠加在一起,但总柱数以不超过 8 根为限。国内规范对轻型钢结构厂房纵向温度区间取 300m,柱间支撑间距不大于 60m,一般为 30～40m。如果在 40m 内,能满足不超过 8 根的要求,若是 60m 就超过了,应对水平系杆进行验算。

隅撑对于限制柱的扭转有好处,概念上讲对于柱扭转屈曲临界力的提高是有利的,虽然对于隅撑有一定的规定计算,但从节点做法上隅撑一边连柱翼缘,另一边支点为檩条,即以檩条的抗弯刚度来解决隅撑的支座问题。实际工程中檩条的断面大小不一,提供的弹簧刚度也不一。简单地认为隅撑可以减小柱的计算长度似乎不妥。个人认为,常规柱断面的厂房柱计算长度,即有效支撑点由刚性水平系杆和柱间支撑提供,断面较大考虑扭转屈曲临界力时对偏心连接支撑考虑其不利影响。

【3d】:不赞成柱计算长度取隅撑间距。对于双轴对称的工字形截面,由于一般抗扭刚度较强,且剪心与形心重合,在压力作用下不会出现弯扭屈曲,故其临界力通常为弯曲屈曲控制。所以提高柱扭转屈曲临界力意义不大。对于弯曲屈曲的柱构件,有效支撑是支撑在截面的剪心上,若支撑在受压翼缘,则杆件绕 Y(弱)轴屈曲时将伴随着扭转变形,呈弯扭屈曲,其承载力将低于临界欧拉力。顺便说一点,对于梁的整体失稳由于存在弯曲和扭转两种变形,若支撑在截面的剪心,则不能有效阻止受压翼缘的扭转,其临界力提高也有限。也就是说,梁的整体稳定可考虑隅撑的作用。

【zorrows】:隅撑能作为斜梁的侧向支撑,出平面的计算长度应取侧向支撑点间的距离,一般取 3m,大家也都已经接受这个观点了。另外,屋面也按山墙的风荷载计算布置了水平支撑和屋面系杆。

隅撑和柱子的关系,不也和梁一样?保证柱子受压翼缘的面外稳定。梁有扭转,柱子不也有扭转?梁布置了水平支撑、系杆,柱子照样也布置了柱间支撑、系杆,可是为什么梁面外计算长度能取隅撑间距,柱子就不能取?梁和柱哪种受力性能、失稳形式的差别,使得隅撑对它们两个分别对待?

【zorrows】:梁作为典型的受弯构件,尽管屋面坡度是有轴力存在,但是无疑弯矩是占主导地位的,其失稳形式为面内弯曲即下挠,当有侧向力时,表现为侧弯及扭转,所以一般都强调要保证梁的受压翼缘的稳定来防止其扭转,此时隅撑的作用被特别强调。

柱子作为典型的压弯构件,压力很大,故此时通过构件剪心的系杆对减小其面外计算长度作用明显。且柱子受弯,受压翼缘的稳定问题也不容忽视,故仍需对受压翼缘加以限制防止其扭转失稳,所以对柱子若取隅撑间距作为面外计算长度是有失偏颇的。

【feifeidream】:《门式刚架轻型房屋钢结构技术规程》(CECS 102:2002)6.1.4 条给出了柱的面外稳定计算公式,之后有一条:当不能满足式(6.1.4-1)的要求时,应设置侧向支承点(隅撑),并验算每段的平面外稳定。这句话明确了隅撑是侧向支撑点。

通过与一位总工的讨论,我感觉整个设计是一个多因素约束问题,并非稳定因素一个因素约束。很多情况下,或者说对于普通建筑,满足规范的要求,对于平面外长度的取值,只要在一个区间内,并不是很敏感。这个问题确实也困扰我很久了。也许我们应该将设计参数改变确定性的取值习惯，树立区间观念。

【yangzhouwb】:梁柱设置隅撑的作用是不同的。梁设置隅撑，在下翼缘受压时，可以有效提高梁的面外承载力；对于柱，设置隅撑的目的是提高柱的抗扭性能。

7 隅撑穿过现场复合屋面下层压型钢板时，如何处理？(id=33721,2003-07-26)

【wallman】:本人接触了一个轻钢厂房，屋面要求采用现场复合，檩条上下为压型钢板，中间夹玻璃丝绵。而隅撑一定要和檩条相连，这就涉及隅撑要穿过下层压型钢板的问题。请问该如何施工？如何处理才能保证简单易行，而且尽量不对下层压型钢板造成太大破坏影响美观。

【sujia】:双层板可以采用都布置在檩条上的方案，为什么一定要一个布置在上、一个在下？否则只有开洞，或不要隅撑而改为撑杆解决。

【好好学】:增加刚性系杆，去掉隅撑，虽费点料，但可以保证屋面板的完整性及达到美观要求。

【tjgjs】:我公司的具体做法:先打底板，后上隅撑，在隅撑通过底板的部位割三角口，大小和角钢差不多就可以了，这样角钢穿过底板基本上不留缝隙。

【liwei2003】:其实很多项目经理和现场施工人员都很头疼隅撑安装这件事，但是隅撑又确实不能取消，我们公司的做法是在檩条一侧加焊一块钢板，用于连接角钢隅撑，这样屋面的底板割口容易些。

【望月长嗥】:通常做法:底层板在隅撑位置割三角斜孔，底层板在隅撑安装完成后复位，较为美观。但现场因高空作业，开斜孔，孔开不准确，工人经常作假了事，即隅撑与屋面檩条其实没有连接，或连接在其他位置，隅撑受力点与设计不符。

也可加工一个连接件与檩条连接，与底层板垂直，开孔就简单了，较为准确；连接件与檩条必须为3个螺栓呈三角形分布连接，下端伸出底层板与隅撑连接。该做法施工较安全，质量较有保证，但增加了成本。

三 系杆设计

1 单层厂房刚性系杆是怎么计算的？(id=46965,2004-01-04)

【呆呆虫】:按受压构件计算其长细比，满足规范或规程即可。

【lijingas】:这样的观点可不一定对，怎么只算一下长细比就够了？确实有不少只要长细比满足就够了，但并不全部是，否则很容易出错。比如跨度较大，高度较高，风荷载较大等，或者说用檩条兼作系杆，都不一定只要长细比满足就够了，要按照受压构件或压弯构件进行计算。

【tonyxlx2003】:系杆的作用是保证厂房的纵向刚度，我做工程时也只是简单地按长细比取一下，檩条可以帮助传递纵向力，曾见过美国ABC在大连做的一工程，跨度120m，6跨，系杆只在有稳定跨的地方加了，不知道是怎么算的，以上是我的一些看法，拿出来大家讨论一下。

【lijingas】:其实系杆很好计算，但必须对整个结构概念有清楚的认识，了解结构的传力途径。屋面刚性系杆与屋面交叉支撑组成一个大桁架，使得力的传导很明确，大桁架为不动体，对其他刚架起支撑作用,同时对抗风柱作为不动点(实际应为弹簧支座,但可以简化)。至于柱顶及檐口等处通长系杆主要是加强整体作用,也可以分担一部分水平力。

【guoshuang2003】:首先应明确刚性系杆的作用。

①协同屋面纵向支撑(屋面檩条、屋面支撑等)传递水平力给柱间支撑。

②增加结构纵向刚度,加强结构整体稳定性。

通常做法是按两端铰接处理形成二力杆,将两端用螺栓连接起来。按压杆计算即可,并注意其连接要在同一轴上,与柱间支撑连接处要位于同一点上,传力明确。

【khan】:刚性系杆,我一般是这样计算的:

①按轴心受压构件计算其长细比,须满足规范;

②如 **lijingas** 所言,按纵向悬臂桁架抗风计算其稳定;

③由于轻型钢结构的自重大都较轻,所以一般不会考虑地震作用。

但我有以下两点不清楚之处,请各位指教。

①檩条兼作刚性系杆应如何计算?说实话,单檩条的计算已经够我头痛的了,再加上个轴力,实在不知如何处理为好。

②纵向如果有几处都打支撑应如何分配风力?是平均分配,还是只由一处承担?有人曾用 3D3S6.0 计算过,软件分析结果是端跨附近承受的多一些,靠近中间承受的少一些,但这毕竟是软件分析的结果,实际如何,请大家分析一下。

【hhh】:①系杆说是压弯构件,但恐怕没几个人算得清。起码要满足长细比的要求,如果用双檩条,抗弯一根就可以。

②柱间支撑如果布置一样,可以平均分。屋面横向水平支撑,就主要由端部第一个承担了。

【ALECT】:如果纵向水平力是地震作用,那么毫无疑问应由各道屋面横向水平支撑均分;如果纵向水平力是风荷载,那么实际情况应该是两端大、中间小,与螺栓群及侧焊缝受力类似。因为屋面是个整体,在山墙处的风荷载由抗风柱传到柱顶,由于屋面板及刚性系杆的作用,屋面发生整体变形,由于变形协调各道屋面支撑同时受力,为了便于计算且在满足工程精度的前提下,可以认为在风荷载作用下,各道横向水平支撑亦均匀受力。

【hhh】:当屋面支撑刚性系杆均通长,可以这样认识。但轻钢屋面更常见的是只有屋脊和檐口处系杆通长,这样受力最大的还是第一道屋面支撑。个人观点:为了简明,风荷载可假定由第一道屋面支撑全部承担。

【allan】:我以前一直是这样计算的,但抗风柱是按两端铰接计算的,按理说,抗风柱传到屋面系统的水平力应该是山墙风荷载的一半,另一半由抗风柱的基础承担,但是上面各位所提到的几乎是山墙风荷载全部由屋面系统承担再传到柱基础,这样计算屋面系杆的受压强度,应该是偏大了。同理推论到柱间支撑纵向水平力的取值问题,也没有考虑抗风柱基础所承受的那部分荷载,计算结果偏于安全。

【hhh】:这里讨论的风荷载是指由抗风柱传到屋面的那部分。

【nvslch】:个人认为:钢结构等受力计算是建立在弹性理论基础上的,即力与变形是线形关系。

①一般门钢厂房柱间和屋面支撑设在第一跨,屋脊和拐点各设 3 道刚性系杆,因为纵向上的整体变形,实际上风荷载并不是只传递给第一跨柱间支撑,而是通过刚性系杆将一部分传递

给其他抗侧力构件后再到基础。这时,刚性系杆就不是刚性,而是弹性杆。3道刚性系杆在计算中应考虑其承受柱顶传来风荷载的一半,边上2道宜承受多一点。

②采用刚性檩条兼作系杆时,不能简单地按压弯构件计算,这样就忽略了同时存在的风吸力。此时还应注意檩条恒荷载系数为1.0(0.9)。

【钢的意志】:①刚性系杆实际是压弯构件,常简化为轴心受力构件计算;

②屋面水平支撑在传递风荷载时不是均匀分配的,考虑传力之后,两端处较大,根据工程实际情况,宜放大1.2~1.5。

【谨慎】:刚性系杆和屋面支撑的计算是一起做的事,它们共同作用来组成概念上的不动体系。

①模型为悬臂桁架。檐口处系杆及支撑受力最大。系杆受力为山墙风力的1/4(按山墙风荷载的一半传至抗风柱底),屋面斜撑为系杆的受力减去檐口处的等效集中力($F/2$)除以斜撑斜度的正弦。

②关于支撑的角度,《门式刚架轻型房屋钢结构技术规程》(CECS 102:2002)要求在30°~60°之间,且以45°最为合适。我不知道详细原因,但从系杆及斜撑的计算过程来看,只要中间部分斜撑的角度不至于过小,最大应力都会发生在端部。

2 刚性系杆能否作为平面外支撑?(id=81946,2005-01-07)

【doubt】:作为平面外支撑防止受压翼缘失稳,通常是利用刚性连接(压型钢板直接与杆件连接)或隅撑连接。作为刚性系杆,两端均为铰接,连接在加劲肋上,是否能阻止受压翼缘失稳呢?如果不能,是不是还要在刚性系杆上连接隅撑?

【service】:首先,杆和隅撑的作用是不一样的。系杆的作用是将横向框架连为整体,增强厂房结构的纵向刚度,增强厂房整体工作的性能。这就是门式刚架为什么可以作为平面框架来设计(主要是横向受力)的原因。而隅撑将钢梁或钢柱的受压翼缘和檩条连成一体,主要是保证构件受压翼缘的稳定,阻止其失稳。而钢梁和钢柱的平面外失稳,主要是受压翼缘的失稳。所以我认为隅撑可以作为构件的平面外支撑,但系杆要看怎么与钢柱和钢梁连接,连接合适,也可以作为平面外的支撑。

【doubt】:那平面外计算长度以刚性系杆间距是否合适?

【doyao】:刚性系杆要与边榀的屋面支撑一起布置才能起到减小平面外计算长度的作用,而且作用的效果与作用点的位置有关。

【bill-shu】:能不能减小计算长度,是不是刚性系并不是原则问题。关键是要有支撑体系,支撑体系只要足够刚,通过杆件将梁受压翼与支撑连接,保证传力就可以。比如屋面两端开间为支撑体系,那么其他梁的系杆(减小计算长度)就不需要是刚性的,可以设计成拉杆。关键是支撑系杆是按受压还是受拉设计。

【doubt】:以上几位可能误会题目的意思了,刚性系杆既然称为"刚性",自然能够作为支撑,问题是实际的连接节点能否让这根刚性杆起到平面外支撑的作用,因为隅撑可以阻止受压翼缘的转动,但现实中刚性系杆两端铰接,我相信也没人在系杆上加隅撑的,那么柱或梁就可以绕着铰接点转动,对于二力杆稳定最直接影响的应该是翼缘,那还能起到平面外支撑作用吗?

【allan】：首先要弄清楚两个概念问题：平面外计算长度及其平面外稳定和受压翼缘的平面外计算长度及其平面外稳定。

平面外稳定是针对构件本身而言的，失稳是构件的整体失稳；受压翼缘的平面外稳定仅指受压翼缘本身，失稳是受压翼缘的扭转失稳。两者的形态是不一样的（见图 6-6a）。而且在门钢中，刚性系杆、檩条、隅撑作用在屋面梁和柱子上的作用和意义也是不一样的。

①门式刚架中的屋面钢梁一般作为受弯构件考虑（屋面坡度小，梁轴力影响可以不考虑），通常我们在程序里定义的梁平面外计算长度，实际上是指定了梁受压翼缘的平面外计算长度和梁平面外计算长度，对应的受压翼缘平面外稳定依靠檩条＋隅撑形成的体系来保证，而刚性系杆理论上一般不考虑其对梁受压翼缘侧向稳定的保证作用，所以在不加隅撑的情况下，以刚性系杆间距作为梁受压翼缘平面外计算长度的说法是不成立的，原因楼上 **doubt** 已经说得很清楚了。刚性系杆除了在屋面支撑系统中的作用外，对屋面梁来说，它的作用是提供梁按压弯构件考虑时整体平面外稳定的保证。理论上，刚性系杆要作用在梁截面的刚度中心才能起到这样的作用，但由于一般计算中不考虑屋面梁的轴力，所以刚性系杆这时可以作为一种安全储备，其受力应该满足《钢结构设计规范》（GB 50017—2003）5.1.7 条。当然，在门式刚架体系中，檩条＋隅撑也能起到作为梁平面外支撑的作用，所以檩条＋隅撑的受力应该满足两个条件：a.《钢结构设计规范》（GB 50017—2003）5.1.7 条；b.《门式刚架轻型房屋钢结构技术规程》（CECS 102：2002）6.1.6-1 条。由于梁轴力很小，满足了 b 点，a 点自然也能满足了。

②门式刚架中柱是按压弯构件计算的，而且压力比较大，所以对柱子而言，平面外支撑很重要，也就是我们通常所说的系杆很重要，但是柱子同时作为受弯构件，其受压翼缘的侧向稳定也不能忽视，而平时我们常常忽视了这一点，所以屋面能看到隅撑，墙面一般就看不到隅撑了。作为受压及受弯都很大的柱，应该同时出现系杆和檩条＋隅撑体系，单纯地用系杆或者檩条＋隅撑来替代两者的共同作用是不行的（现实中这样的工程不出现问题是多种因素的）。不过由于墙面美观问题，设置隅撑破坏墙面板，不为大多数人所接受。所以，在这里我向大家推荐一种改进型系杆，作用在柱子上能起到系杆和檩条＋隅撑体系的共同作用，而且不会破坏墙面板。目前暂时想到中间加填板，双角钢系杆好连接，其他的不是很方便（图 6-6b）连接构件满足：a.《钢结构设计规范》（GB 50017—2003）5.1.7 条；b.《门式刚架轻型房屋技术规程》（CECS 102：2002）6.1.6-1 条。

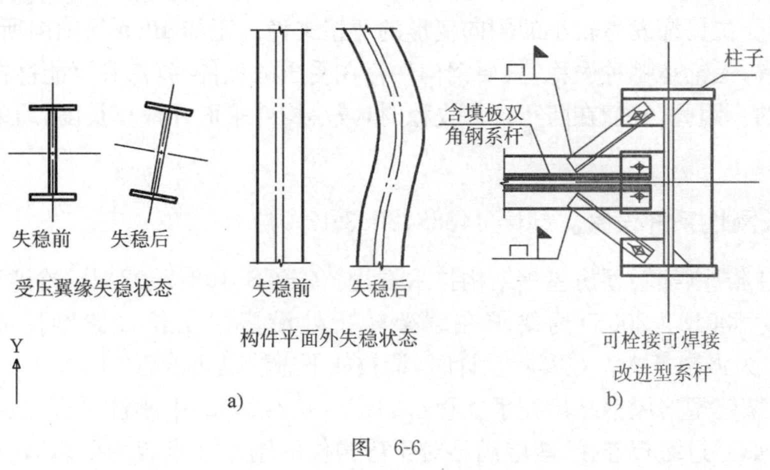

图 6-6

个人看法，回答楼主的问题：刚性系杆能作为平面外支撑，但是不能作为受压翼缘的侧向支撑。

【msf】：allan 解释的很清楚。简单地说，刚性系杆作为构件的平面外支点，解决整体稳定问题；隅撑是防止受压翼缘的失稳，是个局压的问题。

但是当平面外的受力较大时，还应以计算为准。

【doubt】：谢谢 allan 的详细解释，与本人的想法差不多，也考虑过加角钢方式，另外也想到另一种方案，就是将连接板做成一定倾角，起到斜撑作用。只是为了墙面美观问题，因为墙梁设置较密，而系杆一般情况下仅在柱端设，自然还得依靠檩条＋隅撑方式。主要是中柱高度较大时需在中间设一道系杆，系杆应该与柱翼缘有一定连接，柱子截面较小时不需要考虑。

引出另外一个问题，刚性系杆按铰接设计，这种连接是否满足假定呢？如果系杆又作墙梁，风荷载通过隅撑作用是否对柱翼缘有影响？

【allan】：①连接板做成斜角理论上不起作用，因为系杆为铰接的，必须形成三角体系。

②有人为了省用钢量，非常希望柱平面外计算长度为隅撑间距，这是不合理的，我们常用的隅撑＋檩条做法不满足作为柱平面外计算长度的构造和受力要求，应该按照系杆间距考虑。当只能在柱顶设系杆时，柱平面外计算长度就应该为柱全长。

③刚性系杆按铰接，且系杆之间无交叉(或者其他形式)支撑，理论上也是不行的，但是现实中的连接和构造不完全是理想铰接情况，节点构造上或多或少有一定的刚性，这些情况无法很理想地去分析。

④系杆应该作用在柱截面的刚度中心上，没必要兼作墙梁，同时墙梁也兼作不了系杆。

⑤理论研究与现实施工必然存在差异，如何理解，如何付诸现实，每个人的看法和把握是不一样的。

【ljbwhu】：其实两种失稳状态是联系非常紧密的，钢梁的平面外失稳从概念上讲与轴心受压构件丧失整体稳定性是相同的，都是由于构件的受压板件存在较大纵向压应力，刚度较小方向的微小变形产生 $P\text{-}\Delta$ 效应，进而引起更大的侧向变形，反过来产生较大的侧向弯矩。由于弯曲钢梁的下翼缘在受拉时，有趋于减小受拉部分的侧向变形的作用，而受压翼缘的侧向变形受到受拉翼缘的约束牵制作用，发生整体失稳，因此钢梁的整体失稳表现为受压翼缘发生较大的侧向变形，而受拉翼缘发生较小的侧向变形的弯扭失稳。正如 allan 兄图中所画的那样。所以可以这么理解，无论是哪种失稳，只要钢构件存在受压的板件，就都有可能存在，失稳往往是由受压侧引起的。因此，我们在防止构件失稳时，减小构件平面外计算长度，约束受压翼缘(或板件)才有效果。

3 通长刚性系杆设置。(id＝44388，2003-12-04)

【liuxz9】：《门式刚架轻型房屋钢结构技术规程》(CECS 102：2002)及《冷弯薄壁型钢结构技术规范》(GB 50018—2002)均要求在刚架转折处沿房屋全长设置刚性系杆，且在 GB 50018—2002 中为强制条文。在实际设计时，请教如下做法是否恰当？

①《门式刚架轻型房屋钢结构技术规程》(CECS 102：2002)中刚性系杆可由檩条兼作，屋脊处均为双檩，如通过缀板连接，能够满足对压弯构件的刚度和承载力要求，这样在屋脊处就

没有必要再另外设置。

②在柱顶设置钢板排水天沟时，如果把天沟作为结构构件使用，天沟与屋面梁可靠连接，也能满足要求。这样柱顶也不必另外再设刚性系杆。

【lings191516】：由于檩条的厚度有限（不大于 3mm），再加上其与钢梁的连接（简支）不能保证钢梁的平面外稳定，应该不能简单地用双檩条加缀板来做屋脊的刚性系杆，至于验算没做过，有空也试算一下。还有天沟的问题，假如把钢天沟作为结构构件使用，要把其厚度改到 4mm 以上，值吗？天沟架在钢梁上，当其刚度不足时，还可以用柱上方的系杆对其支承部分重量。

【学无止境】：①我认为你考虑的完全有道理，屋脊上双檩条用缀板连接后，其长细比明显提高，只要满足长细比要求，且验算其强度满足，我认为可代替刚性系杆。这跟简支连接无关，因为刚性系杆也为钢梁的平面外支撑，支撑是不传递弯矩的。

②天沟与屋面梁可靠连接后，可作刚性系杆用，至于厚度问题我倒要问一句刚性系杆用圆管难道要 4mm 厚吗？

【lijingas】：双檩条兼作系杆，没有问题，但天沟兼作，我觉得不可取。不是因为天沟强度及稳定不够，而是节点无法满足。一般来说，天沟与钢柱或钢梁都是采用点焊连接，如果采用围焊接，由于都是仰焊，质量无法保证。据我所知，现场大部分都是点焊。

【新生】：我觉得没必要通长设置，可仅在 SC 处设刚性系杆，其余的没必要做成刚性的（特别在有山墙的厂房里）。

【Black Toby】：系杆设置应该在定性分析的基础上定量分析。刚性系杆取能够传递风荷载和保证斜梁平面外稳定计算的大值，二者不叠加。如果有吊车，应该让柱支撑体系承担吊车纵向荷载。

【学无止境】：我认为 **lijingas** 说的有些不妥，天沟一般都是与两侧檩条用自攻螺钉连接的，间距不是很大，应该为 300mm 左右，这样可以看作天沟与檩条可靠连接，难道天沟＋檩条不能作刚性系杆吗？

我认为天沟＋檩条比圆管的强度和刚度要好得多，且连接也是可靠的。

【riwave】：双檩作刚性系杆的工程很多，不仅国内不少企业这样用，国外的公司也这样用，如巴特勒；屋檐处天沟作为刚性系杆不太合适，因为所有风力都要通过这根系杆传至柱间支撑，必须有所保证。

【xyt9706】：双檩条作为屋脊刚性系杆并无疑义；但天沟作系杆，前面几位分析不无道理，无论从刚度还是强度来讲都是可行的。我觉得这只是理论上的认可，实际工程中天沟的制作与安装都是无法保证的，尤其是天沟与钢梁的连接，不敢保证此处能满足节点要求。试想此处不能保证，天沟的刚度、强度还有何意义？

【lijingas】：天沟与檩条采用自攻螺钉连接不错，但系杆主要是对刚架起作用，而不是对檩条起作用。其实这儿有不少人的观点与我相同，从纯理论上来说，天沟的刚度应该够了，但最主要的问题是它不能保证与刚架的节点强度，所以最好不要采用天沟兼作系杆。

【xqllf】：门式刚架屋脊处一般为梁的拼接部位，设置刚性系杆在施工连接上有很多不便。所以一些施工单位坚决反对，而屋脊双檩条设计一般都会满足压弯构件在强度和稳定性上的要求，替代系杆我感觉是可以的，设计上我也多次采用。柱顶系杆一般比较容易施工，但这一次由于用钢量的原因，业主问此处的系杆是否也可以省去，看了前面的帖子，我感觉应该可以。天沟一般采用2.5mm或3mm厚钢板，开口薄壁截面，平面内的刚度也不会小。如果是内天沟，除了和柱顶檩条有连接外，与女儿墙也会有可靠的连接，由它传递轴向力也未必不可。希望大家继续讨论，如果这两处的系杆可以去掉，对设计人员来讲是个好事。

【贝勒爷】：一般屋脊处的二根檩条通过可靠的连接其长细比大大减小，可作为刚性系杆，但要按压弯计算其稳定及连接节点的可靠性；天沟则不易作为刚性系杆，因其连接节点的可靠性值得商榷，并且易受腐蚀。

liuxz9 的看法大部分我赞同，但是我想作如下补充，大家看是否会完全些 。

①屋面檩条如果都是连续檩条，且屋脊处檩条间距≤150mm，则在屋脊处可不必设置系杆；

②如果天沟是内天沟，女儿墙高度不高（≤600mm），且天沟材质为钢板，我认为是可以代替檐口处系杆的。

此外，我还觉得这种体系可用于5t轻级工作制及其以下吊车的厂房或仓库。

4 厂房刚性系杆的连接。（id＝42366，2003-11-16）

【风雨天下】：在钢结构厂房的设计中，为了保证厂房的整体性，一般少不了设置刚性系杆。对于刚性系杆的连接方式，我一直不是很了解，可否直接把刚性系杆和柱头的加强筋板直接连接？希望大家能给出好的连接方法和合理解释。

【allan】：门式刚架厂房刚性系杆一般用圆钢管，两端有封口板及连接板，在杆件截面选用的条件上，强度一般情况下不是主要控制因素，起控制作用的是长细比。刚性系杆与刚架的连接形式多种多样，没有专门的规定，满足施工构造要求即可，楼上大哥所说也是可行的一种连接方式。

【noned】：美国做法：刚性系杆用双檩条组合而成。这比圆管做起来省事，而且位置也较符合规范要求，不会与其他构件冲突。如果计算，则只需计算组合截面的长细比即可，连接节点一般按各厂家习惯来做。

5 混凝土柱＋钢梁这种结构屋脊和檐口用不用加系杆？（id＝76235，2004-11-15）

【pingp2000】：我认为要加系杆。加系杆可提高体系的侧向刚度。

【flarecsu】：我觉得这是个概念设计的东西，混凝土柱＋钢梁只是平面内的结构计算，而平面外的结构就要通过系杆来实现，这样才可形成一个整体结构，我觉得系杆不能少。

【何杰】：从结构理论上说，加系杆提高其整体刚度。

【DYGANGJIEGOU】：屋脊处系杆规范规定必须加，对于檐口处系杆是否需要加，值得商榷。

①当厂房跨度比较小、屋面荷载不大时，根据弯矩图，梁端头截面不会很大，本人认为这个截面界限可以定在H400。梁端头截面小，为防止钢梁支座处扭动，只要加强支座处刚度和强度就够了。把钢梁底座加宽，相关加劲肋加宽，或梁端头设置双侧隅撑更好，因为一般混凝土柱的顶部都有压顶混凝土圈梁，且因其距离钢梁比较近，圈梁刚度比较大，所以可以代替刚系杆。

②当厂房跨度较大、屋面荷载大时，梁端头截面也大，混凝土压顶梁距离钢梁较远，用混凝

土圈梁代替刚系杆不现实，因此为防止此处钢梁截面高度太高，在安装中产生扭动，同时增加厂房整体的侧向刚度，最好设置通长刚性系杆。

【李涵】：为了防止柱顶预埋锚栓与柱间支撑预埋件相碰撞，柱间支撑预埋件与梁顶间距总大于预埋锚栓的长度。这样，柱间支撑与系杆不是近乎交于一点(理想模型应该是风荷载通过系杆传给柱间支撑，二者应该交于一点)，而是有大约 1m 的间距。这样一来，系杆有什么用？连梁或者圈梁就可以了吧？

【V8JEEP】：看过很多这种结构在安装过程中倒塌，主要原因还是中间梁太高，和大风筝一样。个人认为，这种结构比三角形屋架及梯形钢屋架安装过程中更容易出现问题。

屋架结构设置了很多上弦、下弦横向支撑，还有纵向支撑，都是空间的。其目的也就是保证结构在安装和使用过程中稳定性不会出问题。

建议以后做这种结构还是上下弦都设置支撑，屋脊处通常设置交叉支撑。在有横向水平支撑的节点处同样设置交叉支撑。

【SHILEDA】：同意楼上设置上下弦支撑的做法，但是只需在钢梁高度过高而翼缘板很窄的情况下设置，建议可以参考 $b:h\leqslant 3.5$ 且 $h\geqslant 700$，具体参数可以再论。

【沙鱼儿】：混凝土压顶圈梁我认为只对柱间支撑起作用，因为混凝土柱顶上设置圈梁可用来代替柱间支撑，以提高整个结构的刚度。我觉得檐口处应该设置系杆，这样整个屋面就有了一个平面框架，其稳定性可想而知了。

【hunter124】：如果钢梁与混凝土柱连接处能保证梁具有足够的刚度，而且屋面梁承受的荷载不是很大，不会产生平面外的稳定问题，可以通过计算来考虑用檩条兼作系杆。

【lul】：刚性系杆我一般采用圆钢管，连接在靠近上翼缘的腹板处。

对于钢梁＋混凝土柱结构，我一般采用如下方法。

①屋脊设刚性系杆。

②檐口处不设圆钢管。但我一般在檐口设一道柱顶钢筋混凝土纵向系梁(与围护结构的外天沟整浇)，这样处理不知可否？

【格兰芬度】：楼上讨论的问题我都知道，但是我遇到一个问题，就是双跨情况下的中柱(而且有 5t 吊车)，边柱我在牛腿和柱顶都有联系混凝土梁，可以作为纵向的传力构件，但是中柱有问题。牛腿的地方有柱间支撑，但是在中柱的牛腿标高和顶标高的地方，是不是也需要设混凝土或者钢结构的联系梁来保证纵向结构的整体性？

【pdf7306】：此种结构一般梁端截面较低，屋面荷载较小，屋脊处常规要设系杆，而檐口处仅在有屋面水平支撑处设即可，檐口处系杆布置类似于混凝土柱，三角形屋架结构。

【zhuzhehao011】：系杆的作用是为各屋架提供侧向支承点，同时增强结构空间的稳定性。屋架结构屋脊和支座处应设置通长的刚性系杆。

所谓“好钢要用在刀刃上”，而结构屋脊和檐口正是结构的“刀刃”。

【西部牛仔】：必须增加系杆。

①檐口设置的系杆可以使用圆钢管、方钢管、小桁架，或者增加圈梁，用圈梁代替系杆。

②檐口设置的系杆可以使用圆钢管、方钢管、小桁架，或者用屋脊双檩条代替系杆(双檩条应加强)。

③柱间设置圆钢支撑，因为钢梁和柱的刚度相差较大，不宜设置受压支撑。

6 钢天沟能否代替柱顶系杆？(id=71937,2004-10-07)

【花中刺】:柱距 6m,本人认为 3mm 的钢天沟合理处理下能代替柱顶系杆,不知大家如何考虑?

【DYGANGJIEGOU】:个人认为一定厚度、一定截面的钢板天沟可以兼作系杆,不过天沟对接要采用密焊,天沟相对边要用角钢等可靠拉结,即天沟自身的刚度与强度要够。同时天沟与柱顶焊接要牢固,特别在天沟纵向应与钢柱顶封板有等同于天沟厚度的焊角高度,不能断焊,更不能点焊。

【青春伟男】:我认为这要分情况而论,首先系杆必须是在受力的轴线上,但是天沟相对于系杆的位置多数是偏心的,除非天沟的形心刚好和系杆的形心重合才可以认为代用。

【3504251983】:请教一下,天沟能不能当一根檩条用?我个人认为可以,不过在施工中可能打墙板困难了点。

【老虎】:我一般把天沟也作为一根屋面檩条用,把天沟内侧折成檩条的形状,增加它的刚度。

【rybin0691】:6m 的天沟,如果降雨量比较大,其自身变形也会很大,还能做系杆和檩条用?

①如果下雨的时候再有大风,对整个结构太不利了。有的天沟下面还要做支撑,防止天沟变形过大。

②在北方,如果下了雪,雪慢慢融化,就会流到天沟里面结成冰,经常是天沟里面都是冰块,连落水管都给堵住了,天沟的变形更大。

【zzp1820】:在南方完全可以,我已经做过无数这样的工程了。加工时要注意 3mm 钢板折成檩条形状,且折边时应尽量增强其刚度。安装时其与钢柱顶部须可靠焊接。

【9612788】:要根据受力情况面定,如果受力较大,天沟板最好不要超过 3mm,如果超过 3mm,最好还是用系杆,因为超过 3mm 的钢板一般难以加工。

【zhukay】:理论上可以,但是实际上最好不要这么做。这里探讨一下可行性还是可以的。省下来的是小钱,倒塌的是大钱。以 200m 长的厂房,2 道天沟,6m 柱距,89×3.0 的圆管做系梁计算,总共 2.6t,成本也不到 1 万,没有省的必要。这就是大学中投资控制中说的性价比,多投资一分能增加两分的安全与节省一分增加一分的风险的区别了。

【cg1995】:用天沟做系杆我认为是可行的,但对安装来说或许不是很安全,有了系杆,在吊梁时柱子稳定性会好点。

【xj984】:理论上经过一定的处理是可以的,但是我们的厂房一般使用 50 年,而钢天沟能使用几年?况且普通的钢板天沟根本就不做防腐处理,用不到几年就坏了,而且有谁又能保证在施工过程中工人能按设计人员的意图去施工?所以还是尽量不要用天沟代替系杆。

【M. U. S. I. C】:我个人认为不可以,原因是:

①系杆是一个结构件,而钢天沟仅是一个构造件;

②钢结构公司不重视钢天沟的施工,防锈、防腐不到位,致使钢天沟的使用寿命不长,若代替系杆,结构容易失稳,达不到设计年限;

③钢天沟不可能是一个闭口截面构件,按规范要求,这种构件要作系杆的话,受力也不是

太好。

综上所述，作为设计人员来说，安全第一，不要为节省几吨钢材，而导致以后建筑存在隐患。设计是终身负责制的，建议不要冒这个险，不值得。

四 抗风柱设计

1 关于刚架建模计算抗风柱的问题。(id=177480,2007-11-15)

【xieguo11】：计算山墙面刚架的抗风柱时涉及平面内、平面外及长细比的问题，这个平面内、平面外跟刚架平面内的平面内、平面外有冲突吗？因很难满足平面内长细比，所以请教：这里的抗风柱平面内长细比是指其本身的平面外长细比吗？

【ynz】：这里抗风柱的平面内截面是弱轴的，你可以采用隅撑来减少计算长度。还有，如果你的抗风柱是与梁腹板连接(抗风柱不承担轴力)，我个人认为此时它的受力更接近于简支梁，长细比应该可以放宽些。当然放宽的程度应与审图公司的人员沟通一下。

【steely】：这个模型里提到的平面内、平面外是针对整榀刚架而言的，较好理解。这里关键是你的 KFZ 是否承担了轴力，是简化成纯弯构件还是压弯构件，这个一定要清楚。另外，请教：在这个平面刚架模型中，平面外的风荷载，建模时能否施加到构件上？

【flywalker】：新版 STS 已经可以对抗风柱施加平面外风荷载了。

2 抗风柱柱脚应做成刚接还是铰接？(id=12652,2002-08-10)

【jsjs】：请教抗风柱柱脚应做成刚接的还是铰接的？

【贝格】：一般宜做成铰接。至于其柱脚做法，一般是用两个螺栓固定柱脚。如果抗风柱较高，为了安装方便，也可以用 4 个螺栓固定(此时还是铰接构件)。抗风柱做成复杂的固接柱脚是毫无意义的。

【费费】：抗风柱柱脚采用何种形式，实际上与你的计算假定有关。

如果抗风柱做成偏拉构件，那么柱脚最好做成活动的，只传递水平力。如果抗风柱做成偏压构件，那么柱脚可以做成铰接，也可以做成刚接，这要依你的计算结果而定。另外，如果做成刚接，可能会使基础增大不少。

【HKCMLL】：我认为刚接铰接都可，看你怎么考虑结构受力了，刚接一般柱是压弯构件，截面比较大，基础也比较大，铰接则相反。

【钢】：常见的做法是做成铰接的。也有做成刚接的，作为承重柱来考虑，还可以省用钢量。

【一般不回家】：这个问题，我想需要再仔细一些。柱脚铰接和刚接对于基础大小的影响并不显著，关键要看柱顶与梁的连接情况。如果抗风柱顶不承担刚架传来的压力(节点不同)，则对于基础不产生轴力，只有风荷载引起的基础顶面水平力，基础都是大偏心，基底面积都不会小，而不论柱脚是刚接还是铰接。如果抗风柱顶承担刚架传来的压力，则偏心会显著减小。功劳不是柱底而是柱顶。此时的抗风柱其实也起到了摇摆柱的作用，而且比中间跨摇摆柱更不利，因为它直接承担风荷载水平力。

抗风柱的柱脚我倾向于按铰接设计，可以避免施工中强拉硬拽引起的附加应力。

【ykd】：我不同意诸位的看法，理由如下。

①山墙的抗风柱不仅仅是承担墙体的重量，更主要的是承担风的推力。实际上，忽略压型钢板的重量也不会有什么问题，因为风产生的是弯矩，墙重量产生的是轴力。

②在排架结构中，山墙的抗风柱是悬臂柱，当然柱脚刚接，具体见排架图集。抗风柱承担全部风推力，由于弯矩很大，基础设计困难。

③轻型结构中，常常将抗风柱做成上下铰接的简支梁，这样风推力的一半传到屋面梁。屋面的水平支撑和屋面梁组成水平桁架抵挡这个推力，所以有支撑的屋面梁应该是压弯构件，需要特别加强，檩条和拉杆都是可以具体计算内力值的。最后这个推力从水平桁架的两端传到柱间支撑上，致使柱间支撑内力也很大，可能不能用圆钢承担。

④我认为，山墙矮而长，宜采用刚接柱脚；山墙高而短，宜采用铰接柱脚。这时各个构件内力较小，易采用常规的构造做法。

【南华人】：刚接铰接均可，本人认为一般从经济角度考虑：

①若厂房较高，宜做成刚接，减小抗风柱的断面；

②若厂房不高，应做成铰接，改善基础的受力性能。

【fmma】：柱脚做成铰接是最常用的方法，至于山墙传来的力可以通过设置相应的刚性系杆传递，柱头可以采用弹簧板连接。

【SUPPERTIMES】：我认为柱脚宜采用铰接柱脚，上端宜与屋面梁采用弹簧垫片连接。

①轻型结构中抗风柱做成上下铰接，上端与屋面梁采用弹簧垫片连接的简支梁，这样风推力的一半传到屋面梁，而抗风柱不传递屋面荷载。屋面水平支撑及系杆和屋面梁组成水平桁架抵挡这个推力，这样一部分风荷载就很明确地传递到屋面，另一部分传递到基础，靠基础与柱底摩擦或抗剪键来承担，而抗风柱也仅考虑风推力，计算模型非常简单明了，基础弯矩仅由风推力产生。若抗风柱脚采用刚接柱脚，则基础弯矩由风推力及柱脚产生，很明显要大于柱脚铰接的基础。

②若抗风柱上端与屋面梁做成另一种铰接点即摆柱形式，则抗风柱的计算除了要考虑平面内作为摆柱而产生的应力，同时还要考虑平面外由风荷载引起的应力。此两个应力叠加，对抗风柱的计算来说，一是增加了计算工作量，二是可能会使抗风柱截面加大。

③抗风柱顶与屋面梁底的距离即弹簧垫片的竖向高度的确定，则要考虑屋面梁的挠度，使弹簧垫片的竖向高度务必要大于屋面梁的扰度值，这样一来才能保证计算模型的真实性。

④山墙比较矮，则抗风柱不需加支撑计算也很容易满足。山墙比较高，则抗风柱间需加设支撑以减小其平面外计算长度，否则此抗风柱的截面可能会很大。

【wanyeqing2003】：这两种做法都可以。有这样的工程实例，仅考虑抗风结构，或者同时参与结构承载。不过参与边榀承载时，需要考虑边榀刚架结构的双向受力问题。因为风荷载和重力，以及地震作用可能造成双向受力的情况。由于抗风柱参与边榀刚架的工作，刚架柱和梁的截面可能会减小，容易忽略这个因素。图纸审查时，审图人员经常会提出这个问题。

3 抗风柱这样设置对结构有影响吗？(id=77195，2004-11-24)

【mwy-2000】：我在设计中，有时遇见小跨度的门式刚架结构，钢梁就用2根H型钢，在中间用摩擦板加高强螺栓连接，山墙位置的抗风柱就直接与钢梁的摩擦板焊接，这样抗风柱应该算下铰上刚吧？不知这样对刚架受力影响是否大？

【dyguoguo1978】:抗风柱是抗弯构件,一般设计中抗风柱不承受压力,柱脚和柱头一般设计成铰接,对于这方面讨论的帖子很多。对于楼主所说的跨度很小的钢结构工程,可根据施工的具体难易程度具体实施,抗风柱与钢梁是刚接还是铰接对结构的整体情况影响应该不是很大,个人认为做工程还是应该向规范靠拢。

【aoxianglong】:抗风柱怎么连接不应该是拍脑门就能确定的。我觉得前面说的主要是施工问题。抗风柱的连接要根据设计,如果设计是刚接,就必须用刚接,因为其他结构也是按抗风柱刚接选择的。我们设计抗风柱连接一般都为简支铰,因为这样比较合理。

【3776】:像这种情况,可在中节点下焊一钢板,与抗风柱腹板连接,抗风柱上的螺栓孔开长圆孔,不受压力,如图 6-7 所示。

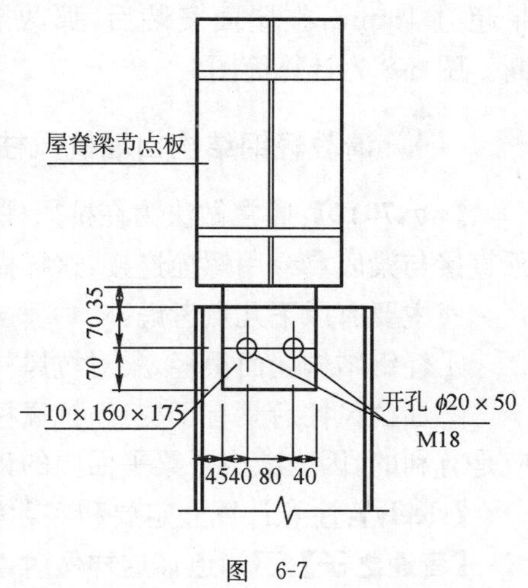

图　6-7

【zhangwl】:我是搞施工的,上次设计了一图纸到设计院盖章,一定要我把抗风柱改为下刚上铰变为悬臂柱,我想也对,这样一来才能抗风。

【zcj001】:我认为抗风柱采用下刚上铰或两端铰接都是可行的。前者是使较多的风荷载通过抗风柱传至地面,使较少的风荷载通过支撑传至地面;后者是使一半的风荷载通过抗风柱传至地面,使另一半的风荷载通过支撑传至地面。前者有利于控制抗风柱挠度,减小抗风柱截面及支撑截面,但会对基础产生不利影响,需要加大基础;后者的影响则与前者相反。

3776 提供的抗风柱节点图本人认为不尽合理,此种连接方式虽然可使抗风柱不受压力,但却会使钢梁产生扭矩,不利于钢梁的稳定。

【中国铁人】:焊接不一定就是刚接,基本上还是两端铰接,不影响抗风柱抵抗水平风荷载。应该尽量用螺栓,这样受力计算和施工都比较方便。

【allan】:抗风柱的计算模型应根据抗风柱上下节点的嵌固情况来确定,一般情况下柱脚为铰接或者刚接。上部节点要看连接形式和构造形式,通常可分为如下 3 种形式。

①铰接。需具备的条件:抗风柱与钢梁的连接可参考图 6-7,在抗风柱顶与钢梁连接的地方设纵向系杆,这样山墙面的风荷载由抗风柱和刚架一起承受,此时柱脚应该用铰接,目前多采用这种方式。

②自由。也就是抗风柱按悬臂柱计算,需具备的条件:抗风柱顶与钢梁不连接或者柔性连接。这种做法对抗风柱顶的位移控制比较严格,也会造成抗风柱截面过大,但是有时候由于建筑的要求或者其他的原因,在抗风柱处不一定能设置系杆,即使是有一般的檩条和隅撑的作用(当然此处檩条和隅撑也可以加大,以满足作为钢梁平面外稳定支撑和承受抗风柱传来荷载的条件,这样可以看作是铰接)。考虑自由的情况应有效控制抗风柱顶的位移,抗风柱直接与墙面檩条和墙面板连接,抗风柱的变形会带动墙面板的变形,变形过大会造成墙面板破坏,往复变形过大还会造成自攻螺钉的松动脱落。

③弹性连接。需具备的条件:抗风柱与钢梁通过弹簧板或者其他弹性介质连接,且与钢梁连接处有系杆或者满足要求的檩条和隅撑。这种做法理论上对钢梁影响最小,但是这个弹性

系数不容易确定，而且变形比铰接情况要大，如果抗风柱与钢梁连接处无系杆无檩条，应该按自由端考虑合适。

另外一个需要非常注意的问题是，如果抗风柱的位置与钢梁的投影位置相交，那么抗风柱顶到钢梁下翼缘的距离必须比钢梁的最大挠度大。还有长圆孔的长度也要满足钢梁变形要求，如图 6-7 所示节点，变形量只有(50－18)/2＝16mm，如果钢梁这个地方的挠度不超过 16mm，那是没有问题的，如果超过 16mm，在屋面安装后，那两个普通螺栓很容易被剪断。图 6-8 为计算简图。

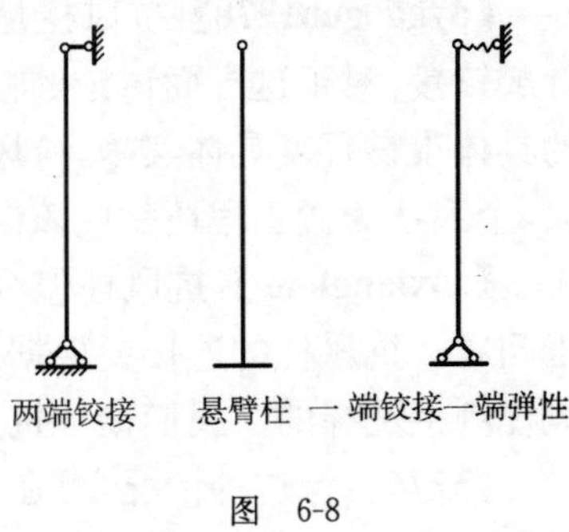

图 6-8

4 请教轻钢结构山墙抗风柱与梁的连接问题。(id＝29115，2003-05-27)

【wgx7012】：通常做法为在抗风柱顶加弹簧板与梁翼缘用螺栓连接。我改变做法，抗风柱顶直接与梁底翼缘用螺栓连接，这样做行吗？

我主要有以下几点考虑：

①轻钢结构屋面很轻，梁对抗风柱的压力很有限；

②加抗风柱后梁有了支点(抗风柱间距)，虽然改变了梁的受力模式，但对梁而言这种改变应是有利的，因为减少了梁平面内的计算长度。

【steely】：注意计算假定要和实际尽量相符。如果节点铰接，计算刚架时也要按铰接算。

【音速之子】：不知道你这样做时，用了多少螺栓？如果这个节点使抗风柱的顶支座产生弯矩并传给梁，对梁来说就是扭矩了，反而更不利。

【lsrj】：①如果直接将抗风柱与梁底顶紧，施工难度过大，抗风柱的长度大了或小了都会造成安装困难。

②抗风柱基础荷载将增加，应考虑其不利影响。

③建议你可以看看 Zmail 手册，上面抗风柱是直接同两根屋面檩条连接的，我觉得受力、安装都挺合理的。

【lijingas】：我觉得这种做法应该可行，因为把抗风柱直接与梁下翼缘铰接连接，相当于摇摆柱，施工时不应该有问题。而对梁产生的附加弯矩也很小，因为如果把抗风柱当作摇摆柱设计，梁的高度一般很小，估计也就 300mm 左右，偏心距很小，而且此处设置隅撑，不会有问题。

实际上，我见过一些工程，在端山墙处全部采用摇摆柱(在山墙两端也采用摇摆柱设计)，然后在山墙处设置柱间交叉支撑，对于横向较长的厂房这种设计非常经济，而且侧移控制得很好(侧移完全由圆钢交叉支撑控制，横梁当作系杆)。

【wgx7012】：第三点考虑：抗风柱与梁下翼缘铰接，檩条在上翼缘与梁铰接，结构受力时应考虑檩条的作用，所以抗风柱与梁下翼缘直接用螺栓铰接我认为是可行的。

【fjq】：好像各位意见比较统一，但我还是要说：

①抗风柱应只传递水平力，如按各位所说的去做，屋架变形后，抗风柱的约束会限制其变形，使其变形与中间跨不一致；

②如不采用弹性连接，也可采用开竖向椭圆孔的方法，即允许屋架竖向变形。

【四丰】:①抗风柱可与屋面梁、墙梁、支撑组成山墙墙架共同受力,节约用钢量。见《门式刚架轻型房屋钢结构技术规程》(CECS 102:2002)4.3.4 条。

②抗风柱可做成上下均铰接(也有做成上铰下刚),按压弯构件计算。柱顶与梁相交处,应设可靠传力构件,使风荷载可以传至屋面支撑处。

③考虑建筑以后要接长,边跨采用门式刚架,抗风柱宜与屋面梁采用弹簧片连接,受力明确。

【rxliu6969】:一做过的工程节点,如图 6-9 所示。

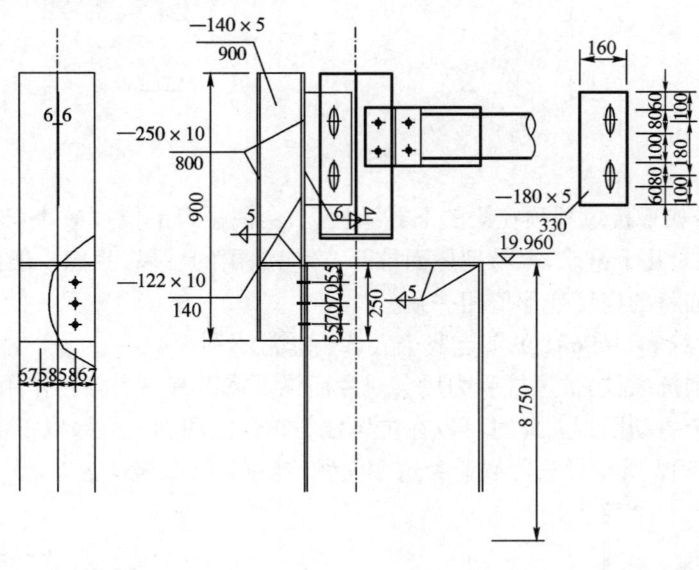

图　6-9

【ffg】:**rxliu6969** 的做法我认为比较合理,因为:

①抗风柱与梁确实做成了铰接,且柱与梁的连接板因加了长圆孔,可看作与弹簧板的作用相近,所以它首先可以说受力较明确,起到加设抗风柱的目的;

②如此做法,对于墙板的安装也有利。

另外,个人认为,抗风柱与梁的连接用弹簧板,若抗风柱上再装有墙板,总认为连接不太可靠,不知大家认为如何?

【tager008】:图集 02SG518 的节点构造已经比较清楚。弹簧板连接对于重型工业厂房,考虑以后扩建才使用。

【vagabonddm】:对于抗风柱与梁的连接问题,我个人认为抗风柱最好不承受屋面刚架荷载,这样抗风柱计算简单,施工也方便。

【zcj001】:我的做法也是抗风柱顶直接与梁底翼缘用螺栓连接,并且我的思路和 **lijingas** 的完全一样,也将抗风柱作为摇摆柱带入刚架计算,而后将抗风柱按压弯构件进行校核。其实这种安装很方便,由于轻钢结构荷载很小,对基础也几乎没有什么影响。

rxliu6969 上传的节点似乎不太经济,安装也不是太方便。图 6-9 中未标明用什么螺栓。如果用高强螺栓,则很难达到抗风柱不承受竖向荷载的效果;如果使用普通 C 级螺栓,由于普通 C 级螺栓抗剪较差,时间一长,螺栓就会损坏,所以也不好。

【happy_steel】:本人的做法如图 6-10 所示,同样简单,受力明确。

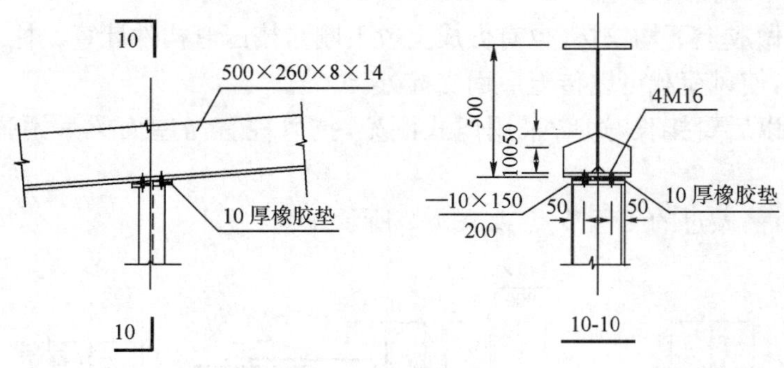

图 6-10

【rybin0691】:如果抗风柱顶在梁的下翼缘板上,会使边跨的挠度减小,这样和临跨的变形就不协调,甚至相差几十毫米,容易把屋面拉开,产生漏雨的后果,我们一般的做法见图 6-11,可以保证边跨和临跨的挠度变形值相一致。

【山西洪洞人】:rybin0691 的节点我个人认为非常不利。

风荷载传递到抗风柱,抗风柱受力后会对屋面梁下翼缘有一个翻转作用。也就是说,对屋面梁的翻转有一个主动因素。此时可以在抗风柱与钢梁之间加上隅撑以抵抗此不利因素。

我认为如图 6-12 所示做法可以避免这个问题,也可以释放竖向力。

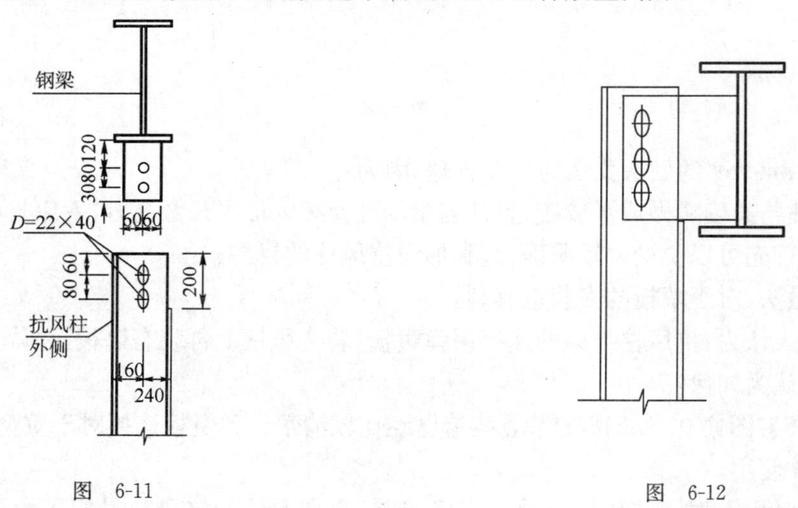

图 6-11

图 6-12

【DYGANGJIEGOU】:如图 6-13 所示 3 种连接方式。

屋面横向水平支撑桁架的节点布置在抗风柱处,可以使抗风柱柱顶的反力直接传递,避免刚架斜梁受扭。首先根据房屋的使用要求布置抗风柱,然后根据抗风柱柱顶位置布置屋面横向水平支撑桁架的节点及支撑杆件。因为刚架斜梁允许在任意位置布置屋面横向水平支撑的节点,屋面横向水平支撑的交叉斜杆为柔性拉杆,与刚架斜梁的连接较为简单,可以不必等间距布置,这是门式刚架与普通屋架不同之处。在抗风柱与刚架斜梁连接处,刚架斜梁下翼缘应设隅撑(图 6-13c)。

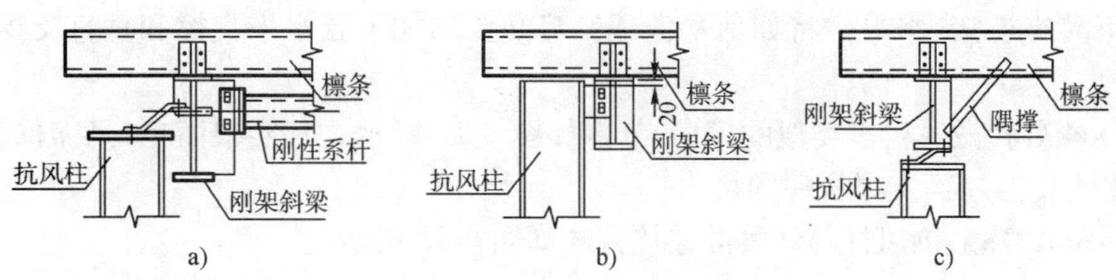

图 6-13 抗风柱连接节点示意图

a)抗风柱在轴线外(一);b)抗风柱在轴线外(二);c)抗风柱在轴线上

【一窍不通】:《钢结构手册》上基本采用弹簧板连接,而建研院的STS生成的节点则采用螺栓连接。将刚架的摇摆柱与抗风柱合二为一也是可以的,但需要计算。我个人认为用弹簧板连接较好。

5 抗风柱与网架连接节点。(id=101012,2005-06-30)

【小高】:抗风柱只传递水平力给网架,不传递垂直力。这个节点应该如何做?最好是有两个节点,分别传递到上弦和传递到下弦点。再有,如果网架球与抗风柱位置错开,该如何处理呢?

【allan】:①如果抗风柱必须与网架节点连接,那么与抗风柱对应的球的基准孔的螺栓大小就需要事先根据抗风柱计算确定。

②抗风柱的设置对应网架节点时,如果连接于下弦球,那么做法和门刚类似,先用支托从螺栓球上接出来,此时注意支托长度应满足螺栓构造及施工安装要求,避免支托承受过大的弯矩。支托端部焊一平放钢板,必要时该钢板与支托间加加劲肋,再焊一块垂直的钢板于平放钢板上,垂直的钢板在垂直方向上开长圆孔,再与抗风柱腹板连接,注意长圆孔的长度要满足网架在该球节点上的位移要求。如果与上弦连接,且网架是垂直封边的话,那就简单点,直接在上弦球侧面开孔加支托与抗风柱翼缘连接就可以了。

③当抗风柱设置不对应网架节点时,一般的做法是在抗风柱两侧相邻的螺栓球之间加一道梁,梁球之间通过支托连接,抗风柱再与梁连接,做法和门刚一样。

【carpinty】:楼上说的的确是个好办法,但是我还有一个想法,就是既然这么麻烦,干脆增加支座使抗风柱变成支承柱,重新计算,不过这仅在跨度比较大的情况下才可以。

6 混凝土抗风柱与钢梁的节点处理。(id=108383,2005-09-08)

【wubin_okok】:普通门式刚架,采用混凝土柱、钢梁,不知混凝土抗风柱顶与刚架斜梁如何处理较好?

【baoli_cjf】:预埋件可做成$-16\times400\times400$,反面采用6根$\phi16$的螺纹钢,长度按规范或计算定,然后设置弹簧钢板,一头焊接,另一头与钢梁螺栓连接。

【sunny8448】:埋件设计可按照《混凝土结构设计规范》(GB 50010—2002)的有关要求进行计算,并应符合《混凝土结构构造手册》中对混凝土抗风柱柱顶埋件的抗震要求。

【暴风】:这种情况用弹簧板与钢梁的上翼缘连接很方便。当钢梁截面较高时,最好与上、下翼缘同时连接。

觉得有些疑义:弹簧板与钢梁的上翼缘连接,水平力可以通过上弦水平支撑平衡,弹簧板与钢梁的下翼缘连接，水平力将如何平衡呢？势必要增加下弦水平支撑和垂直支撑，增加用钢量。

【fyb-okok】：我做过很多类似的厂房，节点如图 6-14 所示。其实很简单，只需保证抗风柱顶能将水平力传至屋面支撑构件即可。

【dyguoguo1978】：抗风柱与斜梁的连接方式如图 6-15 所示。

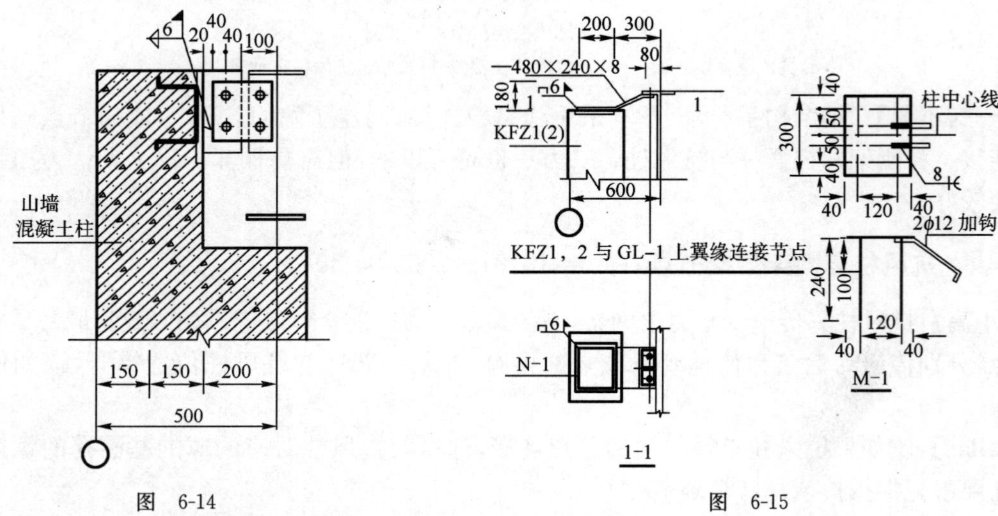

图 6-14

图 6-15

第七部分 围护结构

- 层面系统
- 墙面围护
- 天沟排水
- 保温隔热
- 屋面防水
- 屋面采光带
- 精彩图片
- 综合问题

第七部分 围护结构

整 理	万叶青
审 核	崔江梅

一 屋面系统

(一) 设计与选型

1 请教有关檩条间距及屋面彩板支承的问题。(id=3999,2001-12-29)

【tzpllf】:①屋面彩板的布置可分为连续板与简支板。有一种说法,假定:檩条间距是1.25m,单坡屋面上10@1.25m的屋面板是一块通长的板,那么屋面板一共有10跨。有人说,两端跨的板属于简支板跨,而跨中的板属于连续板跨。请问这种说法对吗?

我认为这种说法不对,应该理解为:按照屋面板的支承方式,该板属于简支连续板。

②檩条的间距问题。就以上的说法,因屋面板两端跨被认为是简支板而跨中是连续板,所以有人设计时,把屋面板两端跨的檩条间距设计的相对中间要小很多,一般是跨中檩条间距的一半或者更小,完全不按计算来确定檩条距离,这种做法对吗?

【大法师】:一般来说,一块连续板至少跨越6根檩条以上,即可认为板是5跨以上的连续梁。从静力手册里可很容易查到各跨中板的内力。两端跨不是简支板跨,应该更像一端铰支一端固接的梁(和其他跨的荷载分布也有关)。

其实在一般板厂家(如BHP)等提供的板的承载力中,对板不同的位置情况有不同的要求。一般有单跨(Simple Span)、端跨(End Span)、中间跨(Internal Span)。单跨实际上就是简支,对连续板来说,中间部分属中间跨,两端属端跨。一般来说,连续板的两个端跨的承载力起控制作用,在静力手册里也可以看到等跨时端跨的弯矩最大,故减小端跨的跨度对提高板的承载力是很有帮助的。

板的承载力定量计算我觉得是无法计算的,而只能理论上分析分析,通过试验得到。左一个肋,右一道弯,冷弯加强,有效面积削减,最后还要考虑当跨度小到一定程度时,随着板的承载力提高,起控制作用的就变成板的连接件了。

【无需冷藏】:大部分压型钢板厂家样本上没有对连续与简支的情况作出说明,以及没有区分出一端简支一端固定情况。我们是按常规理解的,连续板应是两跨或两跨以上,简支当是单跨。不知这样理解是否有问题？

【etang】：结构力学中边跨的支座弯矩也是 $0.125ql^2$，与简支梁没有什么区别，所以应该是如**大法师**所说方法计算。

点评：关于屋面板和檩条是按连续，还是按简支设计的问题，应该从以下几个方面来考虑。

①承载力计算。多跨连续板和单跨简支板的内力形态是不同的，连续板最大弯矩的部位是在端跨内支座处，而单跨简支板是在跨中，剪力分配也不同。不过它们的最大弯矩在数值上是相同的，都是 $0.125ql^2$，所以在工程中弯矩计算时，可以做一些简化处理，把连续板的端跨最大弯矩按照单跨简支板计算。

②变形计算。多跨连续板和单跨简支板在变形计算上相差比较大，多跨连续板的变形要比单跨简支板小得多，所以在考虑连续板的变形问题时，就不能按照单跨简支板计算。

③实际设计。多跨连续板的端跨无论是内力还是变形都要比中间跨的大许多，需要做一些加强处理。严格来说，应该根据实际计算的结果来设计。为了简化设计过程，适当减少板端跨部位檩条间距也是合乎情理的。

2 台风地区的屋面板如何设计？（id＝24763，2003-3-28）

【xuyun7788】：去年我国南方地区有几次台风登陆，造成了巨大损失，我公司采用的暗扣式彩板屋面系统几乎全军覆没，估计是当时设计时没有充分考虑 12 级台风的影响。我查了资料，看到台风地区风荷载应按 3.0kN/m^2 取值计算，这样屋面板设计必然很保守，并且连接也必须特别处理。请问有没有经济实惠又安全不漏水的设计？能不能采用普通暗扣式屋面板？

【YEOMANSEAN】：根据我的经验，不光是台风地区，即便是沿海地区，基本风压超过 0.6kN/m^{2}的地区，属于 A 类地貌的地区，屋面板及墙面板我均不会采用暗扣式彩板做外围，因为日久彩板容易掀起变形，甚至全军覆没。在这方面，国内做的研究不多，规范也没有明确的规定。

在这种情况下，可以参照国外规范，通过风速与基本风压的换算，结合板型截面特性加以选择，连接附件的特别处理也是必要的，数量也可适当增加。

【luzhigang】：根据《建筑结构荷载规范》(GB 50009—2001)及《冷弯薄壁型钢结构技术规范》(GB 50018—2002)是可以计算屋面板的，连接件的计算在《冷弯薄壁型钢结构技术规范》(GB 50018—2002)中也有介绍。

【dyd771】：在屋脊及檐口处加压风杆，山墙处也要加压风杆。

【w_shiqi】：不要用普通暗扣式屋面板，我最近看了几篇轻钢结构风灾的文章，有一篇就说了扣式屋面板在台风下的破坏，结果是整体刚架没坏，屋面板全部被风吹走。

另外，建议你在设计时按瞬时风压计算，不要按基本风压计算。因为国家规定的基本风压是 10min 的平均风压，台风的周期要比 10min 小得多，最好转成瞬时风压算。

【jyj001】：能采用普通暗扣式屋面板，但要在屋脊及檐口处加压钢条，与板型一致并下压防水条，每波谷 3 颗明钉固定于檩条上，山墙处也要有明钉固定。

【hehongshengabc】：①出檐不能太多，最好做有女儿墙结构的。②屋面板必须厚点，钉子得打密打牢。③设计时应尽量避开主风向。

【burningwind】：根据 FM 的经验，他们完全不信任暗扣式屋面板的抗风能力。国内的阵风系数是参照 10min 内的平均风压，而 FM 参照的是 3s 内的最大风压。因此，建议不要采用。

【xenium9】：不知道咬合式屋面板（如 360°咬合板）能否用在台风地区，但是如果用一般的屋面板，大多数情况下需要搭接，而搭接处就存在隐患。

【jianfa05】：可考虑采用 ALC 屋面板，附节点图 7-1～图 7-5。

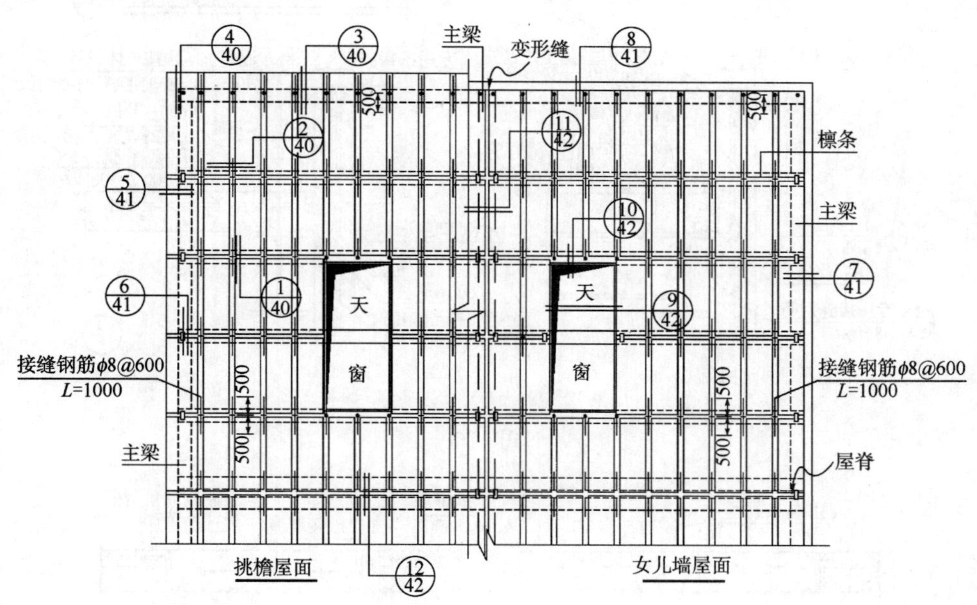

图 7-1

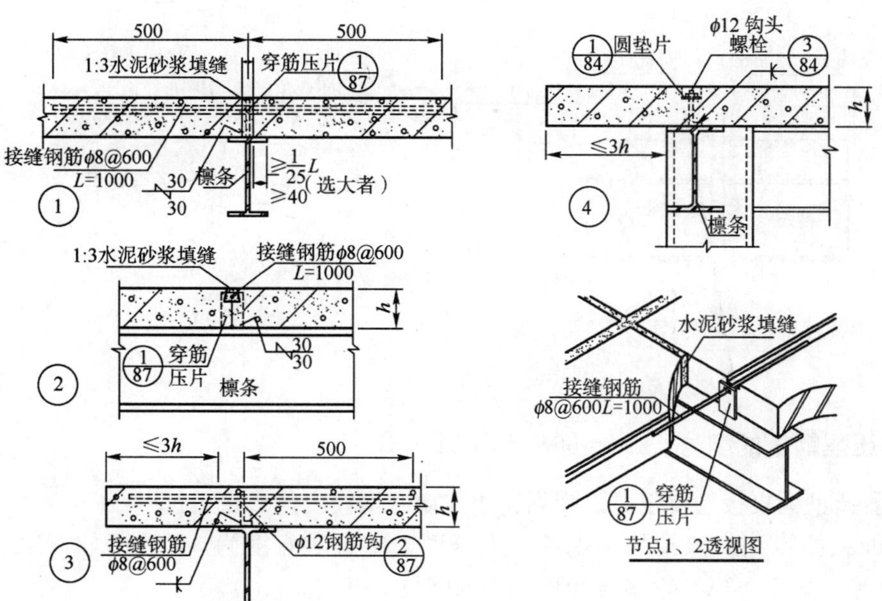

图 7-2

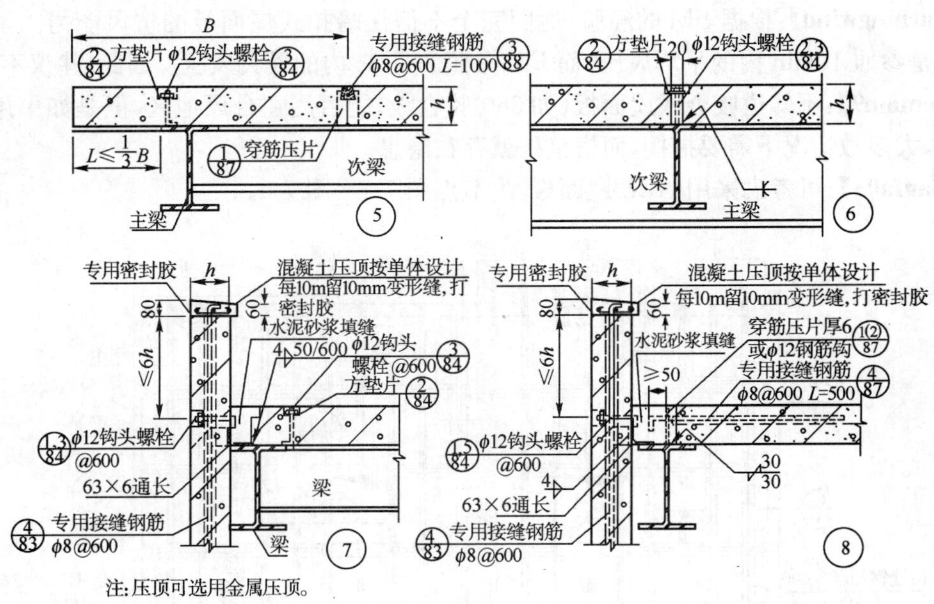

注:压顶可选用金属压顶。

图 7-3

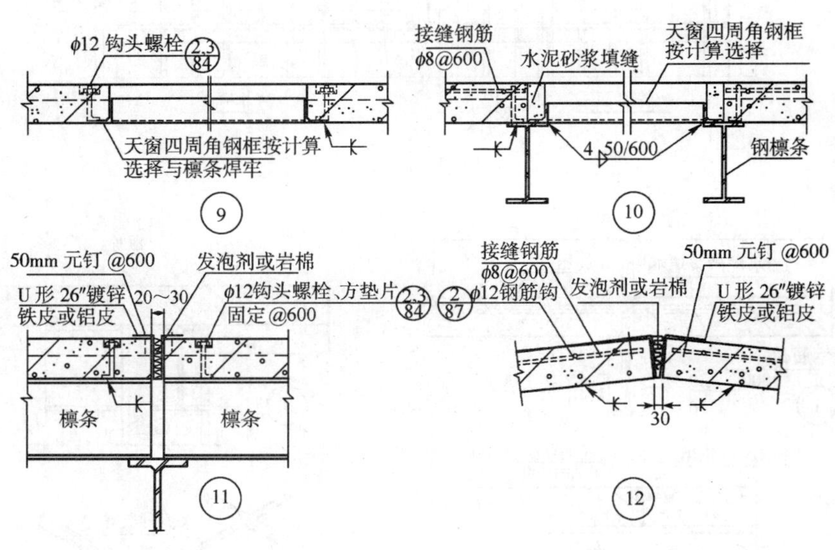

图 7-4

3 压型钢板的型号。(id=66367,2004-8-3)

【hzdx】:压型钢板板型哪里可以查到?比如 360 型代表什么含义?

【fishguan】:360 型应该指的是生产出来压型板的有效宽度为 360mm,如 YX25-205-820 型简称 820 型。这个可以在很多压型板公司的网页上查到。

【悠然南山】:YX51-360 型(角弛 II 型隐藏式彩钢压型板),是一种国产板型,波高 51mm,有效宽度 360mm。

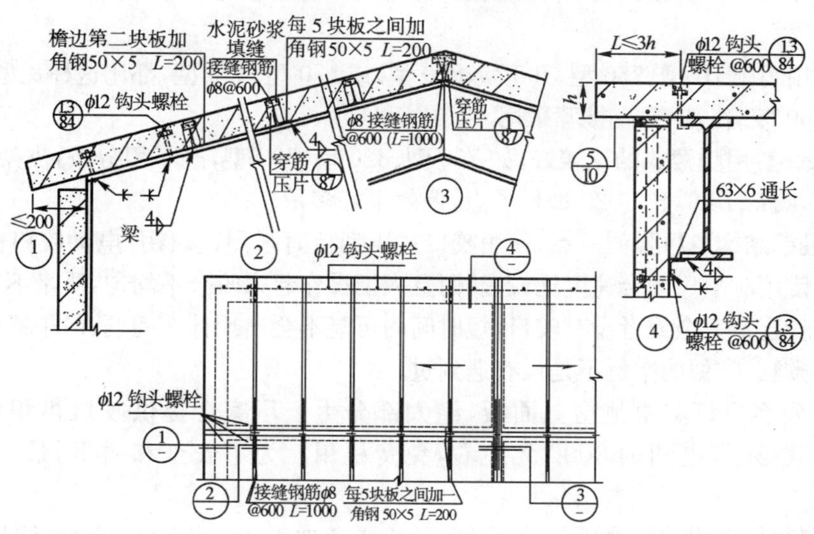

图　7-5

①与 VP 的 SSR 板型相似，属世界最好的板型之一；

②防风雨性能无与伦比，但若咬口处密封不良，则防雪性能不佳；

③安装快捷，适合施工现场大跨度成型；

④外形美观，高抗弯，高强度，最佳经济檩距 3m；

⑤进料宽度 500mm，有效利用率 72％ 。

【bjdwcg】：压型钢板的型号按照国标《建筑用压型钢板》(GB/T　12755—91)规定为：YX 波高-波距-有效覆盖宽度。其中，YX 为“压型”拼音的首字母。

目前，压型板的名称比较混乱，有的以波距的数值称呼，如 V125 型等；有的以有效宽度数值表示，如 V-820 等。360 型是一种隐藏式压型钢板，360 表示有效宽度。

4　屋面彩钢板一般采用何种型号？（id＝140329，2004-8-3）

【jimoqianxing】：请问屋面板一般采用哪一种型号的彩钢板？

有一个工程，60m 跨度，单脊双坡，屋面为单层彩钢板加 50mm 厚保温棉、铝箔、钢丝网。彩钢板采用 0.426 厚 HV-1025 型，瓦片波高只有 25mm，屋面坡度 5％。请问会不会漏雨呢？

【longma】：可用 840 型或 860 型。

【158】：角弛 III960 型也可以，我们在工程中经常用：

【PXW888】：考虑板的利用率，5％的坡度已经很大了，可以考虑波峰小点的，但最好不要低于 25。新型的 760 可以考虑。

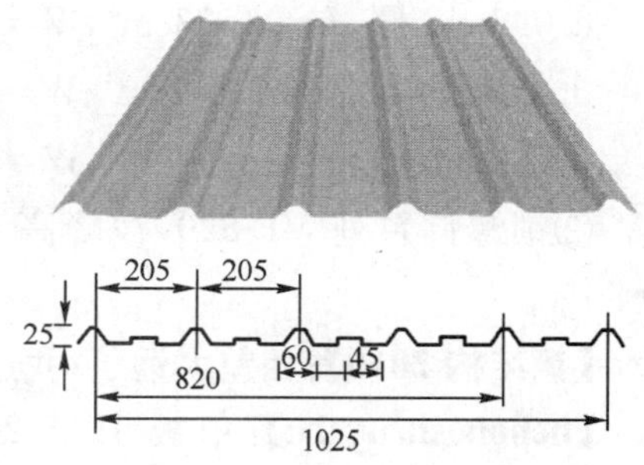

图 7-6　YX25-205-820 型(1025 型)

【鹰式轻钢结构】：这样不太好。1025 型是用 1.2m宽的原板压的，相当于普通的 820 型(图 7-6)，60m 长比较危险，不仅是因为波峰太小，而且还因为长度太长，在生产和安装的时候容易在边部形成波浪边，遇上大雨很容易从波浪边的缝隙中进水。

建议使用角弛 III 型(760 型、790 型、820 型)或 470 型、475 型，都比这种瓦型好得多，尤其是 475 型，360°咬合，波峰高，推荐采用。

【luyanguo】：用隐藏式的比较好，如 760 型、820 型、788 型，既不用分条，支架容易买到，螺钉又不外露，咬口 180°，比 1025 型贵了点，但效果好多了。

【鹰式轻钢结构】：再强调一点，使用咬口式压型板时强烈建议用"电动咬口机"咬合，因为人工咬合机使用时不仅咬合速度比较慢，而且人工操作起来咬合不均匀，质量不容易保证。如果有一部分咬合不完全或者没有咬口，短时间内可能不会出现什么问题，但是遇到大风天气很可能把屋顶掀翻，类似的案例不是没有遇到过。

现在只要客户订购角弛型屋面板，绝大部分生产厂家会提供咬口机租用，手动的交 500 元押金就够了，电动的 3000 元左右，免费租用。为了安全和质量，最好使用电动咬口机。

【楚天清秋】：选用屋面彩钢板型号时，一般要考虑工程屋面的坡度、单坡长度及当地降雨强度，具体可以利用克氏公式来计算一下，同时也可以用它来计算天沟尺寸。以本例来说明，斜长大约 30m、坡度 5%的情况下，如果降雨强度中等的地区选用 25mm 波高的彩钢板则会造成大雨时满沟，并且通过板搭接缝处虹吸而产生漏水现象。可以考虑从日本引进的老式角弛板型或者最新研发的 RB360°咬边板型，其波高都在 68mm 以上，板型利用率都大于 76%。要知道做钢结构工程板型利用率这个成本省不了，漏水的工程给回款及信誉都是不可预见的大损失。在我接触的一个钢结构工程中经历过这样的教训，建筑面积超过 10 万 m^2。

5 820B 型屋面板截面资料求助。(id=83681，2005-1-24)

【钢结构 2010】：最近碰到一工程，业主要彩钢板的计算，我们用的是 820B 型压型钢板，但有关其截面特性没有资料，不知哪位能帮个忙？

【brd0068】：我这里有钢之杰的两种 820 板参数。

①锁螺钉系列 WA-820，波峰高 28mm，有效利用率为 82%。

a. 0.5mm 厚，$I=8.38\text{cm}^4$，$W=4.22\text{cm}^3$；

b. 0.6mm 厚，$I=10.06\text{cm}^4$，$W=5.06\text{cm}^3$；

c. 0.7mm 厚，$I=11.73\text{cm}^4$，$W=5.87\text{cm}^3$；

d. 0.8mm 厚，$I=13.41\text{cm}^4$，$W=6.71\text{cm}^3$；

e. 1.0mm 厚，$I=16.77\text{cm}^4$，$W=8.35\text{cm}^3$。

②锁螺钉系列 VP-820，波峰高 30mm，其有关数据是 WA-820 的 1.1 倍，有效利用率为 80%。

【钢结构 2010】：相差太远了，我这儿有板的截面尺寸，波峰高 62mm，见图 7-7。

【hehongshengabc】：单板 JL25-205-820 型(820 型)：有效覆盖宽度 1000mm，展开宽度(800mm) 1200mm，其余见表 7-1。

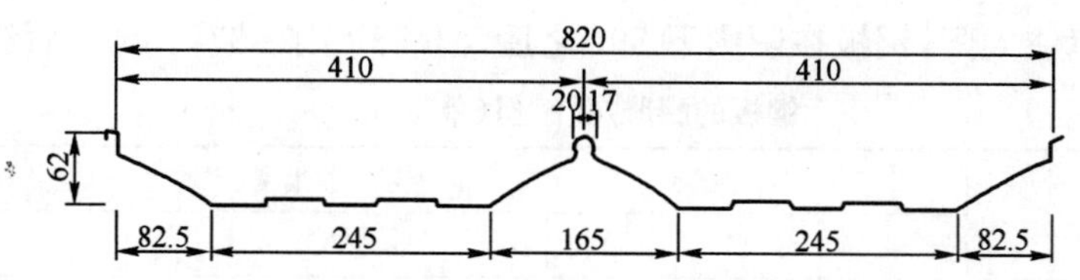

图 7-7　YX62-410-820B 型压型板截面尺寸

表 7-1

板　厚(cm)	0.4	0.6	0.8
截面惯性矩(cm^4)	7.31	10.4	13.58
抗弯模量(cm^3)	3.4	5.69	7.58

6　屋面板如何考虑顺坡伸缩？(id=88452,2005-3-24)

【benboy】：考虑到板的伸缩，屋面板是屋脊和檐口两端都固定，还是一端固定？是否还有其他固定方法？

【jyang118】：需要考虑屋面板固定方式和位置。下面介绍的是一种完全咬合结构性防水屋面系统的屋面板固定方式。

①首先取决于用什么屋面系统。

②其次取决于屋面板块长度。板块长度超过 3m 时，必须使用滑动扣件，在规定的 1m 范围内，一般需用 4 个固定扣件以巩固板块，避免滑动。

③固定扣的位置取决于屋面排水坡度：a. 屋面坡度为 25°时，固定在最顶端即可；b. 抗震设防烈度为 7 度，屋面坡度为 25°时，固定在 1/4 处；c. 抗震设防烈度为 7 度，屋面坡度为 3°时，固定在 1/3 处；d. 屋面坡度为 3°时，固定在 1/2 处。

7　金属屋面的伸缩缝。(id=182918,2008-1-24)

【jyling】：对于金属屋面，沿板长度方向伸缩缝的间距应该如何设置？

【heavenkiller】：目前规范对此好像没有特别的说明，曾看到一位同行的相关话题论文，现摘录如下(表 7-2)，其准确性还有待验证。

两伸缩节点间最大钢板长度(单位：m)　　表 7-2

固 定 系 统	最 大 距 离	固 定 系 统	最 大 距 离
隐蔽式固定暗扣	35	穿透式波谷固定	15
穿透式波峰固定	24		

可用下述方式形成伸缩节点，即升高端接处上面钢板的所有檩条及屋面钢板的支撑以形成一个比钢板深度高 15mm 的高差。在高差处屋面钢板至少搭接 250mm，并提供合适的防雨措施。落差处需另外设置檩条或支撑。

对于肋条钢板，无需为热位移设置横向伸缩节点，因为每个肋条的纵断面允许有一些横向位移。试验数据表明，温度变化为 10℃、50℃、75℃时，钢板长度方向上产生热胀冷缩，结果见表 7-3。

如有云飘过遮住太阳，钢板在阴影下30s之后，温度约下降3℃；2min后约下降10℃。

钢板的膨胀/收缩量（单位：mm） 表7-3

钢板长度	膨胀/收缩量		
	10℃	50℃	75℃
5,000	0.6	2.9	4.3
10,000	1.1	5.7	8.6
15,000	1.7	8.6	12.8
20,000	2.3	11.4	17.1
25,000	2.9	14.3	21.4
30,000	3.4	17.1	25.7

一般而言，在用于屋面板和墙面板的所有金属中，钢的热胀冷缩到目前为止是最低的。

8 不上人彩板屋面的问题。（id＝38955，2003-10-8）

【北极熊】：最近设计了一种不上人屋面，单层彩钢板。本工程因为是发电厂的选煤车间，四周为空，20t吊车，所以屋面保温无意义。我拿到原东北的一个设计院的图纸是单层彩钢板上人屋面，檩距为780mm。甲方感到太浪费，让我公司重新设计。如设计成不上人屋面，则檩距可以大大加宽，加上其他部分，降低造价幅度很大。当然设计此种屋面，有一些困难，现一一列出，请大家发表意见。

①单层彩板不上人屋面，施工时怎么办？施工工人是否需要站在铺板上？具体怎么操作？

②吊到屋面上的一叠单层彩板放在何处？板上完后外脊瓦怎么施工？

③单层彩板屋面，用板钻自攻螺钉固定，即便满打能满足抗风要求吗？

④因为是不上人屋面，又是选煤工序，以后屋面的积灰将怎么清扫？

【ws-dlx】：①不上人屋面板施工时必须在已经完成的屋面板上铺临时跳板，而不能直接踩踏已经完成的屋面板。堆放彩板叠的部位应在檩条局部加临时支撑，并尽量不要在屋面堆积彩板。屋脊瓦与彩板同步安装。

②自攻螺钉能否满足抗风要求，可以参照生产厂家提供的性能参数表，无外乎彩板、钉或檩条破坏、屈服等情况。

③清除积灰时，在屋面上设置临时走道应该可行。

【xrha22】：同意ws-dlx的观点。

我认为不上人屋面是指不能以彩钢板屋面作为承重结构上人进行其他施工，或者需要上人时要做其他处理（如搭跳板等方法）后上人。因此，当图纸中对彩钢板屋面未注明为不上人屋面时，也应当作为不上人屋面处理。

【steely】：上人与不上人屋面仅是规范中的两种荷载状态，而不是不让上人。

不上人屋面要上人，有两种办法：一是搭跳板分散荷载；二是计算时加施工荷载。另外，偶尔直接上个别人，只要不背行李也问题不大。

【wzb98303】：对于不上人屋面一定要弄清楚，规范规定不上人屋面和上人屋面的活荷载取值是不同的，但施工荷载一定要验算，规范中施工荷载取 1.0kN，具体工程具体分析。在单层压型板设计中，一定要考虑屋面板型，进而影响檩距的大小，一般常用 YX820 型，檩距不应大于 1500mm。

9 该板能否用于屋面板(YX28-205-820 型)？(id=114521,2005-11-5)

【ccdotcom】：《钢结构设计手册》表 6-1 中的 YX28-205-820 说是用于墙面板，请问能否用于屋面板？基本参数：屋面恒荷载(为压型钢板自重)取 0.1kN/m²，活荷载 0.5kN/m²，雪荷载 0.5kN/m²，风荷载 0.5kN/m²(已乘以高度、体型系数)，基本檩距 1.5m，压型钢板按简支考虑。

①恒荷载+活荷载

$$q_k = 0.1 + 0.5 = 0.6\text{kN/m}^2$$

②恒荷载+风荷载+活荷载

$$q_k = 0.1 - 0.5 + 0.7 \times 0.5 = -0.05\text{kN/m}^2$$

其中，0.7 为《钢结构设计手册》表 6-1 的给定值。

从计算上看，该板型是可以用于屋面板的。大家看我这样算对不对？

另外，请问屋面板的选取原则是什么？按我上面的计算方法，随便选块板子好像都够了，为什么手册指明仅用于墙面板呢？

【xjlzs】：屋面板还要考虑排水问题，波高最好要大于 30mm。

【书女】：在坡度大满足排水的情况下，YX28-205-820 是可以用于屋面板的，较之咬边式和扣盖式屋面板有一个优点是搭接板可换。

【yaowu633157】：你这种板(图 7-8)以前都用于屋面，就是打钉是明钉，防水是没有问题的，因为有防水小边。

现在都用角弛 III820(图 7-9)。

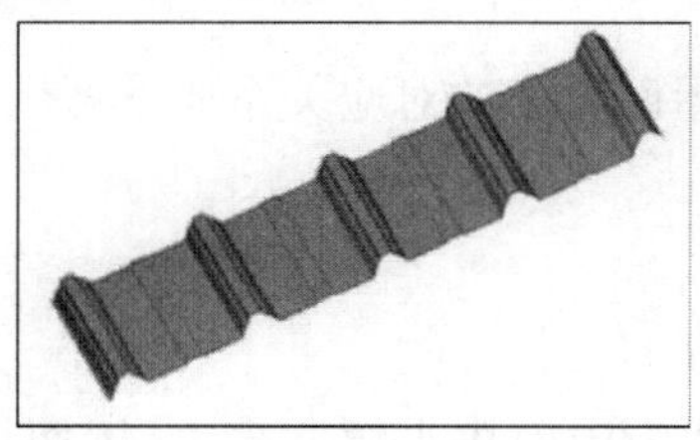

图 7-8

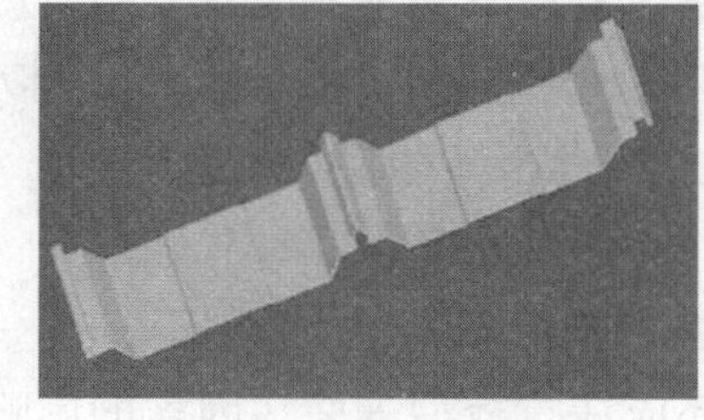

图 7-9

【xrha22】：大坡度时，该板型完全可以用(本人经手的若干工程用过，不过用于小坡度则有反水现象)。其实，只要大家平常稍微观察一下，就可以发现 820 或波高小于 28mm 的屋面板随处可见。

【dongqing】：这个要看在什么地方用，北方雨水少的地方没有问题，但是在南方雨水比较多的地方，28mm 的波高是肯定不够的。这种板做墙板的比较多，不过现在这种板型不多见，基本淘汰不用了，一般都是 900 型的。

【ti-001】：此板型屋面板、墙面板都可以使用。用作屋面板时，板与板搭接连接，因为搭接有缝，很容易漏水，防水效果极差，还得加固定支架使用。我公司在天津的工地用此板型几乎全部漏水，只能用于小面积的工程。

（二）屋面坡度

1 单层彩钢板排水坡度问题。(id=84988,2005-2-18)

【tzpllf】:山东地区,单层彩钢板排水坡度,设为1%～2%可以吗?

【zhxq1979】:我认为不太好,一般钢结构坡度最小为3%。坡度小了不利于排水,大雨时可能会漏水,下雪时也容易渗漏。

【doubt】:坡度与屋面板挠度(板截面与檩距)及搭接方式有关,为避免出现局部积水,一般的彩板屋面坡度不应小于1∶20。若建筑有特殊要求,应考虑其他构造,如钢承板(刚度大)+渗耐(保温防水)等。

【hehongshengabc】:①《门式刚架轻型房屋钢结构技术规程》(CECS 102:2002)建议的门式刚架的排水坡度为1/8～1/20。

②在南方多雨地区用国产的夹芯屋面板要求的坡度要大一些,用进口的BHP板坡度可小一些。

③排水坡度的确定与建筑造型 、檩条间距 、屋面覆盖材料等有关。若为暗扣板型坡度可小,而螺钉外露固定的板应稍大;若板长度方向无搭接可小,有搭接的坡度应稍大些 。

④建议用角弛II、III型板,主要用于大跨度双坡屋面,波高大,有利于排水。

2 门式刚架的排水坡度问题。(id=5492,2002-2-10)

【gdadi】:《门式刚架轻型房屋钢结构技术规程》(CECS 102:2002)建议的门式刚架的排水坡度为1/8～1/20,据一些钢结构厂家经验,在南方多雨地区,用国产夹芯屋面板价格便宜,不过要求坡度大一些,用进口的BHP板坡度可小一些,这样是否有道理?

【·贝格·】:以下为本人工程经验,仅供参考。

屋面坡度一般为8%～12%。屋面排水幅宽与屋面坡度的对应关系如下:

①单坡幅宽12m以内为8%;

②单坡幅宽12～18m为10%;

③单坡幅宽18m以上为12%。

另外,还应注意板型等诸多因素的影响。有人认为屋面排水幅宽越大,屋面坡度应越大。我对此的理解是:排水坡长的屋面,在檐口(天沟)处的雨水积聚深度大,为防止板的搭缝渗水,坡度应适当加大,以使屋面排水顺畅、迅速。

【木头】:屋面坡度主要取决于当地的降雨量、屋面板刚度(是否会积水)、屋面的连接方法,《门式刚架轻型房屋钢结构技术规程》(CECS 102:2002)规定的是1/8～1/20。

如果采用360°卷边做法(在屋面刚度可行即不会积水),屋面坡度可做成5%的平屋面,其他连接方法则不可以。如果是用螺钉外露固定,应在1/8左右为好,暗扣式连接取到1/15以上没问题。

【hc_cai】:排水坡度和以下几个方面有关:

①当地最大降雨量;

②压型钢板的肋高;

③压型钢板的固定形式——暗扣、咬边、螺钉；

④单坡长度；

⑤钢板是否通长。

【LUKE】：**hc_cai** 讲得有理，但需要补充一些。影响坡度的主要因素是屋面板板型和泄水坡长。在同一地区（相同的降雨量），暗扣板（锁缝板、咬边板、美国立缝系列、美国锁缝系列），统称为不打钉板，除了某些板在搭接处和板端打钉外，板侧不打钉，此类板坡度在 1/36 以上都可以。但是对于一般的打钉板（如 ABC 的长跨板，美联的 R、PBR，国内的 820、850、920、夹芯板等），最小坡度必须大于 1/12，否则可能会漏水。坡度大了无所谓，只是浪费一些钢材。

对于屋面坡长太大的，梁的正常下挠会引起屋面积水，引起保温棉进水，自重加大，危及结构，所以需要加大坡度。同时，过大的柱距和檩距也可能会引起某些部位积水。

（三）加工与安装

1　屋面板、墙面板、包边、包角如何下料？（id＝158370，2007-2-9）

【sailor219】：请问屋面板、墙面板、包边、包角等如何下料？尤其有门窗的地方该如何处理？

【LYSLCC123】：实测板型尺寸，在电脑中按 1∶1 放出厂房的立面图再排板，收边可以根据图集处理。一般公司都有自己的做法。

【小钢构】：要看你用什么样的板型了，是 760 型、820 型的，还是 900 型的，760 型按有效宽度 790mm，1∶1 放样；还得看你用的开板机，每一开板机所开板的有效宽度可能不同。

【西部牛仔】：屋面板按实际 1∶1 放样，注意坡度、檐口预留、开孔洞位置等。墙面板按实际 1∶1 放样，注意屋面有无内板、檐口收边做法、窗口实际位置、窗台做法。收边按公司图集处理，没有图集可到其他工地看一看。收边原则：在不漏水的条件下，尽量美观。

2　请教钢丝网＋保温棉＋单彩板屋面、墙面做法。（id＝76198　2004-11-14）

【fanyuxin511】：一个 15000m^2 的大型厂房即将动工，但不知道钢丝网＋保温棉＋单彩板屋面、墙面的具体做法，也不知道网片和檩条的连接方法，请指导。

【DYGANGJIEGOU】：①屋面施工

a. 用不锈钢丝或镀锌丝交叉拉出菱形或矩形形状，用 2.5cm 自攻螺钉固定于檩条。

b. 铺放玻璃棉卷毡，贴面朝向室内一侧，垂直于檩条，在一面屋檐处多留约 20cm 的卷毡，用专用的夹具或双面胶带将其固定在最外侧檩条上。

c. 放卷时保证对齐和张紧，将玻璃棉卷毡铺设至另一面屋檐处，同样多留 20cm 的卷毡，用专用的夹具或双面胶带将其固定在最外侧檩条上。

d. 两卷棉之间通过在贴面飞边处用订书机装订的方法连接在一起。

e. 安装屋面彩钢板，拆去屋檐处的专用夹具，用预留的 20cm 贴面为玻璃棉收边。

f. 注意玻璃棉卷毡的张紧、对齐，卷与卷之间的接缝紧密，纵向需要搭接时，搭接头应安在排檩条处。

g. 根据工程需要，为避免产生冷桥，可以考虑在檩条上垫些硬质保温材料。

②墙面施工

a. 贴面朝向室内一侧，从屋檐放卷至墙脚，用双面胶带将玻璃棉固定在最下端的檩条上，多留 20cm。

b. 在玻璃棉卷毡超过墙顶檩条 20cm 处将其截断，用双面胶带固定。

c. 将玻璃棉收边，安装墙面彩钢板。

d. 两卷棉之间通过在贴面飞边处用订书机装订的方法连接在一起。

e. 注意保持玻璃棉卷张紧、对齐、垂直，卷与卷之间的接缝紧密。

③注意事项

a. 应将玻璃棉置于干燥通风处，运输过程中避免雨淋。

b. 玻璃棉应远离明火，特别注意施工现场的熔融焊渣。

【119】：①在檐口、屋脊檩条处打孔；②在每跨和山墙处焊∟50 角钢打孔；③拉钢丝。一般有钢丝网的可能是铝箔，所以不用订书机订，搭接就行了。

【wellgo】：钢丝网同样使用平头的自钻螺钉固定，固定的数量可以按照固定钢板的方法计算或酌减；搭接部分可以搭接一格或者用热镀锌钢丝捆绑。不过，热镀锌网的质量也是非常重要的，经过上海莘庄地铁站的人可能都注意到该屋面使用的钢丝网片锈蚀非常严重，修缮非常困难。

【huifenng_888】：①如果采用 760 型的屋面板，支架压在玻璃丝棉上面是否影响美观？

②屋面板与玻璃丝棉中间是否有什么附件把支架与屋面板抬高？

【brd0068】：①支架下有贴面，上有屋面板，不会影响美观。

②板面不用提高，否则施工时候屋面板容易破坏。

钢丝绳固定：山墙处固定一直角折边件，在合适的高度等间距打孔，在屋面一个坡的上下两根檩条的上翼板也打等间距的孔，这样一个坡的四周就都有了可以固定钢丝绳的地方。

【wellgo】：对于以上做法，国内一般分为两种：①澳大利亚系统。以来实公司为代表，一般使用上述做法。一般用自钻螺钉在檩条上固定钢丝网片，保温棉铺设在钢丝网片上，该做法尽管现场复合，但是做出的效果不错。②美国系统。以巴特勒公司和 ABC 公司为代表，一般使用欧文斯科宁白色维尼龙贴面，如果施工得当效果也不错，但如果施工不得法则会出现保温棉下沉的情况。这样在业主在看到或经历的情况下，多半会选择使用钢丝网支撑。但不管用何种方法，总的成本是比较接近的。

【jym】：钢丝网的拉结方法，一般是在檐口檩条或天沟边用直径 4.0mm 的钻头钻出小孔，在山墙端部焊接角钢，角钢的大小根据实际情况确定。如果有女儿墙，一般是采用自折角钢，因为还需考虑打女儿墙内墙板；如果没有女儿墙，则可以采用 50×4 的角钢；在角钢上同样钻出小孔用于拉结钢丝（钢丝直接穿过小孔打个结就行了）。钢丝的直径一般为 1.0mm 或1.2mm，采用软态合金钢丝（真正的不锈钢丝容易脆断）。钢丝网的拉结形式有直拉和斜拉两种，直拉一般拉成间距为 200mm 的正方形钢丝网；斜拉也为正方形和菱形，一般钢丝之间的垂直距离为 200mm（空距可以用勾股定理计算）。不过我认为斜拉比较好，可有效防止贴面的搭接缝隙。

【云冰】：采用聚丙烯双贴面铝箔＋保温棉＋屋面压型钢板，可以不用拉钢丝，且施工快、安全性好、美观，见图 7-10。

图 7-10

3 屋面暗扣式压型钢板的节点做法。(id=77712,2004-11-30)

【luck】:常用屋面暗扣式压型钢板的做法都有哪些?图 7-11 中的做法常用吗?

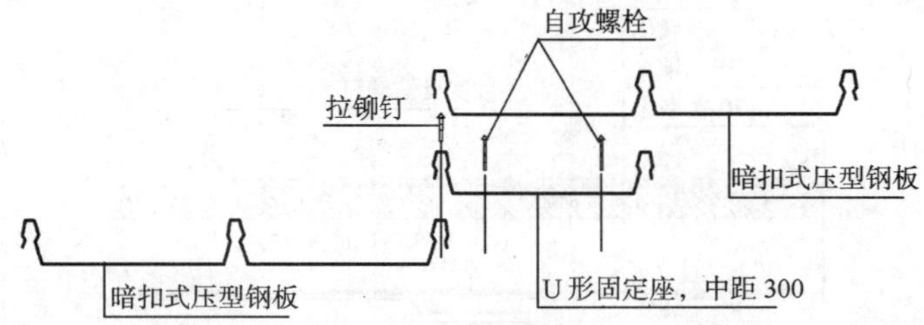

图 7-11　暗扣式压型钢板做法示意

【王晨】:此种做法也称为搭扣式,板型为 430 型或 406 型。其他暗扣式彩板与此种板型类似,均采用暗扣配件将彩板固定在檩条上,不同仅在于两块板之间的接点,现在常用的有 760 型咬合暗扣式、475 型 360°直立缝锁边等。

每家施工单位的板型有可能不同,设计图无需表示,由施工单位与甲方自己确认。

【徜徉】:见安装示意图 7-12。

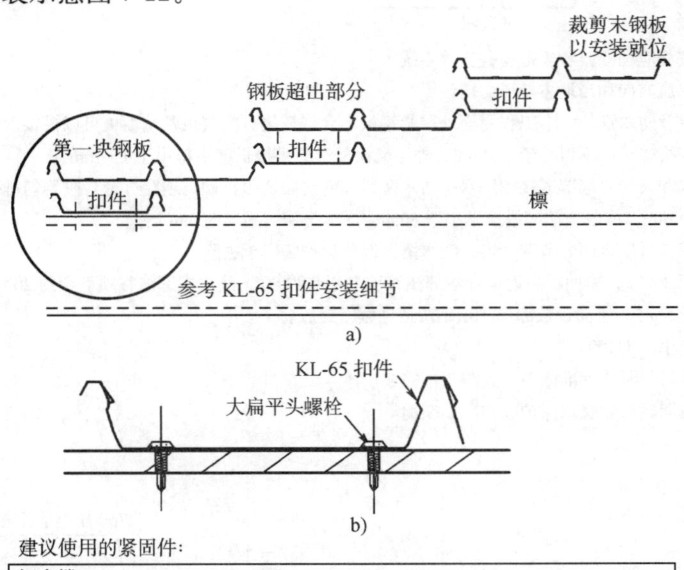

建议使用的紧固件:

钢支撑	
钢材厚4.5mm	
无绝缘材料	Teks.No.10-24×15mm 大扁平头自钻螺栓
有绝缘材料	Teks.No.10-24×22mm 大扁平头自钻螺栓
钢材厚度超过4.5mm	
无绝缘材料	Teks. 5 No.12-24×32mm 大扁平头自钻螺栓
有绝缘材料	Teks. 5 No.12-24×32mm 大扁平头自钻螺栓
木支撑	
硬木	
无绝缘材料	Type 17 No. 10-12×25mm 大扁平头自钻螺栓
有绝缘材料	Type 17 No. 10-12×35mm 大扁平头自钻螺栓

图 7-12　暗扣式压型钢板安装示意图

a)暗扣式压型钢板节点做法;b)KL-65 扣件安装细节

【sjc】:我这里有一屋面暗扣式压型钢板的节点做法(图 7-13、图 7-14,表 7-4),供参考。

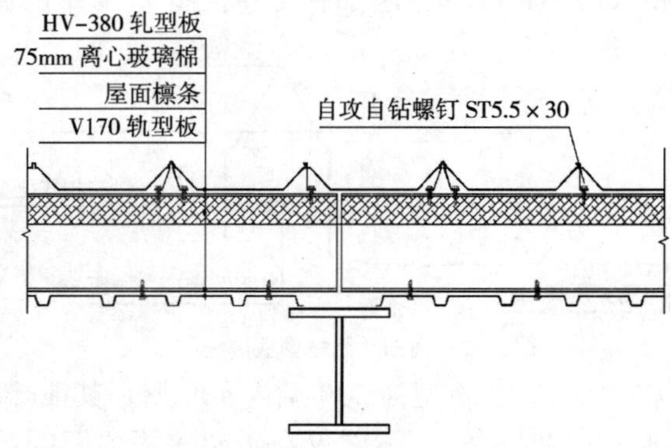

彩钢板安装说明

供选用

01- 铺设板材前应按相应国家验收规范检查支撑系统。
02- 板材应逆自然水流方向和当地主导风向铺设。
03- 为提高安装质量及防水性能，本工程屋面外层彩钢板不允许搭接，内层板及墙面板可以搭接。
04- 内层屋面板端部搭接长度不得小于 100mm，外层墙面板端部搭接长度不得小于 150mm。
05- 所有外层板泛水和天沟之端部搭接须用双排防水铆钉和密封胶密封，铆钉须穿过密封胶均匀排列，中心距不大于 50mm，内收边端部搭接不小于 50mm, 用单排铆钉间隔 50mm 连接。
06- 施敷密封前应使板材搭接部分清洁干燥，泛水搭接部分保护膜应予去除。
07- 当屋面坡度小于 25°时，屋面板靠近屋脊端部波谷须上弯起约 80°，滴水端部波谷须下弯约 20°；当屋面坡度小于 5°时，屋面板端部搭接须施两道连续密封胶。
08- 内天沟坡度不应小于 1/200。
09- 小开洞切割、斜切割及非标准檩条开孔需工地完成。
10- 第一工作口均应彻底清除泛水保护膜和屋面杂物。

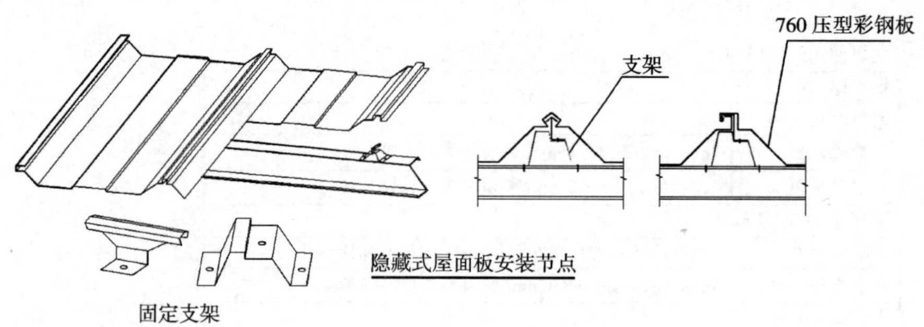

图 7-13　某暗扣式压型钢板节点做法

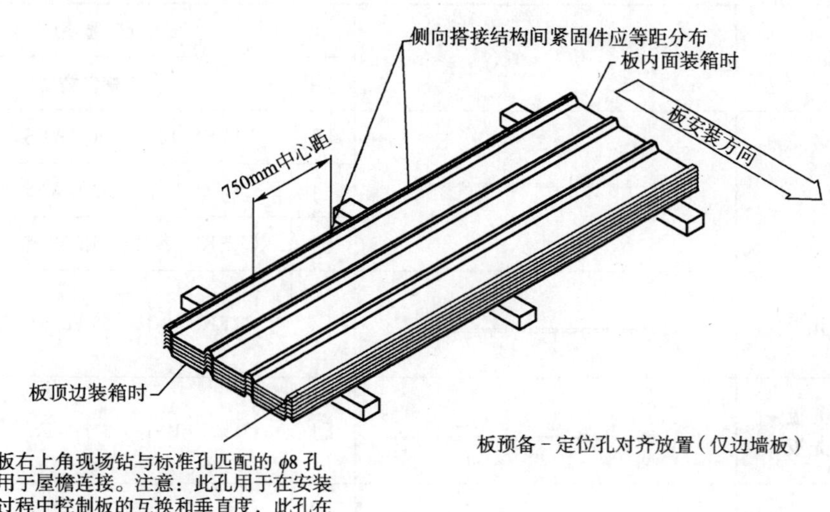

图 7-14　屋面板包装示意图

螺钉及配件选用表　　表 7-4

应　用	位　置	螺钉选用	
		选用	螺钉类型
KL-65 扣件		□	MTEKS10-24×25WAF
		□	MTEKS5 12-24×32WAF
		□	MTEKS10-16×22WAF
420 型板		☑	KL-65 扣件
TD 墙面板		☑	CTEKS12-14×68HGS
		□	CTEKS14-20×65 KL CYC WASHER
		□	
820 型彩钢板	用于屋面 用于墙面	☑	CTEKS12-14×65HGS ☑ 全部□　端部和端部搭接处除外
		□	FT14-20×65CTEKS/TDCA □　全部□　仅用于屋檐和端部搭接处
屋面外层板，760 型		□	CTEKS 12-14×30HWFS

续上表

应　　用	位　　置	螺 钉 选 用	
		选用	螺钉类型
900 型内层板	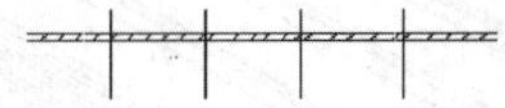	☐	CTEKS 12-14×30HWFS
		☐	CTEK5 12-24×32 HWFS
		☐	CTEK5 12-24×65 HWFS
KL 型屋面透光板	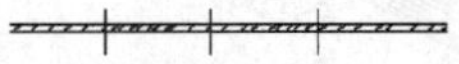	☑	CTEKS 12-14×68 HGS/WLS
KL 型墙面透光板 KL 型天花透光板	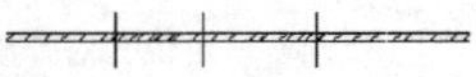	☐	CTEKS 12-14×30HWFS
820 型屋面阳光板		☑	CTEKS 12-14×68 HGS/WLS
TD 型墙面透光板 TD 型天花透光板	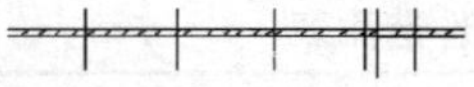	☐	CTEKS 12-14×30HWFS
泛水与板连接	泛水走向与板肋平行，螺钉间距@500 泛水走向与板肋垂直，KL 板、TD 板每隔一肋固定	☑	CSP　1/4-14×7/8″MAXISEAL 或 CSP　10-16×16 HWFS
泛水收边端部搭接	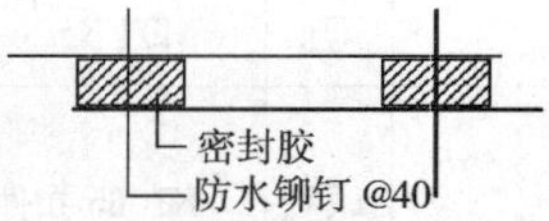 密封胶 防水铆钉 @40 天沟、外墙屋面泛水端部搭接  密封胶 防水铆钉 @40 内墙及下层屋面收边端部搭接	☑	铆钉
泛水与檩条连接	@500	☐	CTEKS 12-14×30 HWFS
泛水与混凝土墙连接	@500	☑	1″混凝土钉

4 屋面复合板搭接。(id=77323,2004-11-26)

【sxh19188】:请教一下，当屋面使用 EPS 复合板时，搭接部位一定要使用双檩条吗？可否使用单型钢？

【allan】:见图 7-15、图 7-16。

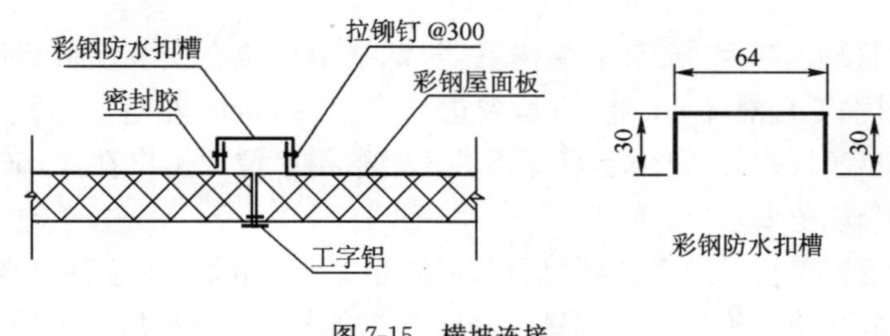

图 7-15　横坡连接

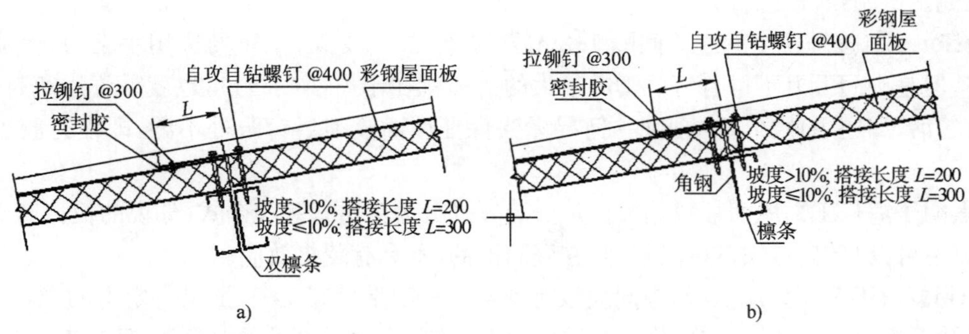

图 7-16　顺坡连接

a)双檩条;b)角钢+檩条

【红顶】:如图 7-15 所示屋面板类型早已经被淘汰,这种板型的全名为 1200(1000)型平口板,带工字铝。它的防水效果不好,现在已经基本不用。如图 7-16 所示的做法我非常赞同。其实当檩条的翼板大于 60 的话,可以不用角钢敷设,但彩板的上下基板要插接,并用铆钉铆固。

【sxh19188】:非常感谢两位提供的做法,我想问一下,如果敷设角钢的话,与原 C 型钢是焊接还是可以用自攻螺钉固定?我的做法是加了一道∟50×30×2 热镀锌折成的角铁,并在搭接型钢上下型钢间加了 2 道∟30×3 角铁撑杆。

【hanjiwei78】:顺坡方向搭接,可以采用上搭接 300mm,下搭接单檩条宽度,上坡彩板采用裁剪下板方案。

5　彩板搭接可否有横向通缝?(id=77931,2004-12-2)

【lhwen9488】:最近做一彩板屋面,半跨彩板长 17m,考虑运输问题,分成两段板,可是搭接出了问题,据说彩板横向不可以通缝,搭接缝需要错开。我查了一些资料,并未找到根据。

【hehongshengabc】:虽然规范没有具体规定,但也不能错开搭接。搭接处最好是双檩条,搭接长度按规范规定取 150～250mm,打好密封胶。

【学无止境】:彩钢板的搭接方式与板型有关,也就是说与板和板之间的连接方式有关。如果是扣压式连接,则可以通缝。注意:搭接处一定要有檩条等骨架。

【pingp2000】:搭接长度要尽量大些,我认为 150～250mm 是不够的,至少要 350mm。做彩板下料时就应该注意到搭接处必须有檩条这个问题。

6 760型屋面板的安装问题。(id=103039,2005-7-19)

【uxwx】:在我管理的项目中,有钢结构屋盖,钢结构单位在安装屋面板时无中间支架,板板连接处的卷边用手工且隔20cm卷一段,卷边长度也在20cm左右。但我查阅了《金属压型板构造和安装图集》(01J925),完全不符合要求。钢结构单位现提出在V760板中间打一自攻螺钉,请问是否符合规范要求?

在协商时,钢结构单位的总工说:他们以前碰到过类似事情,用这种方式解决。我提出折中方式:提供屋面板安装的施工工艺和这种施工方式的抗风试验报告,可他大发脾气,说我有意为难他。试问:我该怎么办?

【afforest】:按理说中间应该间隔1.2m(随檩条)加上支架,至于卷边用手工,只要能过得去也好,但是中间万万不可打钉,V760最大的优势就在于屋面咬暗口,也就是说避免打钉,要是打钉的话,那还用什么760型呢?何况无法保证屋面收缩后钉眼处不漏,即使打胶也毫无用处。

【黑胡子海盗王】:屋面板我们可以从安装方式分为穿透式和咬合式,你说的板型属于咬合式,所以不可以打钉。还有这种板是浮在屋面上的,不具有蒙皮效应。

【jym】:对于760型屋面板,中间应该有支架的。如果没有支架,抗风肯定有问题!760型屋面板属于咬合式暗扣板,主要优点是屋面没有明钉,极大减少了漏水隐患;且支座可以滑动,能有效消除屋面温差变形和受荷载板面下挠变形对支座的影响,特别是对于屋面单坡长度比较大的情况有更明显的效果。如果屋面单坡长度较大,还要采取明钉的形式,很有可能会把钉眼拉开豁口。再说,760型屋面板在承受荷载的时候变形较大,在施工过程中就有可能把钉眼拉开豁口。所以如760型等类似板型都不可取明钉固定形式,当然,在檐口和屋脊处为了抗风和定位必须打明钉除外。

但问题是据楼主所说现在已经安装完毕并咬扣,如果拆除后重新安装支架的话,也是不太现实的,所以如何在打明订的情况下避免屋面板变形导致的钉眼豁口现象是最重要的。我认为,可以考虑在自攻螺钉与屋面板之间增加一个类似于马鞍垫(主要用于瓦楞复合板固定)的带橡胶平垫,这样就算有了豁口,其橡胶垫也能有效防止雨水渗透。

另外,提到其咬边长度不是连续的,我认为不可行,我以前有一个工程也是760型,手工咬边,也是未连续咬合,最后被风给吹了。

【西门吹牛】:760型按照业内人士标准的说法叫"隐藏式角弛III-760型"。常用的相同类型的还有720型、360型。这些板型的特点是屋面没有暴露自攻螺钉,连接处采用咬口式。

如果施工方没有按照标准连接方式设置支架,则肯定是施工方的错误。错误的可能有几种:①节约费用;②可能他们自己也不知道该怎么连接。另外,如果按照施工方的想法,在中间波峰打自攻螺钉,肯定不行。首先增大了漏水的可能,尽管自攻螺钉现在已经改良,加了一个软垫,还有密封胶,但即便是耐候胶也不会在大热天被暴晒后保持良好的密封性能。况且在屋面板的波峰上会有若干个自攻螺钉隐患点。

现在的办法是责成施工方将屋面板拆下,加装支架,才是最明智的。咬边200mm丢200mm的做法也不正确。

屋面板最大的荷载来自空气负压,也就是室内向外的压力。你所说的两点都对此构成了隐患。

【uxwx】：我向各位再请教一个问题：按760型板设置的820型屋面板在碰到上述问题时该怎样处理？

【西门吹牛】：**uxwx**所说的问题好像有点牵强。①820型不存在支架的问题，更不存在咬边的问题；②820型的自攻螺钉一般情况下应该是在波谷；③820型一般不用作防水要求较高的屋面，而常用于墙面板。因此，我认为你的提问比较模糊。

按照我的理解：如果监理向你提出此种问题，你可以将相关的制造厂家资料和规范向他展示或者请他自己将安装方法和规范熟透后再和你讨论此问题；如果是你自己遇到此问题，则将漏水的地方找到，周边增加些耐候胶或增加一条从屋脊处开始的泛水板。

【jym】：**西门吹牛**所述的"②820型的自攻螺钉一般情况下应该是在波谷"我认为不对，像820这种板型，如果作为屋面板的话，自攻螺钉应该打在波峰，且应该在板与板搭接处安装止水带。820型板和其相近板型是一种波峰比较低的屋面板，其防水原理为空腔式防水，即板与板之间搭接后，有一个微小的空腔，能有效阻止水的渗透，但由于其波峰高度较小，所以一般不作为较长坡面的屋面板，并且需要在板与板搭接处安装止水带。其自攻螺钉必须带塑料帽且用密封胶密封严实，或者用尼龙头的自攻螺钉。

【风吹云动】：①760型板既已经安装完，就无法拆开再加支架，因为拆开后的板就废了，除非换新板。

②**uxwx**所述的820型板我理解应该是隐藏式820型，其板型和760型一样，区别在于820型板波峰高度为48mm，比760型板波峰低，所以有效面积比760型大。其安装工艺和760型完全一样，中间也要加支架，锁边连接，屋面无外露钉。

③就本工程而言，中间未加支架，肯定是施工方为了节省费用而故意未加。因为没有过中间不加支架的经验，所以不敢说行还是不行。现在的解决办法：第一是拆掉重新换板(可能性不大)；第二可以考虑在屋脊檩条处打自攻螺钉，因为有脊瓦盖住钉子，不会漏水，不要在屋面打钉；第三锁边处用锁边机通长锁好。

【艾珀耐特】：①760型板中间不设固定支架或者固定支架间隔梅花布置，以及间断咬边都是现场施工偷工减料的表现，要在安装第一块屋面板的时候现场提出要求并监督整个屋面板的安装，否则经不起这次"麦莎"台风的考验，最终是业主和施工方都痛苦。

②接触过可滑移的角弛760型板支座，建议使用此类支座以消减彩钢板温度变形，特别是大跨度屋面。

③外边打钉不是绝对不行，但下面没有固定支座要用长度大于75mm的带泛水垫片的自攻螺钉固定，极易漏雨。(有支座直接咬合即可，没支座用自攻螺钉紧固也是用漏雨换取彩板的紧固。)

【LZB8310】：支架必须按檩条满打，板的咬合也不能那样，否则在风大的时候肯定会出现问题。另外，支架的质量也必须检查，前段时间台风"麦莎"来的时候，常熟地区的一钢结构厂房屋面板就因为支架质量，被台风吹飞了一部分。而且760型板最多只能在中脊和檐口位置才能打带有防水垫圈的自攻螺钉；在中脊处的自攻螺钉可以被中脊帽盖盖住和帽盖下的挡水板挡在里面，檐口处则必须打在波峰上，同时所打自攻螺钉都必须打止水密封胶，这样才不容易出现漏水现象。

【钢架鹿】:你要是负点责任,就只有掀开补上所有屋面支架,因为手工咬边间隔 20 很有可能被掀开。我们原来满打支架工程山墙处屋面板,大风来的时候个别工程还是被掀起,后来所有工程都增加了构造措施。

(四) 弧形屋面板

1 拱形屋面选何种板型?(id=111482,2005-10-10)

【doubt】:遇到一拱形结构,跨度 9m,拱高 1.5m,原为阳光板结构,因损坏及漏雨,想更换成彩钢板材料,但担心弧度大,820 型板搭接不严容易漏水,请有经验人士提供解决办法。

【jym】:如果直接硬性弯曲的话,如此大的弧度可能会导致板折断。我见过有一种设备,可以根据要求弯成需要的弧度(压一些小皱褶)。当时的板型是 200 型。

【jimmy75】:拱形屋面板型的选择 820 是可以的,我们经常使用。

加工的设备如 YMJ 所说,我们常称之为"打折机",打折前需要对板材位置及间距进行准确计算,保证起拱的尺寸,但打折机目前均为人工操作,很难做到非常准确(运输过程中多少也会有些变形),好在拱形板自身有一定的弹性,现场是可以调整的。需要注意:

①运输、现场堆放过程中需要有固定支架,防止安装前的变形;

②如果有山墙处的包边,需要采取一定措施防止漏水(方法有几种,具体视实际情况确定)。

③施工过程中相对会比较危险,而螺钉位置的准确度也要求相对比较高,安装难度会增大。

【doubt】:现在想用一种矮肋的波浪板,弯曲允许弧度很大,只是搭接处防水要做好一点。

【f52621371】:一种如楼上所说的,先压成形 V-820,然后用二次成型机输入直径等参数即可成型所要的弧度,不过控制起来有些麻烦,一般先用废旧板试验,达到要求才正式生产。还有一种类似于石棉瓦的小波浪的彩瓦机 B-920,波峰高度只有 15mm,安装时要多搭接一个波峰(防止漏雨)。

【peter song】:根据我们公司的产品,是用那种板肋不是很高且易弯折的,如百安力公司 fas-zip65-420 铝镁锰合金屋面板,靠自重和弯折来达到所需要的弧度。如果屋面长度为 9m 多,完全可以不用搭接,而用整长板。

2 弧形屋面如何布置?(id=52219,2004-3-19)

【guorugang】:请问弧形屋面板用 840 型彩钢板如何布置?屋面有 4°左右的弧,如果用 840 压型板直接铺过去,会有一个三角形缺口,而且排水方向也与彩板压型槽,如果能压成扇形就好了,但听说不容易实现。

【zhangyimin】:是一个类似球面的吗?我建议你将 840 型板调转 90°来布置,先布设中间一条,然后对称向两边铺设。可能裁板量大一些。最后将边缘做装饰收边。

【guorugang】:我现打算在每 9m 跨的柱距从两边往中间排 840 型彩板,这样在柱中间就会有一个三角形缺口,计划用平彩板搭接补上,不知道效果会不会好。

【f52621371】:① 要在弧形最高点设置双檩条,这样可以消除一部分应力,不至于彩瓦在此处折段。

②可选用二次成型弧形机,即先压 V-840,再经弧形机轧制成你所需要的圆弧。这样现场

安装就方便了，彩瓦也不会折断，不过运输比较麻烦。我公司就有这种弧形机。

【我是新秀】：去年本人刚好在湖南长沙做过一个很接近的工程，不过是网架结构，双曲屋面，现在发如图 7-17 所示节点图供参考。

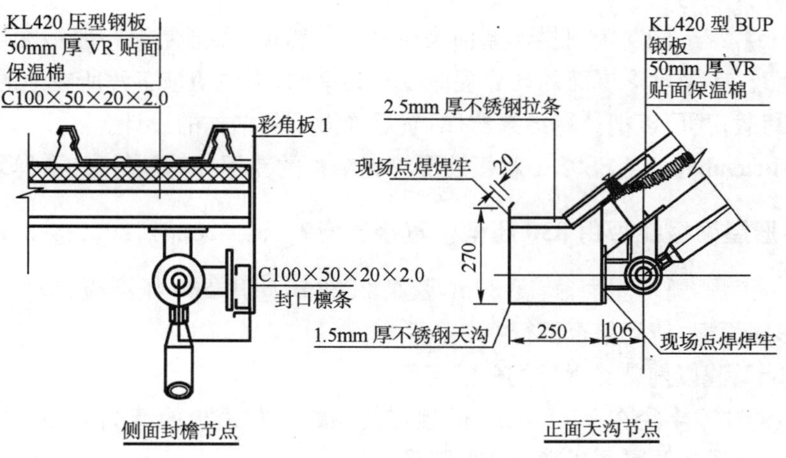

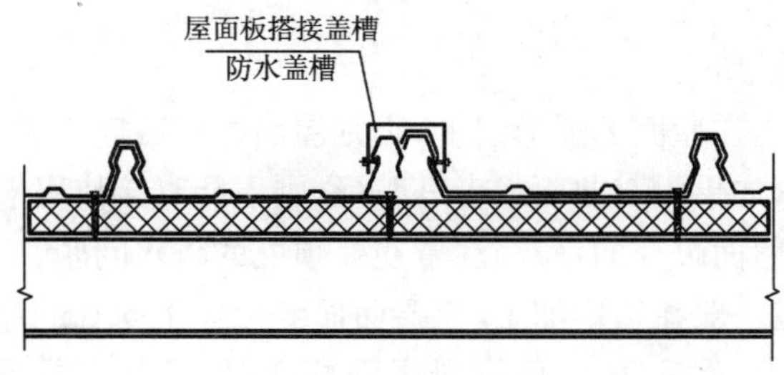

图　7-17

【大头盛】：类似参考：体育馆、飞碟状造型、双曲屋面、屋面结构网架等。该屋顶可能出现的问题有：① 双曲面上有些地方会相对较平，如坡度小于 5%，840 的板型防水不利；② **f52621371** 提出二次压弧是必要的，虽然板材在波谷方向可以有一定范围的平滑弯曲，但在檩条处突变容易拱折；③下料时板为矩形，安装时端部要剪切出来，施工麻烦，下料要避免浪费，也比较麻烦；④屋面各板间的导水关系要清晰，特别是当有构造凸出的时候，仅靠补胶堵水理论上也说不过去。

3　有几种屋面板能起弧？(id=102968，2005-7-19)

【chentony】：我们最近正在做一个博物馆的屋面项目，设计是双层彩钢板，因为馆内的文物关系，对防水的要求特别高，且因屋面设计时弧度很大，所以必须采用能够起弧打褶的板型。有建议用(外)760 角弛 III 和(内)WA-820，这两种板型我们能找到起弧设备。另外，我们自己还有 U75-200 起弧设备，但是担心防水可能还不够好。请教还有其他现成的配备有起弧装置的屋面板型吗？

【kaldi】：板的成弧有自然成弧、滚弧、折弧，很多板型都可以实现。你提及的弧度很大，需要提供具体的半径和弧长。可以根据降雨量、排水能力确定板的肋高，然后再选型。

4 曲拱形屋面。(id=9111,2002-5-17)

【asd】:哪位知道计算曲拱形屋面的软件?28m 跨算大吗?曲拱形屋面板缝如何咬接?与圈梁预埋铁如何焊接?

【xiaocheng】:27m 的跨度对拱形屋面来说算中等跨度,拱形屋面一般最大可做到 36m(在风压小的地区)。有关拱形屋面的计算程序没有共享的,你说明该工程所在地的风压、雪压,是否有积灰、活荷载,我可以把计算结果给你,然后你做下部结构的设计。

【hehongshengabc】:LWSS98-1 彩板波形拱壳结构的专用计算软件,28m 跨算比较大的了。

5 弧形屋面板能否用 830 压型板直接压弯?(id=28281,2003-5-17)

【钢板】:一工程,弧形屋面,跨度 30m,弦高 2.22m,想用 830 压型板(波高 30mm)直接在现场弯成弧形屋面板,请问是否可行?

【steel-titan】:我以前曾经做过类似的工程。

①屋面板的曲率半径在 25m 以上,而且在使用螺钉穿透板的情况下,屋面板可以直接使用平板,在施工现场按照屋面弧度弯曲成弧形板;

②当屋面曲率半径小于 25m 时,应当采用褶皱弧形板。

另外,要注意以下几点:

①屋面檩条上皮应当在屋面的弧形线上,否则屋面板安装完之后,曲线不完整;

②屋面应当为单弧,如果为双曲面或者马鞍形,则不能直接使用平板作弧形板;

③屋面的坡度是随屋面改变的,应当注意在弧顶处的防水问题。

【徜徉】:弧形曲面板一般在工厂加工,只要曲面半径大于 500mm 就可以。

【音速之子】:830 的屋面板,虽然做圆弧屋面好做,但是却容易漏水,后期的维护费用较高,而且容易争议,建议还是改用波高较大的小板型,做成暗扣式,以免日后的麻烦。

6 隐藏式暗扣板能弯弧吗?(id=164035,2007-4-29)

【wjg020】:现有一个筒壳,半径为 23m,屋面用隐藏式暗扣板能弯弧吗?

【caizhaosheng】:隐藏式暗扣板理论上应该可以做弯弧,但是难度相当大,加工精度要求也相当高,且弯弧半径受到限制,很少有厂家能够完成,建议采用直立锁边板。

【wjg020】:没有办法,甲方一定要这样(没有商量的余地),且屋面采光是横向排的,大家有没有好的办法?

【beststeel-sh】:可以上传一下你的板型吗?我们对角弛 III-760、SS-468、SS-490 及暗扣板 KA-420 和 CC-750 都有过做弧形板的成功经验,主要看具体的半径,可以通过设备辊压和打褶来解决。

7 起拱彩钢板屋面可以不做屋架吗?(id=103079,2005-7-20)

【路漫漫】:最近接手一个仓库,要求彩钢板起拱屋面,进深 15m,开间 6m,不需要屋架,可以这样做吗?我担心失稳。该怎么计算稳定性?我先假定的起拱高度是 2.4m。

【liaozhongjian】:当然可以这样做。可以采用拱形屋盖体系,这种结构彩钢板比较厚,而且展宽小。

【afforest】:观点一致，拱形屋面本身就是为了节省屋面结构，完全不用屋架，但板要厚，0.8～1.0可以了，两侧天沟做好U形插槽。

【hehongshengabc】:从造价、安全、保温等方面考虑还是要屋架好。

①造价上，15m跨的屋架含钢量不大，板用0.5的就行了，毕竟彩板贵。

②安全上，施工时和结构的整体安全裕度都比没有大。

③保温上，有屋架可以加保温棉保温，但没有屋架就很难加保温棉了。

（五）屋面板长度

1　屋面板最大长度问题。(id=11488,2002-7-13)

【etang】:现行规范好像没有规定屋面板的最大长度问题，我现在遇到这样一个情况：30m跨双坡屋面，施工方做了15m长的一块板，50厚EPS，自攻螺钉固定，结果一天下来螺钉被剪断，分析原因为温度变形过大，不知各位有什么好办法处理，是否需要改为7.5m一段？

【fredzhu29】:EPS板加檩托板，硬碰硬怎么行？就是钉子不剪断，此处的孔壁也会拉坏而造成漏水。建议檩条与钢梁连接不要用檩托板，而在钢梁上翼缘打孔与檩条连接，这样在热胀冷缩时檩条有一定的转动空间，但注意在屋面坡度的中部设置可靠的防檩条倾覆的构造。建议穿透型屋面板和锁缝型屋面板两个伸缩构造之间的距离均小于60m为宜。

【aruhuo】:EPS板在横向搭接时有5cm的高度翻起吗？有个建议可以试试，即用短的自攻螺钉打在EPS的下层板，直接与檩条固定，在屋脊处和檐沟处，可以用长的自攻螺钉固定，也可以用穿杆螺钉固定，这样不会因为温度变形而剪断，上层板可以自由变形，而下层板一般不会变形的。30m跨度最好用暗扣式彩钢板，一般不宜采用EPS板。

【木头】:长板屋面，我做过45m现场轧制的板(单层板)，似乎在钢结构进展中讲过长板可做到60m，超过60m要做成两块板，形成板间伸缩缝，用得泰盖片连接，此片与板之间相互滑动，可以解决温度变形问题。如果是台风区，边部仍然要锁定，可以形成单边锁定的30m长板，现在用自攻螺钉连接似乎很老套，外露的自攻螺钉在发生温度变形、风荷载振动、橡胶垫老化时，非常容易造成板的锈蚀和漏水，暗扣板的连接方式值得推荐。

【steel-titan】:其实这个问题是由于屋面板的热胀冷缩引起的，所有的金属屋面均存在这方面的问题，可以计算一下：如果屋面板的温度变化50°，30m长的屋面板将发生多大的变化？实际上，这个问题是经常被忽略掉的一个问题。

解决办法我见到的有以下几种。

①如同**fredzhu29**所述，檩条与梁的上翼缘通过螺栓连接，不过这样檩条的受力将会更加复杂，没有比较明确的计算方法，只是某些公司的经验做法。

②允许屋面板热胀冷缩：屋面板上提前冲孔，而且孔为长圆孔，孔的长度方向与屋面板的长度方向相同。这种做法的缺点是屋面板的加工比较复杂，而且对于屋面板的加工精度也有十分高的要求，所以除了几家国外的公司使用这种办法处理之外，国内的公司没有见到这种处理方式。

③如果屋面板为卡座式固定，则可以在卡座与屋面檩条之间采用可滑移的固定方式来解决屋面板热胀冷缩的问题。

④最好的方式是在屋面加设温度变形缝，一般是屋面的单坡长度大于60m时，需要在屋面加设温度变形缝。

【阿芒】：我觉得钢结构中夹芯板可以用来做墙面，但最好不要用夹芯板做屋面，特别是大面积的工业与民用建筑更应慎重采用，其保温性能较彩钢板加保温棉缺乏优势，板型与材质的限制决定了板寿命要低于普通隐藏式彩钢屋面。不过板本身有一定强度，檩距可以加大，安装比较简单，总价格比较便宜，可现在的夹芯板价格低得让人觉得他们是把单层板揭成两层后在中间加的泡沫，很不放心。该板用来做墙板倒是可以，处理好了还是很漂亮的，但要考虑夹芯板的防火问题。

【刘星语】：我公司做的单层屋面板安装长度不受限制，最近做了日本"龙腾光电"项目，屋面板 80 余米，采用专门设计的轧板机，机台架在 50 多米高空轧板，然后牵引到屋面安装。

板和结构部分有专门考虑纵向和横向胀缩的板支架，所以不必担心温度效应造成的不利影响。另外，各种波幅的板都有，所以做过 1/50 坡度大跨屋面，并通过排水验算。

2 70m 单坡，屋面板板型。(id=124944，2006-2-25)

【dongqing】：目前一工程跨度 138m，中间不能做天沟，单坡 69m，工程在上海，雨水比较多，处理不好就会漏水，屋面板不知用什么板型的比较好。

【wxfwj】：采用角弛 III820 型或角弛 III760 型，这两种都是咬合式屋面板，波峰高，防水性能好。这两种咬合式屋面板与檩条连接一般不打自攻螺钉，须要专用屋面板支架固定。鉴于上海地区经常遭受台风侵袭，厂房结构和屋面、墙面围护须考虑加大风荷载作用影响。压型钢板厚度不宜太薄，最好在 0.5mm 以上。在屋面板与厂房檐口部位檩条连接处密打自攻螺钉，并做好防水处理。单坡 69m 彩钢屋面还要考虑温度影响。

【jacko】：采用国内现流行的直立双咬边金属屋面系统，屋面板的长度可以做 100 多米，直立双咬边高度可以做到 25mm、35mm、56mm 或 65mm 等，根据上海瞬间的最大暴雨量确认此高度，可以做到完全结构性防水，同时解决屋面板由于温差造成的位移、降噪、防冷凝水、隔热、保温等功能。广州国际会展一张板最长 133m。

2004 年，我们在深圳做一大项目也是屋面跨度和长度都较大，面积 12000 多平方米，也是采用此屋面系统解决的，现在滴水不漏。因为在沿海地区，更多的需要考虑屋面板的防腐性能，因此采用的系统一定要考虑合理。此外，沿海地区的风压较大，一定得处理好。

【crazysuper】：不知道屋面坡度有多大？若坡度小，则应尽量采用肋高的压型钢板，这样排水效果会很好。

【whb8004】：选择 W600 型(YX130-300-600)压型钢板，排水肯定没问题。这种板展开宽度 1000mm，有效宽度 600mm，波高 130mm，波距 300mm，在檩条上要焊接支架，檩距可到 3000mm，甚至 4500mm。板型见图 7-18。

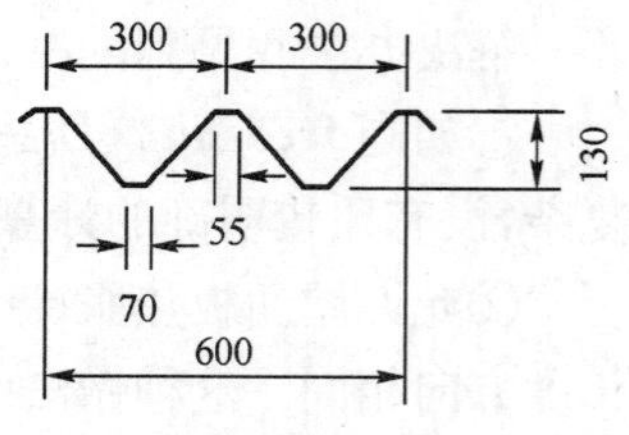

图 7-18 YX130-300-600 型
(尺寸单位：mm)

【dongqing】：由于跨度太大所以坡度比较小，只有 5%，从多方面考虑选用角弛 III760 型。但是有一点，角弛 III 由于是暗扣板，与屋面不能可靠连接。前几天武汉大风，把我们在建的一个工程屋面彩板吹掉大半，损失很大，也可能是我们的工人安装方式有问题，但是使用这种板型是否可以改进，能否通过某种方式与屋面可靠连接，这样对檩条有利，对围护结构更有利。

【鹰式轻钢结构】：可以用 475 型，有效使用面积 79.2%，波高 80mm。我们公司曾经做过一个车间，不仅排水量大，而且下大雪时雪化的也特别快，板型见图 7-19，化雪对比见图 7-20。

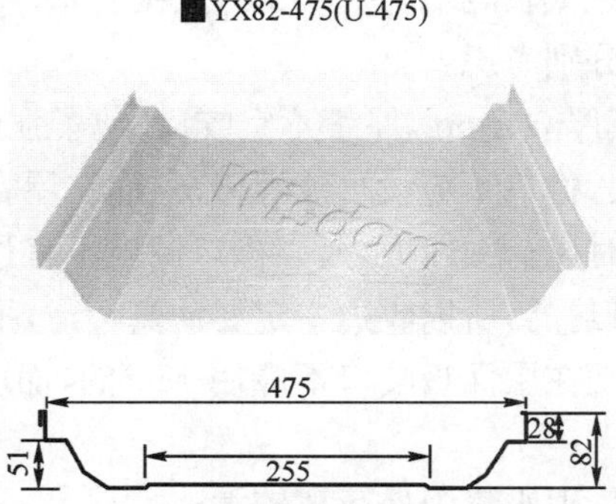

压型钢板型号	YX82-475(U-475)			用途
有效覆盖宽度 (mm)	475			
展开宽度 (mm)	600			
板厚 (mm)	0.5	0.6	0.8	隐藏式屋面板
截面惯性矩 (cm^4/m)	12.03	14.31	18.62	
截面抵抗矩 (cm^3/m)	10.4	12.45	16.72	

图 7-19

【w13156200703】：化雪情况跟板型有关系吗？

【鹰式轻钢结构】：当然了，化雪时间的长短是衡量一种板型排水量的重要指标。设想大跨度的屋面排水或排雪不及时，屋面荷载无疑会变得很大，如果设计时考虑不到则很可能会发生坍塌。同时，化雪快是因为板型波峰比较高、瓦楞少，不易存雪。

图 7-20

【kshtjc】：①领先的 360°直立锁缝咬合方式和巴特勒 MR-24、ABC SS360、VP SSR 等一样属同类板型，具更强抗风抗拔能力，完美的防水能力。当降雨量大到即使是漫过波峰顶部，也绝对不会有水渗透现象，滴水不漏。

②HT-475 屋面系统具有完美的热胀冷缩补偿功能，可上下自由滑动 64mm 的支架，屋面整体可移动，可满足客户现场生产的需求，其单片板长度可达 100m，无需搭接。

③高达 80%的利用率、自动打胶机打胶、带有钢板公母扣的 FRP 等齐全的配件使整个系统十分完美。

【lugubrio】：超宽屋面的关注重点应是温度应力在板长方向的伸缩问题。金属屋面系统是在屋檐处使用螺钉穿透金属屋面板和檩条固定，而其他地方则使用转接件间接固定板和檩条，这样可以允许因温度应力引起的板长度方向的伸缩。屋面板在半坡方向伸缩的限制取决于屋面板系统中转接件中滑片的行程限制，伸缩幅度不应大于该行程。上述行程范围一般在75m左右。

如果单坡长度超过此范围，则要采取额外的措施解决，如将固定点设在单坡中间区域，使得板的伸缩同时向两个方向进行，当然檐口处应相应有比较仔细的处理。

本工程单坡长度为69m，第一种方案可以较为稳妥地解决伸缩的问题。这方面成功的实例是很多的。

【西部牛仔】：69m单坡不是太长，我做过82m的。在上海，风压比较大、雨水多，客观存在不利因素。解决上述问题，可分别考虑：

①坡度小，必须一块板，板厚0.5mm，厚了不宜咬口，薄了强度不足；

②单板长后温度变形较大，檐口不应设自攻螺钉，只应在屋脊盖板下设置，密度适当加大；

③檐口不设自攻螺钉，同时风荷载较大，所以檐口挑出不宜过大；

④用檐口收边很难将檐口封严，所以收边一定要认真考虑，不能积水，不能引流；

⑤屋面的稳定至关重要，现在屋面板咬口不应用180°的，而应用360°咬口屋面板，这种板很多的；

⑥檐口处，檩条宜加密，风、雨水集中处荷载较大；

⑦檐口封堵周边打密封胶。

经过上述处理的屋面一般不会漏水，不怕正常风压。

3 板的延展长度如何确定？(id=120063，2005-12-27)

【谨慎】：最近做一工程，在做收边的时候有点做不下去了。因为知道板(外板及内板)的起始点，又大致布了一下，但因板的延展性在施工中不容忽视，有保温棉时更是如此，要压紧保温棉，板就不可避免要延展，由于这种情况的不可操作性，在做收边时也只能做一边，留一边。我觉得能把施工中总结出来的数据统计一下是很有好处的，起码能把一个工程彻底地完成，不留下小尾巴，在此请教各种板型的延展长度。

【桃之】：360°咬合板在有保温棉的情况下视保温棉厚度、密度大小适当加高固定座的高度或者加垫防冷桥的挤塑板，再在安装时注意控制一下尺寸，这样就不用考虑板的延展性了。如果不加高固定座板，一般会比设计值宽出5～15mm左右，偶尔会达到20mm。

4 彩板跨度究竟能多大？(id=105507，2005-8-11)

【zertul】：彩钢板厂家提供的资料上的跨度为3.5m，可是我接触的设计还都是按照1.5m檩距做的，据施工方的信息回复，如果大于1.5m板就会塌腰。

我以前设计轻钢厂房时檩距均为1.5m，网架设计时，一般网格为2～3m，按1.5m控制就要加主次檩，大家以前设计彩板的跨度取多大？

【whb8004】：单层彩板(无支架)檩距一般在1.5～2m之间；W550和W600(有固定支架)檩距可以到3m；夹芯钢板檩距比较大，理论计算檩距可以达到3.5m。另外，由于市场原因，现在市场上压型钢板厚度越来越小，从最初0.8mm到现在0.35mm，檩距不能太大，施工时人都没法站。

【bzc121】:彩板跨度由于彩板种类、材质及檩条、荷载等因素差距很大。

①结构因素。轻刚结构经济跨度 5.4～7.2m,通常采用 6m 跨度,檩条多采用 C160×50×20×2.3,檩条选用限制了跨距,通常跨距为 1.5m,如果檩条加大截面,会给安装人力垂直提升带来麻烦,加厚檩条壁厚也会加大成本。

②荷载因素。如果活荷载组合超过 1kN/m^2,则檩距不宜超过 2m;风荷载负压也是决定跨距的因素,根据风荷载体型系数,由于檩距大,单位面积连接点少,尤其端区应计算节点负压荷载后再确定檩距。

③彩板因素。目前,国内彩板分两大类。一是压形板,材质有钢板、铝板,常用型号有 YX820×205×30、YX860×280×30 等,如果采用玻璃棉做芯材,底板多为 YX900×225(180)×15,以上型号压型板檩距都不能超过 1.2m。二是夹芯板,面材多为彩钢、铝板,芯材有 3 种,如聚苯、聚氨酯、矿棉或岩棉。金属面聚苯乙烯夹芯板用量较大,此板标准为 JC 689—1998,产品代号为 JJB。标准规定:当面材大于 0.5 厚、芯材比重大于 18kg/m^3 时,50 厚板跨度可达 3.5m,活荷载 0.5kN/m^2,允许挠度 14(L/260)。依次计算增加面板厚、增加夹芯板厚,如 150 厚,允许跨度 5m,若选用 960 型夹芯板,跨度可以做到 8m(多用在无结构屋面)。

【书女】:影响彩板最大容许跨度的因素有彩板的型号、容许的挠度、板厚、荷载及支承条件等,一般的冷弯板型图集上都有一个表,查表即可求出彩板的最大容许跨度 L。

【whz958307984】:檩条间距通常都是 1.5m,因为是压型钢板,个人觉得不宜大于 2m,否则难以保证压型板的挠度。楼主说的网架结构难道不做主次檩条吗?我们这里是都做的。

5 单坡长度 90m,如何解决彩板变形?(id=39154,2003-10-10)

【ylzhaosjz】:我刚接手一工程,单脊双坡,单坡长度为 90m,坡度为 3%,请问如何解决屋面彩板的纵向温度变形问题?

【北极熊】:这样的工程你也敢如此设计!90m 单坡,请问你需要几节板?板接头处的防水你能处理好吗?3%坡度,屋面在暴风雨的情况下,板接头的密封胶如果开裂,将随风进入。

就目前的运输情况,一节板一般都≤15m,90m 将需要 6 节板,单坡将有 5 条板缝,可以肯定地说:中间板缝处两边和平板几乎一样。

就我的施工经验,大跨度需接板的工程,坡度不得小于 10%,才能有效防水。

【徜徉】:还需要验算板肋的排水能力。如果单坡有 90m,大部分板型的肋高可能不满足排水要求,板纵向搭接处容易漏水。

【sxyw】:我做过一个工程,单坡 70m,坡度 5%。具体做法是现场成型,做一个临时施工平台,与檐口高度平齐,将成型设备放在平台上,现场施工,成型板材直接上屋面。不知可有参考价值?另外,由于单板较长,注意使用的钢卷材料长度的选择,否则余废料就比较多。

【ylzhaosjz】:可以考虑将彩板压型机拉到现场,进行现场轧制彩钢板。单坡 90m 用一张板,中间无接缝。

【rxliu6969】:同意 ylzhaosjz 的说法。我以前做过一个弧形屋面,屋面总长度 72m,将彩板机运到现场,一张板 72m 无缝,效果很好。不过顶楼兄弟采用 3%坡度太小了,容易存水,如板肋不高的话,很容易在两板纵向缝内漏水。

【华厦】:本例坡度 3%是合理的。如果 10%,中轴高度将比两边高 9m,屋面板安装难度很大。采用几片板搭接方法，搭接长度 1m，较屋面高 3cm，不利于防水。单板长度太长，90m 需要多少人移动？

建议：屋面板采用 360 型暗扣板，波峰高利于防水。在单坡屋面上加设几道天沟，使屋面分成几个各自独立排水的部分。这样天沟截面变小，不然 90m 屋面天沟截面要多大？

【jyj001】：①5％的坡度较合理——经济、实用；

②选用 360°咬合的暗扣式板通长做，它的波峰有 82mm 高，有效宽度为 475mm；

③彩钢板基材厚不得低于 0.6mm。

【lgysky】：单坡 90m，坡度 3％，类似工程已经有过。上汽集团奇瑞汽车 1 号项目，长 320m，宽 240m，屋脊形式为单脊双坡，坡度也是 3％。其实这种项目外板现场轧制应该不成问题，关键是纵向温度变形，我认为纵向应该设置变形伸缩缝，以解决此问题。

【zhuhualong】：①首先这个工程在梁制作时要采用预拱，根据设计要求进行挠度控制，达到设计要求。

②选用板材时，其板材的原材料材质要求为 SQ 级，板型选择应优先考虑波峰高度大时。

③安装时，可以采用无段成型，无段成型易于防水处理，但吊装难度大，可以采用现场成型，把成型机提高到檐口高度，利用引导轮及成型机的辊轮的转动将板送至相关位置(在业主愿意对成本投入，且对质量要求相当严格的情况下采用)。

④可以采用分段成型，易于安装，相对成本较低，但对防水处理要求严格得多(在业主没有特别要求的情况下，建议采用此方案)。

⑤有很多的板型可以采用，760 型、730B 型、820 型、MR-24 型(巴特勒)、430 型、420 型都不错(板型可以有同名称不同断面，但要慎重采用)。

【hehongshengabc】：①做成两块板，用 760 板型，形成板间伸缩缝，用得泰盖片连接，此片可与板之间相互滑动，可以解决温度变形问题，如果是台风区，边部仍然要锁定。

②不用外露的自攻螺钉、暗扣板连接方式。

③屋面板为卡座式固定，将卡座与屋面檩条之间采用可滑移的固定方式来解决屋面板热胀冷缩的问题。

④注意在屋面坡度的中部设置可靠的防檩条倾覆构造。

⑤长彩板的热胀冷缩(http://okok.org/forum/viewthread.php?tid=77851&h=1#342195)

⑥屋面板最大长度[精华](http://okok.org/forum/viewthread.php?tid=11488&h=1&bpg=1&age=30)

二 墙面围护

(一) 彩钢板墙

1 彩板围护有哪几种分类方式？(id=71622，2004-10-1)

【dyguoguo1978】：请大家谈谈彩板围护的分类方式。

【朱大龙】：彩板围护按构成方式分为 EPS 夹芯板、聚氨酯夹芯板、玻璃丝棉现场复合夹芯板。按施工方式分为成品复合板、现场复合板。

现场复合板按连接方式分为搭接板、咬合板、暗扣板，后两种为隐钉板。

按支架分为固定支架、滑动支架。

咬合板分为180°咬合、360°咬合。

按材质分为镀锌彩钢板、镀铝锌彩钢板、铝合金板压型板、不锈钢板压型板。

镀铝锌板分为55%铝和5%铝两种。

【钢架鹿】：补充一下：按材质分，还有钛金板、铜板；按构成方式分为岩棉夹芯板、单板。

【w_haixia】：还有BHP板、GRC墙板。参见：

http://okok.org/forum/viewthread ... mp;bpg=1&age=30

http://okok.org/forum/viewthread ... mp;bpg=1&age=30

2 钢结构围护材料。(id=108398,2005-9-8)

【leeghking2002】：在钢结构围护结构中，目前常用的材料是压型钢板，请问与之相配套的有哪些材料？EPS板和XPS板如何使用？

【鹰式轻钢结构】：我认为目前钢结构生产车间围护部分以EPS夹芯复合板最多，其次是现场复合，仓库等不需保温的大多用压型钢板。

【tianping_610】：PU板(即聚氨酯板)现在用的也很普遍了，只是价格贵一些。许多设计院和业主比较倾向于阻燃性能稍好的聚氨酯板材。

【水中的鱼】：据我了解，山东地区一般以钢板+保温棉形式居多，内部隔墙多采用EPS夹芯板，但现在一些业主倾向于使用PU板，虽然价格高了点，但阻燃性能好，特别是一些仓库、冷库等要求高的钢结构工程。

【jianfa05】：如果钢结构厂房围护系统要求耐久性、防火性、保温性及美观方面较高，且业主讲究性价比，NALC板是不错的选择。

NALC板构造图集03SG715-1可在本论坛围护系统专栏下载。

3 墙面板横排的问题。(id=142583,2006-8-7)

【wuxuem119】：墙面板横排的话，檩条就要竖放了，那檩条的间距可以做到多少？墙面板的搭接是否要做在竖放的檩条上？

【徜徉】：檩条的间距由檩条和墙面板的承载力决定。墙面板是在檩条的位置上搭接。

【新人类】：墙板横排应该增加竖向支撑，且檩条间距不得大于1.5m，还有板型的防水效果要好。

【山西洪洞人】：墙板横排，应选用波高尽量小的板型，适宜排水。

墙板纵向搭接位置在檩条上，檩条竖向(可直接做成双檩墙架柱)，而墙板横向搭依然如故。

墙板横排较适宜南方气候，北方风大尘大，往往会在墙板上留下很多地图样的东西。墙板横排的效果还是比较好的。

【新人类】：特此说明："板型防水效果要好"的意思是"选择横排板的板型防水一定要好"。我们在工程中已经横排过板，雨后出现渗水现象。

如图7-21和图7-22所示。

图 7-21

图 7-22

【jimmy75】:图 7-21 和图 7-22 好像是夹芯板,墙面横排夹芯板防止渗水主要有两方面:一是横向的连接企口,像图片中的 U 形企口是很不保险的,容易存水,我们一般采用波浪形;二是纵向搭接,图中因墙面较小看不出来,目前较多使用的是 U 形公母扣槽。如果是单板横铺,我同意**山西洪洞人**的意见,可直接连接在双檩柱上。

【jackw1】:墙面板横排有两种:一是单板;二是夹芯板。不管是单板还是夹芯板,搭接宜在竖向檩条上。墙面板横排一般是为了满足建筑需求,看了很多的工程,如是夹芯板,尽量不要用 PE 发泡的板,主要原因是这种板的质量不稳定(发泡不均匀,板材用的比较薄),对安装的要求很高,效果不一定好,容易漏水。

墙面板横节点设计很重要,防水性和美观性多在此,见图 7-23。

图 7-23

4 墙面板横铺效果。(id=179924,2007-12-15)

【hchsteel】:公司新建的厂房(图 7-24～图 7-26),感觉还不错。该厂房用的是 830 型单层彩板,竖板及包边颜色为中灰,横板颜色为梅花白。墙面檩条布置是先设横向主檩条再加竖向次檩条。

5 压型钢板墙面防火问题。(id=106557,2005-8-22)

【zx】:某工业厂房防火类别为丁类,防火等级为二级,梁柱已刷防火涂料达到了耐火极限的要求。彩板墙面是否也需达到此要求,还是不用再做防火处理?

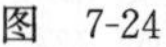
图 7-24

图 7-25

图 7-26

【luck】:楼主要搞清楚除了防火墙其余的均指承重结构构件,彩板墙面不是防火墙当然不用再做防火处理了。

【zx】:《建筑设计防火规范》(GB 50016—2006)表 2.0.1 中对于耐火等级为二级的承重墙、楼梯间、电梯井的墙为非燃烧体时耐火极限为 2.5h。让这种彩板墙的耐火极限达到 2.5h 怎么做?

【luck】:首先,《建筑设计防火规范》(GB 50016—2006)2.0.5 条二级耐火等级建筑的屋顶如采用耐火极限不低于 0.5h 的承重构件有困难时,可采用无保护层的金属构件。但甲、乙、丙类液体火焰能烧到的部位,应采取防火保护措施。

其次,《建筑设计防火规范》(GB 50016—2006)7.2.8 条二级耐火等级的丁、戊类厂(库)房的柱、梁均可采用无保护层的金属结构,但使用甲、乙、丙类液体或可燃气体的部位,应采取防火保护设施。

室内隔墙:非 0.5h。

单彩只有 0.25h,夹芯有 0.5h。

疏散走道两侧室内隔墙:非 1.0h。

岩棉夹芯有 1.0h。

疏散楼梯要用防火墙，非疏散楼梯可按室内隔墙设计。

6 求教横向墙板的做法？(id=6319，2002-3-10)

【jgwyj】：我在许多工程投标中，遇到外墙板采用横向板的，请教它的具体做法。

【大法师】：墙面要另外布置竖向檩条。

【even】：也许这样的立面造型会好看些，但是在墙面的防水处理上会有很多麻烦，而且漏水的可能性也会大很多，在安装过程中，也会因为要多布一道檩条(主次檩)而无故增加工程造价。

【大法师】：说白了，就是为了好看，个人审美观不一样。甲方要这样做，你就得做，如果说我们做不了，工程就丢了。

防水不是问题，如果墙面是单板，用上部板扣在下部板的外面，则不会进水。如果是复合板，这种板的两侧不会是平的，都有一怪模怪样的企口，防水同样没问题。

图 7-27 为英国复合板平铺的现场图。

图 7-27

【lijingas】：我做过这样的墙板，是英国的 KINGSPAN 板，横向放置，防水没有问题。比较头疼的是通窗的设置，会把横向墙梁从中打断，当时我是采用增设横向的墙梁作垂直向墙梁的一个支座，由于受风面积比较大，横向墙梁(通窗的上下处)我没有算下来，只好采用槽钢，不知道大家有什么好的办法？

【John】：横向墙板做好了是很好看的，见图 7-28、图 7-29。

图 7-28

图 7-29

这个项目我很欣赏板材和窗的颜色搭配，感觉非常好。

【bushlin】：我这里有一张横向墙板背后围护结构的照片（图 7-30），希望对你有帮助。一般来讲，复合板板材排布方向与檩条排布方向是垂直的，因为这样有利于板材的平整。不过要注意，如果是横向排板，板材竖向接缝的固定对檩条的面宽有一定要求，一般檩条与板材接触部分的面宽要超过 100mm，这一点设计檩条时要注意。我这里还有一竖向排板的工程照片（图 7-31），它对檩条就没有什么特殊要求了。

图　7-30

图　7-31

复合板竖向排板时对檩条的要求与普通的彩钢板差不多，一般只要满足檩条、板材的强度和方便收边就可以了。

【lijingas】：当时，我在设计横向墙板时采用的是垂直墙檩，一些节点处理确实非常麻烦，主要是通窗处。在看了你的横向墙板背后围护结构的照片后，对我很有启发，原来墙檩还是可以做成横向的，然后再支撑垂直檩条，不过我不是很理解："板材竖向接缝的固定对檩条的面宽有一定要求"，因为我当时用的 KINGSPAN 板没有这样的要求，它是咬合式的，直接可以用自攻螺钉打在墙檩上。

【bushlin】：KINGSPAN 板的板材我比较了解，但不知你设计板材竖缝时是采用哪一种节点方式，我这里提供几个 KINGSPAN 板材的竖缝的处理方式（图 7-32～图 7-34），但只有最后一种对檩条的面宽没有什么特殊要求，其余全是有宽度要求的，你以后设计时自己注意吧！

7　在海边用镀锌板好还是用镀铝锌板好？（id＝64177，2004-7-10）

【散之】：请问在海边用镀锌板好还是用镀铝锌板好？它们的防腐原理是什么？对其他方面还有要求吗？

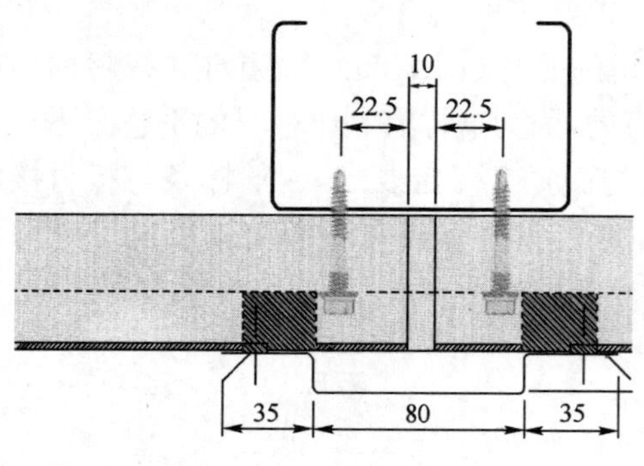

图 7-32 （尺寸单位:mm）

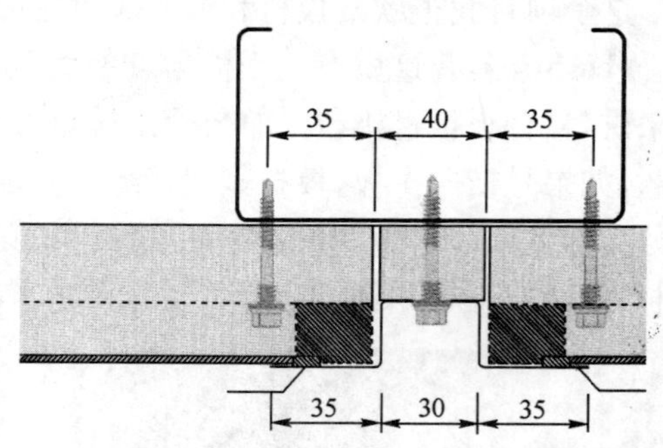

图 7-33 （尺寸单位:mm）

【jacko】:在海边这两种材料均不是很理想,主要看你想把它们作什么用。

一般的镀锌板和镀铝锌板都是钢板外表面做镀锌或镀铝锌来保护其防止遭受腐蚀,但由于在海边,盐雾浓度高,尤其盐雾中的氯离子对锌或铝锌的穿透力很强,对镀锌或镀铝锌腐蚀是比较严重的。

因此在海边使用金属板,如资金状况允许的话,建议采用高档的金属材料,如不锈钢板、锌板、铝板,均比镀锌板和镀铝锌板抗腐蚀能力强。

【zxs_lyg】:上面说得对。但是在资金不允许的情况下,镀铝锌比镀锌好一点。

【hai】:应该看该建筑的使用年限,综合比较全寿命成本。

【xj234】:其实不存在用镀铝锌好还是用镀锌好的问题,防腐蚀很重要的一点在于镀层的厚度。通常情况下,镀铝锌量在 150g/m^2 的抗腐蚀能力等同于镀锌量在 350 g/m^2 的抗腐蚀能力。如果镀锌镀到 450 g/m^2,那镀锌就比镀铝锌好。

（二）连接安装

1 墙面彩板采用横铺檩条该如何处理？（id=106028,2005-8-17)

【a-jiang9641】:有一工程墙面彩板采用横铺(图 7-35),请问各位,墙面檩条该采用横铺还是竖铺？有没有这方面的节点图？

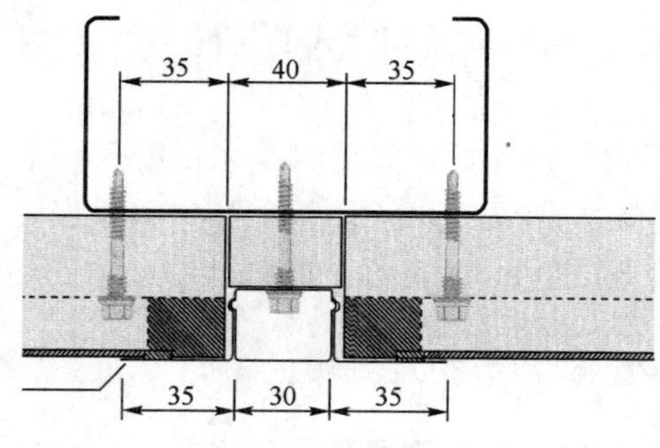

图 7-34 （尺寸单位:mm）

图 7-35

【baimu1976】:墙檩上再增加竖向副檩就可以了。

【kaldi】:加横向工字钢,在工字钢上设置竖向檩条,非常简单,只是造价会提高点。

【jym】:对于横向板,本论坛上已经讨论过,可以搜索到。我在这里只作简单说明。

①位于门窗处的墙梁或门框等由于构造要求仍按竖向板的布置方式布置,但由于其受力面积发生了变化,其规格需要通过计算确定。

②在墙梁之间加竖向墙梁,其间距根据不同的板厚通过计算来确定(一般加工厂家能提供其截面特性或合理间距)。竖向墙梁可以采用C型钢,也可以采用矩形管。

③竖向墙梁与横向墙梁的连接方式,可以采用焊接,也可以采用栓接。

④墙板与墙板之间的板缝一般设置在钢柱位置(图7-36)。

【LZB8310】:在横檩上加装竖向副檩,不过横檩要调直,否则竖檩无法装垂直,将直接影响横板的安装质量(图7-37)。

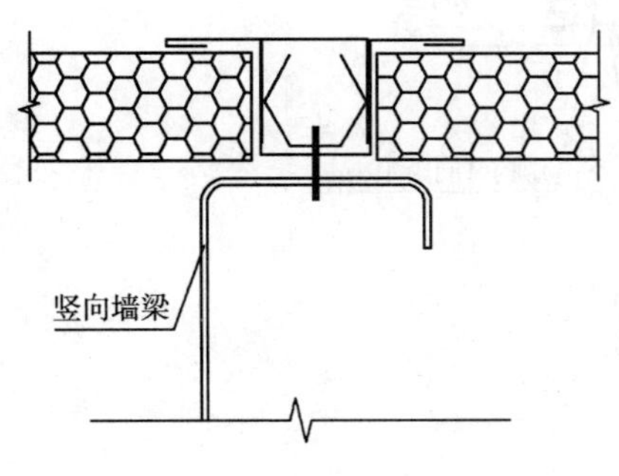

图7-36　板缝包边示意图

图　7-37

2　请教有关墙面彩钢板横排的节点问题。(id=161436,2007-3-30)

【邵木子】:现着手一个工程,墙面彩钢板是横向安装的,有关外墙角包边、门窗包边应该怎么处理比较妥当?

【bjdwcg】:横排板根据所用板型不同、材料不同(压型钢板或夹芯板)而有所不同,现在比较常用的横排板材料以聚氨酯夹芯板最多,其关键点在于横排板的竖向对接风的处理,有专门的配套配件。图集06J925-2中有专门的做法。图7-38为北京现代汽车摩比斯项目。

图　7-38

【lh869】:我有几个横铺板的节点图(图7-39～图7-42),希望对你有帮助。

【bjdwcg】:2个横排板节点做法见图7-43。

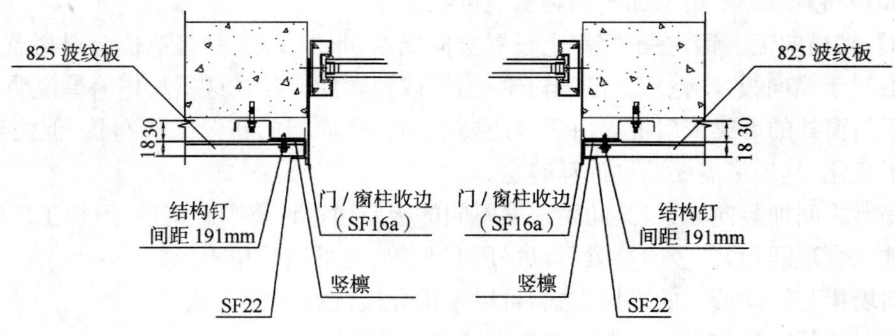

825 波纹板
1830
结构钉
间距 191mm
门 / 窗柱收边
（SF16a）
竖檩
SF22
门 / 窗柱收边
（SF16a）
结构钉
间距 191mm
竖檩
SF22
825 波纹板
1830

图 7-39　窗侧立柱详图

825 波纹板
1830
门柱收边
（SF20）
结构钉间距 191mm
竖檩
门柱收边
（SF20）
竖檩
结构钉间距 191mm
825 波纹板
1830

图 7-40　大门立柱详图

竖檩
825 波纹板
M12 膨胀螺栓
结构钉 @275
门上收边 (SF19)
3030

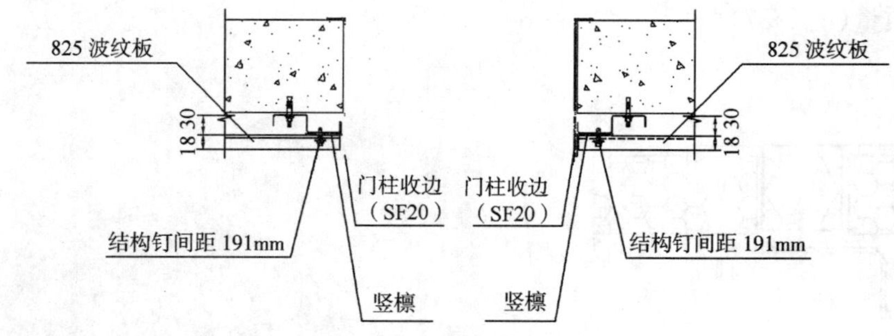

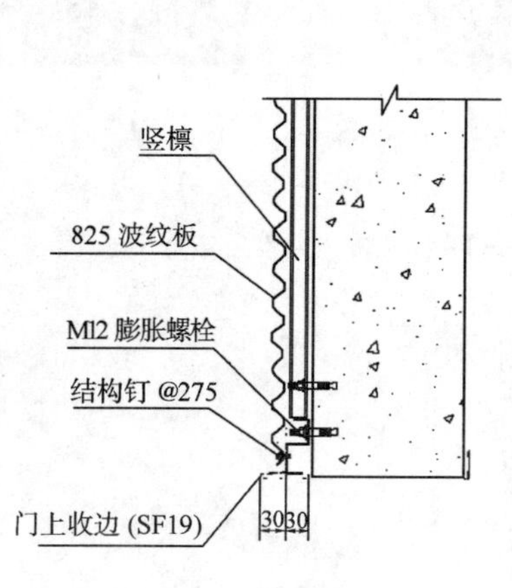

图 7-41　大门梁节点详图(尺寸单位：mm)

竖檩
825 波纹板
结构钉 @275
窗上收边 (SF18a)
3030
窗
窗下收边 (SF21a)
3030
M12 膨胀螺栓
825 波纹板

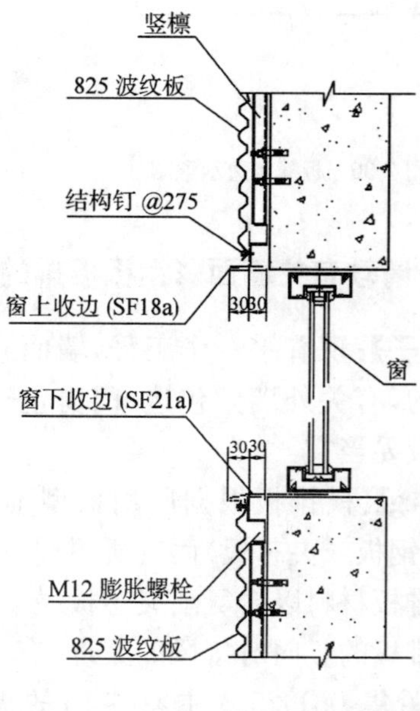

图 7-42　窗台节点详图(尺寸单位：mm)

3　请教有关墙面彩钢板横排的问题。(id＝161436，2007-3-30)

【xudong9902】：最近遇到一个项目，墙板要求采用横向连接，因为以前没有遇到过这种问题，现在想请教一下，墙板横向连接时包角如何处理？哪种板型作横向墙板比较好？

【brd0068】:复合板横向铺设,收边(包角)有板底、外转角、女儿墙顶、伸缩缝、板缝。有很多设计公司、部门都有相关节点。单层板横向铺设,国内的不多,有一些外国公司倒是有。

【119】:夹芯板横铺的节点见图 7-44,图 7-45 为苏州的一墙面板横铺工程。

【DYGANGJIEGOU】:有一种板型是英国进口横铺 KINGSPAN 夹芯板。KINGSPAN 板是一种双面彩钢板中间夹聚氨酯材料的复合夹芯板,提供 25 年质保期,使用期达 40 年。横铺 KINGSPAN 板,需设竖向檩条。通常采用先设横檩,再在横檩间设竖向檩条。还有一种 UBS-CW 金属幕墙板,它在外观造型上,可以纵向或横向布置;在安装组合方式上,可以作为预制复合板直接用于外墙面或与玻璃棉现场复合,也可以外挂于原有砖墙上。

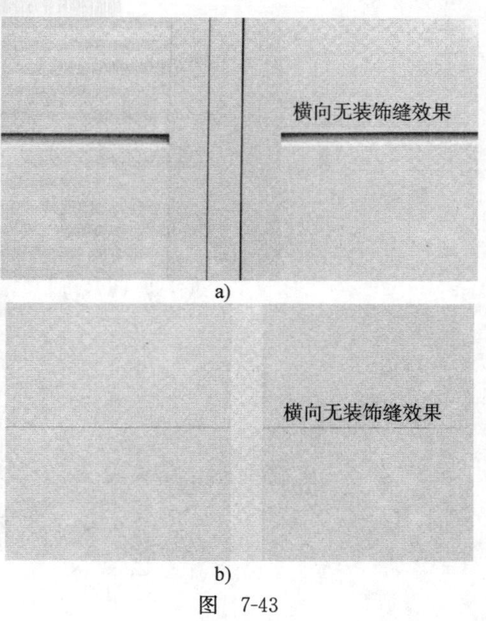

图　7-43

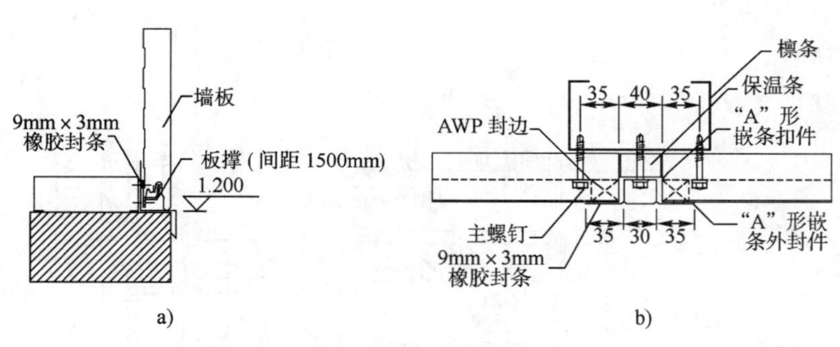

图 7-44　夹芯板横铺节点图(尺寸单位:mm)

a)板砖墙处节点详图;b)竖向型嵌条安装节点

4　砌体围护与钢柱如何连接?(id=100836,2005-6-29)

【ch3836】:我现在做一个门式刚架的厂房,外围为砖砌体,请问外墙与钢柱如何连接?与内天沟如何收口?

【gcl1558】:本人手头有一些关于砌体围护与钢柱连接的节点图(图 7-46),可供你参考。

【ch3836】:伸缩缝处双构造柱的拉筋是否应该分开?

【wanyeqing2003】:拉筋应该断开,不过要注意这段墙体端头是无约束的。

图　7-45

关于砖墙钢柱的帖子有:

φ6@500
MZ1
(MZ2)
240
(200)
1000
240
(200)
1 (2)
a)
600 250 240 250 600
(200)
φ6@500
GZ1
(GZ2)
φ6@500
圈梁处设 2φ10
240
(190)
1000
1000
4
3 (4)
b)
250 250
φ6@500
GZ1
φ6@500
圈梁处设 2φ10
240
600
600
500
4
φ6@500
240 150
5
c)
GZ1
(GZ2)
φ6@500
圈梁处设 2φ10
60
60
240
(190)
1000
240
(200)
1000
6 (7)
d)
600 240 30 240 600
(200) (200)
φ6@500
圈梁处设 2φ10
240
(190)
4
GZ1
(GZ2)
GZ1
(GZ2)
8 (9)
e)
φ6@500
1000
600
250
240
30
240
250
600
J
250
95 95
GZ1
GZ1
φ6@500
圈梁处设 2φ10
φ6@500
圈梁处设 2φ10
1000
1000
240
10
f)
QL1
(QL3)
L45×4
M12
M-2
3.300
LB-1
M-2
L45×4
QL1
(QL3)
600(450)
600(450)
6
M12
6
M-2
YC
6
11 (12)
g)
屋面做法见剖面图
1/20
600
7.600
7.000
天沟
托架
φ160
PVC
水落管
细石混凝土填充
钢钉 @600
通长开槽 120×120
预埋木砖
60×100×150,@600
1 说明：在天沟托架安装到位后，天沟放置前在天沟的下部及内侧铺设带聚丙烯贴面 100 厚欧文斯科宁玻璃棉
h)

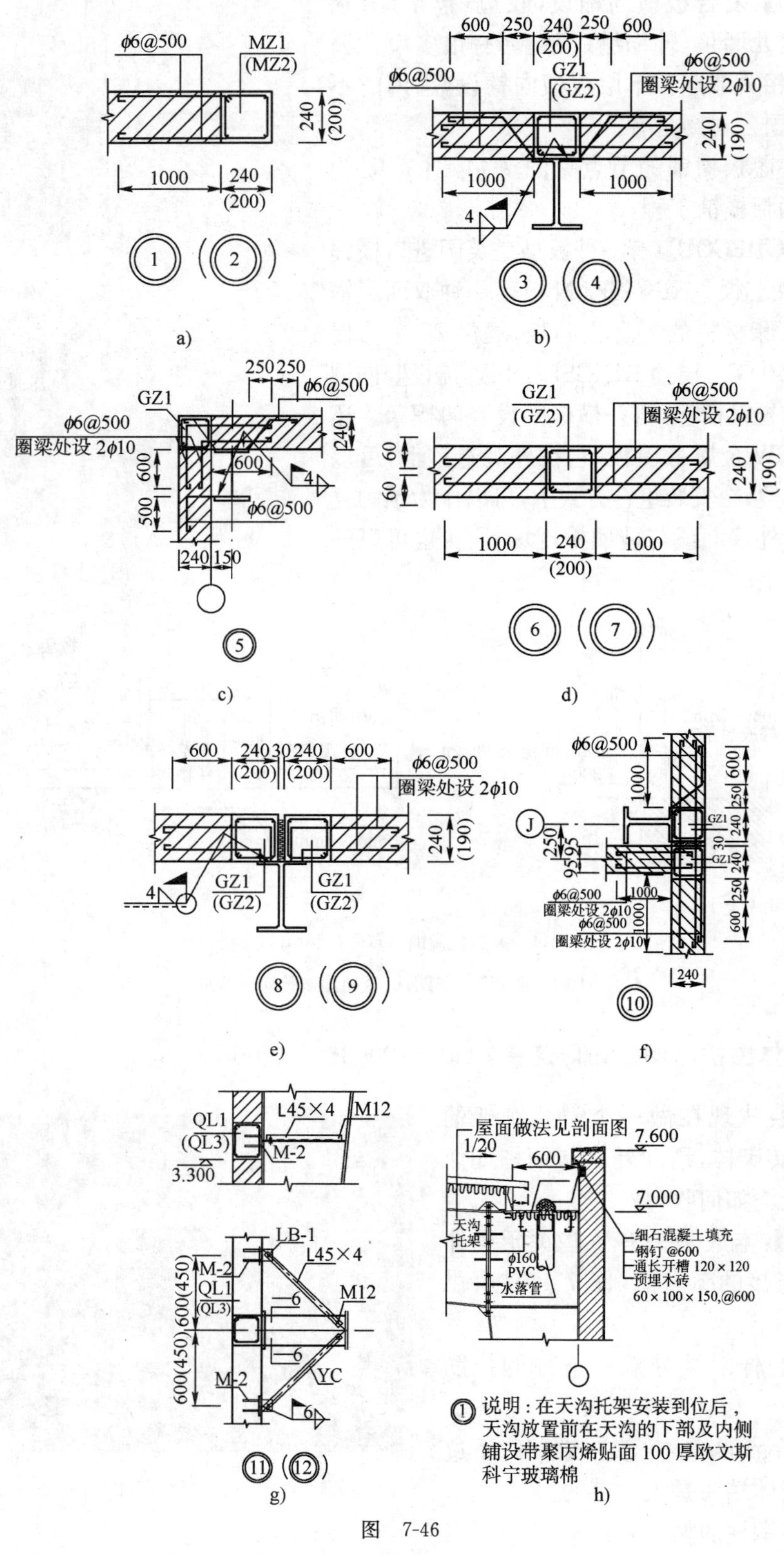

图 7-46

砖墙钢柱的连接 http://okok.org/forum/viewthread.php?tid=79341&h=1#349103

砖墙设计 http://okok.org/forum/viewthread.php?tid=77503&h=1#340748

门式刚架之钢柱与砖墙间的连接

http://okok.org/forum/viewthread.php?tid=43692&h=1#202653

砖围护结构的门式刚架各跨度和最多可达多少

http://okok.org/forum/viewthread.php?tid=36532&h=1#166115

如何考虑砖墙围护 http://okok.org/forum/viewthread.php?tid=454&h=1#441478

【ch3836】:山墙顶处应如何连接?

【wanyeqing2003】:山墙顶需做一道圈梁,并与柱或屋面梁拉结。

5 GRC墙板是什么,需要墙檩吗?(id=66985,2004-8-11)

【sammy wang】:请教一个问题:有一门式刚架结构,外墙围护是1.2m的砖墙加GRC外墙板,这种结构是否需用墙檩?天沟做成外挂式的还是放在女儿墙里面(女儿墙0.4m),节点怎么做?

【DYGANGJIEGOU】:GRC外墙内保温板是以GRC面板与泡沫聚苯乙烯内芯或其他保温芯材复合而成的,具有轻质、高强、节省钢材、保温好、施工便利等优点,一般依附在某种墙体(砖墙)上,加工性好,锯、切、钉、粘均可,无须墙檩。它可根据设计要求加工任意长度。一般长2.4~3m,宽600m,厚60mm、90mm、120mm。在非承重或半承重构件及露天外部装饰工程中得到广泛运用。

①施工程序

a.结构墙面、地面、楼层底面清理。

b.弹线留出门窗洞口位置。

c.安装隔墙板。

d.抹门窗洞口护角。

e.板缝处理。

②施工要点

a.安装前要检查隔墙板的生产日期,隔墙板必须养护21d后,再晾干7d,以保证墙板充分收缩。

b.在条板拼缝处的上端,预先将U形钢卡固定在结构底板上。

c.隔墙板顶部及两侧企口处,用粘接剂铺满,按排板图从一头开始,若隔墙上有门窗洞口,则应从门窗洞口向两侧开始,板下端对准墨线,用撬棍在底部撬动,将上端顶紧,板边揉挤严实,并将挤出的粘接剂刮平,用靠尺检查,板呈垂直状态,用两组木楔将板底塞牢。

d.一面隔墙安装完毕,经检查合格后,板底内用C20细石混凝土填塞密实,3d后撤出木楔,并用同强度等级细石混凝土,将木楔留下的孔洞塞实。

【刘星语】:所谓GRC(glass fiber reinforced cement)是指用玻璃纤维增强的水泥制品。目前,GRC网架板的面板是用水泥砂浆作基材、玻璃纤维作增强材料的无机复合材料,肋部仍为配筋的混凝土。市场上有两种产品:一种GRC复合板就是上述的含义,仅面板为玻璃纤维与水泥砂浆的复合,由于板本身不能隔热(或保温),尚需在面板上另设隔热、找平及防水层。

第二种 GRC 复合夹芯板，是将隔热层贴于面板下面或在上下面板的中间，使板具有隔热作用，使用时只需在面板上部设防水层。对于保温的 GRC 板，其全部荷载比上述另加保温层的第一种 GRC 板轻。

【hehongshengabc】：在世界建筑建材总网上可以查到详细介绍，网址如下：

http://www.cnworld.net/maindoc/directory/2004/5/10/directory9625.asp

【fqbnbm】：GRC 板可以打木龙骨固定，图 7-47 为一个很简单的三维模型以供参考。

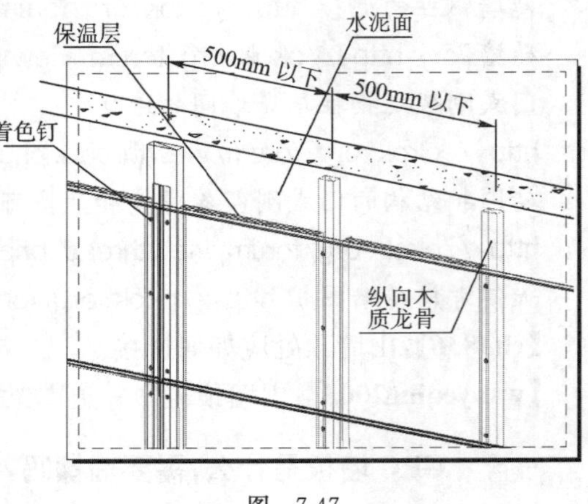

图 7-47

(三)其他

1 如何考虑砖墙围护？(id＝454，2001-8-26)

【flywalker】：门式刚架中若采用砌体围护时，刚架如何考虑风荷载？是不是风荷载由砖墙来承担？如何考虑抗震问题？砖墙与钢柱的连接构造及砖墙自身的构造有什么要求？

【xinyu】：风荷载为水平荷载，砌体为围护结构，对于结构计算来讲，砌体的意义在于：①传递水平荷载；②承担自身的重量荷载。

【flywalker】：在门式轻钢结构房屋中，如何设计砖墙围护？我的意思是，抗震设计中，如何考虑砖墙对刚架的影响？与采用轻质围护墙体的区别在哪？有时砖墙围护的女儿墙很高，到底能够升高多高？有何构造措施？有理论出处吗？

【迟迟】：砖墙刚，刚架柔，充分脱开，或充分拉结。轻质墙板柔对柔，要简单。

【ashi】：砖墙通常和钢柱拉结，因此要考虑地震时砖墙的水平地震力，可以使用附加质点的方法计算。女儿墙一般不要太高，风太大；采用加女儿墙构造柱的方法保持女儿墙，一般 1.2m以下我不计算，再高最好能计算定，我没做过。

【无需冷藏】：围护墙千万别脱开，必须与柱充分拉结，6m 高的墙计算长度就是 12m，高厚比与整体稳定是个问题。有过厂房围护墙在施工中整体倒塌的事故，就是因为墙与屋架间少了拉结，悬墙比较危险。也有一栋大楼上 3m 高的女儿墙在维修中倒了的例子。事实教育我们在悬墙上一定要当心，悬出屋面的女儿墙的高度有限制，大于 600 就要采取措施，标准图上有要求。

【phoenix】：砖墙的问题我们也经常碰到。问题是在考虑两方面的原因而提出的，其一砖墙不与钢柱拉结，稳定是问题；其二砖墙与钢柱拉结变形是问题，会被拉裂。最近又碰到一种情况，在钢结构建筑物外侧设置砖混楼梯间，高约 10m，土建结构专业最后选择框架结构，但钢柱与混凝土柱冲突，只好先装钢柱，再以钢柱为模板，浇筑混凝土柱，不知会出现什么不利因素？

【3d】：这个问题《门式刚架轻型房屋钢结构技术规程》(CECS 102:2002)交代的不是很细致，考虑砖砌体与刚架协同变形 $H/100$，是有点小(或者说两个不同性质的材料如何协同变形，譬如一些必要的构造措施没有交代)。

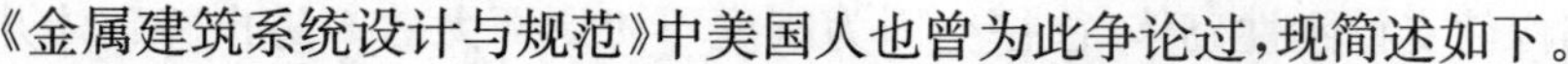

《金属建筑系统设计与规范》中美国人也曾为此争论过，现简述如下。

①美国砖石协会(BIA)建议墙架柱承受侧向设计荷载时的最大水平位移应该控制在 $H/600 \sim H/720$，但这受到钢结构制造商的批评，因而钢墙架柱行业的人认为采用 $H/360$ 就足够了，但这个结果仍然造成浪费。

②几个美国专家对砖墙和刚架进行了严格的有限元分析得出 $H/600$ 是合理的，但刚架受到风荷载作用时要打折扣(因为外墙把一部分风荷载直接传到基础上了)。

③AISC 的一本书——《低层房屋的使用性能设计考虑》建议配筋砌体墙为 $H/200$(节点构造合适，可为 $H/100$)。

④由设计师掌握侧移，没有硬性指标。MBMA 手册中甚至说“根本无法设定一个可以满足所有条件的标准”。手册还建议，计算侧移时不必考虑 100%(50 年一遇)的设计风压，采用 10 年一遇即可(我国按 30 年)。

综上所述，要想达到两种不同材料抗侧移匹配，势必造成钢结构的浪费。如果按 10 年一遇风荷载考虑，控制侧移为 $H/200$ 还是可以接受的。当然细致的分析应通过有限元把墙和刚架一起建模计算，进行整体分析。

【hhh】：我国《混凝土结构设计规范》(GB 50010—2002)一般控制在 $H/500$ 左右，《门式刚架轻型房屋钢结构技术规程》(CECS 102:2002)的 $H/100$，总觉得有自欺欺人之嫌，只能解释为二者风荷载设计值不同，大风时允许墙开裂，至于多大的风、砖墙破坏到何种程度、砖墙嵌筑时对刚架有何影响，不知道有多少人能够弄清楚。

另外，构造合适何指？如常见的钢筋拉结是否合适呢？

【3d】：我没有做过这方面的有限元分析，现在补充几点，请指正。

①框架结构多为高层，侧移控制在 $H/500$，主要从它的使用性和安全性等因素考虑。较大的位移会产生明显的 $P\text{-}\Delta$ 效应。同时地震起主要控制作用。此外，墙体的开裂也是一个主要方面。$H/500$ 这个限值几乎各国都差不多。

②轻型门刚主要指低层，多用于厂房车间、仓库等非生活设施，侧移主要由风荷载控制。《门式刚架轻型房屋钢结构技术规程》(CECS 102:2002)规定在风荷载标准值作用下的侧移为 $H/100$，这对于具有较大的抵抗变形的刚架来说绰绰有余，但是对于近似为悬臂的砌体墙来说却是致命的[《门式刚架轻型房屋钢结构技术规程》(CECS 102:2002)对此没有提出相关的控制措施]。这就需要结构师去进行细致设计和完善，来达到使用和安全要求，而不能振振有词地说“我满足规范了”，这点我们要向国外的结构师好好学习。

a. 美国的砖墙多为混凝土砌块墙，在地震区使用要求根据规范计算配筋，一般为双向，目的是允许出现裂缝而不会导致整个墙体的倒塌[而我们的《门式刚架轻型房屋钢结构技术规程》(CECS 102:2002)4.4.3 条仅规定在 7、8 度不宜用嵌砌砌体]。

b. 设置必要的水平墙梁和拉结筋。拉结筋的间距同我国差不多，但做法不是直接焊接在钢立柱上，而是通过衬板与钢立柱连接，但是水平墙梁的水平挠度控制对于砖砌体为 1/240。

c. 檐梁采用闭合截面(如方钢管)同刚架相连，以提供较大的刚度传递水平力。

d. 墙体高度超过 20～24in(6～7.5m)时，8in 的标准砌块强度将不足(主要指稳定性)，这时最好采用较厚的砌体，而不是采用水平墙梁或抗风柱的做法。

e. 采用柔性的钢构件支撑刚性砌体，往往会因为刚度不协调而无效。防止砖砌体开裂的通常有效做法是限制刚架的侧移。

采取上述 a～d 条措施，控制侧移 $H/100$ 是否就能保证砌体墙不开裂呢？显然未必。我们哪儿个用配筋墙作外围护墙呢？

【lzhcow】：就如图 7-48 所示建筑来说，建筑若有露出柱子的造型，结构该怎么考虑？墙是嵌入还是不嵌入？

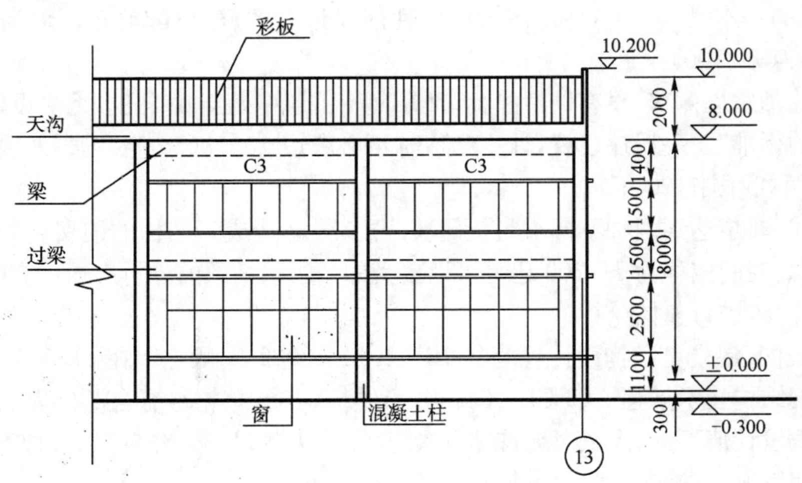

图 7-48

【hhh】：墙是否嵌入主要与抗震要求有关。《门式刚架轻型房屋钢结构技术规程》(CECS 102:2002)4.4.3 条规定：在 7、8 度不宜用嵌砌砌体。就此工程似乎嵌入与否都可出此造型，只是不嵌入砖墙重力荷载由混凝土柱传至基础，嵌入时应做钢墙梁，传至刚架柱。

【DYGANGJIEGOU】：砌体自承重墙与钢柱的连接，应能使墙体在水平方向与钢柱共同变形，但在竖直方向应保证砌体墙有自由沉降的可能性，因此，宜采用柔性连接。连接件沿钢柱高度的距离为 1200～1500mm(可用圆钢或扁铁与角钢做活性拉结)。

2 不同材质外墙怎么找平？(id＝168452,2007-6-25)

【nvslch】：①某轻钢厂房(图 7-49)，大部分保温采用夹芯聚氨酯，部分非保温采用单层钢板，怎么保证外观平齐？

②因防火要求，隔墙采用混凝土条板墙(非燃)，其他还有什么常见的隔墙材料吗？节点怎么处理好？

【gbj1982】：墙面檩条不是也有托板吗？通过调节檩条与托板的距离来找平外墙。至于隔墙不知道你还有没有其他什么要求。

【beststeel-sh】：同意 gbj1982 的说法。聚氨酯夹芯板的主要优点是节能、保温、美观，因此外墙是否平整对建筑物的影响很大，可通过檩

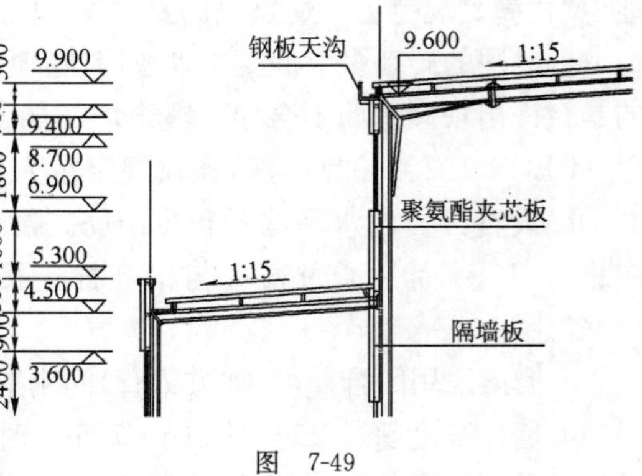

图 7-49

条、调节檩托找平。聚氨酯夹芯板本身是否平整也是非常重要的。据我所知，目前能生产聚氨酯夹芯板的厂家不少，但是真正一流的不多，全国只有22条生产线而已。所以你们的采购得认真找到好的板材供应商。

【gbj1982】：标高9.6m的天沟你用的是钢板天沟而不是彩板天沟，为什么不做成内天沟呢？做成内天沟既可以省一道檩条，也可以省钢板天沟的支撑。自攻螺钉3mm厚的钢板是钻得透的。轻质阻燃材料有一种叫蜂窝板的，有点像活动板房之类的做法，节点也一样。

【nvslch】：①总师不同意用内天沟，缺点是宜倒灌（我个人觉得可以采用）；

②因8度区，考虑强度采用钢板而不是彩板。

③耳房有局部带女儿墙的平屋面的房子（上放设备），为了立面统一，才用了内天沟。

【gbj1982】：既然总师定下来的，我们就只好自己讨论一下了。为防止倒灌的发生，可以将落水管加密，也可以把落水口的孔径加大，还可以调檩条在托板处的最大限度来增加天沟短边的高度，或在天沟两端设溢水口。

3　墙面彩板安装时出现基板鼓包，如何处理？（id＝92374，2005-4-21）

【红骆驼】：在墙面彩钢板安装几天后，彩钢板出现了面板鼓包和聚苯乙烯脱落现象。彩板采用的聚苯乙烯夹芯板是通过自攻螺钉和檩条固定的。

现场用线锤测垂直度后，C型檩条不在一个竖直面上，偏差在1～2cm，最大的达到3.5cm。由于彩板必须紧靠檩条，初步分析是檩条不在一个竖直面上造成彩板受力不均匀，加上基板和聚苯乙烯粘接有问题。

因为檩条不好矫正，故考虑在檩条一侧垫橡胶垫或者其他垫片，让彩板调直，且紧贴檩条。请教各位造成上述鼓包的原因还有哪些？是否有更好的处理办法？

【云冰】：估计是聚苯乙烯粘接有问题，不知道这位老兄用的自攻螺钉有多长？

【红骆驼】：自攻螺钉长度为10cm，经调整后，效果还是不佳。

【gkfine2826】：①考虑到EPS板的内外温差变形，EPS平面墙板长度要小于9m。

②与聚氨酯胶的质量及涂胶量也有关。

③聚苯乙烯板材切割前是否静置数日，成自然收缩？

【allen315】：①是否为墙板的质量问题？

②墙面檩条安装误差太大，差3cm。

③把原檩条重新调整，减少竖直面误差。

【LYB】：我遇到过同样的问题，结合**红骆驼**兄的实际施工状况，现分析如下。

①结构安装误差太大。檩条外皮差3cm，等于墙面板在小跨度内受弯，墙板质量不好的话，很容易产生彩板和聚苯乙烯剥离现象，在檩条横向变形和结构沉降过程中就会出现彩板褶皱现象。

②墙板养护时间不够。复合板在生产完之后，应静置进行养护，目的是使胶粘剂充分干燥，增大粘结强度。如新板刚刚生产完毕即进行运输安装，很可能在搬运过程中出现粘结不牢（尤其是长度8m以上的大板），彩板较薄（一般不能小于0.4mm）时在檩条横向变形和结构沉降过程中就会出现彩板褶皱现象。

③聚苯乙烯密度太小。如果结构、养护、彩板都没问题，聚苯乙烯的密度不足是造成彩板褶皱的直接原因。我们的工程曾出现过同样的问题，也咨询过出现同样问题的朋友，大家得出的结论一致：聚苯乙烯的密度太小。聚苯乙烯的密度太小时，自身挤压强度及抗剥离强度均不足，墙板在受荷变形过程中聚苯乙烯不足以提供足够的支撑，因而出现彩板褶皱现象。个人观点：板材长度超过 8m，聚苯乙烯的密度最好不小于 $12kg/m^3$。

4 10m 高单片砖墙设计疑问。(id＝12042，2002-7-28)

【ivy-w】：一钢结构厂房，建筑要求用 10m 高的砖墙作防火墙，而且是单片的。我的问题在于：

①10m 高的单片砖墙能否不设壁柱而只用构造柱和圈梁？

②《砌体结构设计规范》(GB 50003—2001)中砌体高厚比验算时考虑了构造柱的有利因素，照此，10m 高砖墙用 370 墙并设置 370×370@3000 的构造柱是可以的，但真的能行？

③如考虑砖墙和刚架柱连接，刚架柱可否作为平面外的支点？二者的变形取多少合适？

【ddw】：前不久做过一个工程，需要做 9m 高的砖砌防爆墙(爆炸力较小，甲方要求)。门式刚架，15m 跨，7.5m 柱距，墙厚 370，设了 3 道圈梁。

沿柱距方向的墙以门式刚架作侧向支点，因为正好墙体在有柱间支撑的部位。15m 跨度方向设砖壁柱，验算高厚比。防爆墙采用砖砌体还配了钢筋。墙端在刚架柱部位均设置构造柱，并将刚架柱浇在里面。

点评：许多工程中会有规范没有要求，或出现超出规范规定的问题。这里的例子可能不是最佳的处理方案，不过，它可以引发我们去思考，也可能给我们一些启迪。

三 天沟排水

(一) 外天沟

1 彩板外挂天沟。(id＝7980，2002-4-19)

【北极熊】：图 7-50 是我设计的彩板外挂天沟大样，请问：

①如图 7-50 所示节点是否可行？

②想知道彩板外挂天沟的施工方法。彩板很薄，施工中怎样安装？如何保证垂直和水平向的平直？天沟内部的自攻螺钉等如何施工？

③彩板如何搭接？搭接防水节点如何处理？

【alafair】：一般做法是外立边多折两道，且不大于 300，这样可以在视觉上保持水平，其他不控制。你的天沟太大了，肯定不行。

【jake71211】：彩板尽量用厚一些，如 0.6mm。并如 **alafair** 兄所说的外立边多折两道，你的彩板天沟较大，可以用天沟托板处理，以防止下垂。天沟托板可以做在里面也可做在外面。

搭接采用铆钉连接，打两排，铆钉口用胶水密封，并安置两条胶水密封带。图中的披(泛)水板位置应放在屋面与墙面的接合处。

【gb】：图集 88JX 上有关于彩板外挂天沟的标准图。

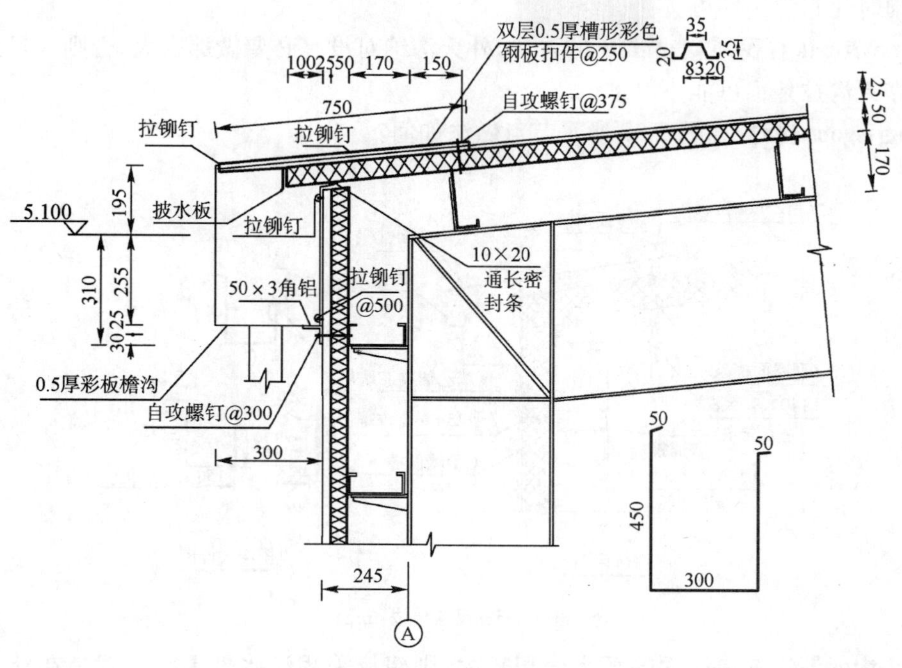

图 7-50　檐沟详图 1

【alafair】:①一般用整块彩板天沟。

②88JX 那个图集是我们公司做的,其实现在我们已经不怎么用那些节点了,而改用如图 7-51 所示节点。

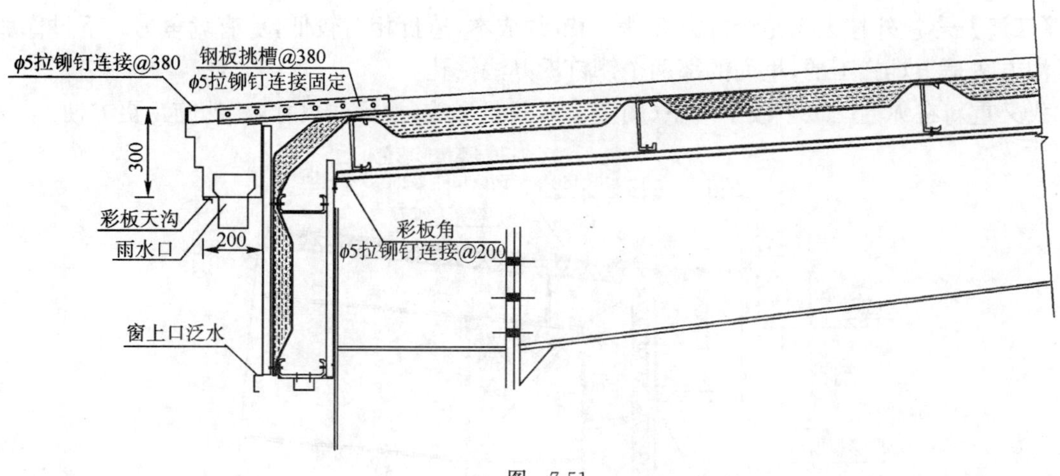

图　7-51

【tzpllf】:这么大的天沟应当采用内天沟比较好,小一点的天沟可直接挂在檐口处的檩条上。

【巨龙彩钢】:彩钢板不可以,因为太薄,容易起波浪纹。你可以用 3mm 的钢板折边用。

【flywalker】:一般 2mm 厚的热轧板即可。

【steelframe】:可用 0.8mm 的彩板,由屈服强度≥340MPa 的材料做成。

【alafair】:0.5mm 的彩色钢板也可以做,只要不做太大就行。外挂天沟只要保证小雨时不漏,大雨时让它溢出即可。

【tommyliuztk】:我同意 alafair 的看法,外天沟绝对没有必要做那么大,否则一旦天沟积水过多,仅靠天沟拉条很可能不堪重负。

【gangjiegou6298】:如图 7-52 所示节点做法如何?

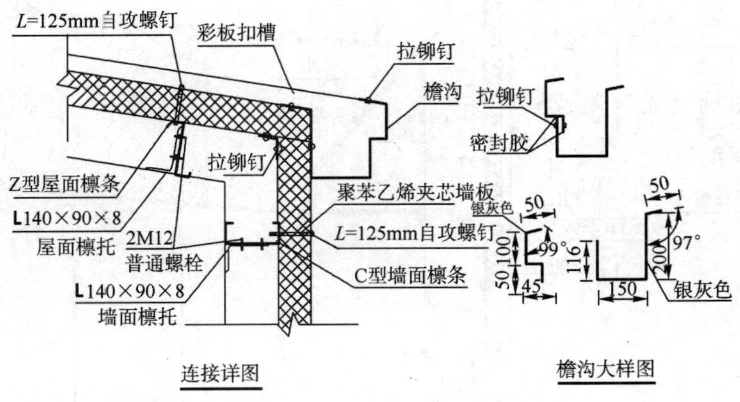

图 7-52(尺寸单位:mm)

【steel-titan】:①如果屋面的汇水面积较大,则建议采用溢水外天沟。就是在外天沟的侧面,按照计算冲一排孔,以保证在降雨较大时水能够从孔中泄出。

②外天沟还有一种做法,就是将屋面的最外侧的檩条外挑,将天沟的一个边固定于屋面檩条上,这样可以减小天沟拉条的受力。

③天沟的拉条最好使用 1.5mm 以上的钢板折成,不要使用彩钢板。

【江海】:彩板外挂天沟是个好方案,因为节约成本,造价相对较低,更有竞争力。不过你那个天沟方案是很难施工的,里面的那两个铆钉没办法钻孔。

我又重新在你的图纸上改了一下(图 7-53),只是形式,没标注尺寸,相比施工更方便。

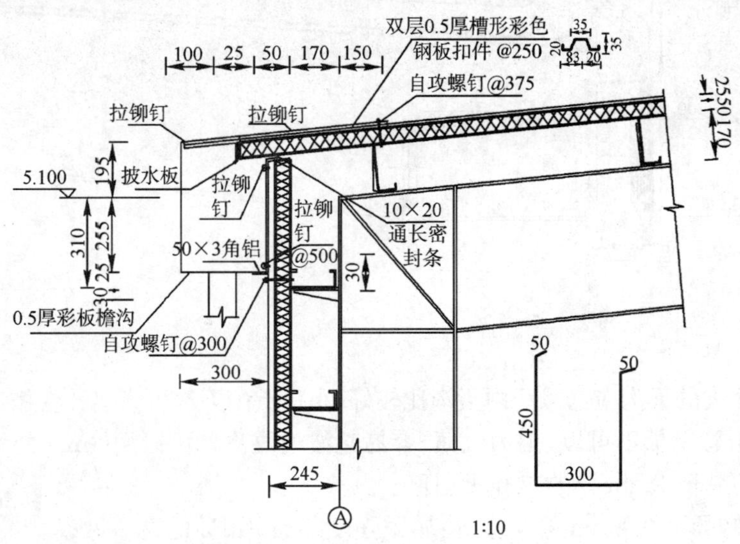

图 7-53 檐沟详图 2(尺寸单位:mm)

【黑胡子海盗王】:略做了修改,见图 7-54,檩条的位置有变动,天沟是吊在天沟吊片上的,天沟搭接处打硅胶、@50 拉铆钉。

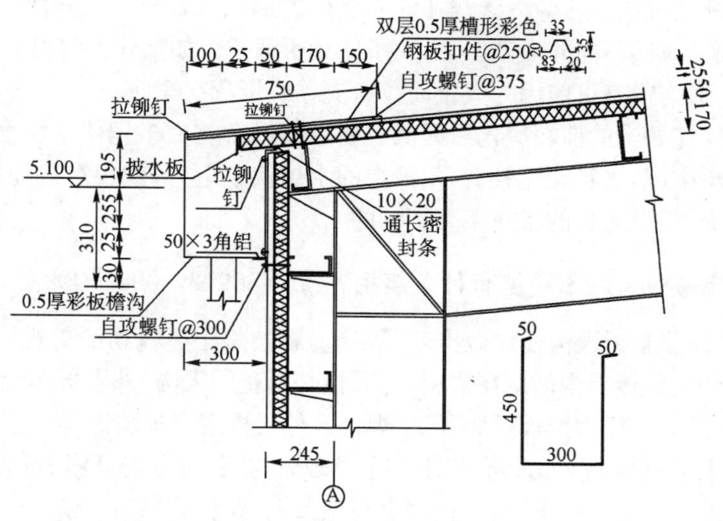

图 7-54　檐沟详图 3(尺寸单位:mm)

【hc_cai】:天沟太大不好看,其他没有什么大问题。如果单坡不超过 45m,我觉得 250mm 的天沟就可以了。

【wuyeduwu】:彩板外天沟不宜做大,因彩板本身较薄,易变形,阳光下很难看。0.8mm 以上彩板做天沟不经济,楼上的仁兄说的有理,雨水多了就让它溢出来好了。

【hehongshengabc】:①搭接段打两道中性硅胶(不可使用酸性胶和碱性胶,与彩板的相容性和耐久性都有问题,规范有要求),用两道拉铆钉拉紧。注意拉铆钉应该是防水的,而不应该用中间是穿透的拉铆钉。漏水的原因可能有硅胶没有打满、铆钉锈穿、拉铆钉处的彩钢板钢锈穿、硅胶失效。针对这些问题可分别采取措施。硅胶失效的主要原因是紫外线照射导致高分子链断裂(书上说的原文),好的硅胶在钢板间的寿命应该是很长的,倒是钢板太薄或连接节点处理不细致更容易导致漏水。

外天沟是厂房的脸面,还是用心做的好,玻璃胶是肯定不能用的。

②彩板天沟的制作安装方法如下。

a. 根据折弯机的尺寸及图纸天沟总长度确定每一片天沟长度,进行长度下料及宽度破带。

b. 根据天沟图纸对下料板材进行划线标注。

c. 进行板材成型折弯。

d. 现场对每一片折件进行拼接,拼接长度可根据现场安装人数的多少来定。用两排拉铆钉连接,内打防水胶。

e. 进行天沟吊装,吊装时应注意天沟应调直后固定。

【ufomax】:我看了大家的讨论和一些图纸,个人感觉这些方法还是很不错的,但还有一些需要注意的问题。

①如果是用彩板做外挂天沟的话,天沟的宽度即展开长度一定要考虑所用板的宽度。一般板的宽度都是 1000mm(常用的)及 1200mm(这种宽度的板板材厂家都能生产,但是很少生产,一

般要订做)。最大能做到1500mm,但比较浪费材料。如果不符合板宽度,1m一段的话,将增加施工难度,而且出来的效果也不好,还很有可能漏水。

②个人认为外挂天沟不应像内天沟那样非要做的那么大,而可在条件允许时尽量做的小而精,只要下小雨的时候不向外溢就行,下大了就无所谓了。如果外天沟很大、落水管又少、支撑强度不够的话,天沟很有可能因为太重而拉断支撑或折弯支撑件。

③个人认为外挂处沟的前端应比后面低一些。如果杂物太多把落水管全都堵死,或者短时间内降水比较集中,落水管又比较少,使天沟的水位快速上升,就很有可能出现天沟内的水倒灌到室内的情况(仅靠通长的密封条是不行的)。

2 对外挂彩板天沟不平整有什么高招?(id=56912,2004-5-4)

【flywalker】:外挂彩板天沟往往做出后不平整,影响整个建筑物的美观,不知各位有何高招?有些公司对外挂彩板天沟做双层彩板,内彩板是真正的天沟,外彩板作装饰用,效果不错。

【hnldljz】:内层天沟可用钢板折弯,然后焊接。外层再用彩板装饰。

【wgq770203】:外挂彩板天沟是会出现不平整现象,我公司常用每隔2m左右拉扁铁,将扁铁一头拉住彩板天沟上方向内折边,一边固定在檩条上,我看效果还不错。

【zhangyimin】:觉得做双层外挂天沟较浪费材料。要保证彩板天沟的平整、顺直,我的做法一般是:

①彩板天沟侧面要折几道肋(沿天沟方向),肋的形式以美观及与整个建筑比例协调为好。这样,既提高了天沟的刚度,又美观。

②外挂单层彩板天沟一定要用1.2厚以上的镀锌板条,间距1m左右较好,将天沟上部内折边与屋面檐口檩条连接。如果间距过大,天沟会向外张,影响平整顺直。

③注意两段天沟的连接,要打密封胶以保证不漏水,一定要保证顺直。

④外挂天沟尺寸不宜过大,以200~300mm为宜。板厚要在0.5以上为好。

【YESGUY】:外天沟要做顺直不是那么简单,关键是断面不能太大,要小一些,建议不要超过200mm×300mm,因为这样的尺寸对付30m以内的排水长度是能够胜任的。假如大家有遇到过天沟溢水的情况,请相信一般不会是天沟太小的问题,而可能:一是落水管太细(建议大家一般不要选择直径110mm的);二是落水管太少(建议每开间都设);三是没有设置雨水斗(其作用,设了你就知道了);四是地沟不顺畅。

同时,天沟要做出一些加强的东西,比如转折。有些人喜欢把天沟做成方盒子,最不可取,既不漂亮,也没有强度,最好是在外边缘做两道转折,这样就不会出现不顺直的情况了。

【星星汗】:用镀锌拉条拉住外天沟,固定在檩条上或是固定在屋面上。最好是天沟本身折一道边,夹在屋面板与檩条之间,与拉条一起作用,保证天沟可以平整。

但问题是,太平整了,怎么保证0.5%或1%的天沟排水坡度?要知道天沟没有排水坡度肯定会影响排水速度,而且在天晴的时候会在天沟内积水。这是一个很矛盾的问题。

难道真的应该做双层彩板——内彩板来保证坡度,外彩板来保证美观?

【ufomax】:以前做过巴特勒的外挂彩板天沟,采用的是0.4mm或0.5mm的彩板通过折弯机加工而成。它的平整度还是比较有保证的。原因在于它是直接与屋面板通过螺钉连接(屋脊板的连接孔是车间加工的,天沟上也有与此相连孔对应的孔,不过天沟上是长圆孔),并在天沟的外侧间距 1200mm 处增加一个铝合金支撑板与天沟外侧相连，下面有垫片，厚度一般在 1.5mm 左右。

（二）内天沟

1　内天沟是否需要找坡？（id=25197，2003-4-3）

【laohuang】：内天沟是否需要找坡？

【nui_zwt】：需要找坡，一般坡度比较小，0.5%。

【zwjlw】：2%就够了。

【tjgjs】：规范规定 0.5%。

【wswy】：我认为可不找坡，首先钢天沟不好做，所以我们都没找坡。不知你们找坡是怎样实现的？

【沪京】：同意 wswy 的观点。彩板天沟根本不好找坡，就算最小 0.5%的坡，如果 9m 一根落水管，则天沟两端高差得 45mm，不好做，而且天沟的搭接也没法处理。一般的做法就是设计天沟时考虑 40～50mm 的高度余量，做深点。

【dyd771】：钢、彩板天沟一般不找坡，比较麻烦，但要考虑落水集水口位置、大小、数量。

【萧逸】：理论上是需要的，但在实际情况中就要根据柱间距决定了，如果间距较小，则不用考虑找坡；但如果是柱距较大，则需要找坡了。至于找坡的方法，可采用材料找坡。

【flywalker】：如果天沟内还做防水等处理，可以由此来找坡，如热轧板天沟。但若是不锈钢天沟、彩板天沟等，由于找坡比较困难，可以不找坡，设计时留有一定余量，特别对于内天沟。

【lijingas】：从理论上来说，钢板天沟可以做找坡。但据我所知，估计没有钢结构公司会去找坡，由于节点不等高，处理比较麻烦。

其实天沟找坡，我一直认为是混凝土天沟的概念，因为钢板表面要远比混凝土光滑，利于排水，即使有积水，也不会太多，能很快挥发。而混凝土天沟由于由于表面粗糙，排水不畅，因此要求找坡。

【好客】：内天沟找坡示意图如图 7-55 所示。

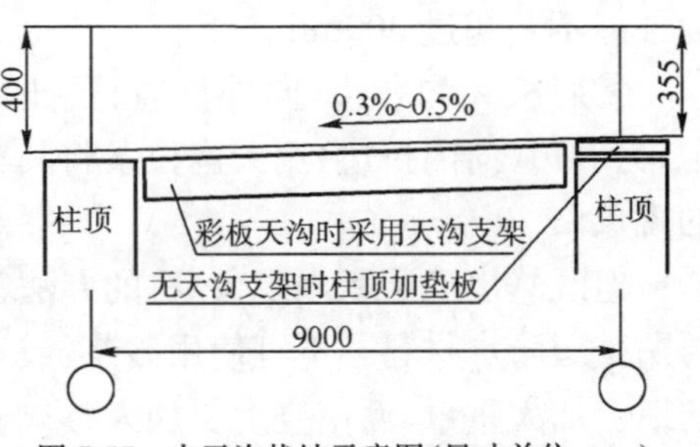

图 7-55　内天沟找坡示意图(尺寸单位：mm)

2　彩板天沟积水问题，如何解决？（id=194，2001-8-17）

【liryu】：在已完成的钢结构工程中，发现天沟中积水十分严重，请各位帮忙解决！天沟为 0.53mm 彩板内天沟，宽 500mm，高 200mm，有天沟支架(已被泛水板覆盖，无法调整)。

【okok】：是支架造成的中部积水，还是沿沟板局部积水？

【hema】：在积水最多的地方增加落水管，外加天沟支架调整高度(做在隐蔽处)。

【liryu】：是中部积水，积水高度约 30mm，已无法通过天沟支架进行调整，能否在天沟内部想想办法？

【hema】：用聚苯板将低处垫高后，表面做聚氨酯防水试一下，注意垫的厚度和找平的做法。

【ruanpeng】：打 SBS 防水层，在积水处多打点，这样还可以防止彩钢板天沟生锈。

【青梅居】:天沟中积水主要是沟内坡度不够。彩板做天沟,板材壁厚薄,刚度较差,作为开口薄壁构件变形较大,我做时经常采用3mm钢板冷弯而成,沟内设置加劲肋,以增加其刚度。防腐采用沟内抹砂浆,或者粘贴SBS,如SBS改性沥青防水卷材或其他防水卷材。

【chenyueming】:楼上说的有理,3mm厚钢板做天沟也要注意下部檩条的间距不能太小了,另外天沟焊接时变形也要控制。

【okok】:相关讨论:http://okok.org/forum/viewthread.php? tid=701

【萝罗】:其实就目前情况来说,天沟漏水没有什么彻底的处理方法,很多情况也只是维持两三年。

SBS、APP等改性高分子防水材料用在混凝土还马马虎虎,用在彩板上,顶多只能2年(多说,我是说在东北)。3mm厚钢板做天沟,也得分情况,就目前施工水平,防腐做的太差了,也用不了多长时间。再说施工中谁敢说控制的坡度就那么好?所以,应该在施工中加强注意,尤其是钢板的焊接,严格控制,防腐无论如何也要做好,坡度必须找。想想大禹治水吧,绝对应该是导,而不是堵,否则再好的防水措施也没有用(水滴石穿呀)。再不然,在东北,或是化工厂房等湿度较大的房屋,最好不要用钢板。还可以想想其他的方法,如改用不锈钢。

【wang7268】:现在也遇到一个天沟的问题,它太长了,有45m,用3mm厚的钢板制作,高300mm,宽300mm,这坡度最小可以多少?0.5%可以吗?

【zhangyimin】:我觉得此天沟积水,原因可能在于设计。

①天沟的尺寸为500mm宽、200mm高,不合理。彩板天沟用的板本来就薄,500mm显然太宽,对天沟的表面平整、顺直都不利。天沟的整体刚度也较差,宜下挠。因此,彩板天沟的宽度最好不要超过300mm。

②彩板天沟一边(向外折边)要挂在檐口的檩条上,屋面底板压在其上面,用自攻螺钉固定;另一边(向内折边)用天沟拉条将其与檐口檩条固定。如果这样做,则天沟不可能出现下挠的现象。

但既然出现了积水现象,我的办法只能是用轻质的材料,如聚苯泡沫,用两组分粘平找平,再贴一层防水材料。不宜使用砂浆,或一层层地粘SBS沥青找平。因为积水深度30mm,那样的话会加大重量,而使挠度更加大,影响外观。

【liushan】:我认为还是用聚氨酯好,我以前也处理过类似的问题。

既然出现了这么大的挠度,很显然和重量有关系,所以我不同意用什么砂浆之类的。既然用彩板做天沟,我想应该是南方地区,这样也就不用考虑冻结了。用聚氨酯可以保证它不漏,至于存一点水,又不影响使用功能,所以还是可以的。

【samuel1980】:提几点个人看法。

①彩板天沟。一般也就0.476~0.53mm厚,我公司一般是将天沟底部做成双坡并配天沟支架,根据柱距调节支架间距。

②SUS天沟。也有上述处理方式,当然,如果是平底天沟,也不是没有办法,而是事前要保证托架本身形成坡度和焊接变形。另外,施工时,很多工人就直接在天沟里来来回回地走,如果托架本身没有控制好间距和坡度,天沟底板很容易发生变形。

③钢板天沟。相对来说,比较好处理一点。

3 门刚的钢天沟搁置问题。(id=43543,2003-11-26)

【wrhchina】:钢天沟一般做法如图 7-56 所示,请问在纵向如何搁置?即多个 6m 跨是连续的,还是断开的?在跨中没有支撑吗?开口的天沟能计算(如何计算)通过吗?我查看了一些网友上载的图纸,做法就是如图 7-56 所示的剖面,这是混凝土柱钢梁的节点,也见到有人在天沟的开口上部加了小拉杆的。

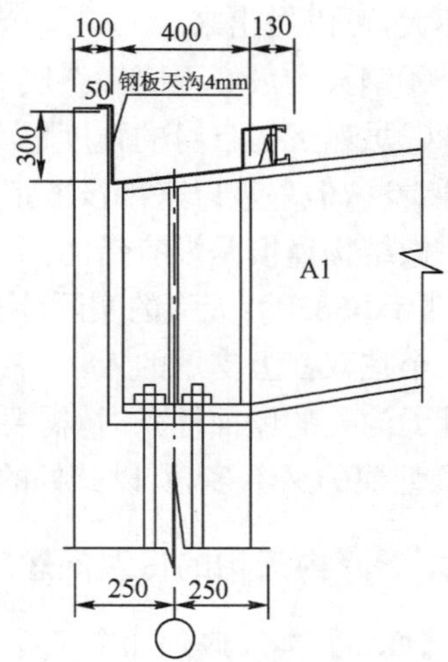

图 7-56　钢天沟的一般做法(尺寸单位:mm)

【lijingas】:此种天沟节点不对。因为落水管不可能在最底处,会产生积水,使天沟腐蚀。上部的泛水收边也不对,应该在墙处再设置一收边,否则水会浸入厂房内部。因为钢板天沟的刚度肯定比檩条大。

【sock】:采用钢板的天沟好像没有不腐蚀的,这样我们可以改为面铺一层细石混凝土来防腐。

"上部的泛水收边也不对",你的意思是不是要把天沟的钢板低于檩条下若干,以保证收边时防止其渗水?

"这是混凝土柱钢梁的节点,也见到有人在天沟的开口上部加了小拉杆的。"这是完全可行的,也是比较好的方法。

【lijingas】:不错,钢板天沟肯定是会腐蚀的,但最关键的是设计人员要减轻它的腐蚀速度。像这样的天沟,在尖角处肯定会产生积水,必然对防腐不利,因此我做钢板天沟肯定是做平,减少积水。

我并没有说要把钢板天沟置于檩条下,我的做法:钢板天沟折边放置在檩条上,但上面再做一道泛水,整个压住女儿墙顶。

没有必要加拉条,因为我在做这种天沟时,图 7-56 左侧的天沟是靠在檩条上的,具有足够的刚度,没有必要再另加拉条,只有在此处没有可固定的情况下,我们才设置拉条,因此我不赞成 sock 的观点,并不能认为无法防止就不去防止了,我们可以力求做得更好。建议如下:

①钢板天沟底部做平,减少天沟底部积水;

②女儿墙顶另加一道泛水;

③如果图 7-56 左侧有檩条(或砖墙),不需要另行设置拉条。

【水中的鱼】:我不同意 sock 的观点。钢板天沟腐蚀是肯定的,但是我们可以通过油漆、镀锌等多种手段来延缓其腐蚀时间。钢结构厂房构件也会腐蚀,难道我们就不做钢结构厂房了吗?如果在钢板天沟上方做细石混凝土防水层,时间稍长,结合部位肯定会出现缝隙而产生渗水现象,如何处理?倒不如直接做柔性防水。另外,细石混凝土防水层肯定要增加天沟荷载,不合理。

【新人类】:在钢板天沟中用混凝土找坡不可取,我在工程中试过不行,时间长了混凝土和钢板就分开了。用 SBS 防水试后也不行,用三元乙丙防水材料也无法找坡,最后只好放弃了找坡。

【山西洪洞人】:①混凝土与钢是两种物理性能相差较大的材料,在经过几个温变往复之后,是要分开的,混凝土还是混凝土,钢还是钢。

②有些防水材料,本身就对天沟有腐蚀,或者防水材料在空气中的时间长了,生成的物质

对天沟有腐蚀。

③个人认为较好的做法就是天沟自身找坡，即在每节天沟对焊时找好坡。这个坡度一般都不大，可以做出来。

④钢天沟最好不要做斜底的，积水严重。

⑤虽然天沟自身的强度也不小，也有很多人认为天沟自己承担自重是没有问题的，我同意这种看法，但一直以来都没敢把天沟左（墙檩）右（屋檩）的檩条去掉。

做结构谨慎是没有错的。

【wxh5330】：天沟的实际计算跨度是它的宽度，而不是其纵向的长度。打个比喻，天沟就像一个在双杠上支承的人，是靠天沟的两个卷边支承在两侧的屋檩和墙檩上来受力。另外，在设计天沟处的屋面檩条时，需要考虑天沟内积水的影响，而且此处一般采用C型檩条，而做连续C型檩的又不多，所以此处的设计要格外注意。

4 内天沟的保温问题。(id=4052，2001-12-30)

【datu】：本人遇到几个工程，都采用内天沟，有1mm不锈钢，3mm钢板，还有普通的彩板天沟，业主大多要求天沟下铺设保温棉，但节点比较难处理：①如何固定？②如何铺设拉紧？

如不处理保温棉会垂下来，而且不铺设保温棉也确实不好，冬季天气寒冷，室内外温差大，内天沟下会出现冷凝水。不知是否有高明的办法？

【大法师】：一般做法见图7-57，保温棉通过吊挂天沟的檩条固定。另外，在天沟底部有一收边，如图7-57所示的集水坑，既可遮丑，又可托住保温棉。

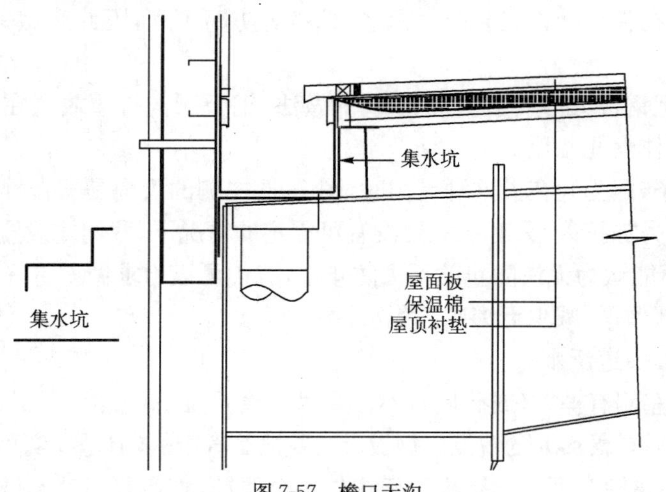

图7-57　檐口天沟

【phoenix】：用彩钢板制成的天沟，在有金属网的情况下，可以用金属网将保温棉包住，只要施工队伍仔细，其效果还是很不错的。另外，可以参考风筒保温做法，不过成本稍高。

【etang】：内天沟沟底另加一层彩板，颜色同屋面板，里面可加保温棉，我曾经试过，但感觉没有不加的好看。（彩板需要另加檩条，我在内天沟边上加了一根檩条，彩板另一侧固定在墙上。）

【even】：首先内天沟在温差较大的地区是必须要设的，不然会在天沟的位置产生冷桥效应。就目前比较成熟的做法来看，就是**大法师**提供的那种做法，或者在天沟下面再做一层彩板天沟，这样比较美观而且可靠。虽然会给施工带来一点麻烦，造价也会略有增加，但是竣工后，业主对于这样的处理都会比较满意。

至于有没有其他的做法，好像还没有见到过，不过我觉得楼上几位的想法都欠考虑，或者都达不到天沟设置保温层的目的。

【gcl1558】：本人曾做过一个钢结构毛绒车间，内天沟处防冷桥的处理方法见图7-58，请各位评评，看有何优缺点。

【kaldi】：这方法不错，我在多个工程中有使用。天沟挂带不但可以起到支撑保温棉的作用，最重要的是对内天沟调坡，可使天沟无积水，雨水能及时排入落水斗。

冷凝作用时，可以考虑设置双层天沟。但天沟宽度大于500mm时，天沟挂带的效果不理想或根本无法使用，而只能在天沟下设置支撑钢板，颜色同室内板。注意：天沟宽度大于500mm，应该考虑人在上面行走时的荷载。

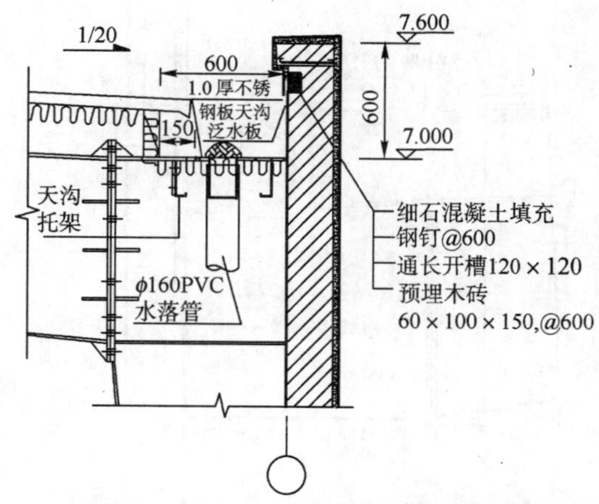

说明：在天沟托架安装到位后，天沟放置前在天沟的下部及内侧铺设带聚丙烯贴面100厚欧文斯科宁玻璃棉

图7-58　内天沟处防冷桥处理方法（尺寸单位：mm）

5　钢板天沟保温措施探讨。（id＝115934，2005-11-18）

【xiaoyuer313】：请问3mm钢板天沟的保温处理措施有哪些？

【benbenboy2002】：天沟下面包保温棉或在天沟内部铺保温材料，然后做SBS防水。

【rybin0691】：方法挺多的。

①在天沟内做聚氨酯发泡，上面再做SBS防水层。

②天沟下面包保温棉或者夹芯板。不过有条件的话，最有效的方法还是在天沟下面布一道采暖管道。

（三）综合问题

1　天沟。（id＝701，2001-9-5）

【zz】：请教：天沟的做法有哪些？防水如何处理？

【lovelgj】：天沟主要用3mm的钢板做成或是用彩板做成，要点就是把保温板放在天沟外边的上面。

【大法师】：图7-59为两个天沟节点图，BHP做法，一个内天沟一个外天沟，全都用0.53mm的彩板制作，吊带间距400～500mm，注意收边做法。

【kora】：我认为按照BHP做法，用彩钢板做的天沟，在工程实践中不能很好地解决防水问题，存在后期的漏水问题，一般不要使用。

【大法师】：BHP作为一个跨国大公司，从事与钢结构相关的产业已多年，它的许多产品及做法已经过多年的实践及试验的检验，效果挺不错。**kora**担心天沟后期漏水，我想这不是做法的问题。因为天沟是整体弯成，本身并不会漏水，导致漏水的其他可能如下。

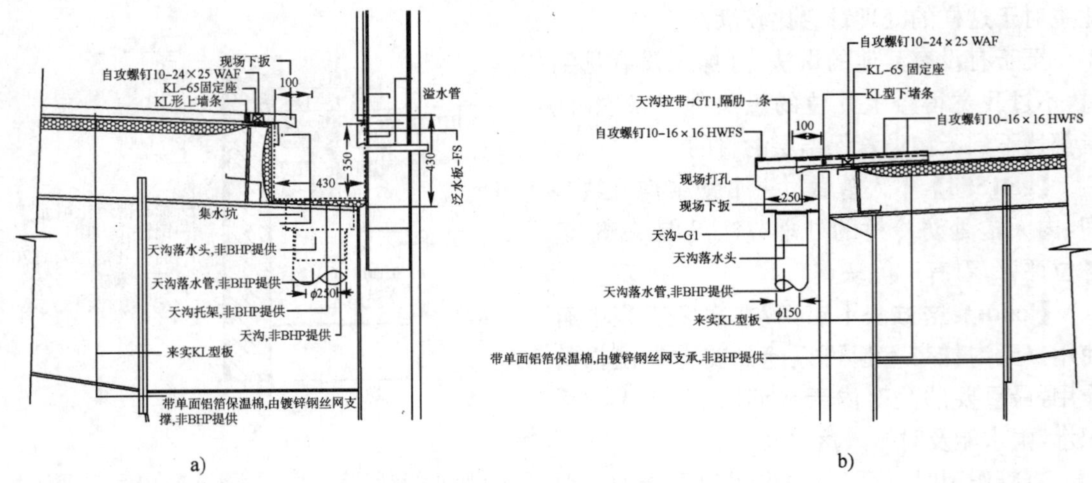

图 7-59　檐口天沟(尺寸单位:mm)

①如果采用国内一般普通的彩板,时间长了容易锈蚀。用不锈钢挺好,可价格较高。BHP 的彩板防腐蚀还是不错的。

②天沟的搭接处可能漏水。一般来说,这种可能性不大,只要搭接长度足够,密封胶均匀就能避免。

③天沟反水。这主要是天沟尺寸设计不够,或落水管堵住,不是做法问题,可通过增加溢水口来预防。

如果要求严格的话,我建议内天沟采用不锈钢(1mm),外天沟仍采用彩板。采用 1mm 以上的板做天沟似显笨重,不合轻钢。外天沟不用起坡,内天沟可利用间距为 500mm 的吊带的长度调节来起坡,不过总归麻烦。

【liryu】:建议不采用钢板天沟,虽然天沟漏水的可能性较小,但如果刚架的间距较大,即使加了天沟托架,仍有可能造成天沟中部积水。我施工的工程中便碰到过一例,详见"A11 钢结构施工"专栏的帖子。

【大法师】:看过 **liryu** 的帖子,只是不知积水的原因找出来没有?会不会是施工人员在里面随便行走将底下的天沟吊带踩松了,造成吊带不能提供有效的支托?天沟吊带是支撑天沟的唯一受力构件,彩板只是被用作天沟的面层板件,不受力的。或者严格一点说,在吊带间距内的彩板是受力的,但其跨度只有 400～500mm,有一个较大的集中力便会使其产生变形。只是用一般的天沟只有 200～400mm 宽,而且一边是悬空(外天沟)或有女儿墙(内天沟),不会有人在上面行走,也就不会有什么集中力。如果有人在上面行走不能避免,比如一个较宽的平底天沟比起瓦楞不平的屋面板来说更能吸引工人在天沟里通行,则可采取减小吊带间距的办法。相比较而言,我认为加密吊带总归比采用 2mm 或 3mm 以上的钢板更经济。

【kora】:关于天沟材料的选用问题,大家已经讨论很多了。其实我觉得在这个问题上没有争论的必要,如果自己觉得某种方式效果更好,那采用就是了。每个施工单位都可能在某一方面有所专长,甚至是偏好,这都很正常。最终检验的标准只要能满足天沟功能的要求,并在一定程度上考虑经济效益即可。

而我个人较倾向于钢板天沟,总觉得钢板天沟来得简单,施工起来方便,造价也能为普通的甲方所接受，所以工程中多数采用它。因挠度带来的积水问题可通过加强天沟的刚度或防水层找坡等方式解决，所以在这里向大家推荐。

我在这里郑重地提醒各位同行，普通钢板天沟施工的关键在于防腐。我一般采取的处理措施是A镀锌B防锈漆加防水油膏，效果不错的。

对于彩钢天沟存在的变形问题，增加支撑只能增加麻烦，效果也会因投入的人工成本而异，我所就职的小公司必须考虑这些(无奈!)。潜在的漏水问题，我认为更无法解决，天沟的漏水与否与搭接长度关系不大(可不要把天沟当屋面了)，因为汇水的结果是天沟会集聚一定深度的水。至于密封胶的问题，我觉得依靠它简直就是自欺欺人，大家知道彩钢的膨胀系数足以破坏任何质量的密封胶(连铆钉都有可能被剪断)。如果你不幸选用了彩钢天沟，而且公司还算对客户比较负责的话，明年的夏天你得准备好工具去补漏了。

【大法师】：请教一些2～3mm厚的钢板天沟问题。

①当用2～3mm的钢板做天沟时，表层如何处理？镀锌吗？

②钢板天沟是否仍然要用天沟吊带来承受天沟重量？亦或是2～3mm的钢板直接挂在檩条上？

③钢板天沟的搭接如何处理？是否可不用搭接和密封胶？

【kora】：①一般选用防锈漆，也可以电镀锌或者热镀锌。

②天沟不需另设吊带，天沟自承重。

③天沟搭接采用焊接。对于焊接对涂层的破坏，应采取相应的处理措施。

此方案的缺点是，天沟的挠度带来的积水问题难以解决。挠度肯定是有的，除非预弯，否则只能采取找坡措施，而且应用密度较小的找坡材料。

建议选用2.5mm以上的钢板制作。天沟可代替檐口檩条，甚至联系梁。

【大法师】：因为我从未用过钢板天沟，故对它的做法不是很清楚，但对这几个问题还想探讨一下。

①据我所知，表面热镀锌只能保证5～6年，之后便会生锈。而BHP的zincalume可保证10年，加了XRW后可达15年，其表面防腐能力应该比热镀锌板强。

②BHP用作天沟的彩板一般是G450或G550，强度比国内一般的Q235钢高1倍，故被踩时不容易产生塑性变形。

③我们所做的钢结构工程，一般甲方是不允许现场进行天沟焊接的，而只能用铆钉进行搭接，目前尚未发现这个地方的漏水问题。当然，不可否认，焊接比搭接会有更好的防水安全度。只是焊接处如何处理？涂无机富锌漆吗？

④不知钢板天沟找坡用什么材料？是在天沟内底铺吗？天沟的挠度，我想一般是由于悬挂天沟的檩条产生挠度造成的。不用吊带直接将天沟挂在檩条上，避免天沟和檩条具有同样的挠度。如果用吊带，则可通过调节吊带的长度来使天沟的挠度减小甚至直接找坡。

⑤毫无疑问，相同厚度的BHP板与国内板的价格相比会高出许多，但如果用BHP的0.53mm板和国产的2.5mm板相比，价格会差多少？我具体没比过。话又说回来，如果所有的墙面板和屋面板都用国产板，也没必要为了一个小小的天沟去另外订购BHP的产品。

【kora】：彩钢天沟需要现场对接，工人的施工经验直接影响效果。

通常情况下，彩钢板的锈蚀是从切口、孔洞开始，普通铆钉也会锈蚀，特别是抽芯处易导致渗漏。理论上，彩钢板表面抗腐蚀能力确实比普通钢板好，可是它太薄了，一旦开始锈蚀马上就会导致漏水。普通天沟则不然，甲方在这个问题上，也很认同这点，所以在选择方案时也偏向普通钢板天沟(特别是在 6m 柱距时)。至于强度，施工中，还拿它作施工通道，可见普通天沟的刚度肯定比彩板天沟好。要是走在彩板天沟里，我想我会考虑是否会掉下去。

当然，若是某个项目对施工有特殊要求，比如不准动火，我肯定也会选择彩钢天沟的。两方案的综合造价应该差不多。

【刘欣】:我建议采用钢板天沟，原因如下：

①增加厂房刚度；

②可以省去一根檩条；

③施工方便，而且可以调整钢柱间距，减小漏水，泛水好包；

④施工时可以增加安全感(深有体会，因为我现在是项目经理)；

⑤安装屋面板时，人可以站在沿沟里拉板，减少屋面板被踩坏的可能性。

注意要点：

①焊接质量要保证，不然会漏水；

②涂防锈油漆后，现场要涂沥青漆(重要)；

③最小厚度 2.75mm；

④如果是用保温棉的，一定要用钢板沿沟，在沿沟内翻边上拉钢丝。

【"安立"飘扬】:我比较赞成 **kora** 的说法。1996 年承建一彩钢工程，就是 3.6m 标准长度的镀铝锌彩板天沟(配上钢板吊带和道康宁密封胶)。结果在天沟搭接处每到雨季水就往下渗。那时我们就想为什么这天沟不做长点，比如说 6m 长，正好符合 6m 柱距，接缝靠近柱顶，想点办法采取什么措施来加强密封。

事实上，工程技术更多的是取长补短，相互交流，没有迷信。1984～1986 年有幸参加宝钢冷轧薄板和彩色涂层生产线的安装工程，应该说是中国建筑业最早了解彩板的窗口。从 20 世纪 90 年代初国产彩板开始发展，我们就开始用夹芯板制作工地办公室。中国人很聪明，那么大、那么复杂的宝山钢铁厂都能安装完毕，彩板安装技术的确不是很难。

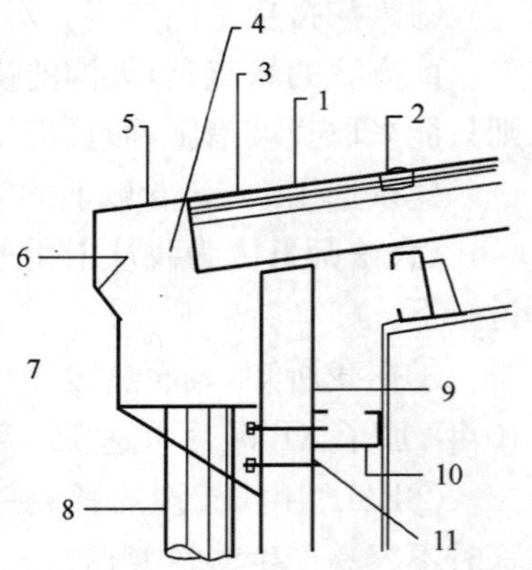

图 7-60　天沟构造示意图

1-夹芯屋面板；2-M6.3 自攻螺钉；3-ϕ5×13 拉铆钉；4-封檐件；5-固定天沟铁件；6-天沟；7-天沟支架；8-落水管；9-夹芯墙面板；10-C 型钢檩条；11-M6 固定螺栓

【DYGANGJIEGOU】:外天沟的优点比较多，如图 7-60 所示天沟的构造，保温效果好(天沟在外的原因)，防水问题无需考虑太多(水可以流到外面一部分)，一般 0.6mm 以上单板弯折就行。

【gcl1558】:①用 2～3mm 的钢板做天沟时，可以在做好后或热镀锌或冷镀锌，还可以直接用镀锌钢板折弯。

②为了增加钢板天沟的刚度，可以在天沟底部设置托架，也可以在天沟内部间隔设置撑条，材料可选用角钢 40×3 或直径 12mm 的圆钢，间距 1000～1500mm。

③钢板天沟的搭接一般是现场焊接，接缝处焊好后现场补漆，当然，这也是防锈的薄弱环节。

2 钢板天沟的相关问题探讨。(id=25027,2003-4-1)

【pwf】:在大型厂房中,钢板天沟的用钢量占很大一部分,而钢板天沟的设计好坏对其耐久性有很大影响,所以钢板天沟的设计和选材不容忽视。

但是很多资料中,只是提到钢板天沟按计算确定,而没有具体的计算方法。我认为,真正计算好钢板天沟也是很费劲的事情,合理的钢板天沟的形状对用材和受力情况都有很大作用。不知大家是怎么设计钢板天沟的?

【h0j0w】:目前用钢板天沟的工程已经很少了,钢板天沟除具备天沟功能外,还有就是作为两榀框架之间的系杆,用材不经济,还是考虑用别的天沟好些。

【hndkwze】:我觉得钢板天沟也有其优点,临海地区,风荷载一般比较大,如果采用彩板天沟,在强大的风荷载作用下,彩板天沟显得较弱,容易被风的吸力掀掉。我们公司的钢板天沟做法还可以省去一根檩条和檐口系杆。

【萧逸】:我觉得钢板天沟在结构上有利于整体结构,但它在防腐方面就比较难处理了。在天沟自身宽度较大时,需增设拉杆,以增强它的稳定性。坡度方面,我现在是用粘 SBS 层的层数来控制,既可以增强它的防腐性,渗漏性也可大大提高。那么是否还有什么其他好的做法?

【bluroasis】:前段时间接触一家德国公司,生产锌钛合金天沟及排水管、雨水斗等配件。工作人员介绍说该种天沟在别墅中用的多,因为外观和不锈钢差不多,还可以油漆,价钱比用克虏伯的不锈钢天沟便宜。至于厂房则用的不多,但是有一些项目在谈。

【FGZ2003】:本人认为钢板天沟不宜当作一道系杆考虑。

首先,天沟与钢柱连接不好处理。如果天沟与钢柱采用焊接,现场焊接量太大且板薄容易焊穿,焊缝高度最大只能是 3mm(3mm 钢板天沟),强度够吗? 如果是采用螺栓连接,节点怎么做?

其次,天沟是在钢柱上面,当作系杆效果不好。从力学角度来讲,柱顶系杆应放在受压翼缘侧(靠近钢柱与钢梁连接下角)。

【cadefy55】:最常用的天沟材料为 1.2mm、2mm、2.5mm 厚不锈钢,3mm 厚镀锌钢板,与屋面同材质彩钢板。要根据建筑的重要性、造价、所使用的其他材料的等级综合考虑。一般民用建筑天沟深度不要小于 250mm,可根据屋面板底与屋架顶的净空合理确定,要考虑天沟调坡所需空间。确定宽度时,考虑两个因素:①要计算排水是否能通过;②常用的天沟板宽为 1.0m、1.2m、1.5m 三种规格,尽量合理利用板材。另外,据我所知,天沟不能当系杆考虑,要求高的建筑必须将天沟设计为可伸缩的。

3 钢天沟下垂处理。(id=7750,2002-4-14)

【lflgz】:我在设计云南的一工程时,天沟是 2mm 镀锌水槽,柱距 6m。钢天沟在柱距中间下垂,造成积水,验收通不过。请问如何处理?

【大头盛】:我在一个开间 6.3m 的工程中也用了 2mm 的钢板天沟,开间中部设了一个小挑梁作支撑。施工时发现人在上面走动变形很大,考虑使用和施工安全等因素,我加了一道支撑。实在不行就在天沟下补一桁架。

【alafair】:①不宜采用太薄的钢板,易锈蚀;

②在天沟下做系杆,兼天沟托梁,中间垫起;

③天沟内做保温层，兼找坡。

【tzpllf】：解决方法：

①在天沟下设通长的系梁兼作天沟的支撑，以保证其不下垂，但用钢量会有所增加；

②用焊接组合的天沟，由天沟中部向两端起拱一定坡度就可以彻底解决这个问题，但是非曲直必将造成天沟的加工费用增加。

【steeler】：天沟下做支撑，可以确保天沟不下垂，或者在天沟内做加劲板，每隔 1m 设置一道，就可以解决问题。

【tidi0811】：我们公司天沟的常用做法见图 7-61、图 7-62，供参考。

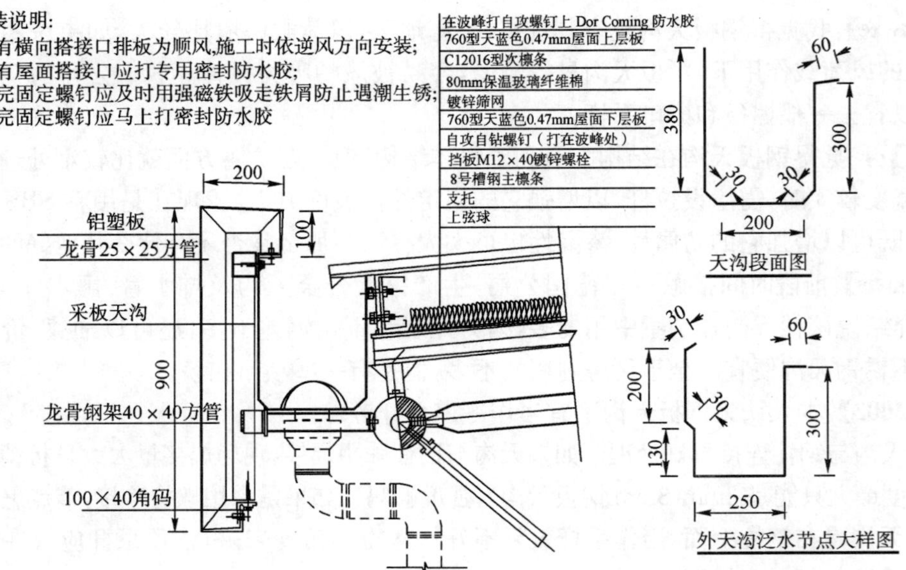

图 7-61 天沟做法 1（尺寸单位：mm）

【doubt】：2mm 钢板不算薄，但不能靠其自身找平，刚度没那么大，应该设托架，靠托架调整。另外，钢板＋防腐的做法寿命太短，可用不锈钢内天沟，或彩板外天沟。

【jgzxt】：每 3m 左右加一条拖带，截面同天沟，尺寸放大 2～5mm，宽度根据天沟情况而定，一般 3～5cm 就可。

【dingrenzhen】：钢天沟下垂可采取在柱顶加衬板的方法来处理，使天沟安装后有自然的倾斜度，杜绝了天沟因积水而产生的腐烂。另外，也可以通过增加天沟的几何变化来确保天沟的刚度。增设天沟托架和增加材料的厚度来处理天沟下垂的方法，势必导致用钢量的增加，并且对观感也有一定的影响。

4 天沟截面尺寸选取问题。（id＝1670，2001-10-30）

【etang】：一般工程，6m 跨天沟，我采用 3mm 厚钢板，水沟边排一根檩条。所在地区为浙江，天沟截面取多少合适？

深度取为 160mm，坡长为 10mm、15mm、20mm、25mm 时，水沟的合适宽度是多少？

【AQ】：可以查一下《建筑给水排水设计手册》雨水设计一章，内、外天沟计算基本一样，只

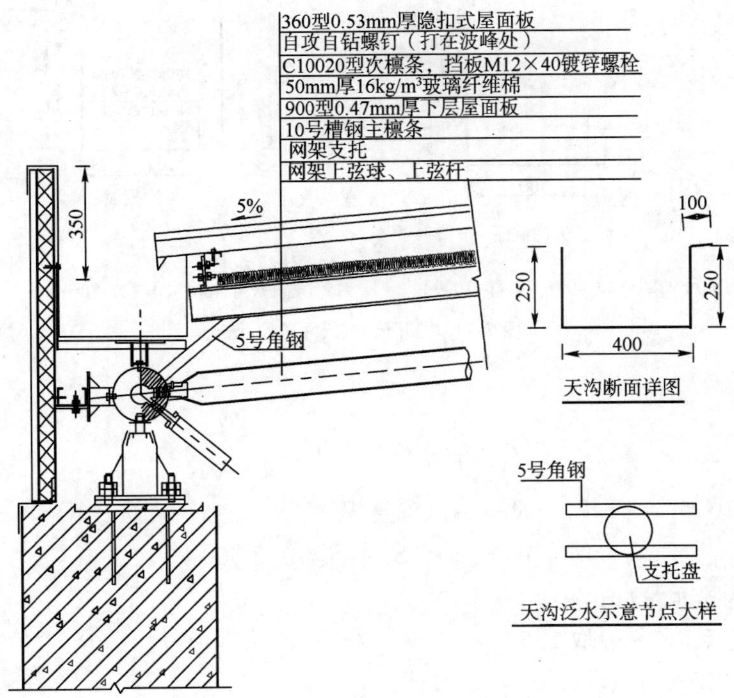

图 7-62　天沟做法 2(尺寸单位:mm)

是内天沟还需设计排水地沟。

简单地说,根据生产工艺要素和土建要素查出雨水设计重现期,据此查出本地最大降雨强度,根据最大降雨强度和汇水面积算出最大雨水流量。根据天沟水力半径、坡度、粗糙度算出水流速,并乘以天沟面积得出排水流量,然后判断该排水流量是否大于最大雨水流量。

【ygcjg】:①3mm 钢天沟可以兼作檩条。

②我做工程一般是按板来做,坡长小于 20m 的一般展开为 930mm 或 1050mm,底部大概为 350mm;大于 20m 的一般展开为 1250mm,底部大概为 450mm。中檐沟展开为 1250mm,底部约为 600mm。

③上述计算较理论计算绰绰有余,并经实践检验。

【chenhongwen】:3mm 钢板做天沟太夸张了,一般用 0.8mm,彩板折出天沟即可。内天沟用 1.0～1.2mm 不锈钢板。要计算两部分:①天沟截面;②落水管面积。

【yeejianling】:展开尺寸见图 7-63。在计算允许时,展开尺寸一般按钢板的购买尺寸定,如 1m、1.15m 、1.20m;长度按折弯机的最大折弯长度定,一般为 2m 和 4m,工厂或现场焊接成型。

【flarecsu】:我认为,天沟的设置与天沟面积及排水坡度有很大的关系。丰水期雨量特别大,天沟太小或排水坡度太小,会造成雨水溢出及屋面积水,相应再好的胶性材料在水中长时间浸泡,都难保证其密封性,甚至会造成结构构件生锈及防火涂料脱落。天沟的大小根据降水强度及排水坡度等因素计算,落水管的布置根据落水管的排水量及汇水面积等因素计算。

具体计算公式如下。

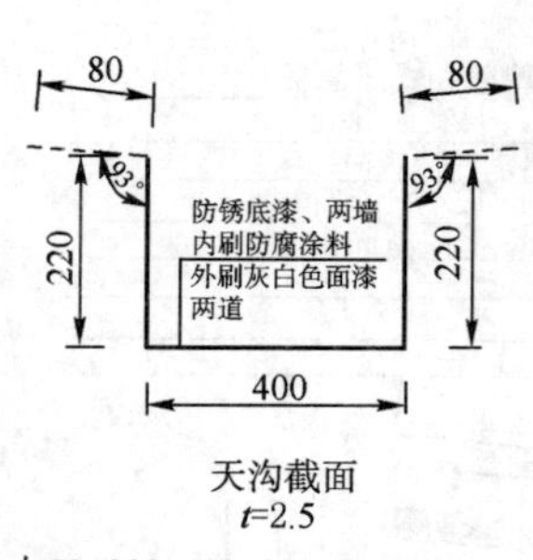

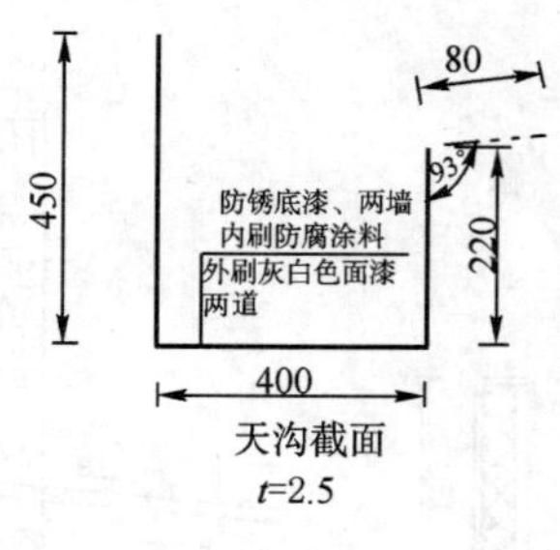

图 7-63 展开尺寸(尺寸单位:mm)

天沟计算:

$$Q=\frac{1}{K}\cdot A\cdot 100R\cdot\frac{\sqrt{I}}{n+\sqrt{R}}$$

$$R=A/(2h+W)$$

$$W=a\cdot(S_1+S_2/r)/3\,600$$

式中:Q——天沟排水量(m^3/s);

K——安全系数,一般取 1.5;

A——排水有效面积(m^2);

I——排水坡度;

n——粗糙系数,一般取 0.2;

h——天沟积水深度;

W——降水量(m^3);

a——采用的降雨强度(m^3/h);

S_1——屋面投影面积(m^2);

S_2——流过雨水的外墙面积(m^2);

r——风速系数,一般取 2。

落水管计算:

$$q=c\cdot A\cdot\sqrt{2gh}$$

$$s=q\sqrt{3600a}$$

$$n=S/s$$

式中:q——落水管排水量(cm^3/s);

c——流量系数,一般取 0.6;

A——落水管有效截面面积(m^2);

g——重力加速度($9.8m/s^2$);

h——天沟积水深度(m);

s——每根落水管的屋面汇水面积(m^2);

a——降雨强度(m^3/h);

n——落水管数量;

S——屋面汇水面积(m^2)。

当然也可根据落水管径和降水强度直接查表进行落水管的布置,详参《建筑给排水设计规范》(GB 50015—2003)。

5 天沟搭接好,还是对接好?(id=21319 ,2003-1-15)

【hndkwze】:天沟搭接好,还是对接好?如是搭接,搭接处是否两面都焊?

【一般不回家】:提到搭接,肯定是钢板天沟了。这样的天沟我们一般用对接焊缝,二级检查。如果采用搭接,对天沟的折弯要求较高,当然也是可行的。不管是哪种连接,构件矫正的工作量都很大。

工厂可先连成9m左右长的单根,工地现场再接长。注意工地焊缝不能留在柱头或跨中1/3范围,工地现场焊接最好背面再用窄板条加焊。

【李淑云】:对于彩板天沟只有搭接,不存在对接。因此老兄的问题是针对钢板天沟而言的。单就接头来说,搭接、对接都可以,很容易焊接,如不放心,焊后可进行煤油渗透试验。但天沟如是薄钢板压型而成,则搭接接头须做成大小头,加工难度增加。天沟搭接如外露,则外观不是很好看,里面高低不平,易积水。天沟对接则加工简单,现场施工方便,外观平整好看。因此,对于钢板天沟,我选择对接。

题外话:对于轻钢结构外挂天沟,我坚决使用彩钢天沟,并且是小天沟,大排水;对于内天沟,如结构限制或确有把握,我也支持使用内天沟。

6 不锈钢天沟搭接好,还是对接好?(id=29651,2003-6-3)

【hndkwze】:以前我们公司都采用3mm厚钢板天沟,这次却采用2mm厚不锈钢天沟。请教:2mm厚不锈钢天沟采用搭接好,还是对接好?

【音速之子】:一般钢板天沟是采用搭接还是对接主要取决于天沟的宽度,宽度大则采用搭接。至于2mm不锈钢板,焊接不容易,还是采用搭接比较好。从经济角度出发,还是采用钢板天沟造价较低,如果要求质量高一点,则可以在天沟板镀锌,这样耐久性就得到很大提高,但此时天沟就只能搭接了(焊接会破坏镀锌层)。

【萝罗】:如果采用不锈钢做天沟,建议采用氩弧焊,2mm厚不锈钢采用焊接应该没有问题,只是注意变形即可,可能人工费稍微高一些。如果采用3mm厚钢板做天沟,钢板的防腐实在是个大问题,应该加以考虑。有人采用玻璃钢防腐、防水;也有人采用刷底漆后,再做卷材防水、防腐的。到底采用哪种方法处理,需视具体工程情况而定。

【openking】:焊接肯定是氩弧焊,但还是对接好,我们一般都采用C型钢外挂天沟,厚度为1.5mm。

【syqmd】:采用不锈钢做天沟当然对接好了,但要注意天沟的变形问题。同时,天沟太薄的话,还应有碳钢托架,以保证不锈钢天沟有足够的强度。

【S&S】:从现场反馈回的信息表明:2mm厚的不锈钢板,完全可以采用氩弧对接焊,甚至更小,1.2mm也没有问题,但要控制好变形。

【huangjunhai】:还是搭接好。因为存在安装和生产上的误差,对接时若缝隙太大,氩弧焊处理起来困难;搭接50,氩弧焊施工,不太费料,施工方便,容易掌握,防水更好一些。

【qczl_2003】:我也做了几个不锈钢天沟的工程,2mm厚的不锈钢天沟,用氩弧焊对接肯定没问题。我做的都小于 1.5mm 厚,现场反映只要控制住天沟变形,还是可以的。但是天沟太薄的话,应加上天沟托架,现上传我的做法,如图 7-64 所示。

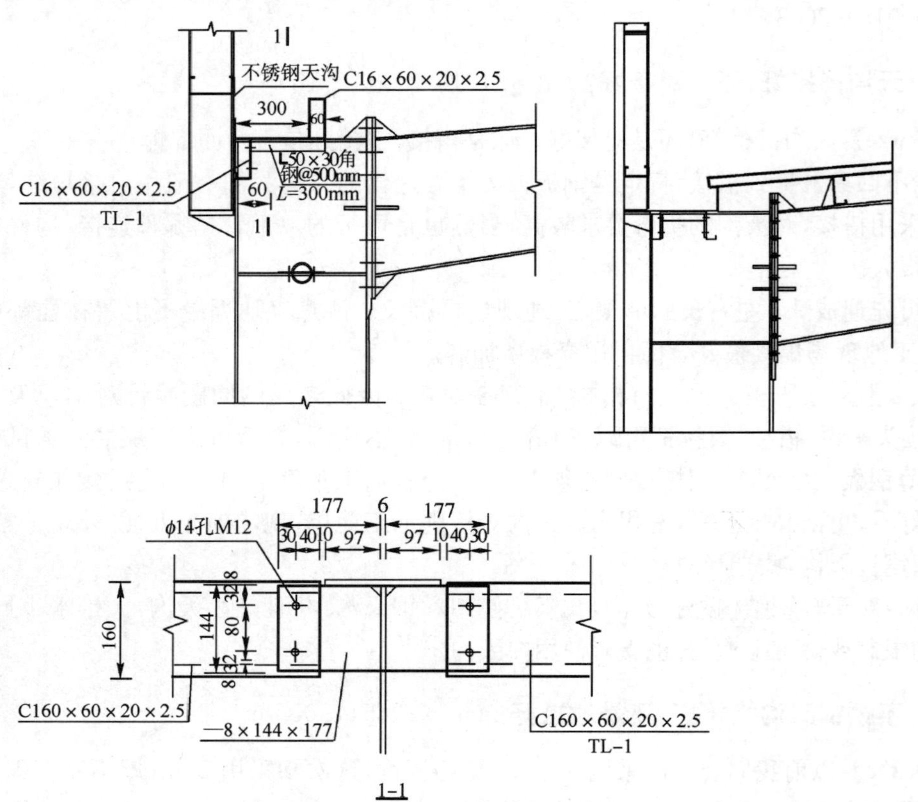

图 7-64　不锈钢天沟支架详图(尺寸单位:mm)

7　春季冰冻融,外天沟不排水,屋面冻冰荷载过大。(id=86054,2005-3-3)

【aguaban】:抚顺的一个高低跨厂房,在中间做天沟,天沟中结冰高度超过了天沟的上平面,把屋面彩板压折了,檩条也压弯了。两个厂房跨度都是 24m,长 56m,坡度 1/15,没有排水管,靠天沟两端开口排水,天沟高 250、宽 500。请问是什么地方出现错误?有什么好的补救办法?

【DYGANGJIEGOU】:①从结构上看,高低跨交界处积雪(冰)荷载比较大,不知原设计有没有考虑集中荷载的问题?

②据你所说,看来问题比较严重了。"长 56m,坡度 1/15,没有排水管,靠天沟两端开口排水"这也是一个很大的隐患。有些雪融化后流淌不及,将导致冻结成冰,可增加排水地沟+落水管处理。

应及时清除天沟中的积雪,避免影响范围扩大。

【allan】:东北的工程,难做,围护结构设计要注意下面几点:

①一般坡度不能小于 8%,优先采用自由排水;

②当因条件限制需要设置天沟时,天沟强度要计算,天沟要设置吊架;

③天沟处及檐口、女儿墙附近檩条须按积雪不均匀分布的最不利情况计算,还应保留一定余量;

④围护结构计算时,风荷载体型系数还要参照《建筑结构荷载规范》(GB 50009—2001)严

格选用；

⑤东北天沟积雪的问题是没办法避免的，只能及时上屋面人工清除；

⑥采用高低跨时，低跨应尽量采用单坡排水，以免接跨处积雪；

⑦本工程应该是设计上没有考虑到东北气候环境和积雪严重程度，结构选型没有针对性所致。

【jacko】：对于东北地区工程考虑积雪时间较长和温差较大，其屋面系统均应考虑以下几点。

①金属屋面系统采用面板与滑动扣件暗扣连接方式，面板上无任何穿透物，这样由温差造成的面板位移是面板与滑动扣件一起在其可滑动的空间内移动，不会对金属薄面板造成物理损坏，也没有其他面板穿透问题，保证了屋面板的防水性能。

②对于屋面坡度，考虑到融雪积聚的雨水有一点反爬坡能力，欧洲规范一般要求屋面坡度大于5%，实践证明5%的缓坡排水效率不足，但在东北地区实际工程中屋面坡度建议做到大于13%，能满足排水要求。

③屋面靠近檐口的天沟如没有特殊处理的话，对于东北地区如大面积雪块堆积在天沟处是很容易产生变形的，严重的甚至会造成人身伤害，非常危险。一般成熟的做法是先计算出檐口天沟能承受的最大荷载，然后分段设置挡雪杆，使每一区域的雪块控制在天沟所能承受的范围之内，同时最好在天沟附近安装加热电缆使雪块融化，从而使雪水顺利排走，这样应该不会有楼主所说的现象发生。

附件：

天沟断面及落水管计算

每一个落水口所分担的雨水量计算

屋面长度：L(m)

屋面宽度：B(m)

集水面积：$A_r = B \times L$(m^2)

雨水量：$Q_r = A_r \times I \times 10^{-3}/3600$($m^3/s$)

降雨强度：I (mm/h)

注：1. 天沟由1000mm宽板折成。

2. 计算内天沟时 L 用 L_1 来取代（附图1）。

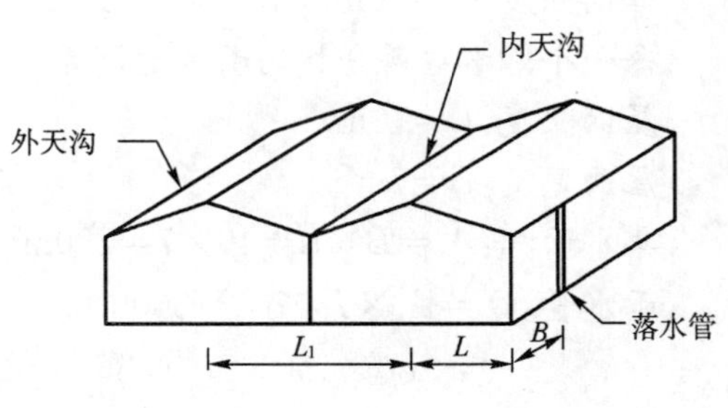

附图1

外天沟断面核算

天沟排水量采用曼宁公式计算：

$$Q_g = A_g \times V_g = A_g \sqrt[2/3]{R} \times \frac{\sqrt{S}}{n}$$

$$A_g = W \times H_W$$

$$R = A_g/(W + 2H_W)$$

式中：V_g——天沟排水速度(m/s)；

n——SUS或彩色板摩擦系数，取0.0125；

S——天沟泄水坡度，取1/1000；

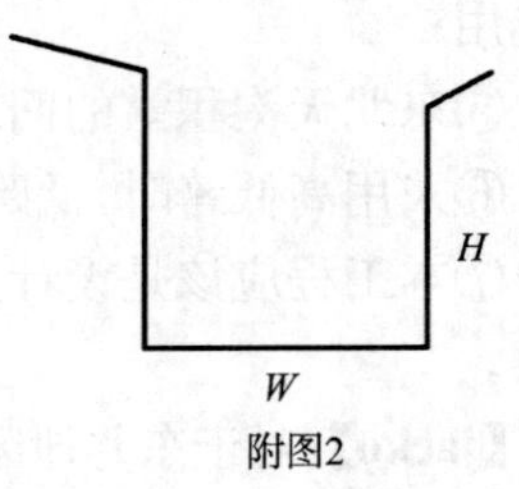

附图2

W——天沟宽度(m)；

H_W——设计最大水深(m)，通常取0.8H；

H——天沟深度(m)。

⇒使用天沟断面如附图2所示。

落水管计算

$$Q_d = m \times A_d \times \sqrt{2gH_W}\ (\mathrm{m^3/s})$$

式中：m——落水管支数，取1支；

A_d——落水口面积($\mathrm{m^2}$)；

g——重力加速度，取9.8 $\mathrm{m/s^2}$；

H_W——天沟最大水深(m)。

FOR $Q_d > Q_r$

⇒使用落水管的管径大小 <OK>!!

工程名称：范例

厂房所在地：杭州

降雨强度 I=150mm/h

每一个落水口所分担的雨水量计算

屋面长度：L=40m

屋面宽度：B=7m

集水面积：$A_r = B \times L = 40 \times 7 = 280\mathrm{m^2}$

雨水量：$Q_r = A_r \times I \times 10^{-3}/3600$

$= 280 \times 150 \times 10^{-3}/3600 = 0.012\mathrm{m^3/s}$

天沟断面核算

天沟排水量计算：

$$A_g = W \times H_W = 0.3 \times 0.16 = 0.048$$

$$R = A_g/(W + 2H_W)$$

$$= 0.048/(0.3 + 2 \times 0.16) = 0.077$$

$$Q_g = A_g \times V_g = A_g \times \sqrt[2/3]{R} \times \frac{\sqrt{S}}{n}$$

$$= 0.048 \times \sqrt[2/3]{0.077} \times \frac{\sqrt{0.001}}{0.0125}$$

$$= 0.022\mathrm{m^3/s}$$

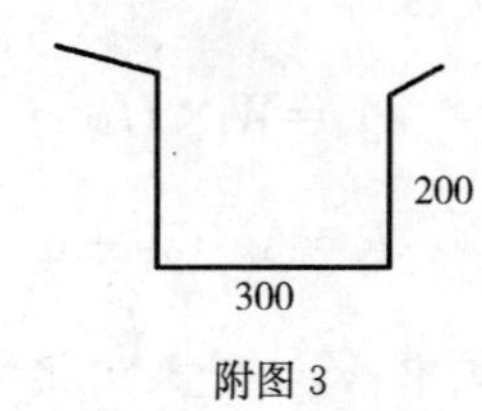

附图 3

⇒使用天沟断面如附图3所示。

落水管计算

$$A_d = \pi R^2 = \pi \times 0.077^2 = 0.00785\text{m}^2$$

$$Q_d = m \times A_d \times \sqrt{2gH_W}$$

$$= 1 \times 0.00785 \times \sqrt{2 \times 9.8 \times 0.16} = 0.0139\text{m}^3/\text{s}$$

⇒使用一支ϕ100mm 落水管 <OK>!!

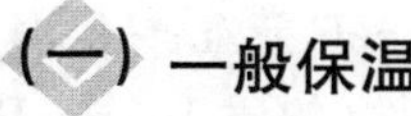

四 保温隔热

(一) 一般保温

1 轻钢结构屋面要求保温，用单层屋面板可以吗？(id=13365，2002-8-26)

【wyldragon】：轻钢结构屋面要求保温，用单层屋面板可以吗？保温棉应该如何放置？构造措施有哪些？

【费费】：单层板的屋面保温通常是将保温棉吊在屋面板下面，可以用钢丝网固定。

【wtb1978】：①保温车间绝对不能用单板，除非是复合板。

②其结构自下而上为钢梁、檩条、钢丝网、保温棉、彩钢板。如甲方要求可在钢梁下加吊顶。

③保温棉铝箔纸向下。

【丹海】：可以现场发泡聚氨酯，也可以贴带铝箔聚苯乙烯，但保温是必须的。

【maoshanhao】：你可以做上层是彩钢瓦楞板，中间为聚苯乙烯板，下层为铝箔纸的那种。

【HYNN】：可以用不锈钢丝或镀锌钢丝托住带铝箔玻璃棉(厚度视保温要求而定)，附节点图 7-65。

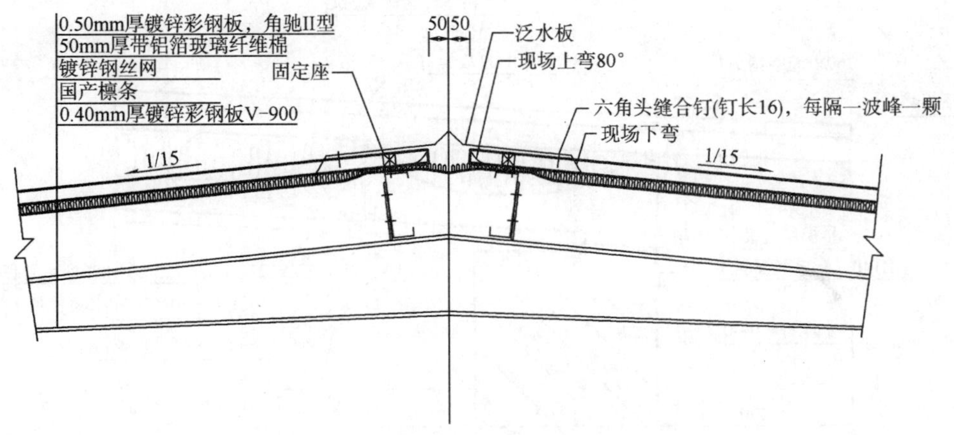

图 7-65　屋脊节点大样

【wyldragon】：如果厂房顶吊有蒸汽管，那保温棉会不会潮湿吸水呢？这样荷载岂不是增加了？

【S&S】：①绝对不行。冬季的室内外温差会产生大量的冷凝水。

②做法:屋面采用 50 厚保温棉,保温棉下用 PVC 贴面。这种做法比拉钢丝网经济,效果也不错。

【wuyeduwu】:用欧文斯公司生产的 W 系列贴面保温棉,韧性很好,强度也不错。上层为板,中间为带贴面的保温棉,下面为檩条。

【burningwind】:当前比较流行的做法:从下向上依次是钢梁、檩条、屋面彩钢板、聚乙烯隔汽层、保温板(岩棉或挤塑板)、PVC 防水层。根据室内的相对湿度和室内外温差,验算保温板厚度,使得冷凝面保持在聚乙烯隔汽层以上,可以有效减少冷凝带来的风险。

若存在室内防火要求,则完全可以从其他方面来考虑,比如喷淋系统、薄型发泡防火涂料等。

至于价格,如今的单层屋面钢板通常为 40～70 元/m^2;隔汽层为 3～6 元/m^2;保温板以 5cm 欧文斯科宁聚苯乙烯为例,价格在 20～30 元/m^2;防水层材料加配件(匀质 1.2mmPVC)大概为 45～55 元/m^2。总价格就可以算了。

【kaldi】:75mm、12kg/m^3 的欧文斯或者西斯尔的 W 系列白色贴面保温棉,保温效果非常好,大约相当于 1m 的砖墙效果。

使用 W 系列贴面保温棉,檩条间距以 1500mm 为宜,超过 1800mm,则建议保温棉下使用镀锌铁丝网。

铝箔容易断裂,而且装饰效果不如白色贴面。

【3785608】:钢丝网+保温棉+单彩板屋面、墙面做法见图 7-66。

2 应该选多厚的保温丝棉?(id=67280,2004-8-14)

【tonyxlx2003】:公司有一工程,在黑龙江黑河,考虑当地气温,玻璃丝棉应该选多厚才可以满足使用要求?有没有具体的计算公式?还有哪些应该注意的问题?

【hai】:应该为 100 厚离心超细玻璃棉毡卷,密度为 16kg/m^3。

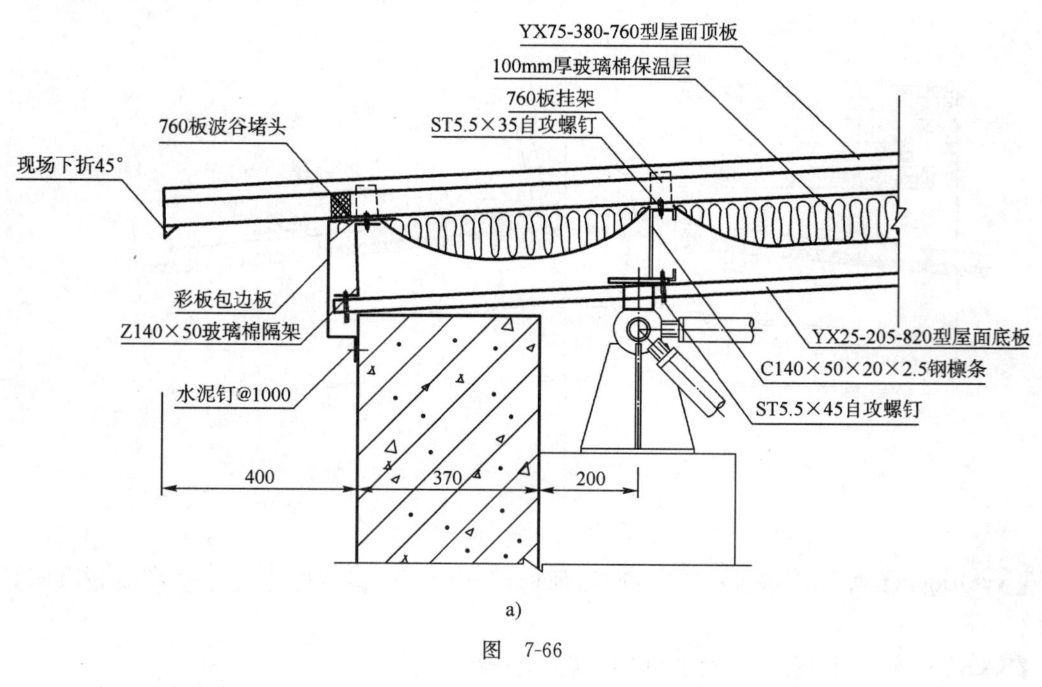

a)

图 7-66

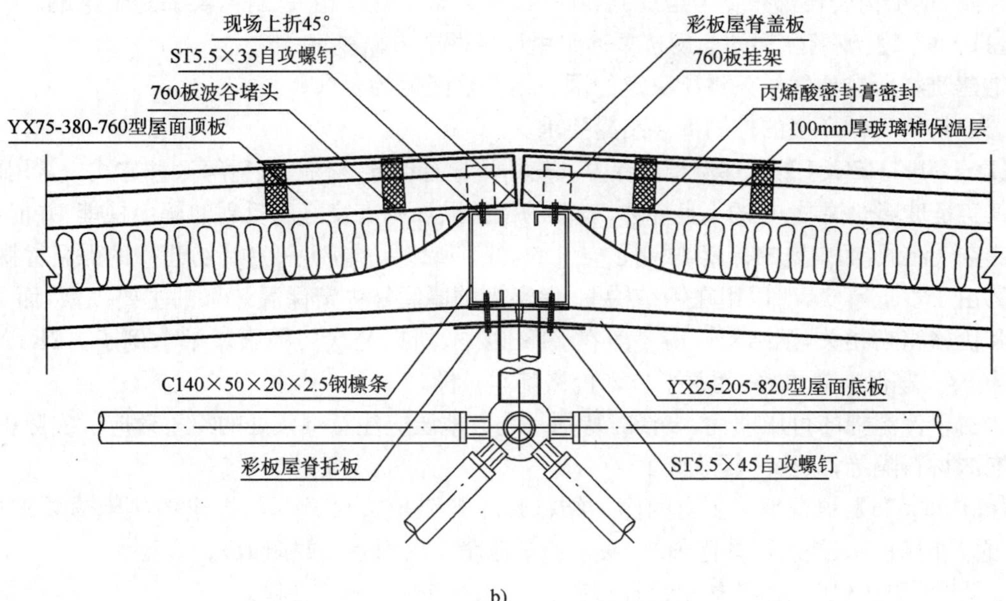

b)

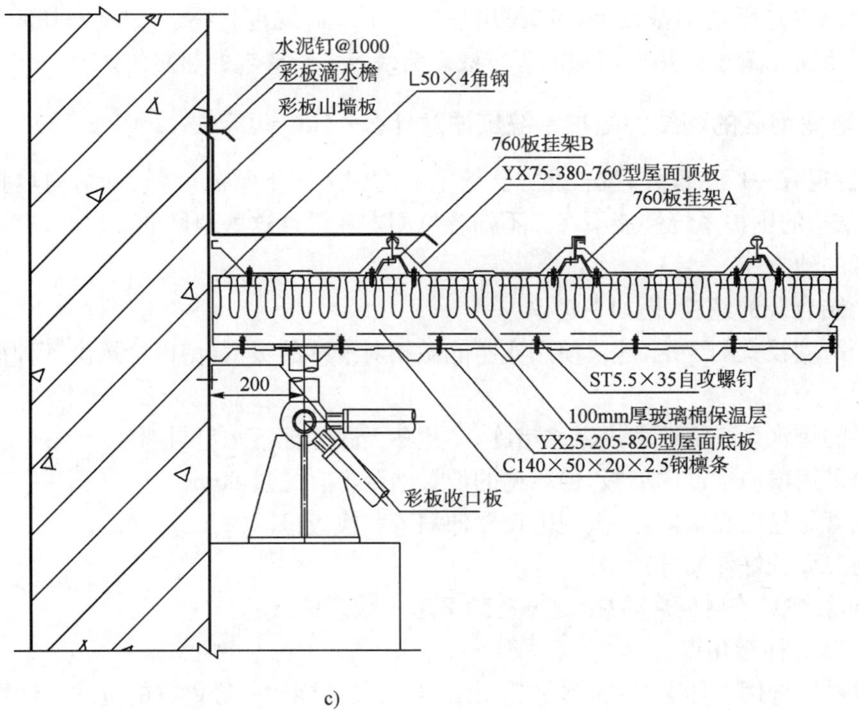

c)

图　7-66

【riverchen81】:我有欧文斯来交流时的一些笔记,里面有相关的计算公式及隔热快补强局部玻璃丝棉压缩的厚度计算等。

不过这些要结合所建工程温度、湿度指标及拟建工程的室内外温度情况修正,而这些现在的设计院、钢结构公司都很少考虑周到，几乎没有人索要这些相关数据，实在是个遗憾。

【JYX0371】：玻璃丝棉的厚度选择通常由以下两个方面决定：

①建筑物所在地气候条件所决定的围护结构热阻值的要求；

②建筑物工作环境的控制冷凝结露要求。

【DYGANGJIEGOU】：①保温棉的保温。热的传导有传导、对流、辐射等3种方式。常用的保温棉其实是玻璃丝棉，是热的不良导体，表面的铝箔贴面则有良好的反射热辐射性能，并能封闭其两侧空气流通，而中空的棉絮，限制了空气的对流，所以保温棉是一种十分理想的保温材料。

②由于以上事实，所以用在钢结构上，保温棉的厚度是决定保温效果的主要因素，而K数由于和价格密切相关，钢结构厂房一般在24K以下，所以是次要因素。举个例子，12K100厚要比16K75厚保温效果好，而每平方米价格基本一样。

③由于保温棉的可压缩性，设计时特别是北方地压应注意檩条处的冷桥效应。实际中，可增加泡沫材料隔绝，减少冷凝效应。

【gkfine2826】：根据地区提出的围护结构最小热阻值或设计部门提出的热阻值要求进行验算：总热阻值＝α(外表面热阻值)＋夹芯板热阻值＋β(内表面热阻值)。

α和β可以由《民用建筑热工设计规范》(GB 50176—1993)查得。

夹芯板热阻值＝夹芯板厚度(mm)/夹芯板导热系数[W/(m・K)]。

在计算出总热阻值的基础上，按《民用建筑热工设计规范》(GB 50176—1993)4.1.2条，对轻型材料所需的最小传热增加附加值。最终结果应大于要求的热阻值。

3 寒冷地区的钢结构围护系统应注意什么？(id＝105853，2005-8-15)

【小朱】：现有一厂房设计，位于北方。业主考虑到冬天下雪温度低、钢结构热胀冷缩等方面，担心钢结构的围护系统性能不好。不知各位朋友在设计这些地区的厂房时，有没有一些需要特别注意的地方？

【jym】：结合我的经验，提如下建议。

①对于跨度较大的厂房，建议使用支座能做相对滑移的板型，用以抵抗由各种荷载或温差引起的变形。

②天沟的排水系统需要考虑溢水措施，防止冬天融冰把落水口封堵。

③如果采用横向铺设的墙板，伸缩缝的设置间距不宜超过80m。

④落水管尽量放在室内，并按规范设置伸缩节和检查口。

⑤天沟要设置好伸缩缝。

【hailian】：注意冻融问题，这个是寒冷地区考虑较多的，还有冷桥。

【jimmy75】：补充几点。

①钢材材质选用上如有必要，尽量选用耐候钢，其性能比一般钢材的抗腐蚀性要强很多。

②不知道厂房生产对室内的温度和湿度是否有严格要求，如果是棉纺一类的厂房，围护结构一定做好保温，有必要对天沟、门、窗等处采取保温措施。

③如果外围采用夹芯板，则一定要选择好夹芯板的企口方式。如果是U形插口式(最好不用)，建议中间塞紧岩棉，以防止受温度影响而产生松动。

【kaldi】：做一下补充。

①在材质选用上应尽量选用钢板，同等条件下，铝板的伸缩量大约是钢板的2倍。

②在春天积雪融化的时候，由于天沟的积雪较厚，屋面的雪融水不能及时通过落水斗排走，会渗透到室内(有女儿墙的尤为严重)。若屋面做双层板，则要考虑底板也能起防水作用(一般双层板的做法是面板＋保温棉＋檩条＋底板，底板只起装饰作用)。

③天沟可以考虑做双层，这样在外天沟积雪时，下天沟可以起作用。

④由于檩条位置上的保温棉被严重压缩，冷桥现象特别明显，建议在檩条上增加挤塑板，在挤塑板上面增加一扣件，以避免钉子打碎挤塑板的现象发生。

4　东北钢结构保温系统如何做，屋面坡度是否与降雪有关？(id＝79701，2004-12-16)

【maggiehan2004】：东北严寒地带钢结构的围护采用什么样的保温材料？屋面坡度除考虑排水要求外，是否也要考虑排雪的要求？如果积雪很厚，是否必须人工扫雪？有没有化雪材料，如太阳能板之类的能使雪很快融掉？

【allan】：东北钢结构保温系统主要是室内保温及通风器的选取和设置。北方的房子一般是室内供暖，所以保温系统主要是保持室内热量不外排，如果采用保温棉复合夹芯板，保温棉厚度应该不小于150mm。屋面板铺设不留纵向搭接，采光主要采用墙面开窗采光及室内照明采光。屋面开采光带不好，一是破坏屋面保温系统；二是大雪来临时，采光带被雪覆盖，起不到采光作用。屋面坡度图集上有说明，在积雪较厚的地方屋面坡度应大于或等于8%；屋面尽可能采用单坡或者双坡屋面，少设或者不设天沟。檐口高度小于或等于10m的结构，可采用屋面无组织排水。

【jacko】：上人清扫可能较危险。因为屋面结冰很滑，上人比较危险，应该减少或杜绝人工上屋面扫雪。而东北地区积雪一般较为严重，最好设置挡雪竿和加热电缆融雪，这样：①可以避免大面积的雪块滑落砸伤行人，同时也减轻了檐口位置处的承重荷载，不容易被压坏或变形；②积在檐口位置处的雪块由于加热电缆使其迅速融化，而不需要上人去扫雪处理。

(二) 保温隔热

1　改善轻钢结构围护墙体防火、隔热、隔音、美观问题的探讨。(id＝122805，2006-1-24)

【ricky120100】：①使用单层彩钢墙板安装于墙檩外侧。此种处理最简单，但是隔音、隔热效果差，室内可以看到墙檩条和拉条，室内装饰效果差。

②如果在内层再安装一层彩钢墙板(即双层板)，则只能稍微改善内部的观感，对隔音、隔热问题的改善效果不大。

③在两层钢板之间再增加一层玻璃保温棉或岩棉可解决隔音、隔热的问题，但是施工复杂，成本昂贵。

④使用预制的夹芯彩钢墙板(内外层彩钢板，中间PU)隔音、隔热效果不错，但是却碰到防火问题，PU层不耐火且易燃，受热后会放出有毒气体，使用不安全。而且室内还是会看到墙檩条和拉条，室内装饰效果不好。

⑤使用轻质墙板砌块或复合铝塑板太贵，不太适合轻钢结构的厂房使用。

鉴此，可否做大胆的探索，使用玻镁防火板作轻钢结构围护墙的内层板。玻镁防火板的主要成分是氧化镁，表面光洁，防火隔热防水，可钉可锯可截。经CANL认证、建材检测机构检测，防火性能达国家不燃材料 A 级，同时为 A 类装修材料。板材的平面尺寸为 1220mm×2440mm，厚度为 9mm、12mm、15mm。经检测，单层 9mm 板材的耐火极限已达 2.17h，用于墙体完全满足《建筑设计防火规范》(GB 50016—2006)规定的一级建筑非承重墙体耐火极限 1.0h 的消防要求。用于围护钢柱，还可达到承重构件的防火要求。抗冲击强度达 10kg/m²，螺钉拔出力为 88N/mm，可用自攻螺钉直接安装，不爆裂，不返松。螺钉可自沉头，板材尺寸符合建筑模数，安装快捷。板材可加工能力强，可任意切割，满足现场加工、开门窗洞口、设备洞口的施工要求。板材表面光洁平整，吸附力好，可粘贴瓷砖、饰面、喷涂及煽灰。防水能力强，遇水后不变形，不发霉，无水珠。

施工方法：围护结构的外层仍然采用彩钢墙板，内层则利用轻钢结构的墙檩条体系安装美格尼板。一般墙檩的间距为 1200mm，只需在墙檩间加装少量轻钢龙骨，间距 400～600mm 则可。待安装完成后，板材表面可喷涂、煽灰或贴料，完全改变轻钢结构厂房室内钢板墙身冰冷，粗糙的观感，可达到极佳的室内装饰效果。由于板材防火，隔热、隔音，再加上与外层钢板之间的空间，可达到极佳的隔热、隔音效果。考虑到室内的使用损坏，建议按照现在厂房的常规做法，窗台以下用砖墙砌筑，上部墙体使用美格尼板材。板材与墙身装饰后质感相近，浑然一体。

成本比较：安装板材的人工费和材料费大致与安装内层彩钢墙板相同，9mm 板材的成本约 20 元/m²，再加上少量轻钢龙骨和面层煽灰，大致为 26～28 元/m²，比目前普遍使用的厚度 0.426 聚酯涂层彩钢墙板低。在减少了造价成本的情况下，墙体整体的防火性能、隔音与隔热性能和美观性都得到大大的改善。

图 7-67 为安装过程的照片。

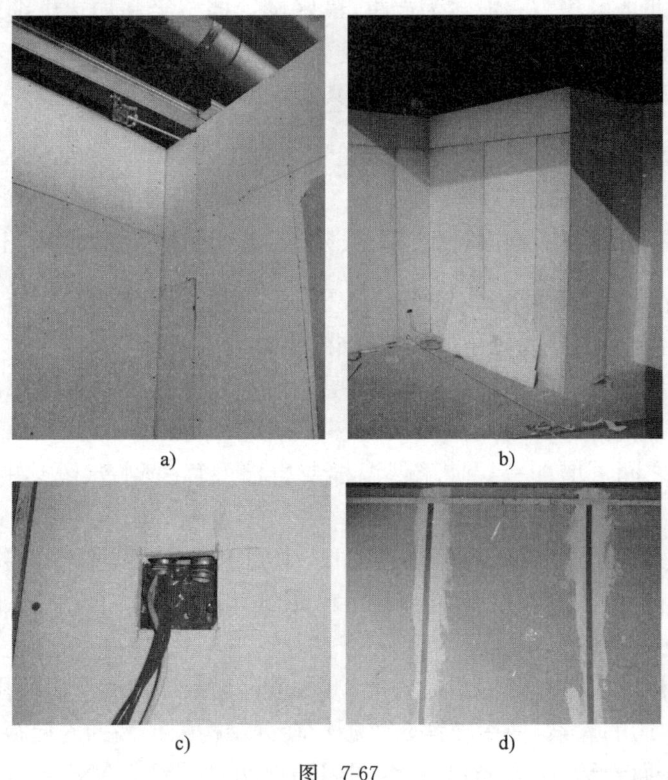

a) b) c) d)

图 7-67

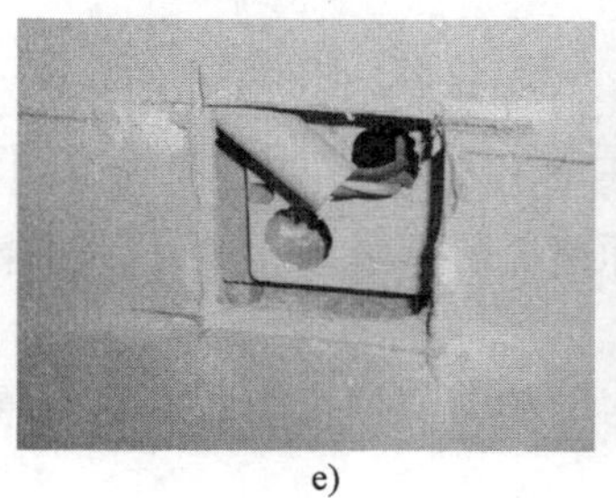
e)

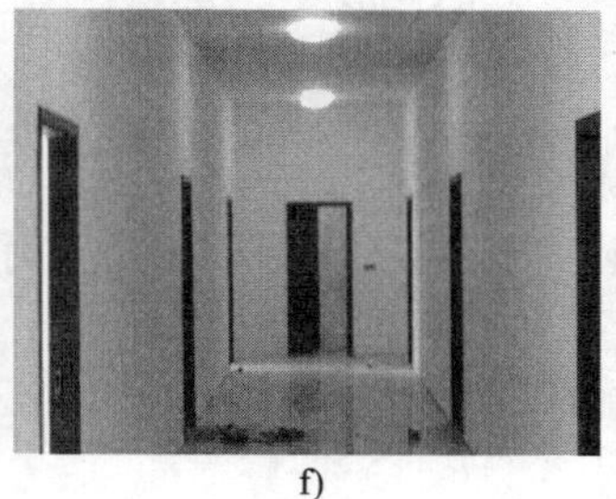
f)

图 7-67

2 恒温冷库的保温如何做?(id=166946,2007-6-6)

【yingchang】:一钢结构的冷库,其墙面板及屋面板选用何种材料?初步想设计成钢框架结构,其内温度为-22℃。

【求知者】:用 150mm 厚的聚氨酯夹芯复合板就可以了。

【bart】:上面说的不全。是可以这样做,但要考虑另做吊顶。吊顶可以采用单层板,现场发泡厚度约为 200mm,所有钢柱同,均要采用这种方法,基础要加空内填保温材料。墙面建议采用砖墙。屋面可以钢板天沟为外天沟。

【lqr119】:目前 EPS 密度大多为 18~20kg/m³,厚 150mm、200mm,见图 7-68。

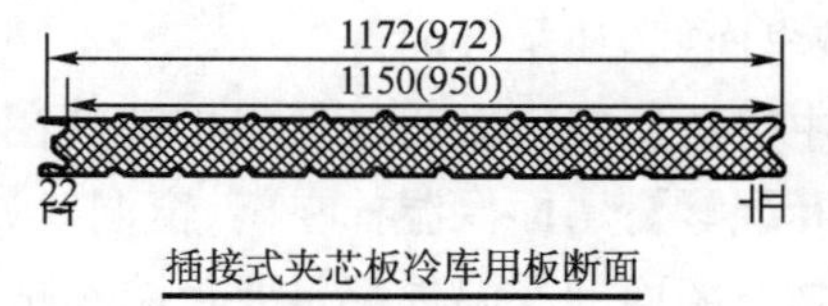

插接式夹芯板冷库用板断面

插接式夹芯板冷库用板连接大样

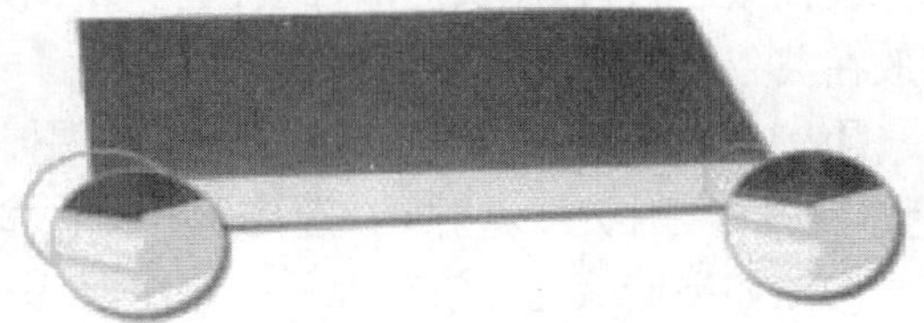

图 7-68 插接式夹芯板冷库用板(尺寸单位:mm)

(三) 其他问题

1 保温棉的压实厚度如何取?(id=119270,2005-12-19)

【谨慎】:保温棉的厚度影响到后续收边的大小,最近做一工程,是 75mm 玻璃丝保温棉,在外板下、内板上及环绕设置(外板檩条上,内板檩条下)。在我做收边的时候,老师傅让我按 5mm 考虑,我想那可是两个 75mm 的保温棉,有的书上说压实厚度是 10mm(单层),这是双层,该如何处理?保温棉如果是压在两层板中间不外露可否不做贴面?

【林林可可】:我们最近做了一个比较大的工程,也需要考虑这个问题,我们在车间做了一个模块试验,单面 75mm 厚的玻璃棉,压实之后最薄可至 5mm。我们让算的地方加了一些余量,是按 8mm 算的(怕现场施工的时候压不那么均匀)。

【brd0068】:保温棉的密度也是应该考虑的因素。曾做过一个现场 75mm 厚保温棉密度 32kg/m³ 的工程,现场实际压缩后厚度不小于 10mm,后来还因此导致屋面板弹起。另外,那个工程是单层的屋面板,檩条上先放钢丝网上铺铝箔,再保温棉,然后是屋面板。这是根据实际和业主的要求做的,但还是建议如果保温棉不是带铝箔的,最好檩条上还是放铝箔,否则保温棉容易下坠，外观不好，时间长了也容易断裂。

【水中的鱼】：保温棉的压实厚度应根据其密度来确定。一般常用的 12K、75 厚保温棉压实后在 10mm 以内。密度越大，压实率越低。具体压实程度可以询问材料供应厂家，他们都有具体的数据。当然，现场施工时可以根据实际情况留有余量。建议保温棉带铝箔，因为铝箔的一个重要作用就是防潮，类似于隔汽层。

【greyer】：欧文斯的技术人员介绍说 12K、14K 的保温棉压实厚度是原厚度的 1/15。实际试验，相差不多。

2 保温棉铺在里还是外好？(id=120082,2005-12-27)

【落叶飘零】：现有一个工程，墙面为双层板，内层板为 900 型，外层板为 373 型。保温棉是铺在檩条里面好，还是外面好？

【水中的鱼】：规范做法是保温棉铺设在外面，内墙板直接固定在檩条上。

【落叶飘零】：墙面保温棉在门、窗洞口处怎样处理？

【桃之】：墙面的保温棉都是要带防潮贴面的，铺设保温棉时在遇到门窗等洞口处用贴面包住保温棉往里折使其与洞口平齐，然后安装洞口泛水时将其包在里面。

【rushat】：无论是放在里面还是外面都会有结露现象，但同时也要考虑施工后的效果。如果保温棉太厚，打钉压实后墙面会出现凹凸不平的现象，为减少凹凸不平，一般来说，应把保温棉放在波谷小的一边。

【bzc121】：没有相关标准，通常做法是保温棉放在内侧，依据：①保温棉会回弹，将彩钢板挤压不平整，室内有钢柱光线斜射可以遮掩不平效果；②保温棉很容易吸水，外铺水容易从板缝进入。

内铺如果墙檩与柱没有离开一定距离，保温棉过钢柱檩托时有冷断桥。

3 屋面板下托玻璃棉的不锈钢丝网的做法。(id=18693,2002-11-28)

【钢板】：本人第一次做这种工程，设计要求为压型彩板＋50mm、16K 单面铝箔玻璃棉＋不锈钢丝网@250，我想请教这种不锈钢丝网的施工做法是怎样的？

【LUKE】：用不锈钢丝绷在檐口支梁上就行了，间距 250mm 一根。你去建议设计改为带加强筋的玻璃棉吧，那样可以省掉这一步，玻璃棉贴面里本身就有加强筋了。

【刘欣】：如果你用钢板檐沟，就很简单了。在钢板檐沟内沿(通常内沿作檩条用)间隔 300mm 左右用枪钻打孔；山墙上一般有一条压檐板(通常作墙梁用)，在此角钢上也间隔 300mm 打孔；屋脊处在檩条上打孔(打孔对檩条的削弱未经过计算，想想应该没有问题)。孔打好后开始拉钢丝(强烈建议：拉成菱形网，正方形网不好，保温棉看上去上抬很厉害)，钢丝一根一根拉，每根都是独立的，这样的话就算乱了一根对其他的也没有什么影响，只要修复这一根即可。如果所有的钢丝由一根从头到尾，那就会很麻烦。如果是在热天，钢丝不要拉得太紧，特别是不锈钢丝，塑性很差，很容易断。注意几点：钢丝质量不能马虎，因为维修较难；钢丝尽量拉均匀，因为直接影响到外观；不得采用劣质钢丝。

【小朱】：我们一个项目使用现成的镀锌钢丝网，大概尺寸为 100×100 的分隔，成卷供货，一卷宽 1m 多，长度大概在 20～30m，施工时直接铺在屋面的 C 型钢檩条上，然后用自攻螺钉固定在檩条上翼缘，上面再铺设保温棉(底部有薄膜贴面)，之后铺设屋面钢板。从下到上的组成就是屋面檩条＋镀锌钢丝网＋保温棉＋屋面钢板。

【钢板】：请问不锈钢丝网的直径是多大的？一般一天能拉多少平方米？

【heben】：拉钢丝网的檩距能做到多少？我有个工程是3m的檩距，不知能不能直接拉钢丝网？好像很容易断。

【黑胡子海盗王】：不锈钢丝直径有1mm就可以了，一般做法是在屋脊/檐口/山墙（垂直檩条方向焊接冷弯薄角钢1.5～2.0mm厚）打5.0mm粗、25mm长、间距400mm的自攻螺钉，然后织网（一般为不锈钢丝）。你说的3m檩条间距是不是太大了，有没有拉条等？

【SHILEDA】：相关话题如下。

请教钢丝网＋保温棉＋单彩板屋面、墙面做法

http://okok.org/forum/viewthread.php?tid=76198&h=1#348762

单层保温棉如何固定

http://okok.org/forum/viewthread.php?tid=70014&h=1#322863

钢丝网和檩条怎样连接好

http://okok.org/forum/viewthread.php?tid=50552&h=1#233762

找到了图片

http://okok.org/forum/viewthread.php?tid=87814&h=1#386861

【桃之】：不锈钢丝网一般采用直径1.0mm或1.2mm，做成200×200、250×250或300×300的网格。在铺设网格时，可以做成方形网格或菱形网格。根据个人施工经验，网格一般做成250×250即可，最好是菱形网格，受力较好。钢丝网铺设时可沿厂房纵向长度每隔60m左右设一道通长圆钢，直径8～12mm，也可设通长∟50×3角钢，然后将钢丝绑在上面。钢丝网最主要的就是拉力要均匀，不可过紧或过松。过紧会导致断裂，修补困难；过松则会影响保温棉美观。另外，一定要保证不锈钢丝的质量，不要工程还没完不锈钢丝就上锈了。现在有一种涂塑钢丝绳，直径为1.3mm，每100m质量为0.56kg，比不锈钢丝绳抗拉强度高、经济性能好，经久耐用。

【宜兴丁山】：在屋脊上的一根檩条处钻眼（有两根则只能打在同一根檩条上），间距一般为250mm比较美观，然后在檐口处檩条上钻同样的眼，间距250mm，在山墙面布置一40×40×4的角钢，上面钻眼，间距250mm，然后拉钢丝的时候要一道与一道分开，不要错眼，根部一定要连接牢固，松紧合适，跨度大的要适当松一点，安装板子的时候不要搞乱，质量一定要选好的，避免刚拉好就生锈，一定注意。

【艾珀耐特】：①改铺钢丝网。市场上有卖不锈钢丝网的，铺起来特别快，长度做的略大于单坡屋面，用自攻螺钉紧固。该做法的优点是施工方便，缺点是做出来的效果不好。

②钻孔。需要提醒的是，菱形比矩形美观，至于受力是否满足，我不清楚。

【3776】：钢丝网固定于檩条与天沟上，见图7-69、图7-70。完成后的室内屋面见图7-71。

4 冷桥现象。(id=122013,2006-1-14)

【新人类】：纺织行业的纺纱车间，屋面为双层彩钢板夹150mm离心玻璃棉，纺纱车间内的相对湿度大，在冬季屋面底板结露成许多的小水珠。对于这种问题该如何解决？是否有新型的材料能解决这种问题，以避免这种问题在新建工程中的再次发生？请各位指点。

【burningwind】：双层夹芯板的冷凝结露现象极为普遍，如果要彻底改变这种现状，有一种

图 7-69　钢丝网固定于檩条上

图 7-70　钢丝网固定于天沟上

图 7-71　完成后的室内屋面

方法——建筑改为四面敞开式，但这是不可能的，所以一定要从屋面结构层次上考虑，如保温板的厚度、隔汽层的设置及屋面开孔。

【水中的鱼】：主要是做好保温及通风。保温层一定要计算合理，并在实际施工时做好节点处理，防止冷桥出现。理论上说增强通风对解决冷凝有较好效果，但限于工艺要求等情况，一般难以做到。现在有一种新型涂料，喷涂在屋面内板上，可以解决内板冷凝水现象，但价格较高。

五 屋面防水

（一）彩板防水

1 浅析轻钢建筑屋面漏雨原因。(id=70347，2004-9-17)

【SHILEDA】：近年以来，钢结构建筑迅速在中国流行发展起来，可是屋面的漏水问题一直是困扰设计、施工、使用单位的问题，为解决这个问题，我认为应该在以下几个方面注意。

①在设计工程中适当控制

a.《门式刚架轻型房屋钢结构技术规程》(CECS 102:2002)规定：门式刚架轻型房屋屋面坡度宜取1/8～1/20，在雨水较多的地区宜取其中的较大值。在实际设计工程中，建设单位为节省资金或者其他原因要求尽量减小屋面坡度，设计单位又往往死搬硬套规定，不考虑实际情况，于是导致很多工程屋面坡度过小，造成屋面雨水不能及时排到天沟。

b.设计人员对当地降雨量不了解也是造成屋面坡度设计过缓、天沟截面积过小的重要因素。

c.若受柱顶端板影响不能使用大截面天沟时，可以将天沟与柱顶接触处做成小宽度、小深度的天沟，不接触的部分使用大宽度、大深度的截面。或者可以抬高檩托板，使用大深度的天沟。

d.板型选择不当。个人认为屋面围护尽量使用760型现场复合板，咬合360°，至少180°。

e.屋面孔洞设计时考虑不周。不得在施工时现场随便割孔割洞，孔洞防水要做好。

f.屋面挠度过多。设计时不能计算到极限，钢梁制作时预起拱30～70mm。

g.围护部分彩板过薄。经过一段时间的使用，外板腐蚀或者受温度影响变形，板之间的缝隙增大。

②施工因素

a.施工工程中对屋面围护不注意保护，随意踩踏屋面，破坏了屋面的平整甚至出现裂纹。

b.天沟不进行防腐。有些施工单位的天沟防腐只是刷防锈漆或者沥青漆，使用一段时间后，天沟腐蚀严重。

c.屋面板有搭接。因搭接时缝隙容易受温度影响变大，所以应尽量不搭接。若必须搭接，则应充分留够搭接长度。

d.天沟横向没有坡度。制作时应留一定坡度，至少0.5%。

e.施工质量不过关。

③使用工程中

a. 随意增加荷载，导致屋面板变形，特别是在屋面檩条上随意增加荷载。

b. 防水胶、密封胶老化，使用工程中缺少必要维护。

【cxh】：其实屋面漏雨的原因很多，就我目前接触的一些工程来看，有如下几点。

①钢结构厂房屋面的坡度过小，门式刚架轻型房屋屋面坡度宜取 1/8～1/20。

②钢结构厂房屋面板因跨度过大，很多情况下屋面板存在搭接，虽然在搭接等处采用了聚氨酯密封胶和缝合钉等处理，但安装往往很难达到设计理论标准，导致漏雨。

③钢结构厂房绝大部分采用不锈钢内天沟，不锈钢采用氩弧焊焊接，焊接质量不一定能够保证。另外，按设计图纸内天沟一般是需要将保温棉包一圈，以防止该处因温差产生的冷凝水，但实际无法按图纸安装导致产生冷凝水。

2 轻钢厂房的防雨措施。(id=57880，2004-5-13)

【laoli8888】：轻钢厂房的漏雨问题主要出现在窗户上下口、落水管、天沟等位置，有时防不胜防。请问：窗户上下口处包边如何做才能保证既漂亮美观，又能达到防水的目的？

【nan. zhang】：如果做彩板天沟，搭接部位一定要用“止水胶带”，中性硅胶分明暗两次打，拉钉间距不超过 5cm；如果做不锈钢天沟，则最好采用折大小头，搭接双面焊。

窗户收边：上下的要做滴水线，上下及两侧的在有相互关系的方向要保持相同的尺寸。

3 轻钢结构屋面防水等级及其相应设防要求。(id=75466，2004-11-8)

【红顶】：请问：轻钢结构屋面防水有几种等级和有什么设防要求？

【DYGANGJIEGOU】：参见《屋面工程技术规范》(GB 50345—2004)，屋面工程应根据建筑物的性质、重要程度、使用功能要求及防水层耐用年限等，将屋面防水分为 4 个等级，按不同等级进行设防。

附：屋面防水等级和设防要求。

屋面防水等级：I/II/III/IV。

建筑物类别：特别重要的民用建筑和对防水有特殊要求的工业建筑 /重要的工业与民用建筑、高层建筑/ 一般的工业与民用建筑/ 非永久性的建筑。

防水层耐用年限：25 年/ 15 年/ 10 年 /5 年。

【burningwind】：目前国家规范中对于防水等级的定义还存在一定程度的矛盾，即有两个标准，一个是使用年限，另一个是设防道数，二者又是并列的。关于这个问题，我与国家相关标准编写部门的人员进行过交流，此种防水等级的定义其实是以我国传统的防水材料，如二毡三油、三毡四油等为基础，而随着以聚氯乙烯、三元乙丙为代表的高档新型材料的出现，国标只是象征性地把新型材料放入国标，而没有考虑根本的改变，表现出了一定的滞后性。在新版国标编写前，我们建议将防水层的使用年限作为防水等级的主要评定标准，并尽量将国外的单层放水的概念引进中国。

4 对沿海地区轻钢屋面普遍漏水的改进措施。(id=106000，2005-8-16)

【luck】：图 7-72 是原屋面山墙处做法，其中泛水板与 760 型屋面板用打钉连接，此做法是否合适？彩板厚均为 0.6mm。泛水板可否与屋面板咬合连接？如图 7-73 所示。以上哪种做法更好？

图 7-74 是 760 型角弛屋面上做双层波形采光带的做法，角弛屋面与双层波形采光带间用泛水板连接，还是老问题：其中泛水板与 760 型屋面板用打钉连接，个人认为无钉屋面打钉做法不妥。另外，角弛屋面与双层波形采光带间用泛水板连接是否合适？泛水板可否与屋面板咬合连接？如图 7-75 所示。

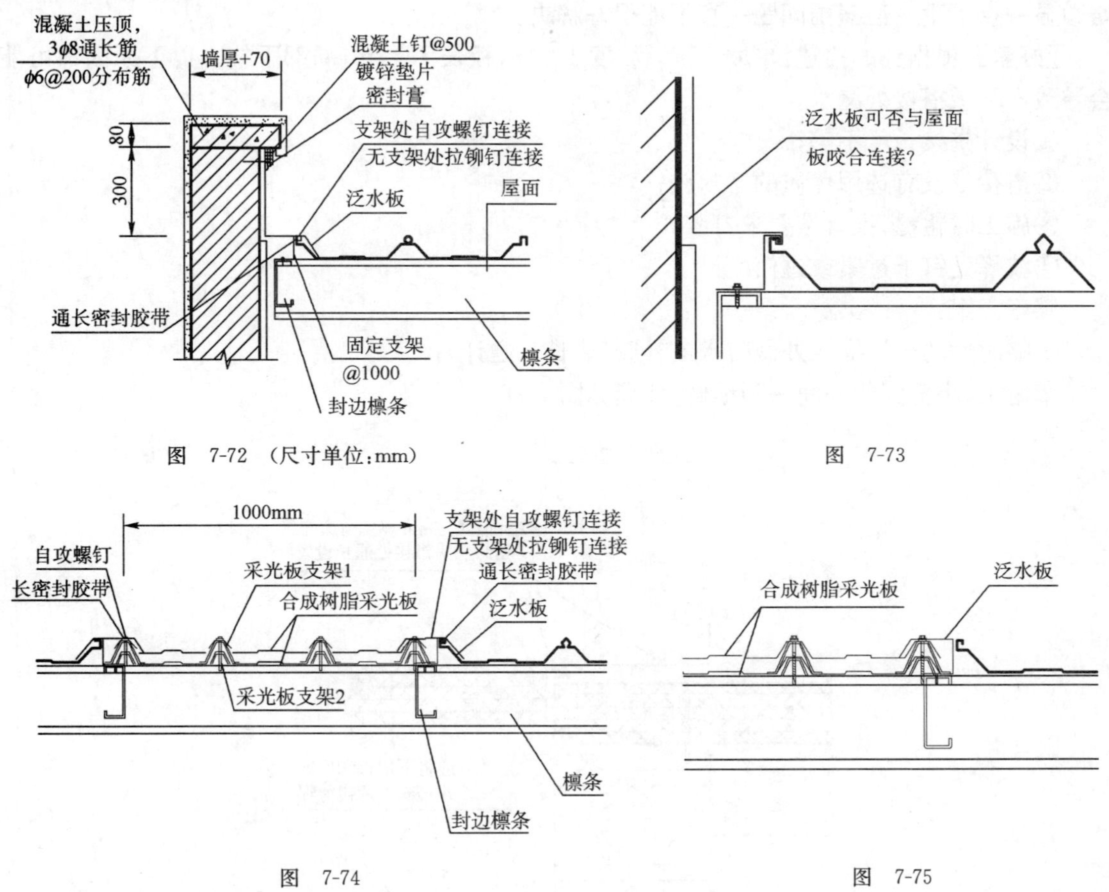

图 7-72 （尺寸单位：mm）

图 7-73

图 7-74

图 7-75

【jym】：前面提到的几个节点，如果按照节点图所示方法，确实是无法加工包边件，并且无法咬边(到过现场的人都知道)。那么在无法避免屋面打钉的情况下，如何减少漏水隐患才是最重要的问题。对于屋面打钉的情况，我认为应该分为两个方面来区别对待。

①在屋面板上有直接外露的自攻螺钉(一般把屋面板与檩条、天沟或角钢等连接)。这种情况需要尽量避免，因为屋面板和檩条等在使用过程中由于板的受力或热胀冷缩等变形将产生相对位移，容易把钉孔拉成豁口，形成漏水隐患。

②如果是固定包边件的拉铆钉，这种情况一般无法避免，比如楼主提到的几个节点及屋脊瓦等。那么怎么办呢？如果采用简易的办法，可以在包边与屋面板之间先涂上一层耐候密封胶(这一步很重要)，然后盖上包边件，待拉铆钉(闭口型防水铆钉)固定完毕后再涂上一层耐候密封胶。

也可以用两个“O”形橡胶密封圈(液压设备上常用)来解决问题，即在板与包边之间一个，板外一个，这样能完全密封。我做过闭水试验，没有涂密封胶，一个多月没有一点渗漏。

5 彩钢板屋顶防雨。(id=144653，2006-8-29)

【czq615】：我做了一个工程，54m 双坡双跨：跨度 27m，坡度 1∶15。屋面板采用 960 型复合彩钢板。考虑板的运输，采用两个 13.7m 板搭接，搭接处采用双 C 型钢。工程完工后屋面略微显一点下垂。但漏雨问题一直不能很好解决。

【好客】：根据你的描述：单坡 27m，坡度 1∶15，板长 13.7m，局部下挠。以下原因都可能会导致上下板搭接处漏水。

①设计搭接长度不够；

②搭接处没有选用优质的密封胶；

③施工时粗糙，没有按要求打胶；

④波峰处钉子过紧或过松。

维修方案：

①临时性的——搭接处做防水或补胶(非长久之计)；

②返工，小范围的一间一间地修，节点见图 7-76。

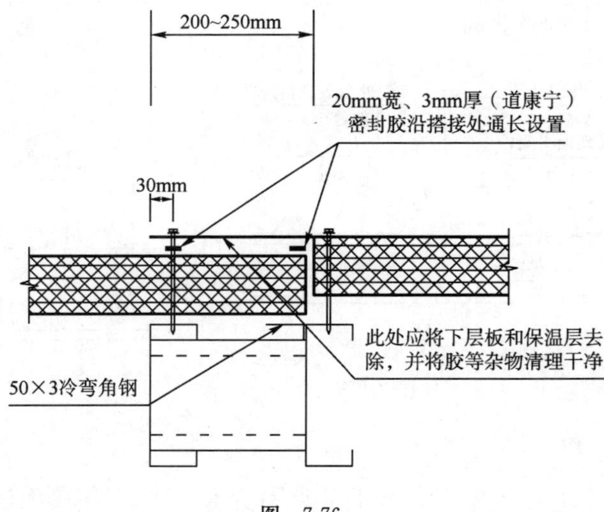

图 7-76

上节板和下节板的铺设应错开半块板，以避开公母肋在搭接处重叠过多(4 层)。搭接处相邻两块板应在公肋上朝屋脊方向设密封胶至上一檩条，然后铺设下一张板。

【dingrenzhen】：彩钢板屋顶防雨，采用两个 13.7m 板搭接，搭接处采用双 C 型钢。从运输上考虑，这样的下料方法是可行的。但是从整个屋面的布局来看，这样的下料方法则不可行，因为你的下料搭接处刚好是屋面下挠最大的地方，即使你的搭接长度最长，效果也不会很好。

建议处理方法：①控制钢梁挠度；②搭接处尽量向屋脊处上移；③将屋面 C 型钢上抬起拱。

只要过程控制合理就行，如丁基胶、密封胶最好不要用。

【好客】：dingrenzhen 提供的方法有一定的道理。问题是楼主的工程已建好，现在考虑的是如何维修整改。就维修整改来说，你的方法中只有第 3 种方法有可行性，但是我不赞同的是你“只要过程控制合理就行，如丁基胶、密封胶最好不要用”。我认为钢结构工程的屋面不像民间的瓦房坡度很大(30%以上)不需用胶来密封防水，即使在室内可以看见天空，因雨水在屋面上没有停留的机会也不会有漏下来的机会。

而钢结构屋面坡度一般多为4%～8%，这样的坡度对屋面板(屋面材料)间的搭接和咬合部位的自身防水性能有很高的要求，在这些部位不用胶来密封几乎是不可能避免漏雨的。

6 钢构屋面漏水的原因有哪些？(id=33145,2003-7-18)

【allwin】：对于钢构屋面造成漏水的原因会有哪些？

【SHILEDA】：若安装没有问题，原因可能有：

①屋面檩条设计不满足，致使屋面出现较大挠度，屋面板出现裂缝；

②天沟截面不满足；

③落水管直径不满足；

④若以上各条设计都满足，还有可能是因为没有设落水斗造成大雨时呛水所致。

【lqd99】：其他的原因可能有：

①防水等级设计的级别较低，如III级防水以下，超过了一定的年限后防水出现问题，同时维修又不及时导致屋面漏水；

②由于设计中屋面变形考虑得太少，防水层变形小于屋面温度应力作用产生的变形，而拉裂或者边缘开胶等情况也可能导致漏水；

③使用中，非上人屋面由于人为因素导致屋面防水层破坏，可能导致屋面漏水。

【wsywdy】：我认为有以下几点处理不当，会造成屋面漏水。

①接缝处理不当，特别对于一些聚苯乙烯泡沫夹芯板。

②屋面挠度过大或坡度过缓，造成积水。

③面板选用不当，不同的跨度、坡度(还要考虑当地降雨情况)应选用合适的屋面板。对于一些单坡跨度较大、坡度又比较小的工程，应优先考虑中波或高波彩板，连接方式采用暗扣或咬合形式。

【青岛小伙】：还有一点就是内天沟的截面设计过小，许多轻钢结构设计人员都忽略了对当地水文地质资料的收集，对当地的最大降雨量估计不足，造成内天沟排水不畅而导致内灌。另外，许多外天沟的节点设计不符合国外的规范做法而造成爬水也是一种原因，还有用在粉尘量大的厂房自吸式屋面通风器的停转也是造成漏雨的隐患。

【xj234】：造成屋面漏水的主要原因有：

①屋面坡度太小；

②屋面压型钢板横向搭接处处理不好，波不高；

③透光板与钢板搭接处、屋面穿透物处、高低跨处处理不妥；

④施工时，屋面钢板被踩坏，造成积水；

⑤天沟设计不合理，造成反水；

⑥收边泛水设计不合理，施工不按规范做。

【boy3】：从设计的角度讲，屋面的排水坡度应该是导致屋面漏水最重要的一个原因。一般来说，南方多雨地区，屋面的排水坡度应至少为5%。有的施工单位为了压低工程造价，使用非常薄的压型钢板，此时即使檩条的挠度满足要求，檩条间钢板的变形也会造成屋面漏水。

【xj984】：我觉得有以下几点原因：

①梁的变形过大，水流不畅；

②屋面的坡度过小(一般不要小于5%，南方不要小于8%)；

③用自攻螺钉固定的屋面也容易漏水，而应尽量用暗扣板；

④天沟截面过小，特别是内天沟，更应该注意这个问题；

⑤落水管的直径过小；

⑥彩光板及顺坡气楼和彩钢板的搭接衔接没有处理好；

⑦落水管过长没有留溢水孔，导致管内气压比外面低，水不往下流。

【DYGANGJIEGOU】：金属板屋面漏水原因浅析。

①由于材料特性引发的漏水隐患

a. 金属板自身导热系数大，当环境温差变化比较大时，因温度变化造成彩钢板收缩变形而在接口处产生较大位移，因而在金属板接口部位极容易产生漏水隐患；

b. 钢结构体系中，由于结构本身在温度变化，受风荷载、雪荷载等外力作用下，容易发生弹性变形，在连接部位产生位移而产生漏水隐患；

c. 特殊部位，由于使用不同材料连接，比如女儿墙与钢板轧制的檐沟连接处、屋面采光带等部位，因应力变化不同步而产生漏水隐患。

②房屋结构设计或板型缺陷而引发的漏水隐患

a. 在激烈的市场竞争中，施工方为承接工程，常常一味地降低造价，为了节省材料，在由自己设计的结构中，减小屋面坡度，甚至有的低于1/20，极易产生积水，造成房屋漏水；

b. 由于造价因素，一些轻钢房屋采用的屋面板多数为波峰低的板型，且搭接宽度小，当屋面积水时，容易漫过板型搭接部位，造成漏水。

③地域特征在结构设计中未得到充分考虑而造成漏水缺陷

目前在我国轻钢结构设计中，并未考虑地区气候差异而采用不同的防水措施，比如在南方梅雨环境、沿海季台风环境、东北积雪融化时的防水措施，有其各自的结构特点，只有选用适合本地区的防水材料，才有可能尽量避免漏水现象的发生。

解决金属板屋面漏水问题的探讨：

①合理地进行结构设计，应综合考虑造价、屋面坡度、板型等多种因素，求得最佳方案；

②充分考虑建筑物所在区域气候特征，采用适合该地区的防水措施及材料；

③由于金属屋面板的材料特性，同时借鉴国外先进的经验，选用适合于金属屋面板的防水材料，如具有较高的粘结强度、好的追随性及耐候性极佳的丁基橡胶粘结密封带，作为金属屋面板的配套防水材料。

【lxflxf】：钢结构屋面渗漏的原因有多种，大致总结以下几方面。

①设计本身存在的缺陷

a. 屋面坡度的选择不当，钢梁或檩条刚度过小，造成屋面下挠而引起屋面板接缝处渗漏。

b. 屋面板的选型不当。一般应根据房屋本身的使用功能来选择屋面板的连接构造。因为从理论上说，屋面板连接方式采用暗扣或咬合式的，其防水能力的可靠度一般要高于采用自攻螺钉方式的。如果建筑物的用途是仓储仓库或加工车间等对防水要求较高的，那么应该在设计阶段就应向甲方建议采用可靠程度相对较高的屋面板，当然这其中存在造假问题，但你事先声明了，今后如果是甲方坚持而导致渗漏出现，那么作为设计者也就算尽到自己的责任了。

c. 天沟截面过小、落水管数量偏少。应根据屋面的汇水面积合理确定天沟的截面尺寸和落水管的数量，特别对于中间跨的内天沟和边跨有女儿墙的天沟，要特别注意暴雨期间天沟积水漫上屋面而导致水从屋面板的接缝处渗进室内，因此建议在有条件的前提下尽可能将屋面做成双坡和外天沟，下暴雨时，即使天沟断面小、落水管数量不够，充其量雨水漫过天沟也就直接排掉了，而不会造成屋面积水，这一点我做的工程已经有很好的工程实例对比。

d. 对钢结构屋面在夏季屋面膨胀估计不足，而没有采取恰当的措施。这一点对于采用自攻螺钉固定的屋面尤为重要，当屋面长度较大而采用单板自攻螺钉固定时，屋面的膨胀力时间久了会使螺钉与屋面板之间产生缝隙，如果自攻螺钉下的垫板质量较好且安装规范，那么可能等到垫板老化后才会产生渗漏，否则 1 年后就会让你难看。

e. 特殊部位没有针对性措施。屋面的采光带、天窗、排气孔、屋面板与女儿墙的连接处等部位往往是防水的薄弱环节，在温度应力作用下，这些部位容易产生应力集中，而现阶段的设计人员往往在设计过程中建筑只画平立剖和简单的大样，结构用专业软件生成结构施工图，而把细部交给制造厂家去做，这样做的结果，对于设计人员来说就失去了对这个项目的控制权，要知道细节决定成败，因此建议即便是你不去画那么多的大样，也应该对关键部位的做法有个了解，起码对专业厂家绘制的钢结构下料图中的节点做法要仔细看过，对关键部位应会同厂家技术人员共同协商有关节点的做法。

②施工方面的因素

a. 施工单位技术力量薄弱。现阶段各个施工单位水平参差不齐，如果设计图纸中细部做法没有交代，往往施工单位凭自己的经验去做，如果施工单位的技术力量不强，那么对于关键部位的施工也就没有办法有预案，再加上施工过程中图省事操作不规范，那么出现问题是必然的。

b. 所用辅料不符合要求。在现阶段，建筑市场监管力度越来越大，因此施工单位在施工中的主要材料上不敢马虎，如钢梁、檩条等，但往往在辅材上重视不够，如自攻螺钉下的防水垫片，如果其质量不过关，那么很容易老化而导致屋面渗水。再如收边处的防水胶质量不过关而老化等。因施工方的原因产生屋面渗漏的就是细节上把关不严。

c. 施工操作不规范。屋面渗漏很大一部分原因在于操作不规范，如屋面板横向搭接不规范、自攻螺钉间距过大、螺钉与垫片不配套、泛水板搭接长度过小、成品保护不当导致屋面局部下陷积水等。

③屋面日常维护不力

如屋面长时间积灰不清理导致落水管被堵水流不畅，部分搭接部位密封胶老化而没有重新补打等。

7　请教有关彩钢板用 SBS 防水的问题。(id=143046，2006-8-11)

【hanfei602】：我公司最近做了一个工程，屋面有动力通风器，项目经理为防止漏雨，在屋面洞口处做了一层 SBS(聚酯态)防水。初衷是很好，不过甲方有人认为 SBS 对屋面板有腐蚀，但也不敢很确认。我想问 SBS 和屋面板是否会发生化学反应？时间长了是否会锈蚀屋面板？现场做法是将 SBS 烤热后再贴到屋面洞口处。屋面板采用宝钢镀铝锌板 PE 涂层。

【新人类】：我公司在 2004 年用 SBS 做过，效果不理想，还把彩板的漆膜破坏了。

【hdjc】：可用柔性盖片，宽 240mm，两侧有软金属固定边，分别与屋面板端和风机收边板端密封固定，中间的柔性体起密水、隔断振动、补偿屋面板温度位移的作用。试图采用密封胶防水性能、胶体的弹性变形来做金属屋面开洞的防水处理，是否可行尚值得商榷。

【水中的鱼】：还是用盖片好一点。用 SBS 虽然也可以，但从耐腐蚀及与钢板黏结度等各方面来说，都不太理想。

（二）结露处理

1 屋面结露如何处理？（id＝30440，2003-6-11）

【蓝月亮】：曾建一造纸车间，顶层以彩钢瓦吊顶，但在隆冬时结露严重（制纸过程蒸气很大），小虫子很多，建筑不允许开天窗，该如何处理？

【S&S】：这是一个老话题，只要屋面板两侧存在较大温差，结露是在所难免的。要想解决，只有从保温方面下手。屋面的保温棉安装是不是存在问题？

【openking】：这种结构和染整厂一样，如果不允许开天窗或气楼，我们一般会在底板最边缘（即原天沟下）加做彩板天沟。

【syqmd】：我也做过一个工程，甲方倒是让我们做气楼，但效果也是不大。处理结露问题，主要是保温棉这一层要做好。另外，保温棉下的纸应有孔，并且有一定的强度；下面的钢丝网应适当减少。我们用的保温棉是科宁保温棉，效果不错，你试试。

【djg】：可以找暖通人员用通风的办法解决这个问题，况且我觉得这是暖通专业的老本行，通风的办法应该可以解决。

【音速之子】：回蓝月亮：在吊顶的下面做喷涂一次成型的玻璃纤维保温层，而不需要设任何钢丝网，该保温层会粘附在吊顶上，因此不会结露。不过喷涂时要一层一层地做，每次喷涂 1mm 厚左右，大概 5～6 次即可成型。

【hanweichi】：结露与温差和湿度有关。湿度一般无法解决，只能从温差上下手。我们做过一个纺织厂，对湿度要求很高，用了 100mm 欧文斯科宁保温棉双层板，没有任何问题。我想一定是保温设计的不好或偷工减料了。

【tsingking】：言之有理，高潮湿厂房屋面的结露现象严重，有以下两种可能：

①屋面防水不好，使保温材料如玻璃丝棉潮湿，影响保温效果；

②保温材料不够，如玻璃丝棉，内外温差一旦较大的话，极易结露，可增加保温棉厚度；

因此，可在湿度极高的区域，增加屋面风机，以迅速降低屋顶潮湿度。

【mali12cn】：这和冷桥现象有关，出现这种现象一般在屋面、窗口的部位，同时整个女儿墙外部结霜也与冷桥有关系，一般 840 型隐藏式屋面板不会出现这种情况，但角弛 III 则较容易出现，这和它们的连接方式有关系，和通风状况也有关系，可以增加风机洞口。

【sunbow】：①一定要用好的玻璃丝绵。我们车间用的带聚丙烯贴面 100mm 欧文斯科宁玻璃棉，效果非常不错，漂亮，还降低造价。此外，它的贴面还有防潮功能，比底层的彩钢板要好许多。②可以采取其他措施增强通风效果，如屋面设通风器。

【wallman】：我也碰到过类似的问题：两跨钢结构厂房，每跨内都有桥式吊车，可要求其中一跨封闭保温采暖，而另一跨不封闭，冬天室外－30℃，这样如何防止不封闭跨吊车牛腿产生的冷桥呢？对于柱子我们可以使用墙体把它包住，可不封闭跨的牛腿上有吊车梁，吊车梁上有轨道，怎么办？不知喷涂玻璃纤维保温层在室外是否可行，如何处理才能防止冷桥？

【jyj001】：①增加风机，使空气加速流通；

②在吊顶的下面做喷涂一次成型的玻璃纤维保温层，会降低结露的形成。

【burningwind】：对于这种制造蒸汽较大的工程，在防结露问题的处理上比较棘手，但也并非不可能。建议屋面采用层次做法(从下到上)：屋面彩钢板，铝箔或聚乙烯隔汽层(搭接部位及收口采用密封胶带密封)，挤塑聚苯板(目前根据测试只有此保温板的憎水性能可以保证不因冷凝而潮湿)，高分子柔性防水层(如聚氯乙烯、三元乙丙)。

主要考虑以下几个方面。

①保证保温板的厚度，确保隔汽层与钢板位置(此处为内部蒸汽主要接触并最易结露部位)的温度高于结露点温度(根据相对湿度和内外温差而定，如需要，我可以提供)。

②隔汽层的设置，虽然隔汽层并不能百分之百地隔离内部的蒸汽，但可以大大降低产生冷凝的风险。

③在屋面上适当增加开口，如通风设备，以降低内部空气的压力，同样可以起到降低冷凝的风险。

【jym】：我觉得工程结露的原因可能有以下几个方面。

①屋面保温层厚度不够，这样导致屋面内板表面温度低于露点温度，形成结露。

②屋面防水没做好，保温棉吸水被压缩，厚度变薄，不能起到应有的保温效果。

③保温棉底层未做隔汽层或隔汽层未做好，让水蒸气渗透进保温层，同第②条。

④在天沟、屋脊、檩条部位未做好防冷桥措施，形成冷桥。

⑤屋内通风设施不够，屋内湿度过大。

根据上述原因，楼主可以进行分析，看具体原因属于哪一种，然后再选择合适的解决办法。由于该工程已经投入使用，所以不可能把整个工程全部拆掉重来，所以只能采取补救措施，我认为主要有以下几种办法。

①增加通风措施，在水蒸气集中部位增加动力风机，及时排除水蒸气。

②检查屋面防水性能，对有可能漏水的地方进行修补。

③如果未做隔汽层，建议在吊顶板上想办法，可以把板缝进行密封处理，如打密封胶。对于缝隙较大的地方可以用聚氨酯发泡后再打密封胶等，让水蒸气不能渗透进保温层。

④如果水量仍然较大，可以在檐口处增设彩板天沟集中排水。

2 关于纺织类轻钢厂房的结露问题。(id＝80892，2004-12-27)

【rybin0691】：我们建了几个纺织类轻钢厂房都不同程度的存在结露问题，柬埔寨的工程结露程度最低。在唐山市做的工程结露最厉害，现在都拆了，又做了一层保温棉，还不知道效果怎么样。听说有一种防结露漆，可惜价格太高了，不知有什么更好的办法？我们还有一个800多万的工程结露也很严重，如果没有什么好的办法，也只能拆除。

【DYGANGJIEGOU】:对于纺织、造纸等行业防结露是最操心的一件事情,如果设计前期不想全面,厂房竣工使用后往往使设计方很被动。因为我刚做完一个纺织车间的结构设计,屋面建筑设计也听从了我的建议,并经多方打听、查询资料,才有如下总结。

①保温棉厚度。这个不能小视,屋面做玻璃丝棉150厚以上心里才踏实些(这个150厚最好分成100+50或者50+50+50,这样它们的搭接缝可以错开),这也是他们的经验,我自己不会计算。因为结露的原因是板的温度低于露点,室内存在水蒸气。一个专业数据是:板表面温度与室温相差一般在3℃以内最好,保温棉的厚度是厚厚益善。还有做吊顶形成隔热层,类似于保温瓶的原理,空气隔热层也不差,也是一种很好的保温方法。

②隔汽层(即夹筋铝箔或白色聚丙烯贴面)。要求贴面向室内,因为玻璃棉吸水很大,吸水后保温效果大大下降。现在一些同行强力推荐欧文斯科宁保温棉+聚丙烯贴面,看来有它的好处,这个组合的技术参数我就不在此赘述,点他们的网址就行,要是还不放心,现在有这么一种产品——防结露涂料,涂上个3～5遍,如此综合,想结露也困难。

③通风换气。室内湿度太大,做几个自然通风器排排风,湿度能降低几个点,但不足之处是,室内温度也会降低,因此需要权衡一下。

④室内贴面要求平滑无尖锐。屋面板下贴面做的时候应尽量平整。

⑤檩条做成Z型钢搭接式。Z型钢下翼板上翘,类似于水沟,还能排点结露积水。

以上建议无非尽量降低室内贴面与室外冷桥现象的发生。想的全面,坐在设计室可以喝点热茶;想的不周全,大冷的天,你就多往工地上跑吧!

【rybin0691】:以上你写的几点我们都做到了,而且在檩条上通长设置了100厚的聚苯垫块,以防止在檩条处保温棉被压扁,形成冷桥。昨天我请教了一个这方面的专家,他说纺织类厂房的坡度要做到60°左右,这样在屋面上凝结的水珠就会顺着屋面内板流到墙根处落下来,而不会直接落下来,这样就不会影响生产,你认为呢?

【liaozhongjian】:解决室内彩板结露的办法如下。

①结露原因是板的温度低于露点、室内存在水蒸气。解决的办法是增加保温效果,使得板表面温度与室温相差一般在3℃以内。

②玻璃棉吸水很大,吸水后保温效果大大下降。建议做隔汽层(即夹筋铝箔或白色聚丙烯贴面,要求贴面向室内),防止水蒸气进入保温层内。并提高保温厚度,一般提高到1.7倍。

③增加通风。通风会降低室温,减少板表面的温差,并降低室内相对湿度。

④吊顶,形成阁楼。空气间隔本身就是保温,同时阁楼可以单独通风。

防止室内结露的方法很多,但综合起来都是做好隔热层,消除水蒸气,保证室内壁的平滑无尖锐,且室内壁与室外无冷桥。根据厂房工艺要求,可综合采用以下方式。

①抽湿机。一次性成本投入过高,生产使用中能源消耗和维护成本也高,但能保证一定范围内的防结露效果。

②轻钢结构金属屋面屋顶专用免电力涡轮通风换气机和屋脊式通风换气机。一次性成本投入较高,生产使用中能源消耗和维护成本几乎为零,设计布置合理能保证厂房范围内的防结露效果,但损失室内热量。

③屋顶电动轴流风机。它仅用于混凝土屋顶,若用于轻钢结构厂房,则出于金属屋面安全

和防水考虑宜安装于墙面。一次性成本投入较高，生产使用中能源消耗和维护成本高，能保证一定范围内的防结露效果，但轴流风机位置以上的屋顶潮湿空气则滞留（若屋顶室内有尖锐处和冷桥，仍会产生结露滴水）。

④金属屋面为单层压型板下铺钢丝网、中间夹附铝箔的玻璃棉（以下简称单），或双层钢板中间夹玻璃棉（以下简称双）两种做法。两种做法都要注意：a.采用单面附铝箔的玻璃棉，在整个屋面安装时一定要注意保证其连续无遗漏或断开以消除冷桥，采用铝箔胶带连接搭接处以保证气密。b.金属屋面单做法铺钢丝网时，注意钢丝网张力以保证其在相邻檩条之间合适的悬垂，为以防万一，另在生产线正上方铺倒钉板，以防冷凝水滴入生产线；金属屋面双做法必须注意室内屋面板应按照从屋脊向屋檐处的顺序铺设，且檐沟设计应考虑相应的引出冷凝水构造。

对于生产中蒸发量很大的轻钢结构车间，防止结露相当重要，否则可能产生玻璃棉因饱吸冷凝水而导致屋面荷载成倍增加，冷凝水滴入生产线而导致设备和产品的污损、室内环境的恶化等。

【zhangdahou】：如楼上所述，当钢板的表面温度与空气的露点温度之差低于3℃时，钢板表面即会产生结露现象。

由于纺织厂的车间内部湿度较大，因此产生结露的机会也就较多。建议从如下两个方面采取措施：

①提高屋面板的保温性能，从而提高屋面内板的表面温度，扩大屋面内板与空气露点之间的温差；

②在屋面内板表面涂装疏水性防结露涂料。

如此双管齐下，定会根治结露问题。

3　谁能解决纺织车间的结露、滴水问题？（id=36899，2003-9-8）

【sunbow】：谁能解决纺织车间的结露、滴水问题？现咨询了如下两种办法。

①增加保温层的厚度，已做了150mm，下面做了欧文斯科宁的W58防水贴面，可不知能解决多少问题？

②设导水槽，有点复杂，甲方还不同意。

听说还有种聚氨酯的材料能解决，可有人知道？

【lgysky】：厂房产生结露问题的主要原因是在做双层板时，厂房采光板部位未做双层设计，由于温差原因，使水蒸气产生冷凝，产生结露，对保温棉的使用寿命有很大的破坏。不知楼**sunbow**的结露问题是不是该原因？可考虑加一道采光板，保持屋面系统中双层板之间的相对温度。

【sunbow】：几点说明：

①纺织车间一般不做采光带，因为大多有吊顶，所以不是此原因；

②结露的原因是因为温度高，达38℃，相对湿度大，达80%；

③保温层已经做到了150mm，够厚了。

【even】：不知结露的部位主要在什么地方，请详细告知。结露主要有以下两方面原因。

①保温棉厚度不足，使内外温差过大而造成结露，针对这种情况要增加保温层厚度。

②在设计中存在保温层厚度明显不均匀的部位，就像2楼的朋友说的单层采光板的问题，还有像内天沟设计，如果天沟板内没有填充保温棉，也会产生滴水结露的现象，这种现象叫做冷桥。

通常就是这两种问题最典型，尤其是第二种情况，请仔细核对围护图纸，确认在滴水的部位是否存在局部保温层相对过厚或者过薄的情况。

【sunbow】：讲的是有道理。

①我知道确定保温棉的厚度是需要热工计算的，因为不会，所以取到150mm，不知有没有会计算的，帮忙算一下。若温度38℃，相对湿度80%的话，这样露点温度是34℃，保温层需要多厚呢？

②这个工程是自由排水的，四周又是砌体结构，而且窗又极少，所以保温明显不均匀的部位也几乎不存在。

【晓萍】：①增加屋面板的厚度，减少温差。

②可以考虑用Z型檩条。由于Z型檩条带卷边，可以起到集水的作用，我们在实际工程的应用的效果很好。

【SHILEDA】：挤塑板是一种硬质挤塑聚苯乙烯保温隔热材料，由聚苯乙烯树脂配合其他添加剂以一个压模挤压而成，在连续挤压的过程中，生产出拥有连续均匀的外表层及全闭孔式蜂窝结构的板材。这些蜂窝结构的互联壁厚度一致，且完全不会出现空隙，因此令其具备了高抗压强度、低导热系数、低吸水率、低水蒸气渗透、长寿命等特点，而这些特点正是作为优质隔热保温材料所特有的。挤塑板性能参数及特性分别见表7-5、表7-6。

挤塑板性能参数表 表7-5

性能指标	单位	条件与参数	参照标准
表观密度	kg/m^3	60～90	GB/T 6343—1995
导热系数	W/(m·K)	平均温度－20℃时0.031，平均温度0℃时0.034，平均温度40℃时0.038	GB/T 10294—1988
湿阻因子	—	趋向于＋∞	GB/T 17794—1999
真空吸水率	%	趋向于0	GB/T 17794—1999
燃烧性能	—	符合更高级别结构建筑材料国家标准	GB/T 8625—2005
撕裂强度	N/cm	＞10	GB/T 10808—2006
耐臭氧、紫外线	—	优异	GB/T 7762—2003
耐酸、碱能力			GB/T 14905—1994
适用温度范围	℃	－50～110	GB/T 17794—1999

挤塑板特性表 表7-6

特性	单位	测试方法	型号、性能指标						
			TB150	TB200	TB250	TB350	TB400	TB450	TB500
压缩强度(45d)	kPa	GB/T 8813	≥150	≥200	≥250	≥350	≥400	≥450	≥500
吸水率(浸水96h)	%(V/V)	GB/T 8810	≤1.5		≤1.0				
透湿系数(23℃±1℃)(RH50%±5%)	ng/(Pa·m·s)	QB/T 2411	≤3.5		≤3.0			≤2.0	

续上表

特　性		单位	测试方法	型号、性能指标						
				TB150	TB200	TB250	TB350	TB400	TB450	TB500
导热系数(90d,10℃)		W/(m·k)	GB/T 10294	≤0.028					≤0.027	
尺寸稳定性(70℃+2℃,48h)		%	GB/T 8811	≤2.0		≤1.5			≤1.0	
燃烧性能			GB/T 8626	B 2 级						
标准尺寸	长度	mm	1200　1800　2400							
	宽度	mm	600　900							
	厚度	mm	6　10　15　20　25　30　40　50　60　70　80							

挤塑板的应用领域：

①钢结构屋面保温隔热。挤塑板的高抗压强度可适合钢结构的施工和使用；超强的耐候性，适应各种外环境，可以避免冷桥的发生，防止内部结露；对于洁净要求高的工业厂房，挤塑板是最佳选择。

②钢筋混凝土屋面保温隔热。利用挤塑板，采用倒置式屋面做法。低吸水率、低导热系数的挤塑板，充当了防水层的保护层，大大延长了整个屋面的寿命，改善了室内环境。

③外墙保温隔热。采用挤塑板与砂浆的完美结合，为整个建造物提供最优良的保温隔热方案，并使墙面具备了抗冲击性。挤塑板适用于各种墙面，如普通粉刷面墙、玻璃幕墙等。

④楼面、地面保温隔热。挤塑板对楼面、地面所做的保温隔热可以防止冷凝与结露，与各种复合地板配合使用，可以更大限度地改善居住环境。

⑤冷仓、冷库保温隔热。挤塑板的优越性能，适应冷库 6 个面的各种要求。不易受压蠕变，保证建筑物结构的使用特性。在应用于建筑地面时，挤塑板为建筑地面板提供了极佳的负载支撑。

⑥广场、公路保温隔热。挤塑板的保温隔热性能，可有效防止地下结构渗漏，内壁结露，从而改善广场地下空间的环境。在寒冻地区，铺在路基下的挤塑板可有效抑制地下翻浆，减轻路面冻结。

【zhangdahou】：对于防止车间结露的问题，本人认为有如下解决方法。

①设置适当的保温层，减小屋面、结构表面与空气之间露点的温差。

②采用防结露涂料来进一步防止结露的产生。而对于防结露涂料，建议采用憎水性防结露涂料，而不能采用亲水性防结露涂料。因为亲水性防结露涂料虽然使得结构表面不出现露水、水珠，但是结构表面有水膜产生，这种结露水膜很有可能导致结构表面的电器等出现漏电事故。

除此之外，没有其他的好办法了。抽湿机只能是马后炮，车间内部湿度太小，将导致其他一系列问题。

【riverchen81】：我们在新疆做的蒙牛乳业项目也发生了这样的问题。由于工作间上部有彩钢板吊顶冷凝水顺板边流下，保温棉已汲水达到饱和。我和负责安装的工人一同爬上装饰顶检查后认为，为了杜绝隐患设计时要考虑到工程投产后的湿度和室内外的环境温差，从而设计好保温棉的保温厚度。同时必须在保温棉受压区保证保温，补强的措施通常采用苯板块放置在檩条和岩棉之间，必须满区或者在檩条边附着聚氨酯发泡。

保温棉的分割边要卷起卷边，用订书机订好，间隔我们取 500(用欧文斯科宁的带 VR 贴面的)上下两层错缝搭接，并且在屋脊的帽盖里填满岩棉（都是再次换掉屋面后得出的)，对于有较大安装空间的屋面板的波峰里也最好填充保温材料，同时必须要求业主的排湿设备达到要求，有采光带的最好采用双层。

【kangnuan】：最近我也做了一个纺织厂的方案，地点在哈尔滨。在工程招标中，甲方重点提出了屋面防结露的措施。我的屋面设计方案是：屋面外板采用 468 型 360°咬合式彩钢屋面，两层各 100 厚欧文斯科宁保温棉(密度 16kg/m^3)错缝铺设，檩条采用主副檩布置(两层檩条)，屋面内板铺在副檩的上面(副檩条上有较小的悬挂荷载)，支架与檩条连接处采用挤塑板作隔热层防止冷桥，在内板的上面铺设一层 50 厚的保温棉，此层保温棉与上面的保温棉之间有较大的空间，可作为空气隔热层。

以上防结露措施效果较好，但造价较高。

【burningwind】：对于纺织车间，最大的问题在于室内的相对湿度通常在 80%以上。为了有效地防治结露、滴水，最关键的问题有两个，首先是根据室内外的最大温差和室内的相对湿度，计算保温板的厚度，保证冷凝面在保温板下表面以上，然后在保温板和钢板之间增加聚乙烯隔汽层，来阻止冷凝水进入建筑物内部。

通常层次从下到上：檩条，彩钢板，聚乙烯隔汽层，保温板，防水层。

4 请教各位屋面结露问题怎样解决？(id=71225，2004-9-27)

【湖北老】：本人现有一仓库工程，屋面未设保温层，但设有采光带，完工后发现结露严重，请指点。

【huangjunhai】：可用棉粗布吊顶，美观，省事，效果好。

【城郡 2004】：①改善仓库的通风条件。

②有一种防结露贴膜，贴附下表面，可以尝试一下。

【JYX0371】：可在屋面板下面再增加一层玻璃丝保温棉，施工方便，效果也不错。材料费 20～25 元/m^2，就是安装费高一点。

5 关于游泳馆的结露问题。(id=145426，2006-9-7)

【aya1023】：目前，由于北方地区的气温条件，住室内稍有水汽就会有结露问题。设计游泳馆时，考虑整个游泳馆被水汽包围，该如何解决这个问题？

【dingrenzhen】：所谓结露处理就是断冷桥处理，只要将室内和室外的温差隔断，就能解决所谓的结露问题。在同温度的环境中水汽是不会结露的。

【isover】：其实，采用铝箔贴面加玻璃丝棉，也不是最好的办法，因为在此种环境下，时间一长铝箔会爆皮，只剩下一层牛皮纸了。建议采用好的防潮贴面(如进口 sgi-88 贴面)，其水汽渗透度为 1.15ng/(m·s)，而铝箔为 3.5ng/(m·s)。渗透度为定量水汽穿过饰面进入建筑物钢板表面上玻璃纤维的速度。

【flywalker】：有种做法可以参考一下，先上屋面底板，在底板上喷聚氨酯，再在上面铺设保温棉，可以减少板缝不密实、水汽上升影响保温性能的作用，使保温性能得到保证，结露现象得以缓解。

【wzy1976】:聚氨酯夹芯板保温效果好,不产生冷桥,不结露。

【ensiensi】:建筑物出现结露现象,主要是因为建筑物内含有水汽成分的空气在温度降低后凝结产生的。结露产生的主要条件:一是空气的潮湿度;二是建筑物内外的温差。所以在我国冬天气候比较寒冷的北方地区,以及潮湿度较高的沿海地区都比较容易产生建筑物的结露问题。要根本解决结露的问题,一是要做好屋面保温系统;二是可以让水汽顺利通过,及时凝结后也可以防止水分渗透。上海恩熙保温材料科技有限公司为此推出专门的解决方案。

【zxp8644】:据我所知,目前还无法做到完全不结露,但控制到一定的程度还是有方法的,比如前面几位提到的。

①聚氨酯现场发泡。

②避免结露腐蚀屋面的构件,比如采用不生锈的铝板做底层,或者采用比较好的防潮铝箔纸等。

【wxy】:关于金属屋面的防结露问题,关键是要做好以下几个方面。

①屋面保温。这就像冬天穿的棉袄,如果不够厚,室内的水汽很容易在屋面底部达到结露温度,变成液态水滴,造成晴天室内下雨。而保温常常是比较容易实现的,只要通过计算,得到所需的热阻值,即可按计算要求配置保温材料。

②杜绝冷桥。做好了屋面保温,并不足够,如果存在贯穿室内外的冷桥,室内潮湿空气仍然有机会碰到冰冷的界面而产生结露,因此要避免产生冷桥。通常在金属屋面存在冷桥的地方主要是固定螺钉贯穿室内外,再一个是部分保温材料在檩条处被压实,导致檩条温度过低,这些均需要采取处理措施避免。

③防潮层处理。很多烟草行业的制丝车间采用了高档夹芯板,保温和冷桥都没问题,但结露现象仍然普遍存在,原因就是该板无法铺设贯通整个屋面的完整的防潮层,同时板与板之间保温材料无法保证严丝合缝,冷热空气相遇产生结露。在欧洲的金属板厂家都非常重视防潮层的质量,要求采用现场铺设,并将接缝采用粘贴或热熔焊,形成一个完整的隔绝面,绝非国内普遍采用的铝箔所能达到的。

④屋面板的透气性。屋面系统设计时应使防潮层设置在长期温热的一边,如游泳馆的室内一侧,但是防潮层的另外一侧应该使空气能够比较容易与外界交换,这就要求屋面板不是太密闭,板下的空气层可以随外界空气温湿度变化而随时变化,因此360°卷边系统会存在比较严重的缺陷,同时也不应该在屋面系统中设置两道防潮层。

6 请教阳光板采光带结露的问题。(id=39802,2003-10-18)

【山东青岛】:屋面采用单层压型钢板加75mm玻璃丝绵,设置阳光板采光带,阳光板的部位怎么防结露?

【zhjun2002】:我的做法是设置双层采光带。如果是单层阳光板采光带,应选用导热系数较低的产品。

【jyj001】:除此之外,还可放置通风器,改善通风条件。

【豆芽子】:SSR屋面板,双层采光板一体成型,可防结露问题。

【青鸟】:一层FRP采光板,下面加一层10mm厚中空阳光板,我在东北做过一些工程。

(三) 开洞防漏(2008.04.4)

1 屋面开口防水。(id=4389,2002-1-8)

【xw-7】:在屋面开一洞口,坡面40m,洞口在屋脊与屋檐的中间部位,请教:采取什么方案防水效果较好?

【ityx】:用得泰盖片,有圆形和条形两种。

【大法师】:得泰是一种方案,但价格太贵。

另一种方法是当开洞离屋脊或伸缩缝不是很远时,做一个从屋脊盖板下或伸缩缝处开始一直到洞口的钢盖板,价格一般比得泰还便宜,效果也挺好。

【Dream_lee】:用防水专家DEKTITE(图7-77)。

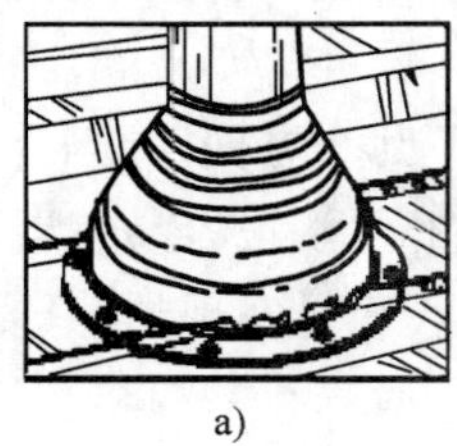
a)

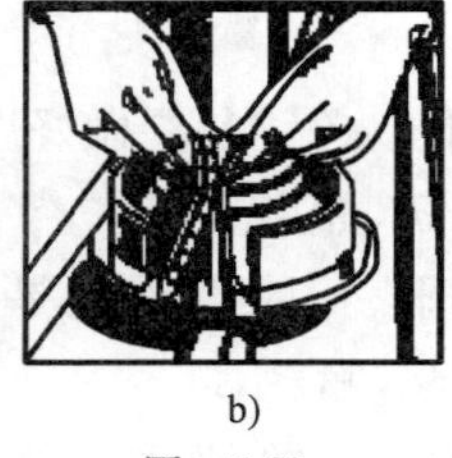
b)

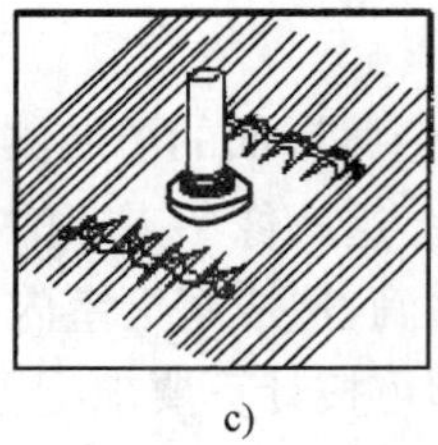
c)

图 7-77

a)标准DEKTITE;b)改造后的DEKTITE;c)分流器

【三心】:彩钢板屋面开洞口,必须要解决外观及屋面防水问题,此两问题都要根据开洞形式及彩钢屋面板型号来决定。

用得泰及防水专家DEKTIIE的确是两种不错的方案,但一般要考虑造价、施工方便、各常规钢构公司都能普及制作安装,故最好采用通过设计相关彩钢板折弯件来完成,如洞口收边泛水、洞口上下导雨板等,材质可视情况等同于其他泛水、收边、阴阳包角或屋面板等,这也是各常规公司通过相关折边机能生产出来的。像常规自然通风器(免电力),除一些相关通风器配套的彩钢折弯件,还需加上下导雨板,即与楼上一兄弟所说的"做一个从屋脊盖板下或伸缩缝处开始一直到洞口的钢盖板"异曲同工,这种钢盖板即导雨板原理就是使其形成一个稍大于洞口直径的波峰,雨水通过波峰自然往两侧流到屋面板的波谷上,上导雨板要搭在洞口收边泛水上,下导雨板要搭在洞口收边泛水下(下导雨板长度只需搭到离洞口以下1m左右即可,其主要是起防水倒流作用),并打自攻螺钉连接固定及涂硅硐玻璃胶以达到防水与外观要求。

大家既然能设计和生产众多泛水、收边、包角等,我相信要设计和生产出与洞口形式及屋面板型号相配套的东西也不会是难事。

【hdjc】:弘达条形柔性盖片是世界上一流的盖片产品,是一套综合系统,适于各种用途,其优良设计和生产使弘达条形柔性盖片成为完美的防水和防尘密封件;柔性结构消除了屋面穿出物振动传递到屋面系统的可能性,有效保证了屋面系统防水的可靠性。

弘达条形柔性盖片产品中有着专门配方、由世界上最大的EPDM制造商——美国卡里斯勒公司提供的EPDM,能够防止臭氧和紫外线的损害,当然也能够防水。弘达柔性盖片产品具有永久灵活附着性,工作温度范围为-20~90℃。

弘达条形柔性盖片产品采用非发泡型EPDM,较进口的同类型产品更加柔韧、抗穿刺能力更强；采用整根军工技术生产的金属条的固定边，较进口的同类型产品更容易被固定，而且固定更加牢靠。因而，弘达条形柔性盖片更加适应工程现场的恶劣环境。

弘达条形柔性盖片产品较进口的同类型产品价格低 40%，是一种经济实用的屋面洞口防水处理方案。

2 屋面开洞收边做法。(id=137242,2006-6-13)

【dongqing】：有一工程，屋面需要开 3m×3m 的大洞口，周围泛水很难做，普通通风器洞口较小，用通长盖板就可以了，而这么大的洞口比较难处理，不知道大家有没有做过相似工程，能否贴张图纸参考一下？

【zhangwl】：其实关键的问题是上口的泛水处理，3m 的长度超过了彩涂卷的宽度。按照我的经验，洞口应尽量靠近屋脊，不管你的面板是平板还是瓦楞板就按原来的做，开好洞口后，上部的泛水板如为平板，由于宽度最多为 1200mm，你可旋转 90°与屋面板成垂直方向，上下搭接，处理好接口，最下面一张泛水板的下口上翻，每张板的长度大于 3m 就行了。不过考虑到平板的下坠，我建议把平板改为瓦楞板。

【alan123456789】：可以考虑得泰盖片。

【hdjc】：可以考虑用弘达条形柔性盖片。弘达条形柔性盖片常备规格 240mm×5m/卷，特殊规格可订做，生产周期 3d。

【新人类】：屋面洞口防水的几种方案见图 7-78，本方法为在洞口局部处理方式，带锡箔的为防水专用胶带——丁基胶带。

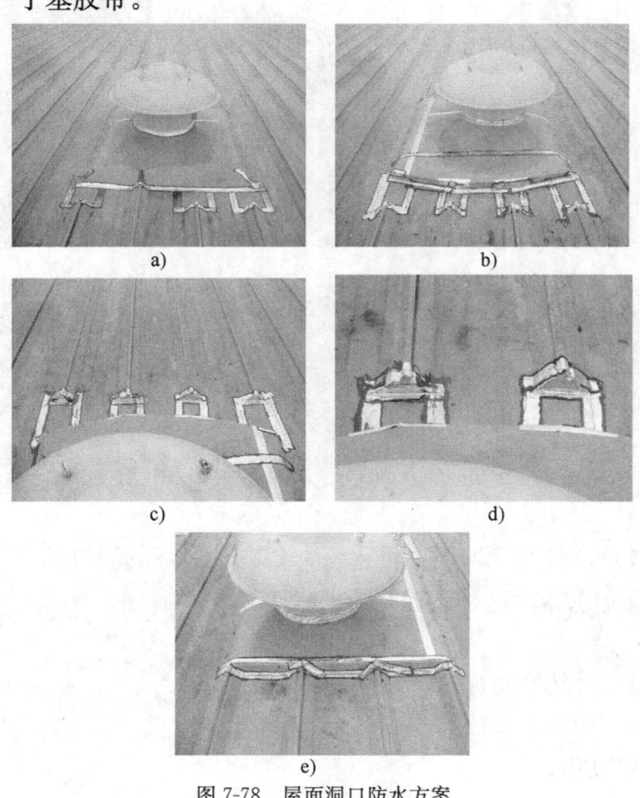

a)　b)　c)　d)　e)

图 7-78　屋面洞口防水方案

3 屋面洞口防水处理新方法。(id=143487,2006-8-16)

【新人类】:用新型防水材料丁基胶带进行局部防水处理,施工简单方便,防水效果好,又易于检查问题,见图 7-79。

【徜徉】:难看了点,不知和得泰盖片相比有什么优缺点?

【SUNYADONG】:这可能是单面防水胶带,如果换成与彩钢板同样的颜色效果会好一些。

【新人类】:价格比得泰盖片便宜很多,该材料以丁基橡胶为主要原料,配以其他助剂(如聚乙丁烯等)通过先进工艺加工制成的一种终生不固化型自粘防水密封胶带。

图 7-79

【水中的鱼】:丁基防水胶带耐老化性能好像要差一点。

【新人类】:有一工程用的得泰防水盖片,见图 7-80。材料价格偏高点,施工也麻烦。在图 7-80a)、b)、c)中都有存水现象,应该在靠近屋脊侧平铺,让水流出去(同图 7-78 胶带防水一样处理)。

a) b) c) d) e)

图 7-80

【leonlwg】:得泰防水盖片是贵,但不可否认它现在是最好的洞口防水处理。

【鸿鹄 930】:得泰防水盖片这种软连接方式较上述材料有如下优点:

①外形美观;

②大气稳定性较国内品牌好(抗老化性强);

③安装便捷;

④裁板规则,面积也小;

⑤密封缝形式简单，累计密封长度较小；

⑥可随屋面胀缩同步变形，而且连接处几乎不会因温差变化有相对位移。

4 有关屋面开洞防水的问题。(id=24029,2003-3-18)

【riwave】:本人主要从事医药工业厂房设计，在设计过程中，应工艺专业要求，经常需要在屋面不同位置开洞，有圆形和方形，范围100～1 500不等。众所周知，屋面开洞防水很关键，请各位就其防水构造不吝赐教。

【悠然南山】:屋面开洞的防水节点处理，主要视屋面板构造和板型而定。

①对于圆形洞口，推荐采用得泰圆形防水盖片进行处理。

②对于方形洞口，如果是风机洞口，有专门定制的风机机座。

如果是管道洞口，可采用得泰条形防水盖片进行处理，也可根据实际情况设计泛水板进行构造防水。

防水原则：宜导不宜堵，即保证节点处理能顺利地让水泄掉，在暴雨少量积水时能不漏。因此宜尽量采用优质的防水胶(如GE耐候胶)和自攻螺钉(如标迪牌螺钉)。

【susanzhang】:得泰盖片防水效果较好，但是价格稍贵。大的开洞一般还是用泛水固定，道康宁密封。泛水最好是从屋脊处开始一直拉到洞口，有的甚至拉出十几米，这样的防水效果较好。

【hdjc】:上面说的方案较牢靠，在洞口位置距离屋脊线较近时是很不错的且较经济的方案。但在洞口离屋脊线较远时就不经济了，可试试如图7-81所示方案，同样方便经济。

图 7-81

建议使用高强防水型铆钉将盖片和收边板固定于压型板上，以保证牢靠耐久。采用边缝缝合钉不好，因为压型板易变形，而边缝缝合钉属自钻自攻螺钉，靠少量的丝扣将薄薄的盖片和收边板固定于压型板，易松脱。

【fcb】:关于屋面开洞防水节点，见图7-82。

【burningwind】:可以采用刚柔结合的防水，即防水层安装于轻钢屋面。柔性防水层对于细部节点的处理具有钢结构自防水无可比拟的优势。

【西门吹牛】:总的来说，我比较同意**悠然南山**的看法，屋面防水宜导不宜堵，得泰很好，道康宁也是胶中极品，但是从经济角度出发，需要慎重使用。上面的方法都很好，但是还有一种方法，在此抛砖引玉，想听听各位高手意见。见图7-83，在大面积的地方，比如炼钢厂的脱水洗涤塔穿出屋面时，我认为该种方法比较经济实惠，做法也不复杂。

【peter song】:根据我们公司的实际工程经验，屋面防水宜导不宜堵，发一个节点(图7-84)供大家讨论一下。

【rybin0691】:可以在做好收边折件的基础上外面加一层SBS防水，见图7-85。

【brd0068】:刚好做了个工程，屋面开了很多口，圆形的为150，采用的是圆形得泰盖片，要注意打胶。方形的是风机出屋面，采用的是开口部位到上部屋面伸缩缝位置倒槽形收边(导水板)，开口周围用L形收边围护，尺寸为80×350(高为350)，拉铆钉固定，所有缝隙和有拉铆钉的地方均采取防水处理(用纤维布和防水涂料)。屋面做完两个多月了，效果还不错。

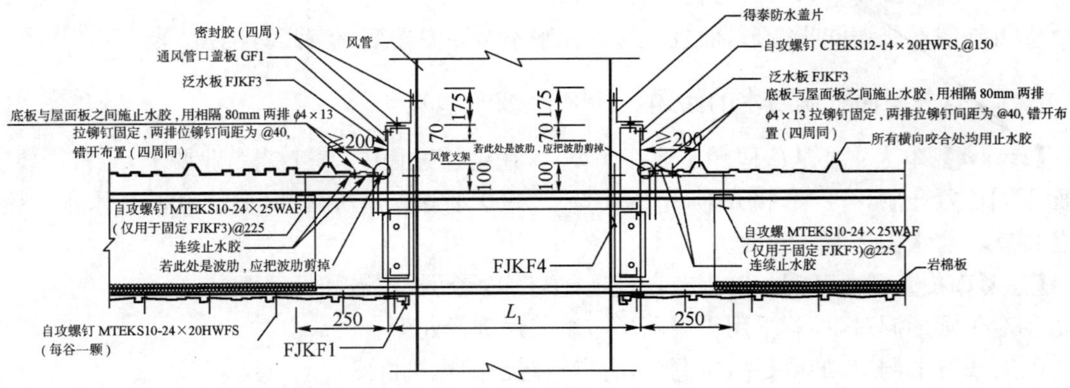

a)

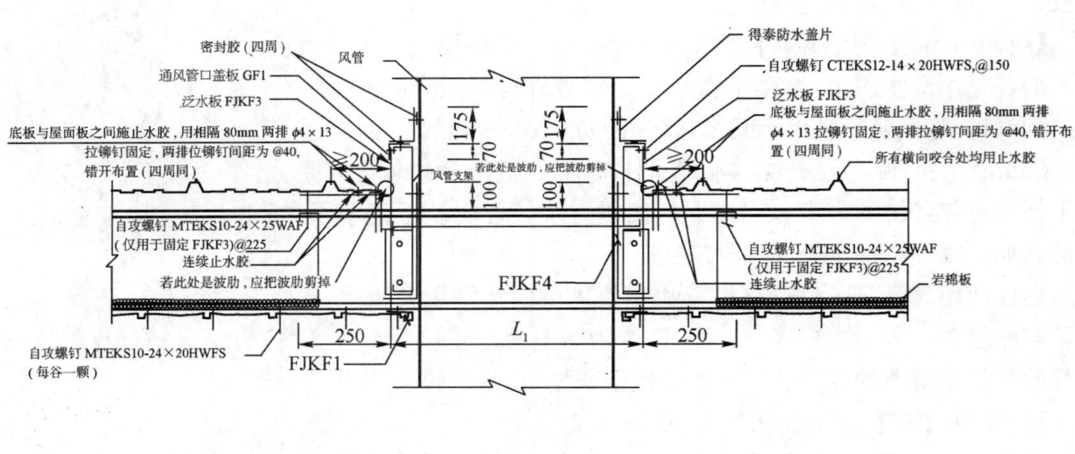

b)

图 7-82 通风管口处横坡方向泛水收边板节点图(尺寸单位:mm)

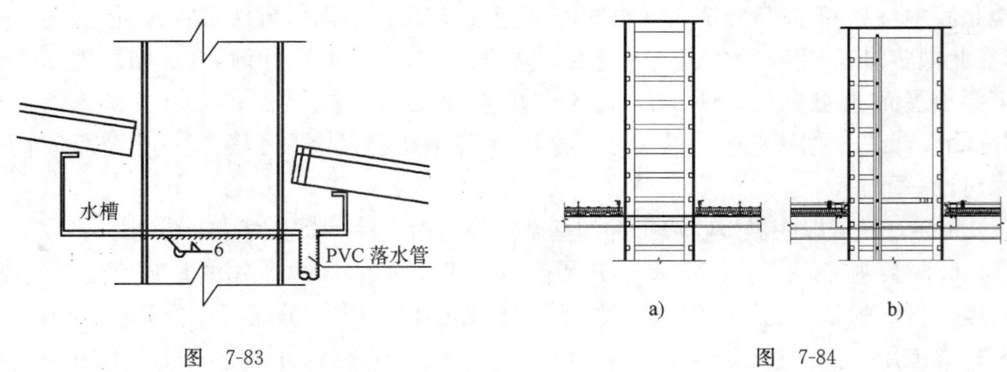

图 7-83

图 7-84

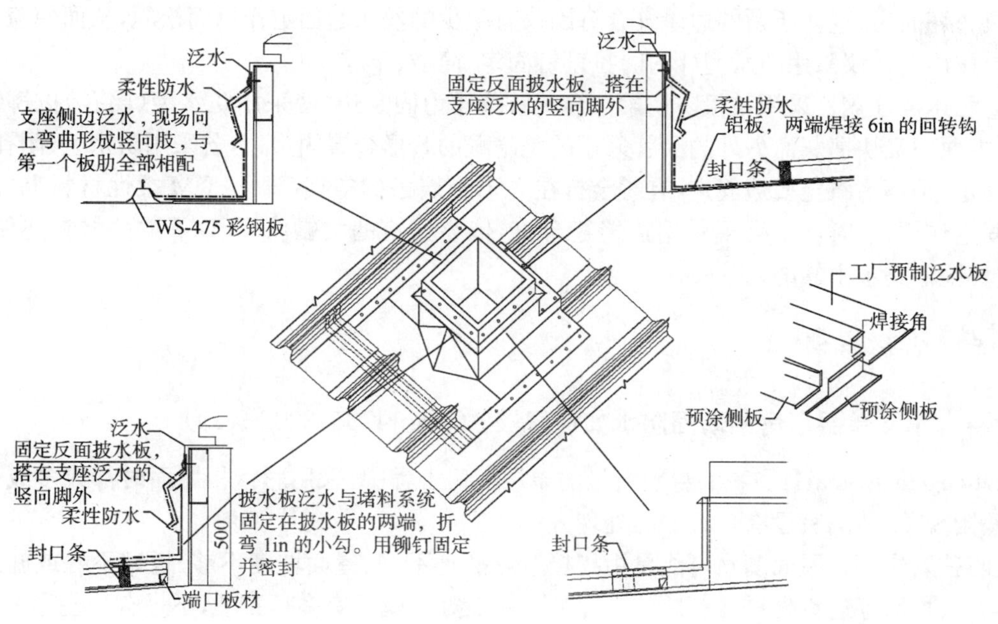

图　7-85

5　门架屋面开大洞防水大样做法。(id＝17856,2002-11-15)

【ants】:现有一 3m×3m 大洞开在屋面上,防水大样如何做?

【Dream_lee】:得泰防水盖片是建筑物防水的最佳选择。它是一个综合的、产品种类齐全的专业防水系统,广泛应用于各类建筑物,尤其是轻钢建筑的屋面和墙面,以及屋脊、天沟等的防水。该产品不但防水,还能防尘。

得泰产品的用途数以百计,从污水管到冷热风管道,从水泵水箱安装到电线电缆的入口,从女儿墙、天沟、屋脊到网架、杆、件、揽风基桩及风机口等。同时还解决了刚性防水处理难以解决的应力变形、振动荷载及噪声等问题。

得泰防水盖片的独特之处在于它的材质是专门配方的 EPDM 特种橡胶材料。EPDM 具有耐酸碱,防臭氧和紫外线辐射,耐高低温冲击(－30～115℃,包括 150℃的间歇高温)等特点。另外,如果特殊需求耐温性更好的得泰防水盖片,得泰公司有一种硅橡胶的防水盖片,它的耐温性更好(－60～200℃,包括 250℃的间歇高温)。

附一安装现场照片,见图 7-86。

图　7-86

【hdjc】:请试一下弘达柔性盖片,不过请注意:

①根据实践经验,任何柔性盖片都建议不要用自攻螺钉,因为一般情况下,柔性盖片被固定于压型钢板上,而用作屋墙面的压型钢板都较薄,即使是采用某些所谓的边缝缝合钉,也只有很少的丝扣起固定作用。当施工人员踩过周边板面引起

开孔板边翘曲时，这些所谓的边缝缝合钉因仅有很少的丝扣起固定作用而松脱，从而使盖片丧失密封作用。建议采用防水型(闭孔)拉铆钉固定，简洁、牢靠。

②弘达柔性盖片采用整根防锈柔性金属软条作为固定边，使采用防水型(闭孔)拉铆钉固定时，方便而又快捷。而另外的品牌采用的是隐藏的S形金属固定边，若采用防水型(闭孔)拉铆钉固定，则不易将金属边固定，有时会打在S形金属条的空挡(即EPDM柔性材料上)而起不到固定作用，这时就不得不采用边缝缝合钉，依靠该钉的大帽将EPDM柔性材料兜住，显然，这种固定是不牢靠的。

(四)工程实例

1 求教单层厂房的屋面防水如何解决？(id=14735，2002-9-19)

【zhengchenwuhai】：在我们目前所做的单层厂房工程中，采用彩钢板屋面时都或多或少出现了漏雨现象，请问有没有什么好的处理方法？

【阿芒】：彩钢板屋面漏水可能是由搭接节点处理不好、屋面坡度不够、板型不好或施工工艺有问题、板面穿透钉处锈蚀等原因引起的。一般处理就只有多打胶了，不过有一些穿透型的板型做屋面真的不好，平时没事，下大雨时会有虹吸现象，打胶都没用，除非把板揭开，在搭接边打上胶或加一道胶泥，真是麻烦。强烈建议不要为降低造价而使用穿透型的屋面板。

【刘欣】：不要用穿透式自攻螺钉连接的屋面板，这类屋面几乎没见不漏水的，强烈建议采用隐藏式的板型，现在此类板型国内应用应该很多了，不过套用巴特勒的比较多一些。

【mengde】：我在昆明用，螺钉板坡度1：20，这种做法雨大一点都没有问题。可能是安装有问题吧，搭接长度长一些，打好胶，做好堵头，应该没问题。不过还是建议使用隐藏式屋面板，防水会要好一些。如果坡度小要注意屋脊和檐口处的雨水回流问题，还有内天沟女儿墙处的泛水要注意控制。

【木头】：如果是单坡长度较小，最好用高强度的暗扣板或低强度的锁缝板(长板)，屋面没有出屋面的通风装置或是靠锁定部位设置通风器，就不会漏了，但这仅指设计，若是施工不到位，再好的设计都会漏水，因此专业施工很重要。胶体来防水，若胶不受力，防水时间还会长点，但若受力就不能保证过10年或15年有效了。基本的观点是，防水用高强暗扣或低强锁缝板，但注意防风和温度力，避免用穿透式连接。穿透式连接刚度最好防水却最差。

【三心】：其实有时穿透式自攻螺钉连接的屋面板安装到位也不会漏水，问题是有些公司为省造价省工时，往往省掉了小方形压片。若屋面板波峰处先加小方形压片再打自攻螺钉，必要时为保险再打玻璃硅酮胶，我想应该是很难漏雨的。

暗扣板有时漏水也较严重，安装好后往往很难检查出来。其中屋脊和檐口处、屋面板纵向搭接处、各屋面泛水包角搭接处、屋面板与采光瓦搭接处、通风机(器)处、气楼处及天沟处等众多部位都存在漏水现象。

屋脊处，有些公司往往省掉了堵头，或施工时堵头未粘好，而屋脊盖板又没有剪口使其下插挡风雨，因而在沿海地带也就起不了作用。另外，可以对屋面暗扣板在屋脊处用自做夹钳把波谷往上翘，把在内天沟处的暗扣板波谷往下翘，也能起到防水倒流的作用。

一般东南沿海地带在屋面暗扣板的屋脊和檐口处、屋面板纵向搭接处波谷上都打有自攻螺钉作为抗风钉，而这些明式抗风钉若施工时不注意，往往都会漏雨。其中屋脊和檐口处的抗风钉一般不会漏水，但屋面板纵向搭接处一是抗风钉，二是搭接处水倒流造成漏水现象就较常见。暗扣板上明式自攻螺钉主要是施工时打钉未注意，在收尾时太过用力或用力方向不对，造成自攻螺钉垫片被压碎或自攻螺钉被打歪，而安装人员一般不太注意。纵向搭接处应有2道玻璃胶或密封胶及1道专用黑色丁基尼双面胶作防水倒流用(抗风钉下面2道上1道)。这3道都应在抗风钉附近，太远则会因屋面检修或其他原因振动造成胶与屋面板松脱。

不管是暗扣板或是穿透式屋面板，在与采光瓦搭接处都有可能存在漏水现象，主要原因在于采光瓦与彩板热胀冷缩系数不一样，施工时要特别注意。采光瓦上一般是明式自攻螺钉，打钉时可先钻孔(孔比自攻螺钉直径稍大，预防热胀冷缩使采光瓦被挤裂)，并加特殊压垫片(起防雨、防热胀冷缩作用)再打自攻螺钉。若打自攻螺钉用力过猛，此处采光瓦波峰会翘起，注意要满打涂密封胶以预防。

有些暗扣板固支座(或称暗扣支架、暗扣板抗风件)制作设计并不太好，因一般屋面板下有保温棉从而支架太高或强度太低，造成安装屋面板后暗扣支架倾斜，于是铰扣就不到位，不管是自动或人工铰扣机都没能达到完整的夹扣好，从而又会是漏雨的隐患之所在，还请多多改善或铰扣仔细点吧!

自然通风器(免电力)处由于有导雨板，只要导雨板施工到位，且导雨板能延伸到最下一通风器以下1m左右，一般都不会漏雨。但通风机就不一样了，因振动大，漏雨现象常见(甚至连机座处也会)，所以还是少用通风机。气楼处漏雨一般是设计问题，考虑周全完全能避免。

天沟(无论是普通钢天沟还是不锈钢天沟)搭接烧焊后最好试水，否则以后找原因可就难了。彩钢板天沟搭接没什么可谈的。

【zhengchenwuhai】:我们目前做的屋面大都是以玻璃胶处理搭接接缝，但施工结束以后，屋面难免再上人，往往会脱胶，请问有没有什么好的处理方法或建议?

【三心】:注意不管是穿透式还是暗扣式屋面板，纵向搭接处都会有明式自攻螺钉，只有在自攻螺钉附近两板间打玻璃胶才会有用。当搭接的下部板安装就位后，在将需要打自攻螺钉的附近各打1道玻璃胶，并在下面1道玻璃胶上面一点再粘1道黑色丁基尼双面胶(专用，较厚)，然后安装搭接上部屋面板，通过上部屋面板把事先涂好的玻璃胶及双面胶压实，最后打原来未打的明式自攻螺钉，这样通过自攻螺钉将上下屋面板及玻璃胶双面胶压成一个整体，就可避免因检修或其他原因振动而使胶松脱。

大部分安装队都是安装上下板后再在纵向搭接处涂玻璃胶，这只能起临时作用，在沿海地区时间长了总会存在漏水现象。

不管怎么说，还是尽量避免屋面板搭接现象或减少搭接。跨度较大时可在现场生产屋面板(超过18m长的屋面板最好现场生产，以减少运输损坏)，如我公司曾在现场生产约40m长的暗扣板，再通过吊装提升屋面板。25m左右长的屋面板完全可用单机吊装，注意要通过一定长度的小工钢及绑带辅助吊装。过长的屋面板可用双机抬吊，但也必须采用一定长度的小工钢及绑带辅助吊装，以避免板折坏或过度变形。

【妙蝶】:一般处理有打胶。天沟(不论是普通钢天沟还是不锈钢天沟)，在搭接烧焊完后最好先试水，彩钢板天沟搭接也是一样，不得半点马虎。我们经常在复合板搭接处用复合板盖帽遮盖,至今还未出现漏水现象。因为我们在施工方面要求相当严格,每一项都经过验收才可使用。

【burningwind】:关于暗扣式钢结构自防水,我们应当看到,在国外,尤其是东南亚及美洲等地区应用非常成功,主要原因有以下两点:

①在国外的施工中,机械化程度非常高,对于锁边部位的施工采用自动锁边机,可以保证其安全性;

②在这些地区的气候条件比较稳定,温差较小,因此在钢板短向及细部密封处理部位不易发生较大的变形,密封垫(膏)不易发生老化。

但在国内这种产品的应用却不成功,主要原因是国内施工的机械化程度不高,我就亲眼看到过工人采用手工工具锁边,而细部更是如此。另外,国内多数城市的温差相差较大,导致钢板接缝变形较大,密封处极易失效。

因此,我们应当扬长避短,采用刚柔结合的措施来做好钢结构的防水。

2 请教屋面彩板的防水问题。(id=62692,2004-6-24)

【xudong9902】:在长春接手一个屋面彩钢板的小工程,这个工程有出屋面的防爆墙。按照以前的做法,我还是在泛水和防爆墙的接触面采用玻璃硅酮胶密封(图 7-87),但是在北方室外用玻璃胶可能使用年限太短,业主提出更换密封材料,我想到了防水密封胶条,但有关防水密封胶条的使用说明尚未找到,想向大家请教一下,大家在实际工作中遇到这类问题时是如何处理的?如果谁有防水胶条的使用说明还望能告知,希望大家能帮忙解决一下这个问题。

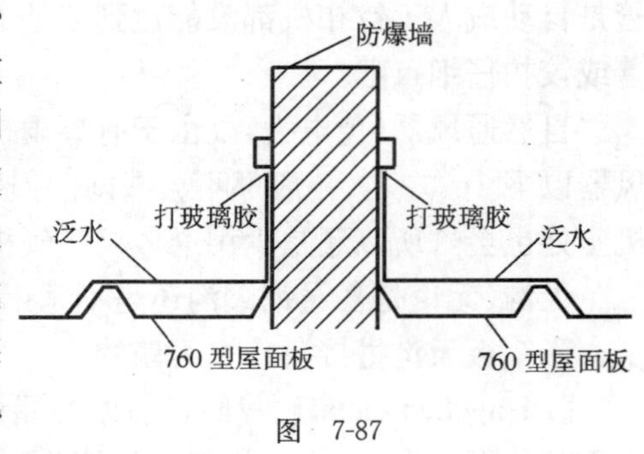

图 7-87

【dk1337】:你把泛水塞进防爆墙内再打防水胶,试试看。

【江华】:这个部位已不适合用玻璃胶,我们的施工方法是:墙壁粉刷与泛水板安装配合,从内到外结构依次是砖墙—丁基胶带—彩板—丁基胶带—铁丝网—钢钉—粉刷面。

【xudong9902】:江华的意见很好,我开始的想法也是在防火墙抹灰时把彩板泛水压在里面,效果会比较好。但是监理以耽搁土建进度为由,没有采用。我现在的意见是在彩板泛水与砖墙中间贴一道防水胶带,然后用 M4 膨胀螺栓固定泛水,外面再贴一道防水胶带,不知道这样能行不?希望大家指点。

【zhuhualong】:以上同行说的我们都试过,效果不是很好,但也不能说不行。如果想一次性解决问题并根除,办法见图 7-88,这样做以后就不会有事了,请注意圆圈出的部分。

3 760 型屋面板防水堵头如何处理?(id=62866,2004-6-26)

【xudong9902】:请问:760 型屋面板防水堵头是用彩板压出来的吗?固定时防水堵头与屋面板之间是否需要打胶?

【徜徉】:不是彩板压的,是泡沫,一般不打胶。

【zhangyimin】:760 型屋间板的防水堵头,分檐口处与屋脊处两种(形状不一样)。防水堵

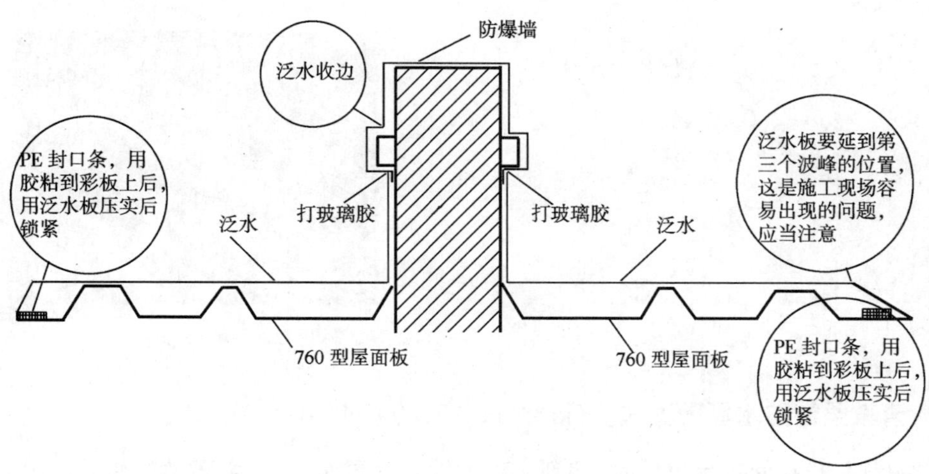

图　7-88

头既有泡沫的，也有彩板的(是经冲床冲制出来的)。如果是屋脊处彩板防水堵头，一般与屋面板之间不打胶，主要是为防止大水流的涌入。屋面板的屋脊一端，一般是向上翻起，可防止小水的流入。如果打了胶，里面进了水，反倒不利于水的顺利流出，如果积水过多，可能会漫过翻起，进入室内，造成漏水。

【hdjc】:当然采用如图 7-89 所示的泡沫堵头，无需打胶。注意屋脊处压型钢板波谷处上扳 80°，上扳宽度与压型钢板波高相同。

【ufomax】:760 型屋面板的防水堵头，分檐口处与屋脊处两种，细分的话应为 4 种，但一般不会特别注意这些。檐口处的防水堵头也是分为两种的，中间与咬口边檐口堵头不太一样。屋脊处的防水堵头也分为两种，且应该是左右对称的。防水堵头既有泡沫的，也有彩板的(是经冲床冲制出来的)。我一般倾向于用泡沫堵头，因为 760 型板有时现场加工尺寸不好控制，加上安装水平可能不高，选用金属堵头就很难办了。反正里面又在屋脊一端向上翻起，防止了小水流的流入，是不会出什么问题的。

现在 760 型采光带在屋脊处的防水确实不好办，里面又不能像金属板那样向上翻起。我一般选用在里面用金属堵头加胶，外面再放上泡沫堵头加胶的双堵头方法(如果没有金属堵头的话，仍用泡沫堵头)，效果还是不错的(图 7-90)。

【谨慎】:如图 7-90 所示应该为屋脊处吧？封口条下端和屋面你是否用硅胶固定？采用硅胶固定及密封，水好像从下面进不去，但这样的效果真的好吗？防水要靠构造措施而不是靠胶的密封，如屋脊盖的单边长度(水在屋面的爬行长度)、屋面板端部上扳。胶的使用寿命应该比钢板低，在水及阳光的影响下，硅胶老化失效的那一天，封口条恐怕也要随水一块流走吧！封口条的另一重要作用就是减少风荷载对屋脊盖板的作用。外屋面的整体密封是好的，但以胶的密封来做是不益的，特别是在有雨水又有日晒的地方，从屋脊盖板的下折边长度方面考虑是否为可行的方法呢？

我以前做工程，屋脊处的处理方法为:封口条双面胶带临时固定于屋面板，后其上加盘胶 1 道与盖板固定。盖板设计是根据屋面坡度及屋面板型，合理地设计其下折边长度，也可以有较好的密封效果。

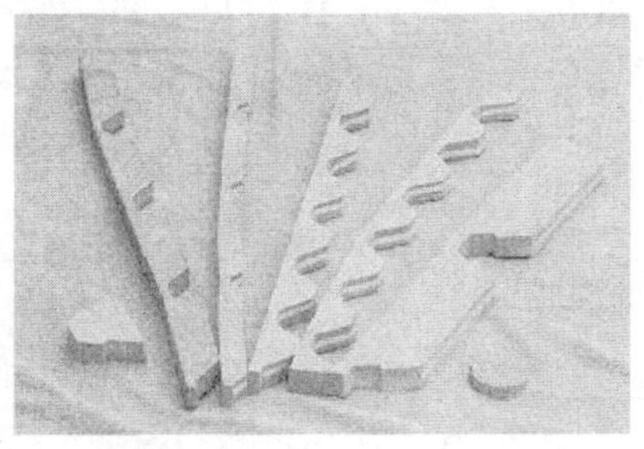

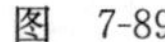

图 7-89

图 7-90

4 请教柔性防水屋面做法。(id=111236,2005-10-8)

【水中的鱼】:我在做投标报价时,遇到一种柔性防水屋面方案,主要做法如下:

①屋面内板采用 0.8 厚彩钢板;

②屋面板上铺设一层挤塑板作保温层;

③保温层上铺设一层 PVC 防水卷材。

虽然这项工程因为各种原因最后没有投标,但我一直不太明白这种柔性防水方案如何施工。

①屋面钢板是否为楼承板形式?

②保温层与屋面板如何连接?是采用自攻螺钉连接还是胶粘连接?保温层选用何种材料?

③防水卷材与保温层如何连接?

④屋面周边泛水收边及节点如何处理?

【burningwind】:对于你的问题,我可以提供如下信息,希望能对你有所帮助。

①对于屋面的钢板,主要是对厚度的要求,是为了整个层次的机械固定施工(即螺钉需要穿透钢板)效果,包括螺钉的拉拔力和在风荷载动态作用下的抗松动性能。至于是否是楼承板,倒不一定。

②保温板与钢板是采用螺钉连接,采用的是自钻螺钉,而不是自攻。保温板通常采用 XPS(挤塑聚苯板)或者岩棉保温板。

③防水层同样采用固定件与钢板直接连接,然后 PVC 卷材在之间采用热风焊接,将所有固定件覆盖于防水层下。

④周边采用金属压条将 PVC 防水层收口密封。

【equan2008】:图 7-91 为柔性防水屋面施工图片。

5 钢廊屋面防水求救!(id=71991,2004-10-7)

【wangdesun】:该工程是一个通廊。由于山区风大,原做的一个通廊屋面用射钉连接,在连接处下雨时漏雨。现在再做,业主要求屋面不得漏雨,我不知如何处理。通廊宽 6m,采用钢桁架结构,图 7-92 是原来的通廊照片,我这次做的没有坡度。

【dxy】:建议用暗扣板,波峰高,受力好。由于不需打钉,所以防水性也好。

图 7-91

图 7-92

【钢架鹿】:屋面板型有问题,建议采用760型、475型等不打钉连接的屋面板。

【benboy】:也可以考虑采用双层屋面板,就是费用要高一些,效果还是比较好的。

6 屋面漏水原因及解决办法。(id=183248,2008-1-30)

【达者】:围护系统的施工质量对于轻钢厂房的整体质量来说,意义重大。我相信很多同行都会遇到彩板屋面漏水的问题,解决起来简单却并不有效。请问:钢结构厂房一般漏水、渗水发生在什么位置,是什么原因引起的,如何修补?

【lee. jengru】:①屋脊(Ridge)收边(Flashing)施工不佳。

②开口收边施工不佳。

③屋面板边缘没有封口板(Sealed Plate)。

④屋面螺栓处生锈。

⑤屋面板搭接。

⑥采光带。

⑦风机、出风管口。

7 帮忙分析漏水的原因。(id=11622,2002-7-17)

【江海】:工程概况:黄山,36m跨,7m高,坡度1∶15。板型见图7-93。该工程已修补过3次,应打密封胶的地方都已经打过了,还是漏水。请各位高手帮忙分析漏水的原因,给个可行性方案,以防止漏水现象的再次发生。

【SPJFLY】:再加1道专用扣件。

【ch237】:漏水的部位在哪儿?我觉得扣件不是主要问题,可能是安装问题,或者硅胶问题。

【江海】:漏水的地方有几处,具体我也没看过。但是我认为安装的问题不是太大,因为去打胶水的人已经好几批了,我的意见和你有些不同。

①排除是胶水的问题。

②板型还可以,应该没有问题。

③扣件别人也装过,别人的不漏水,应该也不是扣件的问题。

④可能是安装的问题。

【my71327】:需要了解在什么地方漏水、大梁与檩条的规格才能分析。

①若在上下屋板连接处漏水,有可能是上下两板搭接长度不够,或拉铆钉打得不好。

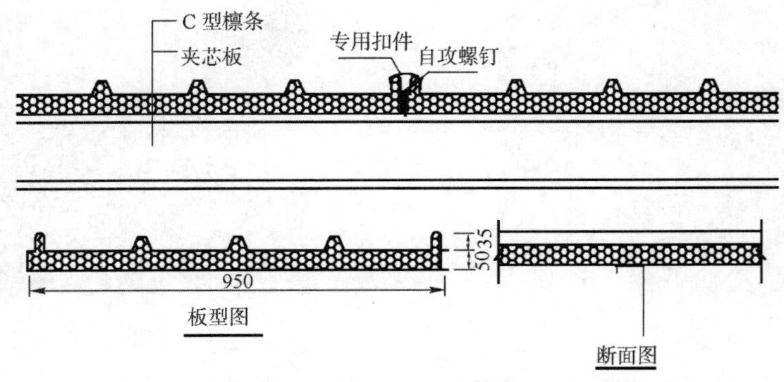

图 7-93 （尺寸单位：mm）

②大梁及檩条挠度太大，若这样就很难整改了。

【军士 ab】：我估计主要是安装问题，有以下 3 种可能：

①扣件搭接长度不够；

②彩板如有搭接，处理可能不得当；

③屋脊盖板之间搭接及与彩板搭接处理可能不得当。

另外，如时间长也不排除是胶老化而开裂。

【even】：我的看法如下。

①由于采用暗扣板，波高较小，则我猜想应该至少是中强板，因此，在板扣件的轧制过程中，其延性较小，扣件在施工后会有截面回弹的现象，这样会有很多的毛细孔产生，而你们的扣件没有防虹吸的措施，产生漏水的现象是很正常的。

②不要把漏水的可靠性放在防水胶带上，无数的工程证明，这是没有用的，应该在板的接口上多下工夫，这样往往比较有效。

③看你的板型，应该是夹芯板，我个人认为，找到漏水的部位，卸下扣件，用 PE 胶条把板的接口封严，再装上扣件。

【大法师】：前面的这位分析得较透彻。这里贴张沃德公司的英国屋面夹芯板（图 7-94），做工很细致，所有的凸起和胶都是有讲究的，用到现在好像没所说有漏水现象。

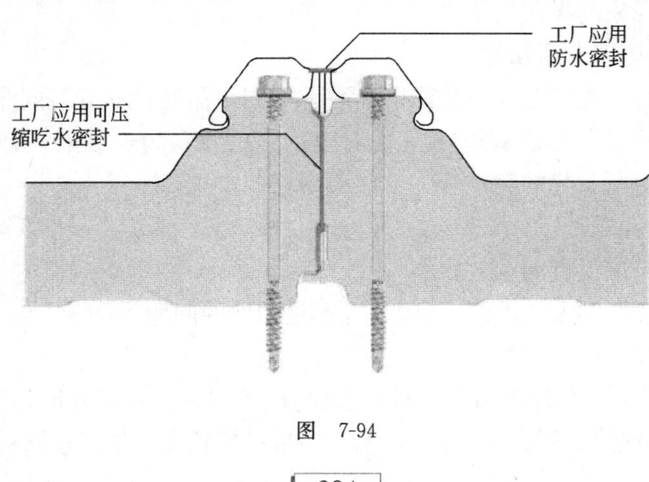

图 7-94

【zhhch】：以上几位不知有没有亲自补过漏？如果楼上的朋友说的与实际相符，可能就没有漏水的房屋了。本人亲自参与几个钢板屋面的补漏，对漏水仍有不明，**江海**提出的漏水问题在实际工程中普遍存在，原因均要现场分析。

根据板型可看出，这是老式的暗扣夹芯板，实际节点与上传的图应有较大区别，不过有一点可以肯定，即板本身不会有问题。按**江海**提供的工程情况，应从以下几个地方找漏，但不能保证完全不漏水，还应找对补漏有经验的队伍补漏。

①板搭接问题。36m 长的板面通常由多块板搭接而成，1∶15 的坡度偏小，对板搭接的要求较高，应检讨安装情况，必要时须重做。

②扣板问题。扣板从理论上说都没有问题，但实际安装时，相邻两板的板高、间距均会不同，应检查有明显变形的扣板；扣板通常以拉钉固定，拉钉应采用防水拉钉，如是普通铝拉钉，应全部封胶，最好更换。

③密封胶问题。一般人对漏水采用补密封胶的办法，**江海**说的"应打密封胶的地方都已经打过了"是个错误认识，水宜导不宜堵，一般安装时打的密封胶在钢板内侧，多多益善，补漏时在屋面板面上打胶，胶在板外，盲目打胶只会适得其反。

所以，建议在下大雨时亲自去查看漏水情况，并分析可能的漏水原因是上上策。

8 不打胶，得泰条形盖片还能防水吗？(id＝74879,2004-11-2)

【flywalker】：有一工程，屋面上开了十几个洞，准备用得泰条形防水盖片。施工时发现在波谷上折处条形盖片与彩钢板间的接触并不密实，如果不打胶的话，应该会漏水。那么就有个疑问：得泰防水盖片靠的是胶来防水吗？如果胶失效，那么漏水就会随之而来吗？

【DYGANGJIEGOU】：在得泰防水盖片的安装中，最重要的是一定要使用优质的密封胶，施工水平不高或用胶质量差都会造成漏水现象。质量不好的胶使用时间不长就会起皮脱落。与得泰盖片配套的密封胶一定要选用质量好的，Dow Corning 品牌的有机硅粘合剂和密封胶就不错。胶的品牌很多，可参见论坛上的帖子：

http://okok.org/forum/viewthread.php?tid=33891&h=1#156744

(五) 其他问题

1 屋面防水难题。(id＝70272,2004-9-16)

【散之】：某电厂炉前平台，在 26m 层做压型钢板围护。车间有高低温蒸汽管道、锅炉阀气管道等，直径 200～800mm 不等，管道温度最高达 540℃，管道最大膨胀量超过 200mm。现在管道穿过压型钢板，防水问题处理遇到困难，请各位同行提些建议。听说得泰盖片不错，但用之处理这方面的也比较少，而且也相对较贵，还有没有更好的处理办法吗？

【SHILEDA】：画了个草图供你参考，见图 7-95。

【散之】：请教 **SHILEDA**，用钢板来做这个圆形的泛水板，在处理上应该比较困难吧？而且管道有膨胀，一胀一缩对钢管和泛水板的连接会有影响。

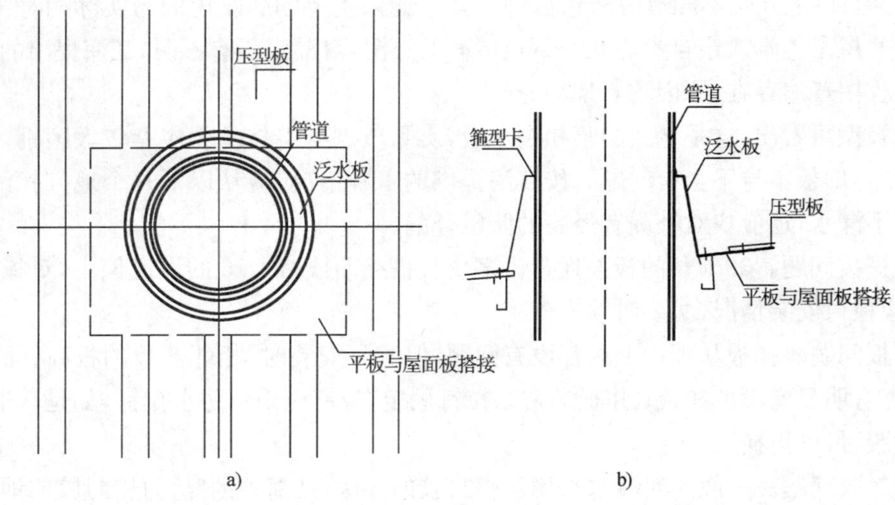

图 7-95

【hdjc】:采用柔性盖片肯定不行。根据我公司生产的柔性盖片的原材料资料显示,采用EPDM柔性材料,工作温度为－30～115℃;最好的硅橡胶柔性材料,工作温度为－60～200℃,可以承受250℃以下间歇高温。

因此,根据来宾电厂的经验,采用附着于穿出管道的方金属盖帽来遮挡压型板的圆洞口是一种比较经济的方式。原则有:①洞口在满足安装管道和压型板的热胀冷缩条件下,尽可能小;洞口边缘30mm上扳80°。②盖帽坡度同屋面坡度,盖帽尺寸大于洞口尺寸,满足防雨水飘入,或采用弘达柔性盖片封住盖帽边缘与压型板的间隙(注意:增大盖帽尺寸使盖帽边缘的温度通过散热方式降低至柔性盖片允许的温度)。③盖帽与管道之间的联结采用焊接(压力管道允许);若压力管道不允许焊接,用薄不锈钢板制作一个对称可分盖帽,盖帽洞口采用钣金加工一个圆筒形折边,圆筒形折边直径同管道外径,采用钢箍将可分盖帽装到管道上,注意在盖帽的圆筒形折边内壁预涂防火涂料或压力管道的涂料以填充间隙。

另外,国产的柔性盖片价格较低。

【宇宙之机】:参考示意图7-96。

【ufomax】:不知道管道有没有保温?如果有,可以看一下如图7-97所示节点。该屋面有38个烟囱,直径300～1000mm不等,温度最高为550℃。

2 双板夹岩棉的屋面如何做好防水维修?(id＝83788,2005-1-25)

【高老头】:去年做了一个工程,屋面采用上下压型彩板,中间夹50mm的岩棉保温。该工程是一房地产开发公司的售楼综合服务部,结构内部装潢很好。可是由于装潢公司人员施工中在屋面上行走,致使上层板局部接口处翘起,经我公司整形打胶后,还是不能彻底解决雨水滴漏问题,为此影响到工程款回收。后来又在屋面板接口处打了一遍胶,还是有漏点。在此想问一下有什么好的方法能解决吗?

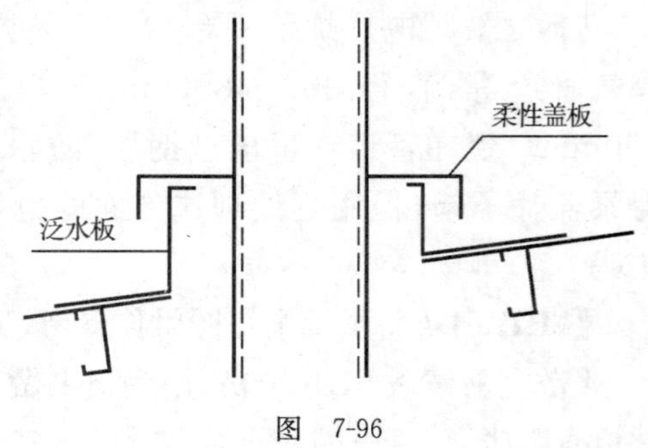

图 7-96

烟囱拔水
高温保温棉
新加彩板拔水
PVC防水
过渡拔水
木板
130
烟囱
840型屋面板
支撑底座
C80×50檩条
支撑底座
C80×50檩条
彩板包角
颜色同底板
80
50
130
新加彩板拔水
防水拉铆钉
130
原有彩板拔水
防水密封胶
新加彩板拔水
加强彩板拔水
PVC防水
100
100
木板
PVC防水
0.6彩板拔水
840型屋面板
支撑底座
C80×50檩条
防水密封胶
压条
防水拉铆钉
0.6彩板拔水
烟囱
PVC防水
木板
840型屋面板
760型屋面板
40×40方管
保温棉
彩板包角
颜色同底板
彩板包角
颜色同底板
保温棉
防水密封胶
防水拉铆钉
760型屋面板
40×40方管
V900底板
V900底板
Z型檩条
Z型檩条
彩板包角
颜色同底板
拉铆钉
@200

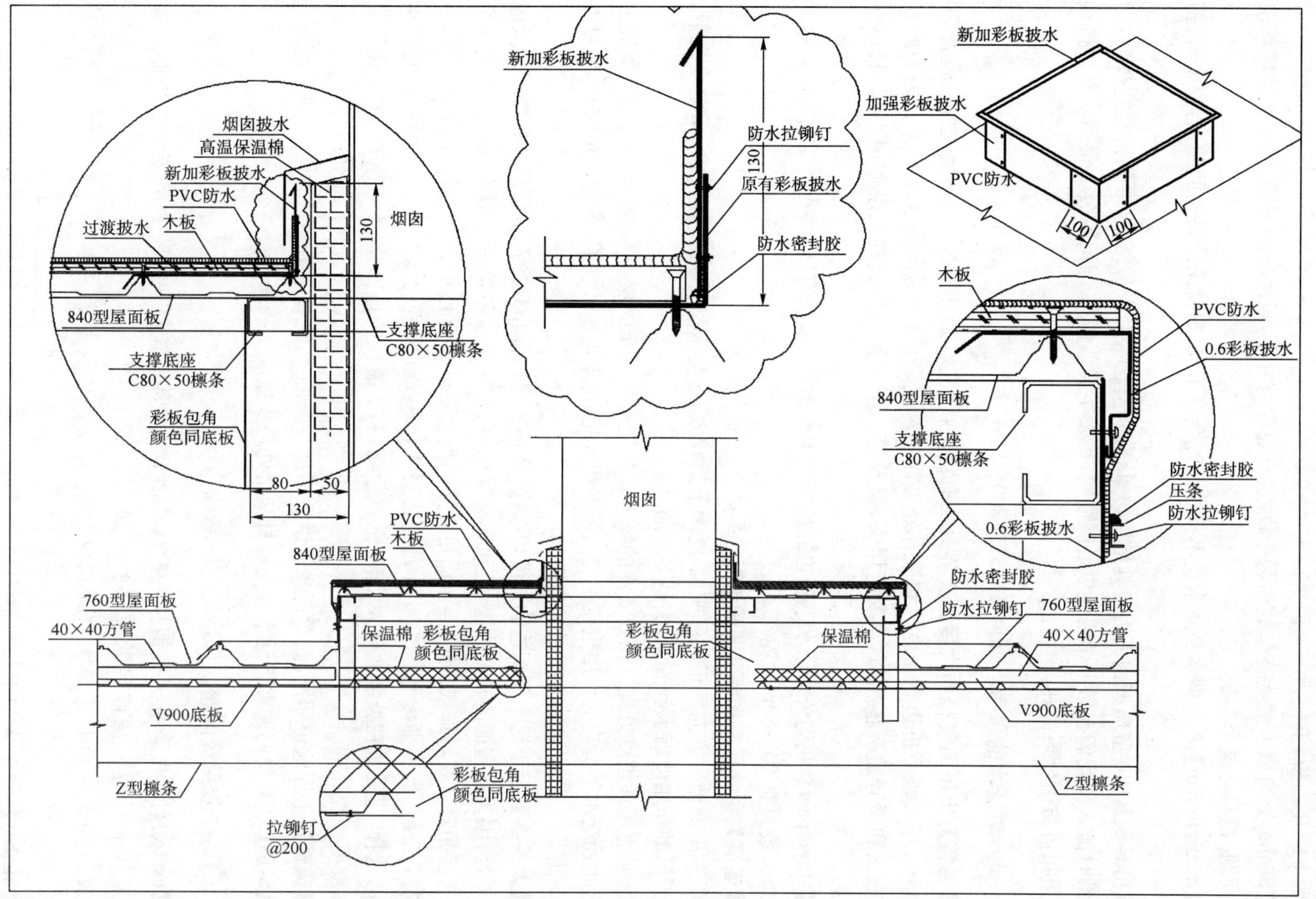

图　7-97(尺寸单位:mm)

上板为 840 压型板，下板为 900 型单板。

【benboy】：可以考虑在挠起处加封盖收边，有点像打补丁，虽然影响观感，但是要彻底解决你的问题，也只有这个办法。

【huangjunhai】：840 型本身防水就不行。不过全打了胶，那就是冷桥的问题：岩棉太薄、搭接不良。

【bjdwcg】：840 型压型钢板由于其搭接边重合部分较少，经人员踩踏，导致搭接边翘起，雨水飞溅时流入。我们在做一个物流中心屋面时，也发生类似情况。逢雨必漏，最后在瓦楞搭接处使用扣盖防雨效果很好。

3 对泛水的思考。(id=118397，2005-12-10)

【谨慎】：出屋面气楼与大屋面交界处要有泛水，但我看到其下折边一般都很小，也就 20～30mm，那么该下折边是否也应和屋脊处盖板相对应，应与大屋面的板型有关？因为此处泛水做法和屋脊盖板很相似，都要有堵头、盘胶等。至于其下折边的长度如何而来，我也存在疑惑。

【stayinpast】：我们公司泛水下折边的长度至少要 100mm，还有挡水板、堵头都要做。你看到的怎么会只有 20～30mm 呢？

【谨慎】：我觉得泛水要分两种情况：

①顺屋面坡度方向。正如你所说，泛水下折较大，这与板型有关，不是 100mm 这个定数。考虑到风的作用使雨水倒流，堵头是要有的。

②垂直屋面坡度方向。该处泛水的作用就是把雨水引至大屋面板的波谷处，使之顺坡度流走，此处泛水下折边的作用也就是与大屋面板固定，20～30mm 够了，为进一步防水，尚可加盘胶 1 道。

【大头盛】：至于泛水下折边的长度，我首先考虑的是可能出现的汇水深度。如气楼与大屋面交界处，因为在屋面的较高位置，汇水不会太深，只要挡住水不流过一般没问题。但其他位置的搭接相对就要增加很多了，至少满足搭接的垂直距离大于汇水深度。但太长了又不行，一是耗材，二是可能毛细渗水。100mm 是构造要求，350mm 大概就差不多了。此外，还有搭接位置的选择，应尽量在坡度变化大(缩短垂直距离)和水流快的地方(减少渗水)。搭接难保证防水，就要压胶处理。

【谨慎】：上面这位朋友，我觉得我们说的不是一个长度，请看图 7-98。

【SUNLIN】：我们通常将泛水板与板材交接处最少做成 150mm。

4 硅胶用量问题。(id=84173，2005-1-29)

【cxsteel】：在做彩色压型钢板围护结构时，常常要用硅胶。硅胶的用量怎么控制？理论上有没有计算方法或经验算法？比如一瓶硅胶打几米包角收边？大家谈谈你们的经验。

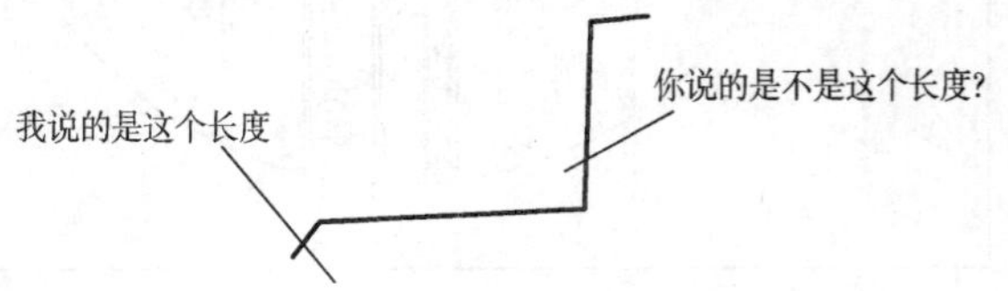

图 7-98

【benboy】：凭个人的工作经验，总结了影响硅胶用量的几个因素：①与收边的类型有很大关系；②与施工人员的技术水平有关；③硅胶品牌也会影响用量。

有关控制用量的问题，最好是用一管硅胶针对各类收边进行试验，看每类收边一管硅胶能打几米，以后做工程就能心中有数。

【meijuli】：这要看是泛水还是收边，泛水用的胶多，收边用的少，平均是每管硅胶可以施工6～8m，这还要看你是不是对工程熟悉，哪里该打胶哪里不该打。

【wxj777183】：我通常按每平方米（墙面屋面分别计算）0.03管考虑，不过不太准确，只能报价时大概测算一下。

【徜徉】：使用硅胶的部位主要是：屋面钢板的搭接（搭接长度按其展开宽度算），泛水包边的搭接（屋面泛水的搭接要双道硅胶、双道铆钉），采光板的四周（含搭接部位）。同时，还注意屋面比墙面的要求高。封胶挤出时宽度应掌握在6mm左右，搭接处封胶挤压后，厚度约为3mm，宽度在10mm以上。每管封胶约打6m长，封胶中心距板边15mm左右。打胶前必须将钢板表面擦拭干净。

【w_haixia】：硅胶一般打2.5m/管。

【gcl1558】：硅胶可以估算，按每平方米彩板0.03～0.04管；也可以细算，就是把所有需要打硅胶的地方的延长米算出来，然后每管硅胶按打5m算。

【黑胡子海盗王】：能淋着雨的地方打，水平搭接处打，垂直的不用，一般一管硅胶打5m，这是个很精确的计算法。

【jym】：如果需要精确估计的话，就得注意以下几个方面：

①每管硅胶的容量，是250mL还是300mL？

②硅胶挤出宽度是多少？

由上面两点就可算出每管硅胶所能使用的延长米了，再根据实际使用部位进行硅胶的需用延长米计算，就可以得出实际需要的硅胶量了。不过，不同质量的硅胶，其标称容量和实际容量是有区别的，差的品牌最大的每管可能有1/3的空。另外，施工人员不同，其挤出宽度也是不同的。

需要用硅胶的部位主要有以下几个地方：

①收边的搭接部位，一般是按收边的展开宽度为长度，打2道。

②屋面板堵头处，按堵头的底部曲线展开长度计。

③如果墙体是土建砖墙，则该处收边一般按通长计。

5 密封胶和铆钉的算法。（id＝125605，2006-3-2）

【红刚】：在实际施工过程中，密封胶主要是用在哪些方面？一支密封胶可以使用多少米，还是多少平方米？铆钉对于标准的轻钢门式结构，多少平方米用一盒？

【yflovezd】：密封胶一般用在容易漏水的地方，我们做的工程就在屋面搭接、屋面泛水、收边、外屋脊等地方用密封胶，还有就是一些屋面或是水槽打了钉的地方（防止水从洞边渗入）。其实最重要的是结构本身的防水能力，密封胶只能辅助防水。我们是按一支打6m来计算密封胶的，如果工人技术太差就要算多一点了。

至于铆钉，一般我们是先算一些收边等需要用到铆钉的地方，然后根据打铆钉的间距算出数量,在打个损耗(不用很精确,反正这种小配件什么工程都可以用,这一次买多了下次就少买点)。

不过这只是我们公司的习惯做法,我想每个公司都有自己的一套,不知道大家都是怎么做的。

【水中的鱼】:密封胶的用量实际上是可以通过计算来获取结果的。例如一支密封胶按照 300mL 考虑,如果用在屋面板咬合缝处,要求打胶 2×20mm,一支密封胶可以打多少米就出来了。当然,这只是理论用量,关键还在于施工人员技术水平,可以通过实践进行论证。

【徜徉】:在两层钢板之间打硅胶后,再用铆钉@80,一般做法是双道硅胶双道铆钉,如图 7-99 所示。

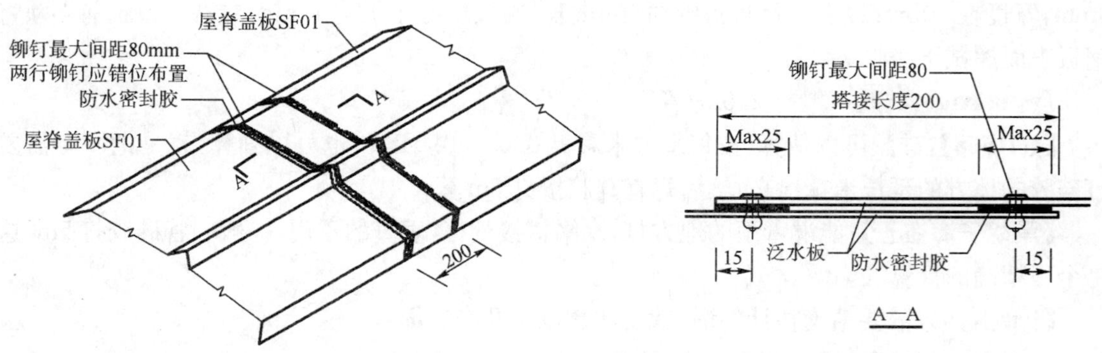

图 7-99　层脊盖板搭接示意图(尺寸单位:mm)

【crazysuper】:①屋脊和檐口天沟处的屋面外板处、采光板处漏水也是一个头痛的问题。我这里就遇到一个这样的工程,采光板处漏水,现在去整改它就好难了,施工出来的采光板板宽和肋高都不一样。采光板就是要刚开始施工时操作得当,再一个就是细心做。一个工程出现一点漏水问题不大,要是大面积的漏水,就有问题,因为房子一旦漏水必将对整个结构的安全构成威胁,结构易生锈,使保温棉积水,增大屋面荷载。

②计算硅胶和拉铆钉的用量就是:硅胶是按所需宽度和厚度,再乘以一个总长,就得出所需硅胶的体积;而钉子就是一个一个数,知道搭接处隔多少一个就可以计算出总数来。

6　屋面板怎样防止酸性气体腐蚀?(tid=90550,2005-4-8)

【FGZ2003】:我公司承建的一钢结构工程屋面板部分已开始脱落。因为该轻钢厂房生产铝合金,室内会产生大量酸性气体,但业主要求不能设烟囱排气,又没有废气处理设备,直接排放在室内,导致彩板腐蚀。现业主要求我们更换耐酸性的屋面板并保证使用 10 年。请问各位应选用哪种屋面板?

【zhangdahou】:据我所知,目前国内正式生产的涂层钢板(彩板)的耐腐蚀性能均较差,难以达到该项目的使用要求。国内某大型钢铁企业为了解决冷轧酸洗车间屋面的腐蚀问题,曾专门进口了一批含氟涂料并在自己的生产线上生产出彩色钢板,但是使用约 5 年,就出现了屋面穿孔。

对于该项目，如果提供生产车间内所排放酸的种类、空气中酸的浓度、温度、相对湿度等条件，我们可确保维修涂装后的使用寿命达到10年。

中冶集团建筑研究总院曾经对数家钢铁企业的钢结构厂房、屋面彩色钢板、铝板的使用情况进行过调查、评估，拥有金属结构防腐蚀方面的丰富经验和业绩，可提供帮助。

【liaozhongjian】：可以采用镀铝锌钢板+PVDF烤漆。钢铁腐蚀与防腐是当今世界的一项重大课题。全球因腐蚀每年造成的经济损失高达7000亿美元，是综合自然灾害损失（包括地震、台风、水灾等损失）总和的6倍，我国1995年钢铁腐蚀造成的经济损失高达1500亿元人民币，且呈逐年增加的趋势。

钢铁在大气中腐蚀属电化学过程，其危害性在于它是一种不均匀的破坏，损伤发生在阳极表面，一旦出现腐蚀坑，往往向纵深发展，覆盖有锈蚀产物的腐蚀坑的底部是小阳极，而暴露在大气中的金属表面是大阴极，阳极面积小，电流密度大，因此腐蚀发展快，腐蚀坑底部由于缺氧而酸化，造成自催化作用，而大大加快坑底向纵深发展的速度，这就是所谓的闭塞电池现象，从而引起构件的应力集中，而应力集中又促使腐蚀坑底电位变负，加速腐蚀过程，这种相互反馈的连锁反应是应力腐蚀的一种形式。

金属屋面只有防止腐蚀才能正常使用。镀面钢板的抗腐蚀性能是由金属镀层的结构决定的。

VDF彩涂钢品是目前世界上溶剂涂装系统中最优秀的系统，也是建筑工业用烤漆钢板涂料中最高级的产品。由于PVDF化学键与化学键之间有很强的键结力，因此涂料具有非常好的防蚀性及色泽保持性，其耐候性（光泽保持性、耐粉化性、颜色耐久性）也是所有涂料系统中出类拔萃的。PVDF分子量大，且为直键型结构，因此除耐化学药品性极佳外，于机械性能、耐紫外线及耐热性能方面也极优。聚二氟乙烯树脂涂料系统在其他各国钢浪板体系中，如美国体系，则称之为kynar 500；如澳洲体系，则应用在XSE体系中。聚二氟乙烯树脂涂料系统在户外常规气候及有适当雨量洗涤的情况下，可在30～35年内，漆层不产生裂痕、剥落或松脱。因此，从采购角度来评估聚二氟乙烯树脂涂料系统的镀铝锌钢板，虽然首次投资时的资金投入会比较高，但从以后的维修评估、厂房长久外貌、耐用性、使用年限等各方面来看，采用聚二氟乙烯树脂涂料系统，在资金较充裕的情况下确实是一种理想的选择。它适用于各种严厉的户外环境及建筑，如屋顶、外墙板，尤其是高斜的屋顶结构或巨大的建筑物要求耐大气污染及耐久性或严寒、酷热及终年有强烈阳光照射的地区。

【w_haixia】：可以考虑混凝土大型屋面板。

六 屋面采光带

（一）采光板选用

1 采光板怎么采光？（id=79411，2004-12-14）

【forkliu】：我是新手，《建筑钢结构施工手册》上有："在大跨和多跨建筑中，由于侧墙采光不能满足建筑的自然采光要求，在屋面上需要设置屋面采光板”。请问采光板是怎么采光的？与天窗有什么区别？

【doubt】：一般的采光板指的是与屋面板相配的半透明玻璃钢/聚酯板，因为板型相同，搭接防水比较好处理，所以应用较多；对于现在流行的防水较好的360°卷边屋面板，一是可以选用配套采光板（定做），二是加弧形阳光板/PC耐力板采光带。阳光板/耐力板根据颜色及透明度分为多种，做完后较为美观，适用于有一定内部效果的场所。

【openking】：现在的采光板可以根据你的板型来定做，除了螺栓连接，也可以采用扣件连接，比以前的做法改良了许多。

【自由如风】：同意上面的说法。现在的采光板都是根据各个公司采用的板型来做的，我公司是用固定座，不需要打自攻螺钉，所以漏水问题应该是很好地解决了。

【liaozhongjian】：FRP(fibreglass reinforced polyester)采光板为玻璃纤维强化聚酯采光板，系树系基复合材料，由高性能上膜、强化聚酯、(无碱)玻璃纤维和进口高性能防老化薄膜（或凝胶）及添加剂等材料，经机械化连续成型的一种采光产品。

主要成分：上膜、强化聚酯、玻璃纤维。

【长安鱼】：①透光率。最高可达79%～82%。

②耐久。表面UV防护层有效延长板材使用寿命，一般10年。

③耐火性能。依据GB 8624—1997，判定为B1级。

④耐候。在－40～120℃的范围内保持各项物理性能稳定。

⑤保温节能。16mm厚三层中空采光板保温节能效果优于中空玻璃。

⑥不易结露。相同温差、温度下与玻璃相比不易结露。

⑦易装。在常温下顺檩条方向可冷弯成型，最小弯曲半径为板厚的175倍。

还有一种就是采光罩，各项物理性能都优于采光板。

【艾珀耐特】：采光板算是半透明的，根据厂方的使用情况其透光率有不同的选择。普通厂房所用采光板的透光率约为70%，热能穿透率约为65%。采光板可做成与屋面板型一致，顺序安装。采光板也可以用在天窗上，我公司有工程实例。

【crazysuper】：有一个问题想请教：采光板与屋面压型钢板这两种材料紧密相扣在屋面上，它们的热膨胀系数是怎样的？会不会因温度过高而使采光板容易出现开裂现象？它与普通压型钢板温差有多大？

【逆风而上】：因为采光板与钢材的线性膨胀系统相差比较大，所以在布置采光带时，设计上最好考虑不连续的星状布置，而不要整个通长布置。

【crazysuper】：“不要整个通长布置”也存在一个问题，就是搭接端多容易漏水，我遇到一个工程就是采光板与收边板用防水拉铆钉连接，在每一个檩条处都有一个搭接头，导致现在整个屋面采光板都换了。

关于前面的问题，能否提供一些技术参数？现在不仅我们对它们要了解，许多业主也很关心。

【艾珀】：我们公司做采光板近40年了，积累了很多经验。因采光板与钢板的线膨胀系数不同，为解决该问题一般是在采光板上打一个大于自攻螺钉6～8mm的孔。

2 采光板的相关问题。(id=23121,2003-3-1)

【donau】:随着彩钢板的发展,对采光板的需求也在不断提高。请问,现在大家对采光板的要求一般会是什么?机制或者手工产的,是否有很大的区别?

【leotuu】:实际应用时,主要考虑采光板波形的吻合程度、膨胀性能、固定接口处理。

【abiao】:应根据地区条件选用采光板,北方地区保温厂房应采用双层玻璃钢或阳光板比较好,采光板施工设计应注意与彩板搭接防漏及结露等问题。

【悠然南山】:能否提供标准采光板节点设计大样?尤其是与彩板搭接防漏及结露等问题如何处理?还有固定件采用何种螺钉?

【YHL】:对采光板的要求取决于图纸有哪些要求,如透光度、使用年限、保温程度、节点安装等。手工制作的没有机器制出的标准,且手工作坊用的原材料可能也差一些,质量很难保证。

【tennisman】:我公司刚刚施工了一个工程,6000m^2,有采光带,屋面是双层的,采用了阳光板,且用彩钢板做模板进行制板,板宽度为600mm,两边上折60mm,采用自攻螺钉打在檩条上,与彩钢板接头处上面再进行包边,可以做到不漏。设计本要求采用卡布隆板,但无法施工,原因可能在于卡布隆板只适合全屋面,无法和彩板搭接。

【yoo】:可采用FRP采光板。长度任意定,板厚0.6~2.5mm,宽度0.5~1.4m。板型与彩钢板配套,防水极易处理,施工方便,还可作采光窗用。此外,还有阻燃系列的。

【76wolf】:对于普通使用的FRP,无论是机器还是手工其膨胀性能基本一致,关键在于材料的厚度均匀,真正好的采光板,其采光的恒定性较好,而采光率则不是检验采光板好坏的标准。

对于卡布隆板和钢板,因两者膨胀系数相差过大,直接相接自然困难,就连FRP的膨胀系数也是钢板的3倍。

【glengao】:对采光板(FRP或GRP)的要求主要有以下几点,同时该几点也是鉴别采光板质量好坏的标准。

①气泡和水泡少,最好没有。

②优质的玻璃纤维,且要分布的均匀。

③优质的聚酯及高性能的上膜。

④采光率保持度应高。

⑤厚度要均匀,特别是在弯曲的地方,这一点相信手工的会不及。

⑥抗化学腐蚀性强。

⑦抗紫外线性能要好。

此外,还可根据设计,对隔热性、颜色方面有一定要求。

3 采光带用什么材料的板好?(id=81624 2005-1-4)

【学者168】:好多厂房为了采光,都要求做采光带。材料有几种,哪种材料好?

【半解一知】:①采光带设计可以用FRP采光板、PC板、PVC板;

②FRP采光板以玻璃纤维增强聚酯为主要材料,具有耐候性、抗冲击性、耐腐蚀性、耐温

性、阻燃性、热稳定性。

③PC板以工程塑料聚碳酸酯为主要原料，具有耐候性、抗冲击性、耐腐蚀性、耐温性、阻燃性、热稳定性。

④PVC板以聚氯乙烯树脂为主要原料，具有防火性、防腐性、强韧性、耐候性、轻便性、美观性、环保性。

具体介绍见：http://okok.org/forum/viewthread.php?tid=78013&h=1&bpg=1&age=30

【windiyun】：①不要用玻璃，原因为：施工难；阳光直射；K值太高，大大浪费空调费用；胶易黑易漏水，用结构胶和耐候胶的效果均不太理想。

②建议采用阳光板。但所有的板均存在漏水的可能。

【kinsongs】：阳光板不好。中空后虽有6mm厚，但实际上，上下板实厚只有零点几个毫米，有施工队反映安装完毕后的阳光板很易在打钉处破坏。

【windiyun】：阳光板有3mm、6mm、8mm、10mm、12mm、15mm、18mm、20mm、25mm、30mm、32mm厚的，分实心和空心两种，但通常为空心的，并且上下板厚一般约为1mm。阳光板的安装方法主要有以下两种。

①嵌入安装法

a. 嵌入支撑框架部分的保护膜会影响填缝料与PC板的粘结，故在PC板嵌入之前，应先切掉嵌入量5～10mm宽的保护膜。

b. 板材热胀冷缩量与金属框架不同，且具挠曲性和承受风压，因此须有适当嵌入量、胀缩预留空间及选择适当板厚。

②螺钉安装法

a. 室外装置或温差在±8℃以上时，任何螺栓、铆钉穿孔，必须加大孔径，预留容许温度胀缩量。一般孔径皆须大于螺栓直径50%。铆钉选铝材，应避免使用自攻螺钉。

b. 所有孔穴皆应以矽胶充满空隙，并以矽胶涂覆外露部分，以防止清洁剂渗入边缘，防止延发性龟裂。

c. 铆钉钉头部应比柄部大1.5～2.0倍，并以垫片充垫其间，不使铆头直接压迫板面，减少压力。

d. 上螺钉不可过紧，否则引发应力。

e. 长边、短边请加金属压条，并预留膨胀空隙，加强固定力量。

安装分打钉和不打钉两种方法。打钉也有一些注意事项，不能根据施工队的反映来评定阳光板质量的好坏。

【DYGANGJIEGOU】：采光板即FRP板，其主要成分为聚酯；阳光板又称卡布隆板，主要成分为聚碳酸酯。采光板为实心板，可根据彩板的板型制作成各种不同板型，在施工上相对较简单。阳光板为中空板，有二层或三层的，且只有平板，但可根据需求弯成一定弧度，适用于温差相对较大的北方。因热胀冷缩的原因，阳光板的安装尺寸不宜过长，且因阳光板是平板，在安装时两块板的搭接处上下应有胶条和铝压条，以防止漏水。

【hehongshengabc】：①不同的采光板有不同的固定方法，如聚碳酸酯采光板采用铝型材扣件来固定，波形采光板采用采光板支架和自攻螺钉固定，再打胶密封。采光板的位置一般设置在跨中。

②如果要用自攻螺钉连接，则必须有盖板，且注意将阳光板在打自攻螺钉处开孔大些，否则阳光板冷热变形较大，容易被自攻螺钉剪破，产生裂纹，影响使用。注意：无论采用什么连接方式，一定不要限制彩钢板的伸缩。

【gkfine2826】：根据屋面所用的板型考虑，若为单板波形或者现场复合波形屋面则应尽量采用 FRP 板，它可以根据屋面外板的形式开模制造；若为 FPS 带瓦楞板也可采用 FRP 板，阳光板除了热膨胀系数大外，与彩板连接处理起来也很复杂且容易漏水。从价格及施工来看，宜尽量选择 FRP 板。

【jenny】：登普板的安装不需在板上打钉，它是扣帽式自锁型的，节点如图 7-100 所示，100%防漏。且因阳光板是平板，安装时两块板的搭接处上下应有胶条和铝压条，以防止漏水。登普板不是平板，它像是一张大瓦片，两块板拼接处不需上下加铝压条。图 7-101、图 7-102 为该板应用的工程图片。

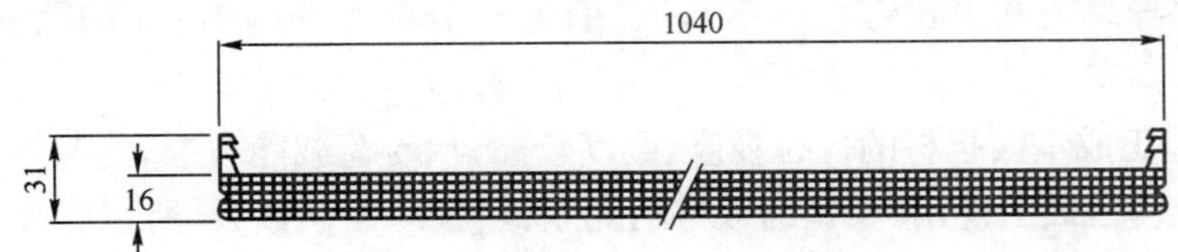

图 7-100　登普板安装节点图(尺寸单位：mm)

图　7-101

图　7-102

4　对采光板的认识。(id=115450,2005-11-14)

【艾珀耐特】：看到论坛上有不少关于采光板的帖子，可能是采光板进入设计师和其他有关人员的视线没多久，有些概念还不太清楚，作为一个采光板的销售人员，在此和大家一起认识一下采光板，说的不对的地方大家提出来一起探讨。

①采光板的英文名称是 Fibreglass Reinfored Polyester，翻译成中文就是玻璃纤维强化聚酯(采光板)，俗称玻璃钢，习惯上以其首写字母 FRP 简称。国外还有一种叫法为 Glassfibre Reinfored Polyester，简称 GRP。

采光板的主要成分是上膜、强化聚酯、玻璃纤维。其中，上膜要起到很好的抗紫外线、抗静电的作用。抗紫外线是为了保护采光板的聚酯不发黄老化，过早地丧失透光特性；抗静电是为了保证采光板表面的灰尘能轻易地被雨水冲走或被风吹走，维持清洁美观的表面。

②玻璃纤维聚酯采光板(FRP)与玻璃卡布隆(PC)板的性能比较。

a. FRP 的基材为间苯二甲酸聚酯,PC 板为普通聚碳酸酯。

b. FRP 的热膨胀系数为 2.2×10^{-5}/℃,PC 的热膨胀系数为 6.75×10^{-5}/℃。FRP 的热膨胀系数接近钢材的热膨胀系数,由冷热变化而引起的相对位移较少,不易因变形而漏水。而 PC 板引起的相对位移过大,导致螺钉孔周缘板撕裂、变形而漏水。

c. FPR 的抗拉强度较高(94MPa),能承受与钢板相近的较高荷载,抗台风能力强。PC 的抗拉强度为 60MPa,与钢板承受荷载的能力相差较大,抗台风能力弱。

d. FRP 采用上下膜与玻纤加强的结构形式,抗拉撕裂性能好。PC 其分子结构的特殊性致使 PC 板的抗撕裂性能差,容易被金属的毛刺刺裂而漏水,所以不能只用螺钉来固定或与金属直接接触,而通常采用铝压板来固定 PC 板。

e. FRP 的采光率为 50%～85%,PC 的采光率一般为 85%～91%。

f. FRP 的热导率为 0.158W/(m·K),PC 的为 0.166W/(m·K),FRP 的隔热性能胜于 PC 板。

g. FRP 的施工成本因板材的抗拉强度、刚度较高,承受荷载能力强,能与钢板配合在太跨度大檩距的钢结构屋面上使用。PC 的板材刚度差、热胀冷缩系数大,所以必须采用小分格小檩距或凸拱起弧增加强度,而不适合用于大檩距的钢结构屋面,否则凹下面容易积水、漏水。

③采光板的生产过程。

a. 原材料的选择。采光板的原材料主要是玻纤、树脂、表面贴膜及色浆,选用优质的原材料是采光板质量的根本决定因素。

其中,树脂以间苯二甲酸为最好,化学稳定性最适宜;邻苯二甲酸的价格低很多,但稳定性不好,容易造成成品板黄变老化,因此不宜采用。玻纤最好不要用玻毡,因为里面含胶水,同样会造成黄变老化,影响品质。表面贴膜非常重要,好的贴膜能有效防止紫外线并具有优良的自洁性能。

b. 成品过程。树脂与根据需要加入不同颜色的色浆均匀搅拌抽真空后输送到生产线,(抽真空很重要,这样成品板里面的气泡少,质量好),玻纤切丝洒落(不含胶水)或玻纤毡、树脂、贴膜一起进入烤箱。

c. 烤制工艺。主要是温度控制,在加工过程中会有数个温区,每个温区的加热温度不一样,精确地控制温度可以固化充分,成品板不易黄变老化。好的生产线应该有电脑温控设备及长度足够的烤箱。采光板出烤箱即为成品板,切割机械切割最佳,水切割会影响贴膜的贴覆。另外,现场的施工工艺从另外一个层面影响采光板的使用。至于价格和品牌,我觉得业主更重性价比,设计师有时也会考虑。

④设计考虑因素。

a. 保证年限。根据建筑的设计年限选择耐候年限不同的采光板,市场上有 10 年、15 年、20 年、25 年保证年限的采光板。

b. 采光率。上海地区消防要求采光带设置面积应为排烟区建筑面积的 10%～20%,并应在屋面均匀布置。

c. 厚度选择。根据各地的风压力和雪压力、采光板的波高及支撑采光板的支撑距离选用不同厚度的采光板。

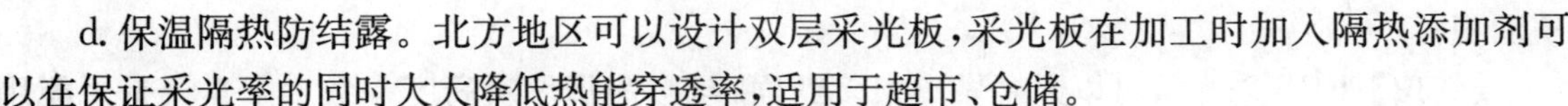

d. 保温隔热防结露。北方地区可以设计双层采光板，采光板在加工时加入隔热添加剂可以在保证采光率的同时大大降低热能穿透率，适用于超市、仓储。

⑤三点说明。

a. 采光板排烟。上海市消防局明文规定：自然排烟方式分为设置外窗或设置固定的易熔材料采光带、采光窗，当发生火灾时，采光板遇明火迅速燃烧，形成排烟洞口，可以将燃烧区域内的浓烟迅速排出到建筑物外，有效地降低因浓烟呛死人的情况发生。

b. 采光板熔滴。上海市消防局明确要求采光板燃烧不能产生熔滴，其目的是为了保护进入火灾现场的消防人员不被高温的熔滴烫伤。采光板是热固性产品，高温和燃烧等任何情况下都不会产生熔滴。(热塑性的产品燃烧时会产生熔滴，如塑料制品。)

c. 温度升高对采光板的影响。一般而言，在电脑控制温度的生产线上生产出来的采光板，固化率高，耐候性好，在－40～120℃工作温度下，不会变色，不产生裂纹，亦不会发脆或软化，能保持良好的化学稳定性。当温度升高到150℃时才会外观略变色，而建筑物的环境温度通常是不可能达到这个温度的。

【windiyun】：我认为，一种建材(板材)阳光可以通过，而达到采光功能的，这种建材就叫采光板，下面的话题中有许多照片：

世界顶级透光屋面资料(近千张图纸)[精华]

http://okok.org/cgi-bin/ut/topic_show.cgi? id=86688&h=1&bpg=1&age=30

【学无止境】：采光板搭接如何处理？特别是东北地区的双层采光板，采光板最大长度是多少？运输屋面的坡度大多是5%，搭接处能保证不渗漏吗？我看过一些采光板厂家提供的资料，采光板用的是对接处理，上面压一彩钢板条，这样能保证其防渗漏吗？

采光系统我认为还是做成弧形的好，以利于排水，而且不存在搭接问题。采光板做成弧形的，保温要求不好处理，不能做工程复合的双层采光板，只能在弧形上下各做一层，这样安装又太烦琐了，我想厂家能给个好的建议。

【艾珀】：几个问题再探讨一下：

①采光板搭接的地方两层之间敷设胶带。采光板之间、采光板和彩钢板之间为刚性搭接，中间的缝隙会漏雨，应敷设柔性胶带密封。

②采光板在生产时其长度受限于场地，可以生产小于此场地的任意长度，但更重要的是运输，受道路和车辆的限制。以13m为宜，长则分段。

③采光板的安装技术日渐成熟，施工得当是不会漏雨的。但无疑每个节点都是漏雨隐患。

④对接没有实践过，不便比较。但一直以来我们采用的搭接均是安全有效的。

⑤这里我没看明白。如果通长设置采光带长度超过20m，不搭怎么运输到工地呢？还有你说的起弧我也没明白，还请赐教。

【ccdotcom】：以前一直以为采光板、阳光板都是一个意思，而且以为阳光板的样子跟压型钢板一样，也是那种一凸一凹的，不同的是它可以透光。现在看来采光板、阳光板都是平板了，主要是基材的不同导致了两者性能上的差异，前者优于后者。

两个小问题：

①阳光板可否用于1.5～2m的常用檩距？

②计算采光率时，怎样理解**艾珀**说的“排烟区建筑面积”，比如一个单层厂房，是否就是建

筑面积？

【艾珀】:FRP 采光板可以开模做出很多断面，与彩钢板形状高度一致。阳光板是否能用于 1.5～2m 的檩距我不知道，但采光板是可以的。第二个问题我也不清楚，不敢随便回答。

图 7-103 为长沙贺龙体育馆，椭圆形的即为采光板，此工程采光板用量 23000m^2。

图 7-103 长沙贺龙体育馆

【zhangwl】:我刚接触了一份图纸，上面要求采光板的熔点为 85℃，我搜索了本论坛中的相关帖子，好像没有产品能达到这个要求，与**艾珀**介绍的也相互矛盾。请问是设计师的认识问题导致图纸错误还是其他问题呢？

【艾珀】:85℃自熔是不可能的，夏天屋面温度集聚后就能超过 85℃，如果有这样的采光板，正常使用尚不能，还怎么发挥其自身的采光和消防排烟？85℃是值得商榷的。

5 采光板的设置。(id＝83547，2005-1-22)

【苏立建】:在设计厂房时往往要满足采光要求，所以设置采光板。请问如何布置采光板？

【DYGANGJIEGOU】:①建筑采光要求符合《建筑采光设计标准》(GB/T 50033—2001)。采光带可以在建筑横向布置也可纵向布置，采光带的布置面积与厂房的工艺要求(即它是作什么用的)、厂房位置(周围建筑物的对它的影响)、厂房高度和宽度、采光带的采光质量等有关系。只要采光满足，隔跨和每跨布置都可以。

②不一定在跨中，但在跨中的效果好。

③要考虑采光带与彩板接触部位的密封防水、与彩板板型的配套使用、与檩条连接的可靠性。

【hehongshengabc】:①一般布置于两柱中间，布置多少及长度取决于采光要求，太多容易造成夏天太热，太少达不到采光要求。我们一般隔一柱距设置一道。

②注意彩钢板与采光板的搭接，此处容易漏水。采光板要盖于彩钢板之上，在自攻螺钉处采光板上最好做一个彩板盖片，防止热胀冷缩采光板与自攻螺钉连接处漏水。

③采光板的材质主要有 FRP、PC、玻璃瓦 。常见的彩钢板型有 V-820、V-840、W-760、V-900、V-125 等。

【pingp2000】:对于采光板的设置，大概说几点，想知道详细的请看《建筑采光设计标准》(GB/T 50033—2001)。

①为了满足采光均匀度的要求，两片采光板的中心距不得大于 $2L$(L 为采光板最低端离厂房工作面的垂直距离，厂房的工作面比地面高 1m。但如果你的采光板是一直通长到檐口，此“最低端”取距离檐口 1/4 梁跨度那一点)，这点在采光标准上有说明。

②初步做方案的话，可根据采光等级(由厂房的建筑功能决定)、所在光气候区，按照《建筑采光设计标准》(GB/T 50033—2001)表 5.0.1 中的“平天窗”初步确定窗地面积比，从而可以获知采光板大概需要的面积。知道了采光板大概所需面积、两片采光板的最小中心距，怎么布置采光板应该也就清楚了。

③详细设计时，就需要按照《建筑采光设计标准》(GB/T 50033—2001)中的各个公式计算确定。注意计算所得的面积都是按照半年清洗一次采光板而得到的。

但一般来说，很多人对这个也不怎么在意，只是按照第二步做初步确定就完事。况且做一个工程一般是这样：做方案—报价—确定合同—出施工图。做方案时为了省事，一般不详细计算，如果你在出施工图的时候再详细计算，此不是改变了报价？因为采光板的面积可能变了。但我想按照《建筑采光设计标准》(GB/T 50033—2001)初步估计窗地面积比大概也可以满足采光要求了，不满足以后也可以通过增加采光板或室内照明来满足。所以，选择"大概估计一下面积"还是"做方案时就详细计算"就看你了。

④为了防止采光板与彩板的搭接处漏水，应尽量将采光板做成一整块，通长至檐口天沟，避免搭接，但大跨度的厂房就难以避免了。

⑤我觉得采光板的布置对彩板的布设还是会有影响的。因为两片采光板之间的距离，不一定排得下 n 块彩板，其中会有一块彩板的宽度需要裁剪。如果你不裁剪，顺着铺板过去，那另一片采光板就有可能不在跨中，而是偏离一点点。

【徜徉】：采光板一般占屋面面积的 5%～15%。如果是条形采光板，一般一端要靠近屋脊(防水要求)，另一端可到檐口，也可只到中间。采光板下的檩条间距不能太大，要满足采光板的受力要求。如果是点式采光板，基本上可以在任意位置布置。

6　采光板与夹芯板配套的问题。(id=81969，2005-1-7)

【rzd】：屋面采用 75 厚夹芯彩钢板，如果要增加一采光带，则应采用哪种采光板才能与夹芯板较好地搭接？主要是防水的问题。

【cxsteel】：选与夹芯板板型相同的采光板，即如果夹芯板为 950 型，采光板也是 950 型；如果夹芯板为 980 型，采光板也是 980 型。为很好地防水，采光带最好从屋脊一直通长到檐口。

【半解一知】：屋面为 75mm 夹芯板的节点如图 7-104 所示，注意檩条的间距不要过大，否则会漏水，另附单板加保温棉与双层板的节点详图(图 7-105)。虽然它们牺牲了一点采光度，但对保温要求较高的建筑还是有用的。

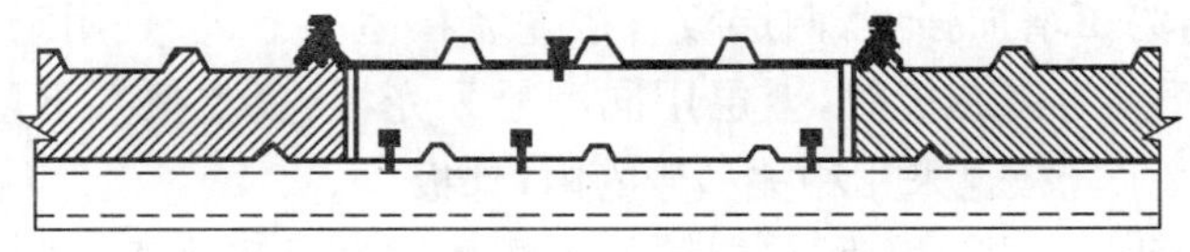

图 7-104　屋面 75mm 夹芯板节点图

(二) 连接及其他

1　采光板与檩条连接问题。(id=152097，2006-11-22)

【987410】：夹芯板屋面采光板上板怎样与檩条连接？是不是需要加支架？

【suqun】：可先在采光板下垫与夹芯板厚度相同的折件或型材，折件或型材与檩条连接，然

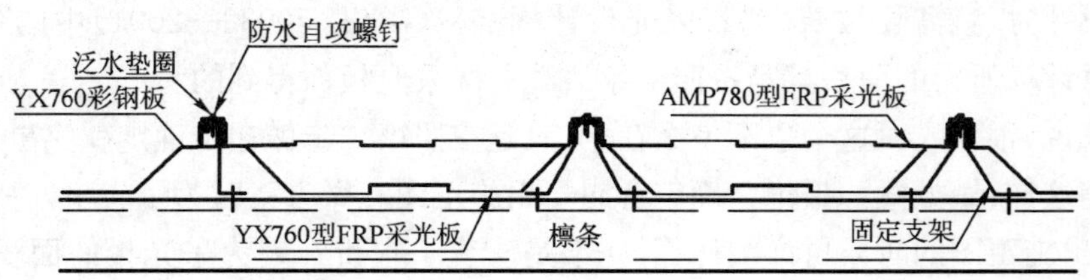

图 7-105　YX760 与 AMP780 双层 FRP 采光板搭接示意图

后按常规铺设采光板。

【好客】:将夹芯板裁成和檩条宽度相同的长度,用浅色材料将 EPS 包裹好避免洒落,同时剪去公肋,将其放置在檩条上两层采光板之间,在上层板上打钉即可实现稳固的连接。

2 屋面采光带与屋面板的安装节点问题。(id=112726,2005-10-21)

【门式钢架】:①采光带与屋面板型号相同,可以不做包边。但光带与屋面板型号不相同,包边是否要做?如果做,如采光带宽度为 820mm,屋面板型号为 760,节点如何处理?

②屋面板为单层板+保温棉+不锈钢丝网,采光带要做双层,这个节点如何做?是否需要加采光带支架?

【peter song】:采光带与屋面板是不同的材料,假如型号相同,不做包边的话,需要解决如何防水的问题,所以通常情况下采光带型号要大于其开洞的尺寸。在排水方向上做包边,在两边做泛水。其实节点的处理是一样的,采光带大于其开洞尺寸当然是需要支架的。

【fuxuewen1023】:如果采光板与屋面板型号相同,则不需要包边,况且采光板采用的是抗老化的高强度树脂材料,是不宜包边的。如果想防水效果更好,在搭接处用防水胶带即可。

同样,采光板与屋面板型号不同时,也是不需要包边的。采光板可以根据采光带预留宽度定做,确保两种板边的搭接瓦楞形状一致即可(如将 820mm 的采光板搭接瓦楞做成暗扣式的,与 760 型板一致)。

单层屋面板结构配采光板不必做双层吧?若要做双层有 3 种情况:a. 用普通搭接式(如 900 型)的采光板时,为了增加强度,两层板直接叠装在屋面上;若是用暗扣式的(如 760 型),不宜做双层。b. 屋面板为夹芯板时,上层用同型号采光板(要支架),下层用平板即可。c. 用内、外双层屋面板时,采光板也采用相关型号的内、外板。

【hp1983】:关于问题"屋面板为夹芯板时,上层用同型号采光板(要支架),下层用平板即可。"请问:下层如果是平板,在安装好下层后,安装檩条时,在施工活荷载作用下能否保证平板不变形?

【fuxuewen1023】:下层的平板是安装在檩条上面的,与夹芯板下板重合,普通螺钉固定即可;由于是后道施工工序,况且 FRP 板强度、韧性好,施工荷载对其无影响。

【艾珀耐特】:①角弛 760 型采光板两侧直接扣在彩钢板上,采光板和彩钢板搭接的中间铺设胶泥带,然后自攻螺钉紧固,不需做包边。

②对于板型不同的板,如果波高不一致而不能扣合,则要做包边。

③如果屋面为角弛 760 型采光板,屋面不需做支架,配用相应的采光板直接扣合紧固。

④如果是侧搭接的屋面板,采光板可以直接两张叠放在一起后紧固,中间填充 EPE 珍珠棉,也能起到很好的保温效果。

⑤如果是咬合的屋面板(如 ABC SS360),需要另做彩钢板折件,与双层采光板复合后再与屋面彩钢板咬合固定。

3 采光板和彩板的纵缝搭接处理。(id=137037,2006-6-11)

【wenjin】:工程所用上板为角弛 III 的,采光板也采用角弛 III 板型的,它们之间的纵缝搭接如何处理?需要加一个小的包边,还是光打胶就可以了?

【xtudo】:用防水胶泥,比较保险。

【norman-jt】:我试验过了,角弛系统做屋面采光板用什么办法处理都不太好,尤其是在下雪的地区。

【新人类】:在纵向搭接的上面加一个马鞍形的彩板件,用自攻螺钉钻到檩条上,在自攻螺钉上面用耐候胶密封。

4 关于屋面采光板漏水问题。(id=1292782006-4-2)

【crazysuper】:我遇到一个工程在采光板连接处,沿坡度下去漏水。需要整改也不知道怎么做。想新增一块采光板,又存在很多问题,比如说怎样固定、怎么确定板宽和板肋高,因为现场安装之后尺寸都不一样,不知如何处理。

【jygcpj】:屋面采光板漏水应注意以下几方面。

①首先应根据屋面的坡度选择采光板的板型和屋面彩板的板型,一般选择波峰较大的暗扣式或咬合式板型,以顺利排水。

②采光板如需搭接,一般搭接度不小于 300mm,并且搭接处用硅胶密封牢固,或者用两面胶带粘接牢固。

③采光板的板型应与屋面板的板型吻合,不能因安装问题或者尺寸宽度不一而去掉采光板的波峰高度或宽度,造成质量隐患。

④采光板处的收边板应与采光板密封牢固,不得有缝隙造成风吸力作用而渗水。

⑤屋面采光板也可以高出屋面板,采光板下做骨架与主结构连接,采光板固定在骨架上,四周用包边板或泛水板搭接在板上并密封好。

总之,无论采用哪种形式,只要按照一定的施工工艺和有关规定进行安装,还是可以避免漏水问题的发生。

【桃之】:这种采光带在使用过程中漏水是很麻烦的,没有好的补救办法,只能重新补胶。看你的板型似乎为 478 型的,建议你下次再做这种采光带的时候不要做这种组装式的了,可以做成一个整体式的。

【crazysuper】:所以现在想整改麻烦较多。要是更换,施工难度大,因为采光板与收边板连接处已涂了 JBS 胶;重叠一块新采光板,与屋面板相扣也很难保证质量;盖一块上去,也存在与屋脊泛水连接冲突的问题,而且檐口处也要特制一个堵头来挡水。

【艾珀】:我公司在很多工程上制作如图 7-106 所示附件,没有出现漏雨现象。钢结构防渗漏是一大难题，采光板和钢板之间的结合关键是变刚性连接为柔性，合理有效使用胶泥带和硅胶是有效防止漏雨的关键。

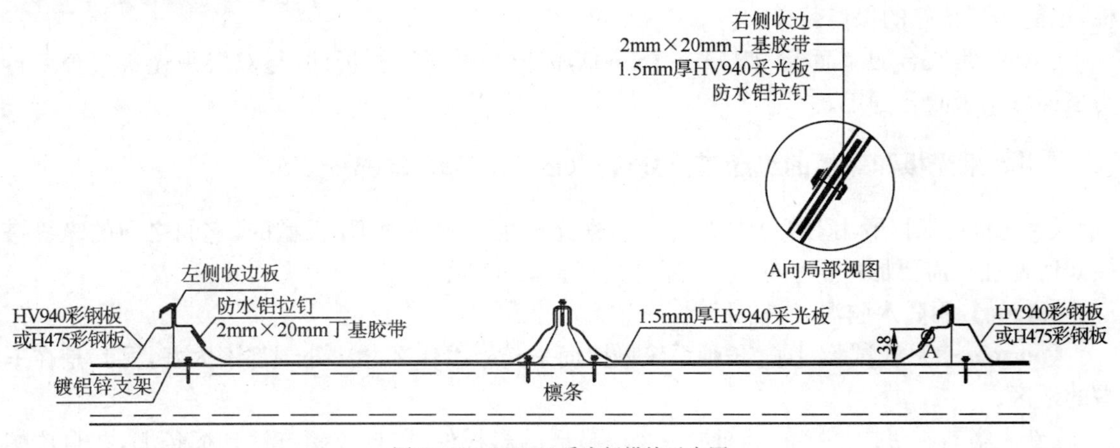

图 7-106　HV940 采光板搭接示意图

5 高温易老化条件下，如何选择采光板？（id＝78013，2004-12-3）

【亦航】：请教：厂房常年在高温下采光板易老化，温差 40℃左右，该如何选择采光板，相关节点如何处理？

【pingp2000】：我觉得首先不能采用卡布隆板，理由有：①它为了抗紫外线，加进了一些成分，但这种成分在阳光的照耀下大概 3～5 年就变色了；②因为卡布隆板容易下挠，所以经常会隔一段距离加一次龙骨，影响美观且减低了采光效果，而且采光板越厚，透光率就越低；③卡布隆板与彩钢板连接的防水处理也很有问题，即使板为一整板(从屋脊一直到天沟)，在与钢板的横向搭接时，就算加了泛水板，是否能防水也很难说(施工等因素的影响)。所以我不建议采用卡布隆板。

【allan】：采光板按材料分为玻璃纤维增强聚酯采光板、聚碳酯制成的蜂窝状或实心板等，按形状可分为与屋面板波形相同的玻璃纤维增强聚酯采光板(简称玻璃钢采光瓦)和其他平面或者曲面采光板。玻璃钢采光瓦有不着色透光型，着色透光型，不透明的、半透明的半透光型，玻璃钢采光瓦表面覆盖耐老化膜可使其寿命达 15～20 年。选择玻璃钢采光瓦时，在满足采光和檩距的要求下，宁薄勿厚，避免造成搭接孔隙过大而导致漏雨现象，一般厚度取 1.0～2.5mm，且在厚度选择上，建议不要采用上人的做法。

另一种常用的是聚碳酸酯板，也就是通常说的 PC 板，是有机透光板材，与其他采光板比较，具有强度高、隔热好、透光率高、耐冲击、阻燃、耐老化、使用寿命长、弯曲性能好等特点。聚碳酸酯板可制成双层、三层板，每层板间为蜂窝的不同厚度的板材，一般有平板型、防水槽型及实心型几种。单层平板厚度规格一般为 1mm、2mm、3mm、4.5mm、6mm、8mm、10mm、12mm 等，双层平板厚度有 6mm、8mm、10mm、12mm 等，三层板的厚度为 16mm、25mm 等。聚碳酸酯板正常宽度规格为 2 100mm，长度一般为 6m，特殊需要可与供货厂家商量。常用的实心平板型厚度小于 4.5mm 的，可卷材供应。选定供应商时，应要求与其配套供应支撑材料、连接件、配套密封件等，并由供应方提供施工工艺说明和材料性能说明，要明确其支撑跨度、温度胀缩特点和解决方法，以便施工。

PC板性能指标因厂家而异，表7-7为玻璃钢采光瓦的性能指标。

玻璃采光瓦的性能指标　　表7-7

项　目	参　数	项　目	参　数
抗拉强度	100MPa	导热率	0.158W/(m·K)
抗弯强度	190MPa	密度	$1.4t/m^3$
弯曲弹性模量	0.54×10^4MPa	应用温度范围	−50～130℃
抗剪强度	125MPa	闪点	410℃
布氏硬度	40HB	吸水率(24h)	0.32%

【亦航】：现在我做的是一个国外工程，急需这方面的详细资料。上面玻璃钢采光板非常符合要求，但我想借此机会将两种都了解、比较、学习一下，请问楼上或其他前辈是否能提供相应资料？

【allan】：下面是国外一比较有名的采光板——拜耳阳光板的资料，可以参考一下，其他玻璃采光瓦国内很多厂家都有自己的资料，可以到网上搜索一下。（注：由于篇幅所限不能全文转载，详细资料可以到中华钢结构论坛该话题中下载。）

七　精彩图片

1　有关彩板的效果图。(id=87170，2005-3-13)

【张喜臣】：彩板效果图，见图7-107。

【hehongshengabc】：补充几个，如图7-108所示。

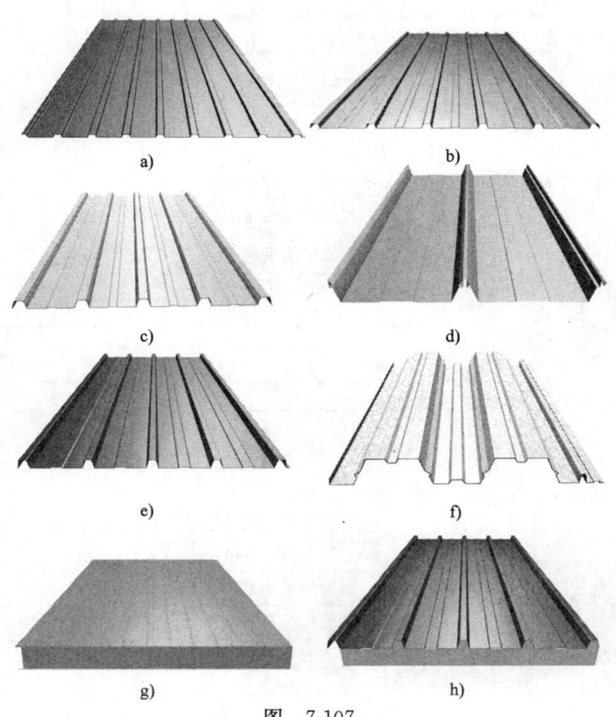

图　7-107

a)1150型压型板；b)900型压型板；c)840型压型板；d)YX71-380-760型压型板；e)960单板；f)楼承板YX76-344-688型压型板；g)夹芯墙板1150型；h)夹芯顶板950型

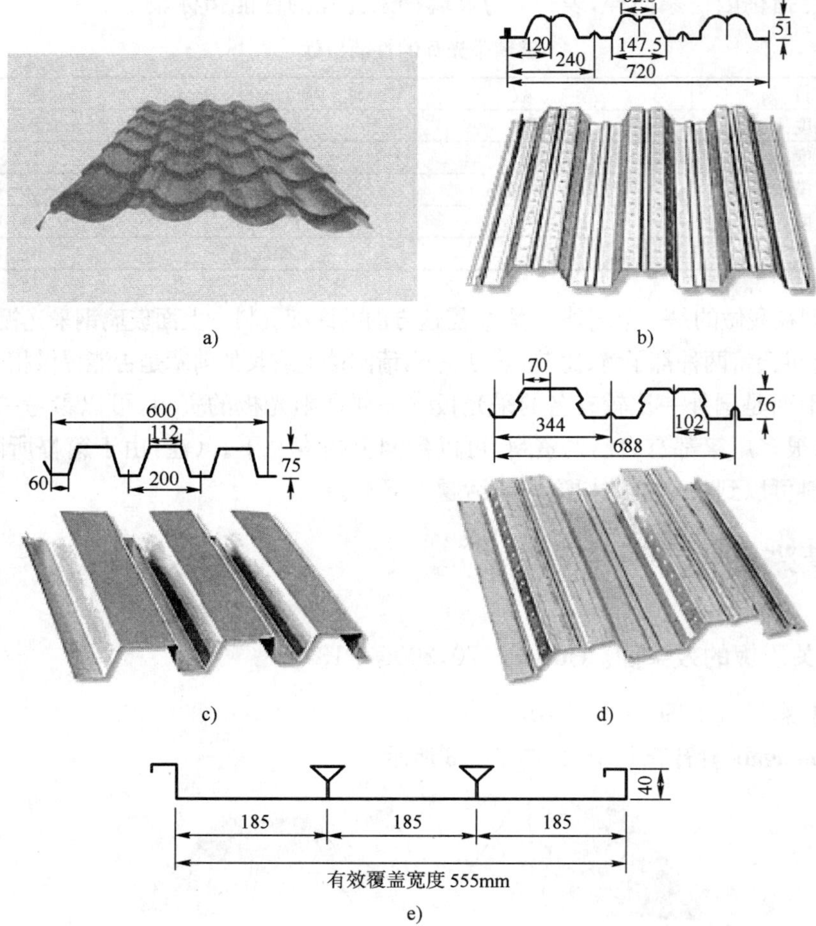

a) b)

c) d)

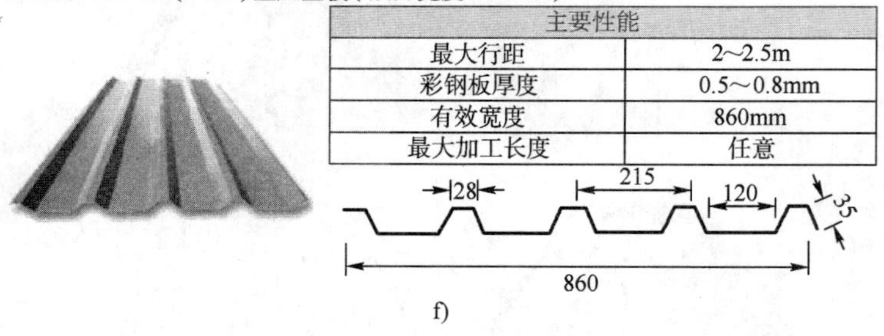

e)

▲YX35-215-860(V-215) 型压型板（展开宽度 1000mm）

主要性能	
最大行距	2～2.5m
彩钢板厚度	0.5～0.8mm
有效宽度	860mm
最大加工长度	任意

28 215 120 35

860

f)

▲ YX15-135-810 型压型板（展开宽度 1000mm）

主要用途：屋面板、墙面板			
板厚 (mm)	0.6	0.8	1.0
截面惯性矩 (cm^4/m)	2.92	3.90	4.88
截面抵抗矩 (cm^3/m)	5.80	7.59	9.31

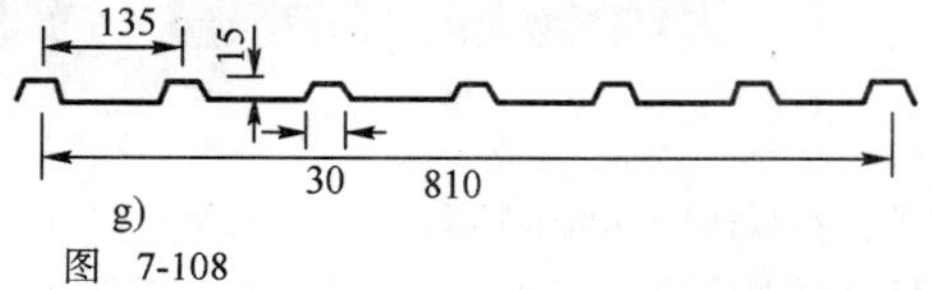

g)

图 7-108

▲ YX25-205-1020 型压型板（展开宽度 1200mm）

主要用途：屋面板、墙面板			
板厚 (mm)	0.6	0.8	1.0
截面惯性矩 (cm^4/m)	9.58	12.77	15.97
截面抵抗矩 (cm^3/m)	4.82	6.39	95

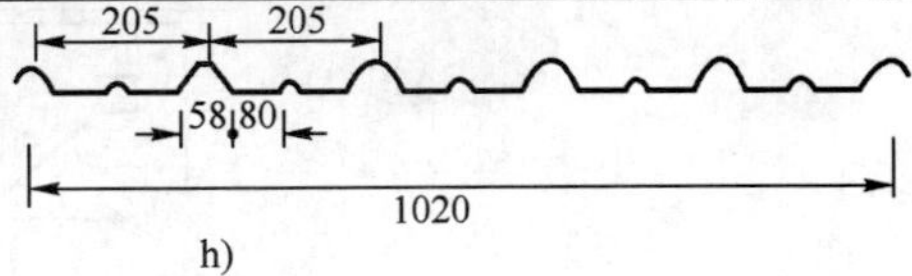

h)

▲ YX25-210-840 型压型板（展开宽度 1000mm）

主要用途：屋面板、墙面板			
板厚 (mm)	0.6	0.8	1.0
截面惯性矩 (cm^4/m)	9.58	12.77	15.97
截面抵抗矩 (cm^3/m)	4.82	6.39	7.95

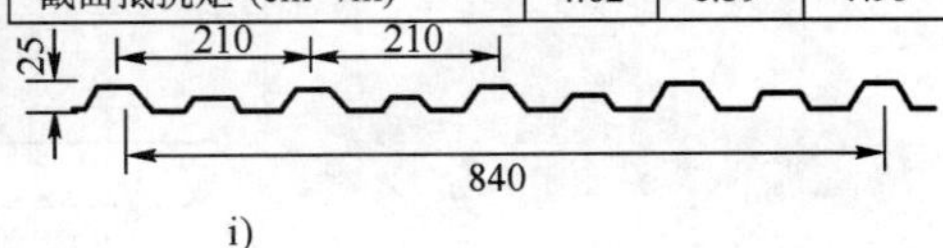

i)

▲ YX23-215-860 型压型板（展开宽度 1000mm）

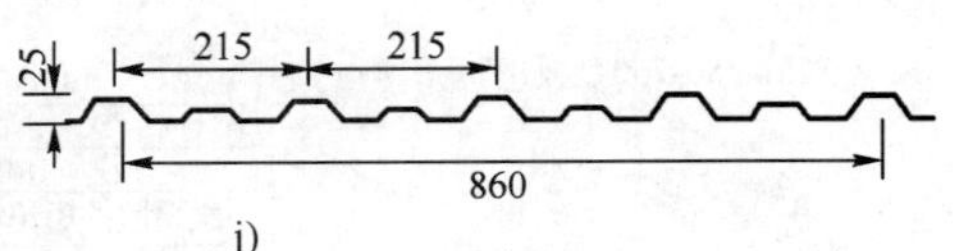

j)

▲ YX18-78-920 型压型板（展开宽度 1000mm）

主要性能	
最大行距	~~1.8~~ 2.0m
彩钢板厚度	0.5~0.8m
有效宽度	920mm
最大加工长度	任意

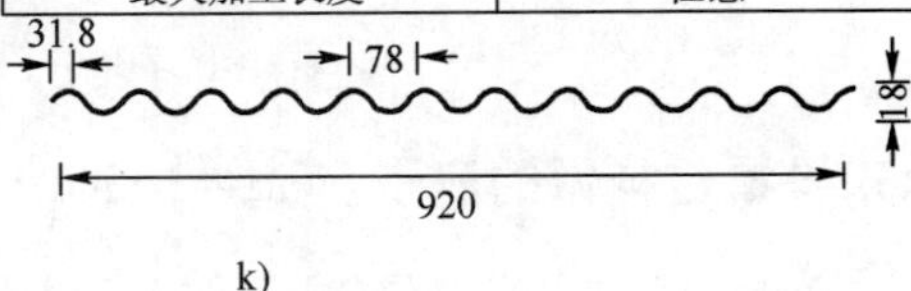

k)

▲ YX28-205-820 型压型板（展开宽度 1000mm）

主要用途：屋面板、墙面板			
板厚 (mm)	0.6	0.8	1.0
截面惯性矩 (cm^4/m)	33.17	44.23	56.21
截面抵抗矩 (cm^3/m)	10.94	14.50	18.28

205　28

820

l)

▲ YX35-410-820 型压型板（展开宽度 1000mm）

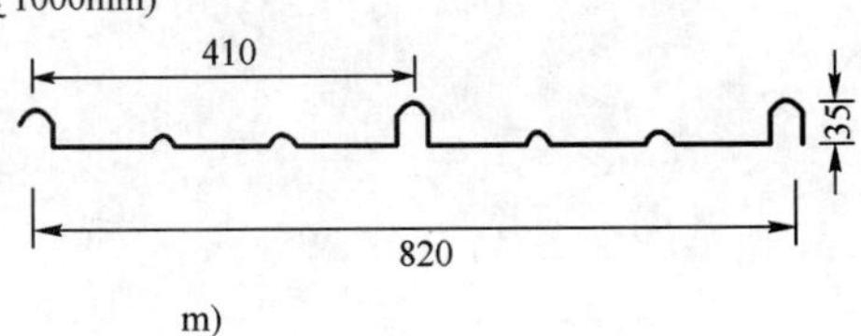

m)

图 7-108

▲ YX51-360型板（隐藏式角驰II型）（展开宽度500mm）

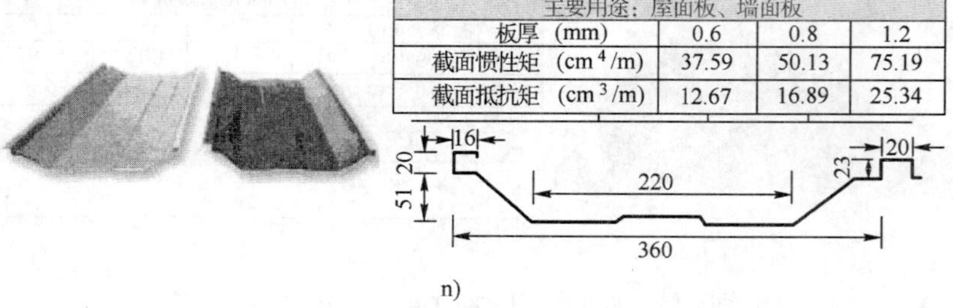

主要用途：屋面板、墙面板			
板厚 (mm)	0.6	0.8	1.2
截面惯性矩 (cm^4/m)	37.59	50.13	75.19
截面抵抗矩 (cm^3/m)	12.67	16.89	25.34

n)

▲ YX38-495-990 型压型板（展开宽度 1200mm）

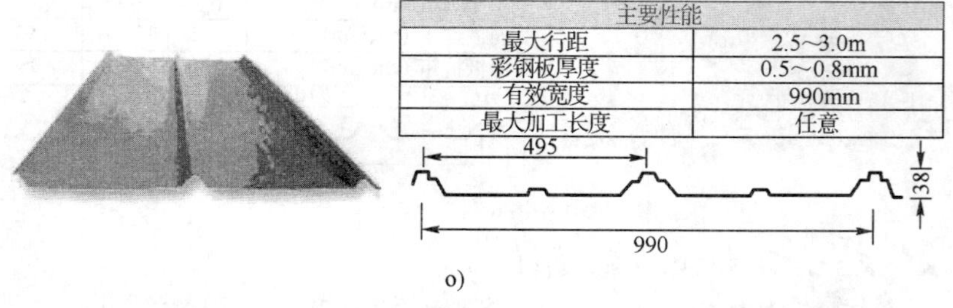

主要性能	
最大行距	2.5～3.0m
彩钢板厚度	0.5～0.8mm
有效宽度	990mm
最大加工长度	任意

o)

▲ YX51-380-760型板（角驰III型）（展开宽度1000mm）

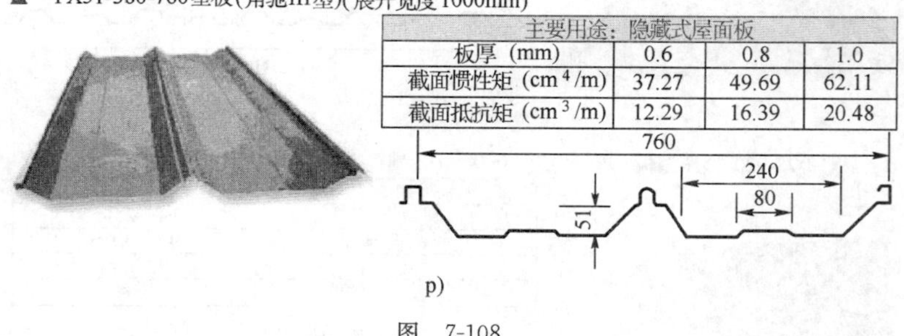

主要用途：隐藏式屋面板			
板厚 (mm)	0.6	0.8	1.0
截面惯性矩 (cm^4/m)	37.27	49.69	62.11
截面抵抗矩 (cm^3/m)	12.29	16.39	20.48

p)

图 7-108

2 大家来看看这样做的房子。(id=153419,2006-12-7)

【ensiensi】:这样做的民宅，值得借鉴。保温系统是通过一层反射率极高的铝箔贴面反射传导热，对内保温、对外隔热，材料是马来西亚的。房子在建图片，见图7-109、图7-110，外墙还有挂板的。

图 7-109

图 7-110

3 新型墙面压型钢板——992 型墙面板。(id＝139989,2006-7-11)

【鹰式轻钢结构】:我公司最新引进的 992 型墙面压型钢板,见图 7-111。

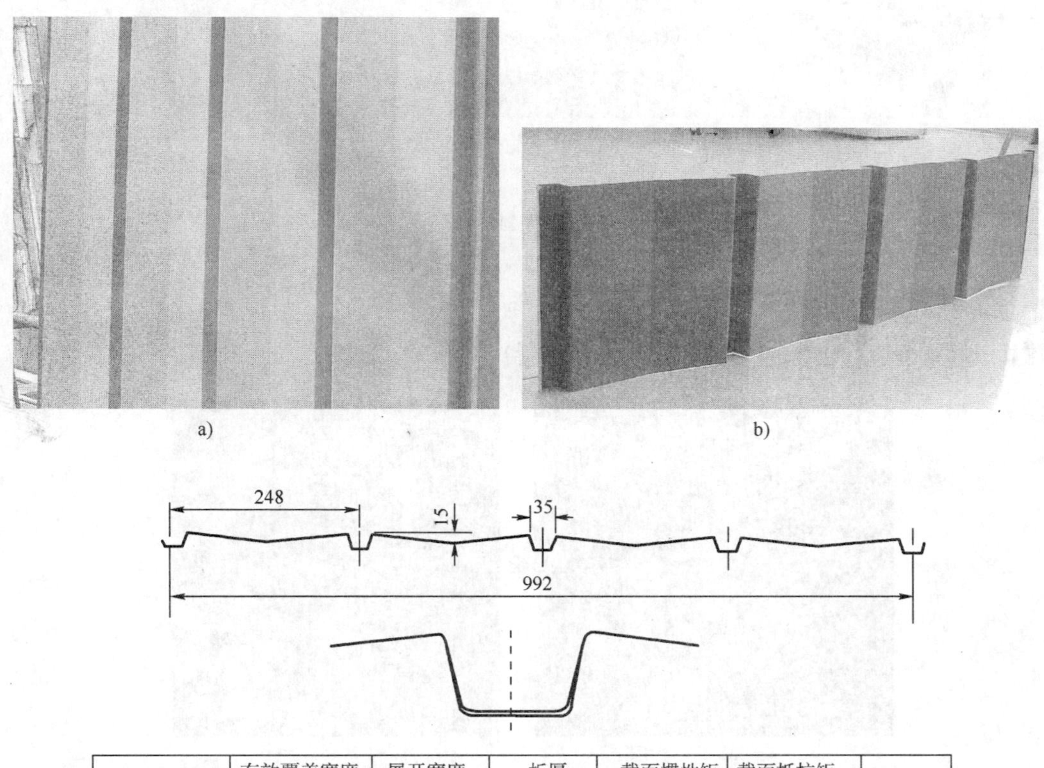

压型钢板型号	有效覆盖宽度(mm)	展开宽度(mm)	板厚(mm)	截面惯性矩(cm^4/m)	截面抵抗矩(cm^3/m)	用途
HV-248A	992	1200	0.5	7.1	3.1	墙面板
			0.6	9.8	5.2	
			0.8	12.4	7.3	

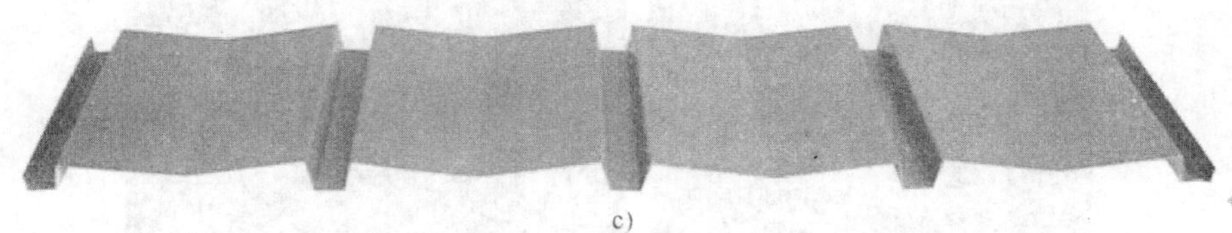

c)

图 7-111 992 型墙面压型钢板(尺寸单位:mm)

该板型有如下特点:

①搭接严密,防水性能好;

②螺钉隐蔽,不易被发现;

③利用率高,用 1200mm 宽的板材压型,成型后的利用率为 82.66%,高于通常用的 820 型;

④外形美观大方,立体感强,造型新颖,引领潮流。

目前,所有的压瓦机轧辊都是定制整套的,如果可调则会在轧制过程中因钢板强度等问题产生松动或变形,影响瓦型精确度(图 7-114),大家可以数数一套设备有多少道工序。

a) b) c)

图 7-112

4 国外的竖排板节点详图大全(图片)。(id=83536,2005-1-22)

【tianping_610】:①Base Drip(夹芯板与矮墙),见图 7-113。

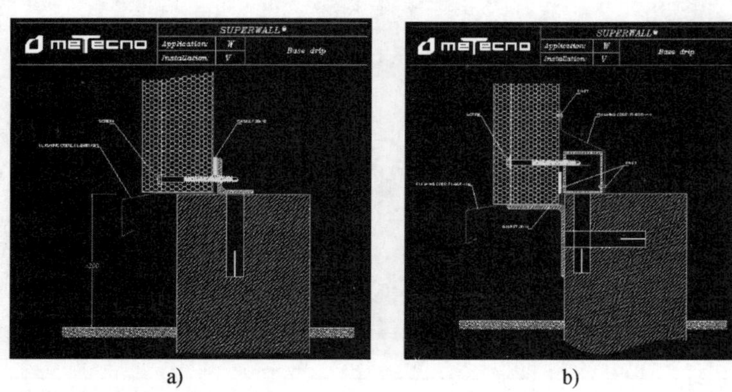

a) b)

图 7-113

②Corner Joint(角部节点),见图 7-114。

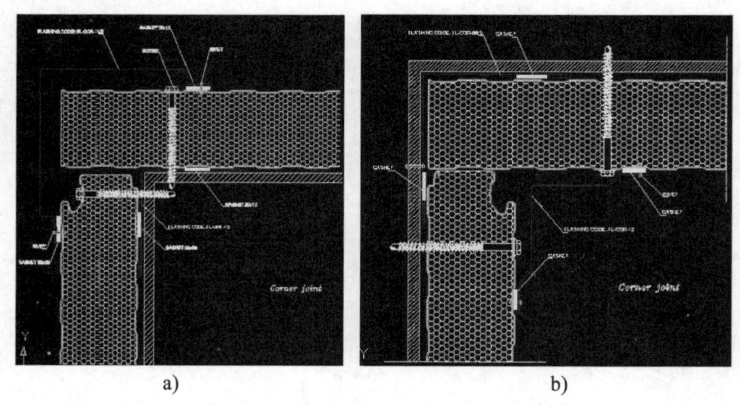

a) b)

图 7-114

③Horizontal Joint(水平方向节点图),见图 7-115。

④门窗节点纵剖面图,见图 7-116;门窗节点横向剖面图,见图 7-117。

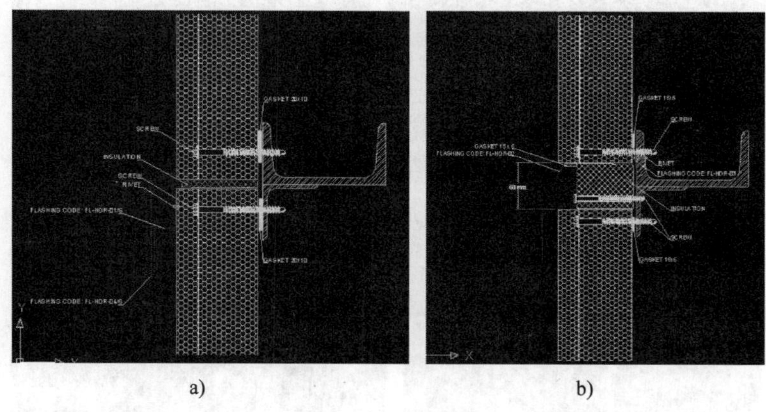

a)　　b)

图　7-115

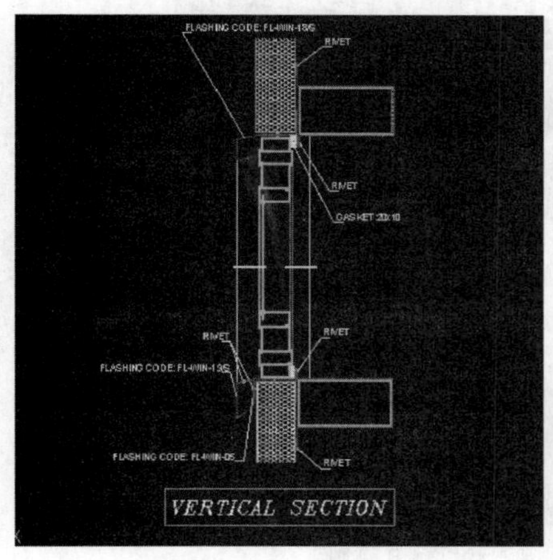

图　7-116

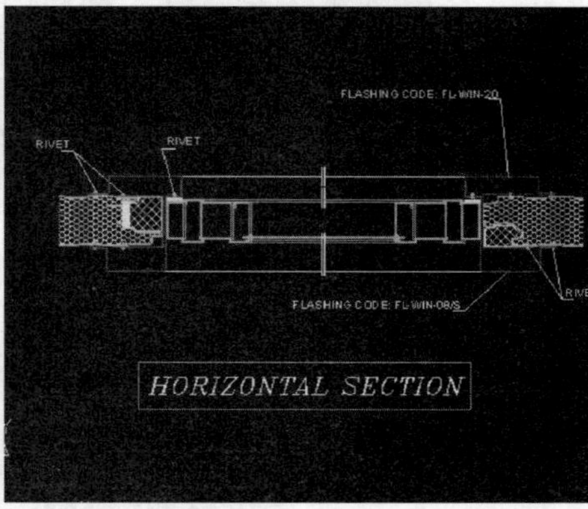

图　7-117

⑤Upper Wall Finish(墙顶节点)，见图 7-118。

⑥Special Wall/Wall Junction(特殊墙节点)，见图 7-119。

5　怎样解决建筑造型怪异的屋面板排布问题？(id＝163753，2007-4-26)

【liuxinhua_65】：作为围护系统的设计人员，肯定会对异形的建筑造型头痛，但现在的工程越发的造型怪异，完全不同于以往的"平板"造型，如空间曲面、马鞍形、不规则椭球(国家大剧院、天津奥体、河南艺术中心等)、空间异型等。在面对这些建筑造型时，各位是如何进行屋面板的排布设计的？真正施工过程中又是如何进行材料的下料的？根据不同的屋面板排布方式，伸缩、排水是怎样解决的？

【whb8004】：局部压型钢板特殊处理(图 7-120)，注意图片中波纹变化。

【CCCITY】：这种造型怪异的屋顶用彩钢板是不行的，现在国际流行的是用铝镁锰合金板，因为铝的拉伸延展性比较好。表达这种风格的建筑造型，需要严谨的设计和精密的剪裁压型设备。据我了解，目前国内这方面做的较好的是霍高文建筑系统公司，如国家大剧院、南京奥体，几乎每块板型都不一样，而且还是扇形弯板，不是一般公司可以做到的。

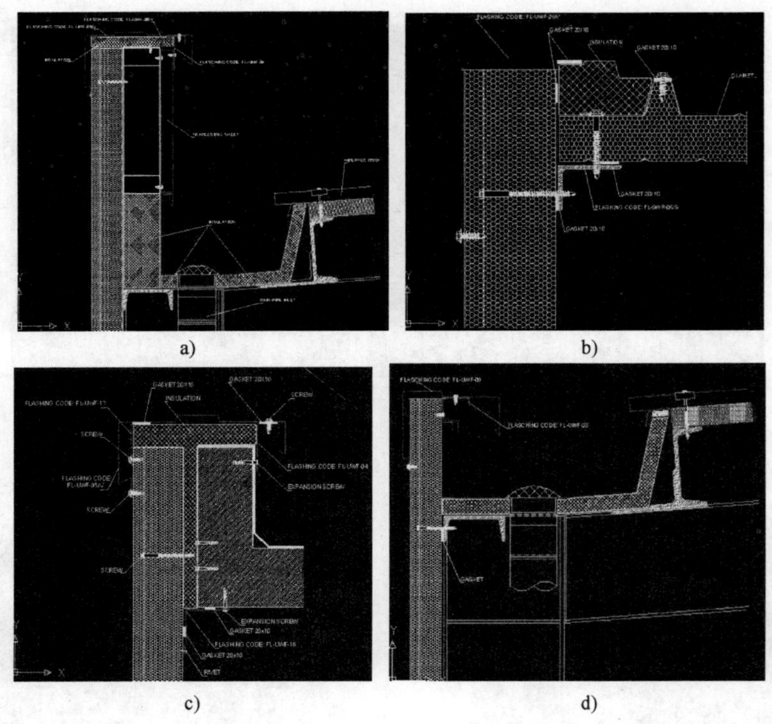

a) b)

c) d)

图 7-118

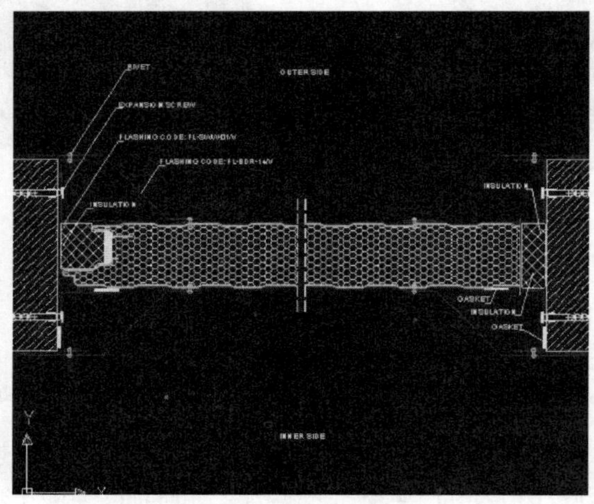

图 7-119

图 7-121 是南京奥体游泳馆的照片，图 7-122 是国家大剧院的照片。

6 聚氨酯复合夹芯板的节点和施工工艺。(id＝80212，2004-12-21)

【tianping_610】：聚氨酯复合夹芯板是由两层涂层钢板或其他金属作面板，中间注入阻燃型聚氨酯硬质泡沫复合而成，可用于大型工业厂房、仓库、展览馆、体育馆、冷库、净化车间等建筑的屋面和墙体，集保温、隔热、承重、防水于一体。大家来探讨一下墙板和屋面板的节点设计及施工工艺，见图 7-123。

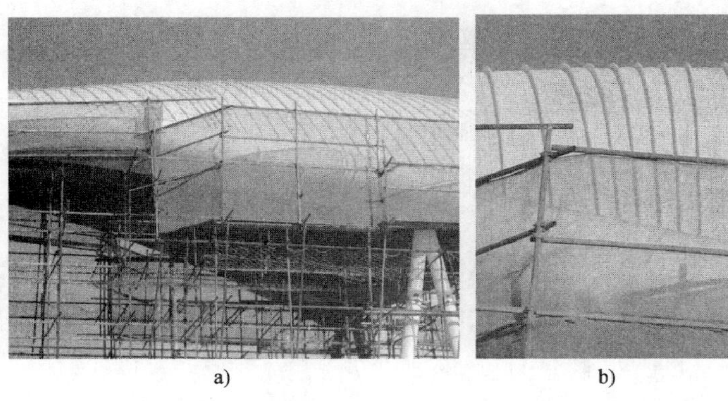

a)　　b)

图 7-120　局部压型钢板特殊处理

图 7-121　南京奥体游泳馆

图 7-122　国家大剧院

【tianping_610】:图 7-124 为一个工业厂房的现场照片,四周墙面都是 50 厚的 PU 夹芯墙板,挑檐部分是 2.0 厚的铝板做成的。

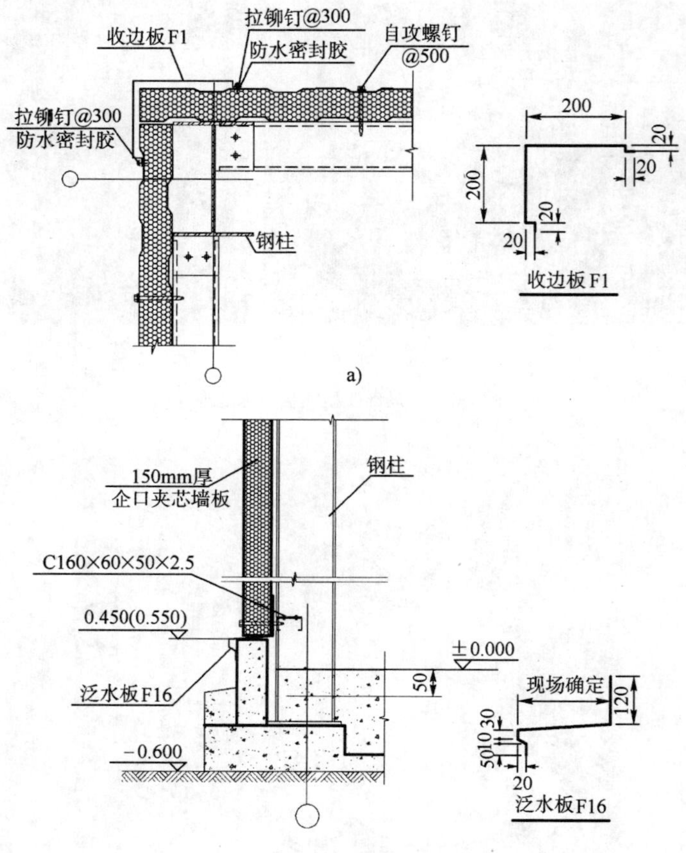

a)

b)

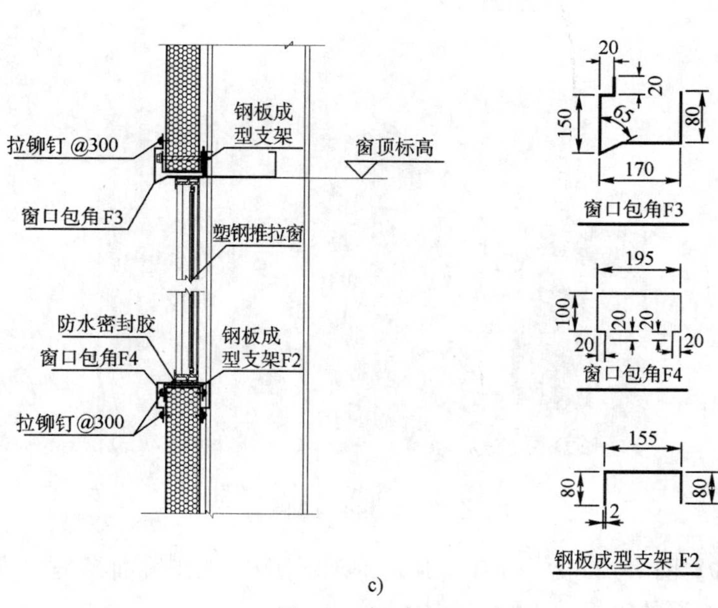

c)

图7-123 （尺寸单位:mm）

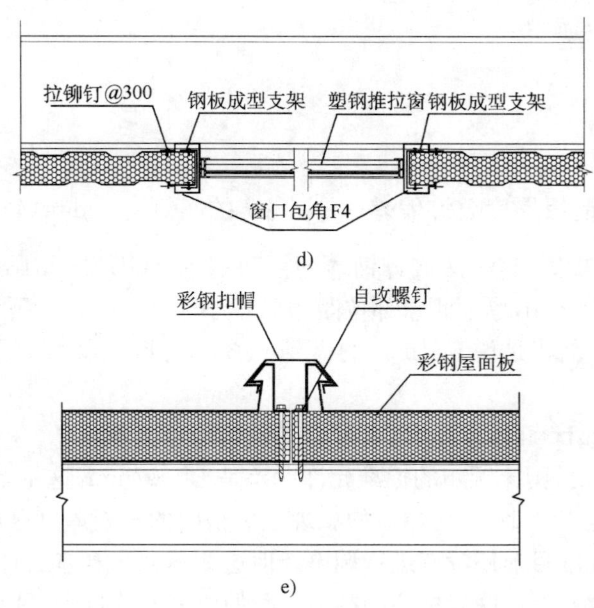

d)

e)

图 7-123 (尺寸单位:mm)

a)墙转角平面关系详图;b)外墙板与地面连接;c)洞口上下节点;d)洞口左右节点;e)横坡连接

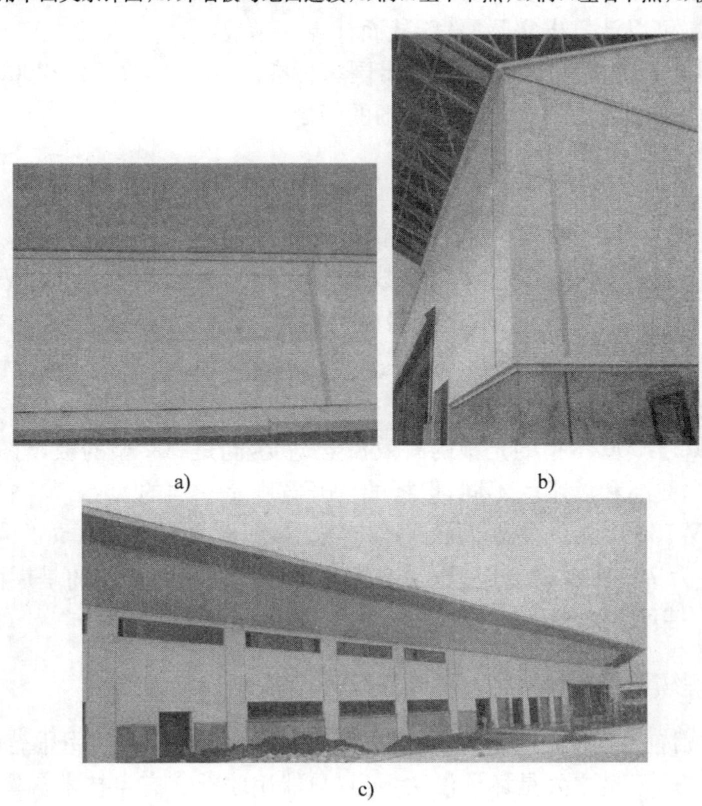

a) b)

c)

图 7-124

八 综合问题

(一) 板型尺寸

1 彩钢板的钢板厚度允许偏差(一个现实的案例)。(id=141258,2006-7-25)

【DYGANGJIEGOU】:《连续热镀锌钢薄钢板和钢带》(GB/T 2518—1988)中普通用途的厚度允许偏差为±0.07mm,厚度测量部位距边缘不小于20mm。以下为链接地址,没想到允许偏差在±0.07mm,也就是说0.4mm的做到0.33mm以上就可以了,标准是不是定得太低了?

http://www.manzhouli.gov.cn/2006-7/2006710161708.htm

【jimmy75】:说得对,国家颁布的标准允许误差是±0.07mm,这主要是因为在当时的情况下,彩板生产的厚度是以0.1mm为单位的。现在更精确的彩板厚度已经生产,说不定以后的厚度更加精确,所以标准目前还没有进行调整。但这并不意味着施工时可以偷工减料,因为首先依据的是合同或图纸,上面明确标注的类型是我们要采购的目标,只有在市场没有规定类型的板材的情况下,才可以在国家规定误差标准内进行调整。

【卖铁为生】:不同厂家生产的产品公差都不一样,最好是算一下。一般宝钢没有米数,其他钢厂的都有米数,可以计算出实际厚度,从而计算每米成本。

【suqun】:新颁布的《彩色涂层钢板及钢带国家标准》(GB/T 12754—2006)附录A中对各规格的彩涂板尺寸、外形允许偏差作出了详细的规定。

2 压型钢板的几何参数。(id=75869,2004-11-11)

【pumpkin】:请教一个问题:设u为压型钢板一单波的展开长度,d为其x轴方向上的水平投影长度,这个所谓的u和d到底是哪个数据?比如说对于W750型和W600型。

【pingp2000】:比如说YX15-225-900,15指的是波高,225指的是相邻的波峰间距,900指的是板的水平投影长度(展开长度是1000mm)。但我没见过你所说的一单波展开长度。

【benbenboy2002】:900型指的是板的有效覆盖宽度,同是900型的板,有的中间是4个波,有的是3个波,这样波高和波距就不同,但板的展开宽度是一样的。

【ljh810514】:W750型指的是屋面板的有效宽度,即原材料为宽1m的彩钢板,加工成波型板时的有效宽度为750mm,W600型也是一样。不过现在我们常用的是屋面760型+75厚玻璃丝棉+900型,墙面820型+75厚玻璃丝棉+900型。

3 直立缝彩板——长坡板。(id=37819,2003-9-19)

【花心LMO】:目前在国内出现的360°直立缝型屋面板,在国外使用很普遍。这种板型的优点是防水性能较好,不足之处是坏了没法更换,只能用胶补。有点技术含量的就是适合它的咬口机器。

【dapengd】:我们公司在向客户推荐这种板型的时候,人家也考虑更换困难,有点顾虑。

【花心 LMO】:图 7-125 是一种不错的屋面板型,防水性能很好,安装完后,一般不会坏的,所以修补的几率很小,我们公司一般向客户推荐的就是这种板。

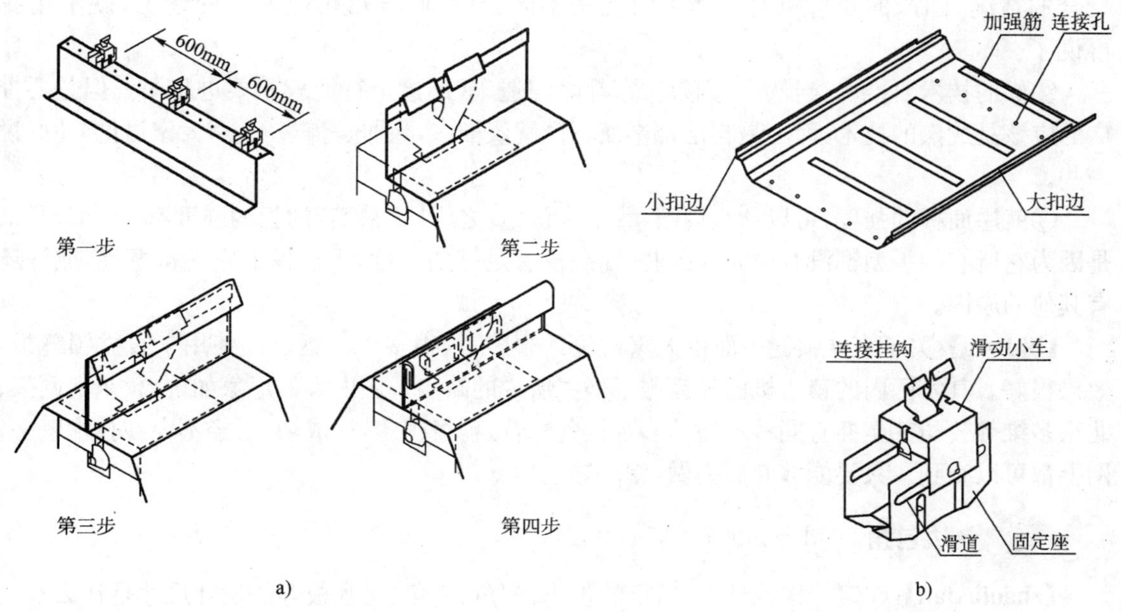

图　7-125

【dorise】:前段时间,我们公司也主推的是这种板型。采用这种板,对板的强度没有太多要求,不像 BHP 的暗扣板要求 550MPa。而且这种板最好的地方是可以有 15～30mm 的整体滑动,适应长度较大的大屋面,现场制作的工具也非常简单。相对于普通板,完成整体滑动会让成本升高 15～18 元(人民币)。至于防水性能当然是比较好的。而其不足的地方如下。

①国内某些彩板厂家虽然也可以生产这种板,但是横向加强筋轧制的不好,达不到增加强度的作用。另外,对于整体滑动这个概念,很多销售人员没有真正领会,盲目推崇,计算成本时却未考虑,使得完成的成品没有这个功能,对于该种板型的推广起了不好的作用。

②国产的咬边机都达不到好的咬合效果,影响其防水性能和完成后的外观。

总之,这种板型目前在国内大都是一哄而上,真正能做好的,实在是屈指可数。

【花心 LMO】:我的看法如下。

①进口的东西未必都是好东西,国产的未必都差,实践是检验标准。

②针对建筑这个行业来说,好的技术应该推广,好的产品应该推广,而不是分国外的或国内的。

③对于屋面,防水是一大主题,强度要求要具体情况具体对待,一般厂房屋面的强度要求并不高,这时采用高强度的屋面就是一种浪费。至于使用年限问题,好像与强度并无多大关系。

【dorise】:①进口的当然未必好,国产的当然未必差,我也是在实践后才会告诉大家国产的咬边机有天生的缺陷。就这一点,我还是说具体一些。可以从楼主发的图片上看到,咬边机在咬合板的时候,一种是直接的板与板咬合的情况,一种是板与支座与板3个咬合的情况,国产的咬边机对这两种情况是不区分的,咬合后可能发生的情况,就不用我再说了。

②好的技术要推广,当然了,如果大家都闭门造车,那这个行业就不要进步了。但是要推广的应该是成熟的技术,而不是自己都半懂不懂就谈推广,除非是谦虚一点,大家讨论,还好说一些。

③就屋面板的强度,可以这么说吧,我个人认为,之所以"来实"的板的强度都是550MPa,是因为它所有的板型都没有横向加劲肋,如果没有足够的强度,无法保证它的抗弯性,或许还有其他的原因。

【bjdwcg】:关于直立锁缝屋面板大家讨论的很多了,很多个工程已经使用了直立锁缝板,效果很好。其实国内的锁边机已经克服了楼主所说的缺点。国内大的厂家如杭萧、东南网架、北京多维等公司甚至拥有同种规格的多台设备,所做项目很多,很成功,已经不存在技术壁垒,网上都可以查到。只要能够专心去做,就能够成功。

4 包边包角。(id=49971,2004-2-22)

【zhaoluxian】:在钢结构设计中,门窗的包边、阳角、阴角、泛水板等的设计尺寸是什么?

【徜徉】:根据板型来定,其目的是为了美观和防水。

【yxd_nx】:包边、泛水等彩板件常常区分一个彩板工程质量的高下,其实就是建筑方面的东西,常常要在现场确定才准确。

【blue eyes】:这种问题,一般情况下需要根据现场情况确定,而且每个公司都有自己的风格,平时应多留意自己公司的做法。如果想把包边做得更美观,除了借鉴别人的做法外,还需要自己的感悟。

【lanf】:其实可以根据我们自己常用的屋面板、墙面板型,定出一些标准的尺寸。如我们公司就已经有人专门搞围护,定出标准节点和标准的泛水板及收边板尺寸,设计时按标准节点做就可以了。当然,复杂特殊的地方还要现场定出来。

【OKOK SW】:不同部位,应视其材料的型号和规格而定,并保持美观合理及统一协调。一定要结合现场条件,并考虑施工因素。

【忘记】:请问收边、包角在报预算时该如何计算?

【徜徉】:关于价格预算方面,我想主要和用料(厚度、面积等)有关。一般根据它的展开宽度和总长度来定价。实际上,它的成本与加工机械和加工的刀数(也就是企业的生产率)等都有关。

5 自攻螺钉长度。(id=111495,2005-10-10)

【桃之】:进行围护系统施工时(以双层彩钢板+保温棉为例),对应不同密度、厚度的保温棉,应采用何种规格(主要是长度)的自攻螺钉?请以标迪自攻螺钉为例讲解一下。如果保温棉上加设挤塑板进行防冷桥措施,自攻螺钉规格又该如何选择?

【jym】:对于自攻螺钉的长度选用问题,主要与连接厚度有关。在正常情况下,其连接厚度很好计算。但在有保温棉的情况下,如果不知道保温棉的压缩比(也就是多少厚的保温棉压缩后的厚度是多少),那么就会出现楼主所提到的这种情况,不知道用多长的了。根据我以往的经验,100mm 厚的保温棉用 40mm 长的自攻螺钉就够了(打在波谷,即连接厚度约为保温棉压缩后的厚度),由于一般情况下保温棉选用 12K、14K、16K 这几种规格,其密度对压缩比的影响不大,所以可以不考虑密度对螺钉长度的影响。如果是打在波峰,再相应地加上波峰高度就行了。

楼主提到的关于加放冷桥垫块后的选用问题,我认为最好使用专用的保温螺钉,这样才能完全防冷桥。如果一定要选用普通自攻螺钉,那么只要在上述计算方法计算的长度上加上垫块厚度就行了,然后根据这个最小长度选用合理的规格。

附上标迪自攻螺钉的技术参数,见图 7-126,BX 技术数据(屋面波峰固定)见图 7-127。

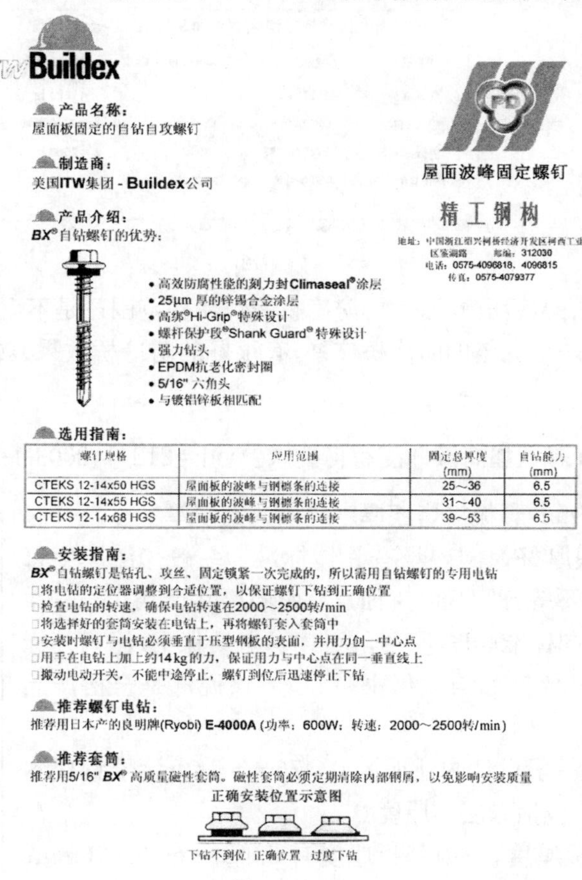

ITW Buildex

产品名称:
屋面板固定的自钻自攻螺钉

制造商:
美国ITW集团 - Buildex公司

产品介绍:
BX® 自钻螺钉的优势:

- 高效防腐性能的剌力封Climaseal®涂层
- 25μm 厚的锌锡合金涂层
- 高绑®Hi-Grip®特殊设计
- 螺杆保护段®Shank Guard® 特殊设计
- 强力钻头
- EPDM抗老化密封圈
- 5/16" 六角头
- 与镀铝锌板相匹配

屋面波峰固定螺钉

精工钢构

地址:中国浙江绍兴柯桥经济开发区柯西工业区鉴湖路　邮编:312030
电话:0575-4096818、4096815
传真:0575-4079377

选用指南:

螺钉规格	应用范围	固定总厚度(mm)	自钻能力(mm)
CTEKS 12-14x50 HGS	屋面板的波峰与钢檩条的连接	25～36	6.5
CTEKS 12-14x55 HGS	屋面板的波峰与钢檩条的连接	31～40	6.5
CTEKS 12-14x68 HGS	屋面板的波峰与钢檩条的连接	39～53	6.5

安装指南:
BX® 自钻螺钉是钻孔、攻丝、固定锁紧一次完成的,所以需用自钻螺钉的专用电钻
□将电钻的定位器调整到合适位置,以保证螺钉下钻到正确位置
□检查电钻的转速,确保电钻转速在2000～2500转/min
□将选择好的套筒安装在电钻上,再将螺钉套入套筒中
□安装时螺钉与电钻必须垂直于压型钢板的表面,并用力创一中心点
□用手在电钻上加上约14kg的力,保证用力与中心点在同一垂直线上
□搬动电动开关,不能中途停止,螺钉到位后迅速停止下钻

推荐螺钉电钻:
推荐用日本产的良明牌(Ryobi) E-4000A (功率:600W;转速:2000～2500转/min)

推荐套筒:
推荐用5/16" BX® 高质量磁性套筒。磁性套筒必须定期清除内部钢屑,以免影响安装质量

正确安装位置示意图

下钻不到位　正确位置　过度下钻

图　7-126

【桃之】:能否再给介绍一下防冷桥的专用保温螺钉?

【jym】:防冷桥螺钉的主要原理就是让固定防冷桥垫块的钢片或屋面板固定座及屋面板不能通过金属螺钉来与屋面檩条形成冷桥,其形式就是在自攻钻头顶部加设了一个加大的中空的尼龙头,使金属钻头不与固定防冷桥垫块的钢片或屋面板固定座及屋面板等部件直接相连,从而达到防冷桥的目的。其外观见图 7-128,这是我根据记忆画的草图，不是很准确，仅供参考。

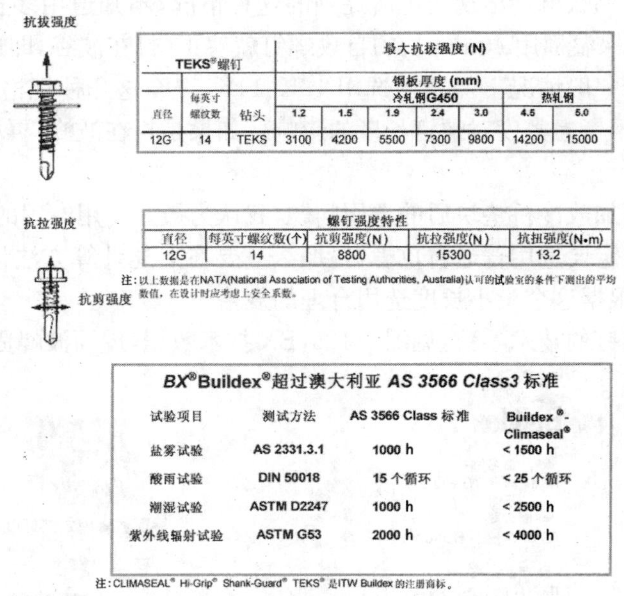

BX®技术数据（屋面波峰固定）

抗拔强度

TEKS®螺钉			最大抗拔强度（N）						
			钢板厚度（mm）						
			冷轧钢G450					热轧钢	
直径	每英寸螺纹数	钻头	1.2	1.5	1.9	2.4	3.0	4.5	5.0
12G	14	TEKS	3100	4200	5500	7300	9800	14200	15000

抗拉强度

螺钉强度特性				
直径	每英寸螺纹数（个）	抗剪强度（N）	抗拉强度（N）	抗扭强度（N•m）
12G	14	8800	15300	13.2

抗剪强度

注：以上数据是在NATA(National Association of Testing Authorities, Australia)认可的试验室的条件下测出的平均数值，在设计时应考虑上安全系数。

BX®Buildex®超过澳大利亚 AS 3566 Class3 标准

试验项目	测试方法	AS 3566 Class 标准	Buildex®-Climaseal®
盐雾试验	AS 2331.3.1	1000 h	< 1500 h
酸雨试验	DIN 50018	15 个循环	< 25 个循环
潮湿试验	ASTM D2247	1000 h	< 2500 h
紫外线辐射试验	ASTM G53	2000 h	< 4000 h

注：CLIMASEAL® Hi-Grip® Shank-Guard® TEKS® 是ITW Buildex的注册商标。

图 7-127

不过，就目前国内的使用情况来看，防冷桥螺钉使用范围还是不太广，虽然是个好产品（它和防冷桥垫块等组成一个完整的防冷桥体系，有很好的防冷桥效果），但由于是被个别厂家所垄断，所以价格不菲。

6 0.476mm 彩板加烤漆厚度有何要求？（id=21941，2003-1-29）

【woaicxr】：0.476mm 彩板加烤漆厚度应该达到多厚？

【xrha22】：对于膜厚好像国内没有具体标准。一般烤漆厚度每面 0.020～0.028mm 不等，即双面（正面、反面）膜厚共计 0.05mm 左右，当然不同产地、不同标准厚度不一样，可以参考质保书（国内外标准是不同的）取值。只要产品与质保书一致，应该说都是合格产品（以目前状况看）。

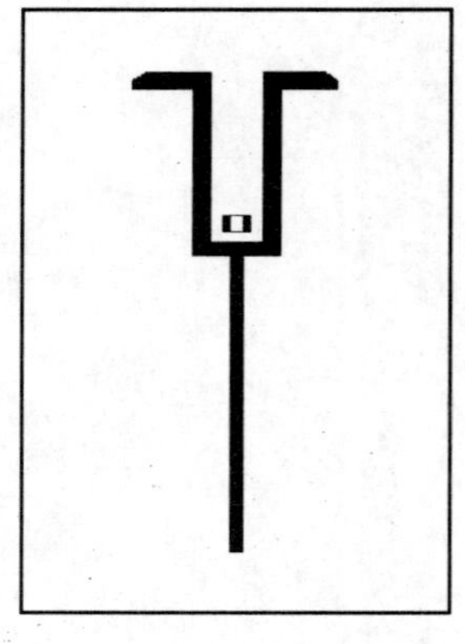

图 7-128

【fyb-okok】：现在一般设计中注明的 0.476mm 彩色涂层钢板到底是基板的厚度，还是包括涂层的厚度？

【hai】：应该是基板厚度，因为基板厚度有 0.426mm、0.476mm、0.576mm 等。

【fyb-okok】：但是供货方说提供给我们的板其基板厚是 0.45mm，加上涂层约 0.48mm，经现场测量确实如此，另有一栋别的钢结构厂家做的厂房 0.476mm 板（含涂层）量出来又是 0.5mm 厚（含涂层）的，有没有相关的国家标准可查？

【jimmy75】：设计要求的都是基板厚度，没有什么好讨价还价的。漆膜厚度是在基板之上的厚度增加。以 0.476mm 为例，总厚度应达到 0.5mm。至于供应商，在确定每平米单价后，自然是越薄越好。

【鹰式轻钢结构】:其实国家标准彩涂板的厚度为±0.02mm,也就是说,0.476mm 的彩涂板,实卡厚度为 0.46～0.5mm 都是正常的。就现在的彩涂板行业来讲,一般都是上差板,比如商标厚度为 0.476mm 的彩涂板,实际基板厚度在 0.46～0.47mm,加上漆膜厚度,实卡厚度在 0.49mm 左右应该是正常的。

目前国内比较知名的厂家彩涂板实卡厚度规律是(以 0.476mm 为例):

烨辉欣瑞实卡　　0.49mm 左右;
联合铁钢实卡　　0.47mm 左右;
马钢实卡　　0.485mm 左右;
鞍钢实卡　　0.485mm 左右;
大连浦金实卡　　0.5mm 左右;
苏州同信实卡　　0.46～0.47mm 左右。

另外,上海宝钢目前商标厚度多为 0.4mm、0.45mm、0.48mm、0.5mm、0.6mm 等,绝大部分上差 0.03mm。

无锡新大中商标厚度执行 0.4mm、0.42mm、0.45mm、0.47mm 等标准,实卡厚度上差 0.02mm。

以上几大生产厂家的正常产品厚度规律基本不变,因为我们有很多年的代理经验了。

现在就是有很多厂家钻空子,因为国家标准有 0.02mm 的误差,在给客户做压型钢板或复合板等材料时,如果客户不懂,就用薄一个厚度规格的材料做,比如客户定 0.476mm 的板子,在没有指明是商标厚度或者实卡厚度的时候,某些供货商可能就用实卡厚度 0.45～0.46mm的,因为板子薄了,价格却还是 0.476mm 的价格,再加上用的材料稍微差一点,1m 多赚 1 元是很正常的。

所以采购材料时,第一,要跟生产厂家定材料的"实卡厚度";第二,要定材料的生产产地及厂家,最好监督生产。如果没有条件,在签订合同时一定要问好生产厂家用的是什么产地的、有什么明显的标志,多问一句,产品的质量和数量就有保证。

(二) 材质强度

1 彩钢板材质的 4 个疑问。(id=83371,2005-1-20)

【luck】:①厂房墙面用彩钢板的学名是建筑用彩色涂层钢板,对不对?

②彩色涂层钢板的厚度包括基板和涂层两部分;某图纸上有句"基板是镀锌钢板,基板厚度为 0.5mm",这个基板厚度 0.5mm 是指基板加上镀锌层的总厚,还是单指基板厚 0.5mm 而镀锌层厚度另算?

③某图纸上有句"彩色涂层钢板基板的镀锌层双面质量不小于 180g/m^2",这个意思是镀锌层单面质量不小于 90g/m^2,正反面加起来不小于 180g/m^2,对不对?

④无侵蚀环境下的厂房的屋、墙面用单层彩钢板,一般彩钢板的涂层是正面反面均有呢,还是正面有涂层反面没有涂层,还是正面二涂二烘、反面一涂一烘?

【钢结构 2010】:第①个问题,对。

第②个问题,一般彩钢板厚度均指含涂层厚度。

第③个问题,个人理解对。

第④个问题,当然是双面都有了。

【benbenboy2002】:大部分厂家生产的彩钢板,所说的厚度 0.5mm、0.4mm、0.3mm 是包括涂层厚度的,宝钢生产的彩钢板,基板的厚度就是 0.5mm、0.4mm、0.3mm,不包括涂层厚度。

【feitian17991】:0.5mm、0.4mm、0.3mm 是不包括涂层厚度的。攀钢生产的彩钢板,基板的厚度就是 0.5mm、0.4mm、0.3mm,不包括涂层厚度;0.3mm 的就是 0.326mm 的成品,0.4mm的就是 0.426mm 的成品,0.5mm 的就是 0.526mm 的成品。还有 0.35mm 的基板,加涂层就是 0.376mm 的成品,用于墙面。

【HEBEIGONGZHUANG】:一般彩钢板的涂层是正面反面都有的,还分为正面二涂二烘、反面一涂一烘和两面都是二涂二烘。

正面二涂二烘、反面一涂一烘可以做聚苯复合板。

平常说的 0.5mm、0.4mm 是指基板厚度,476、426 指的是美标,并不是偷工减料,韩国彩板就是这样。

2 彩钢板强度问题。(id=132974,2006-5-6)

【AFM】:G550、G450、G300 基板抗拉强度分别是多少?

【whb8004】:抗拉强度分别是 550MPa、450MPa、300MPa。

【alt】:G550、G300 应该是指屈服强度,换算设计值要除以抗力分项系数 1.165。

【meelu】:钢板建筑用强度从 G250 到 G550 最低屈服强度和抗拉强度如下(AZ 1397 标准)。

GRADE	最低屈服强度 (Y. S. MPa)	最低抗拉强度 (T. S. MPa)
G250	250	320
G300	300	340
G350	350	420
G450	450	480
G500	500	520
G550	550	550

注:具体或其他相关技术资料可以参考澳大利亚标准 AZ 1397,非常详细。

3 彩钢板及铝塑板。(id=102771,2005-7-17)

【qjjs】:最近本人接到某装饰工程,主体刚架外包件在用料上产生了异议。同事都有不同的意见,望各位就铝塑板及彩钢板的应用给点意见,主要是室外装饰用(美观、经济、耐久)。

【jym】:我认为各有各的特点。

彩钢板:价格便宜,使用年限较长,防水性能较好,能很好地施加保温层,但节点处理比较粗糙,外观不如铝塑板漂亮。

铝塑板:外观成型比较漂亮,便于施工,但不能施加保温层,作为外墙结构层的话,防水性能不是很好,并且价格较贵。

综上所述,我认为,只要是装饰要求不高,还是选择彩钢板比较好,如果一定要选择铝塑板,则最好是用土建墙体作结构,铝塑板作装饰层。

对于彩钢板围护,建议采用横向板(复合板)或360型暗扣板,这两种板型不仅外观装饰性较好,而且保温隔热性能都比较好。此外,横向板看起来比较大气,如果彩板颜色采用亮银灰的话,能基本上达到铝塑板的效果。我们公司的办公楼用的就是横向板。

【狗尾巴花开】:同意楼上的意见,但现在彩钢板也可以做得很漂亮,如IW60板型,是隐藏螺钉式安装,做横排板很好看,若建筑物比较大,则效果会比较好,大气。当然,它加上内板及保温棉则完全可以作墙用,不用再做混凝土墙。

【119】:铝塑板:

①不耐碰撞;

②表面漆层不耐磨,板才高温下易变形;

③在接缝处易进水;

④保温差。

【钢柱子】:铝塑板现场加工比较容易,而且自身刚度较大,表面平整度高。单层彩钢板很容易起折,看起来不是很平整。要达到效果,一是足够厚,这样很费钱;另一种是采用压型板,这样如果墙面要求是平的,就不能达到要求。如果仅是要达到装饰效果,铝塑板要好些。

【艾珀耐特】:可否考虑用聚氨酯夹芯板做外饰,很多板型都可以把自攻螺钉隐藏起来,外观平整亮丽大方,转角处亦可直接弯折。聚氨酯夹芯板规避了楼上**119**兄所列的铝塑板的4个缺点,而且夹芯板的内外装饰效果俱佳,但其缺点是室内固定夹芯板需要一些次龙骨。

4　各种板型彩钢板最大跨度如何计算?(id=76602,2004-11-18)

【ss007】:现在我们用的各种板型的跨度(即檩条间距),都是根据经验取值。哪位能否告知我具体的计算方法和好的计算软件?

【allan】:目前好像没有直接计算的软件,由机械工业出版社出版的《钢结构设计与计算》一书中有计算例子,不过很烦琐。我们选用的时候一般是根据厂家提供的参数来考虑的,现在大部分正规厂家都用类似的手册。

5　请教彩板的几个问题。(id=124664,2006-2-22)

【谨慎】:①彩板的常规处理有几种形式?是否只为镀锌或镀铝锌?

②彩板的基材是何种颜色?为何一般的镀锌板都是白灰色或银灰色,而镀铝锌都是原色?是否没有特殊要求,这两种颜色就能满足要求?其上颜色可根据业主的要求任意涂?镀层是单面还是双面?

③彩板反压是怎么回事？

【达者】:首先,彩板的强度有340MPa和550MPa的,表面处理有镀锌和镀铝锌的。烤漆又有很多种,有PE、SMP、PVDF等。其厚度一般是0.376mm、0.426mm、0.476mm、0.526mm几种(宝钢是0.45mm、0.5mm)。颜色方面,一般厂家会有几种常用颜色让你选用,如果你要求的颜色比较特殊,那得和厂家协商定做,包括价格也需要另外谈。如果彩板不加烤漆就叫原色板,但是使用年限相对会缩短很多。

【谨慎】:还有疑问,比如我要求是镀锌白灰色板,首先双面镀锌后一面镀上白灰色面漆,那另一面呢？我见过这样的彩板,其背面好像不只是镀锌后的颜色,是不是在该面还有一道程序？该板是镀锌板,耐腐蚀性差或者只是镀锌后颜色效果不好,需在背面做些处理,若为镀铝锌是不是就没这个必要了？

【达者】:彩板既有面漆也有背漆,背漆的颜色一般是固定的。镀锌板和镀铝锌板都一样。

6 围护系统的风荷载计算中不需要考虑阵风系数。(id=142521,2006-8-6)

【徜徉】:以下是从规范编制组来的信息。

7.1 风荷载标准值及基本风压

7.1.1 垂直于建筑物表面上的风荷载标准值,应按下述公式计算:

1 当计算主要承重结构时

$$w_k = \beta_z \mu_s \mu_z w_0 \tag{7.1.1-1}$$

式中:w_k——风荷载标准值(kN/m^2);

β_z——高度 z 处的风振系数;

μ_s——风荷载体型系数;

μ_z——风压高度变化系数;

w_0——基本风压(kN/m^2)。

2 当计算围护结构时

$$w_k = \beta_{gz} \mu_{sl} \mu_z w_0 \tag{7.1.1-2}$$

式中:β_{gz}——高度 z 处的阵风系数,对房屋的幕墙构件(包括门窗),按第7.5.1条确定,对其他屋面、墙面构件取1.0;

μ_{sl}——局部风压体型系数,按第7.3.3条规定采用。

[说明]对于房屋的幕墙结构(包括门窗),按传统设计的经验,风荷载应考虑脉动响应,按第7.5.1条的规定采用相应的阵风系数。对于其他的围护结构构件,出于传统设计经验,风荷载仅通过局部风压体型系数予以增大而不考虑阵风系数。

重要信息

围护系统(不包含幕墙)的风荷载计算中不需要考虑阵风系数,但要根据《建筑结构荷载规范》(GB 50009—2001)7.3.3条考虑局部风压体型系数。外表面和内表面的应同时考虑,举例说明:墙面为−1.2(−1.0−0.2=−1.2),墙角边为−2.0(−1.8−0.2=−2.0)。

请即日起遵照执行。

7 谈谈围护系统的抗台风设计。(id=104953,2005-8-6)

【baimu1976】:大家来谈谈抗台风的设计,比如板型、安装等。(这个话题主要针对我国近期大面积出现“麦莎”台风,很多地方彩板围护出现了不同程度的损坏来谈的,建议大家介绍一下各自地方彩钢结构在这场台风中出现的值得总结的东西,以方便大家在以后设计安装时尽量避免此类问题的发生。)

【DYGANGJIEGOU】:①尽量不采用咬合角弛型的屋面板(如平常所说的760型),采用明钉或暗扣型的比较好。

②安装前看看气象预报,避开恶劣天气。

③晚上收工前做好已安装彩板的处理工作,该打钉的打钉,该拉紧的拉紧。

④钢构件充分考虑风荷载,特别是风吸力的影响。檩条适当加密,拉条(主要是使檩条协同受力及檩条下翼缘稳定)等按规范设计。

⑤若屋面挑檐,注意挑出部分的加固措施。

⑥集中排水的话,大部分落水管尽量放在室内。

⑦雨篷等外露部分考虑好风吸力的影响。

【chensuling8010】:为什么考虑抗台风时不宜采用760型咬合角弛型的屋面板？通常大跨度的屋面板不是选用760型比较合理吗？760型也是暗扣式的吧？

【baimu1976】:我是浙江的钢结构厂家,这次台风过后,公司沿海项目有6个屋面有较大的破坏,二十几处零星损坏,主要有以下表现,希望大家参考,以后设计施工时重视。

①东南面第一开间损坏严重。与《建筑结构荷载规范》(GB 50009—2001)理论吻合,以后大家注意加强边跨。

②咬口式760型在台风区使用必须有材质及施工保证。由于彩板普遍采用0.476mm厚普通板(非550MPa高强度),中间暗扣几乎全部被风吸力拔空,不连续咬合的屋面板大部分松动,局部飞走。

③老式明扣明钉820型屋面损坏很少,但大家以后对自攻螺钉尽量用好的,5年以上屋面由于钉子锈蚀有个别损坏。

④台风区不要用外挂彩板天沟,迎风面损坏严重。

⑤墙面损失很少,包括用0.426mm厚820型的。

⑥气楼一定要有挡风板,无挡风板的全部外面大雨里面小雨。

⑦收边铆钉间距大于1m,迎风面全军覆没,建议取300mm。

⑧外挑连续大雨篷最好设反装底板。

⑨设双层板加保温的几乎没损坏。

⑩夹芯板屋面损坏严重,尤其是上层板暗扣式几乎全部损坏。建议以后不要使用聚苯泡沫夹芯板,几乎全部撕裂。

几张台风后破坏情况的照片(图7-129):a)、b)为迎风面第一开间破坏情况,受损严重的几乎都在第一开间;c)、d)为聚苯夹芯板破坏情况;e)为大雨篷破坏情况;f)为彩板天沟破坏情况;g)为简单可行的临时加固办法;h)为一个简易车棚7m间距C100檩条,居然没事,值得讨论,绝对在迎风位置;i)显示大卷帘门在台风区用不得,注意双层的大雨篷安然无恙;j)说明高处的大面积窗户要少用;k)为一个简易大棚的破坏情况。

【jym】:我一个朋友做过一个简单的调查,发现在现有的钢结构公司,大部分公司其围护系统都未经过受力计算,相反的是,板型的确定一般是结合公司所拥有的板型设备来确定,厚度一般是按照业主提供的价格或要求来确定,缺乏科学的依据,导致一些不该发生的事情发生。

a) b) c) d) e) f)

图 7-129

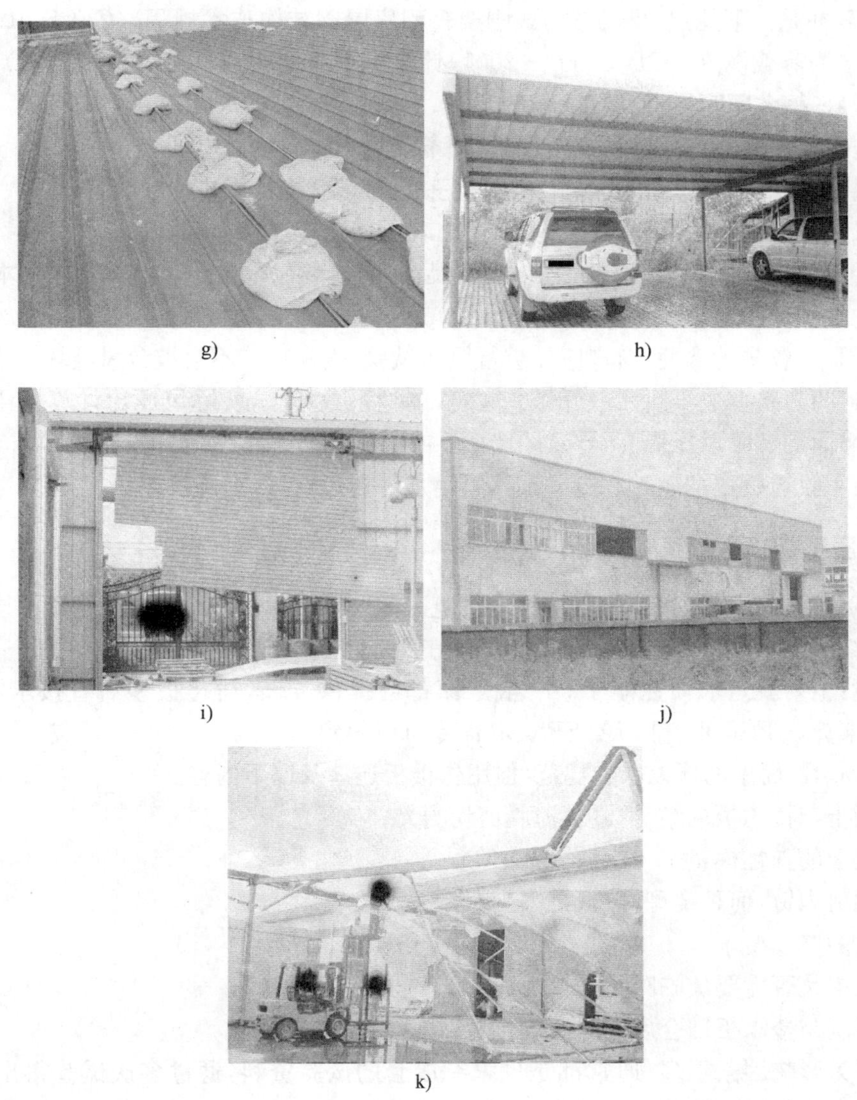

g)　h)

i)　j)

k)

图　7-129

为了抗台风，我觉得围护系统在施工过程中(前)应该注意以下几个方面。

①板型和板厚的确定一定要合理计算，如果业主有不合理的要求，一定要坚持，并讲明道理，让业主接受合理的板型和厚度。

②如果使用角弛形暗扣板，建议在檐口和屋脊处打上明钉，一般每张板每头打 2 个，做好密封处理。一般板被掀起的地方都是从板头开始的。

③台风地区不宜采用采用外挂天沟。

④不宜采用普通卷闸门。

⑤自由落水的屋面板伸出长度不宜超过 200mm。

⑥女儿墙柱连接一定要可靠。

⑦包边件的平面宽度不宜过大，一般以不超过 200mm 为宜。

【**kaldi**】:补充以下几点。根据《门式刚架轻型房屋钢结构技术规程》(CECS 102:2002)或者是《建筑结构荷载规范》(GB 50009—2001)计算围护主要组成部分(檩条、钢板)的承载力,选定檩条型号、檩条间距、板的厚度、板型。

①在边缘及角区对檩条进行加密,确保檩条及板均能满足要求。

②在檐口位置打明钉,每个波峰一个,最好是带大帽(抗台风垫片)的那种,加大接触面,可以增加抗风能力。如果条件允许,最好是在檐口的一、二排檩条上都打钉。

③尽量不要做外挂天沟,如果一定要做,尺寸要控制在 200mm×200mm 内(本人在深圳沿海项目的外挂天沟基本上都是 200mm×200mm 的)。

④对于开窗较多的墙面,窗户应该进行风压试验,确保窗户不会被台风破坏。大面积窗户被破坏后,封闭建筑变成半封闭或开敞式建筑,体型系数增大,实际风压比计算风压要提高很多,引起屋墙面的实际风压提高,导致屋墙面系统的破坏。

⑤当泛水收边板宽度超过 200mm 时,宜增加一折边,可以提高抗风压能力。

8 压型钢板做楼层板时强度怎么算?(id=60020,2004-5-31)

【**microman**】:《冷弯薄壁型钢结构技术规范》(GB 50018—2002)只是给了做楼层板时挠度控制在 1/200,但挠度怎么计算?压型板截面怎么简化?

【**徜徉**】:主要就是求惯性矩了。一般厂家都会提供,或者简化板型后直接求,也可以用 AutoCAD 来算,REGION 和 MASSPROP 命令可以得到。

【**woodwest**】:简单的可以看看规范,但用作楼板还涉及以下内容。

①混凝土与楼承板的结合强度(薄膜剪切力)。

②混凝土的弹性模量。

③有无剪力钉,何种类型,数量是多少?

④防火的厚度要求。

⑤施工中是否需要加临时支撑?

⑥混凝土与楼承板结合后的中性轴位置。

其实因为影响因素很多,通常都是厂家有成套的试验资料,通过多次试验得出使用的表格。手算加人工分析的结果非常不准确,毫无实用价值。

【**lijingas**】:以前我算过一次,相当麻烦,并没有像**徜徉**说的那么简单,最难的就是有效截面的确定,因为压型板很薄,宽厚比较大,根据《冷弯薄壁型钢结构技术规范》(GB 50018—2002)来确定其有效惯性矩,这是个很枯燥的计算,但得出有效惯性矩以后,后面就非常简单了。

【**xjtu**】:有效惯性矩在厂家提供的资料中是给出的,所以完全没有必要自己计算。**woodwest** 说的没错,组合楼板的计算牵涉很多方面。

组合楼板一般不是强度作控制条件,而是挠度变形,而且组合楼板的关键问题是钢板变形后与混凝土发生滑移,目前的规范是无法提供这方面的计算依据的。

【**cyjhakka**】:请问挠度是按压型钢板的哪个方向计算?以此来计算次梁间距,再计算主梁间距,是这样的吗?

【**刘星语**】:①工作阶段

组合楼板的挠度为：

$$\frac{5}{384}\frac{qL^4}{B} \leqslant L/360$$

式中，B为钢截面弹性模量。按简支单向板(顺肋方向)分别按短期和长期荷载效应组合计算。

②施工阶段

连续跨按两跨计算：

$$qL^4/(185EI) \leqslant \min(20, L/180)$$

单跨：

$$5qL^4/(384EI) \leqslant \min(20, L/180)$$

9 请教有关蒙皮作用的问题。(id=28851，2003-5-24)

【音速之子】:《门式刚架轻型房屋钢结构技术规程》(CECS 102:2002)在说明部分中对蒙皮效应有2页的阐述，不过我看了以后不太明白，请教如何考虑蒙皮效应？可以考虑多少？如果考虑了有什么技术上的要求？在施工及使用中怎样保证？

【徜徉】:论坛中大量的相关介绍，可搜索一下，并可先参考：

http://okok.org/forum/viewthread.php?tid=5045&pg=1&bpg=1

【音速之子】:我要寻求的是可否量化的途径，或者介绍一下美国规范是怎样考虑这一效应的。

【若愚】:可以做试验来量化。

【徜徉】:做试验的话，离散性大。而且只对那种特点的板型及其连接方式都相同的情况下才有参考价值。至于规划，暂时还不能量化考虑。《门式刚架轻型房屋钢结构技术规程》(CECS 102:2002)中考虑了两种极端情况：一种是没有蒙皮作用；另一种是完全支撑，充分的蒙皮效应。如果屋面板和檩条可靠连接(对螺栓距离等有具体规定)，可以不用考虑檩条上翼缘的失稳。

【Elvin】:我年底时做了一个有关受力蒙皮作用的试验，得到了很宝贵的第一手资料。由试验结果可知：在结构中，受力蒙皮可以起到很大的作用，蒙皮的刚度大约为一榀刚架刚度的1/4，这是很可观的。由此也证明了，受力蒙皮作用是不应该被忽略的。

其实现在最大的问题就是**音速之子**提到的规范问题，目前，我国也正在编制自己的规范。美国和欧洲的规范中有很多参数也是要根据试验来确定的。经过多年的发展，压型钢板的型号有了很大的变化，而我国的本来就和国外的很不相同，所以编制自己的规范是有意义的，不能照搬国外的规范。

另外，若要了解蒙皮效应，个人认为 Davies 和 Bryan 的 *Manual of Stressed Skin Diaphragm Design* 是本很好的书。我也正在进行参数的分析，也许再过半年，将会有篇论文发表，到时大家可以看到一些定量的成果。

【wendw】:你说的我国正在编制的规范指的是什么规范？是专门关于蒙皮的规范，还是其他规范中涉及的内容？《门式刚架轻型房屋钢结构技术规程》(CECS 102:2002)中涉及了，但是基本上没有说清楚。

【Elvin】:1992年5月，中国工程建设标准化协会批准成立推荐性标准《冷弯型钢受力蒙皮结构设计规范》和《薄壁型钢结构连接设计、施工及验收规程》两个编制组。但由于种种原因，编制工作被拖了下来。直到2000年4月，轻钢结构委员会才重新决定将这两本规范合为一本，定名为《冷弯型钢受力蒙皮设计规程》，目前正在编制之中。

【Elvin】：现在本人的论文已基本完成，具体数据等《建筑结构》刊出时，大家即可看到。先给出一些定性的结果。

①去年年底，本人在我国北方做了一个现场试验。这个工程是一个门式刚架仓库，压型钢板仅与檩条连接，而不与作为平行构件的刚架连接，压型钢板间的板缝也没有连接。由于无板缝连接件和边部连接件，可以说这并不是一个标准的受力蒙皮结构。但是就是这样一个结构，其蒙皮效应也是很大的。定性地说，两榀刚架间的压型钢板抗剪刚度基本等于一榀门式刚架的抗侧移刚度。

②今年7月，本人在试验室做了对比试验研究，发现同样的板型情况下，若按国外蒙皮规范和国内的情况，加上边部连接件和板缝连接件以后，压型钢板平面内的抗剪刚度大约为上一个试验蒙皮刚度的10倍。

③压型钢板跨越檩条的数目对其抗剪刚度的影响是很大的。定性地说，跨越多檩条的受力蒙皮刚度较跨越少檩条的受力蒙皮刚度大约20%，而强度小5%左右。

摘要：

轻型钢结构中，常采用压型钢板作为围护结构。通过前人的试验研究和理论分析，如果和框架有可靠的连接，压型钢板在平面内具有相当可观的抗剪强度和刚度，被称作受力蒙皮作用。如果只将其作为刚度储备，不仅造成了材料上和经济上的浪费，还可能出现围护结构先于主体结构破坏的情况。

现有的理论分析方法是基于跨越少檩条的在波底连接的梯形板所构成的受力蒙皮结构推导出来的。而如今我国实际工程中，板型、连接形式、跨越檩条数目均发生了重大的变化。本文希望在试验研究的基础上，将其结果与理论分析结果相比较，探求出一种适合我国当前实际工程的受力蒙皮结构设计方法。主要开展了如下几个方面的工作。

①分别在有蒙皮和无蒙皮两种情况下对实际工程中框架抗侧移刚度进行了现场试验。基于叠加原理，利用曲线拟合方法对试验数据进行了量化，间接得到跨越多檩条的受力蒙皮的抗剪刚度。

②设计并制作了便于测量受力蒙皮抗剪刚度和强度的新型加载装置。

③为了研究跨越多檩条和少檩条的受力蒙皮结构抗剪性能的区别，对连接件形式和间距、框架和檩条的形式和间距均相同但板皮数量不同的两组试件进行了对比试验。分别得到了两组试件的抗剪强度和刚度数值。

④利用应用广泛的SDI和欧洲建议的两种受力蒙皮结构的理论分析方法，对两次试验的3组试件进行了理论分析，并与试验结果进行了对比。

关键词　受力蒙皮；抗剪刚度；加载装置；对比试验

【波力海苔】：这种利用蒙皮效应的房屋是否只能是平屋顶？能否是双坡屋面？

【flysky001】：蒙皮效应不只对平顶屋面有作用，对双坡屋面也有作用。受力蒙皮作用只对水平荷载有利，而对于垂直荷载是不起作用的。因此，对于坡屋顶框架结构所承受的竖向荷载，受力蒙皮作用的有效程度取决于屋面的坡度，坡度越小，受力蒙皮作用越弱。

请注意弄清“垂直荷载”和“竖直荷载”的区别。最早人们是从坡屋顶门式刚架结构中认识到受力蒙皮作用的，框架在垂直荷载的作用下，屋脊有向下、屋檐有向外运动的趋势，但如果屋面板在平面内不出现变形，这类位移就不可能发生，屋面板在自身平面内有较大的刚度，它与支承檩条一起形成类似于深梁结构抵抗上述变形，檩条的作用类似于梁的翼缘，承受由弯曲作用引起的轴向力，屋面板则起着梁腹板的作用，承受剪力。对于平屋顶结构，侧向水平荷载直接作用在檐口标高处屋面板的平面内，因此，该屋面板也像上述的深板梁，凭借受力蒙皮作用，可有效地承受该水平荷载，这种形式的受力蒙皮作用相当有效，以至于往往有可能完全依这种屋面板来保证其稳定性，而无需刚接框架或抗风支撑。

10 蒙皮效应。(id=5045,2002-1-24)

【kelb】:近日看了一本钢结构设计指南，有“蒙皮效应”的概念，请问该如何理解？

【pplbb】:先在本论坛里搜索“蒙皮效应”，会有一个大概的印象。对于蒙皮效应，我也说不太清楚，大概就是通过支架结构的围护材料(如彩板、屋面板、墙面板)来降低构件的平面外计算长度，如果考虑了围护材料的这种作用，结构断面因此可能减小。

【peterman722】:蒙皮效应一般是指围护结构(主要是屋面和墙面)对主体结构的整体加强作用，大大加强了结构的空间整体性。一般也不直接降低构件的平面外计算长度。其实这种加强作用有时很大，但不容易量化，所以设计中不予考虑。

国外有设计高层蒙皮结构的。以下 2 篇文章论及蒙皮效应，尤以第 2 篇详细，可参考。

①轻型钢结构设计轻量化的主要途径. 韩方俊. 工业建筑. 2000,30(2):58-61.

②门式钢框架轻型化的技术措施. 陈绍蕃. 建筑结构. 1998,(2):30-33.

【紫色流星】:关于蒙皮效应，对于钢结构，我国规范没有规定，主要原因是墙板或屋面板与结构的连接不能达到要求或是板的跨度有时太大。其实蒙皮效应也很难明确地量化，受很多条件限制，工程情况不同，蒙皮的作用效应也不同，工程中只将其作为一种结构上的储备。在轻型钢结构设计中不要考虑。

【jgsys】:蒙皮这一结构概念来自飞机和轮船，它是在纵横肋上蒙上金属薄板而形成的带肋薄壳结构，蒙皮与肋共同工作，蒙皮自身在其平面内具有很大的拉、压和剪切强度，且由于有肋的作用，蒙皮不会失稳。蒙皮结构具有较大承载力及刚度，而自重却很小。我想蒙皮效应大概就是这个意思吧。不少高层建筑就是借鉴了这种结构，如美国费城的梅隆银行(56 层、高 242m)。

【徜徉】:《冷弯薄壁型钢结构技术规范》征求意见稿中，把可靠连接的压型钢板体系所具有的抵抗板自身平面内剪切变形的能力，称为受力蒙皮作用(Stressed Skin Action)。

如果将压型钢板与檩条进行可靠连接，受力蒙皮作用可使围护结构(屋面板)同时也成为受力结构的重要组成部分，参与整个结构体系的工作，即可增加整个结构的整体刚度，减少甚至取消支撑。特别是对于抗扭及在弱轴方向抗弯能力较差的 C 型、Z 型等截面的构件，更能提高其刚度和稳定承载力。显然，考虑压型钢板的受力蒙皮作用将会在结构设计时取得非常经济的效果。

图 7-130 可以说明受力蒙皮作用:用压型钢板铺设的屋面板有足够的强度和刚度抵抗水平荷载(风荷载、地震作用等)，将荷载经由山墙(亦可用压型钢板作墙板)传至基础。此时，板和与其相连的檩条、梁等共同工作，类似于薄壁深梁。边缘处的檩条作为上下翼缘承受由弯矩产生的轴向力，而压型钢板则作为腹板承受剪力。这种围护结构平面内的承载能力，亦即抗剪

能力，通常被称为受力蒙皮作用。

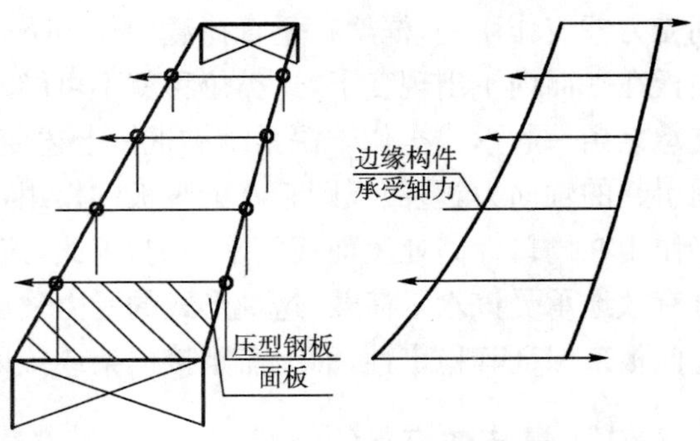

图 7-130 受力蒙皮作用示意图

【木头】：记得上一次轻钢年会上，好像是天津大学刘锡良教授图片介绍了一个三层的建筑物，采用的就是密植薄壁方管结构加蒙皮的结构形式，既是墙体又是唯一受力结构，这应是蒙皮在工程建设中的一例。蒙皮作用增加了结构空间刚度，使得尽可能多的材料参与受力而不仅仅是荷载。形成蒙皮应是有效的直接连接，而不能采用间接连接。有檩体系由于檩条的变形会使外板受力滞后，国外似也未能加以考虑。个人认为，若不是直接性的螺钉或铆钉连接，蒙皮是不能考虑的。把蒙皮效应应用到工程上，以目前国内的施工能力和检测水平还为时尚早。

【aj_young】：目前，美国金属建筑系统行业的标准如下。

①墙屋架蒙皮效应只能用于端墙，且要求端墙尺寸较小、无大开孔且檩条配置为 Flush（墙架檩条外沿与风柱外翼板齐平）。

②边墙、屋架不考虑蒙皮效应，但是构造上有如下一些要求。

a. 屋架 FRP 采光板（玻璃纤维加劲树脂板）必须采用小块（每块长约 3m），分散布置，不得连续布置，这个问题中国内地的技术文献及建筑规范都已有提及。但是，目前（1998～2007年）中国内地部分企业常见的将 FRP 从屋脊到檐口通长布置是不妥的，可导致结构薄弱带。

b. 屋架的结构整体性对结构安全非常重要，相邻结构能够给受到较大瞬间荷载的局部区域提供支持。台风来时，平屋顶上瞬间会受到 100～200kg 的风升力，而屋架体系的自重是非常轻的，根本无法抵抗风升力，而要靠整体结构体系来达到。

③这几年大量出现了对墙屋架蒙皮效应进行力学模型计算的简体中文技术文献，但是此类文献解题思路并不妥善（心是很急，但是方法不对）。因为计算假定的物理模型偏离实体模型，而实体足尺测试数据离散性较大，金属建筑系统行业各家各户产品的差异性非常大，与传统的全国都依据同一套标准图纸设计出来的混凝土建筑大不一样。屋架结构体系设计不良是导致中国内地钢结构房屋倒塌的主要原因之一。

【donghex1】：蒙皮效应是指在建筑物表面的材质由于本身具有一定的刚度，加之其本身并不是纯平面板，因而会有一定的惯性矩，所以这种建筑物表面覆盖的材料会对建筑物的整体刚度有一个不可忽视的贡献。特别是在轻钢厂房的设计中，我们考虑这种蒙皮的作用十分合理。我国在刚刚开始进行轻钢厂房设计时，由于设计中并未考虑这种蒙皮效应的作用而使我国在刚刚具有这种结构的时候用钢量远大于国外同行业的用钢量，但是我国现行的轻钢厂房设计规范是考虑了这种作用后的，所以我们的用钢量大幅度地下降。我们可以看到轻钢厂房的梁截面远高于一般的平台钢结构的梁，但却未发生稳定问题，这就是考虑蒙皮效应的缘故。这种作用在设计时可考虑 20%～50%的蒙皮效应。

【torpedo】：例如，在轻钢住宅（轻钢龙骨）中的墙板不仅能够提供围护作用，承受垂直于表面的荷载，而且在自身平面内也能提供蒙皮作用。

【szdcz】：什么是“蒙皮效应”？

①起源

在“百度”上搜索一下“蒙皮效应”，会有 9990 篇有关“蒙皮效应”的网页出现，在 Google 上搜索一下“蒙皮效应”，会有 232000 篇有关“蒙皮效应”的网页出现。而且建设部还要编制和颁布《冷弯型钢受力蒙皮结构技术规程》。

“蒙皮效应”的英文原文大致有以下几种来源：

a. Stressed-Skin(应力皮肤)；

b. Stress-skin(应力皮肤)；

c. Stresskin(应力皮肤)；

d. Stressed Skin Diaphragm (应力皮肤横隔层)；

e. Stressed Skin of Diaphragms(横隔层的应力皮肤)；

f. Prefabricated Wood-Based Loadbearing Stressed Skin Panels(预制木基承重应力皮肤板)；

g. Stressed Skin Panels(应力皮肤板)；

h. Stressed-skin Insulating Core Panels(应力皮肤保温芯板，简称 SSIC 板)

笔者是研究轻(钢或木)骨架建筑技术的，所以经常会在一些英文文献中见到这些英文词汇，对它的来龙去脉有所了解。“蒙皮效应”一词通常源自 3 种建筑体系：第一个为轻(钢或木)骨架建筑体系，国内学者对它的了解不多，笔者在《轻钢(木)骨架住宅结构设计》一书中对其有详细的阐述；第二个为采用压型(波纹)钢板作为屋顶和楼层(有时也用于墙体)承载结构的建筑体系，国内学者所说的“蒙皮效应”通常指的是这类建筑；第三个为国内建筑界目前还很少听说过的预制木基承重应力皮肤板，有时也称其为应力皮肤板或应力皮肤保温芯板，1990 年之后，该产业已经决定把它命名为结构保温板(Structural Insulating Panels，简称 SIPs)。

②Stressed-Skin(应力皮肤)

在轻(钢或木)骨架建筑体系中，术语“Stressed-Skin(应力皮肤)”最初是由美国森林产品试验室(FPL)在描述板的类型时使用的，把夹板皮肤稳固的粘贴到木骨架两侧，导致板的总强度大于骨架或夹板单独提供的强度。胶粘结作用使得皮肤和骨架构件成为一个整体单元，因而在荷载作用下，皮肤是受力的。

在中国现有建筑中，很难理解“Stressed-Skin(应力皮肤)”这一术语，因为目前中国大部分建筑物的墙、楼盖和顶棚都是一个实心结构，没有墙、楼盖和顶棚的皮肤和骨架等概念。

发达国家建筑的墙、楼盖和顶棚都是复合的空心结构，因而都是把 Wall、Roof 和 Floor 与 Diaphragm(横隔层)组合起来使用，即 Wall Diaphragm(墙横隔层)、Roof Diaphragm(屋顶横隔层)、Floor Diaphragm(楼层横隔层)。所有横隔层都是由外部应力皮肤和内部骨架组合而成。

在轻钢(或木)骨架建筑中，如果一个结构构件是系统的局部，它的反应是通过整个系统的强度和刚度特性来改变的。通常，系统性能包括两个基本概念，即荷载共享和复合作用。荷载共享是在重复构件系统(即木骨架)里发现的，并且表现出一个构件上的荷载被另一个构件分享的能力，在均布荷载情况下，弱小构件上的一些荷载能够被附近的构件承担。在部件组装中发现了复合作用，当一个连接一个，形成一个“复合构件”时，就有了比零件的总和还要大的能力和刚度。然而，在一个系统中复合作用的数量取决于不同的系统要素被连接的方式。目的是获得一个比拆开的构件更加高效的截面模数。例如，当将楼层覆盖物(即应力皮肤)既钉又粘贴到楼层托梁上时，楼层系统就比仅仅用钉子钉住覆盖物的楼层获得了较大程度的复合作用。

出于这一点，在决定结构分布方式及抵抗水平和垂直荷载时，应该考虑结构系统的反应，而不只是单独考虑独立的要素。对于轻钢(或木)木骨架系统，实际上是可以违反基于古典工程力学(即带有标准附属区域的单个构件和假定的弹性行为)的计算和过分简单化的荷载路径假定。

值得注意的是，在轻钢(或木)骨架建筑体系里，“Stressed-Skin(应力皮肤)”一定要成对出现，即在横隔层的上下或内外都一定要有应力皮肤。当然，根据应力皮肤的有效宽度要求，也可以采用拉带或其他结构形式来代替应力皮肤。

③Stressed Skin Diaphragm(应力皮肤横隔层)

术语“Stressed Skin Diaphragm(应力皮肤横隔层)”起源于采用金属作为屋顶的建筑物。在许多国家，应力皮肤横隔层设计是认可的习惯，因此可以在没有“支撑(Bracing)”的情况下建造屋顶。然而，出于保险的原因，一些国家不允许采用横隔层(Diaphragm)设计。出于建筑和经济的原因，不想在平屋顶上进行支撑(Bracing)，横隔层设计就是一个很吸引人的方法。可以相当大的节省材料和劳动力。

应力皮肤设计包括把建筑物作为整个建筑系统考虑，因此必须要关注结构的稳定性。设计师必须有足够的关于金属屋顶露台详图设计的知识，建造商对于横隔层的结构行为必须要有好的理解，并且在建造过程中不得有任何缺失。

压型(波纹)钢板制成的屋顶和墙横隔层有着足够大的平面内荷载承载能力。由于应力皮肤作用，给建筑物增加了刚度，可以使建筑物成为一个稳定的系统。可以使用应力皮肤作用转移风荷载，并把其他的水平荷载(如来自天车)转移到山墙端和侧墙上，也可以把荷载从屋顶横隔层转移到基础上。可以通过应力皮肤作用，侧向支撑檩条、侧面横杆、椽子及挨着墙的适当尺寸的柱子。在坡屋顶的情况下，也可以采用覆盖层承载部分来自雪和静荷载的垂直荷载，并把侧向荷载从天车分布到几个骨架上(这一点与轻骨架建筑非常相同)。当采用应力皮肤横隔层作用时，重要的是要考虑：

a. 如果建筑物的长度大于宽度的 5 倍，就可能有风险，挠度就会很大，覆盖物就无法维持与柱子顶部的接触；

b. 由于在结构和覆盖物之间的温度差异，导致板产生应力，就不能采用应力皮肤设计；

c. 如果孔在边缘区域内侧，宽度为最小长度的 1/4，小孔总面积小于覆盖物面积的 15%，就允许采用应力皮肤设计，不需要作额外的设计；

d. 如果进行额外的计算，可以接受大孔；

e. 采用应力皮肤设计必须不妨碍将来扩展建筑物，或改变用途；

f. 在建造期间，可能需要临时支撑。

应力皮肤设计通常要遵循下面描述的主要步骤：

a. 确定荷载和响应的荷载组合；

b. 确定横隔层的类型；

c. 计算剪力和弯矩；

d. 确定覆盖物的抵抗(来自制造商的数据)；

e. 确定紧固件的抵抗(来自制造商的数据)；

f. 为横向作用设计覆盖物；

g. 确定风在横隔层上的作用；

h. 设计覆盖物；

i. 设计附件；

j. 考虑温度作用(如果建筑物是不保温的)；

k. 设计檩条支撑架(如果包括檩条)；

l. 校核变形。

在采用金属作为屋顶的建筑物中，“Stressed Skin Diaphragm(应力皮肤横隔层)”不一定强求成对出现，但是应力皮肤横隔层自身一定要有适当的刚度，所以对压型(波纹)钢板的尺寸要有一定的要求。

④应力皮肤板(Stressed Skin Panels)

早在1930年，美国森林产品试验室(FPL)就开始了应力皮肤板的长期试验项目，经过几十年的试验，在1979写出了总结报告。但应力皮肤板的结构力学理论一直没有什么重大突破。与大多数现代建筑结构理论一样，应力皮肤板的结构力学要点是计算弹性粘结复合结构系统的组合作用效果。

如果可以把皮肤考虑为刚性复合单元，就可以采用古典梁理论计算复合结构的应力皮肤板的组合作用效果。

也可以采用Kreuzinger Method来计算复合结构的应力皮肤板的组合作用效果，德国München大学的Kreuzinger教授已经给出了计算复合要素的一般模型。

也可以采用“格子骨架静力学”程序来计算复合结构的应力皮肤板的组合作用效果，欧洲也有人给出了该模型的计算方法。

也可以采用弹性粘结的微分方程解或微分法计算复合结构的应力皮肤板的组合作用效果。

⑤结束语

国内建筑界什么时候把“Stressed-Skin(应力皮肤)”或“Stressed Skin Diaphragms(应力皮肤横隔层)”翻译成“蒙皮效应”，已经无从追考。

当然，随弯就弯，依错就错，也没有什么，就像我们的建筑材料早就脱离了“土木”，走向了“钢铁”，但我们仍然把“Civil Engineering”(应该为“民用工程”或“市政工程”)翻译成“土木工程”一样，多年来大家都见怪不怪，也没有人会提出异议。但是要颁布《冷弯型钢受力蒙皮结构技术规程》，就必须要了解“Stressed-Skin(应力皮肤)”或“Stressed Skin Diaphragms(应力皮肤横隔层)”的完整含义和来龙去脉。

实际上，人们早已经在建筑实践中发现了“Stressed-Skin(应力皮肤)”或“Stressed Skin Diaphragms(应力皮肤横隔层)”的组合作用效果(即“蒙皮效应”)，但是在理论上，目前还没有重大突破，尽管有很多科学工作者都在致力于“Stressed-Skin(应力皮肤)”的基础理论研究，提出了许多数学模型，去求解“Stressed-Skin(应力皮肤)”的组合作用效果，但因为古典力学理论(即牛顿力学中的$F=ma$)还无法解释和计算采用“Stressed-Skin(应力皮肤)”或“Stressed Skin Diaphragms(应力皮肤横隔层)”设计的建筑系统的荷载共享和复合作用，所以世界各国的科技工作者目前都只能采用试验方法来验证“Stressed-Skin(应力皮肤)”或“Stressed Skin Diaphragms(应力皮肤横隔层)”的荷载共享和复合作用。

（三）连接安装

1 求教收边做法及安装方法。(id=73502,2004-10-21)

【benbenboy2002】：求教窗、门、屋面、墙面、檐口、单板、复合板收边做法。

【DYGANGJIEGOU】：先说檐口：檐口根据构造可分为外排水天沟檐口、内排水天沟檐口和自由落水天沟3种形式。对于这种结构，在条件允许时可优先采用自由落水和外排水天沟檐口形式。

①自由落水檐口。该种形式多在北方少雨且檐口不高的情况下采用。

以下a、b墙屋面板为单层压型板，c墙屋面板为复合板。

a.无封檐的自由落水檐口。外形简单，建筑艺术效果不好。这种檐口自墙面向外挑出，按板型不同伸出长度也不同，但是不应小于300mm。若墙屋面彩板为单板，墙板与屋面板间产生的锯齿形空隙由专用板型的挡水件封堵。当屋面坡度小于1/10时，屋面板的波谷处板边应用夹钳向下弯折5～10mm作为滴水。

b.带封檐的自由落水檐口。封檐挑出长度可自由选择，建议封檐板置于屋面板以下，屋面板挑出檐口不小于30mm。需要封檐板高出屋面的檐口时，要按当地的降雨要求拉开足够的排水空间，且不宜采用檐口下封底板。檐口处的屋面板边滴水处理和前述相同。

c.墙屋面彩板为复合板。墙屋面结合处做内阴角，屋面板的端头做专用的封檐板，封檐板可以把波峰遮掩起来，在封檐板的下部用开孔器开孔，雨水从小孔流出。封檐板也可以插在波峰的下面，再做相应的挡水件封堵板孔。

②外排水天沟檐口。外排水天沟，有不带封檐的和带封檐的两类。

a.不带封檐的外排水天沟檐口。这种檐口的天沟可用彩板天沟或焊接钢板天沟。一般多采用彩板天沟，因为它可以不需要支撑它的结构构件，其沟壁可以直接与外墙板贴近，在墙上设支撑件，在屋面板上伸出连接件挑在天沟的外壁上，各段天沟相互搭接，采用拉铆钉连接和密封胶密封。因设置在室外，出现漏雨问题影响不大。

采用钢板天沟时，各段天沟用焊接连接，这种天沟需在屋面梁伸出支撑件，且天沟内外应做防腐和外装饰处理。

b.带封檐的外排水天沟。这种檐口多采用钢板天沟，为固定封檐需设置固定支架。由于工程需求不同，封檐大小各异，需在梁上挑出牛腿，在牛腿上支撑天沟和封檐支架。

③内排水天沟檐口。内排水天沟檐口分为连跨内天沟和檐口内天沟两种，两种构造形式基本一致。一般用钢板天沟，天沟可以直接贴在外墙板上，也可以在钢柱顶做构造柱，外墙板固定在檩条上，再做泛水板顺到天沟里。

【xiongang】：可参照图集01J925，介绍的很详细。

【liuhaifeng】：大家说的都是屋面收边，但布置墙面的门窗洞口收边板时，窗口上下收边与左右收边板有4个交角，怎么处理较好？

【zzp1820】：安装窗户、门洞收边时，切45°斜角即可，注意下料时长度≥收边宽度的2倍。

【DYGANGJIEGOU】：屋脊包边做法见图7-131。彩钢复合屋脊板一般分内外屋脊板，单层板一般只有外屋脊板。

外天沟做法见图7-132。从使用性能、外观、保修、安装方便情况来看，本人对彩板外天沟持推荐态度。

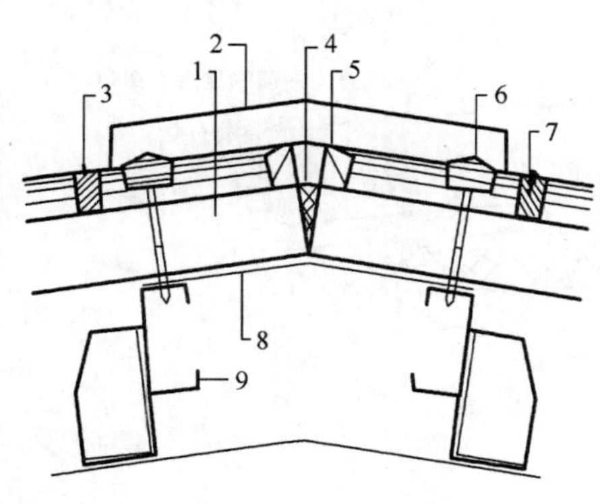

图7-131　屋脊包边做法

1-夹芯屋面板；2-屋脊彩板盖板；3-ϕ5×13拉铆钉；4-聚苯或岩棉条填充；5-彩板翻折；6-M6.3自攻螺钉；7-屋脊堵头；8-屋脊彩板托板；9-C型钢屋面檩条

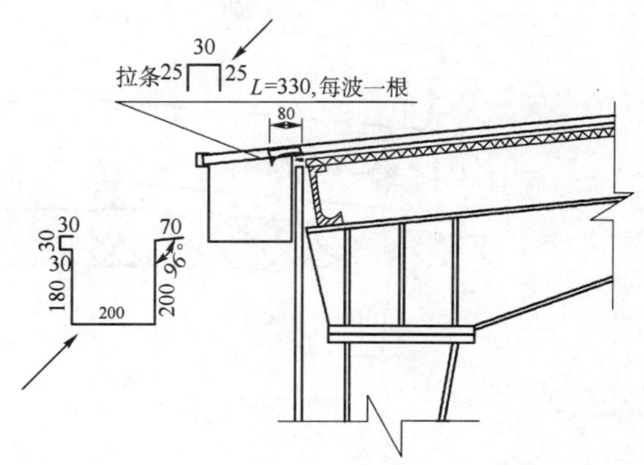

图7-132　天沟节点（尺寸单位：mm）

山墙顶包边做法见图7-133。主要从防水与美观上考虑。

保温层为玻璃丝棉时，屋脊、外天沟节点做法见图7-134。而制作详细是标准工厂化的一个体现，在安装时也可以一目了然。

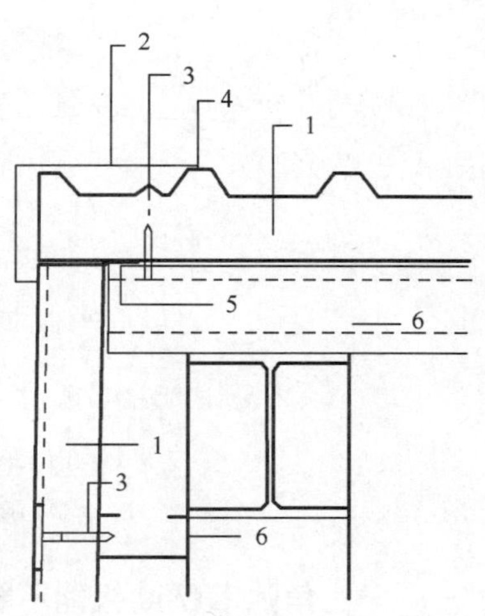

图7-133　山墙顶包边做法

1-夹芯屋面板；2-山墙彩板包边；3-M6.3自攻螺钉；4-ϕ5×13拉铆钉（内嵌密封胶条）；5-彩板阴角；6-C型钢檩条（屋面）

2 屋面板和墙面板的固定。(id=80666,2004-12-24)

【jwk2001love】：在工程安装时，围护部分采用外露式连接时，紧固件固定位置为屋面板固定于压型板波峰，墙面板固定于压型板波谷。请问这样做有什么好处？

【rybin0691】：主要是防水好，有时候自攻螺钉压不紧，经常从自攻螺钉处渗水。在屋面上固定于压型板波峰，这样自攻螺钉周围不会有水，即使自攻螺钉压不紧，也不容易出现渗漏；墙面板固定于压型板波谷还有一个美观的问题。

【jwk2001love】：墙面围护用岩棉现场复合时，时间久了，岩棉可能会下滑，我们当时用胶将其粘在板上，或用挂钩挂住，请问还有别的好方法吗？

【benboy】：墙面保温棉的固定还可以采用彩板压条的方法，就是在有檩条的位置，加宽为30～50mm的压条（材料可与墙面板相同），施工方便，还可以增加观感，效果还不错。

【liaozhongjian】：主要是考虑防水，一来如果屋面钉固定于波谷，在长时间的雨水环境下容易被腐蚀；二来可以防止自攻螺钉处渗水。在屋面上固定于压型板波峰，自攻螺钉周围不会积水。

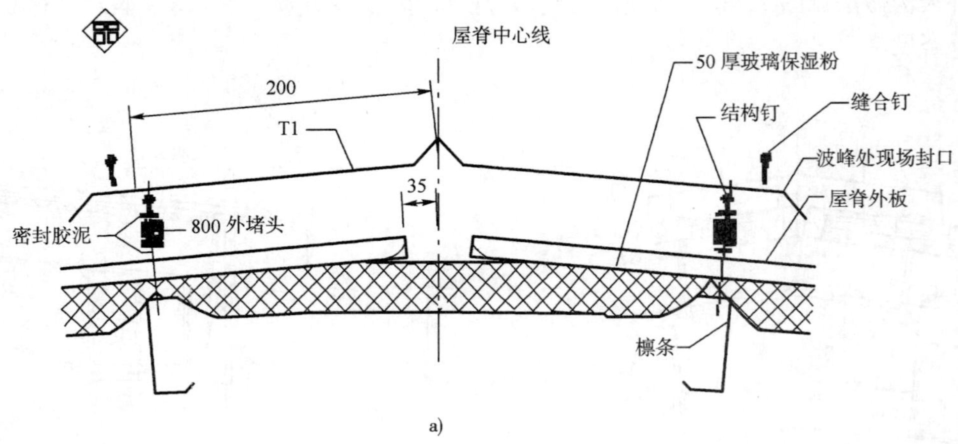

a)

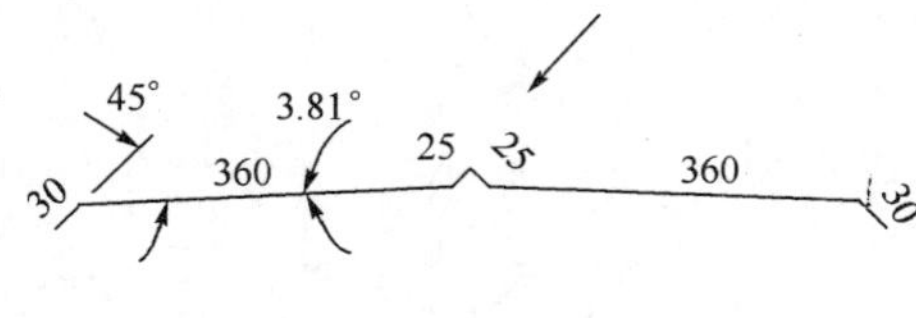

收边墙号	T1	数量	
颜色	海蓝	材料	0.6mm 彩钢板
长度 (mm)	3100	展开宽度(mm)	930
用途	屋脊盖板		

b)

c)

注：表示该侧为涂层侧，未注明弯折角为 40°。

图 7-134　屋脊、外天沟做法示意图(尺寸单位:mm)

a)屋脊详图;b)屋脊护板详图;c)天沟连接详图

3 角弛 III760 板能不能搭接?(id=100376,2005-6-24)

【detailer】:因跨度较大,达 42m,半跨 21m,采用角弛 III760 暗扣板,中间能否搭接?如果可以搭接,搭接处横向如何咬边?

【黑胡子海盗王】:21m 单坡并不长,最好是不要搭接,因为这种板的防水性能很好。若是搭接,就有防水方面的隐患,建议不要搭接。

【艾珀耐特】:如果彩钢板工厂生产后运送到工地安装,21m 运输不便,要分段搭接的。这时要考虑搭接点位于檩条部位,搭接处铺设止水胶带,搭接长度大于 200mm,不用咬边。不过现在的钢结构厂家都是把机器和彩卷运到工地现场加工,多大跨度的彩钢板都不需搭接,因为搭接意味着增加漏雨隐患,是钢结构最头疼的地方。加工时尽量找平整的场地,以免加工机具破坏面漆或涂层。我倾向于后一种。

【detailer】:感谢两位的分析,但是仍未能解释清楚我心中的疑团,诸如 YX51-380-760 这种流行的暗扣板型,是否都不能搭接?有哪位知道巴特勒 MR-24 是如何搭接的?

【艾珀耐特】:MR24 现场搭接我不知道,不过 MR24 板型较 YX760 板型简单,且 YX760 型中间波峰转折太多搭接不易,容易有毛细水渗漏。所以可现场加工 YX760 板,整块吊装。

【LZB8310】:一般情况下,YX760 彩板是不允许搭接的,容易漏水,而且半跨 21m 并不算长。我做过半跨达到 40m 的屋面,也不需要搭接。只要把机台和钢卷运到工地,在现场成型就可以了。再用吊车或人工拉上屋面,不过在吊或拉上屋面时要注意防止折坏,千万不要在风大时吊或拉。另外,注意不要把方向搞错,长板在屋面可不容易调头转方向。最重要的是需要找一块平整的场地,便于成型。至于巴特勒 MR-24 的板型与 YX760 不大相同,而且他们有着非常成熟的施工工艺。

【钢架鹿】:过长的 760 型屋面板,强烈建议现场生产安装,我曾经做过单坡 54m,现场施工一点难度都没有。21m 长的板可工厂生产运到现场,问题也不大。当然你想搭接也可以,但必须在檩条处搭接,相邻屋面板搭接不在一条线,搭接长度大于 250mm,下板波峰剪角,铺止水带,打两道中性玻璃胶,比较麻烦且费用较高。

4 彩板和热轧 H 型钢檩条连接。(id=74150,2004-10-27)

【greenspan】:3m 檩距,檩条选用热轧 H 型钢,自攻螺钉穿不透檩条翼缘,怎么处理?

【DYGANGJIEGOU】:可参见:檩条若选用 10 号槽钢,彩板围护如何在其上固定

http://okok.org/forum/viewthread.php? tid=72133

【钢架鹿】:附加 40×3 的方钢管,两个檩条之间加一道普通檩条,调整间距为 1500mm。我现在手上的工程就是这么做的。

【liuhaifeng】:如果屋面是复合板,一般跨度 3m 可以满足要求,并可参照一些厂家资料。自攻螺钉问题可以用附加方管方法,也可以在 H 型钢边缘附加一道角钢。

【钢结构 2010】:不考虑檩条和面板是否经济,单从自攻螺钉连接方面讨论,我最近联系了几家自攻螺钉销售厂家,有一种 5 号尾六角头自攻螺钉可穿透 12mm 厚钢板。

5 长彩板的热胀冷缩。(id=77851,2004-12-1)

【军军】:我最近在内蒙做了一个选矿场,墙面的围护系统是用平板夹芯板做的,板厚是 100mm,最长的板有 11m 多点。头一天打好的板,第二天早晨发现板有起包、折纹的现象,而 8m、9m 长的板就没有出现这类情况。我找了一些资料,上面是这样写的:

彩色钢板墙面的温度胀缩对板长设计的影响

彩色钢板建筑围护板在冬季和夏季及昼夜温差作用下产生较大的胀缩变形,对于单层型钢板板材,其宽度胀缩对每块板面言变形很小,且由波浪变形吸收。屋面板的长度较大,变形的应力由连接件来承受,当长度过长时需要使用滑动支座调整板的变形。因此,在使用中无突出问题,但对于夹芯板,特别是平板夹芯板,在内外钢板所处温差较大时,其内外钢板的伸长(或缩短)不同,致使工厂复合夹芯板上拱或下挠。在连接件的约束下,钢板与夹芯材产生较大

的剪切应力，当剪应力大于钢板与芯材的粘结抗剪强度时，会在粘结较弱部位产生褶皱，显条形凸起，但这时的夹芯板未完全丧失承载能力，实践说明，在一般情况下平板长度不宜大于9m，上表面为小波形的夹芯板时，因板自身刚度较大，所以可适当长到12m。

但上面没有提到钢板的厚度、化学成分及力学性能。

相关话题：屋面板最大长度

http://okok.org/forum/viewthread.php?tid=77851

(四)角弛板型

1 角弛 III 型屋面板板长最大可做到多大？(id=133992，2006-5-15)

【w13156200703】：角弛 III 型屋面板板长最大可做到多大？构造上有无特殊要求？

【鹰式轻钢结构】：我们公司工厂加工时曾经做过 19m 长的，现场加工应该还能长，工厂加工时一般是按照运输车辆的长度来的，一般在 13m 以内，现场加工就好多了，可以边生产边安装。

【水中的鱼】：角弛 III 型屋面板好像是 360°咬合板，如果是现场加工制作，达到 80m 左右应该没有问题。如果工厂加工的话，就要根据实际运输能力来决定，一般在 15m 以内。

【yaowu633157】：做多长要看设备的好坏，一般厂家做的设备做到 15m 问题还不算大，设备做得不好，跑偏就很厉害，安装会很麻烦。

2 屋面单坡 130 多米采用角弛 III760 型如何施工？(id=179800，2007-12-14)

【sxh19188】：我公司现在正在施工的一单层工业厂房，单脊双坡屋面，宽 220 多米，单坡长度达 133m，屋面板采用 0.6mm760 型暗扣式。设计人员在 72m 处设计了伸缩缝，屋面板在此位置分成了两段，进行搭接处理。为了对屋面板加固，靠山墙处 3 块板在波峰处打长钉作抗风处理，上下两段板分别在屋脊和伸缩缝及伸缩缝和水槽处于波峰位置打抗风钉。彩板搭接 500mm，设两道不干泥胶带，下段板波谷向上卷 10mm 左右做防水处理。请问这种做法是否可行？搭接处是否要进行咬合，或打钉加固？温差收缩变形是否会在打钉位置撕裂屋面彩板？有没有好的施工方法，既可防止漏水现象，又能保证屋面牢固？

【steel-titan】：①我觉得这么长的屋面首先应该考虑的就是屋面板的自由伸缩问题。可以计算一下，屋面板的伸缩量不小，如果在屋面板的两端(天沟和屋脊)处都打钉子的话，屋面板将无法胀缩，自攻螺钉将被切断或者屋面板被撕裂，都会造成屋面漏水。建议屋面板仅在一端(一般是低端)固定，在体型系数较大的端区、角区应当采用加密檩条的方式增强，条件允许的话更换板型(市场上有仿的 MR24，效果肯定比角弛 III760 型的好)。角弛板用过，屋面板与卡座之间的咬合并不是很好。

②建议在变形缝的位置采用错层的方式，费用增加不了多少，但是效果还是不错的。

③个人觉得即使是采用搭接的方式，搭接的长度也没有必要设 500mm，搭接长度对防水没有什么贡献，反而容易出问题。

【钢之杰公司】：单坡这么长的屋面已经完全不适合用角弛 III760 型了。

以上海的天气条件为例，我们可以计算一下整个屋面的热胀冷缩量 ΔL：

$$\Delta L = \alpha \cdot \Delta T \cdot L$$

式中：α——屋面板的线膨胀系数，取 1.2×10^{-5}/℃；

ΔT——屋面板可能遇到的温差，假定为 50℃；

L——屋面板长度，取 133m。

计算得热胀冷缩量为 80mm。

角弛 III760 板型根本无法解决这么大的热胀冷缩量，巴特勒的 MR-24 是一种解决办法，但是价格相当贵；目前能够解决此问题的、比较完善的系统就是 SS-468，与之匹配的滑动支架能够解决 64mm 的热胀冷缩。因此，对于板长超过 88m 的屋面板，在 SS-468 系统中通常在屋面的中间位置固定，让屋面板向两边延伸。

【sxh19188】：错层的做法是否指在伸缩缝位置上下两段板有高差？这种做法我自己没做过，可否上传节点做法？

施工现场是在广东地区，温差应该在 20℃左右，借用楼上公式我按 30℃计算得到热胀冷缩量为 50mm，但是在 72m 位置处设置了伸缩缝，计算长度是否可以按 72m 取？伸缩缝位置上下两段板是不是可以保持自由伸缩？就是两段板在伸缩缝处不用压条进行固定。

3　这样的屋面角弛 III820 型能行吗？（id＝118557，2005-12-12）

【3776】：一苏州地区工程，屋面采用角角弛 III820 型暗扣彩钢板，单坡长度 26m，坡度 5%，混凝土天沟。试问：下暴雨的时候，雨水会不会从接缝里渗进去？因为板的波高只有 50mm。板型如图 7-135 所示。

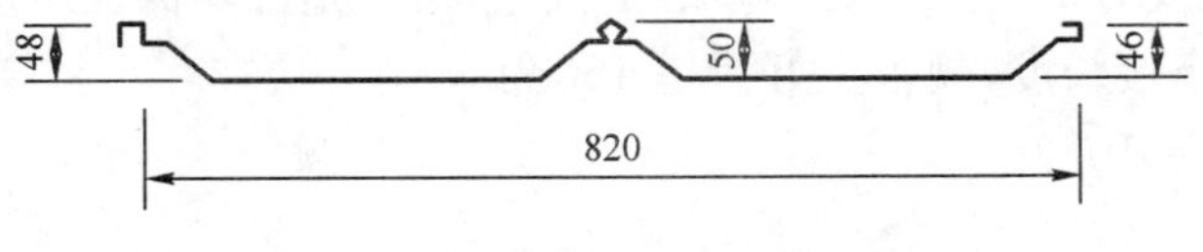

图 7-135　角弛 III820 型（尺寸单位：mm）

【peter song】：是可以的，我们公司有的板型波高只有 47mm，其排水要求 3°以上，5°应该没问题。

【xwl】：没问题，不过板与板连接处应加双面胶条。

【dingrenzhen】：其实角弛 III820 型暗扣彩钢板不放心的就是，下暴雨的时候雨水会从接缝里渗进去。加双面胶条，经过暗扣夹子夹紧后，可以有效防止雨水的渗入。

【水中的鱼】：从理论上说完全没有问题。实际上不论何种板型，理论上的防水效果都比较好，关键在于施工。角弛板为咬合板，只要施工时在板的咬合处加胶条或打聚氨酯胶，保证咬合缝的密封性能，完全能达到防水要求。该工程屋面坡度适中，我公司做过 3%的屋面，没有出现漏水现象。实际上，江南地区屋面施工时可以直接咬合，屋面板咬合缝处不用打胶或加胶条，密封主要是用在江北地区防止融雪渗水。当然多一道保险更好。

4　关于角弛 III760 型。（id＝137921，2006-6-20）

【35233011】：请问各位，角弛 III760 型可否用于圆弧形屋面？圆弧半径为 118m，局部坡度为 8%、20%。

【hdjc】:可以用角角弛 III760 型。圆弧半径为 118m,足够了。

【郭立峰】:没有任何问题,我们在绵阳机场工程上用过。

【新人类】:应该可以,这种板的防水也是很好的。

【affer-cn】:我刚刚完成了角弛 III760 型椭球体屋面体育馆。但如果弧度过大,则必须用液压打弧机打弧。

5 角弛 III760 型搭接部分补漏。(id=56686,2004-4-30)

【hnldyyc】:屋面采用角弛 III760 型屋面板,由于跨度较大,彩钢瓦是由几块连接而成的,虽然所有接头处都打了密封胶,但彩钢瓦连接处漏水问题一直无法解决。用环氧树脂涂抹搭接处,使用也不长久。有人建议用硅胶,也有人建议用胶泥二道,请问哪种方法更好?

【新手小弟】:我在做这种工程时,一般都把设备运到现场,现场制作。实在不行,搭接长度一定要大。针对你所说的问题,我个人认为,在搭接的位置要用角弛 III760 型堵头。堵头两面抹胶,最好用美国生产的一种不干胶。堵头安装就位后,一定要压结实。这样,我觉得漏水的问题就不会太大。

【brd0068】:引起漏水的原因可能是板搭接长度太小、屋面坡度太小、当地风大、搭接处密封不好、屋面施工时施工人员在此处行走造成已经密封好的屋面出现了缝隙。从这几个不利因素考虑,来寻找解决办法。前面说到用堵头,我想构造上不允许吧?在搭接位置,板与板紧密相叠,没有放堵头的空间了。

【wenjin】:我想主要方法还是留足够多的搭接量,再者施工要保证质量。

【cs911】:①增加搭接长度,规范上好像是 150mm。

②屋面坡度最好是 10%。

③搭接处打胶。

④屋面注意不要踩踏。

【老虎】:**cs911** 说的搭接长度小了点,波高<70mm 的中低波屋面彩板,屋面坡度≤1/10 时,搭接 250mm;屋面坡度>1/10 时,搭接 200mm。

【钢架鹿】:搭接长度≥250mm;能现场加工最好,也可以采用双面胶纤维布,直接使用胶也可以,但坡度不要太小。

【wuzi】:我做过试验,如果彩板厚度大于 0.5mm,搭接就有很大的困难。可以考虑搭接后在波谷处增加彩板压型件,上做防水。

(五)其他讨论

1 国内、国外在围护系统方面的优缺点讨论。(id=126153,2006-3-7)

【zhanm】:现在做钢结构的企业很多,但整体来说还是国内的企业竞争处于劣势,尤其在围护系统方面,好像国外的一些处理办法总是较好些,就此观点展开讨论,以比较优劣,找出更多好的解决方法。

【equan2008】:①对有些抗紫外线、抗腐蚀要求较高的镀层(比如 PVDF 等),国内的企业,包括宝钢，还有一些差距，这导致国内的企业无法及时引进到合适的板，影响竞争力。

②国外的一些企业，经过了上百年的积淀，有一套系统的、成熟的解决方案，可以解决几乎所有的问题。

③国外企业的管理较严格，钢构的细化做得很好，节点处理上也有特色。而国内很多企业，包括业主，还没深刻意识到这些。曾在火车上遇见一位资深结构师，他说我可以优化，但即使优化了，对自己而言有何好处？

④不管什么工程，真正影响质量的，还是施工队的质量。

⑤外国企业的作风“强硬”，在很多地方还不适合中国“国情”，导致其缺乏竞争力。

【水中的鱼】：不可否认，国外钢结构企业有着多年的经验积累，特别是在围护系统开发上有着明显的优势。但随着国外钢结构企业纷纷进军中国市场，在不断的接触与竞争中，国内企业也学到不少东西。实际上，围护系统对于一般工业建筑来说，不需要太先进，只要能满足正常使用就行。只要国内施工企业质量上去了，应该不成问题。

2　夹芯墙板能通过消防吗？(id＝22381，2003-2-15)

【水流云在】：钢结构办公楼或厂房的夹芯墙板能通过消防吗？

【bushlin】：能否满足消防要求，主要与夹芯墙板的夹芯材料和板材厚度有关。根据经验，保温材料为EPS的夹芯墙板，其防火性能仅仅为几分钟；保温材料为聚氨酯的夹芯墙板，其防火性能为15～30min；保温材料为岩棉的夹芯墙板，其防火性能为60～180min。

根据建筑防火要求，外墙板的防火性能至少在1h以上，所以可以满足防火要求的夹芯墙板只有岩棉夹芯墙板，其余均达不到防火要求。如防火要求不严，可采用其他保温材料的夹芯墙板。

【lfk100】：EPS复合板在某些地方已禁止使用。在山东威海，某集团的15000m^{2}厂房为净化车间，内外都是此种材料，由江苏某公司承建，为一级资质。该厂房投入使用不到2个月，由于突然起火，在不到5个小时，烧为精光。十几辆消防车束手无策。

【bushlin】：可否告诉我关于那个着火的项目更详细的资料？你是否还知道国内关于聚氨酯的夹芯板发生火灾的资料？我想更深了解一下夹芯板的防火性能。

【lfk100】：这则消息齐鲁晚报曾报道过，我只介绍一下设计的东西：跨度为100m，长度为150m，四周围墙为EPS夹芯复合板，厚度为75mm，用槽铝收边，未设窗的边檩，直接固定在复合板上。屋面为铁丝网、玻璃棉、单层彩板，中间设多排摇摆柱，天沟外设，内用EPS复合板做内隔墙及吊顶，铝合金门，内有通风空调、自动喷淋、消防栓等。起火时，消防设备根本不起作用，EPS其性质与塑料差不多，水不管用，我做过几个厂家生产的EPS试验，明火着，撤火后3s左右灭。阻燃剂基本不管大用，老兄可做一下试验。当时铝合金都化为铝块，玻璃棉化为石末，屋架整体倾覆，根本无法救。

【laj】：聚苯夹芯板可采用喷涂防火涂料的方法，我在某些工程中用过。有关设计图纸也有标注。聚氨酯板一般能通过消防。

【悠然南山】：请教laj：聚苯夹芯板采用喷涂防火涂料的话，其耐火极限应达到多少小时？是采用钢结构专用薄涂型防火涂料吗？涂层厚度取多少？喷涂后效果如何？会不会很难看？要知道聚苯夹芯板本身既是自承重材料又可用作装饰材料。

【laj】:在实际施工中采用钢结构薄型防火涂料,喷一道,约 7mm 厚。至于施工完毕后的效果,在我看来其效果与钢结构梁柱、檩条、拉条等颇为对应,有别样的装饰效果。实际墙板应采用现场复合彩钢板,屋面使用聚苯夹芯板,对于一般工业厂房是合适的。

【悠然南山】:据我了解,钢结构薄型防火涂料一般每道喷才 2～3mm 厚,7mm 感觉很厚了,其耐火极限是多少小时?

【YHL】:聚苯复合板我认为根本不能起到防火的作用,如果单靠复合板本身来达到防火要求,那么对组成复合板的材料就有很高的要求了,而彩色钢板与聚苯本身是达不到防火要求的。

据我了解,目前市场上销售的聚苯一般有两种情况,一种含有阻燃成分,另一种则不含。前者价格高,而复合板生产厂都在打价格战,根本不考虑防火问题。另外,彩板用的又薄,哪能起到防火作用,除非在购买时要求厂家去相关部门做试验。

墙体要具有防火要求,还是应当用现场复合的玻璃棉板好一点,钢结构可以喷涂防火涂料,现在可以刷那种类似于油漆的防火涂料,耐火能力可能差一些。

【zhuminzhang】:业主要求保温的话,我更喜欢用双层板中间加保温岩棉。价格不会比 EPS 板高,厚度可以自由设置,保温性能也不差。最重要的是,它的防火性能是很好的。

【jojoliyi】:现在一般的做法是双层板中间加保温岩棉,聚苯乙烯夹芯板一般来说是通不过消防的。聚苯乙烯除了防火性能差外,还有就是燃烧时会生成大量的有毒气体。

【bl】:夹芯墙板能否通过消防,主要取决于板芯的材料,2002 年的《钢结构》上有一篇专门谈论这个问题的文章。

【bushlin】:其实夹芯材料岩棉还是有几个重要的技术参数:岩棉的密度、强度、防水性、环保性。其中最重要的是密度问题,它直接影响板材的强度、防火性、隔声性、保温性。密度越大,防火性能就越好。目前国内生产的岩棉主要是小矿岩棉,这种岩棉成本低廉,但是强度不好,环保性能更不能提,等我们开始注意环保的时候要花的成本比现在考虑的还要高。

【doublesam】:由于多数夹芯板的两层压型钢板是靠中间的夹芯层粘接,随时间推移,两层压型钢板难免各自为政,一旦发生事故就很难看了。建议采用现场复合型双层板。

【HEBEIGONGZHUANG】:聚苯乙烯夹芯板在遇火后会发生燃烧并熔化流淌,造成火势的蔓延,同时墙板坍塌,而且会放出大量有毒气体,很多城市已经禁用了,比如天津。

岩棉夹芯板遇火后难以燃烧但会收缩,造成板芯分离;并且岩棉材料特别怕水,一见水就没强度了,本身的强度比较低。

聚氨酯板是自熄型的,与板芯的阻燃剂及发泡成分有关,试验时采用的是沃德夹芯板,遇火后不易燃烧,离火后会自然熄灭不收缩,并且导热性好,但单价比较高,100mm 厚的约 220 元/m^2。

【yaowu633157】:聚氨酯具有阻燃性、无毒,肯定可以通过消防,2008 年的奥运场馆就是用聚氨酯复合板做的。我是做设备的,EPS 肯定是不能防火,有些地方已经不允许用了。

【jianfa05】:用 ALC 板做防火墙比较理想,节点图见图集 03SG715-1。

3 交流:霍高文板系统介绍。(id=129511,2006-4-3)

【rybin0691】:霍高文板系统(图 7-136),安装手册部分目录如下。

图 7-136 霍高文板系统

目 录

具体内容可以到论坛该话题下查阅。

4 轻钢制药车间的围护系统如何设计好?(id=100869,2005-6-29)

【zhangliangwen】:请问轻钢制药车间的围护系统如何设计好?

【hehongshengabc】:这算洁净厂房了,板尽量用平板,把檩条、拉条、隅撑等尽量包在里面。一个宗旨:注意不要露出积灰的地方。

做过类似的食品车间,保温最好不用玻璃丝棉。因为里面容易藏灰和细菌,吸水。用聚苯,砌砖墙最好。若用聚苯,檩条可设计在靠柱里皮平齐,这样里面就可以保证在一个平面,外露的钢柱可设计成装饰。

【jym】:我做过一个轻钢制药厂房,建筑面积约 2 万 m^2,其做法如下:

①屋面采用吊顶板＋檩条＋保温层＋屋面板；

②墙面采用内墙板＋檩条＋保温层＋外墙板。

由此形成整个厂房结构的外围系统，然后再在车间内布设迷宫一样的彩钢复合板隔墙（制药车间一般比较复杂），隔墙高度3.3m，再在隔墙上面做一层复合板屋顶，整个工程形成两个屋面，并且在复合板屋顶上同样用密封胶密封。这样，就算是外围屋面漏水，也不怕了。所有工艺管道都从复合板屋面上与外围屋面之间的空间布设，检修起来也很方便。

值得一提的是，该工程屋面开洞比较多，不仅有动力风机、自然通风器，还有工艺管道出屋面。屋面的防水是很难做的，我当时采用了得泰防水系统，圆形管道采用圆形拉链式盖片，方形采用条形盖片，密封胶用的是道康宁的，到现在都3年了，没有漏过水。

【狗尾巴花开】：主要是密封要好，现场复合双层板加保温比较好，但是收边一定要做好，包括内收边，可以用圆角铝材做，再打胶。用道康宁或GE的，双层板内外要多用堵头，这样就没问题了。

5 围护结构在钢结构设计中占多大比例？（id＝166226，2007-5-29）

【plliu】：请问围护结构在钢结构设计中占多大比例？围护结构设计都用什么软件？

【我是一只鱼】：占多大比例？围护也就是包边、包角不好做。围护设计其实是跟详图设计放在一起的，围护是一个房子的外观，如一个人穿衣服一样重要。围护设计的再好，安装不好，还是没有用。据我所知，还没有哪个软件能设计围护。

【tdsjb】：围护及屋面系统是钢结构设计中比较重要的一个环节，应该引起业界同行们的重视。由于行业内长期存在着重结构，轻围护，在围护方面投入的研发力度不够，才造成今天这种屋面十个有九个漏、围护只可远观不能细究的局面。如今许多防水效果较好的屋面材料都是从国外引进的，如直立锁边压型钢板、登普采光板等，我们在这方面开发不够。

【beststeel-sh】：这个问题比较难回答。如果是问围护系统的价值占整个钢结构工程造价的多少的话，我可以告诉你，大概是30％，这个与屋面和墙面的组成有很大关系，譬如屋面、墙面是单层板还是双层板，有无女儿墙等都有非常直接的关系。

另外，我想给大家讲一下围护结构（系统）的概念。通常情况下，围护是指屋面和墙面檩条，屋面和墙面的保温材料，屋面和墙面压型钢板及相应的收边、配件等。说白了，就是结构的“外衣”，结构与安全有关，而围护系统主要是防水和美观。

目前很多大的钢结构公司普遍存在对钢结构研究很深，而对围护知之甚少，导致结构非常安全，而围护则“有碍观瞻”。因此，在整体工程上，巴特勒和美建这些公司有很大的优势，原因就在于他们不仅在钢结构上下工夫，同时也对围护系统非常有研究。遗憾的是，他们仅仅为自己的项目制作。

【synphenom】：围护结构的概念如上所说，包括墙面围护和屋面围护，这就包括墙面檩条、板、包边，屋面檩条、板、包边、泛水，一般围护结构的设计年限是15年。

围护结构的设计虽然从受力和构造上较主体结构简单得多，但正因为这样，围护结构的设计才没有被重视。一般建筑院的分工：结构专业只做檩条，建筑专业选围护板，或者仅说明设计荷载，而让面板的生产厂家去选择型号和尺寸。现在的厂家都是一种板型走遍天下，我见过同样的板型用在东北和陕西，试问东北的雪荷载和陕西的雪荷载能一样吗？

6 围护系统的实际损耗。(id=100371,2005-6-24)

【july5476】:各位同行好,我是一名工程造价人员,刚接触钢结构工程几个月,想问一下,实际工程中屋面、墙面等彩板围护系统的损耗到底是多大?定额规定的好像较大。

【windiyun】:说些看法,可能不全,拿屋面来说,墙面可类比。

①要看屋面形状是否规则,方正的屋面损耗少。

②与选择的板形、板厚、做法有关。如果采用普通的做法,比如是最常见的 0.9mm PVDF 铝镁锰合金板,常用 65/433、65/333 做法,如采用 65/433 做法,肋高 65,展开板长约为 580,板宽是 433,损耗是(580-433)/433=33%,而如果采用 25 矮立边,则可用 25/530 做法,此时损耗在 11.1%左右。

③扇形板有时损耗更大,特别是一些不可以做扇形板的公司也做这样的工程,只有用整块矩形板盖住这个扇形。

④如此说来,是否每个工程都适合用损耗小的做法呢?25 矮立边更适合做小型工程,做到 15m 就应断开采用搭接。而在应用到大工程中,没那么有气势,因为立边矮不能适应大的变形(所以做不长)。

⑤有一些鱼鳞状的板块,损耗更大,但因是小片,安装起来只需一个钉而不用扣件,也是一种经济的做法。

⑥损耗大的,用的 T 码少,一平方米也就用几个,而矮立边用的扣件多,属于面接触,更能抵抗强风。

【gcl1558】:本人做过几个钢结构工程的结算(甲方委托审计中心的那种),有以下几点总结,仅供参考。

①在结算中,审计人员好像一般不跟你谈什么定额,也没有什么损耗,而要你提供实际的排板图纸给他,按实际结算(除非你和甲方的合同上签有损耗)。这不仅是围护系统,主次钢结构也是这样。

②在后来的其他钢结构工程(需要通过审计中心结算的)报价时,我们就注意了,材料数量方面尽量做的准确些(略有余量),单价方面适当抬高点,因为结算时,价格他不会动你的,这样一来,不至于会出现结算时,由于实际材料的用量比报价少很多,而导致工程结算价格比合同价格少很多的不利情况。

③在实际的施工过程中,这些东西经过几个工程一搞,你应该会得到一些关于最后实际使用的材料数量和报价材料数量之间的关系的数据。关键是你要注意数据的收集和整理,平时工作做得细一点,为以后多积累手头资料。

④围护工程中,大的方面主要是屋面彩钢板和墙面彩钢板。屋面彩钢板具体数量可以算的很精确的;墙面因为有门窗洞口,肯定是要裁要剪的,所以实际使用的面积肯定比按总面积减去门窗洞口面积的要大。还有有女儿墙的工程,山墙女儿墙内板是长度不等的,实际排板和压板时又不可能一张彩板一个长度,这里也有损耗的。本人经过若干工程总结如下:如果墙面是点窗,实际排板的面积要比大概算的多 5%左右;如果是同窗,则一般是 3%左右。

【黑胡子海盗王】:我们现在做的是一张也不能浪费,先从运输包装来说,是不能出错的,不要在这方面有损耗。一般小工程计算的时候可以计算得很准确,有很精细的施工安装图;大工程分批制作、安装，到后来就好控制。一般情况下是没什么损失的，拿不准的地方等工程做得差不多了根据现场情况再提，外地工程可以适当地多提一两张。

【jym】：形成围护材料损耗的原因主要有以下几个方面：

①加工制作中的损耗，如板卷中有划痕、缺口，分条过程中的损耗等；

②运输过程中的损耗；

③排板过多；

④山墙墙板损耗(斜的)；

⑤门窗洞口的损耗；

⑥施工过程中的损耗等。

根据实际经验，一般的损耗比例在1%～3%之间。如果控制得好，可能会更低。

【西门吹牛】：我在天津施工过10万m^2的围护系统，以我的经验来看，围护系统的损耗主要有以下几个方面。

①按照重庆市95定额，是16.2%的损耗量。

②在我们施工此工程时天津没有关于围护系统的定额规定，但是经过我的测算，一共近12万m^2彩色压型钢板，共计损耗(纯损耗)14～15t。

③天津定额里面也没有规定收边板、泛水板、包角板是否是损耗，我的经验是，重庆定额包含了这部分。

④报价方面，应当根据屋面、墙面的构造形式确定单价。一般甲方只按照排板图或者是建筑面积认量，那么就需要在确定单价时认真计算收边、包角量及安装措施费的摊销。

【kaldi】：标准厂房：檩条不考虑损耗，板的损耗不超过3%，硅胶、螺栓的损耗在5%～8%。

【书女】：影响屋面板、墙面板损耗的因素很多。比如屋面板，与板型、柱距、有没有搭接，有没有采光带等都有或多或少的关系；墙面板与板型、柱距、窗的尺寸、门的尺寸，以及有没有女儿墙等也都有关系。如果自己设计，要综合考虑各种影响因素，实际损耗是很少的，一般不到1%。如果是蓝图，据我观察，他们设计时考虑板型的不多，屋面如果有采光带，一般要达到6%，墙面一般也要达到3%～4%。

7 彩钢屋面板事故问题。(id=155051 2006-12-28)

【glasshot】：我厂彩钢夹芯板屋面板被吹毁的情况见图7-137。当时以为台风不可抗，可最近听说可能是包工头偷工减料，帮忙判断一下。情况如下：

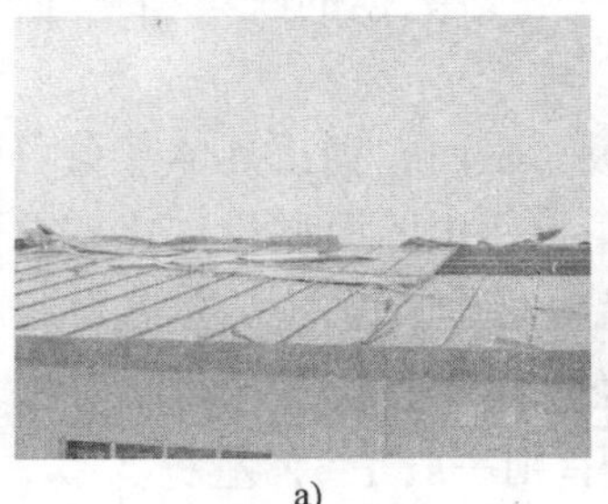
a)

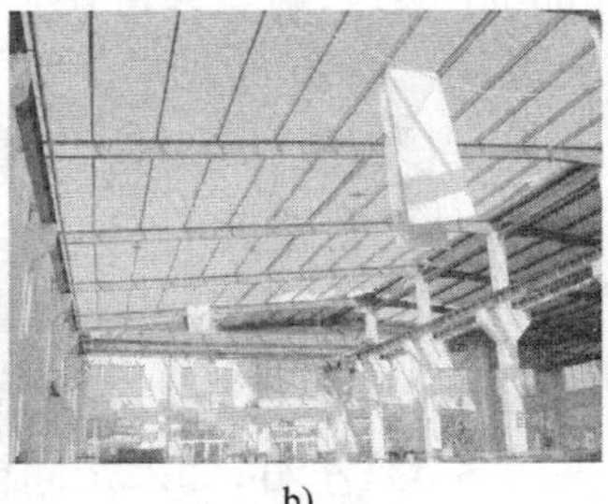
b)

c)

图7-137 彩钢夹芯板屋面被吹毁的情况

①是正规设计的工程；

②屋面板是彩钢夹芯板，50mm 厚；

③檩条间距 134mm，30m 跨度。

上海地区，当时周围厂都没问题，吹下的残片还在，还能不能做鉴定？设计图纸上没有屋面板详图，只写彩钢夹芯板字样。从底板残片上看，每块板（1200mm×7000mm 左右）仅在四角有 4 个螺栓孔，面板没有自攻螺钉与檩条固定，只在底板上有自攻螺钉与檩条固定。

【haisongw】：一般设计院设计时都会标明彩钢夹芯板的厚度、夹芯的种类、彩钢板的厚度及彩钢涂层的类型。如果实在找不到设计依据的话，就只能根据送货单上的材质规格来与现场的板材核对比较了。

从安装的角度来看，现场的安装方法肯定是不符合施工规范要求的。无论用什么板材，板材必须与每根檩条进行有效连接。

个人看来（根据现场情况和业主介绍），现场安装方法不符合施工规范的要求是造成此次事故的主要原因。

【isover】：主要是施工时偷工减料了，还有就是设计师往往都只注意结构，其实一些细节也应考虑。

【wxy】：设计院只会这么标注的，深化设计应该由专业厂家完成，包括节点设计、固定方式等。估计承包商没有找专业厂家，而是购买了屋面板自己安装的。实际中，应该是每个檩条都要打螺钉的，1.3m 的檩距足够了，绝不会出问题的。

【徜徉】：应有抗风计算，正规的施工图才对。现场的安装方法是关键，至少螺钉偷工减料了。另外，钢板的材质（厚度）也有影响。

【lixing】：根据你叙述的情况和提供的资料来分析，第一种原因，可能是板的设计厚度不合理，板的厚度对抗风也是起很大作用的，就算施工按照施工规范所有的要求都做到了，但如果板的厚度对风的抗力小于风对屋面的吸力，就会破坏被吹翻。第二种原因，施工不规范造成的，主要表现在节点的执行上。在这方面上，施工图对节点，必须明确安装的规定，必须由专业的厂家制作、安装，从而避免偷工减料的情况出现。此外，有效的钉子过少或钉子的连接强度不够也是一个诱因。每块板与檩条交接处都应该有相应数量的钉子连接及相应的连接深度。

对于这种夹芯板，胶水的要求也是比较重要的，如果胶水的粘贴力不够或胶水不适合用于这种情况的屋面板，就会失去效力，不起作用。

一般情况下，国内的设计有点过于保守，板的厚度没有什么问题，主要的问题在于施工节点或施工上。施工节点图中所要求表达的不仅是安装尺寸，也要表达各种材料的使用要求和材料规格及安装时的控制。这样才能使制造出来的产品万无一失。在施工上，如果没有按照施工规范和施工节点执行，就更不用说了，直接就是施工的问题。

【鹰式轻钢结构】：①墙面板作屋面板用肯定不能起到防水效果，尤其是大跨度的屋面，施工方肯定知道，如果在板子上打过多的自攻螺钉，平板肯定会发生漏水现象，所以才出现了每一大张板上只有 4 个自攻螺钉的现象。

②从屋顶上残留的面板状况看，板材与 EPS 的粘接效果太差，大体看来只有 70%的粘接率。按照金属面夹芯复合板的规范，最少要 95%以上，粘接效果太差，所以会在大风的时候将

面板与芯材揭开。

粘接率不好的原因有两个，一是使用的胶不合格或者经过稀释。现在市面上所谓的进口胶，实际上大多是经过稀释的，看包装是原装进口的，可是再看封口，可能就是经过二次封装的了。现在很多生产厂家为了竞争，都使用稀释后的胶，相对于原装进口胶来说，1t 能便宜 3000 多元。二是用的芯材密度太小。由图 7-137 能明显地看出颗粒状的 EPS。在通常范围内，密度越大，粘接率越好。密度过小，泡沫颗粒很容易脱离，粘的再好如果从中间揭开也于事无补。作为生产厂家，应当调制好机器的运行速度，使板材的生产速度与胶的涂抹速度协调，从而达到提高泡沫粘接率的效果。

如果想做好自己的工程，30m 的跨度建议使用角弛 III 型咬口式屋面板，下面做玻璃丝棉现场复合，既能保温，又能提高屋面的强度和防水，并且整体采购成本特别是运输费用能降低很多。

8 高湿度车间的彩板屋面如何处理？(id=86407，2005-3-7)

【allan】：个人几点见解如下。

①采用单层工厂复合板，非现场复合，复合厚度根据保温要求确定，不宜采用双层彩板。

②车间湿度大，所有外露构件都要进行防腐处理，屋面檩条采用镀锌檩条，梁柱构件如需外涂防火涂料，建议用厚涂型，虽然难看点，但不需再做防腐处理(注意防火涂料成分不应与车间湿空气成分发生化学反应)。

③施工完毕后，应对所有节点、构件死角进行检查并补刷防腐涂料。

④如果是局部车间为高湿度，可以局部按洁净厂房处理，其他部分常规处理，或许可以降低部分造价。

第八部分 防腐与防火设计

- 钢结构防腐设计
- 钢结构防火设计

第八部分　防腐与防火设计

整　理	徐文雷
审　核	崔江梅

一　钢结构防腐设计

（一）钢结构防腐的种类

1　钢结构的防腐蚀措施。(id=175108 2007-10-12)

【lqianyue2003】:①耐候钢。耐腐蚀性能优于一般结构用钢的钢材称为耐候钢,一般含有磷、铜、镍、铬、钛等金属,使金属表面形成保护层,以提高耐腐蚀性。其低温冲击韧性也比一般的结构用钢好。标准为《焊接结构用耐候钢》(GB 4172—2000)。

②热浸锌。热浸锌是将除锈后的钢构件浸入 600℃左右高温融化的锌液中,使钢构件表面附着锌层,锌层厚度对 5mm 以下薄板不得小于 65μm,对厚板不小于 86μm,从而起到防腐蚀的目的。这种方法的优点是耐久年限长,生产工业化程度高,质量稳定,因而被大量用于受大气腐蚀较严重且不易维修的室外钢结构中,如大量输电塔、通信塔等。近年来大量出现的轻钢结构体系中的压型钢板等,也较多采用热浸锌防腐蚀。热浸锌的首道工序是酸洗除锈,然后是清洗。这两道工序不彻底均会给防腐蚀留下隐患,所以必须处理彻底。对于钢结构设计者,应该避免设计出具有相贴合面的构件,以免贴合面的缝隙中酸洗不彻底或酸液洗不净,造成镀锌表面流黄水的现象。热浸锌是在高温下进行的,对于管形构件应该让其两端开敞。若两端封闭会造成管内空气膨胀而使封头板爆裂,从而造成安全事故;若一端封闭,则锌液流通不畅,易在管内积存。

③热喷铝(锌)复合涂层。这是一种与热浸锌防腐蚀效果相当的长效防腐蚀方法。具体做法是先对钢构件表面作喷砂除锈,使其表面露出金属光泽并打毛;再用乙炔-氧焰将不断送出的铝(锌)丝熔化,并用压缩空气将其吹附到钢构件表面,以形成蜂窝状的铝(锌)喷涂层(厚度约80～100μm);最后用环氧树脂或氯丁橡胶漆等涂料填充毛细孔,以形成复合涂层。此法无法在管状构件的内壁施工,因而管状构件两端必须做气密性封闭,以使内壁不会腐蚀。这种工艺的优点是对构件尺寸适应性强,构件形状尺寸几乎不受限制。大到如葛洲坝的船闸也是用这种方法施工的。另一个优点则是这种工艺的热影响是局部的、受约束的,因而不会产生热变

形。与热浸锌相比，这种方法的工业化程度较低，喷砂喷铝（锌）的劳动强度大，质量也易受操作者的情绪变化影响。

④涂层法。涂层法防腐蚀性一般不如长效防腐蚀方法（但目前氟碳涂料防腐蚀年限甚至可达 50 年），所以用于室内钢结构或相对易于维护的室外钢结构较多。它一次成本低，但用于户外时维护成本较高。涂层法施工的第一步是除锈。优质的涂层依赖于彻底的除锈。所以要求高的涂层一般多用喷砂、喷丸除去所有的锈迹和油污，露出金属的光泽。现场施工的涂层可用手工除锈。涂层的选择要考虑周围的环境。不同的涂层对不同的腐蚀条件有不同的耐受性。涂层一般有底漆（层）和面漆（层）之分。底漆含粉料多，基料少，成膜粗糙，与钢材粘附力强，与面漆结合性好。面漆则基料多，成膜有光泽，能保护底漆不受大气腐蚀，并能抗风化。不同的涂料之间有相容与否的问题，前后选用不同涂料时要注意它们的相容性。涂层的施工要有适当的温度（5～38℃）和湿度（相对湿度不大于 85％）。涂层的施工环境粉尘要少，构件表面不能有结露。涂装后 4h 之内不得淋雨。涂层一般做 4～5 遍。干漆膜总厚度，室外工程为 150μm，室内工程为 125μm，允许偏差为 25μm。在海边或海上或是在有强烈腐蚀性的大气中，干漆膜总厚度可加厚为 200～220μm。

⑤阴极保护法。在钢结构表面附加较活泼的金属取代钢材的腐蚀，常用于水下或地下结构。

2 甲醇储罐的防腐问题。（id＝175108 2007-10-12）

【haitun1202】：我公司有几座甲醇储罐，由于锈蚀严重，去年对其表面进行了防腐处理，涂刷环氧铁红防锈漆 3 遍，银粉漆 2 遍。可是经过 1 年之后，表面银粉漆已经大量冲刷掉（由于对储罐冷却，经常开喷淋水）。因此打算对其进行再次处理，但采取什么方法较好？内壁如何处理？

【epoxy】：内壁只能采用无机硅酸锌涂料才能耐得住甲醇，但是注意无机硅酸锌涂料防腐并不适用于所有的钢结构防腐。外壁可在打磨后涂刷环氧类油漆与丙烯酸聚氨酯。我的经验是材料选择得当，厚度达到要求，即可以保证至少有 5 年的防腐寿命。如果喷砂的话，则可以保证有 10 年以上的寿命。

（二）钢构件的防腐

1 钢结构连接摩擦面涂料介绍 。（id＝121442，2006-1-9）

【zhonghua555】：钢结构的摩擦面是钢结构连接接触面，是利用高强度螺栓把立柱和横梁连接起来的。由于是栓接，在摩擦面就会产生很小的缝隙，如果不进行处理就很容易发生缝隙腐蚀（参考《现代表面工程设计手册》，李金柱，国防工业出版社，缝隙腐蚀的定义）。

现在处理的方法有以下几种。

①封闭。摩擦面喷砂到 Sa2.5～Sa3 级，并达到一定的粗糙度，用螺栓连接后，用密封胶在节点板或摩擦面周围密封，使缝隙与外界隔绝，避免水和氧气进入缝隙，从而阻止腐蚀的发生。缺陷是由于摩擦面都是承重面，在有荷载或荷载交变的情况下，非常容易使密封失效，导致缝隙处流锈水。

②热喷镀后密封。摩擦面喷砂处理到 Sa3 级，并达到一定的粗糙度，喷镀锌或锌镁合金 100～200μm，对摩擦面进行阴极保护，用螺栓连接后，用密封胶在节点板或摩擦面周围密封。这样即使密封胶失效，也能对摩擦面进行有效的保护，防止腐蚀的进行。但不允许不做密封，因为如果不做密封，由于受很强的剪切力作用，镀锌层很容易被破坏。有密封的作用，即使失效也只是小面积的失效，还可以延缓镀锌层的破坏。该方法的缺点是造价昂贵。

③涂无机富锌漆后密封。一般认为摩擦面不能进行涂料的涂装，但无机富锌则不同，因为其含锌量在 95%以上，经过试验摩擦系数在 0.4 以上就可以用于摩擦面的阴极保护，其使用效果与喷锌相同。如天津某高速公路桥为钢桥结构，就采用百慕牌水性无机富锌 SZ-1G 处理摩擦面，达到了同等的防护效果。SZ-1G 无机富锌涂料在露天放置 1 年后摩擦系数还在0.45 以上，作为摩擦面防腐是一种价廉效果好的方案。

2 镀锌檩条还要用防腐涂料吗？(id＝113126，2005-10-24)

【ccdotcom】：请教一个关于钢结构防腐的问题。屋面、墙面檩条采用热浸镀锌带钢加工而成，是否还需涂防腐涂料？如果要涂，底漆、面漆应该选用什么组合？

【zhonghua555】：一般为了防腐可以不做涂装，但下列情况需要做：

①车间为强腐蚀环境，如有酸雾等；

②为了装饰作用，当然防腐效果也有。

配套的底漆可选磷化底漆、环氧磷酸锌（锌黄）底漆 ，面漆可选丙烯酸面漆、聚氨酯面漆、环氧面漆。

注意不能用醇酸漆。

【bibi】：补充一下，也可以采用纯环氧底漆＋环氧中间漆＋面漆的配套。须注意以下事项：

①表面处理，主要是除油和杂质；

②绝对不能使用醇酸漆，因为它会与镀锌层起皂化反应，从而影响涂层的性能。

（三）防腐综合讨论

1 热喷涂表面处理的方式。(id＝145130，2006-9-4)

【bibil】：现有一项目，业主招标文件提出钢基体表面须经喷钢丸和喷钢砂处理到 Sa3 级，再进行热喷铝。请问钢基体经喷钢丸和喷钢砂处理以后的表面是否符合热喷铝的表面要求？

【钢铁保护神】：《涂装前钢材表面锈蚀等级和除锈等级》(GB 8923—1988)要求金属结构件表面清洁度 Sa21/2 级，无油污、水、锈蚀及粉尘等脏物。油、水之类在高温下能很快形成油（水）雾或气泡，隔离极细的铝晶粒，导致涂层和基体结合力下降，这也是涂层鼓包的主要原因。锈斑及粉尘对涂层也会起隔离作用，影响结合力。喷涂稀土铝对清洁度要求严格，在喷涂过程中还应防止粉尘对金属表面的二次污染。

粗糙度是涉及金属热喷涂的结合力和表面质量的指标。金属基体经过喷砂后表面形成高低不平的峰谷，不仅增加了表面面积，而且使稀土铝晶粒在高温高压气流冲击下嵌入谷部互相熔融，在一定膜厚条件下形成防腐层，增加涂层结合力。但是，粗糙度过大却使效果相反，会导致防腐表层不光滑，使涂料涂层的光泽受到影响，尤其应避免粗糙度值大于金属涂层厚度。实际施工中，我们强调粗糙度的均匀性，一般不宜超过 100μm。喷涂后再涂上防腐涂料可取得良好效果。

2 钢结构配套油漆。(id=177900,2007-11-21)

【qiaomeiyan】:请列举钢结构配套油漆。

【liuyinsheng】:《全国民用建筑工程设计技术措施》结构篇中，有专门的一个章节，叙述了钢结构的防锈和防火，对钢结构用底漆、中间漆、面漆的配套组合在 3 种环境下(无侵蚀、中等侵蚀、特殊侵蚀)都有不同的配套组合。

【灯塔涂料】:涂料钢结构产品配套方案重防腐类。

①火电厂钢结构(表 8-1)

表 8-1

部　　位	涂装工序		油漆名称及型号	建议涂刷道数	漆膜厚度(μm)	单位耗漆量(kg/m^2)
大气环境	A	底漆	环氧富锌底漆	2	70	0.37
		中间层	环氧中层漆	2	80～100	0.24～0.30
		面漆	氯化橡胶面漆	2	60～70	0.37～0.43
	B	底漆	环氧富锌底漆	2	80	0.37
		中间层	环氧中层漆	2	80	0.24
		面漆	脂肪族丙聚面漆	2	70	0.35
室内通常环境		底漆	铁红环氧脂底漆	1	30	0.09
		面漆	S04-1 聚氨酯磁漆	2	60	0.25
与润滑油接触部位		底漆	H53-33 红丹环氧防锈漆	2	60	0.39
		面漆	H04-5 白环氧磁漆	3	90	0.55

②水电站钢结构(表 8-2)

表 8-2

部　　位	涂装工序		油漆名称及型号	建议涂刷道数	漆膜厚度(μm)	单位耗漆量(kg/m^2)
厂房结构	A	底漆	环氧富锌底漆	2	70	0.37
		中间层	环氧中层漆	2	80～100	0.24～0.30
		面漆	氯化橡胶面漆	2	60～70	0.37～0.43
	B	底漆	环氧富锌底漆	2	80	0.37
		中间层	环氧中层漆	2	80	0.24
		面漆	脂肪族丙聚面漆	2	70	0.35
浸水或潮湿部位		底漆一	环氧富锌底漆	2	70～80	0.37
		底漆二	乙种环氧煤沥青底漆	2	120	0.72
		面漆	乙种环氧煤沥青磁漆	4	140	0.45

以上单位耗漆量数据为理论值，实际数据与表面处理状况、外界环境、施工方法等多种因素有关。

3 冷镀镀锌和热浸镀锌的区别？(id=143781，2006-8-19)

【ashi】：现在正在做一个幕墙结构，对于零配件和金属构件的防腐问题，施工队说零配件使用冷镀镀锌，金属构件才使用热浸镀锌，请问这两种工艺的区别和特点是什么，质量差多少？

【beini2005】：冷镀是指电镀，热浸是直接浸入锌池。电镀比较均匀，但镀层比较薄，热浸厚度国内厂家一般控制不好，经常偏厚或偏薄。

4 常规防腐体系和高性能防腐体系的涂装方案及经济效益分析。(id=109440，2005-9-19)

【tang911】：在工程设计使用年限内，钢结构维护造价所占比例有多少？

【zhonghua555】：常规防腐体系和高性能防腐体系的涂装方案和经济效益分析如下。

目前，由于传统酚醛树脂、醇酸树脂防腐涂料具有价格低的优势，在防腐涂装工程中仍被不少单位采用，但由于它们固有的性能缺陷，加之随着各种高性能防腐涂料被研制开发并逐步得到应用，业内人士及用漆单位对高性能产品也逐步了解和接受，传统酚醛、醇酸等油基漆的产量占防腐涂料总产量的比例一直呈下降趋势，但和发达国家相比，仍然存在一定差距。

无论是产品性能，还是防腐综合经济效益，高性能防腐体系较传统常规防腐体系，都具有无法比拟的优势。下面以户外一般大气环境下钢结构的防腐涂装为例，将两者相比较，其中传统常规体系以醇酸漆为例，高性能体系以环氧底漆、中涂漆及聚氨酯面漆为例。

两类涂料性能比较，见表 8-3。

表 8-3

<table>
<tr><th>涂　料</th><th>机械性能</th><th>耐化学、工业大气</th><th>耐湿热性</th><th>耐盐雾性</th><th>耐候性</th><th>保光、保色性</th><th>固体含量</th><th>一般市场价(元/kg)</th></tr>
<tr><td>醇酸底漆</td><td rowspan="2">初期好，中后期差</td><td rowspan="2">差</td><td rowspan="2">一般</td><td rowspan="2">一般</td><td rowspan="2">差</td><td></td><td rowspan="2">中</td><td>10～15</td></tr>
<tr><td>醇酸面漆</td><td>差</td><td>14～16</td></tr>
<tr><td>环氧富锌底漆</td><td>优</td><td>好</td><td>优</td><td>优</td><td></td><td></td><td>高</td><td>20～25</td></tr>
<tr><td>环氧云铁防锈漆</td><td>优</td><td>好</td><td>优</td><td>优</td><td></td><td></td><td>高</td><td>18～25</td></tr>
<tr><td>聚氨酯面漆(芳香族)</td><td>优</td><td>优</td><td>优</td><td>优</td><td>户外泛黄</td><td>保光性好，户外泛黄</td><td>中</td><td>25～35</td></tr>
<tr><td>聚氨酯面漆(脂肪族)</td><td>优</td><td>优</td><td>优</td><td>优</td><td>优，不泛黄</td><td>优</td><td>中</td><td>45～75</td></tr>
</table>

涂装配套体系，见表 8-4。

表 8-4

方案	体系	类别	涂料品种	涂装道数	干膜厚度（μm）	理论用量（g/m²）	防腐年限（年）	维修间隔（年）
1	常规体系	底漆	醇酸铁红防锈底漆	刷或喷两道	100	250	2～3	2
		面漆	醇酸面漆	刷或喷两道	100	280		
2	高性能体系	底漆	环氧富锌底漆	刷或喷一道	50	200	10～15	10
		中涂漆	环氧云铁中涂漆	喷涂一道	100	220		
		面漆	聚氨酯面漆（脂肪族）	刷或喷一道	50	125		

两种方案的防腐施工费用对比，见表 8-5。

表 8-5

涂装方案	除锈费用（元/m²）	涂料费（元/m²）	人工费（元/m²）	合计（元/m²）
方案 1	3	(10×0.25+14×0.28)×1.2=7.704	0.8×4=3.2	13.904
方案 2	4	(20×0.2+18×0.22+45×0.125)×1.5=20.378	1.0×4=4	28.378

注：1. 考虑到环氧富锌底漆除锈要求比醇酸底漆高，故除锈费用也高于醇酸漆。

2. 实际用漆量应考虑一定损耗，所以乘以系数 1.5。

3. 考虑到双组分比单组分施工困难，所以方案 2 人工费高于方案 1。

4. 施工费用也许还包括其他费用，在此处暂不考虑。

下面按方案 1 维修年限 2 年，方案 2 维修年限 10 年，施工总面积 10 万 m²，来估算工程费用，见表 8-6。

施工面积 10 万 m² 节约工程费用计算对比表 表 8-6

使用时间（年）	施工工程费（万元）		节约费用（万元）	年经济效益（万元）
	方案一	方案二		
2	142.25	249.8	−107.55	−53.775
4	284.5	249.8	34.7	
6	426.75	249.8	176.95	29.49
8	569.0	249.8	319.2	39.9
10	711.25	249.8	461.45	46.145

由以上数据可以看出，选用不同品种的防腐涂料，对企业效益的影响是十分突出的。这里还未考虑由于油漆维修，有可能需要停产造成的损失及频繁维修、用漆总量大、溶剂挥发量大造成的环境污染和能源的浪费等。

随着防腐涂料技术的不断进步，各种高性能的防腐涂料越来越广泛地得到应用，高档涂料代替低档涂料，重防腐涂料代替一般防腐涂料，这是社会发展的必然趋势，也有利于企业降低防腐费用，提高经济效益。

（四）防腐漆的配套

1　请教油漆分类问题。（id=165111，2007-5-15）

【njwy79】：油漆的水性、油性是怎样区分的？在工地上遇到底漆为无机锌粉漆，涂防火涂料时，马上出现很多气泡，后面还要上面漆，该如何处理？

【chinatager】：水性、油性区分看溶剂。水作溶剂为水性，一般无味；油性一般以芳烃类或脂肪烃类为溶剂，有汽油味。底漆为无机锌粉漆，涂防火涂料，涂上马上出现气泡，可能是防火涂料为醇酸类，与锌类防腐漆不配套，可改用丙烯酸类防火涂料。

2　防腐涂层配套知识。（id=104438，2005-8-1）

【shenjq】：当防腐涂层配套出现咬底现象，对防腐效果会有什么影响？

【zhonghua555】：咬底是由于涂层配套性不良或在上道涂层未干时就涂装下一道造成的，在施工现场如果出现咬底(起皱)，至少监理不会验收通过。咬底后对涂层间附着力影响较大，会影响防腐效果。所以对于涂层配套性造成的咬底一定要避免，最好的方法就是进行配套性试验。

（五）工程实例

1　游泳馆钢结构的防氯处理方法有哪些？（id=162862，2007-4-15）

【ZJZ】：我们建了一个钢结构游泳馆，平时对水处理后，产生了氯离子，5 年来对钢结构的腐蚀严重，请教该如何处理？

【zgf0224】：这种腐蚀，与其说是氯离子的腐蚀，倒不如说是在 HCl 中的腐蚀。在这种环境下，钢结构要一次防腐达到较长的时间是非常难的。目前我们所能做到的也就是尽量用好的防腐涂料做防护，定期做涂层维护。

以下是本人对这种特定环境下钢结构防腐涂层的 3 种配套方案。

①采用环氧富锌作底漆，环氧云铁作中间漆，表面为环氧面漆、聚氨酯面漆或氟碳面漆——此工艺中底漆和中间漆都要做到 100μm 以上，面漆则要做到 60μm 以上，以后每 3 年做一次检查维护。

②采用镀锌钢材或给钢结构做喷锌处理，后做环氧云铁封闭漆和面漆。

③采用环氧富锌作底漆，环氧不锈钢磷片作中涂和面涂。环氧富锌做 100μm 以上，环氧不锈钢磷片涂料做到 300μm。此法的防腐会好一些，但同样也要做检查维护。

2　锻造车间的腐蚀性气体、高温性环境，该选用什么材料？（id=140780，2006-7-19）

【datesoft】：接到一个机械零件锻造车间的钢结构厂房工程，在考察其他几个同类工程时发现：锻造零件时，由于燃烧大量的烟煤而产生 SO_2 气体。大家都知道 SO_2 遇水后成强腐蚀性酸性液体，厂房在使用 2 年后屋顶的复合夹芯板都出现了穿孔现象，并且锻造车间内的温度特别高，由此我向各位请教一些问题：

①屋面板采用何种耐腐蚀、耐高温的材料？

②对于裸露在外的钢构件采用什么钢材，还是涂刷耐腐蚀、耐高温的涂料或者油漆？

③对于厂房的通风是采用排风扇、屋顶通风帽，还是屋顶的天窗，哪种较好一些？

【thortex】：提几点建议，供参考。

SO_2 的腐蚀性比较大，而厂房结构与一般设备不同，更换不容易，防腐要考虑长久。

①对于非承重的结构和屋面可以采用非金属材料 。

②对于承重结构，建议先工厂抛丸除锈，再涂刷环氧富锌底漆，因为现场涂装时死角是没有办法保证的。安装后现场涂刷耐强腐蚀涂料(价格比较高，若考虑成本，可以现场涂刷环氧或乙烯基酯树脂类重防腐涂料，也可以涂刷树脂玻璃鳞片类涂料)。

③排气、天窗、通风管等都可以采用塑料或玻璃钢材料。

3 盐酸酸雾厂房如何防腐？(id=120842，2006-1-3)

【天柱山人】：如何进行耐酸防腐处理？包括主次钢构及围护。

【epoxy】：国外对盐酸酸雾厂房环境做过 3 年的测试，证明较好的系统为环氧磷酸锌、环氧中间漆、聚氨酯面漆。其他喷铝层、氯化橡胶体系、粉末涂料等都不行。

4 钢结构涂装方案求助。(id=82991，2005-1-17)

【schure】：海边的露天钢结构，有人推荐用聚氨酯漆、氯化橡胶漆。请教一下，到底用哪种漆比较好？

【epoxy】：不推荐使用氯化橡胶漆是因为它不环保。实际上它的性能，特别是在使用上，具备快干性、单组分、耐水性、耐海洋大气等，是非常出色的一个品种。可以这样推荐：

环氧富锌底漆	80μm
环氧云铁中间漆	120μm
丙烯酸聚氨酯面漆	50μm

5 厦门会展中心防腐蚀方案。(id=64079，2004-7-9)

【epoxy】：厦门市地处亚热带湿润性海洋大气环境，年平均气温高，相对湿度大，大气中盐雾富集。厦门国际会展中心是厦门特区的标志性建筑，其遮阳棚采用钢支架结构。该结构处于典型的严酷性海洋大气腐蚀环境中。此外，钢支架处于会展中心入口处，安装完毕后有一定的高度，防腐维护和二次维修困难，不仅费用高，且影响到整个会展中心的正常使用。鉴于上述情况，在原设计方案中，主辅楼 $15000m^2$ 遮阳棚上的钢支架拟选用不锈钢材料。根据在腐蚀与防护方面多年的技术经验并经过科学论证，提出用碳钢材料外加热喷涂长效复合防护涂层体系代替不锈钢的技术方案，得到了设计部门和业主的认可。经 2 年多的实践证明，该方案不仅显著地节约了开支，而且保护效果优异。

施工工艺如下。

①表面处理。采用喷砂(铜矿砂)除锈法，除锈等级至 Sa2.5 级，即表面近白，无锈迹，同时敲去各种焊渣。

②热喷合金。为防止除锈后钢材返锈，在除锈 4h 之内喷锌铝合金第一道，总计喷涂合金 4 道，厚度达 200μm。

③涂封闭层。由于合金层结构比较松散，为防止外层大气的腐蚀渗透，选用可刷涂的环氧云铁漆作为封闭层。刷涂一道，膜厚 40μm。

④涂面漆。选用可复涂聚氨酯面漆。刷涂 2 道，膜厚 80μm。

点评：钢结构涂料防腐蚀保护的国际性标准 ISO 12944:1998 已经在全世界范围内推行很长时间了，在工业界和涂料商的共同努力下，根据 ISO 12944 规范制定的涂料防腐蚀系统多年来取得了很好效果。

二　钢结构防火设计

（一）耐火等级、耐火极限及防火分区

1　轻钢厂房防火等级可以做到一级吗？（id=76101，2004-11-13）

【雨足各】：由于厂房内不能设置防火墙，防火分区有限制，只能做到一级后才没有限制。但本人不知道钢构件的耐火等级能不能达到一级？

【DYGANGJIEGOU】：现代工业要求的厂房常是大空间、大跨度、通透的。为有效地把火灾控制在较小范围内，《建筑设计防火规范》（GBJ 50016—2006）要求在建筑物内划分防火分区，并明文规定了各级防火分区的最大允许面积。现轻钢厂房的占地面积通常较大，如中密度纤维板厂主车间的建筑面积一般都超过 5000m^2，而规范允许的分区面积为 3000m^2（生产类别为丙类，采取防火涂层保护后，耐火等级按三级考虑），因此应做防火分区的分隔。

①防火墙与防火分区。因成套设备生产线的工艺要求，不可能用防火墙把厂房一分两半，这样截断了连贯的生产线设备，也不利于物料及半成品、成品的运输。而且从生产管理的角度考虑，业主也不会接受这样的方案。

②防火卷帘与防火分区。民用建筑中通用的防火门与防火卷帘，在面对大跨度的轻钢厂房时，也不很合适。如某刨花板车间，单跨达 36m，如何定制这样大跨度的防火卷帘呢？这样的卷帘，因跨度太大，在收放时很难控制，容易卡在滑槽里，且造价又高，工程实践中极少见。

③自动喷水灭火与防火分区。能否在整个车间设自动喷水灭火装置，使允许的防火分区面积增加 1 倍，以满足规范要求？这有两个问题：

a. 单层轻钢结构车间的高度大多远超过 8m，而根据《自动喷水灭火系统设计规范》（GB 50084—2005）4.3.2 条，超过 8m 的大空间建筑物，安装闭式喷头的作用就不大了。

b. 有的丙类三级单层轻钢车间面积达 9000m^2，需分 3 个防火分区，若全车间安装自喷，则防火分区允许面积虽扩大 1 倍，但仍然不够（安装自喷后，防火分区的允许面积从 3000m^2 扩大到 6000m^2，但仍小于 9000m^2）。

④独立水幕与防火分区。用独立的水幕作防火分隔，是较常采用的方案，做一条防火水幕带，区域宽 5m，流量 2L/(s·m)。这种分隔方式很灵活，不像防火墙那样要把车间截成两半，也没有大跨度防火卷帘的麻烦，理论上多大的跨度都行，一般正常生产时，就好像它不存在，一旦有火灾需要防火分隔时，它可以立即实现有效分隔。

实际设计中,可控隔离带范围内可以不堆放生产原料、半成品等可燃物,但肯定有生产线的设备,而设备的橡胶传送带是可燃的,传送带上的原料或半成品也是可燃的,不过传送带可以在有火灾时停下来,可燃物不多,一支水枪可有效封锁,规范没有明文规定算或不算,按惯例,此类情况需与当地的消防审批部门协商,解释理由,共同研究。

2 关于钢结构二级防火的问题。(id=144693,2006-8-30)

【xufng】:请问钢结构厂房耐火等级为二级,各种构件的耐火极限是多少?

【胡】:支撑多层的柱 2.5h,支撑单层的柱 2h,钢梁 1.5h,屋顶承重构件 0.5h。

3 请问 EPS 夹芯彩钢板耐火极限为多少?(id=118771,2005-12-14)

【gzmqr】:工程为体育训练馆,屋面采用 EPS 夹芯彩钢板,它的耐火极限为多少?

【潇洒大灰狼】:采用 EPS 夹芯板,耐火极限半小时都达不到,一受热就会变形,有防火要求的场所不能采用。如果非要用夹芯板的话,建议采用聚氨酯夹芯板或岩棉夹芯板,耐火时限可以达到 0.6~1h。

4 钢结构屋面采光板防火问题。(id=176830,2007-11-6)

【lz0523】:我做的大跨度钢结构厂房,屋面用的是采光板,材料说明是易燃的,可以迅速融化,不产生熔滴。但消防部门依据防火规范,屋面必须为不燃材料,不同意采用采光板,可是这么大的厂房无自然采光不行,我看外地很多这么用的都没事。请各位帮我找点依据。

【光明使者】:FRP 采光板虽然易燃但不产生熔滴,在厂房发生火灾时可以帮助消防排烟。上海消防局明文规定:自然排烟方式分为设置外窗或设置固定的易熔材料采光带、采光窗,当发生火灾时,采光板遇明火迅速燃烧,形成排烟洞口,可以将燃烧区域内的浓烟迅速排出到建筑物外,能有效降低因浓烟呛死人的事件发生。

(二) 防火涂料的厚度及使用年限

1 防火涂料的厚度。(id=168851,2007-7-1)

【金刚经】:耐火等级二级,耐火极限柱 2h,梁 1.5h,请问防火涂料的厚度为多少?

【liuyinsheng】:钢结构防火涂料按使用厚度可分为超薄型钢结构防火涂料、薄涂型钢结构防火涂料、厚涂型防火涂料,而如今用得最多的是超薄型钢结构防火涂料。

超薄型钢结构防火涂料又因生产厂家不同,其产品的性能也不同,有的产品其耐火极限和涂层厚度的关系如下:

耐火极限(h)	0.5	1.0	1.5	2.0	2.5
涂层厚度(mm)	0.4	0.8	1.2	1.6	2.0

有的则是:

耐火极限(h)	0.5	1.0	1.5	2.0
涂层厚度(mm)	0.45	0.9	1.4	1.75

主要还是以国家防火建材检测中心出具的型式检测报告上的数据为准,涂刷时还应参考

生产厂家提供的涂装工艺来施工。

2 1.5h的厚度要如何计算？(id=144826,2006-8-31)

【胡】：防火涂料检验报告上只有2h的厚度，1.5h的厚度要如何计算？

【bibi】：防火极限不同，涂料的厚度也是不同的，但它们之间并不成比例关系。也就是说，如果1.0h需要涂1200μm，那么1.5h可能大于1800μm或者在1200～1800μm之间都是有可能的。

如果涂料是经过英国BS检测认证的，那么就可以根据构件的不同截面系数来计算厚度。如果没有，最好能提供该涂料1.5h的检测报告，以报告的数据作为依据(也是目前国内通常的做法，当然该做法也是不科学的，因为不同构件的截面系数不一样，所需要的厚度也不一样)。

目前，国内厂家的防火涂料基本上是没有通过BS认证的，因为该认证周期长，而且费用也不是一般厂家所能够承受的。

3 防火涂料的厚度由哪个部门确定？(id=117151,2005-11-29)

【ossifrage】：建筑提出耐火等级要求后，对于钢结构的防火涂料、防火分区的防火门和防火墙等措施是由谁来定的？比如防火涂料用厚涂型的还是薄涂型的，涂多厚，防火门用木门还是铁门等，是由建筑定、甲方定、结构定，还是由施工单位定？

【tianning】：一般是由设计院根据建筑物的功能、重要性及相关规范先确定防火涂料、防火墙、防火门的耐火极限。防火涂料厚度则为涂料厂家提供检验报告要求的实际厚度。以上均由业主向消防局提交设计图纸，由消防局的审图科确定最终方案，提交消防设计审核意见书，最后消防局根据审核意见书的要求对工程进行验收。

4 如何确认防火涂料厚度？(id=126443,2006-3-9)

【bibi】：在实际施工过程中，构件防火涂料的厚度一般都是参考其检验报告的厚度进行确定的，但是不知大家是否认识到，其检验报告中的燃烧构件是工字钢，而实际结构是由工字钢、圆管、方通等多种截面形式构成。每种截面形式的防火截面系数是有很大差别的，导致在同等环境作用下，同样防火涂料厚度，耐火时间有很大差别，举个简单的例子：相同直径圆管和实心的钢棒，涂有相同厚度的涂料，在同样环境的火场中，二者的耐火时间有截然的不同。

那么在实际的应用中，我们又如何确认防火涂料在不同部位的厚度呢？

【Alfred】：刚完成一个工程，的确实际结构是由工字钢、圆管、方通、角钢等多种材料组成，每种材料的防火截面系数有很大的差别。我们在施工前，让防火涂料生产厂家根据耐火时间要求把每种材料需要做的厚度计算出来，然后根据这个厚度施工，结果就是不同构件有不同的防火涂料厚度，有些复杂的组合构件上有很多个厚度。

5 一般防火涂料的寿命周期大概是几年？(id=115857,2005-11-17)

【天天打老虎】：听说防火涂料每隔2～3年就要重新做一次，不知道是不是这样？重做是把以前的铲掉再做，还是直接覆盖？造价又是多少？

【tianning】：关键在选择的防火涂料，一般国产防火涂料的使用期限为2～5年，如果涂料品质好，则可以保证较长的使用年限。某品牌的防火涂料在核电站使用，完工不到2年，大面积开裂脱落，导致全部铲除，重新选择新的防火涂料涂装。其维修费用预计高达数百万美元，真是浪费啊！

所以，要想降低涂装成本，并不是看初期的投入多少，而是要根据涂层的预计使用年限，来选择合适的涂料。防火涂料涂装维修的成本是很高的，一般比新建的要高1～3倍，特别是表面处理的费用非常高。据我的了解，国外防火涂料的质量、品质、使用年限等参数都高于国产涂料（国产防火涂料为了降低成本，在生产过程中对树脂、填料的选择都偏向比较次的），如DUPONT的"佑民生"38091，在德国慕尼黑体育场使用了50年还保持完好，在国内也有十几年的使用经历还保持完好的例子，如首都机场等，英国的NUIFIRE也不错。

（三）防火与防腐的综合设计

1 防火与防腐。（id＝151725，2006-11-18）

【xionghui3000】：防火与防腐同时都要做的时候，是先刷防腐涂料再刷防火涂料吗？还是先刷防锈底漆，再刷防火涂料，最后刷防锈面漆？

【cmiicsp】：我在澳门做体育馆钢结构防火（超薄型）和防腐时，是先涂无机富锌底漆、环氧封闭漆、环氧中间漆，然后涂防火涂料，最后在防火涂料上覆两道聚氨酯面漆，效果非常好。但必须要做防火涂料与油漆的融合（配套）性试验。

2 钢结构防火防腐处理问题。（id＝137054，2006-6-11）

【source】：请问，钢结构到底是先做防火层还是先做防锈层？

【bibi】：正确的涂层体系为防腐底漆＋防火涂料＋面漆。

普通钢结构防腐一般为醇酸防锈底漆或富锌底漆＋面漆（有醇酸漆、金属漆、橡胶漆等），防火一般为普通防火涂料或超薄型防火涂料；一般情况下，需做防火的，涂刷两道底漆（50～100μm）后再刷防火涂料，一般不再做面漆。

一直以来，很多人认为做了防火涂料便可以不做面漆，其实不尽然。防火涂料分厚型隔热、薄型、超薄膨胀型，第一种基本上不做面漆，但是如果装饰要求高，就得采取其他办法了；后面两种基本上是需要做面漆的，涂装面漆一是起装饰美观作用，关键也起保护防火涂料的作用，避免防火涂料层直接暴露在大气中，受大气的腐蚀分化、紫外线的照射。

【haisongw】：钢结构防火涂料分多种规格，如室内、室外、厚型、薄型、超薄型、饰面型等，要根据钢结构的类型、部位及防火等级来选用。如室外型的防火涂料除具有阻燃作用以外，还应具有防锈、防水、防腐、耐磨、防晒等作用，如果说是为了"起保护防火涂料的作用，避免防火涂料层直接暴露在大气中，受大气的腐蚀分化、紫外线的照射"而在防火涂料的面层再刷面漆的话，未免是画蛇添足了；从另一方面考虑，面漆并不具备防火的功能，若不幸发生火灾，面漆易燃并会产生大量的烟雾、有害气体，使防火涂料失去或降低其应有的防火功能。

总之，防腐涂料和防火涂料同属于功能性建筑涂料，同是钢结构耐久和安全的重要保障措施。其选用应根据规范的要求、业主的需要、材料的成本等多方面去综合考虑。

【bibi】:很多知名品牌的防火涂料,有与之配套的面漆,如 IP、DUPONT 等国际涂料厂商的防火涂料就有对应的配套面漆。我想作为涂料厂商早就考虑了面漆与防火涂料间的配套问题,也就是说考虑了在发生火灾的时候面漆对防火涂料的影响。所以我在这里说的面漆是与防火涂料配套的面漆,而不是随便哪种面漆就能符合要求,这样就能避免在火灾中出现“大量的烟雾、有害气体,使防火涂料失去或降低其应有的防火功能”。

在实际的应用中是出现了很多随便搭配面漆的情况,虽然考虑了涂层配套情况,但是没有考虑到在发生火灾时的影响,所以我建议在采用面漆对防火涂层保护的时候一定要咨询涂料厂商的意见,推荐特定面漆。

【bbc】:如果是镀锌防腐,防火怎么处理?

【bibi】:可以考虑先做一道磷化底漆(10μm)或者涂装一道纯环氧底漆(40μm),再做一道中间漆过渡层(40μm),以保证后续的涂层相容和配套,之后再做防火涂料和面漆。

3　红丹漆、环氧富锌漆与防火涂料的问题。(id=123362,2006-2-9)

【35233011】:我在做一个钢结构工程,其中主钢选用红丹漆,次钢选用环氧富锌漆,主钢构涂刷防火涂料。但在工厂制作时有一小部分主钢在喷涂时制作错误,做成了环氧富锌漆。请问第一种和第二种除了价格上的差别还有什么重要的差别?环氧富锌涂层可否涂刷防火涂料?

【chinatager】:两者除了价格上的差别外,还有所使用树脂种类的差别,这会影响产品的性能和配套性。环氧富锌涂层一般情况下可以涂刷防火涂料,不过防火涂料树脂类型未知,这会影响配套性,最好在使用之前做相容性试验。

【bibi】:这两种底漆的价格相差比较大,红丹漆比环氧漆的价格便宜了很多,但是由于红丹漆中含有铅,对人体的伤害比较大,在很多国家已经禁止使用了,目前国内也开始适应国外的一些涂装规范,以满足健康环保等方面的要求。

在做防火涂料前,最好先做个涂层相容性的配套试验。推荐在底漆上做个过渡的中间漆(厚度在 40～60μm),中间漆与防火涂料配套(当然底漆和中间漆也必须是配套的),以保证防火涂料的质量。

【zhonghua555】:对于超薄型饰面防火涂料基本上是采用丙烯酸树脂的,所以用在环氧富锌涂层上面配套性问题不大。推荐使用一道环氧涂料进行过渡,因为环氧富锌涂料的 PVC 大于 CPVC,涂层具有孔洞,采用一道环氧云铁涂料过渡,起封闭作用,防腐性能更好。

4　室内钢结构表面富锌底漆+防火涂料表面还需做面漆吗?(id=89499,2005-3-31)

【zzily】:本人刚完成一个室内钢结构工程,钢结构 2.5 级喷砂除锈,60μm 无机富锌底漆,溶剂型超薄(3.1mm)防火涂料,如果不做面漆处理的话,是否有问题?钢结构是否有锈蚀问题?请指教,谢谢!

【bibi】:一般表面富锌底漆是不直接涂装防火涂料的,特别是无机富锌表面是不允许的,因为那样无法保证涂层间的附着力。做不做面漆需要看具体情况,如果装饰要求比较高,那就需要做了,一般建议做面漆,这样可以保证防火涂料的使用寿命。有一点必须注意,面漆必须与防火涂料进行相容性试验,保证其配套性,尤其是涂层的柔韧性,膨胀系数(热胀冷缩)要接近。

5 钢材镀锌后防火怎么做？（id＝167232，2007-6-9）

【gaozhengfeng】：钢材镀锌后防火怎么做？如直接涂防火涂料，一般不出 2 个月后就会开始脱落。我们多方打听后仍无结果，希望提供一个既经济又合理的方案。

【bibi】：推荐一个配套：

permacor 2706(30μm)＋uniterm38091

镀锌表面要做一层过渡漆，上面的 2706 是一种专用在镀锌表面的环氧漆。

6 防锈漆与防火涂料会不会不兼容？（id＝153432，2006-12-7）

【dcfire】：施工单位声称，我们设计要求的防火涂料与防锈漆会起化学反应。因为以前不大听说这种情况，所以想向各位请教一下。防锈漆一般在出厂的时候不就已经涂装好了吗？已经成膜的防锈漆还会和防火涂料起反应吗？如果确实存在这样的兼容性问题，怎样判断什么涂料之间会不兼容呢？有没有相关的资料给推荐一下？

【bibi】：涂层不配套通常在实际中表现为涂层间无附着力、咬底、起皱等。主要是因为上道涂层的溶剂把底漆涂层溶解，所以一般情况下，要遵循的是后刷涂层的溶剂溶解能力要小于已刷涂层的溶剂溶解能力。

可以要求厂家提供防火涂料与底漆的相容性报告，或者送到专门的机构（如建材检验中心）做试验就可以了。

（四）工程实例

1 钢结构防火涂料外喷氟碳漆工程实例。（id＝100407，2005-6-24）

【美丽】：现在越来越多的钢结构防腐工程，均要考虑防腐后钢结构表面装饰效果，现在看来不外乎两种方法：

①在外面用装饰板等精心装饰，但是价位高，而且占用空间；

②用装饰性涂料，现在市面上最有耐候性，又具有极佳装饰效果的，可能就是仿金属氟碳漆了，但用这种方法也有缺陷，就是施工难度比较大，而且要做好配套工作。

图 8-1 为本人做的钢结构外防火涂料表面喷涂氟碳漆工程实例照片。

【bibi】：这个工程的防火涂料是超薄的还是薄型的？其表面效果不好，防火涂料施工做的不是很好，如钢结构焊缝部位还很明显，如果防火涂料做得好，可以使该焊缝部位平滑过渡，看不出焊接缝的，有点美中不足！

【美丽】：这个工程遗憾的就是防火涂料施工不好，我接触这个工程的时候，防火涂料已经做好了，所以只能留下这个遗憾。

所以，针对这样的有防火涂料底层的钢结构项目，应该尽早确定方案。做防火涂料和氟碳喷涂要密切配合，这样才能做出让人满意、质量外观都一流的工程。

【unitherm38091】：防火涂料表面做热固性面漆，从技术角度和常规知识来讲是不合适的。涂层系统是一个综合性的系统，包括底漆、中间漆和面漆，不仅要求每一个涂层的性能优越，更要求整个体系和谐配套，不能因为要一个涂层的性能而掩盖了其他涂层的性能。钢结构超薄型防火涂料的作用是阻止热量的传播，因此要求有敏感可靠的膨胀效能，热固性的面漆在热的作用下不会形成软化的涂层，相反会产生坚硬的碳化层，从而阻碍防火涂料的膨胀性能的发挥，也达不到应有的防火效能。

图 8-2 为涂装丙烯酸面漆防火涂料照片，耐火极限 2.5h（广州国际会议展览中心珠江散步道钢柱）。

图　8-1

图　8-2

【bibi】：目前国内的防火涂料品质确实是无法与国外的媲美，喷涂完的表面确实存在很多缺陷，如粗糙、不平整、粉化、干喷等。要在其表面做氟碳面漆（一般该面漆都在 60μm 以下）需要花大力气处理表面，施工难度大。如果选择好的涂料，是可以降低处理表面的难度。据了解，英国的“利莱 S606”、杜邦“佑民生 38091”，其施工后的表面只要稍打磨处理就可以达到喷涂面漆的要求，而众多的国产涂料基本上是伪劣，假冒产品甚多，且涂料本身研磨粒度不足，细度不够，所以喷涂后表面效果差。

防火涂料表面喷涂氟碳漆，在国内运用的实例还是比较多的，如广州新白云国际机场、首都机场、广州会展中心等。

2　请教 114m×114m 厂房的防火问题。（id=124366，2006-2-20）

【tfsjwzg】：厂房 114m×114m，4 跨 2 个屋脊，柱顶高 16.5m，有天窗，是个锅炉生产车间。请问该怎么防火？按丙类二级规范上要求做防火墙或者自动灭火装置，防火墙可以做那么高吗？要是做喷淋太贵了，肯定不行。

【jianfa05】：ALC 板可用于建筑物的内外墙板、楼板、屋面板（见图 8-3）。

ALC 板是以硅砂、水泥、石灰等为主要原料，由经过防锈处理过的钢筋增强，经过高温、高压、蒸汽养护而成的多气孔混凝土板材。

①轻质性。结构按 650kg/m^3 计算。

②隔热性。导热率为 0.11W/(m·K)。

③防火性。100mm 厚板为 3h，150mm 厚板为 4h。

图 8-3

④隔音性。150mm 厚板两侧批腻子(无需粉刷)为 46dB。

⑤耐久性。无机物产品,寿命 50 年以上。

3 钢结构的防火板保护。(id=40309,2003-10-24)

【**chinatager**】:图 8-4 为钢结构的防火板保护图片。

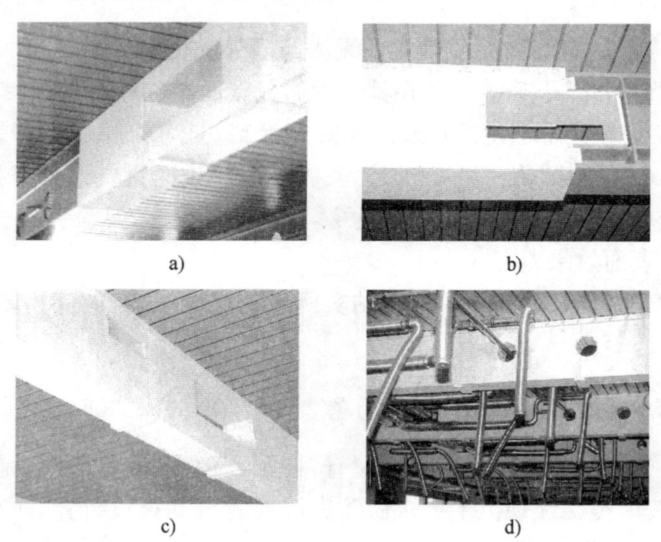

a) b) c) d)

图 8-4

4 浦东机场防火设计具体方案。(id=55088,2004-4-16)

【**baibowen** 】:想对浦东机场防火性能化设计有一定的了解,请提供一些这方面的相关资料。

【**epoxy**】:只能提供一点线索,上海浦东国际机场原先是有防火涂料设计方案的,可是后来经过论证，把这一条从防火设计中取消了。这是一个很有意思的个案。

【chinatager】：主要是根据国外的相关机场建设经验，通过建筑实际场景的防火的性能化分析，通过采用合适的消防手段和管理而达到建筑防火的要求，不必再做钢结构的防火涂料保护处理。另外，济南的机场新航站楼也是通过性能化设计，取消了原设计中的钢结构网架的防火涂料保护处理。

【Fred RJA】：采用性能化设计方法，通过喷淋的作用及排烟的综合分析，钢结构的防火处理被取代了。

目前，国际上建筑防火设计领域正在经历着一场变革。这次变革集中表现在推行"火灾安全工程设计方法"(Fire Safety Engineering Method)，又名"以性能为基础的设计方法"(Performance-based Design)。这种设计方法根据建筑物的结构、用途、功能、火灾荷载、人员密度、人员状态，有针对性地提出建筑物的总体目标和功能目标，然后按消防工程学原理和安全评估方法进行设计、评估。实践表明，性能化建筑防火设计是一种先进、有效、科学、合理的建筑防火设计方法，特别是在解决大型、复杂建筑物的防火设计问题方面，弥补了传统设计方法的局限性和不足，它因增加了设计的灵活性、提高设计的消防安全性和生命安全性、最大限度地满足建筑物的使用功能和节约建设成本等优点，成为当前消防技术领域最前沿、最具影响力的高新技术。悉尼奥运会就成功采用了性能化防火设计。在国内，上海金茂大厦也是较典型的性能化设计案例。

随着建筑业的飞速发展和火灾科学研究的不断深入，特别是为了迎接2008年奥运会和2010年上海世博会，我国在设计中已开始引入性能化设计思想。现行的"处方式"规范在大规模、超大规模、结构和功能复杂的建设项目上已暴露出很大的不适应性。如何对即将建设的超高、超大、功能复杂的建设项目进行消防安全评估，已经成为摆在设计、施工及消防部门面前一道共同的课题。